Linux C 与 C++ 一线开发实践（第2版）

朱文伟 李建英 著

清华大学出版社
北京

内 容 简 介

Linux C/C++编程在 Linux 应用程序开发中占有重要的地位，掌握这项技术将在就业竞争中立于不败之地。本书内容针对初中级读者，贴近软件公司一线开发实践。全书厚达 620 多页，知识点丰富，内容翔实，并配套示例源码、作者 QQ 群答疑服务。

本书共分为 16 章，内容包括 Linux 概述、搭建开发环境、C++语言基础、Linux 文件编程、多进程编程、进程间通信、C++ Web 编程、多线程基本编程、多线程高级编程、Linux 下的库、TCP/IP 基础、套接字基础、TCP 套接字网络编程、UDP 套接字网络编程、原始套接字网络编程，以及并发聊天服务器项目实战等。

本书适合想全面学习 Linux 环境下 C/C++语言编程的读者，既可作为初中级开发人员的案头查阅与参考手册，也适合作为高等院校或高职高专相关课程的教学参考书。

本书封面贴有清华大学出版社防伪标签，无标签者不得销售。
版权所有，侵权必究。举报：010-62782989，beiqinquan@tup.tsinghua.edu.cn。

图书在版编目（CIP）数据

Linux C 与 C++一线开发实践 / 朱文伟，李建英著. —2 版. —北京：清华大学出版社，2024.5
（Linux 技术丛书）
ISBN 978-7-302-66380-5

Ⅰ.①L… Ⅱ.①朱… ②李… Ⅲ.①C 语言－Linux 操作系统－程序设计②C++语言－Linux 操作系统－程序设计 Ⅳ.①TP312.8

中国国家版本馆 CIP 数据核字（2024）第 107877 号

责任编辑：夏毓彦
封面设计：王　翔
责任校对：闫秀华
责任印制：杨　艳

出版发行：清华大学出版社
　　　　网　　址：https://www.tup.com.cn，https://www.wqxuetang.com
　　　　地　　址：北京清华大学学研大厦 A 座　　邮　编：100084
　　　　社　总　机：010-83470000　　邮　购：010-62786544
　　　　投稿与读者服务：010-62776969，c-service@tup.tsinghua.edu.cn
　　　　质　量　反　馈：010-62772015，zhiliang@tup.tsinghua.edu.cn

印 装 者：三河市君旺印务有限公司
经　　销：全国新华书店
开　　本：190mm×260mm　　印　张：39.75　　字　数：1018 千字
版　　次：2018 年 12 月第 1 版　　2024 年 6 月第 2 版　　印　次：2024 年 6 月第 1 次印刷
定　　价：159.00 元

产品编号：105026-01

前　　言

　　这是一本 Linux 下 C/C++入门的经典图书，为何说经典呢？因为本书第一版大卖。任何立志成为一名 Linux 开发工程师的人，都可以从本书起步。本书篇幅虽然有点大，厚达 620 多页，但内容通俗易懂，由浅入深，并且实例丰富、步骤详细、注释充分，相信读者都能看得懂。对于中高级开发人员，也可以通过本书快速上手 Linux C/C++的实际开发。

　　本书假设读者没有接触过 C/C++编程和 Linux 系统开发，也不堆砌术语，不介绍艰深和晦涩的概念，不触及冷门领域，从搭建当前企业最流行的 Linux 开发工具开始，然后介绍 C/C++语言，再逐步展开各应用的编程。因此，书中都是实实在在的 Linux 编程"干货"。此外，本书的一大特点是实例丰富，读者应该知道，编程开发仅仅了解理论是不够的，只有自己上机调试运行实例，才能深刻理解编程，尤其是 C/C++编程。另外，考虑到初学者情况，每个实例步骤都描述得非常详细，并且从建立工程到运行工程都有着详细的说明。最后，本书所有例子都在 Ubuntu 上用 VS Code/gcc/g++编译通过。

　　本书在讲述基本编程的同时，也讲述了很多一线实践开发中经常会碰到的问题和解决方案，可以说本书是紧贴工业界的图书。希望读者能够通过本书的学习打好 Linux 开发的基础，早日成为 Linux C/C++开发高手。

升级的内容

　　本书第 1 版热销多年，但 Linux 操作系统、开发软件在这几年已经有了新变化，加上读者对本书使用的反馈，本版升级做了以下修改：

　　（1）修改错误。读者反馈了一些书中的低级错误或瑕疵，笔者平时除了在本书技术交流 QQ 群中一一回复之外，也在本版中改正了这些错误和瑕疵。

　　（2）增加内容。原书所采用的操作系统是 CentOS 7，本版移植到新的操作系统 Ubuntu 上。Linux 下的应用软件开发环境目前有了更加方便且高效的工具和使用方法。

　　（3）删除内容。去掉"vi 编辑器"的介绍，现在业界在做大型项目开发的时候已经没人使用它了。去掉"C++跨平台开发"一章，这一章内容偏向抽象的理论，不符合笔者的风格——贴近实战，实例要多。去掉"版本管理 SVN"一章，这一章和编程本身没多大关系，需要的时候上网查看相关博客就能学会。去掉"Linux 安全编程"一章，以降低学习难度。

　　本版改动是不小的，但也都是 Linux 业界编程所需要的。

本书示例源代码下载

本书配套示例源代码、作者 QQ 群技术交流服务，读者请用微信扫描下面的二维码获得。如果下载有问题，请发送邮件至 booksaga@163.com，邮件主题为"Linux C 与 C++一线开发实践（第 2 版）"。

技术支持与鸣谢

虽然编者尽了最大努力，但是书中难免会出现一些疏漏，希望读者不吝指正。

这里要感谢清华大学出版社的老师们，他们辛勤的工作使得本书得以顺利出版。

编　者
2024 年 3 月

目 录

第 1 章 Linux 概述 1

1.1 什么是Linux 1
1.2 Linux的简史 2
1.3 Linux和Windows的比较 4
1.4 Linux主要应用领域 4
1.5 Linux的版本 5
1.6 使用哪个版本的Linux进行学习 5
1.7 Linux的特点 6
1.8 如何学习Linux 6
1.9 命令行还是图形界面 7
1.10 计算机启动的基本过程 7
    1.10.1 按下电源 7
    1.10.2 BIOS 自检 7
    1.10.3 系统引导 9
    1.10.4 启动内核 10
1.11 认识Shell 11
1.12 图形界面和字符界面的切换 11
    1.12.1 在不退出 X-Window 的情况下切换到字符界面 11
    1.12.2 强行退出 X-Window 进入文本模式 12
    1.12.3 设置每次开机进入字符界面 12
    1.12.4 从字符界面进入图形界面 13
1.13 环境变量 14

第 2 章 搭建 Linux C/C++开发环境 15

2.1 安装和配置虚拟机Linux 15
    2.1.1 在 VMware 下安装 Linux 15
    2.1.2 开启登录时的 root 账号 18
    2.1.3 配置 Linux 虚拟机环境 20
    2.1.4 配置 Linux 虚拟机网络 24
    2.1.5 通过终端工具连接 Linux 虚拟机 33
    2.1.6 和虚拟机互传文件 36
2.2 gcc/g++编译器的使用 37

2.2.1 安装 C/C++编译工具 37
2.2.2 gcc 对 C 语言的编译过程 37
2.2.3 gcc 所支持的后缀名文件 41
2.2.4 gcc 的语法格式 42
2.2.5 gcc 常见选项 44
2.2.6 g++的基本使用 54
2.3 搭建集成式开发环境 55
2.3.1 基于 Visual C++ 2017 搭建 IDE 56
2.3.2 基于 Visual Studio Code 搭建 IDE 59
2.4 搭建非集成式开发环境 70
2.4.1 基于 Visual Studio Code 编辑和上传源码 70
2.4.2 为何要学 gdb 调试器 74
2.4.3 gdb 简介 74
2.4.4 重要准备 74
2.4.5 启动 gdb 75
2.4.6 退出 gdb 75
2.4.7 gdb 的常用命令概述 76
2.4.8 file 命令加载程序 77
2.4.9 list 命令显示源码 77
2.4.10 run 命令运行程序 80
2.4.11 break 命令设置断点 82

第3章 C++语言基础 85

3.1 C++基础知识 85
3.1.1 C++程序结构 85
3.1.2 注释 88
3.1.3 变量和数据类型 88
3.1.4 标识 89
3.1.5 基本数据类型 89
3.1.6 变量的定义和 C++11 中的 auto 90
3.1.7 变量的范围 93
3.1.8 变量初始化 94
3.1.9 常量 95
3.1.10 操作符/运算符 99
3.1.11 控制台交互 106
3.2 控制结构 110
3.2.1 条件结构 111
3.2.2 循环结构 112

- 3.2.3 分支控制和跳转 ... 115
- 3.2.4 选择结构语句 switch ... 116
- 3.3 函数 ... 118
- 3.4 函数高级话题 ... 122
  - 3.4.1 参数按数值传递和按地址传递 ... 122
  - 3.4.2 函数参数默认值 ... 124
  - 3.4.3 函数重载 ... 125
  - 3.4.4 内联函数 ... 125
  - 3.4.5 递归 ... 126
  - 3.4.6 函数的声明 ... 127
- 3.5 高级数据类型 ... 128
  - 3.5.1 数组 ... 128
  - 3.5.2 指针 ... 138
  - 3.5.3 动态分配内存 ... 148
  - 3.5.4 结构体 ... 151
  - 3.5.5 自定义数据类型 ... 157
- 3.6 面向对象编程 ... 160
  - 3.6.1 类 ... 160
  - 3.6.2 构造函数和析构函数 ... 163
  - 3.6.3 构造函数重载 ... 165
  - 3.6.4 类的指针 ... 167
  - 3.6.5 由关键字 struct 和 union 定义的类 ... 168
  - 3.6.6 操作符重载 ... 168
  - 3.6.7 关键字 this ... 171
  - 3.6.8 静态成员 ... 172
  - 3.6.9 类之间的关系 ... 173
  - 3.6.10 多态 ... 180
- 3.7 C++面向对象小结 ... 186
- 3.8 C++高级知识 ... 190
  - 3.8.1 模板 ... 190
  - 3.8.2 命名空间 ... 196
  - 3.8.3 异常处理 ... 200
  - 3.8.4 预处理指令 ... 203
  - 3.8.5 预定义宏 ... 206
  - 3.8.6 C++11 中的预定义宏 ... 207
- 3.9 字符串 ... 209
  - 3.9.1 字符串基础 ... 209
  - 3.9.2 搜索与查找 ... 217

- 3.10 再论异常处理 225
  - 3.10.1 基本概念 225
  - 3.10.2 抛出异常 225
  - 3.10.3 捕获异常 226
  - 3.10.4 C++标准异常 227
  - 3.10.5 定义新的异常 227
- 3.11 再论函数模板 228
- 3.12 字符集 230
  - 3.12.1 计算机上的3种字符集 230
  - 3.12.2 查看Linux系统的字符集 232
  - 3.12.3 修改Linux系统的字符集 233
  - 3.12.4 Unicode编码的实现 233
  - 3.12.5 C运行时库对Unicode的支持 238
  - 3.12.6 C++标准库对Unicode的支持 238
  - 3.12.7 字符集相关实例 239

第4章 Linux文件编程 240

- 4.1 文件系统及层次结构标准 240
- 4.2 文件的属性信息 241
- 4.3 i节点 242
  - 4.3.1 基本概念 242
  - 4.3.2 i节点的内容 242
  - 4.3.3 i节点的使用状况 244
- 4.4 文件类型 246
  - 4.4.1 普通文件 246
  - 4.4.2 目录 247
  - 4.4.3 块设备文件 248
  - 4.4.4 字符设备文件 249
  - 4.4.5 链接文件 249
- 4.5 文件权限 251
- 4.6 Linux文件I/O编程的基本方式 252
- 4.7 什么是I/O 252
- 4.8 Linux系统调用下的文件I/O编程 252
  - 4.8.1 文件描述符 252
  - 4.8.2 打开或创建文件 253
  - 4.8.3 创建文件 255
  - 4.8.4 关闭文件 256
  - 4.8.5 读取文件中的数据 257

- 4.8.6 向文件写入数据 ... 259
- 4.8.7 设定文件偏移量 ... 260
- 4.8.8 获取文件状态 ... 262
- 4.8.9 文件锁定 ... 263
- 4.8.10 建立文件和内存映射 ... 267
- 4.8.11 mmap 和 shm 对比 ... 270
- 4.9 C++方式下的文件I/O编程 ... 271
  - 4.9.1 流的概念 ... 271
  - 4.9.2 流的类库 ... 271
  - 4.9.3 打开文件 ... 272
  - 4.9.4 关闭文件 ... 274
  - 4.9.5 写入文件 ... 274
  - 4.9.6 读取文件 ... 274
  - 4.9.7 文件位置指针 ... 276
  - 4.9.8 状态标志符的验证 ... 278
  - 4.9.9 读写文件数据块 ... 279
- 4.10 文件编程中的其他操作 ... 281
  - 4.10.1 获取文件有关信息 ... 281
  - 4.10.2 创建和删除文件目录项 ... 283

第 5 章 多进程编程 ... 286

- 5.1 进程的基本概念 ... 286
- 5.2 进程的描述 ... 287
  - 5.2.1 进程的标识符 ... 289
  - 5.2.2 PID 文件 ... 291
- 5.3 进程的创建 ... 294
  - 5.3.1 使用 fork 创建进程 ... 294
  - 5.3.2 使用 exec 创建进程 ... 295
  - 5.3.3 使用 system 创建进程 ... 301
- 5.4 进程调度 ... 302
- 5.5 进程的分类 ... 305
  - 5.5.1 前台进程 ... 305
  - 5.5.2 后台进程 ... 305
- 5.6 守护进程 ... 306
  - 5.6.1 守护进程的概念 ... 306
  - 5.6.2 守护进程的特点 ... 307
  - 5.6.3 查看守护进程 ... 307
  - 5.6.4 守护进程的分类 ... 308

5.6.5　守护进程的常用启动方式 309
　　5.6.6　编写守护进程的步骤 309

第6章　Linux 进程间的通信 312

6.1　信号 312
　　6.1.1　信号的基本概念 312
　　6.1.2　与信号相关的系统调用 317

6.2　管道 325
　　6.2.1　管道的基本概念 325
　　6.2.2　管道读写的特点 325
　　6.2.3　管道的局限性 326
　　6.2.4　创建管道函数 pipe 326
　　6.2.5　读写管道函数 read/write 326
　　6.2.6　等待子进程中断或结束的函数 wait 327
　　6.2.7　使用管道的特殊情况 330

6.3　消息队列 330
　　6.3.1　创建和打开消息队列函数 msgget 331
　　6.3.2　获取和设置消息队列的属性函数 msgctl 332
　　6.3.3　将消息送入消息队列的函数 msgsnd 333
　　6.3.4　从消息队列中读取一条新消息的函数 msgrcv 333
　　6.3.5　生成键值函数 ftok 334

第7章　C++ Web 编程 342

7.1　CGI程序的工作方式 342

7.2　架设Web服务器Apache 343

第8章　多线程基本编程 346

8.1　使用多线程的好处 346

8.2　多线程编程的基本概念 347
　　8.2.1　操作系统和多线程 347
　　8.2.2　线程的基本概念 348
　　8.2.3　线程的状态 348
　　8.2.4　线程函数 349
　　8.2.5　线程标识 349
　　8.2.6　C++多线程开发的两种方式 349

8.3　利用POSIX多线程API函数进行多线程开发 350
　　8.3.1　线程的创建 350
　　8.3.2　线程的属性 355
　　8.3.3　线程的结束 366

　　　　8.3.4　线程退出时的清理机会 374
8.4　C++11中的线程类 379
　　　　8.4.1　线程的创建 380
　　　　8.4.2　线程的标识符 387
　　　　8.4.3　当前线程this_thread 388

第9章　多线程高级编程 393

9.1　多线程的同步和异步 393
9.2　线程同步 393
9.3　利用POSIX多线程API函数进行线程同步 398
　　　　9.3.1　互斥锁 398
　　　　9.3.2　读写锁 404
　　　　9.3.3　条件变量 411
9.4　C++11/14中的线程同步 417
9.5　线程池 421
　　　　9.5.1　线程池的定义 421
　　　　9.5.2　使用线程池的原因 421
　　　　9.5.3　用C++实现一个简单的线程池 422

第10章　Linux下的库 428

10.1　库的基本概念 428
10.2　库的分类 428
10.3　静态库 429
　　　　10.3.1　静态库的基本概念 429
　　　　10.3.2　静态库的创建和使用 429
10.4　动态库 432
　　　　10.4.1　动态库的基本概念 432
　　　　10.4.2　动态库的创建和使用 432

第11章　TCP/IP基础 437

11.1　什么是TCP/IP 437
11.2　TCP/IP的分层结构 437
11.3　应用层 441
　　　　11.3.1　DNS 441
　　　　11.3.2　端口的概念 442
11.4　传输层 442
　　　　11.4.1　TCP 442
　　　　11.4.2　UDP 443
11.5　网络层 443

11.5.1 IP 443
11.5.2 ARP 449
11.5.3 RARP 451
11.5.4 ICMP 452
11.6 数据链路层 459
11.6.1 数据链路层的基本概念 459
11.6.2 数据链路层的主要功能 460

第 12 章 套接字基础 462

12.1 网络程序的架构 463
12.2 套接字的类型 464
12.3 套接字的地址结构 464
12.4 主机字节序和网络字节序 465
12.5 出错信息的获取 467

第 13 章 TCP 套接字编程 469

13.1 TCP套接字编程的基本步骤 469
13.2 协议簇和地址簇 470
13.3 socket地址 473
13.3.1 通用 socket 地址 473
13.3.2 专用 socket 地址 474
13.3.3 IP 地址的转换 475
13.4 TCP套接字编程的相关函数 477
13.4.1 socket 函数 477
13.4.2 bind 函数 477
13.4.3 listen 函数 480
13.4.4 accept 函数 480
13.4.5 connect 函数 480
13.4.6 write 函数 483
13.4.7 read 函数 484
13.4.8 send 函数 484
13.4.9 recv 函数 484
13.4.10 close 函数 485
13.4.11 获得套接字地址 485
13.4.12 获得主机名称和主机信息 487
13.4.13 阻塞套接字的使用 489
13.4.14 非阻塞套接字的使用 496

第 14 章 UDP 套接字编程 ... 509

14.1 UDP套接字编程的基本步骤 ... 509
14.2 UDP套接字编程的相关函数 ... 510
14.2.1 消息发送函数 sendto 和 sendmsg ... 510
14.2.2 消息接收函数 recvfrom 和 recvmsg ... 512
14.3 实战UDP套接字 ... 513
14.4 UDP丢包及无序问题 ... 522

第 15 章 原始套接字编程 ... 523

15.1 原始套接字概述 ... 523
15.2 与标准套接字的区别 ... 523
15.3 原始套接字的编程方法 ... 524
15.4 面向链路层的原始套接字编程函数 ... 524
15.4.1 创建原始套接字函数 socket ... 524
15.4.2 接收函数 recvfrom ... 525
15.4.3 发送函数 sendto ... 526
15.5 以太网帧格式 ... 529
15.6 获取网络接口的信息 ... 530
15.7 实战链路层的原始套接字 ... 534
15.7.1 常见的应用场景 ... 534
15.7.2 混杂模式 ... 560
15.7.3 链路层原始套接字开发注意事项 ... 579
15.8 面向IP层的原始套接字编程 ... 580

第 16 章 并发聊天服务器项目实战 ... 588

16.1 系统平台的选择 ... 588
16.1.1 应用系统平台模式的选择 ... 588
16.1.2 C/S 模式介绍 ... 589
16.1.3 数据库系统的选择 ... 590
16.2 系统需求分析 ... 590
16.2.1 即时消息的一般需求 ... 590
16.2.2 即时消息的协议需求 ... 590
16.2.3 即时消息的安全需求 ... 591
16.2.4 即时消息的加密和鉴别 ... 591
16.2.5 即时消息的注册需求 ... 591
16.2.6 即时消息的通信需求 ... 591
16.3 系统总体设计 ... 591
16.4 即时通信系统的实施原理 ... 592

16.4.1　IM 的工作方式 593
　　16.4.2　IM 的基本技术原理 593
　　16.4.3　IM 的通信方式 593
16.5　功能模块划分 594
　　16.5.1　模块划分 594
　　16.5.2　服务器端功能 595
　　16.5.3　客户端功能 595
　　16.5.4　服务器端多线程 595
　　16.5.5　客户端多线程 596
16.6　数据库设计 596
　　16.6.1　数据库的选择 596
　　16.6.2　准备 MySQL 环境 597
　　16.6.3　Linux 下的 MySQL 的 C 编程 601
　　16.6.4　聊天系统数据库设计 607
16.7　服务器端设计 608
16.8　客户端设计 616

第 1 章

Linux 概述

1.1 什么是 Linux

讲到开源操作系统软件 Linux，就不能不提 GNU 计划，正是因为 GNU 计划，才使得包括 Linux 在内的各种著名开源软件蓬勃发展起来。因此，在介绍 Linux 之前，首先要介绍一下 GNU 计划。

GNU 计划在 1983 年 9 月 27 日公开发起，创始人是 Richard Stallman。GNU 计划的目标是创建一套完全自由的操作系统。

如何创建？基于什么思想呢？当时 UNIX 操作系统是主流的商业操作系统，因此 GNU 把目光投向了 UNIX 操作系统，即实现一个与 UNIX 接口标准兼容的操作系统，同时开发出一些基础软件。

GNU 计划的另一个重要内容是许可证，主要有 GPL（GNU General Public License，GNU 通用许可证）、LGPL（GNU Lesser General Public License，GNU 宽通用公共许可证）和 GFDL（GNU Free Document License，GNU 自由文档许可证）。GPL 是一个使用广泛的自由软件许可证，经历了不同的版本，比如 1989 年 1 月发布的 1.0 版本，1991 年 6 月发布的 2.0 版本，2007 年 6 月发布的 3.0 版本，其中 GPL 2.0 版是使用最为广泛的版本。GFDL 是一个内容开放的著作版权许可证，于 2000 年发布，是自由软件基金会为 GNU 计划而发布的。它后来也发展了几个新版本，比如 2000 年 3 月发布的 1.1 版、2002 年 12 月发布的 1.2 版和 2008 年 11 月 3 日发布的 1.3 版。

虽然 GNU 计划大大促进了开源软件的发展，但使得 GNU 计划名声大噪的却是 Linux 操作系统，人们是从 Linux 操作系统开始知道 GNU 计划的。

准确地讲，Linux 是一个操作系统的内核，即内核的名字叫作 Linux，而不是整个操作系统叫作 Linux，但现在人们已经习惯把 Linux 等价于一个操作系统，而说到内核的时候则说 Linux 内核。习惯的力量是强大的。

Linux 内核最初是由芬兰人林纳斯·托瓦兹（Linus Torvalds）在赫尔辛基大学上学时开发出来的，完全是出于爱好和方便。他在 1991 年 10 月发布了第一个版本，此后 Linux 内核迅速得到大家认可，并持续开发新版本，很快便成为享誉全球的开源操作系统。在这个过程中，GNU 的 GPL 协议成了 Linux 迅速发展的重要保障。

Linux 是一个内核，只有内核还不能成为一个完整的操作系统，而且 Linux 内核并不是 GNU 的组成部分。此时，GNU 计划下的各种操作系统工具就有了用武之地，它们完美地和 Linux 内核结合在一起，迅速成为一个完整可用的操作系统，因此我们通常称 Linux 操作系统为 GNU/Linux 操作系统。GNU 有了 Linux 操作系统，就迅速被大家知道了。

前面提到 GNU 希望实现一个与 UNIX 接口标准兼容的操作系统，而 Linux 作为一个类 UNIX 系统，基本符合 UNIX 的一个重要标准——POSIX 标准。该标准是 IEEE 为要在 UNIX 操作系统上运行的软件而定义的一些 API 接口标准，目的是提高代码的可移植性。POSIX 的正式名称是 IEEE 1003，国际名称是 ISO/IEC9945，全称是 Portable Operating System Interface（可移植操作系统接口）。

目前，Linux 操作系统在服务器领域、嵌入式领域、党政军涉密领域、国产化自主可控领域应用十分广泛。因此，学好 Linux 可谓大有前途。

1.2 Linux 的简史

为什么要了解 Linux 的历史呢？是为了方便以后研究 Linux 内核代码，因为研读 Linux 内核代码的时候都是从最基本、最初的内核代码开始的。

1991 年 8 月，芬兰一个名为 Linus Torvalds 的大学生开发出了一个系统，可运行在 IBM 386 以上的计算机上。1991 年 10 月 5 日，Linus Torvalds 在新闻组 comp.os.minix 上发布了大约有一万行代码的 Linux 0.01 版本。到了 1992 年，大约有 1000 人在使用 Linux，值得一提的是，这些人基本属于真正意义上的 hacker（黑客）。

到了 1993 年，大约有 100 名程序员参与了 Linux 内核代码的编写和修改工作，其中核心组由 5 人组成。此时，Linux 0.99 的代码大约有 10 万行，用户大约有 10 万。

1994 年 3 月，Linux 1.0 发布，代码量为 17 万行，当时是完全按照自由免费协议发布的，随后正式采用 GPL 协议。至此，Linux 的代码开发进入良性循环。很多系统管理员开始在自己的操作系统环境中尝试 Linux，并将修改的代码提交给核心小组。由于拥有了丰富的操作系统平台，因此 Linux 的代码中也充实了对不同硬件系统的支持，从而大大地提高了跨平台移植性。

1995 年，Linux 已经可以在 Intel、Digital 以及 Sun SPARC 处理器上运行，用户量也超过了 50 万，介绍 Linux 的杂志 *Linux Journal* 也发行了 10 万多册。

1996 年 6 月，Linux 2.0 内核发布，此内核有大约 40 万行代码，并可以支持多个处理器。此时的 Linux 已经进入实用阶段，全球大约有 350 万人使用。

1997 年，电影《泰坦尼克号》使用了 160 台 Alpha 图形工作站来制作特效，其中 105 台采用了 Linux 操作系统。

1998 年对 Linux 而言确实是飞速发展的一年。1 月份，红帽公司的高级研发实验室成立，其发布的 RedHat 5.0 在同年获得了 InfoWorld 杂志的操作系统奖项。到了 4 月，Mozilla 浏览器的源码被开放，这使其迅速成为 Linux 图形用户界面上的主要浏览器。红帽公司同时宣布了其商业支持计划，并汇聚了一群顶尖的技术专家来推动这一计划的实施。在同一年，领先的搜索引擎 Google 登场，其服务器后端同样选择了 Linux 系统。值得一提的是，Oracle 和 Informix 这两大数据库公司宣布不支持 Linux，这一决定无疑为 MySQL 数据库的充分发展提供了空间。10 月，Intel 和 Netscape 投资红帽软件，这一行动在行业内被看作 Linux 得到商业认可的标志。同月，微软在法国发布了一封反 Linux 的公开信，这表明它开始视 Linux 为一个潜在的竞争对手。12 月，IBM 发布了适用于 Linux 的 AFS 3.5 文件系统、Jikes Java 编译器、Secure Mailer 以及 DB2 数据库的测试版。这些动作被视为 IBM 与 Linux 的初步亲密接触。在 Windows 和 Linux 的共同压力下，Sun Microsystems 逐步解开了对 Java 协议的控制，并开始在其 UltraSparc 处理器平台上支持 Linux 操作系统。毫无疑问，1998 年是 Linux 开始深入商业领域的一年。

1999 年，IBM 宣布与 RedHat 公司建立伙伴关系，以确保 RedHat 在 IBM 机器上正确运行。3 月，第一届 LinuxWorld 大会召开，象征着 Linux 时代的来临。IBM、Compaq 和 Novell 宣布投资 RedHat 公司，以前一直对 Linux 持否定态度的 Oracle 公司也宣布投资。5 月，SGI 公司宣布向 Linux 移植其先进的 XFS 文件系统。对于服务器来说，高效可靠的文件系统是不可或缺的，SGI 的慷慨移植再一次帮助 Linux 确立了在服务器市场的专业性。7 月，IBM 启动对 Linux 的支持服务并发布了 Linux DB2，从此结束了 Linux 得不到支持服务的历史，这可以视作 Linux 真正成为服务器操作系统一员的重要里程碑。

2000 年初始，Sun 公司在 Linux 的压力下宣布 Solaris 8 降价出售。事实上，Linux 对 Sun 造成的冲击远比对 Windows 的大。2 月，RedHat 发布了嵌入式 Linux 的开发环境，Linux 在嵌入式行业的潜力逐渐被发掘出来。4 月，拓林思公司宣布推出中国首家 Linux 工程师认证考试，从此使 Linux 操作系统管理员的水准得到权威机构的资格认证，此举大大增加了国内 Linux 爱好者的学习热情。伴随着国际上的 Linux 热潮，国内的联想集团推出了"幸福 Linux 家用版"，同年 7 月，中科院与新华科技合作发展红旗 Linux，此举让更多的国内个人用户认识到了 Linux 这个操作系统。11 月，Intel 与 Xteam 合作，推出基于 Linux 的网络专用服务器，此举结束了 Linux 单向顺应硬件商硬件开发驱动的历史。

2001 年伊始，Oracle 宣布在 OTN 上的所有会员都可以免费索取 Oracle 9i 的 Linux 版本，从几年前的"绝不涉足 Linux 系统"到如今的主动合作，足以体现 Linux 的发展迅猛。IBM 则决定投入 10 亿美元扩大 Linux 系统的运用，此举犹如一针强心剂，令华尔街的投资者闻风而动。到了 5 月，微软公开反对 GPL 引起了一场大规模的论战。8 月，红色代码爆发，引得许多站点纷纷从 Windows 操作系统转向 Linux 操作系统，虽然这是一次被动的转变，但也算是一次应用普及。12 月，Red Hat 为 IBM S/390 大型计算机提供了 Linux 解决方案，从此结束了 AIX "孤单独行无人伴" 的历史。

2002 年是 Linux 企业化的一年。2 月，微软公司迫于各州政府的压力，宣布扩大公开代码行动，这是 Linux 开源带来的深刻影响的结果。3 月，Linux 内核开发者宣布新的 Linux 系统支持 64 位的计算机。

2003 年 1 月，NEC 宣布将在其手机中使用 Linux 操作系统，代表着 Linux 成功进军手机领域。5 月，SCO 表示就 Linux 使用的涉嫌未授权代码等问题对 IBM 进行起诉，此时人们才留意到，原本由 SCO 垄断的银行/金融领域，其份额已经被 Linux 抢占了不少。9 月，中科红旗发布 Red Flag Server 4 版本，性能改进良多。11 月，IBM 注资 Novell 以 2.1 亿收购 SuSE，同期 RedHat 计划停止提供免费的 Linux，顿时业内骂声四起。Linux 在商业化的路上渐行渐远。

"天下大势，分久必合，合久必分"，2004 年 1 月，德国的 SuSE Linux AG 被美国软件公司 Novell 收购，这象征着 Linux 领域的又一次重大合并。同年，SCO 集团因其对 Linux 社区的法律攻击而名声受损，但依然坚持其版权主张。与此同时，Asianux 和 MandrakeSoft 这样的 Linux 发行版在过去五年中首次宣布实现了季度盈利。3 月，硅图（SGI）宣布他们成功地让 Linux 操作系统支持高达256个Itanium 2处理器。4月，美国斯坦福大学Linux大型机系统被黑客攻陷，再次证明了没有绝对安全的操作系统。6月的统计报告显示，在世界500强超级计算机系统中，使用Linux操作系统的已经占到了280席，Linux在此领域的占有率迅速上升，侵蚀了传统的各种UNIX系统的市场份额。9月，HP开始网罗Linux内核代码人员，以使新版本的内核朝对HP有利的方向发展，而IBM则宣布推出专门运行Linux的OpenPower服务器，进一步加大对Linux的商业投入。

至今，Linux的影响力依旧强劲，并且受到越来越多计算机学习者的追捧。无论是虚拟化技术、云计算、嵌入式系统，还是物联网等新兴领域，Linux都占有举足轻重的地位。随着技术的不断进步，对精通Linux的人才的需求日益增加，因此深入学习和掌握Linux系统，对于追求技术生涯的人来说，无疑是一个充满机遇的选择。

1.3　Linux和Windows的比较

大多数人对Windows操作系统已经相当熟悉了，但当涉及学习全新的操作系统Linux时，初学者可能会表现出一些犹豫和抵触。他们可能会问，为什么要学习Linux？它与Windows有什么不同？实际上，Linux和Windows这两大操作系统都有各自的长处和短板，且在多个领域中它们已经实现了相互学习和融合。在易用性方面，Windows仍然处于优势；在灵活性方面，Linux则占据上风；在安全性方面，Linux系统比Windows系统好；在应用软件支持方面，一直是Windows更强；Linux的真正优势是服务器操作系统和嵌入式操作系统。我们可以通过表1-1来了解一下两者的重大区别。

表1-1　Windows与Linux的重大区别

特　　点	Windows	Linux
安全性能	一般	好
稳定性	好	很好
软件支持	很好	好
硬件支持	好	一般
源码	保密	开放
系统可调节性	基于界面的规范性，更易于调节	具有极大的可调节性
使用方便性	非常方便	方便
版权限制和费用	有	无
技术支持	好	基于社团形式的

1.4　Linux主要应用领域

Windows已经牢牢占据了普通用户的桌面PC市场。那么Linux呢，它的主要应用领域在哪里呢？Linux操作系统源码公开和免费的特点使其迅速发展壮大，赢得了许多大型软件公司的支持，它的主要应用领域如下：

（1）Linux 服务器（中低端的应用服务器）。
（2）嵌入式 Linux 系统（信息家电、智能仪表、网络安全产品等）。
（3）桌面市场（办公软件、电子政务）。

1.5　Linux 的版本

　　Linux 的版本分为发行（Distribution）版本和内核版本，而内核版本又分为开发版本和稳定版本。为了安装方便，将 Linux 内核、系统软件/应用软件打包在一起发行，称作发行版本。
　　Linux 的内核版本号由 3 个字母组成：r、x、y。这 3 个字母的含义如下：

- r：目前发布的内核版本。
- x：偶数表示稳定版本，奇数表示开发中的版本。
- y：错误修补的次数。

比如 kernel 2.0.38、kernel 2.6.13-17、kernel 3.10.0。
　　我们可以在命令行下用 uname -a 或 cat /proc/version 查看当前系统的内核版本号。
　　Linux 发行版（套件）以 Linux Kernel 为核心，搭配各种应用程序和工具。许多个人、组织和企业开发了基于 GNU/Linux 的 Linux 发行版，目前有 200 余种 Linux Distribution。Linux 发行版大体可以分为两类：商业公司维护和社区组织维护。前者以著名的 RedHat(RHEL)为代表，后者以 Debian、CentOS 为代表。查看发行版本的命令是 cat/etc/redhat-release。
　　当今比较流行的发行版如下：

- Red Hat：https://www.redhat.com/en。
- Slackware：https://www.slackware.com/。
- SuSE：https://www.suse.com/。
- Debian：https://www.debian.org/。
- CentOS：https://www.centos.org/。
- Ubuntu：https://ubuntu.com/。

1.6　使用哪个版本的 Linux 进行学习

　　Linux 发行版众多，有国内的，比如红旗，也有国外的，比如 Ubuntu、RedHat、CentOS 和 Fedora 等。读者可以根据个人爱好和基础选择一款，它们的差别其实不是很大。这里推荐 Ubuntu 和 Fedora，因为社区强大，这就意味着学习资料和问答的地方多。考虑到 Ubuntu 用到的人非常多，而 CentOS 已经不再维护等因素，本书采用的 Linux 版本是 Ubuntu20.04.1，这是很经典的一个版本，不老不新，正值当年，如日中天！

1.7 Linux 的特点

Linux 操作系统最大的特点是免费、开源、可以定制以及功能强大。这是它能迅速在 IT 工业界发展起来的根本。具体地讲，Linux 在功能方面有如下特点：

（1）真正的多用户、多任务操作系统。
（2）符合 POSIX 标准。
（3）提供 Shell 命令解释程序和编程语言。
（4）提供强大的管理功能，包括远程管理功能（SSH）。
（5）具有内核的编程接口。
（6）具有图形用户接口（KDE/GNOME）。
（7）具有大量实用的程序和通信、联网工具。
（8）Linux 系统组成部分的源码是开放的，任何人都能修改和重新发布它。
（9）Linux 系统不仅可以运行自由发布的应用软件，还可以运行许多商业化的应用软件。
（10）Linux 几乎可以在所有硬件平台上运行，比如 x86 PC、Sun Sparc、Digital Alpha、680x0、PowerPC、MIPS 等。

1.8 如何学习 Linux

在当今社会，Linux 已经渗透到日常生活、工业生产、科学研究等各个领域。我们手中的智能手机、汽车的车载系统、互联网的庞大服务器群，甚至桌面计算机，很多都在运行 Linux 或其变体。Linux 不仅是这些设备的操作系统，也是支撑现代技术世界的基础架构的重要一部分。尤其对于那些参与技术相关工作的人来说，学习 Linux 不仅是一个优势，也是职业发展的一个要求。那么，如何有效学习 Linux 呢？

Linux 的代码行数逼近 2000 万行，就算每天看 1 万行，也得要六七年，况且这还只是 Linux 内核的代码量，再加上每个 Linux 发行版本有关的代码，估计得突破天际了。因此，要在短期内全面地学习 Linux 的方方面面，对于一个正常的人来说几乎不太可能。所以，学习 Linux 的关键便在于学习的目的一定要明确，通常来讲可能会涉及以下方面：

- 了解及入门。
- 成为Linux的系统管理员。
- 学习Linux应用编程。
- 学习Linux服务器编程。
- 学习Linux驱动、内核和嵌入式开发等。

当然，这只是其中几个大的方面，即便如此，而每个方面都有一个非常大的议题。以学习 Linux 内核开发为例，内核本身就包括了非常多的细分方向，如网络协议栈、文件系统、设备驱动开发等等。因此，对于 Linux，我们应该慎重地评价自己是否真的精通。实际上，学无止境，想要真正精通 Linux

的主要方面，需要我们投入长时间的研究和实践，这有可能会穷尽我们的个人生涯。

总之，一句话：多看书，多动脑，多动手。

1.9 命令行还是图形界面

如果决定往网络管理、嵌入式开发方向发展，那么命令行是必须熟练掌握的。如果只是做上位机的桌面开发，那么掌握图形界面就可以了。Linux 主要应用场景基本不在桌面领域，因此命令行下的操作和编程是必须掌握的。建议尽量用命令行。

1.10 计算机启动的基本过程

对于一台安装了 Linux 系统的主机来说，当用户按下开机按钮后，要经历如图 1-1 所示的几个过程。

其中，每个过程都执行了自己该做的初始化部分，有些过程又可分为好几个子过程。接下来，我们就对每个过程进行分析。

1.10.1 按下电源

按下电源，其实更科学的称呼是上电，因为有些嵌入式系统是通过拨动电源开关来上电的，没有按下的按钮。任何 Linux 系统的启动必然是从上电开始的。上电后，CPU 的 RESET 引脚会由特殊的硬件电路产生一个逻辑值，这就是 CPU 的复位。此时 CPU 被唤醒了，将在 0xfffffff0 处执行一条长跳转指令，直接跳到固化在 ROM 中的启动代码处（这个启动代码叫作 BIOS），并开始执行 BIOS（Basic Input/Output System，基本输入输出系统）代码。

图 1-1

1.10.2 BIOS 自检

20 世纪 70 年代初，"只读内存"（Read-Only Memory，ROM）发明后，开机程序被刷入 ROM 芯片，计算机通上电后，第一件事就是读取它。图 1-2 所示就是一个 BIOS 芯片。

这块芯片里存放着 BIOS 代码。有计算机基础的人都应该听过 BIOS，它被视为一个永久地记录在 ROM（只读存储器）中的软件，是操作系统输入输出管理系统的一部

图 1-2

分。早期的 BIOS 芯片确实是"只读"的，里面的内容是用一种烧录器写入的，一旦写入就不能更改，除非更换芯片。现在的主板都使用一种叫作 Flash EPROM 的芯片来存储系统 BIOS，里面的内容可使用主板厂商提供的擦写程序擦除后重新写入，这样就给用户升级 BIOS 提供了极大的便利。

1. 硬件自检

BIOS 程序的主要作用是硬件自检（简称 BIOS 自检），然后将控制权转交给下一阶段的启动程序。BIOS 程序的硬件自检也称上电自检（Power-On Self Test，POST），主要负责检测系统外围关键设备（如 CPU、内存、显卡、I/O、键盘鼠标等）是否正常。例如，最常见的是内存松动的情况，BIOS 自检阶段会报错，系统则无法启动起来。自检中如果发现错误，将按两种情况处理：对于严重故障（致命性故障），则直接停机，此时由于各种初始化操作还没完成，因此不能给出任何提示或信号；对于非严重故障，则给出提示或声音报警信号，等待用户处理。如果没有问题，屏幕上就会显示 CPU、内存、硬盘等信息。如图 1-3 所示就是硬件自检过程中的一些打印信息。

图 1-3

2. 查找引导设备

硬件自检完成后，BIOS 将把控制权转交给下一阶段的启动程序。这时，BIOS 需要知道下一阶段的启动程序具体存放在哪一个设备。也就是说，BIOS 需要有一个外部存储设备的排序，排在前面的设备就是优先转交控制权的设备。这种排序叫作"启动顺序"（Boot Sequence）。打开 BIOS 的操作界面，里面有一项是设定启动顺序，如图 1-4 所示。

图 1-4

1.10.3 系统引导

BOIS 代码基本运行结束后，要将引导程序代码载入内存进行运行。那么引导代码在哪里呢？这里讲的是 PC 上的引导。PC 上的引导代码（bootloader 程序）分为两部分，第一部分位于主引导记录（Master Boot Record，MBR）上，这部分先启动，作用是引导位于某个分区上的第二部分引导程序，如 NTLDR、BOOTMGR 和 GRUB 等。因此，我们经常见到的 GRUB 属于 bootloader，不属于 BIOS。

BIOS 按照启动顺序，把控制权转交给排在第一位的存储设备。这时，计算机读取该设备的第一个扇区，也就是读取最前面的 512 字节。如果这 512 字节的最后两字节是 0x55 和 0xAA，就表明这个设备可以用于启动；如果不是，则表明设备不能用于启动，控制权于是被转交给启动顺序中的下一个设备。最前面的 512 字节就叫作"主引导记录"。主引导记录只有 512 字节，放不了太多东西，它的主要作用是告诉计算机到硬盘的哪个位置去找操作系统。主引导记录由以下 3 个部分组成：

（1）第 1~446 字节：调用操作系统的机器码（第一部分引导代码）。
（2）第 447~510 字节：分区表（Partition Table）。
（3）第 511、512 字节：主引导记录签名（0x55 和 0xAA）。

BIOS 把第一部分引导代码装入内存后就退出了，此时第一部分引导启动。第二部分分区表的作用是将硬盘分成若干个区。考虑到每个区可以安装不同的操作系统，因此主引导记录必须知道将控制权转交给哪个区。分区表的长度只有 64 字节，里面又分成 4 项，每项 16 字节，所以一个硬盘最多只能分 4 个一级分区，又叫作"主分区"。每个主分区的 16 字节由以下 6 部分组成：

（1）第 1 字节：如果为 0x80，就表示该主分区是激活分区，控制权要转交给这个分区。4 个主分区里面只能有一个是激活的。
（2）第 2~4 字节：主分区第一个扇区的物理位置（柱面、磁头、扇区号等）。
（3）第 5 字节：主分区类型。
（4）第 6~8 字节：主分区最后一个扇区的物理位置。
（5）第 9~12 字节：该主分区第一个扇区的逻辑地址。
（6）第 13~16 字节：主分区的扇区总数。

最后的 4 字节（主分区的扇区总数）决定了这个主分区的长度。也就是说，一个主分区的扇区总数最多不超过 2 的 32 次方。如果每个扇区为 512 字节，就意味着单个分区最大不超过 2TB。再考虑到扇区的逻辑地址也是 32 位，所以单个硬盘可利用的空间最大也不超过 2TB。如果想使用更大的硬盘，只有两个方法：一是提高每个扇区的字节数；二是增加扇区总数。

介绍了一些分区表的概念后，下面继续介绍计算机的引导。现在计算机的控制权就要转交给硬盘的某个分区了，这里又分成两种情况。

（1）要引导的操作系统位于激活的主分区里。4 个主分区里面只有一个是激活的。计算机会读取激活分区的第一个扇区，这个扇区叫作"卷引导记录"（Volume Boot Record，VBR）。卷引导记录的主要作用是告诉计算机操作系统在这个分区里的位置。随后，计算机就会加载操作系统了。
（2）要引导的操作系统位于逻辑分区里。随着硬盘越来越大，4 个主分区已经不够了，需要更多的分区；但是，分区表只有 4 项，因此规定有且只有一个区可以被定义成"扩展分区"（Extended

Partition）。所谓扩展分区，就是指这个区里面又分成多个区。这种分区里面的分区就叫作"逻辑分区"（Logical Partition）。扩展分区包含一个或多个逻辑分区。

计算机先读取扩展分区的第一个扇区，这个扇区叫作"扩展引导记录"（Extended Boot Record，EBR）。它里面也包含一张 64 字节的分区表，但是最多只有两个分区项，第一个分区项描述第一个逻辑分区，第二个分区项描述第二个逻辑分区（如果存在），如果没有更多的逻辑分区，则第二个分区项就不需要使用。当存在两个分区项时，计算机就可以找到第二个逻辑分区，接着会读取第二个逻辑分区的第一个扇区，再从里面的分区表中找到第三个逻辑分区的位置，以此类推，直到某个逻辑分区的分区表只包含它自身为止（只有一个分区项）。因此，扩展分区可以包含无数个逻辑分区。

如果要启动扩展分区（逻辑分区）上的操作系统，那么计算机在读取主引导记录前面 446 字节的机器码之后，不再把控制权转交给某一个分区，而是运行事先安装好的"启动管理器"程序（比如 GRUB）。这意味着第二部分引导代码启动了，它提示用户选择启动哪一个操作系统。Linux 环境中，目前最流行的启动管理器是 GRUB，如图 1-5 所示。

图 1-5

用户选择后，就可以直接启动所选的操作系统了。系统引导程序到此就基本结束了，下面轮到操作系统内核登场了。

既然讲到引导程序，这里顺便介绍一下，与 PC 不同的是，对于嵌入式 Linux 系统来说，并没有 BIOS，而是直接从 Flash 中运行 bootloader，然后装载内核，所以省去了 BIOS。当然嵌入式 Linux 的 bootloader 也不怎么用 GRUB，用得较多的是 uboot。以后读者开发嵌入式 Linux 系统会体会到这一点。

1.10.4 启动内核

控制权转交给操作系统后，操作系统的内核首先被载入内存。以 Linux 系统为例，先载入/boot 目录下面的内核文件，内核加载成功后，第一个运行的程序是/sbin/init。它根据配置文件（Debian 系统是/etc/initab）产生 init 进程。这是 Linux 启动后的第一个进程，其进程号（PID）为 1，其他进程都是它的后代。然后，init 进程加载系统的各个模块，比如窗口程序和网络程序，直至执行/bin/login 程序，跳出登录界面，等待用户输入用户名和密码。至此，全部启动过程完成。

1.11 认识 Shell

Shell 俗称壳（区别于内核），是用户使用 Linux 的接口，用户输入命令后得到返回结果。Shell 可以分为图形（GUI）Shell 和命令行（CLI）Shell，本书主要讲解命令行 Shell。

1. 命令行 Shell 工作模式

Linux 的命令行 Shell 有两种工作模式。

1）交互模式

在交互模式下，Shell 作为命令解释器使用，类似于 Windows XP 下的 cmd.exe。用户在 Linux 终端下输入的每一个命令都由 Shell 先解释，然后传给 Linux 内核，内核再调用相应的系统程序后返回结果给用户。

2）非交互式模式

在非交互式模式下，Shell 作为脚本语言解释器使用，用户编写一个脚本文件（如.sh 文件），然后在命令行下运行该脚本文件。脚本语言也称 Shell 脚本语言，可以把几条命令放在一起，也可以定义变量，并提供许多在高级语言中才具有的控制结构，包括循环和分支等。反正就是自动化、批量地来解释命令。

2. Shell 命令

Shell 命令也就是俗称的 Linux 命令，共有 2000 多个。要成为 Linux 高手，命令是必须掌握的。如果要把 Linux 下的命令全部掌握，那么恐怕只能打击初学者的积极性了。因此，笔者根据多年的工作经验，在 2000 多个命令中精选出几百个常用的 Shell 命令。熟练掌握这些常用命令后，就能应付大多数工作场合，而剩下的命令可以通过帮助（man）来解决。

3. 常见的 Shell

不同的 Linux 系统上，Shell 可能不同。当前，使用较广的 Shell 有标准的 Bourne Shell（sh）、Korn Shell（ksh）、C Shell（csh）、Bourne Again Shell（bash）等。本书使用的 Shell 是 bash。我们可以用下面的命令来查看当前环境所用的 Shell：

```
#echo $SHELL
```

运行结果：

```
#/bin/bash
```

1.12 图形界面和字符界面的切换

1.12.1 在不退出 X-Window 的情况下切换到字符界面

开机默认进入的是图形界面，这里要在不退出图形界面的情况下切换到字符界面。Linux 默认打开7个屏幕,编号为tty1~tty7。X-Window 启动后,占用的是 tty7 屏幕,tty1~tty6 仍为字符界面屏幕。也就是说,按 Ctrl+Alt+F1~F6 快捷键即可实现字符界面与 X-Window 界面的快速切换。注意,按 Ctrl+Alt+F1~F6 快捷键只是切换,并不退出 X-Window,按 Ctrl+Alt+F7 快捷键或 Alt+F7 快捷键就回到 X-Window 了。

此外,在 VMware 中,默认情况下按 Ctrl+Alt+Fn 快捷键是不起作用的,这是因为 VMware 虚拟操作系统和宿主操作系统之间的鼠标切换热键是 Ctrl+Alt,这就和 Ctrl+Alt+Fn 发生冲突了,所以我们要修改 VMware 的热键。依次单击 VMware 菜单项 Edit→Preference,出现如图 1-6 所示的对话框。

把 Ctrl+Alt 改为 Ctrl+Shit+Alt,然后单击 OK 按钮。修改完毕后,需要重启虚拟机的操作系统。

图 1-6

1.12.2 强行退出 X-Window 进入文本模式

开机默认进入的是图形界面,要退出图形界面进入字符界面,首先在图形界面中打开一个终端,然后输入 init 3(注意 init 后面有一个空格)。稍后系统将退出图形界面并进入字符界面。用该方法切换后,图形界面完全关闭。如果图形界面中有文件未保存,那么将丢失。

用 init 5 可以回到图形界面,但原来图形界面中的进程已死,而且需要重新登录。

1.12.3 设置每次开机进入字符界面

安装完 Linux 后,默认进入的是图形界面,我们现在要在图形界面下修改设置,使得以后开机直接进入字符界面,步骤如下:

步骤 01 在图形界面下找到文件 /etc/inittab,然后右击,在弹出的快捷菜单中选择 Open with "Text Editor",如图 1-7 所示。

步骤 02 在 /etc/inittab 中找到 id:5:initdefault:,如图 1-8 所示。

图 1-7

图 1-8

把 5 改为 3，然后保存并关闭该文件。

"id:5:initdefault:"的意思是告诉 Linux 启动时运行的级别是 5，也就是图形模式，改成 3 就是文本模式了。

这是因为 Linux 操作系统有 6 种不同的运行级（Run Level），在不同的运行级下，系统有着不同的状态。这 6 种运行级说明如下：

- 0：停机。记住不要把initdefault设置为0，因为这样会使Linux无法启动。
- 1：单用户模式，就像Windows 9x下的安全模式。
- 2：多用户，但是没有NFS。
- 3：完全多用户模式，标准的运行级，字符界面模式。
- 4：一般不用，在一些特殊情况下可以用它来做一些事情。
- 5：X11，即进入X-Window系统。
- 6：重新启动。记住不要把initdefault设置为6，因为这样会使Linux不断地重新启动。

步骤 03 重启 Linux，会直接进入字符界面。

1.12.4 从字符界面进入图形界面

开机默认进入的是字符界面，要切换到图形界面，方法是在字符界面下输入命令"init 5"。

通过 init 5 进入图形界面后，可以按 Ctrl+Alt+F1~F6 快捷键来切换到字符界面，通过按 Ctrl+Alt+F7 快捷键切换回图形界面。

开机进入的是字符界面，相当于运行在 3 级别上，通过 init 5 切换到运行级别 5，该操作会启动与图形界面相关的服务，并且需要重新输入用户名和密码后登录。如果不运行 init 5，直接按 Ctrl+Alt+F7 快捷键是无法切换成功的，因为此时图形界面还没有启动。

1.13　环境变量

环境变量（Environment Variables）通常是指在操作系统中用来指定操作系统运行环境的一些变量，比如 PATH 变量包含一系列由冒号分隔开的目录，系统就从这些目录里寻找可执行文件。

在 Linux 中，环境变量分为系统级和用户级两种，系统级的环境变量是每个登录系统的用户都要读取的系统变量，而用户级的环境变量则是该用户使用系统时加载的环境变量。

1）系统级环境变量

系统级环境变量存放在/etc/profile 文件中。该文件是用户登录时，操作系统定制用户环境时使用的第一个文件，应用于登录到系统的每一个用户。修改该文件中的环境变量将影响系统中的每个用户。

可以在命令行下直接运行 env 命令来查看系统级环境变量。

2）用户级环境变量

用户级环境变量存放在各个用户的~/.bash_profile 文件中，~表示每个用户的宿主目录（也就是 home 目录）。.bash_profile 是一个隐藏文件，我们在进入~后，通过 ls -a 命令可以看到该文件。修改该文件中的系统变量将仅影响该文件对应的用户。

可以用 env 命令来显示当前用户的环境变量。

第 2 章

搭建 Linux C/C++开发环境

从本章开始就要慢慢进入实战了。就像一个将军在上战场前必须先打造好兵器一样，我们在实战前需要搭建好开发环境，准备好开发工具。俗话说，工欲善其事，必先利其器。本章将讲述 Linux 的 C/C++开发环境，虽然是开发 Linux 应用程序，但笔者建议在 Windows 下开发，然后把开发出来的程序上传至 Linux 中运行。毕竟 Windows 用起来比 Linux 方便得多，开发效率也高得多。为了照顾初学者，让学习曲线尽可能平缓上升，我们将从 Linux 虚拟机环境开始讲起。

2.1 安装和配置虚拟机 Linux

2.1.1 在 VMware 下安装 Linux

要开发 Linux 程序，当然需要一个 Linux 操作系统。通常在公司开发项目，都会有一台专门的 Linux 服务器供开发人员使用，而我们自己学习不需要这样，可以使用虚拟机软件比如 VMware 来安装一个虚拟机中的 Linux 操作系统。

VMware 是大名鼎鼎的虚拟机软件，它通常有两个版本：工作站版本 VMware Workstation 和服务器客户机版本 VMware vSphere。这两个版本都可以安装操作系统作为虚拟机操作系统。但个人用得较多的是 Vmware Workstation，供单个人在本机使用。VMware vSphere 通常用于企业环境，供多个人远程使用。通常，我们把自己真实 PC 上装的操作系统叫宿主机系统，VMware 中安装的操作系统叫虚拟机系统。

VMware Workstation 可以在网上下载，它是 Windows 软件，安装非常傻瓜化，这里不浪费笔墨了。笔者这里使用的版本是 15.5，其他版本应该也可以。虽然现在 VMware Workstation 16 已经发布，但为了照顾使用 Windows 7 的朋友，所以没有使用 VMware Workstation 16，因为 VMware Workstation 16 不支持 Windows 7，必须是 Windows 8 或以上版本。

通常开发 Linux 程序，先在虚拟机下安装 Linux 操作系统，然后在这个虚拟机的 Linux 系统中编程调试，或在宿主机系统（比如 Windows）中进行编辑，再传到 Linux 中进行编译。有了虚拟机的 Linux 系统，开发方式的灵活性比较大。实际上，不少一线开发工程师都是在 Windows 下阅读和编辑代码，然后放到 Linux 环境中编译运行的，这样的方式效率还不低。

这里我们采用的虚拟机软件是 VMware Workstation 15.5（它是最后一个能安装 Windows 7 的版本，当然使用 Windows 10 的读者可以直接用 VMware Workstation 16，操作都类似）。在安装 Linux 之前，我们要准备 Linux 映像文件（ISO 文件），可以直接从网上下载 Linux 操作系统的 ISO 文件，也可以通过 UltraISO 等软件从 Linux 系统光盘制作一个 ISO 文件，制作方法是在主菜单栏上依次选择"工具"→"制作光盘映像文件"。

不过，笔者建议还是直接从网上下载一个 ISO 文件，笔者就从 Ubuntu 官网（https://Ubuntu.com）上下载了一个 64 位的 Ubuntu20.04 桌面版，下载下来的文件名是 Ubuntu-20.04.1-desktop-amd64.iso。当然，其他发行版本如 CentOS、Red Hat、Debian 或 Fedora 等，作为学习开发环境也都可以，但建议用较新的版本。这里建议读者使用自己最熟悉的 Linux 操作系统，不一定要使用 Ubuntu。

ISO 文件准备好了后，就可以通过 VMware 来安装 Linux 了，打开 Vmware Workstation，然后根据下面几个步骤操作即可。

步骤 01 在 Vmware 上的主菜单栏依次选择"文件"→"新建虚拟机"，弹出新建虚拟机向导对话框，如图 2-1 所示。

步骤 02 单击"下一步"按钮，出现"新建虚拟机向导"对话框。由于 VMware Workstation 15 默认会简易安装 Ubuntu，而简易安装可能会导致很多软件装不全，因此为了不让 VMware Workstation 简易安装 Ubuntu，选择"稍后安装操作系统"，如图 2-2 所示。

图 2-1　　　　　　　　　　　　　　图 2-2

步骤 03 单击"下一步"按钮，此时出现"安装客户机操作系统"对话框，我们选择"Linux"和"Ubuntu 64 位"，如图 2-3 所示。

步骤 04 继续单击"下一步"按钮，此时出现"命名虚拟机"对话框，设置虚拟机名称为"Ubuntu20.04"，位置可以选一个磁盘空闲空间较多的磁盘路径，这里选择的是"g:\vm\Ubuntu20.04"。然后单击"下一步"按钮，此时出现"指定磁盘容量"对话框，保持默认 20GB，再多一些也可以，其他保持默认。继续单击"下一步"按钮，此时出现"已准备好创建虚拟机"对话框，这一步只是让我们看一下前面设置的配置列表，直接单击"完成"按钮即可。此时 VMware Workstation 主界面上可以看到有一个名为"Ubuntu 20.04"的虚拟机了，如图 2-4 所示。

图 2-3

图 2-4

现在 Ubuntu 还启动不了，因为还未真正安装。

步骤 05 单击"编辑虚拟机设置"，此时出现"虚拟机设置"对话框，在硬件列表中选中"CD/DVD（SATA）"，在界面右侧选中"使用 ISO 镜像文件"，并单击"浏览"按钮，选择我们下载的 ubuntu-20.04.1-desktop-amd64.iso 文件，如图 2-5 所示。

图 2-5

从图 2-5 中可以看到，这里虚拟机 Ubuntu 使用的内存是 2GB。

步骤 06 接着单击右下方"确定"按钮,关闭"虚拟机设置"对话框。此时又回到了如图 2-4 所示的主界面上,现在我们可以单击"开启此虚拟机"了,稍等片刻,会出现 Ubuntu20.04 的安装界面,如图 2-6 所示。

图 2-6

步骤 07 在界面左侧选择语言为"中文(简体)",然后在右边单击"安装 Ubuntu"按钮。安装过程很简单,保持默认设置即可,这里不再赘述。另外要注意的是,安装时需要主机保持联网,因为很多软件需要下载。

虚拟机 Ubuntu 20.04 安装完毕后,下面我们需要对它进行一些设置,使它用起来更加方便。

2.1.2 开启登录时的 root 账号

我们在安装 Ubuntu 的时候会新建一个普通用户,该用户权限有限。开发者一般需要 root 账户,这样操作和配置起来才比较方便。Ubuntu 默认是不开启 root 账户的,所以需要手工来打开,步骤如下:

步骤 01 设置 root 用户密码。

先以普通账户登录 Ubuntu,在桌面上右击,在弹出的快捷菜单中选择"在终端中打开",打开终端模拟器,并输入命令:

```
sudo passwd root
```

然后输入设置的密码,输入两次,这样就完成了 root 用户密码的设置了。为了好记,我们把密码设置为 123456。

再通过 su 命令就可以切换到 root 账户了。此时可以安装一个 VMware 提供的 VMware Tools:在主菜单栏依次单击"虚拟机"→"VMware Tools"。接下来在 Ubuntu 中打开光盘根目录,可以看到文件 VMwareTools-10.3.22-15902021.tar.gz,把它复制到/home/bush 下,再在/home/bush 下解压该文件:

```
tar zxvf VMwareTools-10.3.22-15902021.tar.gz
```

最后进入 vmware-tools-distrib 文件夹，执行./vmware-install.pl 即可开始傻瓜化安装，安装过程出现提示，采用默认选项即可。注意，安装 VMwareTools 需要 root 权限。安装这个工具主要是为了可以在 Windows 和 Ubuntu 之间复制粘贴命令，省去输入代码；另外，就是可以在 Windows 和 Ubuntu 之间通过拖放鼠标来传递文件。

安装完毕后，就可以重启 Ubuntu，然后依旧以普通账号登录，再打开 Ubuntu 中的终端窗口时，发现可以粘贴从 Windows 中复制的内容了。

步骤 02 修改 50-Ubuntu.conf。

执行 sudo gedit /usr/share/lightdm/lightdm.conf.d/50-Ubuntu.conf 命令，修改配置如下：

```
[Seat:*]
user-session=Ubuntu
greeter-show-manual-login=true
all-guest=false
```

保存后关闭编辑器。

步骤 03 修改 gdm-autologin 和 gdm-password。

执行 sudo gedit/etc/pam.d/gdm-autologin 命令，然后注释掉 auth required pam_succeed_if.so user != root quiet_success 这一行（大概在第 3 行），其他保持不变，修改后如下所示：

```
#%PAM-1.0
auth     requisite      pam_nologin.so
#auth    required       pam_succeed_if.so user != root quiet_success
```

保存后关闭编辑器。

再执行 sudo gedit /etc/pam.d/gdm-password 命令，然后注释掉 auth required pam_succeed_if.so user != root quiet_success 这一行（大概在第 3 行），修改后如下所示：

```
#%PAM-1.0
auth     requisite      pam_nologin.so
#auth    required       pam_succeed_if.so user != root quiet_success
```

保存后关闭编辑器。

步骤 04 修改/root/.profile 文件。

执行 sudo gedit /root/.profile 命令，将文件末尾的 mesg n 2> /dev/NULL || true 这一行修改成：

```
tty -s&&mesg n || true
```

步骤 05 修改/etc/gdm3/custom.conf。

如果需要每次自动登录到 root 账户，可以执行 sudo gedit /etc/gdm3/custom.conf 命令，修改后如下所示：

```
# Enabling automatic login
AutomaticLoginEnable = true
```

```
AutomaticLogin = root
# Enabling timed login
TimedLoginEnable = true
TimedLogin = root
TimedLoginDelay = 5
```

但通常不需要每次自动登录到 root 账户，这个看个人喜好吧。

步骤 06 重启系统使设置生效。

执行 reboot 命令重启 Ubuntu。如果进行了 **步骤 05** 的设置，则重启后会自动登录到 root 账户，否则，可以在登录界面上单击"未列出"，然后就可以使用账号（root）和密码（123456）了。登录 root 后，最好做个快照：在主菜单栏中依次单击"虚拟机"→"快照"→"拍摄快照"，这样在进行下面设置发生错误时，可以恢复到现在的状态。

2.1.3 配置 Linux 虚拟机环境

1. 关闭内核自动更新

Ubuntu 默认启动了自动更新内核，我们可以关闭内核更新，使用当前内核。这对驱动开发者比较重要，因为驱动的不少内核函数都和内核版本息息相关，如果任凭 Ubuntu 自动升级，会导致驱动内核函数不兼容，驱动程序编译错误。所以需要关闭内核自动更新，这样可以确保使用当前操作系统的原生内核。

可以用 uname 命令查看当前系统的内核版本，例如：

```
# uname -r
5.4.0-42-generic
```

可以看出，当前系统的内核版本是 5.4。

如果以后安装了多个内核，也可以使用下列命令查看已安装的内核：

```
# dpkg --list | grep linux-image
ii  linux-image-5.4.0-42-generic    5.4.0-42.46  amd64  Signed kernel image generic
ii  linux-image-generic-hwe-20.04   5.4.0.42.46  amd64  Generic Linux kernel image
```

如果当前系统的内核真是我们需要的，那么可以禁止 Ubuntu 自动更新，方法是编辑以下 2 个文件：

```
vi /etc/apt/apt.conf.d/10periodic
vi /etc/apt/apt.conf.d/20auto-upgrades
```

把文件中每行后面部分全部改成"0"。然后保存并关闭文件，再 reboot 系统即可生效。

2. 解决 Ubuntu 上的 vi 方向键问题

在 Ubuntu 下，初始使用 vi 的时候会有点问题，就是在编辑模式下使用方向键的时候，并不会使光标移动，而是在命令行中出现[A [B [C [D 之类的字母，而且编辑错误的话，就连退格键（Backspace 键）都使用不了，只能用 Delete 来删除。要解决这个问题，在图形界面的终端窗口中输入如下命令：

```
gedit ~/.vimrc
```

添加：

```
set nocompatible
set backspace=2
```

保存后退出。这样再用 vi 编辑文档时，就可以用方向键了。

3. 关闭防火墙

为了以后联网方便，最好一开始就把防火墙关闭，命令如下：

```
root@myub:~#ufw disable
防火墙在系统启动时自动禁用
root@myub:~#ufw status
状态：不活动
```

其中 ufw disable 表示关闭防火墙，而且系统启动的时候就会自动关闭。ufw status 是查询当前防火墙是否在运行，不活动表示不在运行。如果以后要开启防火墙，则使用 ufw enable 即可。

4. 配置安装源

当我们在 Ubuntu 中下载和安装软件时，需要配置镜像源，否则会提示无法定位软件包。例如，安装 apt install net-tools 时可能会出现"E：无法定位软件包 net-tools"的问题，原因就是本地没有该功能的资源或者我们更换了源但是还没有重新 update。因此，安装完系统后，一定要记得在 sources.list 文件中配置镜像源。

在图形界面的虚拟机 Ubuntu 中，切换到/etc/apt/，在这个路径下可以看到文件 sources.list。我们要将 sources.list 替换掉，用 https://mirrors.ustc.edu.cn/repogen/作为软件镜像源。

在虚拟机 Ubuntu 中，打开火狐浏览器，然后输入网址 https://mirrors.ustc.edu.cn/repogen/，打开网页后，找到 Ubuntu 那一行。笔者的 Ubuntu 版本是 20.04，所以在"Download"按钮左边的下拉框中选择 focal(20.04)，如图 2-7 所示。

图 2-7

然后单击"Download"按钮，这时候会下载 sources.list，如果不想下载，那么在 somesofts 目录下也可以找到这个文件。接着，将它复制到路径/etc/apt/下，然后就可以输入如下命令开始更新源了：

```
apt-get update
```

稍等片刻，等待更新完成。更新完成后，还可以执行以下命令修复因为依赖关系问题而未能正确安装或配置的软件包：

```
apt --fix-broken install
```

5. 安装网络工具包

刚安装完的 Ubuntu 连 ifconfig 都不能用，因为系统网络工具的相关组件还没有安装，只能自己手工在线安装。在命令行下输入如下命令：

```
apt install net-tools
```

稍等片刻，安装完成。再输入 ifconfig，就可以查询到当前 IP 地址了：

```
root@myub:/etc/apt# ifconfig
ens33: flags=4163<UP,BROADCAST,RUNNING,MULTICAST>  mtu 1500
        inet 192.168.11.129  netmask 255.255.255.0  broadcast 192.168.11.255
        inet6 fe80::4b29:6a3e:18f4:ad4c  prefixlen 64  scopeid 0x20<link>
        ether 00:0c:29:c6:4a:d3  txqueuelen 1000  (以太网)
        RX packets 69491  bytes 58109114 (58.1 MB)
        RX errors 0  dropped 0  overruns 0  frame 0
        TX packets 35975  bytes 2230337 (2.2 MB)
        TX errors 0  dropped 0  overruns 0  carrier 0  collisions 0
```

可以看到，网卡 ens33 的 IP 地址是 192.168.11.129，这是系统自动分配（DHCP 方式）的，并且它和宿主机采用的网络连接模式为 NAT 方式，这也是系统默认的方式。只要宿主机能上网，则虚拟机也是可以上网的。

注意：不同的虚拟机可能动态配置的 IP 地址也不同。

6. 安装基本开发工具

默认情况下，虚拟机 Ubuntu 不会自动安装 gcc 或 g++，所以要在线安装。首先确保 Ubuntu 能上网，然后在命令行下输入以下命令进行在线安装：

```
apt-get install build-essential
```

稍等片刻，便会把 gcc/g++/gdb 等安装在 Ubuntu 上。

7. 启用 SSH

在许多实际应用场景中，我们通常不会直接在 Linux 系统自带的图形用户界面上进行操作，而是在 Windows 下通过 Windows 的终端工具（比如 SecureCRT 等）连接到 Linux，然后使用命令操作 Linux。这是因为 Linux 所处的机器通常不配置显示器，也可能位于远程，我们只能通过网络与远程 Linux 进行连接。

Windows 终端工具一般通过 SSH（Secure Shell）协议和远程 Linux 相连。SSH 协议是用于客户端和服务器之间安全连接的网络协议，服务器与客户端之间的每次交互均被加密，从而保证网络上数据传输的机密性。启用 SSH 后，我们可以在 Windows 上用一些终端软件比如 SecureCRT 来远程操作 Linux，也可以用文件传输工具比如 SecureFX 在 Windows 和 Linux 之间相互传文件。

Ubuntu 默认是不安装 SSH 的，因此需要手动安装并启用，具体操作步骤如下：

步骤 01 安装 ssh 服务器。

在 Ubuntu20.04 的终端命令下输入如下命令：

```
apt install openssh-server
```

稍等片刻后，ssh 服务器安装完成。

步骤 02 修改配置文件。

在命令行下输入如下命令：

```
gedit /etc/ssh/sshd_config
```

此时将打开 ssh 服务器配置文件 sshd_config，我们搜索定位 PermitRootLogin，把下列 3 行：

```
#LoginGraceTime 2m
#PermitRootLogin prohibit-password
#StrictModes yes
```

改为：

```
LoginGraceTime 2m
PermitRootLogin yes
StrictModes yes
```

然后保存并退出编辑器 gedit。

步骤 03 重启 ssh，使配置生效。

在命令行下输入如下命令：

```
service ssh restart
```

再用 systemctl status ssh 命令查看 ssh 服务器是否正在运行：

```
root@myub:/etc/apt# systemctl status ssh
● ssh.service - OpenBSD Secure Shell server
    Loaded: loaded (/lib/systemd/system/ssh.service; enabled; vendor preset: enabled)
    Active: active (running) since Thu 2022-09-15 10:58:07 CST; 10s ago
      Docs: man:sshd(8)
            man:sshd_config(5)
   Process: 5029 ExecStartPre=/usr/sbin/sshd -t (code=exited, status=0/SUCCESS)
  Main PID: 5038 (sshd)
     Tasks: 1 (limit: 4624)
    Memory: 1.4M
    CGroup: /system.slice/ssh.service
            └─5038 sshd: /usr/sbin/sshd -D [listener] 0 of 10-100 startups
```

可以发现现在的状态是 active (running)，说明 ssh 服务器正在运行。稍后我们就可以去 Window 下用 Windows 终端工具连接虚拟机 Ubuntu 了。下面我们来做个快照，保存好前面辛苦做的工作。

8. 做个快照

Vmware 的快照功能可以把当前虚拟机的状态保存下来，以便虚拟机操作系统出错时，可以恢复到做快照时的状态。制作快照很简单，在 VMware 主菜单栏中依次单击"虚拟机"→"快照"→

"拍摄快照",然后出现拍摄快照对话框,如图 2-8 所示。

在对话框中可以增加一些描述,比如刚刚装好之类的话,然后单击"拍摄快照"按钮,正式制作快照,此时在 VMware 左下角任务栏上会有百分比进度显示,在进度达到 100%之前最好不要对 VMware 进行操作,到了 100%表示快照制作完毕。

图 2-8

2.1.4 配置 Linux 虚拟机网络

虚拟机 Linux 已经准备好了,现在我们要在物理机器(简称宿主机)上的 Windows 操作系统上连接 VMware 中的虚拟机 Linux,以便传送文件和远程控制编译运行。基本上,两个系统能相互 ping 通就算连接成功了。别小看这一步,有时候也蛮费劲的。下面简单介绍 VMware 的 3 种网络模式,以便连接失败的时候可以尝试去修复。

VMware 虚拟机网络模式的意思就是虚拟机操作系统和宿主机操作系统之间的网络拓扑关系,通常有 3 种方式:桥接模式、主机模式、NAT 模式。这 3 种网络模式都通过一台虚拟交换机和主机通信。默认情况下,桥接模式下使用的虚拟交换机是 VMnet0,主机模式下使用的虚拟交换机为 VMnet1,NAT 模式下使用的虚拟交换机为 VMnet8。如果需要查看、修改或添加其他虚拟交换机,可以打开 VMware,在主菜单栏依次单击"编辑"→"虚拟网络编辑器",此时会弹出"虚拟网络编辑器"对话框,如图 2-9 所示。

图 2-9

默认情况下,VMware 也会为宿主机操作系统(笔者这里是 Windows 7)安装两块虚拟网卡,分别是"VMware Virtual Ethernet Adapter for VMnet1"和"VMware Virtual Ethernet Adapter for

VMnet8",看名字就知道,前者用来连接虚拟交换机 VMnet1,后者用来连接 VMnet8。我们可以在宿主机 Windows 7 系统的"控制面板\网络和 Internet\网络连接"下看到这两块网卡,如图 2-10 所示。

图 2-10

有读者可能会问,为何宿主机系统里没有虚拟网卡去连接虚拟交换机 VMnet0 呢?这个问题好,其实是因为 VMnet0 这个虚拟交换机所建立的网络模式是桥接网络,桥接模式中的虚拟机操作系统相当于宿主机所在的网络中的一台独立主机,所以直接用物理网卡去连接 VMnet0。

值得注意的是,这 3 种虚拟交换机都是默认就有的,我们也可以添加更多的虚拟交换机(图 2-9 中的"添加网络"按钮便是起这样的作用),如果添加的虚拟交换机的网络模式是主机模式或 NAT 模式,那么 VMware 也会自动为主机系统添加相应的虚拟网卡。本书在开发程序的时候一般是用桥接模式连接的,如果要在虚拟机中上网,则可以使用 NAT 模式。接下来具体阐述如何让宿主机和虚拟机在这两种模式下相互 ping 通,主机模式一般了解即可,因为它很少使用。

1. 桥接模式

桥接(或称网桥)模式是指宿主机操作系统的物理网卡和虚拟机操作系统的虚拟网卡通过 VMnet0 虚拟交换机进行桥接,物理网卡和虚拟网卡在拓扑图上处于同等地位。桥接模式下的网络拓扑如图 2-11 所示。

图 2-11

知道原理后,我们现在来具体设置桥接模式,使得宿主机和虚拟机相互 ping 通,过程如下:

(1)打开 VMware,单击 Ubuntu20.04 的"编辑虚拟机设置",如图 2-12 所示。

注意,此时虚拟机 Ubuntu20.04 必须处于关机状态,即"编辑虚拟机设置"上面的文字是"开启此虚拟机",说明虚拟机此时是关机状态。通常,对虚拟机进行设置最好是在虚拟机的关机状态,不过,如果只是配置网卡信息,也可以在开启虚拟机后再进行设置。

(2)单击"编辑虚拟机设置"后,将弹出"虚拟机设置"对话框,在对话框的左侧选中"网络适配器",右侧选择"桥接模式",并勾选"复制物理网络连接状态"复选框,如图 2-13 所示,然后单击"确定"按钮。

图 2-12

图 2-13

接着,我们开启此虚拟机,并以 root 身份登录 Ubuntu。

(3)设置了桥接模式后,VMware 的虚拟机操作系统就像是局域网中的一台独立的主机,它可以访问网内任何一台机器。在桥接模式下,VMware 的虚拟机操作系统的 IP 地址、子网掩码可以手工设置,而且还要和宿主机处于同一网段,这样虚拟系统才能和宿主机进行通信。如果要联网,还需要自己设置 DNS 地址。当然,更方便的方法是从 DHCP 服务器处获得 IP 地址、DNS 地址(我们的家庭路由器里通常包含 DHCP 服务器,所以可以从它那里自动获取 IP 地址和 DNS 等信息)。

在桌面上右击,在弹出的快捷菜单中选择"在终端中打开"来打开终端窗口,然后在终端窗口(下面简称终端)中输入查看网卡信息的命令 ifconfig,如图 2-14 所示。

图 2-14

其中 ens33 是当前虚拟机 Linux 中的一块网卡的名称,可以看到它已经有了一个 IP 地址 192.168.0.118(注意,由于这是从路由器上动态分配而得到的 IP 地址,因此读者系统的 IP 地址可能不是这个,完全是根据读者的路由器而定)。这个 IP 地址是笔者宿主机 Windows 7 的一块上网网卡所连接的路由器动态分配而来,说明路由器分配的网段是 192.168.0,这个网段是在路由器中设置好的。我们可以到宿主机 Windows 7 下查看当前上网网卡的 IP 地址:打开 Windows 7 命令行窗口,输入 ipconfig 命令,如图 2-15 所示。

可以看到,这个上网网卡的 IP 地址是 192.168.0.162,它是路由器分配的,而且和虚拟机 Linux 中的网卡处于同一网段。为了证明 IP 地址是动态分配的,我们可以打开 Windows 7 下该网卡的属性窗口，如图 2-16 所示，可以看到"自动获得 IP 地址"处于选中状态。

图 2-15

图 2-16

那么虚拟机 Linux 网卡的 IP 地址又在哪里可以证明是动态分配的呢？我们可以在 Ubuntu 下查看它的网卡配置文件：单击 Ubuntu 桌面左下角的 9 个小白点的图标，然后在桌面上会显示一个"设置"图标，单击"设置"图标，出现"设置"对话框，在对话框左上方选择"网络"，在右边单击"有线"旁边的设置图标，如图 2-17 所示。

图 2-17

此时出现"有线"对话框，单击"IPv4"选项卡，就可以看到当前 IPv4 方式是"自动（DHCP）"，如图 2-18 所示。如果要设置静态 IP 地址，可以选择"手动"，并设置 IP 地址。

图 2-18

现在虚拟机 Linux 和宿主机 Windows 7 都通过 DHCP 方式从路由器那里得到了 IP 地址，下面让它们相互 ping 一下。先从虚拟机 Linux 中 ping 宿主机 Windows 7，可以发现能 ping 通（注意，Windows 7 的防火墙要先关闭），如图 2-19 所示。

图 2-19

再从宿主机 Windows 7 中 ping 虚拟机 Linux，也可以 ping 通（注意，Ubuntu 的防火墙要先关闭），如图 2-20 所示。

图 2-20

至此，桥接模式的 DHCP 方式下，宿主机和虚拟机能相互 ping 通了，而且在虚拟机 Ubuntu 下是可以上网的（前提是宿主机能上网），比如我们在火狐浏览器上打开网页，如图 2-21 所示。

图 2-21

下面，再来看一下静态方式下的相互 ping 通。静态方式的网络环境比较单纯，是笔者喜欢的方式，更重要的是静态方式是手动设置 IP 地址，这样可以和读者的 IP 地址完全保持一致，读者学习起来比较方便。因此，本书很多网络场景都会用到桥接模式的静态方式。

首先设置宿主机 Windows 7 的 IP 地址为 120.4.2.200，再设置虚拟机 Ubuntu 的 IP 地址为 120.4.2.8，

如图 2-22 所示。

图 2-22

单击右上角"应用"按钮后重启即生效，然后就能相互 ping 通了，如图 2-23 所示。

图 2-23

至此，桥接模式下的静态方式相互 ping 通。如果想要重新恢复为 DHCP 动态方式，只需在图 2-22 中选择 IPv4 方式为"自动（DHCP）"，并单击右上角的"应用"按钮，然后在终端窗口用命令重启网络服务即可，命令如下：

```
root@tom-virtual-machine:~/桌面# nmcli networking off
root@tom-virtual-machine:~/桌面# nmcli networking on
```

再查看 IP 地址，可以发现 IP 地址变了，如图 2-24 所示。

图 2-24

2. 主机模式

VMware 的 Host-Only（仅主机模式）就是主机模式。默认情况下物理主机和虚拟机都连在虚拟交换机 VMnet1 上，VMware 为主机创建的虚拟网卡是"VMware Virtual Ethernet Adapter for VMnet1"，主机通过该虚拟网卡和 VMnet1 相连。主机模式将虚拟机与外网隔开，使得虚拟机成为一个独立的系统，只与主机相互通信。当然，主机模式下也可以让虚拟机联网，方法是将主机网卡共享给 VMware Network Adapter for VMnet1 网卡，从而达到虚拟机联网的目的。但一般主机模式都是为了和物理主机的网络隔开，仅让虚拟机和主机通信。

3. NAT 模式

如果虚拟机 Linux 要联网，则这种模式最方便。NAT 是 Network Address Translation 的缩写，意思是网络地址转换。NAT 模式也是 VMware 创建虚拟机的默认网络连接模式。使用 NAT 模式进行网络连接时，VMware 会在宿主机上建立单独的专用网络，用以在主机和虚拟机之间相互通信。虚拟机向外部网络发送的请求数据将被"包裹"，交由 NAT 网络适配器加上"特殊标记"并以主机的名义转发出去，外部网络返回的响应数据将被拆"包裹"，也是先由主机接收，然后交由 NAT 网络适配器根据"特殊标记"进行识别并转发给对应的虚拟机。因此，虚拟机在外部网络中不必具有自己的 IP 地址。从外部网络来看，虚拟机和主机共享一个 IP 地址，默认情况下，外部网络终端也无法访问到虚拟机。

此外，在一台宿主机上只允许有一个 NAT 模式的虚拟网络。因此，同一台宿主机上的多个采用 NAT 模式进行网络连接的虚拟机也是可以相互访问的。

设置虚拟机 NAT 模式过程如下：

（1）设置虚拟机，使得网卡的网络连接模式为 NAT 模式，然后单击"确定"按钮。如图 2-25 所示。

图 2-25

（2）编辑网卡配置文件，设置以 DHCP 方式获取 IP 地址，即修改 ifcfg-ens33 文件中的字段 BOOTPROTO 为 dhcp，命令如下：

```
[root@localhost ~]# cd /etc/sysconfig/network-scripts/
[root@localhost network-scripts]# ls
ifcfg-ens33
[root@localhost network-scripts]# gedit ifcfg-ens33
[root@localhost network-scripts]# vi ifcfg-ens33
```

然后编辑网卡配置文件 ifcfg-ens33，内容如下：

```
TYPE=Ethernet
PROXY_METHOD=none
BROWSER_ONLY=no
BOOTPROTO=dhcp
DEFROUTE=yes
IPV4_FAILURE_FATAL=no
IPV6INIT=yes
IPV6_AUTOCONF=yes
IPV6_DEFROUTE=yes
IPV6_FAILURE_FATAL=no
IPV6_ADDR_GEN_MODE=stable-privacy
NAME=ens33
UUID=e816b1b3-1bb9-459b-a641-09d0285377f6
DEVICE=ens33
ONBOOT=yes
```

保存文件并退出，接着重启网络服务，以使刚才的配置生效：

```
[root@localhost network-scripts]# nmcli c reload
[root@localhost network-scripts]# nmcli c up ens33
连接已成功激活(D-Bus 活动路径:/org/freedesktop/NetworkManager/ActiveConnection/4)
```

此时查看网卡 ens 的 IP 地址，可以看到网卡 ens33 的 IP 地址变为 192.168.11.128 了，如图 2-26 所示。

图 2-26

值得注意的是，由于是 DHCP 动态分配 IP 地址，因此也有可能不是这个 IP 地址。那为何是 192.168.11 的网段呢？这是因为 VMware 为 VMnet8 默认分配的网段就是 192.168.11 网段，我们可以单击菜单"编辑→虚拟网络编辑器",在"虚拟网络编辑器"中看到,如图 2-27 所示。

图 2-27

当然也可以改成其他网段,只需对图 2-27 中的 192.168.11.0 重新编辑即可。这里就先不改了,保持默认。好了,虚拟机 Linux 中的 IP 地址已经知道了,那宿主机 Windows 7 的 IP 地址是多少呢?这只需查看"控制面板\网络和 Internet\网络连接"下的"VMware Network Adapter VMnet8"这块虚拟网卡的 IP 地址即可,其 IP 地址也是自动分配的,如图 2-28 所示,IP 地址为 192.168.11.1。

图 2-28

此时,虚拟机就可以和宿主机相互 ping 通(如果没有 ping 通,则可能是 Windows 中的防火墙开着,可以把它关闭),如图 2-29 所示。

图 2-29

在虚拟机 Linux 下也可以 ping 通 Windows 7，如图 2-30 所示。

图 2-30

最后，在宿主机 Windows 7 能上网的情况，在虚拟机 Linux 下也可以上网浏览网页了，如图 2-31 所示。

图 2-31

在虚拟机 Linux 下上网是很重要的，因此很多软件需要在线安装。

2.1.5 通过终端工具连接 Linux 虚拟机

安装完毕虚拟机的 Linux 操作系统后，我们就要开始使用它了。怎么使用呢？通常是在 Windows 下通过终端工具（比如 SecureCRT 或 smarTTY）来操作 Linux。这里使用 SecureCRT 这个终端工具来连接 Linux，然后在 SecureCRT 窗口下以命令行的方式使用 Linux。该工具既可以通过安全加密的网络连接方式（SSH）来连接 Linux，也可以通过串口的方式来连接 Linux，前者需要知道 Linux 的 IP 地址，后者需要知道串口号。除此以外，还能通过 Telnet 等方式，读者可以在实践中慢慢体会。

虽然 SecureCRT 的操作界面也是命令行方式，但它比 Linux 自己的字符界面方便得多，比如它可以打开多个终端窗口，可以使用鼠标，等等。SecureCRT 软件是 Windows 下的软件，可以在网上免费下载到。下载安装就不赘述了，不过强烈建议使用比较新的版本，笔者使用的是 64 位的 SecureCRT8.5 和 SecureFX8.5，其中 SecureCRT 表示终端工具本身，SecureFX 表示配套的用于相互传输文件的工具。下面通过一个例子来说明如何连接虚拟机 Linux，网络模式采用桥接模式，虚拟机 Linux 的 IP 地址假设为 192.168.11.129。其他模式与之类似，只是要连接的虚拟机 Linux 的 IP 地址不同而已。使用 SecureCRT 连接虚拟机 Linux 的步骤如下：

步骤 01 打开 SecureCRT8.5 或以上版本，在左侧 Session Manager 工具栏上选择第 3 个按钮，这个按钮表示 New Session，即创建一个新的连接，如图 2-32 所示。

此时出现"New Session Wizard"对话框，如图 2-33 所示。在该对话框上，SecureCRT 协议选择 SSH2，然后单击"下一步"按钮，进入向导的第 2 个对话框。

图 2-32　　　　　　　　　　　　　　　　图 2-33

步骤 02 在该对话框上，设置 Hostname 为 192.168.11.129，Username 为 root。这个 IP 地址就是我们前面安装的虚拟机 Linux 的 IP 地址，root 是 Linux 的超级用户账户。设置完毕后如图 2-34 所示。

步骤 03 单击"下一步"按钮，进入向导的第 3 个对话框。在该对话框上保持默认即可，即保持 SecureFX 协议为 SFTP，如图 2-35 所示。SecureFX 是宿主机和虚拟机之间传输文件的软件，采用的协议可以是 SFTP（安全的 FTP 传输协议）、FTP、SCP 等。

图 2-34　　　　　　　　　　　　　　　　图 2-35

步骤 04　单击"下一步"按钮，进入向导的最后一个对话框。该对话框上可以重命名会话的名称，也可以保持默认，即地址用 IP 地址作为会话名称，这里保持默认，如图 2-36 所示。

步骤 05　单击"完成"按钮，此时可以看到左侧的 Session Manager 中出现了我们刚才建立的新的会话，如图 2-37 所示。

图 2-36

图 2-37

步骤 06　双击"192.168.11.129"开始连接，但不幸报错了，如图 2-38 所示。

图 2-38

前面讲到 SecureCRT 是安全保密的连接，需要安全算法，而 Ubuntu20.04 的 SSH 所要求的安全算法 SecureCRT 默认没有支持，所以报错了。我们可以在 SecureCRT 主界面上单击"Options/Session Options..."菜单命令，打开"Session Options"对话框，在该对话框的左边选择 SSH2，然后在右边的"Key exchange"中勾选所有的安全算法，如图 2-39 所示。最后单击"OK"按钮关闭该对话框。

图 2-39

步骤 07　回到 SecureCRT 主界面,再次双击左边 Session Manager 中的 192.168.11.129 进行连接,这次成功了,出现了登录框,如图 2-40 所示。

步骤 08　输入 root 的密码"123456",并勾选"Save password"复选框,这样不用每次都输入密码了。输入完毕后,单击"OK"按钮,就到我们熟悉的 Linux 命令提示符下了,如图 2-41 所示。

图 2-40

图 2-41

这样,在 NAT 模式下使用 SecureCRT 连接虚拟机 Linux 就成功了,后面就可以通过终端命令来操作 Linux。如果是桥接模式,只需修改目的 IP 地址即可,这里不再赘述。

2.1.6　和虚拟机互传文件

由于笔者喜欢在 Windows 下编辑代码,然后传文件到 Linux 下去编译运行,因此经常要在宿主机 Windows 和虚拟机 Linux 之间传送文件。把文件从 Windows 传到 Linux 的方式很多,既有 sz、rz 命令,也有 FTP 客户端、SecureCRT 自带的 SecureFX 等图形化的工具,读者可以根据使用习惯和实际情况选择合适的工具。本书使用的是命令行工具 SecureFX,具体操作步骤如下:

步骤 01　用 SecureCRT 连接到 Linux,然后单击右上角的工具栏按钮"SecureFX",如图 2-42 所示。

步骤 02　此时就会启动 SecureFX 程序,并自动打开 Windows 和 Linux 的文件浏览窗口,如图 2-43 所示。左边是本地 Windows 的文件浏览窗口,右边是 IP 地址为 120.4.2.80 的虚拟机 Linux 的文件浏览窗口。如果需要把 Windows 中的某个文件上传到 Linux,则只需在左边选中该文件,然后将它拖放到右边 Linux 窗口中。从 Linux 下载文件到 Windows 也是这样的操作,非常简单。

图 2-42

图 2-43

2.2 gcc/g++编译器的使用

Linux 系统下的 gcc（GNU C Compiler）是 GNU 推出的功能强大、性能优越的多平台编译器，是 GNU 的代表作品之一。gcc 是可以在多种硬体平台上编译出可执行程序的超级编译器，其执行效率与一般的编译器相比要高 20%~30%。因为它的功能十分强大，而且开源，所以很多著名的软件都通过它来编译。gcc 除了可以编译 C 语言源程序之外，其实还可以用来编译 C++语言源程序。虽然另外一个 C++编译工具 g++更专业，但作为一个 C++开发者，会使用 gcc 工具也是一项必备技能。因为，C++程序员应该同样能开发 C 语言程序，所以 gcc 也要会使用，更何况它还能用来编译 C++。

2.2.1 安装 C/C++编译工具

在安装之前，我们先检查当前系统中 C/C++开发工具是否已经安装好，命令如下：

```
gcc -v
```

如果有版本显示，则说明已经安装了。注意：默认情况下，Ubuntu 不会自动安装 gcc 或 g++，所以我们先要在线安装。确保虚拟机 Ubuntu 能联网，然后在命令行下输入以下命令进行在线安装：

```
apt-get install build-essential
```

安装完成后，再运行 gcc -v 就可以看到版本了。

2.2.2 gcc 对 C 语言的编译过程

命令 gcc 对 C/C++语言的编译过程可分为 4 个阶段：预处理（Preprocess）、编译（Compilation）、汇编（Assembly）和链接（Linking），如图 2-44 所示。

图 2-44

1. 预处理

预处理就是对源程序中的伪指令（即以"#"开头的指令）和特殊符号进行处理的过程。伪指令包括宏定义指令、条件编译指令和头文件包含指令。gcc 对 C 源文件进行预处理后会输出.i 文件。

预编译过程主要处理那些源码中以"#"开始的预编译指令，主要处理规则如下：

（1）将所有的#define 删除，并且展开所有的宏定义。
（2）处理所有条件编译指令，如#if、#ifdef 等。
（3）处理#include 预编译指令，将被包含的文件插入该预编译指令的位置。该过程递归进行，被包含的文件可能还包含其他文件。
（4）删除所有的注释（//和/**/）。
（5）添加行号和文件标识，以便于编译时编译器产生调试用的行号信息。
（6）保留所有的#pragma 编译器指令，因为编译器需要使用它们。

【例 2.1】预处理 C 程序

（1）在 Windows 下打开记事本，输入代码如下：

```c
#include <stdio.h>
int main(int argc, char *argv[])
{
    char sz[] = "Hello, World!\n";
    printf("%s", sz);
    fflush(stdout);
    return 0;
}
```

（2）将上述代码保存为 test.c 文件，然后将它上传到 Linux，并在命令行下输入 gcc 预处理命令：

```
gcc -E test.c -o test.i
```

选项"-E"告诉 gcc 只进行预处理；"test.c"是 C 源程序文件；"-o"用于指定要生成的结果文件，它后面跟的就是结果文件名字，这里输出的结果文件为 test.i。test.i 是一个经过预处理的 C 代码文件，它会把源码中的 stdio.h 内容编译进来，因此文件变长了很多。如果要看 test.i 文件的内容，可以在命令行下输入 cat -n test.i，加-n 是为了显示行号。由于文件内容较长，因此这里只截取了最后部分，可以看到 test.i 一共有 842 行，因为把 stdio.h 的内容包含进来了。

```
    ...
    825  extern char *ctermid (char *__s) __attribute__ ((__nothrow__ , __leaf__));
    826  # 913 "/usr/include/stdio.h" 3 4
    827  extern void flockfile (FILE *__stream) __attribute__ ((__nothrow__ , __leaf__));
    828
    829
    830
    831  extern int ftrylockfile (FILE *__stream) __attribute__ ((__nothrow__ , __leaf__)) ;
    832
    833
    834  extern void funlockfile (FILE *__stream) __attribute__ ((__nothrow__ , __leaf__));
    835  # 943 "/usr/include/stdio.h" 3 4
```

```
836
837  # 2 "test.c" 2
838
839  int main()
840  {
841   printf("hello, boy\n");
842  }
```

从第 835 行可以看到，stdio.h 的路径位于/usr/include/下。

值得注意的是，选项-o 的 o 是 output 的意思，不是目标的意思。-o 后面跟的是要输出的结果文件名称，结果文件可能是预处理文件、汇编文件、目标文件或者最终的可执行文件，我们在后续章节会讲到-o，这里只需了解即可。

2. 编译

编译过程就是把预处理完的文件进行一系列词法分析、语法分析、语义分析及优化后生成相应的汇编代码文件。在使用 gcc 进行编译时，默认情况下，不输出这个汇编代码的文件。如果需要，可以在编译时指定-S 选项，这样就会输出同名的汇编代码文件。

gcc 对 C 源文件编译后生成的汇编代码文件是.s 文件。我们对上面的 test.i 进行编译：

```
[root@localhost test]# gcc -S test.i -o test.s
```

选项"-S"告诉 gcc 只进行到编译阶段；"test.i"是进行编译的源文件；"-o"用于指定要生成的结果文件，它后面跟的就是结果文件名字，这里输出的结果文件为汇编文件 test.s。test.s 是一个汇编代码文件，也就是一个文本文件，里面是汇编语言源码。可以用 cat 命令来查看 test.s 中的内容：

```
[root@localhost test]# cat -n test.s
     1          .file   "test.c"
     2          .section        .rodata
     3  .LC0:
     4          .string "hello, boy"
     5          .text
     6          .globl  main
     7          .type   main, @function
     8  main:
     9  .LFB0:
    10          .cfi_startproc
    11          pushq   %rbp
    12          .cfi_def_cfa_offset 16
    13          .cfi_offset 6, -16
    14          movq    %rsp, %rbp
    15          .cfi_def_cfa_register 6
    16          movl    $.LC0, %edi
    17          call    puts
    18          popq    %rbp
    19          .cfi_def_cfa 7, 8
    20          ret
    21          .cfi_endproc
    22  .LFE0:
    23          .size   main, .-main
```

```
    24         .ident  "GCC: (GNU) 4.8.5 20150623 (Red Hat 4.8.5-11)"
    25         .section        .note.GNU-stack,"",@progbits
[root@localhost test]#
```

可以看到经过编译阶段后，gcc 已经将 test.i 文件转换为汇编语言文件。汇编语言是一种低级的通用编程语言，不同高级语言的不同编译器输出的汇编语言几乎相同，例如 C 和 Fortran 在此步编译产生的输出文件都是一样的汇编语言。

3. 汇编

汇编就是将汇编代码转换成机器可以执行的二进制代码，每一条汇编语句几乎都对应一条机器指令。汇编相对于编译过程较为简单，根据汇编指令和机器指令的对照表一一翻译即可。

gcc 生成的二进制的代码文件为后缀名为 ".o" 的文件。我们对上面的 test.s 进行汇编：

```
[root@localhost test]# gcc -c test.s -o test.o
```

选项 "-c" 告诉 gcc 只进行到汇编处理；"test.s" 是进行汇编的源文件；"-o" 用于指定要生成的结果文件，它后面跟的就是结果文件名字，这里输出的结果文件为目标文件 test.o。test.o 是一个二进制文件（不是文本文件），在 Windows 上通常就是 obj 文件。可以用 hexdump 命令来查看 test.o 文件的内容：

```
[root@localhost test]# hexdump test.o
0000000 457f 464c 0102 0001 0000 0000 0000 0000
0000010 0001 003e 0001 0000 0000 0000 0000 0000
0000020 0000 0000 0000 0000 0130 0000 0000 0000
0000030 0000 0000 0040 0000 0000 0040 000d 000a
0000040 4855 e589 00bf 0000 e800 0000 0000 c35d
0000050 6568 6c6c 2c6f 6220 796f 0000 4347 3a43
0000060 2820 4e47 2955 3420 382e 352e 3220 3130
0000070 3035 3236 2033 5228 6465 4820 7461 3420
0000080 382e 352e 312d 2931 0000 0000 0000 0000
0000090 0014 0000 0000 0000 7a01 0052 7801 0110
00000a0 0c1b 0807 0190 0000 001c 0000 001c 0000
00000b0 0000 0000 0010 0000 4100 100e 0286 0d43
...
```

4. 链接

在成功汇编之后，就进入链接阶段。链接主要是为了解决多个文件之间符号引用的问题。编译时编译器只对单个文件进行处理，如果该文件里面需要引用到其他文件中的符号（例如全局变量或者某个函数库中的函数），那么在这个文件中该符号的地址是没法确定的，只能等链接器把所有的目标文件连接到一起时才能确定最终的地址，最终生成可执行的文件。当所有的目标文件都生成之后，gcc 就在内部调用链接器 ld 来完成链接工作。在链接阶段，所有的目标文件被安排在可执行程序中的恰当位置。值得注意的是，在 Linux 系统中，可执行文件没有统一的后缀，系统根据文件的属性来区分可执行文件和不可执行文件。

这里要介绍一下函数库。回头看 C 源程序，程序中并没有定义 "printf" 的函数实现，并且在预编译中包含进的 stdio.h 中也只有该函数的声明，而没有定义函数的实现。GNU 组织把这些函数实现都放到名为 libc.so.6 的库文件中去了，该文件是 GNU 的标准 C 函数库，里面实现了 printf。gcc

会到系统默认的搜索路径"/usr/lib64"下查找 libc.so.6，然后就可以发现 printf 已在 libc.so.6 中实现，这样 printf 这个函数的地址就被确定了，即 printf 符号的引用问题被解决了，如此就不会报出链接时候的错误，比如找不到函数实现等。这就是链接的作用。此外，libc.so.6 是 Linux 下的 GUN C 函数库（即 glibc），是 gcc 在编译时默认使用的 C 函数库。我们可以通过下列方式来查看当前系统上的 glibc 版本：

```
[root@localhost lib64]#  /lib64/libc.so.6
GNU C Library (GNU libc) stable release version 2.17, by Roland McGrath et al.
Copyright (C) 2012 Free Software Foundation, Inc.
This is free software; see the source for copying conditions.
There is NO warranty; not even for MERCHANTABILITY or FITNESS FOR A
PARTICULAR PURPOSE.
Compiled by GNU CC version 4.8.5 20150623 (Red Hat 4.8.5-4).
Compiled on a Linux 3.10.0 system on 2015-11-19.
Available extensions:
    The C stubs add-on version 2.1.2.
    crypt add-on version 2.1 by Michael Glad and others
    GNU Libidn by Simon Josefsson
    Native POSIX Threads Library by Ulrich Drepper et al
    BIND-8.2.3-T5B
    RT using linux kernel aio
libc ABIs: UNIQUE IFUNC
For bug reporting instructions, please see:
<http:// www.gnu.org/software/libc/bugs.html>.
```

可以看到，当前 glibc 的版本是 2.17。注意，/lib64 是一个文件夹连接，它的真实文件夹是/usr/lib64。glibc 是 GNU 组织对 C 的标准实现库，是操作系统 UNIX/Linux 的基石之一。微软也有自己的 C 标准实现库，叫作 msvcrt；嵌入式行业里还常用 uClibc，它是一个迷你版的 C 标准实现库。

言归正传，我们对上面生成的 test.o 进行链接：

```
[root@localhost test]# gcc test.o -o test
```

这里只有一个目标文件，如果有多个目标文件（.o 文件），可以写在一起，每两个目标文件之间加一个空格，例如 gcc test1.o test2.o test3.o -o test。

运行后，将生成可执行文件 test，我们可以运行它：

```
[root@localhost test]# ./test
hello, boy
```

运行成功，输出"hello, boy"。至此，gcc 内部工作的 4 个阶段都完成了。实际开发当然不会这样麻烦，只需要 gcc test.c -o test 就会生成可执行文件 test，而且不会输出那些中间文件。这里介绍它的过程只是为了让读者明白内部工作原理。

2.2.3　gcc 所支持的后缀名文件

上面 gcc 内部工作的过程中产生了不少中间文件。gcc 可以针对支持的不同的源程序文件进行不同的处理，文件格式以文件的后缀来识别，即 gcc 通过文件后缀来区别输入文件的类型。下面归纳一下 gcc 所支持的具有不同后缀名的文件，这些文件可能是 gcc 工作中某个步骤所产生的，如

表 2-1 所示。

表 2-1 gcc 所支持的具有不同后缀名的文件

后 缀 名	文件类型	后续编译流程
.c	C 源码文件	预处理、编译、汇编、链接
.C/.cc/.cxx/.cpp/c++	C++源码文件	预处理、编译、汇编、链接
.m	Objective-C 源码文件	预处理、编译、汇编、链接
.i	已经预处理过的 C 源码文件	编译、汇编、链接
.ii	已经预处理过的 C++源码文件	编译、
.s	汇编语言源码文件	汇编、链接
.S	经过预编译的汇编语言源码文件	汇编、链接
.a	由目标文件构成的档案库文件（静态库）	链接
.o	编译后的目标文件（二进制文件）	链接
.h	程序所包含的头文件	

当然我们平时不大会和所有的后缀名文件打交道，使用 gcc 时，基本就是输入源文件，得到可执行文件。

2.2.4 gcc 的语法格式

gcc 编译器的基本语法格式如下：

```
gcc [选项] 准备编译的文件 [选项] [目标文件]
```

注意 5 个部分之间都有空格。由于选项较多，后面章节会详细阐述。准备编译的文件除了是 C 或 CPP 源文件外，也可能是汇编代码文件（.s 文件）。如果没有指明目标文件，则自动生成 a.out。

常用的使用方式是 gcc test.c -o test，直接将 test.c 编译生成可执行文件 test。最简洁的使用方式 gcc test.c，这样生成的可执行文件是 a.out。

下面来看一个简单的例子——编译一个 C 程序。这里的编译不是前面 gcc 第 2 个工作阶段的"编译"，而是从预处理到链接，最终生成可执行程序，就是一种习惯说法，读者心里清楚即可。

【例 2.2】使用 gcc 编译一个 C 程序

（1）新建一个 C 源文件 test.c，内容如下：

```
#include <stdio.h>
int main()
{
    printf("hello, boy \n" );
    return 0;
}
```

这是一个很简单的 C 程序。

（2）进入 test.c 所在目录，用 gcc 开始编译，然后运行：

```
[root@localhost test]# gcc test.c -o test
[root@localhost test]# ./test
hello, boy
```

可以发现，程序运行成功了，输出了"hello,boy"。这个程序没什么难度，但读者可以通过它来检查系统安装的 gcc 是否可用。

gcc 除了可以编译 C 程序之外，也可以用来编译 C++程序，下面我们来看一个例子。

【例 2.3】使用 gcc 编译一个不需要 C++库的 C++程序

（1）新建一个 C++源文件 test.cpp，内容如下：

```
#include <stdio.h>

int main()
{
    bool b=false;
    printf("hello, boy \n" );
    return 0;
}
```

程序中使用了 C++的关键字 bool，因此如果把文件命名为 test.c，再用 gcc 去编译就会报错，因为 C 语言里没有 bool 这个类型。现在我们把文件命名为 test.cpp，gcc 就认为这是一个 C++程序。

（2）进入 test.cpp 所在目录，用 gcc 开始编译，然后运行：

```
[root@localhost test]# gcc test.cpp -o test
[root@localhost test]# ./test
hello, boy
```

gcc 对 C++文件编译成功了，输出了"hello,boy"。似乎 gcc 编译 C 和编译 C++的命令行很相似，其实不然，现在的 test.cpp 并没有使用 C++标准库里的内容，如果调用了 C++标准库里面的函数，情况就不同了，请看下例。

【例 2.4】使用 gcc 编译一个需要 C++库的 C++程序

（1）新建一个 C++源文件 test.cpp，内容如下：

```
#include <iostream>
using namespace std;
int main()
{
    bool b = false;
    cout<< "hello, boy \n";
    return 0;
}
```

其中，std 是命名空间；cout 是 std 中的对象，用于打印输出。这段程序使用了 C++标准库里面的 cout 来输出内容。

（2）进入 test.cpp 所在目录，用 gcc 开始编译，然后运行：

```
[root@localhost test]# gcc test.cpp -lstdc++ -o test
[root@localhost test]# ./test
hello, boy
```

因为用到了 C++标准库里的内容，所以需要用 gcc 的选项-l 来链接 C++标准库 stdc++，如果没有这个选项,将提示报错。关于-l 后面会讲到。

2.2.5 gcc 常见选项

gcc 选项有上百个,当然很多我们都用不着,因此只需要熟悉一些常见的即可。虽然现在 gcc 的选项繁多,但它刚诞生的时候才只有 4 个,它就像一个人的成长过程,功能越来越强大。现在 gcc 已经成为开源编译器的"一哥"。下面将介绍几个常见的选项。注意,gcc 的选项是区分大小写的,比如-o 和-O 的含义完全不同,前者生成一个结果文件,后者表示对生成的可执行文件进行一级优化。

1. 没有任何选项

不用任何选项,结果会在与源文件 test.c 相同的目录下生成一个 a.out 可执行文件。例如,gcc test.c 将生成可执行文件 a.out。

2. 选项-x

选项-x 可以告诉 gcc 要编译的源文件是什么语言文件,而不用根据其后缀去判断;也可以告诉 gcc 需要开始根据源文件后缀名来判断语言类型了。

-x language filename

language 和 filename 都是选项 x 的参数。它们告诉 gcc 源文件(filename)所使用的语言为 language,以使后缀名无效。这样设定后,以后的源文件都这样处理,一直等到再次调用-x 来关闭。默认情况下,gcc 是根据源文件后缀名来判断源文件的语言的,比如根据.c 来知道是 C 语言的代码,根据.cpp 来知道要编译的源码是 C++语言。为了满足个性化需求,有些开发者希望将.pig 作为 C 源码文件的后缀名,此时这个选项就可以派上用场了。

参数 language 可以使用下列选项:

```
'c', 'objective-c', 'c-header', 'c++', 'cpp-output', 'assembler', and
'assembler-with-cpp'.
```

看到英文,应该可以理解所代表的编程语言。例如:

```
gcc -x c test.pig
```

值得注意的是,使用-x 之后,下次不再使用-x 的时候,gcc 依然会根据后缀名来判断源文件的语言类型。比如我们定义了这样一个源文件 test.c:

```
#include <stdio.h>
int main()
{
    printf("hello, boy\n");
}
```

首先用-x 指定汇编语言来编译:

```
[root@localhost test]# gcc -x assembler test.c
test.c: Assembler messages:
test.c:3: Error: junk '()' after expression
test.c:3: Error: operand size mismatch for 'int'
```

```
test.c:4: Error: junk at end of line, first unrecognized character is '{'
test.c:6: Error: invalid character '(' in mnemonic
test.c:7: Error: junk at end of line, first unrecognized character is '}'
```

可以发现出现了一堆错误，因为 test.c 中不是汇编语言。下面不用-x 来编译：

```
[root@localhost test]# gcc test.c -o test
[root@localhost test]# ./test
hello, boy
```

可以发现 gcc 能根据后缀名来判断它是一个 C 语言文件，并能正确编译了。为了进一步证实，我们可以在 test.c 中加入 C++的关键字 bool，文件内容变为：

```
#include <stdio.h>
int main()
{
   bool b=false;
   printf("hello, boy\n");
}
```

再进行编译：

```
[root@localhost test]# gcc test.c -o test
test.c: 在函数'main'中:
test.c:5:2: 错误：未知的类型名'bool'
  bool b = false;
  ^
test.c:5:11: 错误：'false'未声明（在此函数内第一次使用）
  bool b = false;
           ^
test.c:5:11: 附注：每个未声明的标识符在其出现的函数内只报告一次
```

gcc 认为 C 语言中没有 bool 这个类型。我们把 test.c 改为 test.cpp，再编译：

```
[root@localhost test]# gcc test.cpp -o myt
[root@localhost test]# ./myt
hello, boy
```

可以发现能正确编译了。不改后缀名也行，可以用-x c++，例如：

```
root@localhost test]# gcc -x c++ test.c
[root@localhost test]# ./test
hello, boy
```

3. 选项-o

选项-o 用于指定要生成的结果文件，它后面跟的就是结果文件名字。o 是 output 的意思，不是目标的意思。-o 后面跟的是要输出的结果文件名称，结果文件可能是预处理文件、汇编文件、目标文件或者最终的可执行文件。

例如：

```
gcc -S test.i -o test.s
```

将生成汇编文件 test.s。

又例如：

```
gcc -c test.cpp -o test
```

将生成二进制目标文件 test。注意，这个 test 是目标文件，不是可执行文件。笔者故意没有写 test.o，就是为了引起重视，不要看到没有后缀就习惯性视作可执行文件，这里用了-c，它告诉 gcc 到汇编阶段为止，不要进行链接，所以不会生成可执行文件。当然，这里也可以写作：

```
gcc -c test.cpp -o test.o
```

将生成二进制目标文件 test.o。

再例如：

```
gcc test.c -o test
```

将生成可执行文件 test。

4. 选项-c

选项-c 告诉 gcc 对源文件进行编译和汇编，但不进行链接。此时，将生成目标文件，如果没有指定输出文件名，就生成同名的.o 文件。例如我们对上面的 test.cpp 文件进行编译和汇编：

```
[root@localhost test]# gcc -c test.cpp
[root@localhost test]# ls
test.cpp  test.o
```

可以看到，生成了目标文件 test.o。我们也可以指定目标文件名，例如：

```
[root@localhost test]# gcc -c test.cpp -o test
[root@localhost test]# ls
test  test.cpp  test.o
```

我们用-o 指定生成的目标文件为 test。注意，它不是可执行文件（因为没有进行链接），所以无法运行，例如：

```
[root@localhost test]# ./test
-bash: ./test: 权限不够
[root@localhost test]# chmod +x test
[root@localhost test]# ./test
-bash: ./test: 无法执行二进制文件
```

提示我们无法执行二进制文件。此时 test 和 test.o 中的内容其实是一样的，我们可以用 md5sum 命令来比较：

```
[root@localhost test]# md5sum test.o
f968a405749d04f035ecfcbb89d2346f  test.o
[root@localhost test]# md5sum test
f968a405749d04f035ecfcbb89d2346f  test
```

可以看到，这两个文件的 md5 校验值是一样的，说明这两个文件内容是一样的。这正说明了，指定-c 选项，生成的就是二进制目标文件，而不是可执行文件。值得注意的是，当有多个源文件时，-c 将为每个源文件生成一个.o 文件，而且此时是不能使用-o 的。下面我们增加两个 CPP 文件 test1.cpp 和 test2.cpp。test1.cpp 内容如下：

```
#include <stdio.h>
int t1()
{
    bool b = false;
    printf("hello, boy\n");
}
```

test2.cpp 内容如下：

```
#include <stdio.h>
int t2()
{
    bool b = false;
    printf("hello, boy\n");
}
```

然后使用-c进行编译和汇编：

```
[root@localhost test]# ls
test1.cpp  test2.cpp  test.cpp
[root@localhost test]# gcc -c test.cpp test1.cpp test2.cpp
[root@localhost test]# ls
test1.cpp  test1.o  test2.cpp  test2.o  test.cpp  test.o
```

可以看到分别生成了3个.o文件，此时如果使用-o则会报错：

```
[root@localhost test]# gcc -c test.cpp test1.cpp test2.cpp -o test.o
gcc: 致命错误：当有多个文件时不能在已指定-c或-S的情况下指定 -o
编译中断。
```

注意，在有-c的情况用-o会出现这样的提示。如果直接生成可执行文件（即不用-c），即使有多个源文件，-o也是可用的。例如：

```
[root@localhost test]# gcc  test.cpp test1.cpp test2.cpp -o test
[root@localhost test]# ls
test  test1.cpp  test2.cpp  test.cpp
[root@localhost test]# ./test
hello, boy
```

5．选项-I

选项-I（i的大写）用来指定头文件所在文件夹的路径，用法为-I dirPath。

如果源码中用尖括号包含了头文件，则gcc先在-I指定的路径中搜索所需的头文件，若找不到，则到标准默认路径/usr/local/include 下搜索，如果还找不到，就到标准默认路径/usr/include 下搜索，若再找不到，就提示报错（而不会再到当前工作目录上搜索，即使当前工作目录有所需头文件）。我们后面会验证这一点。

如果源码中用双引号包含了头文件，则gcc先在当前工作目录（和源文件同一目录）中进行搜索，如果没有找到，就到-I所指定的路径下搜索，如果还找不到，就到标准默认路径/usr/local/include 下搜索，若再找不到，就到标准默认路径/usr/include 下搜索，若还是找不到，就提示报错。

【例 2.5】选项-I 的基本使用

(1) 打开 SecureCRT，连接虚拟机 Linux，新建文件夹/zww/inc：

```
mkdir -p /zww/inc
```

-p 的意思如果父目录不存在，则先建父目录，再建子目录，即如果/zww 不存在，则先建 zww，再建子目录 inc。

(2) 进入/zww/inc，然后用 vi 新建一个头文件 test.h 并保存，test.h 内容如下：

```
#define ZWW 8  // 就一行代码，定义了宏 ZWW
```

(3) 新建目录/zww/test，并在该目录下新建一个 test.cpp 并保存，test.cpp 内容如下：

```cpp
#include <stdio.h>
#include <test.h>
int main()
{
   bool b = false;
   printf("hello, boy:%d\n",ZWW); // 引用了 ZWW 这个宏
   return 0;
}
```

(4) 进入/zww/test，然后编译 test.cpp 并运行：

```
[root@localhost test]# gcc test.cpp -I /zww/inc -o test
[root@localhost test]# ./test
hello, boy:8
```

我们在编译的时候，使用了-I，它告诉 gcc 先到目录/zww/inc 下去找 test.cpp 所需的头文件。读者可以试试，如果把-I /zww/inc 去掉，就会报错。

下面再介绍一下搜索的顺序。在学#include 的时候，都知道它有两种包含方式，一种是尖括号包含头文件，另外一种是双引号包含头文件。例如：#include <test.h>和#include "test.h"。使用尖括号包含时，指示 gcc 预处理程序到预定义的默认路径下寻找文件（预定义的默认路径通常是在选项-I 中指定的路径），如果未找到，则到/usr/include 下目录下继续寻找；如果还未找到，则到当前目录下继续寻找。

【例 2.6】验证尖括号包括时的搜索次序

(1) 在上例的基础上，把 test.h 复制一份到 test.cpp 同一目录，即/zww/test。然后把/zww/inc 下的 test.h 修改为：

```
#define ZWW 7
```

(2) 进入/zww/test 下，然后编译 test.cpp 并运行：

```
[root@localhost test]# gcc test.cpp -I /zww/inc -o test
[root@localhost test]# ./test
hello, boy:7
```

可以发现，打印输出的是 7，说明 gcc 先找到的是/zww/inc 下的 test.h。

(3）进入/zww/inc，把/zww/inc 下的 test.h 剪切到/usr/include 下：

```
mv test.h /usr/include
```

这样/zww/inc 下就没有 test.h 了。此时再进入/zww/test，然后编译 test.cpp 并运行：

```
[root@localhost inc]# cd /zww/test
[root@localhost test]# gcc test.cpp -I /zww/inc -o test
[root@localhost test]# ./test
hello, boy:7
```

可以发现依旧能输出 7，说明 gcc 虽然在/zww/inc 下找不到 test.h，但它会去/usr/include 下找，找到了就停止搜索，所以与 test.cpp 同目录的 test.h 并没用。

（4）复制一份/usr/include 下的 test.h 到/usr/local/include 下：

```
cp /usr/include/test.h /usr/local/include
```

通过 vi 修改/usr/local/include/test.h 的内容为：

```
#define ZWW 9
```

进入/zww/test，然后编译 test.cpp 并运行：

```
[root@localhost test]# gcc test.cpp -I /zww/inc -o test
[root@localhost test]# ./test
hello, boy:9
```

可以发现打印了 9，这说明 gcc 先搜索了/usr/local/include，发现有 test.h 就用它了。

（5）把除了当前工作目录之外的所有 test.h 都删除。

```
[root@localhost lib]# rm -f /usr/include/test.h /usr/local/include/test.h
/zww/inc/test.h
```

进入/zww/test 下，然后编译 test.cpp 并运行：

```
[root@localhost lib]# cd /zww/test
[root@localhost test]#  gcc test.cpp -I /zww/inc -o test
test.cpp:2:18: 致命错误：test.h：没有那个文件或目录
 #include <test.h>
                  ^
```

编译中断。

可以发现，提示找不到 test.h，但/zww/test 目录下的 test.h 是存在的，说明尖括号包含的头文件不会到当前工作目录下去寻找。

【例 2.7】验证双引号包含时的搜索次序

（1）在/zww/test 下新建 test.h，内容如下：

```
#define ZWW 8
```

（2）新建文件夹 zww/inc，在/zww/inc 下新建 test.h，内容如下：

```
#define ZWW 9
```

(3) 在/usr/local/include 下新建 test.h，内容如下：

```
#define ZWW 10
```

(4) 在/usr/include 下新建 test.h，内容如下：

```
#define ZWW 11
```

(5) 在/zww/test 下建立源文件 test.cpp，内容如下：

```
#include <stdio.h>
#include "test.h"   // 注意是双引号
int main()
{
    bool b = false;
    printf("hello, boy:%d\n",ZWW);
    return 0;
}
```

在/zww/test 下进行编译并运行：

```
[root@localhost ~]# cd /zww/test
[root@localhost test]# gcc test.cpp -I /zww/inc -o test
[root@localhost test]# ./test
hello, boy:8
```

可以发现，输出的是 8，说明使用的是/zww/test，即当前工作目录下的头文件。

(6) 把当前工作目录/zww/test 下的 test.h 删除，再进行编译运行：

```
[root@localhost test]# gcc test.cpp -I /zww/inc -o test
[root@localhost test]# ./test
hello, boy:9
```

结果打印的是 9，即使用的是/zww/inc 中的 test.h。这说明使用双引号包含时，如果当前工作目录没有找到所需头文件，就到-I 所包含的路径下去找。

(7) 把/zww/inc 下的 test.h 也删除，再进入/zww/test 去编译并运行：

```
[root@localhost test]# cd /zww/inc
[root@localhost inc]# ls
test.h
[root@localhost inc]# rm -f test.h
[root@localhost inc]# cd /zww/test
[root@localhost test]# gcc test.cpp -I /zww/inc -o test
[root@localhost test]# ./test
hello, boy:10
```

可以发现打印的是 10，说明使用的是/usr/local/include 下的 test.h。

(8) 再把/usr/local/include 下的 test.h 删除，进入/zww/test 去编译并运行：

```
[root@localhost test]# cd /usr/local/include
[root@localhost include]# rm -f test.h
[root@localhost include]# cd /zww/test
[root@localhost test]# gcc test.cpp -I /zww/inc -o test
```

```
[root@localhost test]# ./test
hello, boy:11
```

可以发现打印的是 11，说明 gcc 使用了/usr/include 下的 test.h。如果把这个头文件删除，就会提示找不到 test.h。读者可以自行尝试一下。

这两个例子主要验证了尖括号包含和双引号包含的不同搜索次序，尤其在指定了-I 的情况下。以后实际开发大型软件时，会有很多同名的头文件，清楚地知道调用的是哪里的头文件是非常重要的。

6. 选项-include

gcc 命令行中也能包含头文件。很多开源软件都是这么做的，有时候在开源软件源码中找不到"#include <xxx.h>"这样的代码，而 xxx.h 的内容又确实被引用了，是不是很奇怪？这就是选项-include 搞的鬼，gcc 在编译时通过-include 来保护了 xxx.h。看到这里一定要留个印象，搞 Linux 的以后肯定会研究开源软件源码工程，那时在源码中找不到"包含头文件"代码时，希望能回忆起现在的强调。笔者也是这么过来的，就是因为不知道 gcc 命令行还能包含头文件，导致浪费了不少精力。这是笔者的教训之谈，希望引起读者重视，少走弯路。

选项-include 使用方式如下：

```
gcc [srcfile] -include [headfile]
```

用起来很简单，只需加个头文件即可（可以使用绝对路径或相对路径）。例子胜于雄辩，请看下例。

【例 2.8】在 gcc 命令行包含头文件，而不在源码中包含头文件

（1）新建文件夹 zww/inc，在/zww/inc 下新建 test.h，内容如下：

```
#define ZWW 9
```

（2）在/zww/test 下建立源文件 test.cpp，内容如下：

```
#include <stdio.h>
// 注意：本文件没有包含 test.h
int main()
{
    bool b = false;
    printf("hello, boy:%d\n",ZWW);
    return 0;
}
```

在/zww/test 下进行编译并运行：

```
[root@localhost ~]# cd /zww/test
[root@localhost test]# gcc test.cpp -include /zww/inc/test.h -o test
[root@localhost test]# ./test
hello, boy:9
```

打印的是 9，gcc 使用了/zww/inc/下的 test.h。

7. 选项-Wall

选项-Wall 显示所有警告信息。看它字面意思就知道，Warn all，显示所有警告。

【例 2.9】 gcc 显示警告信息

（1）在/zww/test 下新建 test.cpp，内容如下：

```
#include <stdio.h>

int main()
{
    bool b = false;
    int i;
    printf("hello, boy:%d\n",i); // i 没有赋值就开始使用
    return 0;
}
```

（2）在命令行下进入/zww/test 并编译：

```
[root@localhost test]# gcc test.cpp -Wall -o test
test.cpp: 在函数'int main()'中:
test.cpp:5:7: 警告：未使用的变量'b' [-Wunused-variable]
  bool b = false;
       ^
test.cpp:7:29: 警告：此函数中的'i'在使用前未初始化 [-Wuninitialized]
  printf("hello, boy:%d\n",i);
                           ^
[root@localhost test]#
```

可以看到，gcc 显示了两条警告信息，一条是"未使用的变量'b'"，另外一条是"此函数中的'i'在使用前未初始化"。如果编译时不用-Wall，则这两条警告信息不会显示。

8. 选项-g

选项-g 可以生成供 gdb 调试用的可执行文件，即可执行文件中包含了 gdb 调试器调试所需的信息。因此，加了这个选项后，产生的可执行文件尺寸要大些。关于 gdb 我们后面会讲解。

【例 2.10】 使用-g 后生成的可执行文件更大

（1）新建一个源文件 test.cpp，内容如下：

```
#include <stdio.h>

int main()
{
    bool b = false;
    printf("hello, boy \n" );
    return 0;
}
```

（2）进入 test.cpp 所在目录，在命令行下带上-g 选项后进行编译：

```
[root@localhost test]# gcc test.cpp -g -o test
```

再在命令行下不带上-g 选项进行编译:

```
[root@localhost test]# gcc test.cpp  -o testNoDebugInfo
```

分别生成了可执行文件 test 和 testNoDebugInfo，然后用 ls -l 来查看它们的大小:

```
[root@localhost test]# ls -l
总用量 28
-rwxr-xr-x. 1 root root 9624 11月 11 21:47 test
-rwxr-xr-x. 1 root root  124 11月 11 21:47 test.cpp
-rwxr-xr-x. 1 root root 8552 11月 11 21:48 testNoDebugInfo
```

可以看到，程序 test 的大小为 9624 字节，而 testNoDebugInfo 的大小为 8552 字节，足足多了一千多字节。

9. 选项-pg

选项-pg 能生成供 gprof 剖析用的可执行文件。gprof 是 Linux 下对 C++程序进行性能分析的工具，后面具体阐述。

既然在可执行文件中加入了性能分析所需的信息，那么可执行程序的尺寸肯定变大了，但比加了-g 后还是要小些。

【例 2.11】比较-g 和-pg 生成程序的大小

（1）新建一个源文件 test.cpp，内容如下:

```
#include <stdio.h>
int main()
{
   bool b = false;
   printf("hello, boy \n" );
   return 0;
}
```

（2）在命令行下带上-g 选项后编译:

```
# gcc test.cpp -g -o test
```

再在命令行下不带上-pg 选项后编译:

```
# gcc test.cpp  -o testWithPgInfo
```

再在命令行下不带上-g 和-pg 选项后编译:

```
# gcc test.cpp  -o testNoDebugInfo
```

分别生成了可执行文件 test、testWithPgInfo 和 testNoDebugInfo，然后用命令 ls -l 来查看它们的大小:

```
-rwxr-xr-x. 1 root root 9624 11月 11 21:47 test
-rwxr-xr-x. 1 root root 8552 11月 11 21:48 testNoDebugInfo
-rwxr-xr-x. 1 root root 8761 11月 11 22:03 testWithPgInfo
```

可以看到，加了-g 生成的程序 test 的尺寸比 testWithPgInfo 的大。

10. 选项-l

选项-l 可以用来链接共享库（动态链接库）。关于共享库我们后面会讲到，这里只要理解它是可执行程序运行时需要用到的一个函数库，可执行程序调用的函数是在这个库里实现的，因此需要链接它。-l 的用法是后面直接加动态库的名字，比如编译一个使用了 C++标准库里内容的程序，则需要链接 C++标准库，gcc 写成：

```
gcc test.cpp -lstdc++ -o test
```

其中，stdc++是 C++标准库的名字，它和 l 之间没有空格。选项-l 在这里只需简单了解，在后面章节介绍动态库的时候，还会和它深入打交道。

2.2.6 g++的基本使用

g++是 GNU 组织推出的 C++编译器。它不仅可以用来编译传统的 C++程序，还可以用来编译现代 C++，比如 C++11/14 等。

g++用法和 gcc 类似，学会 gcc 后，g++也能很快上手。其实编译 C++的时候，g++比 gcc 更简单，因为它会自动链接到 C++标准库，而不像 gcc 需要手工指定。

g++编译程序的内部过程和 gcc 一样，也要经过 4 个阶段：预处理、编译、汇编和链接。g++的基本语法格式如下：

```
g++ [选项] 准备编译的文件 [选项] [目标文件]
```

选项和 gcc 的类似，这里不再赘述。

【例 2.12】用 g++编译一个 C++程序

（1）新建一个 C++源文件 test.cpp，内容如下：

```
#include <stdio.h>
int main()
{
    bool b = false;
    printf("hello, boy \n" );
    return 0;
}
```

（2）在命令行下进入 test.cpp 所在目录，然后用 g++进行编译：

```
# g++ test.cpp -o test
```

然后运行 test：

```
# ./test
hello, boy
```

可以发现，用 g++编译 C++程序不用像 gcc 那样需要手工链接 stdc++，所以用 g++编译 C++程序更加方便。

【例 2.13】用 g++编译多个 C++程序

（1）新建一个头文件 speaker.h，内容如下：

```
class speaker
{
   public:
      void sayHello(const char *);
};
```

这里定义了一个类 speaker。

再新建一个 C++源文件 speaker.cpp，内容如下：

```
#include "speaker.h"
#include <iostream>
using namespace std;
void speaker::sayHello(const char *str)
{
   cout << "Hello " << str << "\n";
}
```

这里实现了 speaker 的成员函数 sayHello。

（2）新建一个 C++源文件 testspeaker.cpp，内容如下：

```
#include "speaker.h"
int main(int argc,char *argv[])
{
   speaker speak;   // 定义对象 speak
   speak.sayHello("world");  // 调用成员函数 sayHello
   return 0;
}
```

（3）在命令行下进入 test.cpp 所在目录，然后用 g++进行编译并运行：

```
# g++ testspeaker.cpp speaker.cpp -o testspeaker
# ./testspeaker
Hello world
```

2.3 搭建集成式开发环境

相信习惯了 Windows 系统下集成式开发环境（Integrated Development Environment，IDE）的 Windows 程序员，对命令式开发颇感头痛，Visual Studio、Visual Studio Code、Eclipse 等优秀的集成开发环境提高了我们的效率，也让我们变得更懒了。所谓集成式，简单讲就是代码编辑、编译、调试都在一个软件（窗口）中完成，不需要在不同的窗口之间来回切换，更不需要自己手动从一个系统（Windows）传文件到另外一个系统（Linux），传文件也可以使用同一个软件来完成。这样的开发软件（环境）称为集成式开发环境。

那么，Windows 下有这样能支持 Linux 开发的 IDE 吗？答案当然是有的，微软为了支持 Linux

社区，在 Visual C++ 2017（简称 VC2017）上全面支持 Linux 的开发；此外，为了照顾不富裕的用户，还专门推出免费的 Visual Studio Code（简称 VS Code）来支持 Linux 开发和调试。下面详细介绍如何基于 Visual C++ 2017 和 Visual Studio Code 这两款 IDE 搭建 Linux 应用程序开发环境。

2.3.1 基于 Visual C++ 2017 搭建 IDE

Visual C++ 2017 是当前 Windows 平台上主流的集成化可视化开发软件，功能异常强大，几乎无所不能。本书不详细介绍 Visual C++ 2017，对它感兴趣的读者可以参考清华大学出版的《Visual C++ 2017 从入门到精通》。

在 Visual C++ 2017 中，可以编译、调试和运行 Linux 可执行程序，还可以生成 Linux 静态库（即.a 库）和动态库（即.so 库，也称共享库），是不是有点小兴奋？但前提是在安装 Visual C++ 2017 的时候把支持 Linux 开发的组件勾选上，默认是不会安装：打开 Visual C++ 2017 的安装程序，在"工作负载"页面的右下角处勾选"使用 C++的 Linux 开发"，如图 2-45 所示。

图 2-45

然后继续安装 Visual C++ 2017。安装完毕后，我们新建工程的时候就可以看到有一个 Linux 工程选项了。下面通过一个例子来生成可执行程序。

【例 2.14】第一个 Visual C++ 2017 开发的 Linux 可执行程序

（1）打开 Visual C++ 2017，在主菜单栏依次单击"文件→新建→项目"命令或者直接按快捷键 Ctrl+Shift+N 来打开新建项目对话框。在新建项目对话框上，左边展开"Visual C++"→"跨平台"，并选中"Linux"节点，此时右边出现项目类型，我们可以选中"控制台应用程序（Linux）"，并在对话框下方输入项目名称（比如 test）和项目路径（比如 e:\ex\），如图 2-46 所示。

图 2-46

然后单击"确定"按钮,这样一个 Linux 项目——main.cpp 就建好了,其内容如下:

```
#include <cstdio>
int main()
{
    printf("hello from test!\n");
    return 0;
}
```

(2)打开虚拟机 Ubuntu20.04,并使用桥接模式静态 IP 方式,虚拟机 Ubuntu 的 IP 地址为 120.4.2.8,宿主机 Windows 7 的 IP 地址是 120.4.2.200,保持相互 ping 通。

(3)设置连接。在 Visual C++ 2017 的主菜单栏上依次单击"工具"→"选项"命令(打开选项对话框)→"跨平台"→"连接管理器",在右边单击"添加"按钮,然后在出现的"连接到远程系统"对话框上输入虚拟机 Ubuntu20.04 的 IP 地址、root 密码等信息,如图 2-47 所示。

图 2-47

然后单击"连接"按钮,此时将下载一些开发所需要的文件,如图 2-48 所示。

图 2-48

稍等片刻，列表框内出现另一个主机名为 120.4.2.8 的 SSH 连接，如图 2-49 所示。

图 2-49

这说明添加连接成功，单击"确定"按钮。

（4）编译运行。按 F7 键生成程序，如果没有错误，将在"输出"窗口中输出编译结果，如图 2-50 所示。

图 2-50

此时可以在 Visual C++ 2017 工具栏上找到绿色的三角形箭头图标并单击运行，如图 2-51 所示。

此时将开始进行调试运行，待运行完毕后，可以在主菜单栏依次单击"调试"→"Linux 控制台"命令来打开"Linux 控制台窗口"，并且可以看到运行结果了，如图 2-52 所示。

图 2-51　　　　　　图 2-52

这就说明 Linux 程序运行成功了。因为是第一个 Visual C++ 2017 开发的 Linux 应用程序，所以讲述得比较详细，以后会直接讲"打开 Visual C++ 2017，新建一个 Linux 项目"，这样可以节省一些篇幅。

2.3.2 基于 Visual Studio Code 搭建 IDE

简陋编辑器和命令行编译运行程序的方式只能应付一下小规模的程序项目，真正做项目，一般都需要一个图形界面的集成开发环境。而企业一线开发中，通常 Linux 服务器不带图形界面，不会直接在其上进行开发，而是通过本地计算机远程登录到 Linux 服务器去开展工作。这就需要 IDE 运行在本地计算机上（通常安装的是 Windows 系统）。

我们可以利用 Visual Studio Code 这个 IDE，打开位于远程 Linux 服务器中的源码进行编辑，编辑完毕后，再在 Visual Studio Code 中调用远程 Linux 服务器中的 C/C++构建工具进行编译和运行，并实时把编译运行结果输出到 Visual Studio Code 中，以便我们及时观察编译运行是否正确。

首先要在 Windows 下安装两款软件，一款是加密通信协议软件 OpenSSH，另一款是 Visual Studio Code。安装 OpenSSH 是为了让 Visual Studio Code 中的插件 Remote-SSH 可以通过 SSH（Secure Shell，安全外壳）协议访问远程 Linux，这样可以在 Visual Studio Code 中浏览远程 Linux 的文件目录。SSH 是一个需要进行加密和认证的，用于远程访问及文件传输的网络安全协议，其功能类似于 Telnet 服务，但 SSH 基于加密和认证的特性可以为用户提供更强大的安全保障机制，在用户使用不安全的网络环境登录设备时，能够有效保护设备不受 IP 地址欺诈、明文密码截取等攻击。SSH 基于服务器/客户端结构。SSH 服务器可以接收多个 SSH 客户端的连接。若要在 Visual Studio Code 中使用 SSH 客户端，则需要先为 Visual Studio Code 安装 Remote-SSH 的插件。建议先安装好 OpenSSH 软件，再到 Visual Studio Code 中安装插件 Remote-SSH。

本书配套资源的源码目录的 somesofts 文件夹内提供了 OpenSSH 的安装包，可以直接使用，安装包的名称是 setupssh-8.0p1-2.exe。OpenSSH 的安装非常简单，基本都是默认安装。只是因为我们本地的 Windows 用作客户端，远程的 Linux 用作服务器，所以在安装 OpenSSH 时可以不用选择"Server"选项，如图 2-53 所示。当然，选中"Server"选项也没关系。

图 2-53

安装完成，打开 cmd，输入 ssh --version，验证 OpenSSH 是否安装成功，如果有 usage 反馈结果，说明 OpenSSH 安装成功了，如图 2-54 所示。

图 2-54

至此，OpenSSH 安装完毕。

Visual Studio Code 的安装就更加简单了，首先到官网 https://code.visualstudio.com/ 上下载 Windows 版本的 Visual Studio Code，下载下来后直接双击安装包即可开始安装，过程很简单。如果不想下载，本书配套资源的源码目录的 somesofts 文件夹下也有安装包，虽不是最新版本，但也可以使用。

Visual Studio Code 启动后的主界面如图 2-55 所示。

图 2-55

接下来我们就完全可以在 Visual Studio Code 中部署、编辑、编译和调试了，这是真正的集成化。

【例 2.15】Visual Studio Code 下编译、运行和单步调试 C/C++

（1）安装插件 Remote-SSH。在 Visual Studio Code 中单击左方竖条工具栏上的 Extensions 图标或者直接按快捷键 Ctrl+Shift+X 来切换到"Extensions"页，该页主要是用来搜索和安装（扩展）插件，在左上方的搜索框中输入"Remote-ssh"后按回车键，结果如图 2-56 所示。

在搜索结果列表中找到 Remote-SSH，单击"Install"按钮开始安装。安装完毕后，Visual Studio Code 的左侧工具栏上会多出一个名为"Remote Explorer"的按钮，如图 2-57 所示。

图 2-56 　　　　　　　　　　　　图 2-57

以后成功连接远程 Linux 后，再单击该按钮，就可以显示远程 Linux 中目录文件。

除了该按钮，Visual Studio Code 的左下角还会出现一个名为"Open a Remote Window"的绿色按钮，如图 2-58 所示，单击该按钮就可以打开一个远程窗口。

（2）在 Visual Studio Code 中添加远程主机的配置并连接。首先要确保宿主机 Windows 和虚拟机 Linux 之间能相互 ping 通，并且 Remote-SSH 插件已经装在 Visual Studio Code 中。启动虚拟机 Linux，然后在宿主机 Windows 中打开 Visual Studio Code，单击左侧工具栏上的"Remote Explorer"按钮，如图 2-59 所示。

然后在"REMOTE EXPLORER"视图中单击 SSH 旁边的加号来添加一个新的远程主机连接，如图 2-60 所示。

图 2-58　　　　　　　　　图 2-59　　　　　　　　　图 2-60

此时 Visual Studio Code 的中间界面上方会出现一个编辑框，在编辑框中输入远程连接服务器的账号和 IP 地址，输入的形式如下：

ssh 主机用户名@主机 IP 地址 -A

其中，-A 表示在配置文件中会产生"ForwardAgent yes"这样的字段，目的是希望使用本地计算机里的密钥登录，且不把这个密钥发送到堡垒机中进行配置。笔者远程的虚拟机 Linux 的 IP 地址是 192.168.100.128，账号就是 root，因此输入内容如下：

ssh root@192.168.100.128 -A

然后按回车键，此时编辑框下会出现几个文件路径选项，意思是让我们选择一个 SSH 配置文件，我们选择第一个，如图 2-61 所示。

此时右下角会出现一个信息框，提示主机添加了 Host added，是要打开配置文件还是进行连接，如图 2-62 所示。

图 2-61　　　　　　　　　　　　图 2-62

我们单击"Open Config"按钮来打开 SSH 配置文件，此时 Visual Studio Code 中间界面上方会出现 SSH 配置文件的内容，如图 2-63 所示。

Remote-SSH 是基于 OpenSSH 的插件，所以配置文件遵循 OpenSSH 的 SSH 配置文件格式（sshd_config）。其中，Host 表示远程主机名，可以自定义（比如

图 2-63

myLinux），目的是知道自己用什么主机，默认是主机 IP 地址；HostName 表示远程主机 IP 地址，User 表示登录远程主机的用户名；ForwardAgent yes 表示希望使用本地计算机里的密钥登录，且不把这个密钥发送到堡垒机，该字段由之前添加的-A 生成。通常 SSH 服务端的默认端口号是 22，如果改为了其他端口号，则这里还需要添加字段来定义服务端的端口号，例如：

```
Port xx
```

xx 是一个数字，表示 SSH 服务端的端口号。由于我们使用默认的 22 作为端口号，因此这里可以不写 Port 字段。以后如果要删除连接，则只需删除这个文件中的内容，然后保存刷新即可；如果要换 IP 地址，也只需在这个文件中修改 IP 地址，然后保存刷新即可。现在我们可以单击图 2-63 上方的"config"右边的叉号来关闭这个配置文件。

接着，单击"REMOTE EXPLORER"视图下的"REMOTE"右边的 按钮来刷新一下，如图 2-64 所示。

注意：每次修改了这个配置文件，都要刷新才会看到效果。此时单击 SSH 左边的箭头可以展开显示已经成功添加的主机，如图 2-65 所示。

图 2-64   图 2-65

由于连接成功了，Visual Studio Code 的左下角就会出现如图 2-66 所示的提示。

（3）新建并打开远程工程目录。远程 Linux 虚拟机连接成功后，我们可以在 Linux 虚拟机上新建一个目录作为项目的根目录。在 Visual Studio Code 中，在主菜单栏依次单击"Terminal"→"New Terminal"命令，此时会在 Visual Studio Code 的下方出现终端窗口视图，并出现远程主机的命令行提示，如图 2-67 所示。

图 2-66   图 2-67

这里，笔者将把/root/ex/test/这个目录作为项目文件夹，因此要先建立好这个目录，在该命令行下输入：

```
root@mypc:~# mkdir -p /root/ex/test/
root@mypc:~# cd ex/test
```

这样在/root/ex/目录下就会有一个文件夹 test，该文件夹是我们的工程文件夹。下面准备在 Visual Studio Code 中打开这个文件夹。首先，在 Visual Studio Code 中单击左侧工具栏第一个按钮来打开"EXPLORE"视图，如图 2-68 所示。

然后在"EXPLORE"视图中单击"Open Folder"按钮，如图 2-69 所示。

图 2-68   图 2-69

再在 Visual Studio Code 中间界面的上方选择路径，这里选择/root/ex/test，如图 2-70 所示。

图 2-70

接着单击右边的"OK"按钮，此时会提示我们输入口令，如图 2-71 所示。

图 2-71

笔者的口令是 123456，输入后按回车键。因为是第一次打开，所以会提示是否信任这个文件夹中的文件作者，单击 Yes。此时，在"EXPLORER"视图将会显示 test 下的内容，现在是空的，没什么内容。有读者可能已经迫不及待地要去建立 C/C++源文件准备敲代码了，且慢，Visual Studio Code 现在还需要安装和 C/C++相关的插件才能编译 C/C++。

（4）安装 C/C++相关插件。首先要说明的是，要先连接到远程主机并打开远程目录（比如这里是/root/ex/test/）后再安装 C/C++相关插件，这样才能确保插件是安装到远程 Linux 主机上，而不是 Windows 宿主机上，笔者当初就是太心急，把插件装早了，导致远程 Linux 上没有 C/C++插件，从而无法编译。

下面安装两个和 C/C++编程有关的插件。单击左方竖条工具栏上的"Extensions"图标或者直接快捷键 Ctrl+Shift+X 来切换到"Extensions"页，在搜索框中输入"C++"后按回车键，然后在搜索结果列表中选择 C/C++插件，如图 2-72 所示。

图 2-72

单击右侧的"Install in SSH:192.168.100.128"按钮开始安装，由于是安装到远程 Linux 上，因此安装可能慢一些，可以对虚拟机 Linux 多 ping 几次，并多单击几次这个按钮。安装成功后，右边显示的插件状态如图 2-73 所示。

这个插件安装后，当打开远程 Linux 上的 C/C++文件时，就会在 Visual Studio Code 右上角出现一个三角图标，这个图标用于编译和运行程序，非常方便，如图 2-74 所示。

图 2-73　　　　　　　　　　　　　　　　图 2-74

当然，现在我们还没建立 C/C++文件，因此还看不到这个按钮。笔者在这里只是预先提一下。下面接着安装 C/C++ Extension Pack 插件，如图 2-75 所示，单击"Install in SSH:192.168.100.128"按钮开始安装。

图 2-75

这两个插件安装完毕后，不仅可以编译和调试 C++程序，而且可以高亮显示 C/C++代码的语法，此外还具有函数定义跳转功能。

（5）准备配置文件和源码文件，并编译运行。先单击"New Folder…"按钮新建一个子文件夹 src，专门用于存放源码，如图 2-76 所示。然后选择 src，单击新建文件按钮，在 src 文件夹下新建源码文件 helloworld.cpp，如图 2-77 所示。

图 2-76　　　　　　　　　　　　　　　　图 2-77

输入文件名"helloworld.cpp"后按回车键，源码文件 helloworld.cpp 就自动建立好了，而且 Visual Studio Code 会自动打开该文件的编辑窗口。我们暂时不输入源码，而是建立编译任务配置文件 tasks.json：在主菜单栏依次单击"Terminal"→"Configure Default Build Task…"命令来配置一个默认的构建任务，此时 Visual Studio Code 中间界面上方会出现一个编辑框，我们选择第一项"C/C++:gcc build active file"，如图 2-78 所示。

此时会自动在项目根目录下新建一个.Visual Studio Code 子文件夹，同时会在该

图 2-78

子文件夹内自动新建编译任务配置文件 tasks.json，并在编辑窗口中显示该文件的内容。我们在"-o"前面加上"-lstdc++"，如下所示：

```json
{
    "version": "2.0.0",
    "tasks": [
        {
            "type": "cppbuild",
            "label": "C/C++: gcc build active file",
            "command": "/usr/bin/gcc",
            "args": [
                "-fdiagnostics-color=always",
                "-g",
                "${file}",
                "-lstdc++",
                "-o",
                "${fileDirname}/${fileBasenameNoExtension}"
            ],
            "options": {
                "cwd": "${fileDirname}"
            },
            "problemMatcher": [
                "$gcc"
            ],
            "group": {
                "kind": "build",
                "isDefault": true
            },
            "detail": "compiler: /usr/bin/gcc"
        }
    ]
}
```

这个文件的内容基本由属性和属性值组成。主要属性解释如下：

- command：要运行的程序，此处是/usr/bin/gcc，也就是会调用程序/usr/bin/gcc来编译。
- args：args数组中包含将要传递给gcc的命令行参数（必须按照编译器预期的顺序指定）。
  - "${file}"表示当前打开的待编译的活动文件。注意，编译时一定要双击打开编译的源码文件，也就是在编辑窗口中显示当前要编译的源码，否则将会编译其他打开的文件。
  - "-g"、"-o"表示编译选项。
  - "-lstdc++"是笔者新增的，表示使用C++标准库，值得注意的是，如果不加这个选项，则gcc默认使用C语言标准库，而我们现在编译的是CPP文件，因此必须要加上这个选项。如果本实例用的.c文件，则不需要新增这个库。如果实在不想加，就在图2-78中选择第二项，即g++编译器（这个编译器默认使用的标准库是C++标准库），那样生成的tasks.json文件就不需要增添东西了，但笔者这里故意选择gcc编译器，就是为了演示gcc编译C++代码需要注意的地方，同时也演示如何添加外部库编译选项。
  - "${fileDirname}/${fileBasenameNoExtension}"表示在当前路径${fileDirname}生成与活

动文件同名且无后缀的可执行文件"${fileDirname}/${fileBasenameNoExtension}"，在本例中的活动文件为helloworld.cpp，那么所生成的可执行文件为helloworld。
- label：标签值是将在任务列表中看到的内容；可以随意命名它。
- group：当isDefault的值为true时，表示支持通过快捷键Ctrl+Shift+B来执行该编译任务。如果值为false，则不支持快捷键，此时可以从主菜单中选择运行"Terminal"→"Run Build Task"。
- detail：解释性文字，可以自定义。

编译配置文件我们生成后，就可以准备源码文件了，双击helloworld.cpp，输入如下代码：

```cpp
#include <iostream>
using namespace std;
int main()
{
    cout<<"hello world"<<endl;
}
```

代码很简单，cout 用于输出字符串"hello world"，endl 的作用是回车换行，也就是输出字符串后回车换行。

源文件准备好后，就可以编译了，确保当前编辑窗口中显示的是 helloworld.cpp 文件的内容，然后按快捷键 Ctrl+Shift+B 或者从主菜单栏中选择运行"Terminal"→"Run Build Task"。如果成功，则会在 Visual Studio Code 下方的"TERMINAL"窗口中显示如下内容：

```
* Executing task: C/C++: gcc build active file

Starting build...
/usr/bin/gcc -fdiagnostics-color=always /root/ex/test/src/helloworld.cpp -lstdc++ -o /root/ex/test/src/helloworld

Build finished successfully.
 * Terminal will be reused by tasks, press any key to close it.
```

在"EXPLORER"视图中的 src 下还会出现可执行文件 helloworld.cpp，如图 2-79 所示。

我们在"TERMINAL"窗口中按回车键，然后在命令行进入 src 目录，运行 helloworld.cpp，就可以看到输出结果了，如下所示：

```
root@mypc:~/ex/test/src# ./helloworld
hello world
```

至此，编译运行 C++程序成功了。但有一点不好的是，需要手工敲键盘运行程序。下面我们来进行改进，首先确保当前打开的是 helloworld.cpp，然后找到 Visual Studio Code 右上角的三角按钮，如图 2-80 所示。

图 2-79　　　　　　　　　　　　　　图 2-80

这个按钮就是直接用来运行程序的快捷按钮。单击该按钮，可以直接运行我们的程序，运行结果可以在"TERMINAL"窗口中看到，如图2-81所示。

这个三角按钮其实对应的菜单命令是"Run"→"Run Without Debuging"，快捷键是Ctrl+F5，因此我们按 Ctrl+F5 快捷键也可以直接编译运行程序。注意，是先编译后运行，不信，我们可以修改源码，在字符串"hello world"结尾加上2个感叹号，然后直接按快捷键Ctrl+F5，此时后台将先编译后运行，运行结果如图2-82所示。

图 2-81

图 2-82

忘掉单纯的编译快捷键"Ctrl+Shift+B"吧，以后代码编辑完，直接按快捷键 Ctrl+F5，非常方便，而且这个快捷键和 Visual C++ 2017 编译运行程序的快捷键一样，这就对以前用 Visual C++ 2017 的程序员非常友好了。

（6）支持多个 C/C++文件编译。一线开发中，一个 C/C++项目会有多个源文件，因此需要支持对多个C/C++文件进行编译，而在默认生成的编译任务配置文件 tasks.json 中，只对当前打开的文件进行编译，即传给 gcc 的参数（args）里指定的属性值是"${file}"，该属性值表示当前打开的是哪一个文件就编译哪个文件。我们可以先来建立一个新的.cpp 文件来看看出错的效果。为何要看出错效果呢？笔者是故意这样安排的，目的是让读者知道，当程序出错时，应到哪里去看错误信息，这对第一次接触 Visual Studio Code 的人来说很重要。

首先，在 EXPLORER 视图中右击 src，在弹出的快捷菜单中选择"New File..."来新建一个源文件 func.cpp，并输入如下代码：

```
int myf()
{
    return 10;
}
```

代码很简单，就是返回整数 10。

然后新建一个头文件 func.h，输入如下代码：

```
extern int myf();
```

再让 myf 在 main 函数中被调用，打开 helloworld.cpp，代码如下：

```
#include <iostream>
using namespace std;
#include "func.h"
int main()
{
    cout<<"hello world!!:"<<myf()<<endl;
}
```

然后双击打开 func.cpp，此时我们按快捷键 Ctrl+F5，可以在 TERMINAL 窗口中发现如下错误提示，意思是 main 函数找不到了：

```
(.text+0x24): undefined reference to 'main'
collect2: error: ld returned 1 exit status
```

如果我们再打开 helloworld.cpp，再按快捷键 Ctrl+F5，又报错，提示找不到函数 myf 了：

```
helloworld.cpp:(.text+0x24): undefined reference to `myf()'
collect2: error: ld returned 1 exit status
```

这些问题是因为${file}导致的，我们要改掉这个属性值，在 tasks.json 中把${file}改成：

```
${workspaceFolder}/src/*.cpp
```

${workspaceFolder}表示在 Visual Studio Code 中打开的文件夹的路径，我们这里打开的是虚拟机中的/root/ex/test 文件夹；src 表示 test 下的子文件夹；*.cpp 表示所有以 cpp 后缀名结尾的源文件。这样就会对/root/ex/test/src/下的所有.cpp 文件进行编译了。我们按快捷键 Ctrl+F5 编译并运行，结果如图 2-83 所示。

图 2-83

可以发现，myf 函数返回了 10。至此，我们可以通过快捷键 Ctrl+F5 编译和运行多个源文件了。此外，除了可以修改${file}之外，也可以通过将"${fileDirname}/${fileBasenameNoExtension}"替换为硬编码文件名（比如"helloworld.out"）来修改输出文件名，有兴趣的读者可以试试；还可以在 task 文件中定义多个编译任务，但用得不多。

（7）编译运行完成后，最后就是调试程序。在 Visual Studio Code 中调试程序，其快捷键和 Visual C++ 2017 中的类似，比如按 F5 键启动调试，按 F10 键单步执行但不进入函数，按 F11 键则单步执行并进入函数。

通常我们在代码某行处设置一个断点，然后按 F5 键启动。为了验证修改代码后，F5 键能察觉到代码编译过了而需要重新编译，我们先修改代码，把 helloworld.cpp 中的 main 函数修改如下：

```
int main()
{
    int r=8;
    r=myf();
    cout<<"hello world!!,r=" <<r<<endl;
}
```

也就是定义了一个变量 r，让 r 保存函数 myf 的返回值，然后打印出来。改完后，我们在"r=myf();"这一行的行首空白处单击，此时会出现一个红圈，这就是断点，如图 2-84 所示。如果处于调试模式，程序运行到此将会停下。

然后打开 func.cpp，在 "return 10;" 这一行的行首空白处单击设置断点，如图 2-85 所示。

图 2-84

图 2-85

此时按 F5 键启动调试，可以看到 main 函数中的 "r=myf();" 的行首有一个三角箭头，如图 2-86 所示。

这就表示程序现在处于暂停阶段，此时可以查看变量，单击 Visual Studio Code 左侧 WATCH 窗口中的十字按钮，输入要查看的变量 r，再按回车键，就能看到变量 r 的值是 8，如图 2-87 所示。

图 2-86

图 2-87

如果要继续下一步，就按 F10 键，此时编辑窗口中的三角箭头就指向下一行，如图 2-88 所示。

再按 F10 键单步前进，此时三角箭头就指向最后一行了，并且 TERMINAL 窗口中能显示打印的内容了，如图 2-89 所示。

图 2-88

图 2-89

至此，基本的调试功能就实现了。看来，我们按 F10 键后的单步执行成功了，后面没什么代码了，可以直接按 F5 键全速前进直到代码结束。如果不想按快捷键，也可以单击 Visual Studio Code 中间界面上方的工具栏上的按钮，如图 2-90 所示。

图 2-90

该工具栏上的每个按钮都和调试有关，从左到右依次是：

（1）Continue 按钮（F5）：启动调试，全速执行程序，直到遇到断点才停下，如果没有断点则执行到程序结束。

（2）Step Over 按钮（F10）：单步执行，遇到函数不进入函数内部。

（3）Step Into 按钮（F11）：单步执行，遇到函数会进入函数内部。

（4）Step Out 按钮（Shift+F11）：如果在调试的时候进入了一个函数，并觉得该函数没有问题，就可以使用 Step Out 跳出该函数，返回到该方法被调用处的下一行语句。注意，该方法必须已执行完毕。

（5）Step Back 按钮：回退到上一行。

（6）Reverse 按钮：反向调试，即反向执行到上个断点。该按钮不常用。

（7）Restart（Ctrl+Shift+F5）：重启调试。

（8）Stop（Shift+F5）：在当前代码行处停止调试，如果后面还有代码没执行，则不会再执行。

将用鼠标停留在每个按钮上时，会出现提示。至此，我们在 Visual Studio Code 下编译、运行和单步调试 C/C++程序成功了。因为是刚开始介绍，所以本实例讲解得十分细致，以后的实例不会如此详细了。

2.4 搭建非集成式开发环境

有人说这一节或许多余，但笔者觉得还是介绍一下比较好。虽然我们通过集成式开发环境来开发程序会比较舒服，但对于 Linux 开发者来说，只会在集成式开发环境下开发程序，不一定是好事，因为作为 Linux 开发者，以后的工作环境很多是不提供集成式开发环境的，这个时候只能用最原始的方式来开发程序，也就是在命令行下编译程序。因此，笔者觉得初学者也要学会在命令行下开发程序，至少会编译。

由于很多程序员习惯使用 Windows，因此这里采取在 Windows 下开发 Linux 程序的方式。基本步骤就是先在 Windows 用自己熟悉的编辑器写源码，然后通过网络连接到 Linux，把源码文件（.c 或.cpp 文件）上传到远程 Linux 主机，在 Linux 主机上对源码进行编译、调试和运行。当然，编译和调试所输入的命令也可以在终端工具（比如 SecureCRT）里完成。这样从编辑到编译、调试运行都可以在 Windows 下操作了。注意是操作（命令），真正的编译、调试、运行工作实际都是在 Linux 主机上完成的。

2.4.1 基于 Visual Studio Code 编辑和上传源码

那我们在 Windows 下选择什么编辑器呢？Windows 下的编辑器很多，读者可以根据自己的习惯来选择使用。常用的编辑器有 Visual Studio Code、Source Insight、Ultraedit（简称 ue），它们小巧且功能多，具有语法高亮、函数列表显示等编写代码所需的常用功能，应对普通的小程序开发绰绰有余。但笔者推荐使用 VS Code，因为它免费且功能更强大，而 Source Insight 和 Ultraedit 是要收费的。

用编辑器写完源码后，就可以通过网络将其上传到 Linux 主机或虚拟机 Linux。把文件从 Windows 上传到 Linux 的方式也很多，既有命令行的 sz/rz，也有 ftp 客户端、SecureFX 等图形化的工具，读者可以根据习惯和实际情况选择合适的工具。如果使用 VS Code 的话，可以自动上传到 Linux 主机，更加方便。对于后面的非集成式的开发，使用的编辑器都是 VS Code。

把源码文件上传到 Linux 后，就可以进行编译了，编译的工具可以使用 gcc 或 g++，两者都可以编译 C/C++文件。编译过程中如果需要调试，则可以使用命令行的调试工具 gdb，后面也会详细介绍。下面看一个在 Windows 下开发 Linux 程序的示例。

注意，如果读者已经搭建了基于 VS Code 的集成式开发环境，现在又想用非集成式开发环境，建议全部卸载 VS Code，以免起冲突。下面的讲解也默认为计算机上没有安装 VS Code。

【例 2.16】基于 Visual Studio Code 非集成式开发 C/C++

（1）到官网 https://code.visualstudio.com/ 上下载 VS Code，然后安装，过程很简单。

（2）如果是第一次使用 VS Code，先安装两个和 C/C++编程有关的插件：单击 VS Code 左侧竖条工具栏上的"Extensions"图标或者直接按快捷键 Ctrl+Shift+X 来切换到"Extensions"页面，该页面主要用来搜索和安装（扩展）插件，然后在左上方的搜索框中搜索"C++"，结果如图 2-91 所示。

选中两个 C/C++插件，分别单击"Install"按钮开始安装。安装完毕后，代码的语法就高亮了，也有函数定义跳转功能了。接着再安装一个插件 sftp，该插件能实现在 VS Code 中上传文件到远程 Linux 主机上，这样就可以避免来回切换软件窗口了。搜索"sftp"，安装第一个就行，如图 2-92 所示。

图 2-91

图 2-92

安装完毕后重新启动 Visual Studio Code。

（3）在 Windows 本地新建一个存放源码文件的文件夹，比如 E:\ex\test\。打开 Visual Studio Code，在菜单栏中依次单击"File"→"New Folder"，此时将在左边显示"Explorer"视图。在视图的右上方单击"New File"图标，如图 2-93 所示。

图 2-93

此时会在下方出现一个编辑框，用于输入新建文件的文件名，我们输入 test.cpp，然后按回车键。此时会在 Visual Studio Code 中间出现一个编辑框，这就是我们要输入代码的地方，输入代码如下：

```
#include <iostream>
using namespace std;
int main(int argc, char *argv[])
{
    char sz[] = "Hello, World!";
    cout << sz << endl;
    return 0;
}
```

代码很简单，无须多言。如果前面两个 C/C++插件安装正确，那么可以看到代码的颜色是丰富多彩，这就是语法高亮。如果把鼠标停留在某个变量、函数或对象上（比如 cout），还会出现更加完整的定义说明。

另外,如果不准备新建文件,而是要添加已经存在的文件,那么可以把文件放到当前目录下,然后在 Visual Studio Code 的 Explorer 视图中就能马上看到了。

(4)上传源文件到虚拟机 Linux。

我们用 SecureCRT 自带的文件传输工具 SecureFX 把 test.cpp 上传到虚拟机 Linux 的某个目录下。SecureFX 的用法前面已经介绍过了,这里不再赘述。在 Visual Studio Code 中,我们可以下载插件 sftp,实现在 Visual Studio Code 中就能同步本地文件和服务器端文件。在使用 sftp 插件前,需要进行一些简单设置,告诉 sftp 远程的 Linux 主机的 IP 地址、用户名和口令等信息。我们按快捷键 Ctrl+Shift+P 进入 Visual Studio Code 的命令输入模式,然后在上方"Search settings"框中输入 ftp:config 命令,在当前文件夹(这里是 E:\ex\test\)中生成一个".vscode"文件夹,里面有一个 sftp.json 文件,我们需要在这个文件中配置远程服务器地址。Visual Studio Code 会自动打开这个文件,在这个文件中我们输入内容如下:

```
{
    "name": "My Server",
    "host": "192.168.11.129",
    "protocol": "sftp",
    "port": 22,
    "username": "root",
    "password": "123456",
    "remotePath": "/root/ex/3.2/",
    "uploadOnSave": true
}
```

输入完毕,按快捷键 Alt+F+S 保存。其中,/root/ex/3.2/是虚拟机 Ubuntu 上的一个路径(不必预先建立,Visual Studio Code 会自动帮我们建立),我们上传的文件将会存放到该路径下;host 表示远程 Linux 主机的 IP 地址或域名,注意这个 IP 地址必须和 Windows 主机的 IP 地址相互 ping 通;protocol 表示使用的传输协议,用 sftp,即安全的 FTP 协议;username 表示远程 Linux 主机的用户名;password 表示远程 Linux 主机的用户名对应的口令;remotePath 表示远程文件夹地址,默认是根目录/;uploadOnSave 表示本地更新文件保存会自动同步到远程文件(不会同步重命名文件和删除文件)。另外,如果源码在本地其他路径,也可以通过 context 设置本地文件夹地址,默认为 Visual Studio Code 工作区根目录。

在 Explorer 页的空白处右击,在弹出的快捷菜单中依次选择"Sync Local"→"Remote",如果没有问题,可以在 Output 视图上看到如图 2-94 所示的提示。

这说明上传成功了。另外,如果 Output 视图没有出现,可以单击左下方状态栏上的"SFTP"小图标,如图 2-95 所示。

图 2-94

图 2-95

此时如果到虚拟机 Ubuntu 上去看,可以发现/root/ex/3.2/下有一个 test.cpp 了:

```
# ls
```

```
test.cpp
```

是不是感觉 Visual Studio Code 很强大。其实编译工作也可以在 Visual Studio Code 中完成,但为了体现我们也是懂 Linux 的,还是留点工作在 Linux 下做吧,至少 gcc/g++要会用。

(5)编译源文件。

现在源文件已经在 Linux 的某个目录下(本例是/root/ex/3.2/)了,我们可以在命令行下对它进行编译。Linux 下编译 C++源程序通常有两种命令:一种是利用命令 g++,另外一种是利用命令 gcc,它们都是根据源文件的后缀名来判断是 C 程序还是 C++程序。编译可以在 SecureCRT 的窗口或者 Visual Studio Code 自带的终端窗口下用命令进行,我们打开 SecureCRT,连接远程 Linux,然后定位到源文件所在的文件夹,并输入 g++编译命令:

```
# g++ test.cpp -o test
# ls
test  test.cpp
# ./test
Hello, World!
```

-o 表示输出,它后面加的 test 表示最终输出的可执行程序名字是 test。

如果要用 gcc 来编译,gcc 是编译 C 语言的,默认情况下如果直接使用 gcc 编译 C++程序,会报错,因此需要通过增加参数-lstdc++来编译:

```
# gcc -o test test.cpp -lstdc++
# ls
test  test.cpp
# ./test
Hello, World!
```

其中,-o 表示输出,它后面加的 test 表示最终输出的可执行程序名字是 test;-l 表示要连接到某个库;stdc++表示 C++标准库。因此,-lstdc++表示连接到标准 C++库。

这个例子到这里算完了吗?非也!下面见证 Visual Studio Code 奇迹的时刻到了,前面我们上传文件是通过快捷菜单来实现的,似乎有点烦琐。现在,我们在 Visual Studio Code 中打开 test.cpp,稍微修改一点代码,比如将 sz 的定义改成 char sz[] = "Hello, World!--------";,然后保存 test.cpp。此时 Visual Studio Code 会自动将文件上传到远程 Linux 上,Output 视图里也会有新的提示,如图 2-96 所示。

```
[04-01 15:34:38] [info] [file-save] e:\ex\test\test.cpp
[04-01 15:34:38] [info] local → remote e:\ex\test\test.cpp
```

图 2-96

其中,file-save 表示文件保存,local->remote 表示上传到远程主机。是不是很方便、很快捷。我们只需保存源码文件,Visual Studio Code 就自动帮我们上传!此时再进行编译,可以发现结果变了:

```
# gcc -o test test.cpp -lstdc++
# ./test
Hello, World!--------
```

顺便提一句，代码后退的快捷键是 Alt+向左箭头。

好了，编辑和编译已经完成了，下面就要调试了。调试也是在命令行下进行，所使用的调试工具是 gdb。它是一个很"古老"的工具了，但一直很耐用，有些用户现场环境或嵌入式环境只能靠它进行调试。

2.4.2　为何要学 gdb 调试器

开发程序难免会出现错误，排除错误就需要一定方法，其中，动态调试是诸多排错（Debug）方法中最有效、最直观的一个。因此，掌握调试方法是开发程序，尤其是大型程序的必备技能。Linux下，动态调试程序的工具是 gdb，它运行中命令行下，不过也有版本可以使用在图形界面上。但 Linux 很多时候是没有图形界面的，因此掌握命令行下的调试方法还是很有必要的，更何况，以后调试一些内核源码或内核模块程序的时候，还是会用到 gdb。

2.4.3　gdb 简介

gdb 是一个由 GNU 开源组织发布的、UNIX/Linux 操作系统下的、基于命令行的程序调试工具。虽然它不是图形界面调试工具，但在 Linux 下开发程序时会发现 gdb 这个调试工具十分强大，而且更适合字符界面环境，毕竟 Linux 系统很多都是字符界面系统。所谓"尺有所短，寸有所长"就是这个道理。一般来说，gdb 主要有下面 4 个方面的功能：

（1）可以按照我们自定义的要求随心所欲地运行程序。
（2）可以让被调试的程序在指定的断点处停下（断点可以是条件表达式）。
（3）当程序被停下时，可以检查此时程序中所发生的事，比如查看某个变量值、查看内存堆栈内容等。
（4）动态改变程序的执行环境。

看起来，gdb 与其他常见的调试工具在基本功能上并没有太大区别，它们都旨在完成相似的调试任务。然而，深入了解细节后，我们会发现 gdb 这款调试工具的强大之处。许多人可能更习惯于使用图形界面的调试工具，但有时，命令行界面（cli）的调试工具却能提供图形界面工具所不具备的功能。总体来说，gdb 调试器能够帮助我们观察程序在执行过程中的内部活动，以及在程序出错时究竟发生了什么。

2.4.4　重要准备

要使用 gdb 来调试 C/C++的程序，务必在编译 C/C++程序的时候把调试信息加到可执行文件中。我们前面讲 gcc 的时候，说到为 gcc 加上-g 这个选项就可以做到这一点。比如：

```
gcc -g test.c -o test
```

如果没有-g，我们将看不见程序的函数名、变量名，所代替的全是运行时的内存地址。因此切记，如果要用 gdb 调试程序，则要在编译的时候使用-g。

2.4.5 启动 gdb

启动 gdb 很简单，就是在命令行下输入 gdb，然后按回车键。如果启动成功，将出现版本信息，然后处于一个（gdb）状态，在此状态下可以输入所需要的调试命令。示例如下：

```
# gdb
GNU gdb (GDB) Red Hat Enterprise Linux 7.6.1-80.el7
Copyright (C) 2013 Free Software Foundation, Inc.
License GPLv3+: GNU GPL version 3 or later <http:// gnu.org/licenses/gpl.html>
This is free software: you are free to change and redistribute it.
There is NO WARRANTY, to the extent permitted by law.  Type "show copying"
and "show warranty" for details.
This GDB was configured as "x86_64-redhat-linux-gnu".
For bug reporting instructions, please see:
<http:// www.gnu.org/software/gdb/bugs/>.
(gdb)
```

在这种状态下可以输入 gdb 命令。

也可以在启动 gdb 的同时，加载一个要调试的可执行文件，例如：

```
# gdb test
GNU gdb (GDB) Red Hat Enterprise Linux 7.6.1-80.el7
Copyright (C) 2013 Free Software Foundation, Inc.
License GPLv3+: GNU GPL version 3 or later <http:// gnu.org/licenses/gpl.html>
This is free software: you are free to change and redistribute it.
There is NO WARRANTY, to the extent permitted by law.  Type "show copying"
and "show warranty" for details.
This GDB was configured as "x86_64-redhat-linux-gnu".
For bug reporting instructions, please see:
<http:// www.gnu.org/software/gdb/bugs/>...
Reading symbols from /zww/test/test...(no debugging symbols found)...done.
(gdb)
```

由于这个 test 在编译的时候没有加选项 -g，因此 gdb 提示了 no debugging symbols found。

上面两种启动方式是最常用的，除此之外，gdb 还可以这样启动：

（1）gdb \<program\> core：用 gdb 同时调试一个运行程序和 core 文件，core 是程序非法执行后 core dump 产生的文件。

（2）gdb \<program\> \<PID\>：如果我们的程序是一个服务程序（守护程序），那么可以指定这个服务程序运行时的进程 ID，gdb 会自动 attach 上去并调试它。program 应该在 PATH 环境变量中搜索得到。

这两种方式用得不多，但在某些特殊情况下也会用到。

2.4.6 退出 gdb

在 gdb 状态下，输入命令 quit 就可以退出 gdb 调试状态。例如：

```
(gdb) quit
```

2.4.7 gdb 的常用命令概述

gdb 这个调试工具是在命令行下使用的，自然提供了不少命令，这些命令都是在 gdb 启动后，允许在(gdb)提示符下使用的。gdb 的常用命令如表 2-2 所示。

表 2-2 gdb 的常用命令

命　　令	说　　明
file	装入想要调试的可执行文件
list	列出产生执行文件的源码的一部分
next	执行一行源码但不进入函数内部
step	执行一行源码而且进入函数内部
run	执行当前被调试的程序
c	继续运行程序
quit	终止 gdb
watch	监视一个变量的值而不管它何时被改变
backtrace	栈跟踪，查出代码被谁调用
print	查看变量的值
make	使得我们能不退出 gdb
shell	使得我们能不离开 gdb
whatis	显示变量或函数类型
break	在代码里设断点，这将使程序执行到这里时被挂起
info break	显示当前断点清单，包括到达断点处的次数等
info files	显示被调试文件的详细信息
info func	显示所有的函数名称
info local	显示当函数中的局部变量信息
info prog	显示被调试程序的执行状态
delete [n]	删除第 n 个断点
disable[n]	关闭第 n 个断点
enable[n]	开启第 n 个断点
ptype	显示结构定义
set variable	设置变量的值
call name(args)	调用并执行名为 name、参数为 args 的函数
Finish	终止当前函数并输出返回值
return value	停止当前函数并返回 value 给调用者

这些命令不需要全部去记忆，实践中经常用的话自然会记住。具体使用时，可以在 gdb 提示符下输入 help <command>来查看某个命令的帮助，比如 help breakpoints，用于查看设置断点的所有命令。

2.4.8 file 命令加载程序

file 命令用来加载要调试的可执行程序文件，使用格式如下：

```
file [可执行程序文件]
```

因为一般是在被调试程序所在目录下执行 gdb，所以文件名不需要带路径。如果[可执行程序文件]没有加路径，则在 gdb 启动时所在的目录下查找可执行程序。如果在 file 后输入一个当前目录下没有的程序名，则报错。

【例 2.17】加载要调试的可执行文件

（1）新建一个 C++源文件 test.cpp，内容如下：

```cpp
#include <iostream>
using namespace std;
int main()
{
    cout<< "hello, boy \n";
    return 0;
}
```

（2）在命令行下进入 test.cpp 所在目录，然后用 g++带上-g 后编译并运行：

```
# g++ -g test.cpp -o test
# ./test
hello, boy
```

（3）启动 gdb，加载可执行程序 test。

```
# gdb
GNU gdb (GDB) Red Hat Enterprise Linux 7.6.1-80.el7
Copyright (C) 2013 Free Software Foundation, Inc.
License GPLv3+: GNU GPL version 3 or later <http:// gnu.org/licenses/gpl.html>
This is free software: you are free to change and redistribute it.
There is NO WARRANTY, to the extent permitted by law.  Type "show copying"
and "show warranty" for details.
This GDB was configured as "x86_64-redhat-linux-gnu".
For bug reporting instructions, please see:
<http:// www.gnu.org/software/gdb/bugs/>.
(gdb) file test
Reading symbols from /zww/test/test...done.
(gdb)
```

提示 Reading symbols from /zww/test/test...done，说明 gdb 成功读取了可执行文件 test 中的调试信息，已经准备好接收用户具体的调试命令了。

2.4.9 list 命令显示源码

list 命令可以列出可执行文件的源码的一部分，简写为 l。该命令既可以不带参数、也可以带 1 个或 2 个参数。

1）list 命令不带参数的用法

不带参数的时候，list 命令将显示 10 行源码。第一次从源码文件首行开始显示，第二次从上一次显示的末行后的下一行开始显示，以此类推。

【例 2.18】list 不带参数显示源码内容

（1）新建一个 C++源文件 test.cpp，内容如下：

```
#include <iostream>
using namespace std;
int main()
{
    cout<< "1 line\n";
    cout<< "2 line\n";
    cout<< "3 line\n";
    cout<< "4 line\n";
    cout<< "5 line\n";
    cout<< "6 line\n";
    cout<< "7 line\n";
    cout<< "8 line\n";
    cout<< "9 line\n";
    cout<< "10 line\n";
    return 0;
}
```

（2）在命令行下编译 test.cpp，注意要加-g：

```
# g++ test.cpp -g -o test
```

如果没错，就会生成可执行程序 test。

（3）启动 gdb，即在命令行下直接输入 gdb，然后用 file 命令加载 test。也可以直接用 gdb test 形式启动 gdb 同时加载 test。这里我们先输入 gdb，然后在（gdb）下输入 file 命令：

```
(gdb) file test
Reading symbols from /zww/test/test...done.
```

（4）输入 list 命令或直接输入 l 来显示源码：

```
(gdb) l
1       #include <iostream>
2       using namespace std;
3       int main()
4       {
5           cout<< "1 line\n";
6           cout<< "2 line\n";
7           cout<< "3 line\n";
8           cout<< "4 line\n";
9           cout<< "5 line\n";
10          cout<< "6 line\n";
```

显示了 10 行。如果继续要显示下面的内容，可以再输入 l：

```
(gdb) l
```

```
11              cout<< "7 line\n";
12              cout<< "8 line\n";
13              cout<< "9 line\n";
14              cout<< "10 line\n";
15              return 0;
16      }
17
```

此时，test 源码全部显示完毕了。

2）list 显示指定行前后的源码内容

list 命令带一个数字参数时，显示的范围是参数所表示的行的前 5 行和后 4 行。命令格式如下：

list n

其中 n 表示行。比如，我们要显示源码第 6 行的前 5 行和后 4 行的内容，可以这样输入：

(gdb)list 6

【例 2.19】list 带一个数字显示源码内容

（1）使用【例 2.18】生成的可执行文件 test，启动 gdb 并加载 test：

gdb test

（2）在 gdb 下用命令 list 来显示第 8 行的前 5 行和后 4 行的内容：

```
(gdb) list 8
3       int main()
4       {
5              cout<< "1 line\n";
6              cout<< "2 line\n";
7              cout<< "3 line\n";
8              cout<< "4 line\n";
9              cout<< "5 line\n";
10             cout<< "6 line\n";
11             cout<< "7 line\n";
12             cout<< "8 line\n";
```

可以看到，显示的范围正是第 8 行的前 5 行到后 5 行。

3）list 显示始末行之间的源码内容

list 命令带 2 个参数时，这 2 个参数分别表示起始行和结束行，显示的范围就是从第一个参数所代表的行到第二个参数所代表的行。命令格式如下：

list n1,n2

其中，n1 表示起始行，n2 表示结束行。比如要显示源码第 2 行到第 6 行的内容，可以这样：

list 2,6

【例 2.20】list 带 2 个参数显示源码内容

（1）使用【例 2.18】生成的可执行文件 test，启动 gdb 并加载 test：

```
# gdb test
```

（2）在 gdb 下用命令 list 来显示从第 8 行到第 10 行的源码内容：

```
(gdb) list 8,10
8           cout<< "4 line\n";
9           cout<< "5 line\n";
10          cout<< "6 line\n";
```

4）list 显示某函数附近的源码内容

list 命令可以将一个源码中的函数名作为参数，这样可以显示该函数的上下 10 行的内容。命令格式如下：

```
list funcname
```

【例 2.21】list 显示某函数附近的源码内容

（1）使用【例 2.18】生成的可执行文件 test，启动 gdb 并加载 test：

```
# gdb test
```

（2）在 gdb 下用命令 list 来显示函数 main 上下 10 行的源码内容：

```
(gdb) list main
1       #include <iostream>
2       using namespace std;
3       int main()
4       {
5           cout<< "1 line\n";
6           cout<< "2 line\n";
7           cout<< "3 line\n";
8           cout<< "4 line\n";
9           cout<< "5 line\n";
10          cout<< "6 line\n";
(gdb)
```

2.4.10　run 命令运行程序

使用 run 命令可以在 gdb 中运行调试中的程序。run 命令可以跟一个或多个参数，这些参数可以发给可执行程序。run 的命令格式如下：

```
(gdb)run arg1 arg2 ...
```

其中，arg1 和 arg2 都是命令带的参数，参数之间用空格隔开，参数的个数可以多于 2 个，所以后面用了省略号。run 命令也可用 r 来代替，所以命令格式又可以写为：

```
(gdb)r arg1 arg2 ...
```

【例 2.22】传参数给程序并运行程序

（1）新建一个 C++源文件 test.cpp，内容如下：

```
#include <iostream>
using namespace std;
```

```
int main(int argc,char *argv[])
{
    int i;
    if(argc==3)
    {
        cout<<"argc="<<argc<<endl;
        for(i=0;i<argc;i++)
            cout<<"argv["<<i<<"]="<<argv[i]<<endl;
    }
    else cout<<"usage:./test 4 str1 str2 str3"<<endl;

    return 0;
}
```

（2）用 g++ 带-g 进行编译。在命令行下，进入 test.cpp 所在目录，然后输入 g++ 编译命令：

```
# g++ test.cpp -g -o test
```

此时会在同目录下生成可执行程序 test。

（3）用 gdb 加载 test。在命令行下，进入 test 所在目录，然后输入命令：

```
# gdb test
```

此时将进入<gdb>提示符下，我们可以用 r 命令使之运行：

```
(gdb) run boy girl
Starting program: /zww/test/test boy girl
argc=3
argv[0]=/zww/test/test
argv[1]=boy
argv[2]=girl
[Inferior 1 (process 24828) exited normally]
Missing separate debuginfos, use: debuginfo-install glibc-2.17-105.el7.x86_64
libgcc-4.8.5-11.el7.x86_64 libstdc++-4.8.5-11.el7.x86_64
```

可以看到，程序输出了我们输入的参数，运行十分正常（normally）。暂时不要退出 gdb，下面会继续使用这个例子。

1）显示传给 main 的参数

我们可以用命令 show args 来显示传给 main 函数的参数，比如接着上面的程序，在<gdb>提示符下输入命令 show args：

```
(gdb) show args
Argument list to give program being debugged when it is started is "boy girl".
```

末尾的"boy girl"正是我们传给 main 的参数。

2）重新设置传给 main 的参数

接着上例，如果我们继续在<gdb>下输入 run，会发现默认还是会传递上一次 run 传递给 main 的参数，比如我们继续输入 run 命令：

```
(gdb) run
```

```
Starting program: /zww/test/test boy girl
argc=3
argv[0]=/zww/test/test
argv[1]=boy
argv[2]=girl
[Inferior 1 (process 24848) exited normally]
```

虽然此时 run 没带参数，但依然会把上次的参数传给 main。那么如果要改变传给 main 的参数呢？可以使用命令 set args。比如我们在<gdb>下输入：

```
(gdb) set args dad mum
(gdb) run
Starting program: /zww/test/test dad mum
argc=3
argv[0]=/zww/test/test
argv[1]=dad
argv[2]=mum
[Inferior 1 (process 24857) exited normally]
```

上述代码首先设置了新参数 dad 和 mum，然后 run 运行，就可以看到程序输出了我们新传入的参数。

2.4.11 break 命令设置断点

断点就是让程序执行暂停的地方，此时我们可以查看相关的变量或某内存地址的内容。在 gdb 中，可以用 break 命令来设置断点。break 命令在代码中设断点后，将使程序执行到这里时被挂起，也就是停下来。它有以下几种方式：

（1）根据行号设置断点，比如：(gdb) break linenumber。

（2）根据函数名设置断点，比如：(gdb) break funcname。

（3）执行非当前源文件的某行或某函数时停止执行，比如：(gdb) break filename:linenum 或(gdb) break filename:funcname。

（4）根据条件停止程序执行，比如：(gdb) break linenum if expr 或(gdb) break funcname if expr。

注意：break 命令可以简写成 b。

1）指定在源码的某行处设置断点

我们可以使用命令 break 加行号的形式来指定在源码的某行处设置断点。命令格式如下：

```
(gdb)break linenumber
```

其中 linenumber 为源码中某行的行号。也可以简写成 b linenumber。例如我们要在源码的第 5 行设置断点，可以输入 break 命令：

```
(gdb)break 5
```

或简写成：

```
(gdb)b 5
```

这里有读者可能会问："那我怎样才能知道每行代码的行号呢？"此时可以使用前面介绍过的 list 命令来显示源程序代码，这样每行代码的行号都显示出来了，然后就可以使用 break 命令来设置断点。

【例 2.23】在源码某行处设置断点

（1）新建一个 C++源文件 test.cpp，内容如下：

```cpp
#include <iostream>
using namespace std;
void zww(int age)
{
    int a, b, c;
    if (age > 60)   // line 6
        cout << "I am old\n";
    else
        cout << "I am young\n";
}
int main()
{
    int a = 5, b = 6;
    zww(70);

    a++; // line 16
    b++;
    if (a > b)
        cout << a << endl;
    else
        cout << b << endl;
    return 0;
}
```

（2）用 g++带-g 进行编译。在命令行下，进入 test.cpp 所在目录，然后输入 g++编译命令：

```
# g++ test.cpp -g -o test
```

（3）启动 gdb 调试 test：

```
# gdb test
```

然后在<gdb>下用 list 命令查看源码，这样就知道每行的行号了。这里我们在第 16 行处设置断点：

```
(gdb) b 16
Breakpoint 1 at 0x400913: file test.cpp, line 16.
```

可以发现，提示在 line 16 处设置了断点（Breakpoint）。注意，这里只是说在第 16 行设置了断点，而不是运行到 16 行停在这里，要运行 run 命令来启动程序，才会在这个断点处停下。

（4）设置断点后，用 run 命令来运行程序，以便在断点处停下：

```
(gdb) run
Starting program: /zww/test/test
```

```
I am old

Breakpoint 1, main () at test.cpp:16
warning: Source file is more recent than executable.
16              a++; // line 16
```

可以看到，程序执行到第 16 行停下来了，并且前面有打印语句的地方也打印出来了（比如 I am old），而第 16 行后面的代码因为还没执行到，所以没有什么输出。

2）在源码的某函数处设置断点

我们可以使用命令 break 加函数名的形式来指定在源码的某函数处设置断点。命令格式如下：

```
(gdb)break funcname
```

其中 funcname 为源码中某个函数的名字。也可以简写为 b funcname。比如我们要在源码的函数 myfunc 处设置断点，可以输入 break 命令：

```
(gdb)break myfunc
```

或简写成：

```
(gdb)b myfunc
```

【例 2.24】在源码的某函数处设置断点

（1）在【例 2.23】的代码的基础上，启动 gdb 调试 test：

```
# gdb test
```

然后在<gdb>下用 list 命令查看源码，这样就知道源码中的所有函数名了。这里我们在函数 zww 处设置断点：

```
(gdb) b zww
Breakpoint 2 at 0x4008cb: file test.cpp, line 6.
```

（2）设置断点后，用 run 命令来运行程序，以便在断点处停下：

```
(gdb) run
Starting program: /zww/test/test

Breakpoint 1, zww (age=70) at test.cpp:6
6               if (age > 60)
```

可以发现，程序在第 6 行处暂停下来了，而这一行正是 zww 函数的第一条语句。注意，"int a,b,c;" 并不是语句，所以不会停在这一行，但如果我们在定义的同时又进行了赋值，则会停在该行，比如改成：

```
int a,b,c=2;
```

则 b zww 后再运行，就会停在这一行（即第 5 行）了。

第 3 章

C++语言基础

3.1 C++基础知识

3.1.1 C++程序结构

在讲解 C++语言之前，先介绍下本章（包括后面章节）的实例所使用的开发环境。在第 2 章中，笔者演示了多种开发环境，有集成开发环境，也有非集成开发环境。那么对于刚刚学开发语言的人来讲，该用哪个呢？笔者思考良久，觉得集成开发环境更适合企业做项目使用，而学语言阶段的人应该用非集成环境，然后手工编写命令去编译和运行，这样可以让这些基本命令刻在脑子里，就像 1+1=2 那样熟悉，永不会忘记；而且在编写命令过程中，会更了解命令的使用方式和选项。也就是说，对于初学者而言，不要偷懒，就像樱木花道刚刚学打篮球，也是在球场边先练习原地拍球。这些是每一个初学者必须经历的学习阶段。

现在的非集成开发环境用起来其实不是那么难受了，不需要用 vi 或 Windows 的记事本之类的工具去敲代码，完全可以在 Visual Studio Code 下敲代码，然后利用插件上传代码，并在 Visual Studio Code 的终端窗口中进行编译和运行。具体过程可参考 2.4 节，已经描述得非常详细了。

好了，下面进入语言的学习，我们从一个简单的程序入手看一个 C++程序的组成结构。

【例 3.1】第一个 C++例子

（1）打开 Visual Studio Code，新建 test.cpp 并输入如下代码：

```cpp
// my first program in C++
#include <iostream>
using namespace std;

int main() {
    cout << "Hello World!\n";
```

```
        return 0;
}
```

以上代码是多数初学者学会写的第一个程序,它的运行结果是在屏幕上打出"Hello World!"这句话。虽然它可能是 C++可以写出的最简单的程序之一,但其中已经包含每一个 C++程序的基本组成结构。下面我们就逐个分析其组成结构的每一部分。

```
// my first program in C++
```

这是注释行。所有以两个斜线符号(//)开始的程序行都被认为是注释行,这些注释行是程序员写在程序源码内,用来对程序做简单解释或描述的,对程序本身的运行不会产生影响。在本例中,这行注释对本程序是什么做了一个简要的描述。

```
# include < iostream>
```

以#标志开始的句子是预处理器的指示语句。它们不是可执行代码,只是对编译器做出指示。在本例中,# include < iostream > 告诉编译器的预处理器将输入输出流的标准头文件(iostream)包括在本程序中。这个头文件包括 C++中定义的标准输入输出程序库的声明。此处它被包括进来是因为在本程序的后面将用到它的功能。

```
using namespace std;
```

C++标准函数库的所有元素都被声明在一个命名空间中,这就是 std 命名空间。因此,为了能够访问它的功能,我们用这条语句来表达将使用标准命名空间中定义的元素。这条语句在使用标准函数库的 C++程序中频繁出现,本书大部分代码例子中也将用到它。

```
int main()
```

这一行为主函数的起始声明。主函数是所有 C++程序运行的起始点。不管它是在代码的开头、结尾还是中间,此函数中的代码总是在程序开始运行时第一个被执行的。因此,所有 C++程序都必须有一个主函数。

main 后面跟了一对圆括号(()),表示它是一个函数。C++中所有函数后面都跟有一对圆括号,括号中可以输入一些参数。主函数的内容紧跟在它的声明之后,由花括号({})括起来。

```
cout << "Hello World!\n";
```

这个语句在本程序中最重要。cout 是 C++中的标准输出流(通常为控制台,即屏幕),这句话把一串字符串(本例中为"Hello World!\n")插入输出流(控制台输出)中。cout 的声明在头文件 iostream.h 中,所以要想使用 cout,就必须将该头文件包括在程序开始处。

注意,这个句子以分号(;)结尾。分号标示了一个语句的结束,C++的每一个语句都必须以分号结尾。C++程序员常犯的错误之一就是忘记在语句末尾写上分号。

```
return 0;
```

返回语句(return)表示主函数 main()执行结束,并将该语句后面所跟代码(在本例中为 0)返回。这是在程序执行没有出现任何错误的情况下最常见的程序结束方式。在后面的例子中,会看到所有 C++程序都以类似的语句结束。

(2)保存代码并上传到 Linux,在命令行下编译并运行:

```
# g++ test.cpp -o test
# ./test
Hello World!
```

读者可能注意到并不是程序中的所有行都会被执行。程序中可以有注释行（以//开头），有编译器、预处理器的指示行（以#开头），有函数的声明（本例中的 main 函数），还有程序语句（例如调用 cout <<），所有这些语句行被括在主函数的花括号内。

本例中程序被写在不同的行中以方便阅读，其实这并不是必需的，例如以下程序：

```
int main ()
{
    cout << " Hello World ";
    return 0;
}
```

也可以被写成：

```
int main () { cout << " Hello World "; return 0; }
```

以上两段程序是完全相同的。

在 C++中，语句的分隔是以分号（;）为分隔符的。分行写代码只是为了方便编程人员阅读。

以下程序包含更多的语句：

```
// my second program in C++
#include <iostream>
using namespace std;
int main ()
{
    cout << "Hello World! ";
    cout << "I'm a C++ program";
    return 0;
}
```

这段代码将在控制台窗口上输出"Hello World! I'm a C++ program"。在这个例子中，我们在两个不同的语句中调用了 cout <<函数。再一次说明分行写程序代码只是为了方便阅读，因为这个 main 函数也可以写为以下形式而没有任何问题：

```
int main () { cout << " Hello World! "; cout << " I'm to C++ program "; return 0; }
```

为方便起见，我们也可以把代码分为更多的行来写：

```
int main ()
{
    cout <<
    "Hello World!";
    cout
    << "I'm a C++ program";
    return 0;
}
```

运行结果将和上面的例子完全一样。

这个规则对预处理器指示行（以#号开始的行）并不适用，因为它们并不是真正的语句。它们由预处理器读取并忽略，并不会生成任何代码。因此，它们每一个必须单独成行，且末尾不需要加分号。

3.1.2 注释

注释是源码的一部分，但它们会被编译器忽略，不会生成任何执行代码。使用注释的目的只是方便程序员在源程序中插入一些说明、解释性的内容。

C++支持两种插入注释的方法：

```
// line comment
/* block comment */
```

第一种方法为行注释，它告诉编译器忽略从"//"开始至本行结束的任何内容。第二种为块注释（段注释），告诉编译器忽略在"/*"符号和"*/"符号之间的所有内容，可能包含多行内容。

在下面的程序中，我们插入了更多注释。

```
/* my second program in C++
with more comments */

#include <iostream.h>

int main ()
{
   cout << "Hello World! "; // says Hello World!
   cout << "I'm a C++ program"; // says I'm a C++ program
   return 0;
}
```

如果我们在源程序中插入了注释而没有用"//"符号或"/*"和"*/"符号，那么编译器会把它们当作C++的语句，在编译时就会出现一个或多个错误信息。

3.1.3 变量和数据类型

有的读者可能觉得"Hello World！"程序用处不大，写了好几行代码，然后编译、执行，生成程序只是为了在屏幕上看到一句话。的确，我们直接在屏幕上打出这句话会更快，但是编程并不仅限于在屏幕上打出文字这么简单。为了能够进一步写出可以执行更有用的任务的程序，我们需要引入变量这个概念。

设想这样一个例子，要求在脑子里记住数字 5，再记住数字 2。我们已经记忆了两个数值在脑子里。现在要求在说的第一个数值上加 1，即在脑子里记住 6（即5+1）和 2。现在如果将两数相减，可以得到结果 4。

这些我们在脑子里做的事情与计算机用两个变量可以做的事情非常相似。同样的处理过程用C++来表示可以写成下面这段代码：

```
a = 5;
b = 2;
```

```
a = a + 1;
result = a - b;
```

这是一个很简单的例子，因为只用了两个很小的整数数值。但是计算机可以同时存储成千上万个这样的数值，并进行复杂的数学运算。

因此，我们可以将变量定义为内存的一部分，用以存储一个确定的值。

每一个变量需要一个标识，以便将它与其他变量相区别。例如，在前面的代码中，变量标识是 a、b 和 result。我们可以给变量起任何名字，只要它们是有效的标识符。

3.1.4 标识

有效标识由字母、数字和下画线（_）组成，空格、标点和符号都不可以出现在标识中，并且变量标识必须以字母开头。标识也可能以下画线开头，但这种标识通常是保留给外部连接用的。标识不可以以数字开头。标识的长度没有限制，但是有些编译器只取前 32 个字符（剩下的字符会被忽略）。

必须注意的另一条规则是，给变量起名字时，不可以和 C++语言的关键字或我们所使用的编译器的特殊关键字同名，因为这样会与这些关键字产生混淆。例如，以下列出的标准保留关键字不允许用作变量标识名称：

```
asm, auto, bool, break, case, catch, char, class, const, const_cast, continue,
default, delete, do, double, dynamic_cast, else, enum, explicit, extern, false, float,
for, friend, goto, if, inline, int, long, mutable, namespace, new, operator, private,
protected, public, register, reinterpret_cast, return, short, signed, sizeof, static,
static_cast, struct, switch, template, this, throw, true, try, typedef, typeid,
typename, union, unsigned, using, virtual, void, volatile, wchar_t, while
```

另外，不要使用一些操作符的替代表示作为变量标识，因为在某些环境中，它们可能被用作保留词：

```
and, and_eq, bitand, bitor, compl, not, not_eq, or, or_eq, xor, xor_eq
```

编译器还可能包含一些特殊保留词，例如许多生成 16 位码的编译器（比如一些 DOS 编译器）把 far、huge 和 near 也作为关键字。

值得注意的是，C++语言是"大小写敏感"的，即同样的名字，字母大小写不同，代表的变量标识也不同。例如变量 RESULT、变量 result 和变量 Result 分别表示 3 个不同的变量标识。

3.1.5 基本数据类型

编程时，我们将变量存储在计算机的内存中，但是计算机需要知道我们要用这些变量存储什么样的值，因为一个简单的数值、一个字符或一个巨大的数值在内存中所占用的空间是不一样的。

计算机的内存是以字节（Byte）为单位组织的。一个字节是我们在 C++中能够操作的最小的内存单位。一个字节可以存储相对较小的数据：一个单个的字符或一个小整数（通常为一个 0~255 的整数）。但是计算机可以同时操作处理由多个字节组成的复杂数据类型，比如长整数（Long Integers）和小数（Decimals）。表 3-1 总结了现有的 C++基本数据类型以及每一种类型所能存储的数据范围。

表 3-1　C++基本数据类型以及每一种类型所能存储的数据范围

名　称	字节数	描　述	范　围
char	1	字符（character）或整数（integer），8 位（bits）长	有符号（signed）：-128~127 无符号（unsigned）：0~255
short int（short）	2	短整数，16 位长	有符号：-32768~32767 无符号：0~65535
long int（long）	4	长整数，32 位长	有符号：-2147483648~2147483647 无符号：0~4294967295
int	4	整数	有符号：-2147483648~2147483647 无符号：0~4294967295
float	4	浮点数（floating point number）	3.4e+/-38（7 个数字，7 digits）
double	8	双精度浮点数（double precision floating point number）	1.7e+/-308（15 digits）
long double	8	长双精度浮点数（long double precision floating point number）	1.7e+/-308（15 digits）
bool	1	布尔（boolean）值。只能是真（true）或假（false）两个值之一	true 或 false
wchar_t	2	宽字符（wide character）。这是为存储 2 字节长的国际字符而设计的类型	一个宽字符

　　字节数一列和范围一列可能根据程序编译和运行的系统不同而有所不同。这里列出的数值是多数 32 位系统的常用数据。对于其他系统，通常的说法是整型（int）具有根据系统结构建议的自然长度（一个字的长度），而 4 种整型数据 char、short、int、long 的长度必须是递增的，也就是说按顺序每一类型必须大于或等于其前面一个类型的长度。同样的规则也适用于浮点数类型 float、double 和 long double，它们也是递增排序。

　　除以上列出的基本数据类型外，还有指针（Pointer）和 void 参数表示类型，我们将在后面看到。

3.1.6　变量的定义和 C++11 中的 auto

　　在 C++中，要使用一个变量必须先定义（有些文献称"定义"为声明，但为了和 extern 声明变量相区分，笔者更愿意用定义）该变量的数据类型。定义一个新变量的语法是写出数据类型标识符（例如 int、short、float 等），后面跟一个有效的变量标识名称，例如：

```
int a;
float mynumber;
```

　　以上两个均为有效的变量声明。第一个声明了一个标识为 a 的整型变量（Int Variable），第二个声明了一个标识为 mynumber 的浮点型变量（Float Variable）。声明之后，我们就可以在后面的程序中使用变量 a 和 mynumber 了。

　　如果需要声明多个同一类型的变量，可以将它们写在同一行声明中，在标识之间用逗号分隔，例如：

```
int a, b, c;
```

以上语句同时定义了 a、b、c 三个整型变量，与下面写法的意义完全等同：

```
int a;
int b;
int c;
```

整型数据类型（char、short、long 和 int）可以是有符号的或无符号的，这取决于我们需要表示的数据范围。有符号类型可以表示正数和负数，而无符号类型只能表示正数和 0。在定义一个整型数据变量时，可以在数据类型前面加关键字 signed 或 unsigned 来声明数据的符号类型，例如：

```
unsigned short NumberOfSons;
signed int MyAccountBalance;
```

如果没有特别写出 signed 或 unsigned，那么变量默认为 signed，因此以上第二个声明也可以写成：

```
int MyAccountBalance;
```

因为以上两种表示方式的意义完全一样，所以我们在源程序中通常省略关键字 signed。

唯一的例外是字符型（char）变量，这种变量独立存在，与 signed char 和 unsigned char 均不相同。

short 和 long 可以被单独用来表示整型基本数据类型，short 相当于 short int，long 相当于 long int。也就是说 short year；和 short int year；两种声明是等价的。

最后，signed 和 unsigned 也可以被单独用来表示简单类型，意思分别同 signed int 和 unsigned int，即以下两种声明互相等同：

```
unsigned MyBirthYear;
unsigned int MyBirthYear;
```

下面我们就用 C++代码来解决在 3.1.3 节提到的记忆问题，来看一下变量定义是如何在程序中起作用的。

【例 3.2】操作变量

（1）打开 Visual Studio Code，输入代码如下：

```
// 操作变量
#include <iostream>
using namespace std;

int main ()
{
    // 定义变量
    int a, b;
    int result;

    // 处理过程
    a = 5;
    b = 2;
    a = a + 1;
    result = a - b;
```

```
    // 打印结果
    cout << result<<endl;

    // 终止程序
    return 0;
}
```

如果以上程序的变量声明部分中有不熟悉的地方,不用担心,在后面的章节中很快会介绍这些内容。

(2)保存代码为test.cpp,并上传到Linux,在命令行下编译运行:

```
# g++ test.cpp -o test
# ./test
4
```

前面讲了一个变量在使用之前必须进行显式类型的定义,比如通过int a;告诉编译器a是个整型变量。现在,C++11支持隐式类型定义了,即不指明变量的具体类型,而让编译器推导出变量的类型,而且是在编译阶段进行推导。是不是很"高大上"?其实这个功能从C# 3.0开始就有了,也就是C#中的var关键字,只不过C++11中用的是auto关键字。下面演示auto的常见用法:

```
auto a = 20;              // 编译器自动推导a为int型,auto被认为是int
static auto f=0.1;        // 编译器自动推导f为double型,auto被认为是double
auto p = new auto(5);     // 编译器自动推导p为int * 型,auto被认为是int*
const auto *q=&a,k=8;     // 编译器自动推导q为const int * 型,k自动推导为const int
                          // 型,auto被认为是int
```

下面的用法是错误的:

```
auto t;                   // 编译器无法推导出t的类型
auto int b;               // 在C++11中,auto不再表示存储类型的指示符
```

需要注意以下几点:

(1)使用auto定义变量时,必须同时进行初始化,以便编译器能推导出变量的类型。

(2)auto 其实不是一个实际的类型,充其量相当于一个类型占位符,先占着位置,等到编译的时候推导出实际类型时再替换为真正的类型。编译器推导出实际类型的依据是初始化的内容。比如上面auto常见用法的第一、第二条语句,20是整型常量,因此a的类型被推导为整型;0.1是浮点数,因此f被推导为double。

(3)同时定义多个变量时,不能产生二义性,否则报错。比如auto常见用法的第四条语句,q的初始化内容为整型变量的地址,因此q被推导为int*,auto被认为是int这个实际类型,然后编译器推导k为int型,先后一致,没问题。如果我们初始化k为"k=0.8;"那么编译器就认为k是double类型,即修饰k的实际类型应该是double,而前面推导出auto是int,就发生矛盾了,此时编译器将报错。

(4)auto不能用于函数参数。

auto不是全新的关键字,在旧标准(C++98/03)的版本中就存在,只不过是被忽略的角色。在旧标准中,它是一个存储类型的指示符(storage-class-specifier),作用是修饰一个局部变量"具有

自动存储期",即到了函数结束的时候,局部变量就自动释放了。然而,局部变量默认是具有自动存储期的,因此我们很少这样定义局部变量,例如:

```
auto int a;
```

可以直接写作:

```
int a;
```

因为两者等价,所以 auto 很少抛头露面了。在 C++11 中,auto 被赋予了新的使命,变成了类型指示符(type-specifier),作用是告诉编译器要对它定义的变量进行类型推导。下面我们再看一组 auto 推导的小例子来加深理解:

```
int a = 10;
auto *p=&a;              // p 为 int*类型,auto 被推导为 int
auto  q=&a;              // q 为 int*类型,auto 被推导为 int*
auto &s=a;               // s 是个引用,即 int&,auto 被推导为 int
auto t=s;                // t 为 int,auto 被推导为 int

const auto b=a;          // b 为 const int,auto 被推导为 int
auto c=b;                // b 为 int,auto 被推导为 int
volatile auto b1=a;      // b1 为 volatile int,auto 被推导为 int
auto c1=b;               // c1 为 int,auto 被推导为 int

const auto &d=a;         // d 为 const int &,auto 被推导为 int
auto &e=d;               // e 为 const int &,auto 被推导为 int
const volatile &d1=a;    // d1 为 volatile int &,auto 被推导为 int
auto &e1=d;              // e1 为 volatile int &,auto 被推导为 int
```

从后面两段可以看到,当 const int 型变量用于初始化一个变量(c)时,auto 会舍弃 const,变为 int,volatile 也是如此;而当 const int &型变量用于初始化一个引用变量(e)时,const 将被保留,volatile 也是如此。

上面只是一些简单类型的推导,可能会让人感觉用不用 auto 其实区别不大。下面我们看一下 auto 对于容器迭代器(Iterator)类型的推导,就可以发现 auto 的可贵之处。容器是 C++ STL 里的内容,读者可以参考相关图书,这里主要说明 auto 的作用,不对容器进行展开介绍。

```
std::map<double,double> mymap;
auto it=mymap.begin();
```

it 被自动推导为 std::map<double,double>::iterator,是不是少写了很多字符?以前必须全部写完整:

```
std::map<double,double>::iterator it=mymap.begin();
```

否则编译出错。现在有了 auto,大大减少了代码量,提高了效率。

3.1.7 变量的范围

所有要使用的变量都必须事先声明过。C 和 C++语言的一个重要区别是,在 C++语言中,我们可以在源程序中的任何地方声明变量,甚至可以在两个可执行(Executable)语句的中间声明变量,而不像在 C 语言中，变量声明只能在程序的开头部分。

然而，还是建议在一定程度上遵循 C 语言的习惯来声明变量，因为将变量声明放在一处对调试程序有好处。传统的 C 语言方式的变量声明就是把变量声明放在每一个函数的开头（对本地变量）或直接放在程序开头所有函数的外面（对全局变量）。

一个变量在本地范围内有效，叫作本地变量（Local Variables），在全局范围内有效，叫作全局变量（Global Variables）。全局变量要定义在一个源码文件的主体中、所有函数（包括主函数 main()）之外；而本地变量定义在一个函数中，甚至只是一个语句块单元中，如图 3-1 所示。

```
#include <iostream.h>

int Integer;
char aCharacter;
char string [20];
unsigned int NumberOfSons;       — Global variables

main ()
{
    unsigned short Age;
    float ANumber, AnotherOne;   — Local variables

    cout << "Enter your age:"
    cin >> Age;                  — Instructions
    ...
}
```

图 3-1

全局变量可以在程序中任何地方的任何函数中被引用，只要是在变量的声明之后。

本地变量的作用范围被局限在声明它的程序范围内。如果本地变量是在一个函数的开头被声明的（例如 main 函数），其作用范围就是整个 main 函数。在图 3-1 左边的例子中，如果在 main 函数外还有另一个函数，那么 main 函数中声明的本地变量（Age、ANumber、AnotherOne）就不能够被另一个函数使用，反之亦然。

在 C++中，本地变量的作用范围被定义在声明它的程序块内（一个程序块是被一对"{}"括起来的一组语句）。如果变量是在一个函数中被声明的，那么它是一个函数范围内的变量，如果变量是在一个循环（loop）中被声明的，那么它的作用范围只是在这个循环中，以此类推。

除本地和全局范围外，还有一种外部范围，它使得一个变量不仅在同一源程序文件中可见，而且在其他所有将被链接在一起的源文件中均可见。

3.1.8　变量初始化

当一个本地变量被声明时，它的值默认为未确定的（Undetermined）。但我们可能希望在声明变量的同时赋给它一个具体的值。要想达到这个目的，需要对变量进行初始化。C++中有两种初始化方法。

第一种叫作类 C（C-Like）方法，是在声明变量的时候加上一个等于号，并在后面跟上想要的数值：

```
type identifier = initial_value ;
```

例如，如果想声明一个叫作 a 的 int 变量并同时赋予它 0 值，可以这样写：

```
int a = 0;
```

另一种变量初始化的方法叫作构造函数（Constructor）初始化，是将初始值用"()"括起来：

```
type identifier (initial_value);
```

例如：

```
int a (0);
```

在 C++中，以上两种方法都正确并且两者等同。

【例 3.3】变量的初始化

（1）打开 Visual Studio Code，新建文本文件，输入代码如下：

```
// 变量初始化
#include <iostream>
using namespace std;
int main ()
{
    int a=5;            // 初始值为 5
    int b(2);           // 初始值为 2
    int result;         // 不确定初始值

    a = a + 3;
    result = a - b;
    cout << result<<endl;

    return 0;
}
```

（2）保存代码为 test.cpp，并上传到 Linux，在命令行下编译并运行：

```
# g++ test.cpp -o test
# ./test
6
```

3.1.9 常量

一个常量是一个有固定值的表达式。首先来看一下"字"（Literal）的概念，字用来在程序源码中表达特定的值。在前面的内容中，我们已经用了很多字来给变量赋予特定的值，例如：

```
a = 5;
```

在这句代码中，5 就是一个字常量（Literal Constant）。
字常量可以被分为整数、浮点数、字符和字符串。

1. 整数

整数也就是整型常数，下列几个数字就是整数：

```
1776
707
```

-273

它们是整型常数，表示十进制整数值。注意，表示整型常数时，不需要写引号（"）或任何特殊字符。当我们在程序中写 1776 时，任何时候指的都是 1776 这个数值。

除十进制整数外，C++还允许使用八进制（Octal Numbers）和十六进制（Hexadecimal Numbers）的字常量。如果我们想要表示一个八进制数，就必须在它前面加上一个 0 字符（Zero Character），而表示十六进制数则需要在它前面加 0x（zero、x）字符。例如，以下字常量互相等值：

```
75        // 十进制 decimal
0113      // 八进制 octal
0x4b      // 十六进制 hexadecimal
```

即分别以十进制、八进制和十六进制表示同一个整数 75。

像变量一样，常量也是有数据类型的。默认的整数字常量的类型为 int 型。我们可以通过在后面加字母 u 或 l 来迫使它为无符号的类型或长整型。

```
75        // int
75u       // unsigned int
75l       // long
75ul      // unsigned long
```

这里的后缀 u 和 l 可以是大写的，也可以是小写的。

2. 浮点数

浮点数以小数或指数幂（exponents）的形式表示，可以包括一个小数点，一个 e 字符（表示 by ten at the Xth height，这里 X 是后面跟的整数值），或两者都包括。

```
3.14159  // 3.14159
6.02e23  // 6.02×10^1023
1.6e-19  // 1.6×10^-19
3.0      // 3.0
```

以上是包含小数的以 C++表示的 4 个有效数值。第一个是 π，第二个是 Avogadro 数之一，第三个是一个电子的电量（Electric Charge，一个极小的数值），这些都是近似值。最后一个是浮点数字常量，表示数 3。

浮点数的默认数据类型为 double。如果想使用 float 或 long double 类型，可以在后面加 f 或 l 后缀，同样大小写都可以：

```
3.14159L  // long double
6.02e23f  // float
```

3. 字符和字符串

除了数字常量外，还有字符常量和字符串常量，例如：

```
'z'
'p'
"Hello world"
"How do you do?"
```

前两个表达式表示单独的字符，后面两个表示由若干字符组成的字符串。注意，在表示单独字符的时候，我们用单引号（'），在表示字符串或多于一个字符的时候，我们用双引号（"）。

当以常量方式表示单个字符和字符串时，必须写上引号，以便把它们和可能的变量标识或保留字区分开，注意以下例子：

```
x
'x'
```

x 指一个名称为 x 的变量，而'x'指字符常量'x'。

除了一眼就知道含义的普通字符外，还有一类转义字符，也就是具有特殊含义的字符，例如换行符（'\n'）或跳跃符（'\t'）。转义字符前面都要加一个反斜杠（\）。常用的转义字符如下：

```
\n    换行符 newline
\r    回车 carriage return
\t    跳跃符 tabulation
\v    垂直跳跃 vertical tabulation
\b    退格 backspace
\f    换页符 page feed
\a    警告 alert （beep）
\'    单引号 single quotes （'）
\"    双引号 double quotes （"）
\?    问号 question （?）
\\    反斜杠 inverted slash （\）
```

转义字符作为单个字符使用时，要加上单引号，在字符串中使用时，则不必加单引号，例如：

```
'\n'
'\t'
"Left \t Right"
"one\ntwo\nthree"
```

另外，可以用数字 ASCII 码表示一个字符，这种表示方式是在反斜杠（\）之后加以八进制数或十六进制数表示的 ASCII 码。在第一种（八进制）表示中，数字必须紧跟反斜杠（例如\23 或\40）；在第二种（十六进制）表示中，必须在数字之前写一个 x 字符（例如\x20 或\x4A）。

如果每一行代码以反斜杠（\）结束，那么字符串常量可以分多行代码表示：

```
"string expressed in \
two lines"
```

还可以将多个被空格、跳跃符、换行符或其他有效空白符号分隔开的字符串常量连接在一起：

```
"we form" "a single" "string" "of characters"
```

最后，如果想让字符串使用宽字符（wchar_t），而不是窄字符（char），可以在常量的前面加前缀 L：

```
L"This is a wide character string"
```

宽字符通常用来存储非英语字符，比如中文字符，一个字符占 2 字节。

字符串常量是由双引号引起来的字符序列，如"china" "C program" "$12.5"等都是合法的字符串常量。编译器会自动在每个字符串的结尾添加一个结束标志位 '\0'，即"a"包含两个字符：

'a'和'\0'。

字符常量和字符串常量的区别如下：

（1）形式不同：字符常量是单引号引起的一个字符；字符串常量是双引号引起的若干个字符。

（2）占内存不同：字符常量只占一个字节；字符串常量占若干个字节（至少一个字符结束标志）。字符常量不占据任何存储空间，属于指令的一部分，编译后不再更改；字符串常量是一对双引号引起来的字符序列。

（3）含义不同：字符常量相当于一个整型值，可以参加表达式的运算；字符串常量代表一个地址值（该字符串在内存中存放的位置）。字符常量可以赋值给字符变量，但不能把一个字符串常量赋给一个字符变量，同时也不能对字符串常量赋值。

4. 布尔型常量

布尔型只有两个有效的值：true 和 false，其数据类型为 bool。

5. 定义常量

使用预处理器指令#define 可以将那些经常使用的常量定义为我们自己取的名字而不需要借助于变量。它的格式是：

```
#define identifier value
```

例如：

```
#define PI 3.14159265
#define NEWLINE '\n'
#define WIDTH 100
```

以上定义了 3 个常量。一旦做了这些声明，就可以在后面的程序中使用这些常量，就像使用其他任何常量一样，例如：

```
circle = 2 * PI * r;
cout << NEWLINE;
```

实际上，编译器在遇到#define 指令的时候，做的只是把任何出现这些常量名（在上面的例子中为 PI、NEWLINE 或 WIDTH）的地方替换成它们被定义为的代码（分别为 3.14159265、'\n'和 100）。因此，由#define 定义的常量被称为宏常量（Macro Constants）。

#define 指令不是代码语句，它是预处理器指令，因此指令行末尾不需要加分号（;）。如果在宏定义行末尾加了分号（;），当预处理器在程序中做常量替换的时候，分号也会被加到被替换的行中，这样可能导致错误。

6. 声明常量

通过使用 const 前缀可以定义指定类型的常量，就像定义一个变量一样：

```
const int width = 100;
const char tab = '\t';
const zip = 12440;
```

如果没有指定类型（如上面例子中的最后一行），编译器会假设常量为整型。

3.1.10 操作符/运算符

学习了变量和常量之后，我们可以开始对它们进行操作了，这就要用到 C++的操作符。在有些语言中，很多操作符都是一些关键字，比如 add、equals 等。C++的操作符主要是由符号组成的。这些符号不在字母表中，但是在所有键盘上都可以找到。这个特点使得 C++程序更简洁，也更国际化。操作符也称运算符，是 C++语言的基础，非常重要。

1. 赋值运算符

赋值运算符的功能是将一个值赋给一个变量。例如将整数 5 赋给变量 a：

a = 5;

= 运算符左边的部分叫作 lvalue（left value），右边的部分叫作 rvalue（right value）。lvalue 必须是一个变量，而右边的部分可以是一个常量、一个变量、一个运算的结果或是前面几项的任意组合。

强调一下，赋值运算符永远是将右边的值赋给左边，不会反过来。例如：

a = b;

将变量 b（rvalue）的值赋给变量 a（lvalue），不论 a 当时存储的是什么值。同时只是将 b 的数值赋给 a，即使以后 b 的值改变了，也不会影响到 a 的值。

【例 3.4】赋值运算符的使用

（1）打开 Visual Studio Code，新建文本文件，输入代码如下：

```
#include <iostream>
using namespace std;

int main ()
{
    int a, b;           // a:?, b:?
    a = 10;             // a:10, b:?
    b = 4;              // a:10, b:4
    a = b;              // a:4,  b:4
    b = 7;              // a:4,  b:7

    cout << "a:";
    cout << a<<endl;
    cout << "b:";
    cout << b<<endl;

    return 0;
}
```

以上代码的结果是 a 的值为 4，b 的值为 7。b=7 语句导致 b 被改变，但并不会影响到 a，虽然在此之前我们声明了 a = b;（从右到左规则）。

（2）保存代码为 test.cpp，并上传到 Linux，在命令行下编译并运行：

```
# g++ test.cpp -o test
```

```
# ./test
a:4
b:7
```

C++拥有而其他语言没有的一个特性是赋值符（=）可以被用作另一个赋值符的 rvalue（或 rvalue 的一部分），例如：

```
a = 2 + (b = 5);
```

等同于：

```
b = 5;
a = 2 + b;
```

意思是先将 5 赋给变量 b，然后将 b 的赋值运算结果（即 5）加上 2 再赋给变量 a，这样最后 a 的值为 7。因此，下面的表达式在 C++中也是正确的：

```
a = b = c = 5;    // 将 5 同时赋给 3 个变量 a、b 和 c
```

2. 数学运算符

C++语言支持的 5 种数学运算符为：

（1）+（加，Addition）。
（2）-（减，Subtraction）。
（3）*（乘，Multiplication）。
（4）/（除，Division）。
（5）%（取模，Module）。

加减乘除运算想必大家都很了解，它们和一般的数学运算符没有区别。

唯一可能不太熟悉的是用百分号（%）表示的取模运算。取模运算是取两个整数相除的余数。例如，如果我们写 a = 11 % 3;，变量 a 的值将会为 2，因为 2 是 11 除以 3 的余数。

3. 组合运算符

C++以书写简练著称的一大特色就是组合运算符（+=、-=、*=和/=及其他），这些运算符使得只用一个基本运算符就可以改写变量的值：

```
value += increase; 等同于 value = value + increase;
a -= 5; 等同于 a = a - 5;
a /= b; 等同于 a = a / b;
price *= units + 1; 等同于 price = price * (units + 1);
```

其他运算符以此类推。下面来看组合运算符的例子。

【例 3.5】组合运算符的使用

（1）打开 Visual Studio Code，新建文本文件，输入代码如下：

```
// 组合运算符的例子
#include <iostream>
using namespace std;
```

```
int main ()
{
    int a, b=3;
    a = b;
    a+=2;              // 相当于 a=a+2
    cout << a<<endl;
    return 0;
}
```

（2）保存代码为 test.cpp，并上传到 Linux，在命令行下编译运行：

```
# g++ test.cpp -o test
# ./test
5
```

4．递增和递减

书写简练的另一个例子是递增（Increase）运算符（++）和递减（Decrease）运算符（--）。它们使得变量中存储的值加 1 和减 1，分别等同于+=1 和-=1。因此：

```
a++;
a+=1;
a=a+1;
```

在功能上全部等同，即全部使得变量 a 的值加 1。

最早的 C 编译器将以上 3 种表达式编译成不同的机器代码，而不同的机器代码运行速度不一样。现在，编译器已经基本自动实行代码优化，所以以上 3 种不同的表达式编译成的机器代码在实际运行上已基本相同。

递增运算符的一个特点是既可以用作前缀，也可以用作后缀，也就是说它既可以写在变量标识的前面（++a），也可以写在后面（a++）。虽然在简单表达式（如 a++或++a）中，这两种写法代表同样的意思，但当递增或递减的运算结果被直接用在其他的运算式中时，它们就代表不同的意思了：当递增运算符用作前缀（++a）时，变量 a 的值先增加，再计算整个表达式的值，因此增加后的值用在了表达式的计算中；当它用作后缀（a++）时，变量 a 的值在表达式计算后才增加，因此 a 在增加前所存储的值被用在了表达式的计算中。注意表 3-2 中两个例子的不同。

表 3-2　递增的两个例子

例 1	例 2
B=3;	B=3;
A=++B;	A=B++;
// A 的值为 4，B 的值为 4	// A 的值为 3，B 的值为 4

在例 1 中，B 在它的值被赋给 A 之前增加 1。而在例 2 中，B 原来的值 3 被赋给 A 后才加 1，变为 4。

5．关系运算符

我们用关系运算符来比较两个表达式。例如 ANSI-C++标准中指出，关系运算的结果是一个 bool 值，根据运算结果的不同，它的值只能是 true 或 false。例如，我们想通过比较两个表达式来看它们是否相等或一个值是否比另一个值大。

C++的关系运算符如下：

- ==相等（equal）。
- !=不等（different）。
- >大于（greater than）。
- <小于（less than）。
- >=大于或等于（greater or equal than）。
- <=小于或等于（less or equal than）。

下面可以看到一些实际的例子：

- (7 == 5)将返回false。
- (5 > 4)将返回true。
- (3 != 2)将返回true。
- (6 >= 6)将返回true。
- (5 < 5)将返回false。

当然，除了使用数字常量外，我们也可以使用任何有效表达式，包括变量。假设有 a=2、b=3 和 c=6：

- (a == 5)将返回false。
- (a*b >= c)将返回true，因为它实际是(2*3 >= 6)。
- (b+4 > a*c)将返回false，因为它实际是(3+4 > 2*6)。
- ((b=2) == a)将返回true。

注意：运算符=（单个等号）不同于运算符==（双等号）。=是赋值运算符（将等号右边的表达式的值赋给左边的变量）；==是一个判断等于的关系运算符，用来判断运算符两边的表达式是否相等。因此，在上面的例子中，对于最后一个表达式((b=2) == a)，我们首先将数值2赋给变量b，然后把它和变量a进行比较。因为变量a中存储的也是数值2，所以整个运算的结果为true。

在ANSI-C++标准出现之前，许多编译器中，就像C语言中，关系运算并不返回值为true或false的bool值，而是返回一个整型数值，数值可以为0，代表false，或一个非0数值（通常为1），代表true。

6. 逻辑运算符

逻辑运算符!等同于boolean运算NOT（取非），它只有一个操作数，写在它的右边。它做的唯一工作就是取该操作数的反面值，也就是说如果操作数值为true，那么运算后值变为false，如果操作数值为false，那么运算后值变为true。例如：

- !(5 == 5)返回false，因为它右边的表达式(5 == 5)为true。
- !(6 <= 4)返回true，因为(6 <= 4)为false。
- !true返回false。

- !false 返回true。

逻辑运算符&&和||用来计算两个表达式而获得一个结果值。它们分别对应逻辑运算中的与运算（AND）和或运算（OR）。它们的运算结果取决于两个操作数的关系，如表3-3所示。

表3-3 两个操作数的关系

第一个操作数 a	第二个操作数 b	a && b 的结果	a || b 的结果
true	true	true	true
true	false	false	true
false	true	false	true
false	false	false	false

例如：

```
( (5 == 5) && (3 > 6) )    返回false ( true && false )
( (5 == 5) || (3 > 6))     返回true  ( true || false )
```

7．条件运算符

条件运算符计算一个表达式的值，并根据表达式的计算结果为true或false而返回不同的值。它的格式是：

```
condition ? result1 : result2   （条件？返回值1：返回值2）
```

如果条件为true，整个表达式将返回result1，否则将返回result2。

例如：

- 7==5？4：3返回3，因为7不等于5。
- 7==5+2？4：3返回4，因为7等于5+2。
- 5>3？a：b返回a，因为5大于3。
- a>b？a：b返回较大值，a或b。

【例3.6】条件运算符的使用

（1）打开Visual Studio Code，新建文本文件，输入代码如下：

```
#include <iostream>
using namespace std;

int main ()
{
    int a,b,c;

    a=2;
    b=7;
    c = (a>b) ? a : b;

    cout << c<<endl;

    return 0;
```

}
```

上面的例子中，a 的值为 2，b 的值为 7，所以表达式（a>b）运算值为 false，整个表达式(a>b)?a:b 要取分号后面的值，也就是 b 的值 7。因此，最后输出 c 的值为 7。

（2）保存代码为 test.cpp，并上传到 Linux，在命令行下编译并运行：

```
# g++ test.cpp -o test
# ./test
7
```

8. 逗号运算符

逗号运算符（,）用来分开多个表达式，并只取最右边的表达式的值返回，例如：

```
a = (b=3, b+2);
```

这行代码首先将 3 赋值给变量 b，然后将 b+2 赋值给变量 a。所以最后变量 a 的值为 5，而变量 b 的值为 3。

9. 位运算符

位运算符以比特位改写变量存储的数值，也就是改写变量值的二进制表示：

```
op   asm  Description
&    AND  逻辑与（Logic AND）
|    OR   逻辑或（Logic OR）
^    XOR  逻辑异或（Logical exclusive OR）
~    NOT  对 1 取补（位反转）（Complement to one (bit inversion)）
<<   SHL  左移（Shift Left）
>>   SHR  右移（Shift Right）
```

10. 变量类型转换运算符

变量类型转换运算符可以将一种类型的数据转换为另一种类型的数据。在 C++中，有几种方法可以实现这种操作，最常用的一种也是与 C 兼容的一种，是在原转换的表达式前面加用"()"括起来的新数据类型，例如：

```
int i;
float f = 3.14;
i = (int) f;
```

以上代码将浮点型数字 3.14 转换成一个整数值 3。这里类型转换操作符为 int。在 C++中，实现这一操作的另一种方法是使用构造函数的形式：在要转换的表达式前加变量类型并将表达式括在括号中：

```
i = int ( f );
```

以上两种类型转换的方法在 C++中都是合法的。另外，ANSI-C++针对面向对象编程（Object Oriented Programming）增加了新的类型转换操作符。
```

11. sizeof()

这个运算符接收一个输入参数，该参数可以是一个变量类型或一个变量，返回该变量类型或对象所占的字节数，例如：

```
a = sizeof (char);
```

将会返回 1 给 a，因为 char 是一个长为 1 字节的变量类型。

sizeof 返回的值是一个常数，因此它总是在程序执行前就被固定了。

12. 运算符的优先级

当多个操作数组合在一起形成复杂的表达式时，我们可能会疑惑哪个运算先被计算，哪个后被计算。例如以下表达式：

```
a = 5 + 7 % 2
```

我们可以怀疑它实际上表示：

a = 5 + (7 % 2) 结果为 6，还是 a = (5 + 7) % 2 结果为 0？

正确答案为第一个，结果为 6。每一个运算符有一个固定的优先级，不仅是数学运算符（我们在学习数学的时候应该已经很了解它们的优先顺序了），所有在 C++中出现的运算符都有优先级。从高到低，运算符的优先级按表 3-4 排列。

表 3-4 运算符的优先级

优先级	运算符	说明	结合方向
1	::	范围	从左到右
2	() [] . -> ++ -- dynamic_cast static_cast reinterpret_cast const_cast typeid	后缀	从左到右
3	++ -- ~ ! sizeof new delete	一元（前缀）	从右到左
	* &	指针和取地址	
	+ -	一元符号	
4	(type)	类型转换	从右到左
5	.* ->*	指向成员的指针	从左到右
6	* / %	乘、除、取模	从左到右
7	+ -	加减	从左到右
8	<< >>	位移	从左到右
9	< > <= >=	关系操作符	从左到右
10	== !=	等于、不等于	从左到右
11	&	按位与运算	从左到右
12	^	按位异或运算	从左到右
13	|	按位或运算	从左到右
14	&&	逻辑与运算	从左到右

(续表)

优先级	运算符	说明	结合方向
15	||	逻辑或运算	从左到右
16	?:	条件运算	从右到左
17	= *= /= %= += -= >>= <<= &= ^= |=	赋值运算	从右到左
18	,	逗号	从左到右

结合方向定义了当同优先级的多个运算符在一起时，哪一个必须先运算，最右边的还是最左边的。

这些运算符的优先级顺序可以通过圆括号来控制，例如以下例子：

```
a = 5 + 7 % 2;
```

根据我们想要实现的不同计算，可以写成：

```
a = 5 + (7 % 2); 或者
a = (5 + 7) % 2;
```

如果想写一个复杂的表达式而不敢肯定各个运算的执行顺序，就加上括号，这样还可以使代码更易读懂。

3.1.11 控制台交互

控制台是计算机的基本交互接口，通常包括键盘和屏幕。键盘通常为标准输入设备，而屏幕为标准输出设备。

在 C++ 的 iostream 函数库中，一个程序的标准输入输出操作依靠两种数据流：cin（给输入使用）和 cout（给输出使用）。另外，cerr 和 clog 也已经被实现——它们是两种特殊设计的数据流，专门用来显示出错信息，可以被重新定向到标准输出设备或一个日志文件（Log File）。

cout（标准输出流）通常被定向到屏幕，而 cin（标准输入流）通常被定向到键盘。通过控制这两种数据流，我们可以在程序中与用户交互，因为可以在屏幕上显示输出并从键盘接收用户的输入。

1. 输出（cout）

输出流 cout 与重载（overloaded）运算符<<一起使用：

```
cout << "Output sentence";    // 打印 Output sentence 到屏幕上
cout << 120;                  // 打印数字 120 到屏幕上
cout << x;                    // 打印变量 x 的值到屏幕上
```

运算符<<又叫插入运算符（Insertion Operator），因为它将后面所跟的数据插入它前面的数据流中。在以上例子中，字符串常量 Output sentence、数字常量 120 和变量 x 先后被插入输出流 cout 中。注意，第一条语句中的字符串常量是被双引号引起来的。每当我们使用字符串常量的时候，必须用引号把字符串引起来，以便将它和变量名明显地区分开来。例如，下面两个语句是不同的：

```
cout << "Hello";    // 打印字符串 Hello 到屏幕上
cout << Hello;      // 把变量 Hello 存储的内容打印到屏幕上
```

插入运算符（<<）可以在同一语句中被多次使用：

```
cout << "Hello, " << "I am " << "a C++ sentence";
```

上面这一行语句将会打印"Hello, I am a C++ sentence"到屏幕上。插入运算符（<<）的重复使用在我们想要打印变量和字符串的组合或多个变量时有所体现：

```
cout << "Hello, I am " << age << " years old and my zipcode is " << zipcode;
```

假设变量 age 的值为 24，变量 zipcode 的值为 90064，以上句子的输出将为：Hello, I am 24 years old and my zipcode is 90064。

注意，除非明确指定，否则 cout 并不会自动在其输出内容的末尾加换行符。因此，下面的语句：

```
cout << "This is a sentence.";
cout << "This is another sentence.";
```

将会输出如下内容到屏幕：

```
This is a sentence.This is another sentence.
```

虽然我们调用了两次 cout，但是两个句子还是被输出在同一行。所以，为了在输出中换行，必须插入一个换行符来明确表达这一要求。在 C++中，换行符可以写作\n：

```
cout << "First sentence.\n ";
cout << "Second sentence.\nThird sentence.";
```

将会产生如下输出：

```
First sentence.
Second sentence.
Third sentence.
```

另外，也可以用操作符 endl 来换行，例如：

```
cout << "First sentence." << endl;
cout << "Second sentence." << endl;
```

将会输出：

```
First sentence.
Second sentence.
```

因此，我们可以使用\n 或 endl 来指定 cout 输出换行。

2. 输入（cin）

在 C++中，标准输入是通过在 cin 数据流上重载运算符>>来实现的。它后面必须跟一个变量以便存储读入的数据，例如：

```
int age;
cin >> age;
```

声明一个整型变量 age，然后等待用户从键盘输入到 cin，并将输入值存储在这个变量中。

cin 只能在键盘上按回车键后才能处理前面输入的内容。因此，即使只要求输入一个单独的字符，在用户按回车键之前，cin 都不会处理用户输入的字符。

在使用 cin 输入的时候必须考虑后面的变量类型。如果要求输入一个整数，>>后面必须跟一个整型变量；如果要求输入一个字符，>>后面必须跟一个字符型变量；如果要求输入一个字符串，>>后面必须跟一个字符串型变量。

【例 3.7】 cin 的基本使用

（1）打开 Visual Studio Code，新建文本文件，输入代码如下：

```cpp
#include <iostream>
using namespace std;
int main ()
{
    int i;
    cout << "Please enter an integer value: ";
    cin >> i;
    cout << "The value you entered is " << i;
    cout << " and its double is " << i*2 << ".\n";
    return 0;
}
```

（2）保存代码为 test.cpp，并上传到 Linux，在命令行下编译并运行：

```
# g++ test.cpp -o test
# ./test
Please enter an integer value: 5
The value you entered is 5 and its double is 10.
```

用户的输入可能是引起错误的原因之一，即使是在简单的需要用 cin 输入的程序中（就像上面这个程序）。如果要求输入一个整数数值，而用户输入了一个名字（一个字符串），就可能导致程序产生错误操作，因为它不是我们期望从用户处获得的数据。当使用由 cin 输入的数据的时候，我们不得不假设程序的用户将会完全合作而不会在程序要求输入整数的时候输入他的名字。后面介绍使用字符串的时候，将会给出一些解决这一类出错问题的办法。

我们也可以利用 cin 要求用户输入多个数据：

```
cin >> a >> b;
```

等同于：

```
cin >> a;
cin >> b;
```

在以上两种情况下，用户都必须输入两个数据，一个给变量 a，一个给变量 b。输入时，两个变量之间可以用任何有效的空白符号间隔，包括空格、跳跃符或换行符。

3. cin 和字符串

我们可以像读取基本类型数据一样，使用 cin 和>>操作符来读取字符串，例如：

```
cin >> mystring;
```

但是，cin>>只能读取一个单词，一旦碰到任何空格，读取操作就会停止。在很多时候，这并不是我们想要的操作，比如希望用户输入一个英文句子，那么这种方法就无法读取完整的句子，因为一定会遇到空格。

要一次读取一整行输入，需要使用 C++的函数 getline，相对于使用 cin，更建议使用 getline 来读取用户输入。

【例 3.8】读取字符串

（1）打开 Visual Studio Code，新建文本文件，输入代码如下：

```
#include <iostream>
#include <string>
using namespace std;
int main ()
{
    string mystr;
    cout << "What's your name? ";
    getline (cin, mystr);
    cout << "Hello " << mystr << ".\n";
    cout << "What is your favorite color? ";
    getline (cin, mystr);
    cout << "I like " << mystr << " too!\n";
    return 0;
}
```

（2）保存代码为 test.cpp，并上传到 Linux，在命令行下编译并运行：

```
# g++ test.cpp -o test
# ./test
What's your name? zww
Hello zww.
What is your favorite color? black
I like black too!
```

读者可能已经注意到，在上面的例子中，两次调用 getline 函数都使用了同一个字符串变量 mystr，在第二次调用的时候，程序会自动用第二次输入的内容取代以前的内容。

4．字符串流

标准头文件<sstream>定义了一个叫作 stringstream 的类，使用这个类可以对基于字符串的对象进行像流（Stream）一样的操作。这样，我们可以对字符串进行抽取和插入操作，这对将字符串与数值互相转换非常有用。例如，将一个字符串转换为一个整数，可以这样写：

```
string mystr ("1204");
int myint;
stringstream(mystr) >> myint;
```

这个例子中先定义了一个字符串类型的对象 mystr，初始值为 1204，然后定义了一个整数变量 myint，再使用 stringstream 类的构造函数定义了这个类的对象，并以字符串变量 mystr 为参数。因为我们可以像使用流一样使用 stringstream 的对象，所以可以像使用 cin 那样使用操作符，>>后面跟一个整数变量来提取整数数据。这段代码执行之后变量 myint 存储的是数值 1204。

【例 3.9】字符串流的使用

（1）打开 Visual Studio Code，新建文本文件，输入代码如下：

```cpp
#include <iostream>
#include <string>
#include <sstream>
using namespace std;
int main ()
{
    string mystr;
    float price=0;
    int quantity=0;
    cout << "Enter price: ";
    getline (cin,mystr);
    stringstream(mystr) >> price;
    cout << "Enter quantity: ";
    getline (cin,mystr);
    stringstream(mystr) >> quantity;
    cout << "Total price: " << price*quantity << endl;
    return 0;
}
```

（2）保存代码为 test.cpp，并上传到 Linux，在命令行下编译并运行：

```
# g++ test.cpp -o test
# ./test
Enter price: 5
Enter quantity: 5
Total price: 25
```

在这个例子中，我们要求用户输入数值，但不同于从标准输入中直接读取数值，我们使用函数 getline 从标准输入流 cin 中读取字符串对象（mystr），再从这个字符串对象中提取数值 price 和 quantity。

通过使用这种方法，我们可以对用户的输入有更多的控制，因为它将用户输入与对输入的解释分离，只要求用户输入整行的内容，再对用户输入的内容进行检验操作。这种做法在用户输入比较集中的程序中是非常推荐使用的。

3.2 控制结构

程序的语句往往并不仅限于线性顺序结构。程序在执行过程中，可能被分成两支执行，可能重复某些语句，也可能根据一些判断结果而执行不同的语句。因此，C++提供一些控制结构语句（Control Structures）来实现这些执行顺序。

在介绍程序的执行顺序之前，需要先介绍一个新概念：语句块（Block of Instructions）。一个语句块是一组互相之间由分号（;）分隔开但整体被花括号（{}）括起来的语句。

本节中将看到大多数控制结构允许一个通用的 statement 做参数，这个 statement 根据需要可以是一条语句，也可以是一组语句组成的语句块。如果我们只需要一条语句做 statement，它可以不被括在花括号（{}）内。但若需要多条语句共同做 statement，则必须把它们括在花括号内（{}），以组成一个语句块。

3.2.1 条件结构

条件结构用来实现仅在某种条件满足的情况下才执行一条语句或一个语句块。它的形式是：

```
if (condition) statement
```

这里 condition 是一个将被计算的表达式。如果表达式值为真，即条件（condition）为 true，那么 statement 将被执行；否则，statement 将被忽略（不被执行），程序从整个条件结构之后的下一条语句继续执行。

例如，以下程序段实现只有当变量 x 存储的值确实为 100 的时候才输出"x is 100"：

```
if (x == 100)
    cout << "x is 100";
```

如果需要在条件为真的时候执行一条以上的语句，可以用花括号（{}）将语句括起来组成一个语句块：

```
if (x == 100)
{
    cout << "x is ";
    cout << x;
}
```

我们可以用关键字 else 来指定当条件不能被满足时需要执行的语句，它需要和 if 一起使用，形式是：

```
if (condition) statement1 else statement2
```

例如：

```
if (x == 100)
    cout << "x is 100";
else
    cout << "x is not 100";
```

以上程序如果 x 的值为 100，就在屏幕上打印出"x is 100"，如果 x 不是 100，而且也只有 x 不是 100 的时候，就在屏幕上打印出"x is not 100"。

多个 if + else 的结构被连接起来用于判断数值的范围。以下例子显示如何判断变量 x 中当前存储的数值是正值、负值还是既不是正值也不是负值（即等于 0）：

```
if (x > 0)
    cout << "x is positive";
else if (x < 0)
    cout << "x is negative";
else
    cout << "x is 0";
```

注意，当我们需要执行多条语句时，必须使用"{}"将它们括起来以组成一个语句块。

3.2.2 循环结构

循环的目的是重复执行一组语句一定的次数或直到满足某种条件。循环结构有 while 循环、do-while 循环和 for 循环。

1. while 循环

while 循环语句的格式是：

```
while（条件表达式）
{循环体}
```

它的功能是当条件表达式的值为真时重复执行循环体内的一条或多条语句；若值为假，则执行 while 循环体后面的语句，即当满足条件时进入循环，进入循环后，当条件不满足时，跳出循环。如果循环体内只有一条语句，那么"{}"可以省略。

下面使用 while 循环来写一个倒计数程序。

【例 3.10】while 循环结构的使用

（1）打开 Visual Studio Code，新建文本文件，输入代码如下：

```cpp
#include <iostream>
using namespace std;
int main ()
{
    int n;
    cout << "Enter the starting number > ";
    cin >> n;                        // 用户输入一个数值赋给 n
    while (n>0) {                    // 判断 n 是否大于 0，如果大于 0，则执行 while 中的语句
        cout << n << ", ";           // 打印输出 n 的值
        --n;                         // n 减 1
    }
    cout << "FIRE!\n";               // 打印输出字符串"FIRE!"
    return 0;                        // 返回 0
}                                    // 程序结束
```

（2）保存代码为 test.cpp，并上传到 Linux，在命令行下编译并运行：

```
# g++ test.cpp -o test
# ./test
Enter the starting number > 10
10, 9, 8, 7, 6, 5, 4, 3, 2, 1, FIRE!
```

程序开始时提示用户输入一个倒计数的初始值。然后 while 循环开始，如果用户输入的数值满足条件 n>0（即 n 比 0 大），后面跟的语句块将会被执行一定的次数，直到条件（n>0）不再满足（变为假）。

我们要考虑到循环必须在某个点结束，因此在循环体之内必须提供一些方法使得条件可以在某个时刻变为假，否则循环将无限重复下去。在这个例子里，我们用语句--n;使得循环条件在重复一定

的次数后变为假，即当 n 变为 0 时，倒计数结束。

2. do-while 循环

do-while 循环语句的格式是：

```
do {循环体}
while (条件表达式);
```

它的功能与 while 循环一样，只是在 do-while 循环中是先执行循环体内的一条或多条语句，然后才检查条件表达式。这样，即使条件从来没有被满足过，循环体仍至少执行一次。如果循环体内只有一条语句，那么"{}"可以省略。

下面的程序重复输出用户输入的任何数值，直到用户输入 0 为止。

【例 3.11】do-while 的使用

（1）打开 Visual Studio Code，新建文本文件，输入代码如下：

```cpp
#include <iostream>
using namespace std;
int main ()
{
    unsigned long n;
    do {
        cout << "Enter number (0 to end): ";
        cin >> n;
        cout << "You entered: " << n << "\n";
    } while (n != 0);
    return 0;
}
```

（2）保存代码为 test.cpp，并上传到 Linux，在命令行下编译并运行：

```
# g++ test.cpp -o test
# ./test
Enter number (0 to end): 5
You entered: 5
Enter number (0 to end): 0
You entered: 0
```

do-while 循环通常被用在判断循环结束的条件是在循环语句内部被决定的情况下，比如以上的例子，在循环的语句块内，用户的输入决定了循环是否结束。如果用户永远不输入 0，则循环就永远不会结束。

3. for 循环

for 循环语句的格式是：

```
for(初始化语句;循环条件表达式;单次循环后要执行的语句){循环体}
```

它的主要功能是当循环条件表达式为真时，重复执行循环体内的一条或多条语句，类似 while 循环。但除此之外，for 还提供了初始化语句和单次循环后要执行的语句。因此，这种循环结构是特别为执行由计数器控制的循环而设计的。for 循环执行步骤如下：

步骤 01 执行初始化语句。初始化语句仅被执行一次。

步骤 02 检查循环条件表达式，如果条件为真，就执行循环体内语句，否则循环结束，循环体中的语句被跳过。

步骤 03 执行完循环体后，再执行"单次循环后要执行的语句"，然后执行 **步骤 02**。

最后增值域（increase field）中的语句被执行，循环返回 **步骤 02**。注意，增值域中可能是任何语句，而不一定只是将计数器增加的语句。例如下面用 for 循环实现的倒计数的例子中，计数器实际为减 1，而不是加 1。

【例 3.12】for 循环的使用

（1）打开 Visual Studio Code，新建文本文件，输入代码如下：

```
#include <iostream>
using namespace std;
int main ()
{
    for (int n=10; n>0; n--) {
        cout << n << ", ";
    }
    cout << "FIRE!\n";
    return 0;
}
```

（2）保存代码为 test.cpp，并上传到 Linux，在命令行下编译并运行：

```
# g++ test.cpp -o test
# ./test
10, 9, 8, 7, 6, 5, 4, 3, 2, 1, FIRE!
```

值得注意的是，"初始化语句"和"单次循环后要执行到语句"是可选的（即可以不写）。但这些域为空的时候，它们和其他域之间间隔的分号不可以省略。例如，我们可以写 for (;n<10;) 或 for (;n<10;n++)。

另外，我们也可以在 for 循环中的"初始化语句"或"单次循环后要执行到语句"中放一条以上的语句，中间用逗号（,）隔开。例如，假设想在循环中初始化一个以上的变量，可以用以下程序来实现：

```
for ( n=0, i=100 ; n!=i ; n++, i-- )
{
    // 循环体内的语句
}
```

如果 n 和 i 在循环内部都不被改变，那么这个循环将被执行 50 次。因为 n 的初始值为 0，i 的初始值为 100，条件是 n!=i（n 不能等于 i），而每次循环 n 都加 1，而 i 都减 1，所以循环的条件将会在第 50 次循环之后变为假（n 和 i 都等于 50）。

3.2.3 分支控制和跳转

1. break 语句

通过使用 break 语句，即使在结束条件没有满足的情况下，我们也可以跳出一个循环。break 可以用来结束一个无限循环，或强迫循环在其自然结束之前结束。例如，我们想要在倒计数自然结束之前强迫它停止（也许因为一个引擎故障）。

【例 3.13】 break 语句的使用

（1）打开 Visual Studio Code，新建文本文件，输入代码如下：

```cpp
#include <iostream>
using namespace std;
int main ()
{
    int n;
    for (n=10; n>0; n--)
    {
        cout << n << ", ";
        if (n==3)
        {
            cout << "countdown aborted!";
            break;
        }
    }
    return 0;
}
```

（2）保存代码为 test.cpp，并上传到 Linux，在命令行下编译并运行：

```
# g++ test.cpp -o test
# ./test
10, 9, 8, 7, 6, 5, 4, 3, countdown aborted!
```

2. continue 语句

continue 语句使得程序跳过当前循环中剩下的部分而直接进入下一次循环，就好像循环中语句块的结尾已经到了，使得循环直接进入下一次重复。例如，下面的例子中，倒计数时，我们将跳过数字 5 的输出。

【例 3.14】 continue 语句的使用

（1）打开 Visual Studio Code，新建文本文件，输入代码如下：

```cpp
#include <iostream>
using namespace std;
int main ()
{
    for (int n=10; n>0; n--) {
        if (n==5) continue;
        cout << n << ", ";
```

```
    }
    cout << "FIRE!";
    return 0;
}
```

（2）保存代码为 test.cpp，并上传到 Linux，在命令行下编译并运行：

```
# g++ test.cpp -o test
# ./test
10, 9, 8, 7, 6, 4, 3, 2, 1, FIRE!
```

3. goto 语句

通过使用 goto 语句可以使程序从一点跳转到另一点。注意，必须谨慎使用这条语句，因为它的执行可以忽略任何嵌套限制。

跳转的目标点可以由一个标识符来标明，该标识符作为 goto 语句的参数。一个标识符由一个标识名称后面跟一个英文冒号（:）组成。

通常除了底层程序爱好者使用这条语句外，它在结构化或面向对象的编程中并不常用。下面的例子中用 goto 来实现倒计数循环。

【例 3.15】goto 语句的使用

（1）打开 Visual Studio Code，新建文本文件，输入代码如下：

```
#include <iostream>
using namespace std;
int main ()
{
    int n=10;
loop:
    cout << n << ", ";
    n--;
    if (n>0) goto loop;
        cout << "FIRE!\n";
    return 0;
}
```

（2）保存代码为 test.cpp，并上传到 Linux，在命令行下编译并运行：

```
# g++ test.cpp -o test
# ./test
10, 9, 8, 7, 6, 5, 4, 3, 2, 1, FIRE!
```

3.2.4 选择结构语句 switch

switch 语句的语法比较特殊，目标是对一个表达式检查多个可能的常量值，有些像我们在前面学习的把几个 if 和 else if 语句连接起来的结构。它的形式是：

```
switch (expression) {
case constant1:
    block of instructions 1
```

```
        break;
    case constant2:
        block of instructions 2
        break;
    ...
    default:
        default block of instructions
}
```

按以下方式执行：

（1）switch 计算表达式（expression）的值，并检查它是否与第一个常量 constant1 相等，如果相等，则程序执行 constant1 后面的语句块 block of instructions 1，直到碰到关键字 break，程序跳转到 switch 选择结构的结尾处。

（2）如果 expression 不等于 constant1，程序就检查表达式 expression 的值是否等于第二个常量 constant2，如果相等，程序将执行 constant2 后面的语句块 block of instructions 2，直到碰到关键字 break。

（3）以此类推，直到 expression 的值不等于任何前面的常量（可以用 case 语句指明任意数量的常量值来要求检查），程序将执行默认区 default: 后面的语句，如果它存在的话。default: 选项是可以省略的。

switch 和 if-else 代码段的比较如表 3-5 所示，表中的两段代码段功能相同。

表 3-5 switch 与 if-else 代码段

switch	if-else

switch (x) {
case 1:
    cout << "x is 1";
    break;
case 2:
    cout << "x is 2";
    break;
default:
    cout << "value of x unknown";
}
	if (x == 1) {
	    cout << "x is 1";
	}
	else if (x == 2) {
	    cout << "x is 2";
	}
	else {
	    cout << "value of x unknown";
	}

注意，switch 的每个语句块结尾都包含 break 语句，这是必需的，如果不这样做，例如在语句块 block of instructions 1 的结尾没有 break，程序执行将不会跳转到 switch 选择的结尾处（}），而是继续执行下面的语句块，直到第一次遇到 break 语句或到 switch 选择结构的结尾。因此，不需要在每一个 case 域内加"{}"。这个特点同时可以帮助实现对不同的可能值执行相同的语句块，例如：

```
switch (x) {
case 1:
case 2:
case 3:
    cout << "x is 1, 2 or 3";
```

```cpp
        break;
    default:
        cout << "x is not 1, 2 nor 3";
}
```

注意，switch 只能被用来比较表达式和不同常量的值。因此，我们不能够把变量或范围放在 case 之后，例如类似(case (n*2):)或(case (1..3):)这样的都不可以，因为它不是有效的常量。如果需要检查范围或非常量数值，可以使用连续的 if 和 else if 语句。

3.3 函数

通过使用函数可以把程序以更模块化的形式组织起来，从而利用 C++所能提供的所有结构化编程的潜力。

一个函数是一个可以从程序其他地方被调用执行的语句块。它的格式如下：

```
type name ( argument1, argument2, ...) statement
```

其中：

- type是函数返回的数据的类型。
- name是函数被调用时使用的名称。
- argument是函数调用需要传入的参数（可以声明任意多个参数）。每个参数由一个数据类型后面跟一个标识名称组成，就像变量声明一样（例如int x）。参数仅在函数范围内有效，可以和函数中的其他变量一样使用，它们使得函数在被调用时可以传入参数，不同的参数用逗号隔开。
- statement是函数的内容。它可以是一句指令，也可以是一组指令组成的语句块。如果是一组指令，语句块就必须用"{}"括起来，这也是我们常见到的情况。为了使程序的格式更加统一、清晰，建议在仅有一条指令的时候也使用花括号，这是一个良好的编程习惯。

【例 3.16】第一个函数例子

（1）打开 Visual Studio Code，新建文本文件，输入代码如下：

```cpp
#include <iostream>
using namespace std;
int addition (int a, int b)
{
    int r;
    r=a+b;
    return (r);
}
int main ()
{
    int z;
    z = addition (5,3);
```

```
    cout << "The result is " << z<<endl;
    return 0;
}
```

（2）保存代码为 test.cpp，并上传到 Linux，在命令行下编译并运行：

```
# g++ test.cpp -o test
# ./test
The result is 8
```

记得在本章开始时说过：一个 C++程序总是从 main 函数开始执行。

可以看到，main 函数以定义一个整型变量 z 开始，紧跟着调用 addition 函数。函数调用的写法和上面的函数定义本身十分相似。

参数有明显的对应关系。在 main 函数中，我们调用 addition 函数，并传入数值 5 和 3，它们对应函数 addition 中定义的参数 int a 和 int b。

当函数在 main 中被调用时，程序执行的控制权从 main 转移到函数 addition。调用传递的两个参数的数值（5 和 3）被复制到函数的本地变量 int a 和 int b 中。

函数 addition 中定义了新的变量（int r;），通过表达式 r=a+b;把 a 加 b 的结果赋给 r。因为传过来的参数 a 和 b 的值分别为 5 和 3，所以结果是 8。

代码 return (r);结束函数 addition，并把控制权交还给调用它的函数（main），从调用 addition 的地方开始继续向下执行。另外，return 在调用的时候后面跟着变量 r，它当时的值为 8，这个值被称为函数的返回值。

函数返回的数值就是函数的计算结果，因此，z 将存储函数 addition (5, 3)返回的数值，即 8。用另一种方式解释，我们也可以想象成调用函数（addition (5,3)）被替换成了它的返回值 8。

接下来 main 中的下一行代码是：

```
cout << "The result is " << z;
```

这行代码把结果打印在屏幕上。

值得注意的是变量的范围，我们必须考虑到变量只在定义该变量的函数或指令块内有效，而不能在它的函数或指令块之外使用。例如，在上面的例子中就不能在 main 中直接使用变量 a、b 或 r，因为它们是函数 addition 的本地变量。在函数 addition 中也不能直接使用变量 z，因为它是 main 的本地变量。因此，本地变量的范围是在声明它的嵌套范围之内的。

此外，我们还可以定义全局变量，它们可以在代码的任何位置被访问，不管在函数以内还是以外。要定义全局变量，必须在所有函数或代码块之外定义，也就是说，直接在程序体中声明它们。

【例 3.17】第二个函数例子

（1）打开 Visual Studio Code，新建文本文件，输入代码如下：

```
#include <iostream>
using namespace std;
int subtraction (int a, int b)
{
    int r;
    r=a-b;
    return (r);
```

```cpp
}
int main ()
{
   int x=5, y=3, z;
   z = subtraction (7,2);
   cout << "The first result is " << z << '\n';
   cout << "The second result is " << subtraction (7,2) << '\n';
   cout << "The third result is " << subtraction (x,y) << '\n';
   z= 4 + subtraction (x,y);
   cout << "The fourth result is " << z << '\n';
   return 0;
}
```

（2）保存代码为test.cpp，并上传到Linux，在命令行下编译并运行：

```
# g++ test.cpp -o test
# ./test
The first result is 5
The second result is 5
The third result is 2
The fourth result is 6
```

在这个例子中，我们定义了函数 subtraction。这个函数的功能是计算传入的两个参数的差值并将结果返回。

在main函数中，函数subtraction被调用了多次，而每次都使用了不同的调用方法，因此可以看到在不同情况下函数如何被调用。

为了更好地理解这些例子，需要考虑到被调用的函数其实完全可以由它所返回的值来代替。例如在上面的例子中，第一种情况下（这种调用读者应该已经知道了，因为在前面的例子中已经用过这种形式的调用）：

```cpp
z = subtraction (7,2);
cout << "The first result is " << z;
```

如果我们把函数调用用它的结果（也就是5）来替换，将得到：

```cpp
z = 5;
cout << "The first result is " << z;
```

第二种调用：

```cpp
cout << "The second result is " << subtraction (7,2);
```

与第一种调用有同样的结果，但在这里我们把对函数subtraction的调用直接用作cout的参数，可以简单想象成写的是：

```cpp
cout << "The second result is " << 5;
```

因为5是subtraction (7,2)的结果。

第三种调用：

```cpp
cout << "The third result is " << subtraction (x,y);
```

与前面的调用唯一的不同之处是，这里调用 subtraction 时参数使用的是变量而不是常量。这样用是毫无问题的。在这个例子里，传入函数 subtraction 的参数值是变量 x 和 y 中存储的数值，即分别为 5 和 3，结果为 2。

第四种调用也是一样的：

```
z = 4 + subtraction (x,y);
```

也可以写成：

```
z = subtraction (x,y) + 4;
```

它们的结果是完全一样的。注意在整个表达式的结尾写上分号。

没有返回值类型的函数使用 void。

如果读者记得函数声明的格式：

```
type name ( argument1, argument2 ...) statement
```

就会知道函数声明必须以一个数据类型（type）开头，它是函数由 return 语句所返回的数据类型。但是如果我们并不打算返回任何数据，那该怎么办呢？

假设我们要写一个函数，它的功能是在屏幕上打印一些信息。我们不需要它返回任何值，也不需要它接收任何参数。C++语言为这些情况设计了 void 类型。让我们来看一下下面的例子。

【例 3.18】第三个函数例子

（1）打开 Visual Studio Code，新建文本文件，输入代码如下：

```cpp
#include <iostream>
using namespace std;
void printmessage ()
{
    cout << "I'm a function!";
}
int main ()
{
    printmessage ();
    return 0;
}
```

（2）保存代码为 test.cpp，并上传到 Linux，在命令行下编译并运行：

```
# g++ test.cpp -o test
# ./test
I'm a function!
```

void 还可以用在函数参数的位置，表示我们明确希望这个函数在被调用时不需要任何参数。例如上面的函数 printmessage 也可以写为以下形式：

```cpp
void printmessage (void)
{
    cout << "I'm a function!";
}
```

虽然在C++中void可以省略,但还是建议写出void,以便明确指出函数不需要参数。

注意,在调用一个函数时,要写出它的名字并把参数写在后面的括号内。但如果函数不需要参数,后面的括号并不能省略。因此,调用函数printmessage的格式是:

```
printmessage();
```

函数名称后面的括号就明确表示了它是一个函数调用,而不是一个变量名称或其他什么语句。以下调用函数的方式就不对:

```
printmessage;
```

3.4 函数高级话题

3.4.1 参数按数值传递和按地址传递

到目前为止,我们看到的所有函数中,传递到函数中的参数全部是按数值传递的。也就是说,当我们调用一个带有参数的函数时,传递到函数中的是变量的数值而不是变量本身。例如,用下面的代码调用函数addition:

```
int x=5, y=3, z;
z = addition ( x , y );
```

在这个例子里,调用函数addition时,将x和y的值传给它,即分别为5和3,而不是两个变量,如图3-2所示。

这样,当函数addition被调用时,它的变量a和b的值分别变为5和3,但在函数addition内,对变量a或b所做的任何修改都不会影响函数外面的变量x和y的值,因为变量x和y并没有把它们自己传递给函数,而只是传递了它们的数值。

图3-2

但在某些情况下,可能需要在函数内控制一个函数以外的变量。要实现这种操作,必须使用按地址传递的参数,就像下面的例子中的函数duplicate。

【例3.19】按地址传递参数的函数

(1) 打开Visual Studio Code,新建文本文件,输入代码如下:

```
#include <iostream>
using namespace std;
void duplicate(int& a, int& b, int &c)
{
    a *= 2;
    b *= 2;
    c *= 2;
}
int main()
{
```

```
    int x = 1, y = 3, z = 7;
    duplicate(x, y, z);
    cout << "x=" << x << ", y=" << y << ", z=" << z<<endl;
    return 0;
}
```

(2)保存代码为 test.cpp,并上传到 Linux,在命令行下编译并运行:

```
[root@localhost ~]# cd /zww/test
# g++ test.cpp -o test
# ./test
x=2, y=6, z=14
```

需要注意的是,在函数 duplicate 的声明中,每一个变量类型的后面都跟了一个地址符(&),它的作用是指明变量是按地址传递的,而不是按数值传递的。

当按地址传递一个变量的时候,我们是在传递这个变量本身,在函数中对变量所做的任何修改都将影响函数外面被传递的变量,如图 3-3 所示。

图 3-3

用另一种方式来说,我们已经把变量 a、b、c 和调用函数时使用的参数 x、y 和 z 联系起来了,因此如果我们在函数内对 a 进行操作,那么函数外面 x 的值也会改变。同样,任何对 b 的改变也会影响 y,对 c 的改变也会影响 z。

这就是上面的程序中,主程序 main 中的 3 个变量 x、y 和 z 在调用函数 duplicate 后,打印结果显示它们的值增加了一倍的原因。

如果这样声明函数 duplicate:

```
void duplicate (int a, int b, int c)
```

也就是不写地址符(&),这样就没有将参数的地址传递给函数,而是传递了它们的值。因此,屏幕上显示的 x、y、z 的值将不会改变,仍是 1、3、7。

值得注意的是,这种用地址符(&)来声明按地址传递参数的方式只在 C++ 中适用。在 C 语言中,必须用指针来做相同的操作。

按地址传递是一个使函数返回多个值的有效方法。例如,定义一个函数,返回参数 x 的减 1 和加 1 的值。

【例 3.20】按地址传递时使函数返回多个值

(1)打开 Visual Studio Code,新建文本文件,输入代码如下:

```
#include <iostream>
using namespace std;
void prevnext(int x, int& prev, int& next)
{
    prev = x - 1;
```

```
        next = x + 1;
    }
    int main()
    {
        int x = 100, y, z;
        prevnext(x, y, z);
        cout << "Previous=" << y << ", Next=" << z<<endl;
        return 0;
    }
```

(2) 保存代码为 test.cpp，并上传到 Linux，在命令行下编译并运行：

```
# g++ test.cpp -o test
# ./test
Previous=99, Next=101
```

3.4.2 函数参数默认值

当声明一个函数的时候，我们可以给每一个参数指定一个默认值。指定参数默认值只需要在声明函数时把一个数值赋给参数。如果函数被调用时没有数值传递给该参数，那么默认值将被使用。但如果已将指定的数值传递给参数，那么默认值将被指定的数值取代。看下面一段小程序：

```
#include <iostream.h>
int divide (int a, int b=2) {
    int r;
    r=a/b;
    return (r);
}
int main () {
    cout << divide (12);
    cout << endl;
    cout << divide (20,4);
    return 0;
}
```

可以看到 divide 在定义的时候，第二个参数 b 被赋值为 2，表示如果调用 divide 的时候，没有给定第二个实际参数，则使用默认值 2 作为实际参数。在程序中调用了两次函数 divide。在第一次调用中：

```
divide (12)
```

只有一个参数被指明，因此函数 divide 就用默认值 2 作为第二个参数的值，这次函数调用的结果是 6（12/2）。

在第二次调用中：

```
divide (20,4)
```

这里有两个参数，所以默认值（int b=2）被传入的参数值 4 所取代，使得最后的结果为 5（20/4）。

3.4.3 函数重载

函数重载的意思是，两个不同的函数可以用同样的名字，只要它们的参数的原型（Prototype）不同。也就是说，我们可以把同一个名字给多个函数，而每个函数可以用不同数量的参数或不同类型的参数。

【例 3.21】函数重载的例子

（1）打开 Visual Studio Code，新建文本文件，输入代码如下：

```cpp
#include <iostream>
using namespace std;
int divide(int a, int b) {
    return (a / b);
}
float divide(float a, float b) {
    return (a / b);
}
int main() {
    int x = 5, y = 2;
    float n = 5.0, m = 2.0;
    cout << divide(x, y);
    cout << "\n";
    cout << divide(n, m);
    cout << "\n";
    return 0;
}
```

（2）保存代码为 test.cpp，并上传到 Linux，在命令行下编译并运行：

```
# g++ test.cpp -o test
# ./test
2
2.5
```

在这个例子里，我们用同一个名字定义了两个不同的函数，其中一个接收两个整型参数，另一个则接收两个浮点型参数。编译器通过检查传入的参数的类型来确定是哪一个函数被调用。如果调用传入的是两个整数参数，那么原型定义中有两个整型参数的函数被调用，如果传入的是两个浮点数，那么原型定义中有两个浮点型参数的函数被调用。

为了简单起见，这里我们用的两个函数的代码相同，但这并不是必需的。我们可以让两个函数使用同一个名字但却完成完全不同的操作。

3.4.4 内联函数

inline 指令可以放在函数声明之前，要求该函数必须在被调用的地方以代码形式被编译。这相当于一个宏定义。它的好处是只对短小的函数有效，这种情况下，因为避免了调用函数的一些常规操作的时间（overhead），如参数堆栈操作的时间，所以编译结果的运行会更快一些。

它的声明形式是：

```
inline type name ( arguments ... ) { instructions ... }
```

内联函数的调用和其他的函数调用一样。调用函数的时候并不需要写关键字 inline，只在函数声明前需要写。

3.4.5 递归

递归指函数将被自己调用。它对排序和阶乘运算很有用。例如，要获得一个数字 n 的阶乘，它的数学公式是：

```
n! = n * (n-1) * (n-2) * (n-3) ... * 1
```

更具体一些，5!是：

```
5! = 5 * 4 * 3 * 2 * 1 = 120
```

用一个递归函数来实现这个运算的代码如下。

【例 3.22】利用递归计算阶乘

（1）打开 Visual Studio Code，新建文本文件，输入代码如下：

```cpp
#include <iostream>
using namespace std;
long factorial(long a) {
    if (a > 1) return (a * factorial(a - 1));
    else return (1);
}
int main() {
    long l;
    cout << "Type a number: ";
    cin >> l;
    cout << "!" << l << " = " << factorial(l)<<endl;
    return 0;
}
```

（2）保存代码为 test.cpp，并上传到 Linux，在命令行下编译并运行：

```
# g++ test.cpp -o test
# ./test
Type a number: 3
!3 = 6
```

注意在函数 factorial 中是怎样调用它自己的，它只在参数值大于 1 的时候才被调用，否则函数会进入死循环（Infinite Recursive Loop）；当参数到达 0 的时候，函数不继续用负数乘下去，否则最终可能导致运行时的堆栈溢出错误（Stack Overflow Error）。

这个函数有一定的局限性，为了简单起见，函数设计中使用的数据类型为长整型。在标准系统中，长整型无法存储 12 以上的阶乘值。

3.4.6 函数的声明

到目前为止，我们定义的所有函数都是在它们第一次被调用（通常是在 main 中）之前，而把 main 函数放在最后。如果重复前面几个例子，但把 main 函数放在其他被它调用的函数之前，就会遇到编译错误。原因是在调用一个函数之前，函数必须已经被定义了，就像我们前面的例子中所做的。

实际上还有一种方法来避免在 main 或其他函数之前写出所有被它们调用的函数的代码，那就是在使用前先声明函数的原型定义，即在对函数进行完整定义之前做一个短小重要的声明，以便让编译器知道函数的参数和返回值类型。

它的形式是：

type name (argument_type1, argument_type2, ...);

它与一个函数的头定义（Header Definition）一样，除了：

- 它不包括函数的内容，也就是不包括函数后面花括号内的所有语句。
- 它以一个分号结束。

在参数列举中只需要写出各个参数的数据类型就够了，至于每个参数的名字，可以写，也可以不写，但是建议写上。示例如下：

【例 3.23】函数的声明

（1）打开 Visual Studio Code，新建文本文件，输入代码如下：

```
#include <iostream>
using namespace std;
void odd(int a);
void even(int a);
int main() {
    int i;
    do {
        cout << "Type a number: (0 to exit)";
        cin >> i;
        odd(i);
    } while (i != 0);
    return 0;
}
void odd(int a) {
    if ((a % 2) != 0) cout << "Number is odd.\n";
    else even(a);
}
void even(int a) {
    if ((a % 2) == 0) cout << "Number is even.\n";
    else odd(a);
}
```

（2）保存代码为 test.cpp，并上传到 Linux，在命令行下编译并运行：

```
# g++ test.cpp -o test
# ./test
```

```
Type a number: (0 to exit)5
Number is odd.
Type a number: (0 to exit)0
Number is even.
```

这个例子的确不是很有效率，相信读者现在已经可以只用一半行数的代码来完成同样的功能。但这个例子显示了函数原型（Prototyping Functions）是怎样工作的，并且在这个例子中，两个函数中至少有一个是必须定义原型的。

这里首先看到的是函数 odd 和 even 的原型：

```
void odd (int a);
void even (int a);
```

这样使得这两个函数可以在它们被完整定义之前就被使用，例如在 main 中被调用，这样 main 就可以放在逻辑上更合理的位置——程序代码的开头部分。

尽管如此，这个程序至少需要一个函数原型定义的特殊原因是，在 odd 函数里需要调用 even 函数，而在 even 函数里也同样需要调用 odd 函数。如果两个函数任何一个都没被提前定义原型，就会出现编译错误，因为要么 odd 函数在 even 函数中是不可见的（因为它还没有被定义），要么 even 函数在 odd 函数中是不可见的。

很多程序员建议给所有的函数定义原型，这也是笔者的建议，特别是在有很多函数或函数很长的情况下。把所有函数的原型定义放在一个地方，可以使我们在决定怎样调用这些函数的时候轻松一些，同时也有助于生成头文件。

3.5 高级数据类型

3.5.1 数组

数组（Arrays）是在内存中连续存储的一组同种数据类型的元素（变量），每一个数组都有唯一的名称，通过在名称后面加索引（Index）的方式可以引用它的每一个元素。

例如有 5 个整型数值需要存储，我们不需要定义 5 个不同的变量名称，而是用一个数组来存储这 5 个不同的数值。注意，数组中的元素必须是同一数据类型，在这个例子中为整型。

例如，一个存储 5 个整数的叫作 billy 的数组可以用图 3-4 来表示。

图 3-4

这里每一个空白框代表数组的一个元素，在这个例子中为一个整数值。空白框上面的数字 0~4 代表元素的索引。注意，无论数组的长度是多少，它的第一个元素的索引总是从 0 开始的。

同其他的变量一样，数组必须先声明然后才能使用。一种典型的数组声明显示如下：

```
type name [elements];
```

这里 type 可以是任何一种有效的对象数据类型（Object Type），如 int、float 等，name 是一个有效的变量标识（Identifier），而由方括号（[]）括起来的 elements 指明数组的大小，即可以存储多少个元素。

因此，要定义图 3-4 中显示的 billy 数组，用以下语句就可以了：

```
int billy [5];
```

注意：在定义一个数组的时候，方括号（[]）中的 elements 必须是一个常量数值，因为数组是内存中一块有固定大小的静态空间，编译器必须在编译所有相关指令之前能够确定要给该数组分配多少内存空间。

1. 初始化数组

当声明一个本地范围内（在一个函数内）的数组时，除非我们特别指定，否则数组将不会被初始化，因此它的内容在将数值存储进去之前是不定的。

如果我们声明一个全局数组（在所有函数之外），那么它的内容将被初始化为所有元素均为 0。因此，如果全局范围内声明：

```
int billy [5];
```

那么 billy 中的每一个元素将会被初始化为 0，如图 3-5 所示。

billy	0	1	2	3	4
	0	0	0	0	0

图 3-5

另外，我们还可以在声明一个变量的同时把初始值赋给数组中的每一个元素，这个赋值用花括号（{}）来完成，例如：

```
int billy [5] = { 16, 2, 77, 40, 12071 };
```

这个声明生成的数组如图 3-6 所示。

billy	0	1	2	3	4
	16	2	77	40	12071

图 3-6

在花括号（{}）中，我们要初始化的元素数值个数必须和数组声明时方括号（[]）中指定的数组长度相符。例如，在上面的例子中，数组 billy 声明的长度为 5，因此在后面的花括号（{}）中的初始值也有 5 个，每个元素都有一个数值。

因为这是一种信息的重复，所以 C++允许在这种情况下数组方括号（[]）中的内容为空白，而数组的长度将由后面花括号（{}）中数值的个数来决定，例如：

```
int billy [] = { 16, 2, 77, 40, 12071 };
```

2. 存取数组中的数值

在程序中，我们可以读取和修改数组中任意元素的数值，就像操作其他普通变量一样。格式如下：

```
name[index]
```

继续上面的例子，数组 billy 有 5 个元素，其中每一个元素都是整型的，我们引用其中每一个元素的名字，如图 3-7 所示。

	billy[0]	billy[1]	billy[2]	billy[3]	billy[4]
billy					

图 3-7

例如，要把数值 75 存入数组 billy 中，第 3 个元素的语句可以是：

```
billy[2] = 75;
```

又例如，要把数组 billy 中第 3 个元素的值赋给变量 a，可以这样写：

```
a = billy[2];
```

因此，在所有使用中，表达式 billy[2]就像任何其他整型变量一样。

注意：数组 billy 的第 3 个元素为 billy[2]，因为索引从 0 开始，第 1 个元素是 billy[0]，第 2 个元素是 billy[1]。同样的原因，最后一个元素是 billy[4]。如果我们写 billy[5]，那就是在使用 billy 的第 6 个元素，因此会超出数组的长度。

在 C++中，对数组使用超出范围的索引是合法的，但这就会产生问题，因为它不会产生编译错误，而且不易被察觉，所以在运行时会产生意想不到的结果，甚至导致严重的运行错误。超出范围的索引合法的原因在后面介绍指针的时候会讲解。

学到这里，我们必须能够清楚地了解方括号（[ ]）在数组操作中的两种不同用法。它完成两种任务：一种是在声明数组的时候定义数组的长度；另一种是在引用具体的数组元素的时候指明一个索引号。注意不要把这两种用法混淆。

```
int billy[5];           // 声明新数组(以数据类型名称开头)
billy[2] = 75;          // 存储数组的一个元素
```

其他合法的数组操作：

```
billy[0] = a; // a 为一个整型变量
billy[a] = 75;
b = billy [a+2];
billy[billy[a]] = billy[2] + 5;
```

【例 3.24】使用一维数组

（1）打开 Visual Studio Code，新建文本文件，输入代码如下：

```
#include <iostream>
using namespace std;

int billy[] = { 16, 2, 77, 40, 12071 };
int n, result = 0;

int main() {
```

```
    for (n = 0; n < 5; n++) {
        result += billy[n];
    }
    cout << result<<endl;
    return 0;
}
```

（2）保存代码为 test.cpp，并上传到 Linux，在命令行下编译并运行：

```
12206# g++ test.cpp -o test
# ./test
12206
```

3．多维数组

多维数组（Multidimensional Arrays）本质上是以数组作为数组元素的数组，即"数组的数组"。例如，一个二维数组（Bidimensional Array）可以被想象成一个有同一数据类型的二维表格，如图 3-8 所示。

图 3-8

jimmy 显示了一个整型的 3×5 二维数组，声明这一数组的方式是：

```
int jimmy [3][5];
```

而引用这一数组中第 2 排第 4 列元素的表达式为 jimmy[1][3]，如图 3-9 所示。

图 3-9

记住数组的索引总是从 0 开始的。

多维数组并不局限于二维。如果需要，它可以有任意维数，虽然需要三维以上的时候并不多。但是考虑一下一个有很多维的数组所需要的内存空间，例如：

```
char century [100][365][24][60][60];
```

给一个世纪中的每一秒赋一个字符，就是多于 30 亿的字符。如果我们定义这样一个数组，需要消耗 3000MB 的内存。

多维数组只是一个抽象的概念，因为我们只需要把各个索引的乘积放入一个简单的数组中就可以获得同样的结果，例如：

```
int jimmy [3][5]; // 效果上等价于下面一句
int jimmy [15]; (3 * 5 = 15)
```

唯一的区别是编译器帮我们记住每一个想象中的维度的深度。

【例 3.25】一个简单的多维数组例子

（1）打开 Visual Studio Code，新建文本文件，输入代码如下：

```cpp
#include <iostream>
using namespace std;

#define WIDTH 5
#define HEIGHT 3

int jimmy[HEIGHT][WIDTH];
int n, m;

int main() {
    for (n = 0; n < HEIGHT; n++) {
        for (m = 0; m < WIDTH; m++)
        {
            jimmy[n][m] = (n + 1)*(m + 1);
            cout << jimmy[n][m] << ",";
        }
        cout << endl;
    }
    return 0;
}
```

（2）保存代码为 test.cpp，并上传到 Linux，在命令行下编译并运行：

```
# g++ test.cpp -o test
# ./test
1,2,3,4,5,
2,4,6,8,10,
3,6,9,12,15,
```

从上面的例子中可以看到，两段代码中，一个使用二维数组，另一个使用简单数组，获得了同样的结果，即都在内存中开辟了一块叫作 jimmy 的空间，这个空间有 15 个连续地址位置，程序结束后都在相同的位置上存储了相同的数值，如图 3-10 所示。

jimmy	0	1	2	3	4
0	1	2	3	4	5
1	2	4	6	8	10
2	3	6	9	12	15

图 3-10

我们用了宏定义常量（#define）来简化未来可能出现的程序修改，例如，将数组的纵向由 3 扩大到 4，只需要将代码行：

```
#define HEIGHT 3
```

修改为：

```
#define HEIGHT 4
```

而不需要对程序的其他部分做任何修改。

4. 数组参数

有时候，我们需要将数组作为参数传给函数。在C++中，将一整块内存中的数值作为参数完整地传递给一个函数是不可能的，即使是一个规整的数组也不可能，但是允许传递它的地址。它们的实际作用是一样的，但传递地址更快速有效。

要定义数组为参数，我们只需要在声明函数的时候指明参数数组的基本数据类型，一个标识后面再跟一对空方括号（[]）就可以了。例如以下的函数接收一个叫作 arg 的整型数组为参数：

```
void procedure (int arg[])
```

为了给这个函数传递一个按如下定义的数组：

```
int myarray [40];
```

其调用方式可写为：

```
procedure (myarray);
```

下面我们来看一个完整的例子。

【例 3.26】把数组作为参数

（1）打开 Visual Studio Code，新建文本文件，输入代码如下：

```
#include <iostream>
using namespace std;

void printarray(int arg[], int length) {
    for (int n = 0; n < length; n++) {
        cout << arg[n] << " ";
    }
    cout << "\n";
}
int main() {
    int firstarray[] = { 5, 10, 15 };
    int secondarray[] = { 2, 4, 6, 8, 10 };
    printarray(firstarray, 3);
    printarray(secondarray, 5);
    return 0;
}
```

（2）保存代码为 test.cpp，并上传到 Linux，在命令行下编译并运行：

```
# g++ test.cpp -o test
# ./test
5 10 15
2 4 6 8 10
```

可以看到，函数的第一个参数（int arg[ ]）接收任何整型数组为参数，不管其长度如何。因此，我们用第二个参数来告知函数传给它的第一个参数数组的长度。这样函数中打印数组内容的 for 循环才能知道需要检查的数组范围。

在函数的声明中也可以包含多维数组参数。定义一个三维数组的形式是：

```
base_type[ ][depth][depth]
```

例如，一个包含多维数组参数的函数可以定义为：

```
void procedure (int myarray[ ][3][4])
```

注意，第一对方括号（[ ]）中为空，而后面两对不为空。这是必需的，因为编译器必须能够在函数中确定每一个增加的维度的深度。

数组作为函数的参数，不管是多维数组还是简单数组，都是初级程序员容易出错的地方。

5. 字符数组

字符数组也叫字符序列，字符数组中每个元素存放的是字符。例如下面这个数组：

```
char jenny [20];
```

是一个可以存储最多 20 个字符类型数据的数组，可以把它想象成如图 3-11 所示的样子。

图 3-11

理论上，这个数组可以存储长度为 20 的字符序列，但是它也可以存储更短的字符序列，而且实际中常常如此。例如，jenny 在程序的某一点可以只存储字符串"Hello"或者"Merry Christmas"，如图 3-12 所示。因此，字符数组经常被用于存储短于其总长的字符串，就成为一种习惯，并且在字符串的有效内容的结尾处加一个空字符（Null Character）来表示字符结束，它的常量表示可写为 0 或\0。

图 3-12

6. 初始化以空字符结束的字符序列

因为字符数组其实就是普通数组，所以它与数组遵守同样的规则。例如，如果想将数组初始化为指定数值，可以像初始化其他数组一样：

```
char mystring[] = { 'H', 'e', 'l', 'l', 'o', '\0' };
```

在这里我们定义了一个有 6 个元素的字符数组，并将它初始化为字符串 Hello 加一个空字符（'\0'）。

除此之外，字符串还有另一个方法来进行初始化：用字符串常量。

在前几节的例子中，字符串常量已经出现过多次，它们是由双引号引起来的一组字符来表示的，例如下面的例子是一个字符串常量，在前面的例子中已经使用过：

```
"the result is: "
```

与表示单个字符常量的单引号(')不同,双引号(")用于表示一串连续字符的常量。由双引号引起来的字符串的末尾总是会被自动加上一个空字符('\0')。

因此,我们可以用下面两种方法中的任何一种来初始化字符串 mystring:

```
char mystring [ ] = { 'H', 'e', 'l', 'l', 'o', '\0' };
char mystring [ ] = "Hello";
```

在这两种情况下,字符串或数组 mystring 都被定义为 6 个字符长(元素类型为 char):组成 Hello 的 5 个字符加上最后的空字符('\0')。在第二种用双引号的情况下,空字符('\0')是被自动加上的。

注意:同时给数组赋多个值只有在数组初始化时,也就是在声明数组时,才是合法的。下面的代码实现的表达式都是错误的:

```
mystring = "Hello";
mystring[ ] = "Hello";
mystring = { 'H', 'e', 'l', 'l', 'o', '\0' };
```

因此需要记住:只有在数组初始化时才能够同时赋多个值给它。其原因在学习了指针之后会比较容易理解,因为那时会认识到一个数组其实只是一个指向被分配的内存块的常量指针,数组自己不能够被赋予任何数值,但我们可以给数组中的每一个元素赋值。

7. 给字符序列赋值

因为赋值运算的 lvalue 只能是数组的一个元素,而不能是整个数组,所以用以下方式将一个字符串赋给一个字符数组是合法的:

```
mystring[0] = 'H';
mystring[1] = 'e';
mystring[2] = 'l';
mystring[3] = 'l';
mystring[4] = 'o';
mystring[5] = '\0';
```

但这并不是一个实用的方法。通常给数组赋值,或更具体些,给字符序列赋值的方法是使用一些函数,例如 strcpy。strcpy(String Copy)在函数库 cstring(string.h)中被定义,可以用以下方式调用:

```
strcpy (string1, string2);
```

这个函数将 string2 中的内容复制给 string1。string2 可以是一个数组、一个指针或一个字符串常量。因此,用下面的代码可以将字符串常量 Hello 赋给 mystring:

```
strcpy (mystring, "Hello");
```

【例 3.27】strcpy 的简单使用

(1)打开 Visual Studio Code,新建文本文件,输入代码如下:

```
#include <iostream>
using namespace std;
#include <string.h>
int main() {
    char szMyName[20];
```

```
    strcpy(szMyName, "J. Soulie");
    cout << szMyName << endl;
    return 0;
}
```

(2) 保存代码为 test.cpp, 并上传到 Linux, 在命令行下编译并运行:

```
# g++ test.cpp -o test
# ./test
J. Soulie
```

我们需要包括头文件 string.h 才能够使用函数 strcpy。

通常可以写一个像下面的 setstring 一样的简单程序来完成与上例中 strcpy 同样的操作:

```
void setstring (char szOut [ ], char szIn [ ]) {
    int n=0;
    do {
        szOut[n] = szIn[n];
    } while (szIn[n++] != '\0');
}

int main () {
    char szMyName [20];
    setstring (szMyName,"J. Soulie");
    cout << szMyName;
    return 0;
}
```

另一个给数组赋值的常用方法是直接使用输入流（cin）。在这种情况下，字符序列的值是在程序运行时由用户输入的。

当 cin 被用来输入字符序列值时，它通常与函数 getline 一起使用，方法如下:

```
cin.getline ( char buffer[], int length, char delimiter = ' \n');
```

其中 buffer 用来存储输入的地址(例如一个数组名), length 是缓存 buffer 的最大容量, 而 delimiter 是用来判断用户输入结束的字符, 它的默认值（如果我们不写这个参数）是换行符（'\n'）。

下面的例子重复输出用户在键盘上的任何输入。这个例子简单地显示了如何使用 cin.getline 来输入字符串。

【例 3.28】通过 cin 输入字符数组

(1) 打开 Visual Studio Code, 新建文本文件, 输入代码如下:

```
#include <iostream>
using namespace std;

int main() {
    char mybuffer[100];
    cout << "What's your name? ";
    cin.getline(mybuffer, 100);
    cout << "Hello " << mybuffer << ".\n";
    cout << "Which is your favourite team? ";
```

```
        cin.getline(mybuffer, 100);
        cout << "I like " << mybuffer << " too.\n";
        return 0;
}
```

（2）保存代码为 test.cpp，并上传到 Linux，在命令行下编译并运行：

```
# g++ test.cpp -o test
# ./test
What's your name? zww
Hello zww.
Which is your favourite team? cow
I like cow too.
```

注意，上面的例子两次调用 cin.getline 时都使用了同一个字符串标识 mybuffer，在第二次调用时，新输入的内容将直接覆盖第一次输入 buffer 中的内容。

在以前与控制台交互的程序中，我们使用 ">>" 符号直接从标准输入设备接收数据。这个方法同样可以用来输入字符串，例如，在上面的例子中，我们也可以用以下代码来读取用户输入：

```
cin >> mybuffer;
```

但这种方法有以下局限性而 cin.getline 没有：

（1）它只能接收单独的词（而不能是完整的句子），因为这种方法以任何空白符为分隔符，包括空格、跳跃符、换行符和回车符。

（2）它不能给 buffer 指定容量，这使得程序不稳定，如果用户输入超出数组长度，输入信息就会丢失。

因此，建议在需要用 cin 来输入字符串时，使用 cin.getline 来代替 cin >>。

8. 字符串和其他数据类型的转换

鉴于字符串可能包含其他数据类型的内容，例如数字，因此将字符串内容转换成数字型变量的功能会有用处。例如一个字符串的内容可能是"1977"，但这 5 个字符组成的序列并不容易转换为一个单独的整数。对此，函数库 cstdlib（stdlib.h）提供了以下 3 个有用的函数：

- atoi：将字符串（string）转换为整型（int）。
- atol：将字符串（string）转换为长整型（long）。
- atof：将字符串（string）转换为浮点型（float）。

这 3 个函数接收一个参数，返回一个指定类型的数据（int、long 或 float）。这 3 个函数与 cin.getline 一起使用来获得用户输入的数值，比传统的 cin>>方法更可靠。

【例 3.29】 字符串转换

（1）打开 Visual Studio Code，新建文本文件，输入代码如下：

```
#include <iostream>
using namespace std;
#include <stdlib.h>
```

```
int main() {
    char mybuffer[100];
    float price;
    int quantity;
    cout << "Enter price: ";
    cin.getline(mybuffer, 100);
    price = atof(mybuffer);
    cout << "Enter quantity: ";
    cin.getline(mybuffer, 100);
    quantity = atoi(mybuffer);
    cout << "Total price: " << price*quantity;
    return 0;
}
```

（2）保存代码为 test.cpp，并上传到 Linux，在命令行下编译并运行：

```
# g++ test.cpp -o test
# ./test
Enter price: 5
Enter quantity: 6
```

9. C 函数库中的字符串操作函数

函数库（string.h）定义了许多与 C 语言类似的处理字符串的函数（如前面已经解释过的函数 strcpy）。这里再简单列举一些常用的：

```
strcat: char* strcat (char* dest, const char* src);   // 将字符串 src 附加到字符串 dest 的末尾，返回 dest
strcmp: int strcmp (const char* string1, const char* string2);   // 比较两个字符串 string1 和 string2。如果两个字符串相等，则返回 0
strcpy: char* strcpy (char* dest, const char* src);   // 将字符串 src 的内容复制给 dest，返回 dest
strlen: size_t strlen (const char* string);           // 返回字符串的长度
```

注意：char* 与 char[]相同。

3.5.2 指针

我们已经明白变量其实是可以由标识来存取的内存单元。但变量实际上是存储在内存中的具体位置上的。对程序来说，计算机内存只是一串连续的单字节单元（1byte cell），即最小数据单位，每一个单元有唯一地址。

计算机内存就好像城市中的街道。在一条街上，所有的房子被顺序编号，每幢房子都有唯一编号。因此，如果我们说芝麻街 27 号，就很容易找到它，因为只有一幢房子会是这个编号，而且我们知道它会在 26 号和 28 号之间。

与房屋按街道地址编号一样，操作系统也按照唯一顺序编号来组织内存。因此，当我们说内存中的位置 1776 时，我们知道内存中只有一个位置是这个地址，而且它在地址 1775 和 1777 之间。

1. 地址操作符/去引操作符

变量在声明的同时，必须被存储到内存中一个具体的单元中。通常我们并不会指定变量被存储到哪个具体的单元中，这是由编译器和操作系统自动完成的，但有时候我们可能会想知道变量被存储在哪里。

这可以通过在变量标识前面加与符号（&）来实现，它表示"……的地址"，因此它被称为地址操作符（Address Operator），又称去引操作符（Dereference Operator），例如：

```
ted = &andy;
```

将变量 andy 的地址赋给变量 ted，当在变量名称 andy 前面加&符号时，指的将不再是该变量的内容，而是它在内存中的地址。

假设 andy 被放在了内存中地址为 1776 的单元中，有下列代码：

```
andy = 25;
fred = andy;
ted = &andy;
```

其结果如图 3-13 所示。

图 3-13

我们将变量 andy 的值赋给变量 fred，这与以前看到的很多例子都相同；但对于 ted，我们把操作系统存储 andy 的内存地址赋给了它，该地址为 1776（可以是任何地址，这里只是一个假设的地址），原因是当给 ted 赋值的时候，我们在 andy 前面加了&符号。

存储其他变量地址的变量（如上面例子中的 ted）称为指针。在 C++中，指针有其特定的优点，因此经常被使用。在后面我们将会看到这种变量如何被声明。

2. 引用操作符

使用指针的时候，我们可以通过在指针标识的前面加星号（*）来存储该指针指向的变量所存储的数值，它也可以被翻译为"所指向的数值"（Value Pointed By）。因此，仍用前面例子中的数值，如果写 beth = *ted;（读作 beth 等于 ted 所指向的数值），beth 将会获得数值 25，因为 ted 是 1776，而 1776 所指向的数值为 25，如图 3-14 所示。

图 3-14

我们必须清楚地区分 ted 存储的是 1776，但*ted（前面加*）指的是地址 1776 中存储的数值，即 25。注意区别加和不加星号的不同（下面代码中的注释显示了如何读这两个不同的表达式）：

```
beth = ted;          // beth 等于 ted(1776)
beth = *ted;         // beth 等于 ted 所指向的数值(25)
```

3. 地址或反引用操作符

地址或反引用操作符被用作一个变量前缀，可以被翻译为"……的地址"。因此，&variable1 可以被读作"variable1 的地址"。

4. 引用操作符

引用操作符表示要取的是表达式所表示的地址指向的内容，可以被翻译为"……指向的数值"（value pointed by）。因此，* mypointer 可以被读作"mypointer 指向的数值"。

继续使用上面的例子，看下面的代码：

```
andy = 25;
ted = &andy;
```

现在应该可以清楚地知道以下等式全部成立：

```
andy == 25
&andy == 1776
ted == 1776
*ted == 25
```

第一个表达式很容易理解，因为我们有赋值语句 andy=25;。第二个表达式使用了地址（或反引用）操作符（&）来返回变量 andy 的地址，即 1776。第三个表达式很明显成立，因为第二个表达式为真，而我们给 ted 赋值的语句为 ted = &andy;。第四个表达式使用了引用操作符（*），相当于 ted 指向的地址中存储的数值，即 25。

由此也可以推断出，只要 ted 所指向的地址中存储的数值不变，以下表达式也为真：

```
*ted == andy
```

5. 声明指针型变量

由于指针可以直接引用它所指向的数值，因此有必要在声明指针的时候指明它所指向的数据类型。指向一个整型（int）或浮点型（float）数据的指针与指向一个字符型（char）数据的指针并不相同。

因此，声明指针的格式如下：

```
type * pointer_name;
```

这里，type 是指针所指向的数据的类型，而不是指针自己的类型，例如：

```
int * number;
char * character;
float * greatnumber;
```

它们是 3 个指针的声明，每一个指针指向不同的数据类型。这 3 个指针本身其实在内存中占用同样大小的内存空间（指针的大小取决于不同的操作系统），但它们所指向的数据是不同的类型，并占用不同大小的内存空间，一个是整型（int），一个是字符型（char），还有一个是浮点型（float）。

需要强调的一点是，在声明指针时，星号（*）仅表示这里声明的是一个指针，不要把它和前面的引用操作符混淆，虽然那也写成一个星号（*）。它们只是用同一符号表示的两个不同的任务。

【例 3.30】第一个指针例子

（1）打开 Visual Studio Code，新建文本文件，输入代码如下：

```
#include <iostream>
using namespace std;

int main() {
    int value1 = 5, value2 = 15;
    int * mypointer;
    mypointer = &value1;
    *mypointer = 10;
    mypointer = &value2;
    *mypointer = 20;
    cout << "value1==" << value1 << "/ value2==" << value2;
    return 0;
}
```

（2）保存代码为 test.cpp，并上传到 Linux，在命令行下编译并运行：

```
# g++ test.cpp -o test
# ./test
value1==10/ value2==20
```

注意变量 value1 和 value2 是怎样间接地被改变数值的。首先使用 & 将 value1 的地址赋给 mypointer，然后将 10 赋给 mypointer 所指向的数值，它其实指向 value1 的地址。因此，我们间接地修改了 value1 的数值。

为了让读者了解在同一个程序中一个指针可以被用作不同的数值，我们在这个程序中用 value2 和同一个指针重复了上面的过程。下面是一个更复杂的例子。

【例 3.31】更复杂的指针例子

（1）打开 Visual Studio Code，新建文本文件，输入代码如下：

```
#include <iostream>
using namespace std;

int main() {
    int value1 = 5, value2 = 15;
    int *p1, *p2;
    p1 = &value1;      // p1 = address of value1
    p2 = &value2;      // p2 = address of value2
    *p1 = 10;          // value pointed by p1 = 10
    *p2 = *p1;         // value pointed by p2 = value pointed by p1
    p1 = p2;           // p1 = p2 (value of pointer copied)
    *p1 = 20;          // value pointed by p1 = 20
```

```
        cout << "value1==" << value1 << "/ value2==" << value2<<endl;
        return 0;
}
```

（2）保存代码为 test.cpp，并上传到 Linux，在命令行下编译并运行：

```
# g++ test.cpp -o test
# ./test
value1==10/ value2==20
```

上面每一行都有注释说明代码的意思：&为"address of"，*为"value pointed by"。注意，有些包含 p1 和 p2 的表达式不带星号。加不加星号的含义十分不同：星号（*）后面跟指针名称表示指针所指向的地方，而指针名称不加星号（*）表示指针本身的数值，即它所指向的地方的地址。

另一个需要注意的地方是这一行：

```
int *p1, *p2;
```

声明了上例用到的两个指针 p1 和 p2，每个指针都带一个星号（*）。引用操作符（*）的优先级顺序与类型声明的相同，因此，它们都是向右结合的操作，星号被优先计算。注意，在声明每一个指针的时候，前面加上星号（*）。

6. 指针和数组

数组的概念与指针的概念联系非常紧密。数组的标识相当于它的第一个元素的地址，就像一个指针相当于它所指向的第一个元素的地址，因此其实它们是同一个东西。例如，假设有以下声明：

```
int numbers [20];
int * p;
```

下面的赋值为合法的：

```
p = numbers;
```

这里指针 p 和 numbers 是等价的，它们有相同的属性，唯一的不同是我们可以给指针 p 赋其他的数值，而 numbers 总是指向被定义的 20 个整数组中的第一个。所以，p 只是一个普通的指针变量，而与之不同的是，numbers 是一个数组名，数组名的本质是一个指针常量。因此，虽然前面的赋值表达式是合法的，但下面的不是：

```
numbers = p;
```

因为 numbers 是一个数组（指针常量），而常量标识不可以被赋其他数值。

由于变量的特性，以下例子中所有包含指针的表达式都是合法的。

【例 3.32】指向数组的指针

（1）打开 Visual Studio Code，新建文本文件，输入代码如下：

```
#include <iostream>
using namespace std;
int main() {
    int numbers[5];
    int * p;
```

```
        p = numbers;
        *p = 10;
        p++;
        *p = 20;
        p = &numbers[2];
        *p = 30;
        p = numbers + 3;
        *p = 40;
        p = numbers;
        *(p + 4) = 50;
        for (int n = 0; n < 5; n++)
            cout << numbers[n] << ", ";
        cout << endl;
        return 0;
}
```

（2）保存代码为 test.cpp，并上传到 Linux，在命令行下编译并运行：

```
# g++ test.cpp -o test
# ./test
10, 20, 30, 40, 50,
```

在 3.5.1 节中，我们使用方括号（[]）来指明要引用的数组元素的索引。方括号（[]）也叫位移（Offset）操作符，它相当于在指针中的地址上加上括号中的数字。例如，下面两个表达式互相等价：

```
a[5] = 0;          // a [offset of 5] = 0
*(a+5) = 0;        // pointed by (a+5) = 0
```

无论 a 是一个指针还是一个数组名，这两个表达式都是合法的。

7. 指针初始化

当声明一个指针的时候，我们可能需要同时指定它们指向哪个变量。

```
int number;
int *tommy = &number;
```

这相当于：

```
int number;
int *tommy;
tommy = &number;
```

当给一个指针赋值的时候，我们总是赋给它一个地址值，而不是它所指向的数据的值。我们必须考虑到在声明一个指针的时候，星号（*）只是用来指明它是指针，而从不表示引用操作符（*）。记住，它们是两种不同的操作，虽然它们写成同样的符号。因此，我们要注意不要将以上代码与下面的代码混淆：

```
int number;
int *tommy;
*tommy = &number;
```

这些代码也没有什么实际意义。

在定义数组指针的时候，编译器允许我们在声明变量指针的同时对数组进行初始化，初始化的内容需要是常量，例如：

```
char * terry = "hello";
```

在这个例子中，内存中预留了存储"hello"的空间，并且 terry 是指向这个内存空间第一个字符（对应"h"）的指针。假设"hello"存储在地址 1702 中，则上面的定义在内存中的状态，如图 3-15 所示。

这里需要强调，terry 存储的是数值 1702，而不是"h"或"hello"，虽然 1702 指向这些字符。

指针 terry 指向一个字符串，可以被当作数组使用（数组只是一个常量指针）。例如，我们想把 terry 指向的内容中的字符"o"变为符号"!"，可以用以下两种方式的任何一种来实现：

```
terry[4] = '!';
*(terry+4) = '!';
```

记住 terry[4]与*(terry+4)是一样的，虽然第一种表达方式更常用一些。以上两种表达式都会实现如图 3-16 所示的改变。

图 3-15

图 3-16

8. 指针的数学运算

对指针进行数学运算与其他整型数据类型进行数学运算稍有不同。首先，指针只有加法和减法运算，其他运算在指针世界里没有意义。但是指针的加法和减法的具体运算根据它所指向的数据类型大小的不同而有所不同。

我们知道不同的数据类型在内存中占用的存储空间是不一样的。例如，对于整型数据，字符（char）占用 1 字节，短整型（short）占用 2 字节，长整型（long）占用 4 字节。

假设有 3 个指针：

```
char *mychar;
short *myshort;
long *mylong;
```

它们分别指向内存地址 1000、2000 和 3000。因此，如果有以下代码：

```
mychar++;
myshort++;
mylong++;
```

mychar 的值将会变为 1001，myshort 的值将会变为 2002，mylong 的值将会变为 3004。原因是当我们给指针加 1 时，实际上是让该指针指向下一个与它被定义的数据类型相同的元素。因此，它所指向的数据类型的长度字节数将会被加到指针的数值上。以上过程可以由图 3-17 表示。

图 3-17

这一点对指针的加法和减法运算都适用。以下代码与上面例子的作用一样：

```
mychar = mychar + 1;
myshort = myshort + 1;
mylong = mylong + 1;
```

这里需要提醒的是，递增（++）和递减（--）操作符比引用操作符（*）有更高的优先级。因此，以下表达式有可能引起歧义：

```
*p++;
*p++ = *q++;
```

第一个表达式等同于*(p++)，它的作用是指针 p 本身的地址值递增一次（p 中存储的是地址，递增一次后，变为新的地址）。

在第二个表达式中，因为两个递增操作（++）都是在整个表达式被计算之后进行而不是在之前，所以*q 的值首先被赋予*p，然后 q 和 p 都增加 1，它相当于：

```
*p = *q;
p++;
q++;
```

建议使用"()"以避免意想不到的结果。

9. 指针的指针

C++允许使用指向指针的指针。要做到这一点，只需要在每一层引用之前加星号（*）即可：

```
char a;
char * b;
char ** c;
a = 'z';
b = &a;
c = &b;
```

假设随机选择内存地址为 7230、8092 和 10502，以上例子可以用图 3-18 表示，方框内为变量的内容，方框下面为内存地址。

图 3-18

这个例子中新的元素是变量 c，关于它可以从 3 个方面来讨论，每一个方面对应不同的数值：

- c 是一个(char **)类型的变量，它的值是8092。
- *c 是一个(char*)类型的变量，它的值是7230。
- **c 是一个(char)类型的变量，它的值是'z'。

10. 空指针

空指针（void）是一种特殊类型的指针，它可以指向任意类型的数据，可以是整数、浮点数、甚至是字符串。唯一一个限制是被指向的数值不可以被直接引用（不可以直接对空指针使用星号），因为它的长度是不定的，因此必须使用类型转换操作或赋值操作来把空指针指向一个具体的数据类型。

空指针的应用之一是给函数传递通用参数。

【例 3.33】空指针实例

（1）打开 Visual Studio Code，新建文本文件，输入代码如下：

```
#include <iostream>
using namespace std;
void increase(void* data, int type) {
    switch (type) {
    case sizeof(char) : (*((char*)data))++; break;
    case sizeof(short): (*((short*)data))++; break;
    case sizeof(long) : (*((long*)data))++; break;
    }
}

int main() {
    char a = 5;
    short b = 9;
    long c = 12;
    increase(&a, sizeof(a));
    increase(&b, sizeof(b));
    increase(&c, sizeof(c));
    cout << (int) a << ", " << b << ", " << c<<endl;
    return 0;
}
```

（2）保存代码为 test.cpp，并上传到 Linux，在命令行下编译并运行：

```
# g++ test.cpp -o test
# ./test
6, 10, 13
```

sizeof 是 C++的一个操作符，用来返回其参数的长度字节数常量。例如，sizeof(char)返回 1，因为 char 类型是 1 字节长的数据类型。另外，我们可以看到 data 转换为(char*)后，才能使用星号来引用。

11. 函数指针

C++允许对指向函数的指针进行操作。它最大的作用是把一个函数作为参数传递给另一个函数。声明一个函数指针就像声明一个函数原型一样，除了函数的名字需要被括在括号内并在前面加星号。

【例 3.34】函数指针的例子

（1）打开 Visual Studio Code，新建文本文件，输入代码如下：

```cpp
#include <iostream>
using namespace std;
int addition(int a, int b) {
    return (a + b);
}

int subtraction(int a, int b) {
    return (a - b);
}
int (*myf)(int, int) = subtraction;

int operation(int x, int y, int (*functocall)(int, int)) {
    int g;
    g = (*functocall)(x, y);
    return (g);
}

int main() {
    int m, n;
    m = operation(7, 5, addition);
    n = operation(20, m, myf);
    cout << n << endl;
    return 0;
}
```

（2）保存代码为 test.cpp，并上传到 Linux，在命令行下编译并运行：

```
# g++ test.cpp -o test
# ./test
8
```

在这个例子里，myf 是一个全局指针，指向一个有两个整型参数的函数，它被赋值指向函数 subtraction，这些由一行代码实现：

```
int (* myf)(int,int) = subtraction;
```

这里似乎解释得不太清楚，读者可能会问为什么(int int)只有类型，没有参数，下面就再多说两句。

int (*myf)(int int)实际是在定义一个指针变量，这个指针的名字叫作 myf，这个指针的类型指向一个函数，函数的类型有两个整型参数并返回一个整型值。

整句话"int (*myf)(int,int) = subtraction;"定义了这样一个指针并把函数 subtraction 的值赋给它，也就是说有了这个定义后，myf 就代表函数 subtraction。因此，括号中的两个 int 实际上只是一种变量类型的声明，也就是说是一种形式参数，而不是实际参数。

3.5.3 动态分配内存

到目前为止，我们的程序中只用了声明变量、数组和其他对象所必需的内存空间，这些内存空间的大小都在程序执行之前就已经确定了。但如果我们需要内存大小为一个变量，其数值只有在程序运行时（runtime）才能确定，例如有些情况下需要根据用户输入来决定必需的内存空间，那该怎么办呢？

答案是动态分配内存（Dynamic Memory），为此 C++集成了操作符 new 和 delete。

1. 操作符 new 和 new[ ]

操作符 new 的作用是动态分配内存。new 后面跟一个数据类型，并跟一对可选的方括号（[ ]），里面为要求的元素数，它返回一个指向内存块开始位置的指针。其形式为：

```
pointer = new type
```

或者

```
pointer = new type [elements]
```

第一个表达式用来给一个单元素的数据类型分配内存，第二个表达式用来给一个数组分配内存。例如：

```
int * bobby;
bobby = new int [5];
```

在这个例子里，操作系统分配了可存储 5 个整型（int）元素的内存空间，返回指向这块空间开始位置的指针并将它赋给 bobby。因此，bobby 指向一块可存储 5 个整型元素的合法的内存空间，如图 3-19 所示。

图 3-19

读者可能会问，刚才所做的给指针分配内存空间与定义一个普通的数组有什么不同？最重要的不同是，数组的长度必须是一个常量，这样它的大小在程序执行之前的设计阶段就被决定了，而采用动态内存分配，数组的长度既可以是常量也可以是变量，其值在程序执行过程中再确定。

动态内存分配通常由操作系统控制，在多任务的环境中，它可以被多个应用（Applications）共享，因此内存有可能被用完。如果发生这种情况，操作系统将不能在遇到操作符 new 时分配所需的内存，一个无效指针（Null Pointer）将被返回。因此，建议在使用 new 之后总是检查返回的指针是否为空（NULL），如下例所示：

```
int * bobby;
bobby = new int [5];
```

```
if (bobby == NULL) {
// 分配内存出错，请采取措施
};
```

2. 删除操作符 delete

既然动态分配的内存只是在程序运行的某一具体阶段才有用，那么一旦它不再被需要，就应该被释放，以便给后面的内存申请使用。操作符 delete 因此而产生，它的形式是：

`delete pointer;`

或

`delete [ ] pointer;`

第一种表达形式用来删除给单个元素分配的内存，第二种表达形式用来删除多元素（数组）的内存分配。在多数编译器中两种表达式等价，使用没有区别，虽然它们实际上是两种不同的操作，需要考虑操作符重载。

【例 3.35】delete[]的例子

（1）打开 Visual Studio Code，新建文本文件，输入代码如下：

```
#include <iostream>
using namespace std;
#include <stdlib.h>

int main() {
    char input[100];
    int i, n;
    long * l;
    cout << "How many numbers do you want to type in? ";
    cin.getline(input, 100); i = atoi(input);
    l = new long[i];
    if (l == NULL) exit(1);
    for (n = 0; n < i; n++) {
        cout << "Enter number: ";
        cin.getline(input, 100);
        l[n] = atol(input);
    }
    cout << "You have entered: ";
    for (n = 0; n < i; n++)
        cout << l[n] << ", ";
    delete[] l;
    return 0;
}
```

（2）保存代码为 test.cpp，并上传到 Linux，在命令行下编译并运行：

```
How many numbers do you want to type in? 2
Enter number: 1
Enter number: 3
```

```
You have entered: 1, 3,
```

这个简单的例子可以记下用户想输入的数字的个数，它的实现归功于我们动态地向系统申请了用户要输入的数字所需的空间。

NULL 是 C++库中定义的一个常量，专门用来指代空指针。如果这个常量没有被预先定义，我们可以自定义它为 0：

```
#define NULL 0
```

在检查指针的时候，0 和 NULL 并没有区别。但用 NULL 来表示空指针更为常用，并且更易懂。原因是指针很少被用来比较大小或直接被赋予一个除 0 以外的数字常量，使用 NULL，这一赋值行为就被符号化了。

3. ANSI-C 中的动态内存管理

操作符 new 和 delete 仅在 C++中有效，而在 C 语言中没有效。在 C 语言中，为了动态分配内存，我们必须求助于函数库 stdlib.h。因为该函数库在 C++中仍然有效，并且在一些现存的程序中仍然使用，所以下面将介绍一些关于这个函数库中的函数的用法。

1）函数 malloc

这是给指针动态分配内存的通用函数。它的原型是：

```
void * malloc (size_t nbytes);
```

其中，nbytes 是想要给指针分配的内存字节数。这个函数返回一个 void*类型的指针，因此需要用类型转换来把它转换成目标指针所需要的数据类型，例如：

```
char * ronny;
ronny = (char *) malloc (10);
```

这个例子将一个指向 10 字节可用空间的指针赋给 ronny。当我们想给一组除 char 以外的类型（不是 1 字节长度的）的数值分配内存的时候，我们需要用元素数乘以每个元素的长度来确定所需内存的大小。幸运的是，我们有操作符 sizeof，它可以返回一个具体数据类型的长度。

```
int * bobby;
bobby = (int *) malloc (5 * sizeof(int));
```

这一小段代码将一个指向可存储 5 个 int 型整数的内存块的指针赋给 bobby，它的实际长度可能是 2、4 或更多字节数，具体取决于程序是在什么操作系统下被编译的。

2）函数 calloc

calloc 与 malloc 在操作上非常相似，它们主要的区别是在原型上，calloc 的原型是：

```
void * calloc (size_t nelements, size_t size);
```

它接收 2 个参数而不是 1 个。这两个参数相乘被用来计算所需内存块的总长度。通常第一个参数 nelements 是元素的个数，第二个参数 size 表示每个元素的长度。例如，我们可以像下面这样用 calloc 定义 bobby：

```
int * bobby;
bobby = (int *) calloc (5, sizeof(int));
```

malloc 和 calloc 的另一点不同在于 calloc 会将所有的元素初始化为 0。

3）函数 realloc

这个函数用来改变已经被分配给一个指针的内存的长度。

```
void * realloc (void * pointer, size_t size);
```

参数 pointer 用来传递一个已经被分配内存的指针或一个空指针，而参数 size 用来指明新的内存长度。这个函数给指针分配 size 字节的内存。这个函数可能需要改变内存块的地址，以便能够分配足够的内存来满足新的长度要求。在这种情况下，指针当前所指的内存中的数据内容将会被复制到新的地址中，以保证现存数据不会丢失。函数返回新的指针地址。如果新的内存尺寸不能够被满足，函数将会返回一个空指针，但原来参数中的指针 pointer 及其内容保持不变。

4）函数 free

这个函数用来释放被 malloc、calloc 或 realloc 所分配的内存块。

```
void free (void * pointer);
```

注意：这个函数只能用来释放由函数 malloc、calloc 和 realloc 所分配的空间。

3.5.4 结构体

1. 结构体形式

一个结构体是组合到同一定义下的一组不同类型的数据，各个数据类型的长度可能不同。它的形式是：

```
struct model_name {
    type1 element1;
    type2 element2;
    type3 element3;
    ...
    ...
} object_name;
```

这里 model_name 是这个结构类型的一个模块名称。object_name 为可选参数，是一个或多个具体结构对象的标识。花括号（{}）内是组成这一结构的各个元素的类型和子标识。

如果结构的定义包括参数 model_name（可选），该参数即成为一个与该结构等价的有效的类型名称，例如：

```
struct products {
    char name [30];
    float price;
};
products apple;
products orange, melon;
```

我们首先定义了结构模块 products，它包含两个域：name 和 price，每一个域是不同的数据类型。然后用这个结构类型的名称（products）来声明 3 个该类型的对象：apple、orange 和 melon。

一旦被定义，products 就成为一个新的有效数据类型名称，可以像其他基本数据类型（如 int、char 或 short）一样，被用来声明该数据类型的对象变量。

在结构定义的结尾可以加可选项 object_name，作用是直接声明该结构类型的对象。例如，我们也可以这样声明结构对象 apple、orange 和 melon：

```
struct products {
    char name [30];
    float price;
}apple, orange, melon;
```

在上面的例子中，如果在定义结构的同时声明结构的对象，参数 model_name（这个例子中的 products）将变为可选项。但是如果没有 model_name，我们将不能在后面的程序中用它来声明更多此类结构的对象。

清楚地区分结构模型和它的对象的概念是很重要的。参考我们对变量所使用的术语，模型是一个类型，而对象是变量。我们可以从同一个模型实例化出很多对象。

在声明了确定结构模型的 3 个对象（apple、orange 和 melon）之后，就可以对它们的各个域进行操作了，通过在对象名和域名之间插入符号点（.）来实现。例如，我们可以像使用一般的标准变量一样对下面的元素进行操作：

```
apple.name
apple.price
orange.name
orange.price
melon.name
melon.price
```

它们每一个都有对应的数据类型：apple.name、orange.name 和 melon.name 是字符数组类型（char[30]），而 apple.price、orange.price 和 melon.price 是浮点型（float）。

下面我们看一个例子。

【例 3.36】一个结构体的例子

（1）打开 Visual Studio Code，新建文本文件，输入代码如下：

```
#include <iostream>
using namespace std;
#include <stdlib.h>
#include <string.h>


struct movies_t {
    char title[50];
    int year;
}mine, yours;

void printmovie(movies_t movie);
```

```cpp
int main() {
    char buffer[50];
    strcpy(mine.title, "2001 A Space Odyssey");
    mine.year = 1968;
    cout << "Enter title: ";
    cin.getline(yours.title, 50);
    cout << "Enter year: ";
    cin.getline(buffer, 50);
    yours.year = atoi(buffer);
    cout << "My favourite movie is:\n ";
    printmovie(mine);
    cout << "And yours:\n";
    printmovie(yours);
    return 0;
}

void printmovie(movies_t movie) {
    cout << movie.title;
    cout << " (" << movie.year << ")\n";
}
```

(2) 保存代码为 test.cpp，并上传到 Linux，在命令行下编译并运行：

```
# g++ test.cpp -o test
# ./test
Enter title: boss
Enter year: 1999
My favourite movie is:
 2001 A Space Odyssey (1968)
And yours:
boss (1999)
```

从这个例子中可以看到如何像使用普通变量一样使用一个结构的元素及其本身。例如，yours.year 是一个整型数据，而 mine.title 是一个长度为 50 的字符数组。

注意，这里 mine 和 yours 是 movies_t 类型的变量，被传递给函数 printmovie()。因此，结构的重要优点之一就是既可以单独引用它的元素，也可以引用整个结构数据块。

结构经常被用来建立数据库，特别是当我们考虑结构数组的时候。

【例 3.37】数组结构体的例子

（1）打开 Visual Studio Code，新建文本文件，输入代码如下：

```cpp
#include <iostream>
using namespace std;
#include <stdlib.h>
#include <string.h>


#define N_MOVIES 5

struct movies_t {
```

```cpp
    char title[50];
    int year;
} films[N_MOVIES];

void printmovie(movies_t movie);

int main() {
    char buffer[50];
    int n;
    for (n = 0; n < N_MOVIES; n++) {
        cout << "Enter title: ";
        cin.getline(films[n].title, 50);
        cout << "Enter year: ";
        cin.getline(buffer, 50);
        films[n].year = atoi(buffer);
    }

    cout << "\nYou have entered these movies:\n";
    for (n = 0; n < N_MOVIES; n++)
        printmovie(films[n]);
    return 0;
}

void printmovie(movies_t movie) {
    cout << movie.title;
    cout << " (" << movie.year << ")\n";
}
```

（2）保存代码为 test.cpp，并上传到 Linux，在命令行下编译并运行：

```
# g++ test.cpp -o test
# ./test
Enter title: boss
Enter year: 1101
Enter title: pupil
Enter year: 1100
Enter title: student
Enter year: 990
Enter title: b2
Enter year: 999
Enter title: b3
Enter year: 998

You have entered these movies:
boss (1101)
pupil (1100)
student (990)
b2 (999)
b3 (998)
```

2. 结构指针

就像其他数据类型一样，结构也可以有指针。其规则同其他基本数据类型一样：指针必须被声明为一个指向结构的指针：

```
struct movies_t {
    char title [50];
    int year;
};
movies_t amovie;
movies_t * pmovie;
```

这里 amovie 是一个结构类型为 movies_t 的对象，而 pmovie 是一个指向结构类型 movies_t 的对象的指针。因此，同基本数据类型一样，以下表达式是正确的：

```
pmovie = &amovie;
```

下面我们看另一个例子，其将引入一种新的操作符。

【例 3.38】结构指针的例子

（1）打开 Visual Studio Code，新建文本文件，输入代码如下：

```cpp
#include <iostream>
using namespace std;
#include <stdlib.h>
struct movies_t {
    char title[50];
    int year;
};
int main() {
    char buffer[50];

    movies_t amovie;
    movies_t * pmovie;
    pmovie = & amovie;

    cout << "Enter title: ";
    cin.getline(pmovie->title, 50);
    cout << "Enter year: ";

    cin.getline(buffer, 50);
    pmovie->year = atoi(buffer);

    cout << "\nYou have entered:\n";
    cout << pmovie->title;
    cout << " (" << pmovie->year << ")\n";

    return 0;
}
```

（2）保存代码为 test.cpp，并上传到 Linux，在命令行下编译并运行：

```
# g++ test.cpp -o test
# ./test
Enter title: boss
Enter year: 1998

You have entered:
boss (1998)
```

上面的代码中引入了一个重要的操作符：->。这是一个引用操作符，常与结构或类的指针一起使用，以便引用其中的成员元素，这样就可以避免使用很多括号。例如，我们用：

```
pmovie->title
```

来代替：

```
(*pmovie).title
```

以上两种表达式都是合法的，都表示取指针 pmovie 所指向的结构的元素 title 的值。我们要清楚地将它和以下表达式区分开：

```
*pmovie.title
```

它相当于：

```
*(pmovie.title)
```

表示取结构 pmovie 的元素 title 作为指针所指向的值，这个表达式在本例中没有意义，因为 title 本身不是指针类型。

表 3-6 中总结了指针和结构组成的各种可能的组合。

表 3-6　指针和结构组成的各种可能的组合

表 达 式	描　　述	等 价 于
pmovie.title	结构 pmovie 的元素 title	—
pmovie->title	指针 pmovie 所指向的结构的元素 title 的值	(*pmovie).title
*pmovie.title	结构 pmovie 的元素 title 作为指针所指向的值	*(pmovie.title)

3. 结构嵌套

结构可以嵌套使用，即一个结构的元素本身又可以是另一个结构类型，例如：

```
struct movies_t {
    char title [50];
    int year;
}

struct friends_t {
    char name [50];
    char email [50];
    movies_t favourite_movie;
```

```
} charlie, maria;
friends_t * pfriends = &charlie;
```

因此，在有了以上声明之后，我们可以使用下面的表达式：

```
charlie.name
maria.favourite_movie.title
charlie.favourite_movie.year
pfriends->favourite_movie.year
```

以上最后两个表达式等价。

本节中所讨论的结构的概念与 C 语言中结构的概念是一样的。然而，在 C++中，结构的概念已经被扩展到与类相同的程度，只是它所有的元素都是公开的。

3.5.5 自定义数据类型

前面我们已经看到过一种用户（程序员）定义的数据类型——结构。除此之外，还有一些其他类型的用户自定义数据类型。

1. 定义自己的数据类型（typedef）

C++允许我们在现有数据类型的基础上定义自己的数据类型。我们将用关键字 typedef 来实现这种定义，它的形式是：

```
typedef existing_type new_type_name;
```

这里 existing_type 是 C++基本数据类型或其他已经被定义了的数据类型，new_type_name 是我们将要定义的新数据类型的名称，例如：

```
typedef char C;
typedef unsigned int WORD;
typedef char * string_t;
typedef char field [50];
```

在上面的例子中，我们定义了 4 种新的数据类型：C、WORD、string_t 和 field，分别代替 char、unsigned int、char*和 char[50]。这样，我们就可以安全地使用以下代码：

```
C achar, anotherchar, *ptchar1;
WORD myword;
string_t ptchar2;
field name;
```

如果在一个程序中反复使用一种数据类型，而在以后的版本中有可能改变该数据类型，typedef 就很有用了。如果一种数据类型的名称太长，想用一个比较短的名字来代替，也可以使用 typedef。

2. 联合

联合（union）使得同一段内存可以按照不同的数据类型来访问，数据实际是存储在同一个位置的。它的声明和使用看起来与结构十分相似，但实际功能是完全不同的：

```
union model_name {
    type1 element1;
    type2 element2;
    type3 element3;
    ...
    ...
} object_name;
```

union 中的所有被声明的元素占据同一段内存空间，其大小取决于声明中最长的元素的大小，例如：

```
union mytypes_t {
    char c;
    int i;
    float f;
} mytypes;
```

定义了 3 个元素：

```
mytypes.c
mytypes.i
mytypes.f
```

每一个都是不同的数据类型。既然它们都指向同一段内存空间，那么改变其中一个元素的值将会影响所有其他元素的值。

union 的用途之一是将一种较长的基本类型与由其他比较小的数据类型组成的结构或数组联合使用，例如：

```
union mix_t{
    long l;
    struct {
        short hi;
        short lo;
    } s;
    char c[4];
} mix;
```

以上例子中定义了 3 个名字——mix.l、mix.s 和 mix.c，我们可以通过这 3 个名字来访问同一段 4 字节长的内存空间。至于使用哪一个名字来访问，取决于我们想使用什么数据类型，是 long、short，还是 char。图 3-20 显示了在这个联合中各个元素在内存中的可能结构，以及我们如何通过不同的数据类型进行访问。

图 3-20

3. 匿名联合

在 C++中，我们可以选择使联合匿名。如果我们将一个 union 包括在一个结构的定义中，并且不赋予它对象名称（就是跟在花括号后面的名字），那么这个 union 就是匿名的。这种情况下，我们可以直接使用 union 中元素的名字来访问该元素，而不需要在前面加 union 对象的名称。在表 3-7 的例子中，可以看到这两种表达方式在使用上的区别。

表 3-7 两种表达方式

union	anonymous union

struct {
    char title[50];
    char author[50];
    union {
        float dollars;
        int yens;
    } price;
} book;
	struct {
	    char title[50];
	    char author[50];
	    union {
	        float dollars;
	        int yens;
	    };
	} book;

以上两种定义唯一的区别在于左边的定义中我们给了 union 一个名字 price，而在右边的定义中没给。使用时的区别是，当我们想访问一个对象的元素 dollars 和 yens 时，在前一种定义下，需要使用：

```
book.price.dollars
book.price.yens
```

而在后一种定义下，我们直接使用：

```
book.dollars
book.yens
```

再一次提醒，因为这是一个联合，dollars 和 yens 占据的是同一块内存空间，所以它们不能被用来存储两个不同的值。也就是我们可以使用一个 dollars 或 yens 的价格，但不能同时使用两者。

4. 枚举

枚举可以用来生成一些任意类型的数据，不只限于数字类型或字符类型，甚至可以是常量 true 和 false。它的定义形式如下：

```
enum model_name {
    value1,
    value2,
    value3,
    ...
    ...
} object_name;
```

例如，我们可以定义一种新的变量类型 color_t 来存储不同的颜色：

```
enum colors_t {black, blue, green, cyan, red, purple, yellow, white};
```

注意，在这个定义里，我们没有使用任何基本数据类型。换句话说，我们创造了一种新的数据类型——color_t，而它并没有基于任何已存在的数据类型，花括号中包括它所有可能的取值。例如，在定义了 colors_t 类型后，我们可以使用以下表达式：

```
colors_t mycolor;
mycolor = blue;
if (mycolor == green) mycolor = red;
```

实际上，枚举数据类型在编译时是被编译为整型数值的，而它的数值列表可以是任何指定的整型常量。如果没有指定常量，枚举中第一个列出的可能值为 0，后面的每一个值为前面一个值加 1。因此，在前面定义的数据类型 colors_t 中，black 相当于 0，blue 相当于 1，green 相当于 2，后面以此类推。

如果在定义枚举数据类型的时候明确指定了某些可能值（例如第一个）的等价整数值，后面的数值将会在此基础上增加，例如：

```
enum months_t { january=1, february, march, april,
                may, june, july, august,
                september, october, november, december} y2k;
```

在这个例子中，枚举类型 months_t 的变量 y2k 可以是 12 种可能取值中的任何一个，从 january 到 december，它们相当于数值 1~12，而不是 0~11，因为我们已经指定 january 等于 1。

3.6 面向对象编程

3.6.1 类

类是一种将数据和函数组织在同一个结构里的逻辑方法。定义类的关键字为 class，其功能与 C 语言中的 struct 类似，不同之处是 class 可以包含函数，而不像 struct 只能包含数据元素。

类定义的形式是：

```
class class_name {
    permission_label_1:
        member1;
    permission_label_2:
        member2;
    ...
} object_name;
```

其中，class_name 是类的名称（用户自定义的类型），而可选项 object_name 是一个或几个对象标识。class 的声明体中包含成员，成员可以是数据或函数定义，同时也可以包括允许范围标志（Permission Labels），范围标志可以是以下 3 个关键字中的任意一个：private、public 或 protected。它们分别代表的含义如下：

● private：class 的私有成员，只有同一个 class 的其他成员或该 class 的 "friend" class 可以访问这些成员（friend 的含义将在后面解释）。

- protected：class 的受保护成员，只有同一个 class 的其他成员，或该 class 的"friend"class，或该 class 的子类（Derived Classes）可以访问这些成员。
- public：class 的公有成员，任何可以看到这个 class 的地方都可以访问这些成员。

如果我们在定义一个 class 成员的时候没有声明其允许范围,这些成员将被默认为 private 范围。例如：

```
class CRectangle {
    int x, y;
public:
    void set_values (int,int);
    int area (void);
} rect;
```

上面的例子定义了一个 class CRectangle 和该 class 类型的对象变量 rect。这个 class 有 4 个成员：两个整型变量（x 和 y），在 private 部分（因为 private 是默认的允许范围）；两个函数 set_values() 和 area()，在 public 部分，这里只包含函数的原型。

注意类名称与对象名称的不同：在上面的例子中，CRectangle 是 class 名称（即用户定义的类型名称），而 rect 是一个 CRectangle 类型的对象名称。它们的区别就像下面的例子中类型名 int 和变量名 a 的区别一样：

```
int a;
```

int 是 class 名称（类型名），而 a 是对象名（变量）。

在程序中，我们可以通过使用对象名后面加点再加成员名称（同使用 C structs 一样）来引用对象 rect 的任何 public 成员，就像它们只是一般的函数或变量，例如：

```
rect.set_value (3,4);
myarea = rect.area();
```

但我们不能够引用 x 或 y，因为它们是该 class 的 private 成员，它们只能够在该 class 的其他成员中被引用。下面是关于 class CRectangle 的一个复杂的例子。

【例 3.39】第一个类的例子

（1）打开 Visual Studio Code，新建文本文件，输入代码如下：

```
#include <iostream>
using namespace std;
class CRectangle {
    int x, y;
public:
    void set_values(int, int);
    int area(void) {return (x*y);}
};

void CRectangle::set_values(int a, int b) {
    x = a;
    y = b;
```

```
}

int main() {
    CRectangle rect;
    rect.set_values(3, 4);
    cout << "area: " << rect.area()<<endl;
}
```

（2）保存代码为 test.cpp，并上传到 Linux，在命令行下编译并运行：

```
# g++ test.cpp -o test
# ./test
area: 12
```

上面代码中新的东西是在定义函数 set_values()时使用的范围操作符（::）。它用来在一个 class 之外定义该 class 的成员。注意，我们在 class CRectangle 内部已经定义了函数 area()的具体操作，因为这个函数非常简单。而对于函数 set_values()，在 class 内部只是定义了它的原型，而其实现是在 class 之外定义的。这种在 class 之外定义其成员的情况必须使用范围操作符（::）。

范围操作符（::）声明了被定义的成员所属的 class 名称，并赋予被定义成员适当的范围属性，这些范围属性与在 class 内部定义的成员的属性是一样的。例如，在上面的例子中，我们在函数 set_values()中引用了 private 变量 x 和 y，这些变量只有在 class 内部和它的成员中才是可见的。

在 class 内部直接定义完整的函数，和只定义函数的原型而把具体实现放在 class 外部的唯一区别在于，在第一种情况下，编译器会自动将函数作为 inline 考虑，而在第二种情况下，函数只是一般的 class 成员函数。

我们把 x 和 y 定义为 private 成员（记住，如果没有特殊声明，所有 class 的成员均默认为 private），原因是已经定义了一个设置这些变量值的函数（set_values()），这样一来，在程序的其他地方就没有办法直接访问它们。也许在这样简单的一个例子中，读者无法看到保护两个变量有什么意义，但在比较复杂的程序中，这是非常重要的，因为它使得变量不会被意外修改（这里的意外是从对象的角度来讲的）。

使用 class 的一个更大的好处是我们可以用它来定义多个不同对象。例如，接着上面 class CRectangle 的例子，除了对象 rect 之外，我们还可以定义对象 rectb，代码如下：

```
#include <iostream>
using namespace std;
class CRectangle {
    int x, y;
public:
    void set_values (int,int);
    int area (void) {return (x*y);}
};

void CRectangle::set_values (int a, int b) {
    x = a;
    y = b;
}

int main () {
```

```
    CRectangle rect, rectb;
    rect.set_values (3,4);
    rectb.set_values (5,6);
    cout << "rect area: " << rect.area() << endl;
    cout << "rectb area: " << rectb.area() << endl;
}
```

输出结果是:

```
rect area: 12
rectb area: 30
```

注意：调用函数 rect.area()与调用 rectb.area()所得到的结果是不一样的。这是因为每一个 class CRectangle 的对象都拥有它自己的变量 x 和 y，以及它自己的函数 set_value()和 area()。

这是基于对象和面向对象编程的概念的。在这个概念中，数据和函数是对象的属性，而不是像以前在结构化编程中所认为的对象是函数参数。后面将讨论面向对象编程的好处。

在这个例子中，我们讨论的 class 是 CRectangle，它有两个实例（instance），或称对象，是 rect 和 rectb，每一个都有它自己的成员变量和成员函数。

3.6.2 构造函数和析构函数

对象在生成过程中通常需要初始化变量或分配动态内存，以便我们能够操作，或防止在执行过程中返回意外结果。例如，在前面的例子中，如果我们在调用函数 set_values()之前就调用了函数 area()，将会产生什么样的结果呢？可能会是一个不确定的值，因为成员 x 和 y 还没有被赋予任何值。

为了避免这种情况的发生，一个 class 可以包含一个特殊的函数——构造函数（Constructor），它可以通过声明一个与 class 同名的函数来定义。当且仅当要生成一个 class 的新实例的时候，也就是当且仅当声明一个新的对象或给该 class 的一个对象分配内存的时候，这个构造函数将自动被调用。下面将实现包含一个构造函数的 CRectangle。

【例 3.40】构造函数的例子

（1）打开 Visual Studio Code，新建文本文件，输入代码如下：

```
#include <iostream>
using namespace std;
class CRectangle {
    int width, height;
public:
    CRectangle(int, int);
    int area(void) {return (width*height);}
};

CRectangle::CRectangle(int a, int b) {
    width = a;
    height = b;
}
```

```cpp
int main() {
    CRectangle rect(3, 4);
    CRectangle rectb(5, 6);
    cout << "rect area: " << rect.area() << endl;
    cout << "rectb area: " << rectb.area() << endl;
}
```

（2）保存代码为 test.cpp，并上传到 Linux，在命令行下编译并运行：

```
# g++ test.cpp -o test
# ./test
rect area: 12
rectb area: 30
```

正如我们所看到的，这个例子的输出结果与上一个例子没有区别。在这个例子中，我们只是把函数 set_values 换成了 class 的构造函数。注意这里的参数是如何在 class 实例生成的时候传递给构造函数的：

```cpp
CRectangle rect (3,4);
CRectangle rectb (5,6);
```

同时可以看到，构造函数的原型和实现中都没有返回值，也没有 void 类型的声明。构造函数必须这样写。一个构造函数永远没有返回值，也不用声明 void，就像我们在前面的例子中看到的。

析构函数（Destructor）的功能与构造函数的完全相反。它在对象从内存中释放的时候被自动调用。之所以释放可能是因为它存在的范围已经结束了（例如，对象被定义为一个函数内的本地对象变量，而该函数结束了，该对象也就自动释放了），或者是因为它是一个动态分配的对象，在使用操作符的时候被释放了。

析构函数必须与 class 同名，加水波号（~）前缀，必须无返回值。

析构函数特别适用于当一个被动态分配了内存空间的对象被销毁时，我们希望释放它所占用的空间的情况。

【例 3.41】构造函数和析构函数的例子

（1）打开 Visual Studio Code，新建文本文件，输入代码如下：

```cpp
#include <iostream>
using namespace std;
class CRectangle {
    int *width, *height;
public:
    CRectangle(int, int);
    ~CRectangle();
    int area(void) {return (*width * *height);}
};

CRectangle::CRectangle(int a, int b) {
    width = new int;
    height = new int;
    *width = a;
```

```
        *height = b;
    }

    CRectangle::~CRectangle() {
        delete width;
        delete height;
    }

    int main() {
        CRectangle rect(3, 4), rectb(5, 6);
        cout << "rect area: " << rect.area() << endl;
        cout << "rectb area: " << rectb.area() << endl;
        return 0;
    }
```

（2）保存代码为 test.cpp，并上传到 Linux，在命令行下编译并运行：

```
# g++ test.cpp -o test
# ./test
rect area: 12
rectb area: 30
```

3.6.3 构造函数重载

像其他函数一样，一个构造函数也可以被多次重载为同样名字的函数，但有不同的参数类型和个数。注意编译器会调用与在调用时刻要求的参数类型和个数一样的那个构造函数。在这里则是调用与类对象被声明时一样的那个构造函数。

实际上，当我们定义一个 class 而没有明确定义构造函数的时候，编译器会自动假设两个重载的构造函数——一个默认构造函数（Default Constructor）和一个复制构造函数（Copy Constructor）。例如，对于以下 class：

```
class CExample {
public:
    int a,b,c;
    void multiply (int n, int m) { a=n; b=m; c=a*b; };
};
```

没有定义构造函数，编译器自动假设它有以下 constructor 成员函数：

Empty constructor

这是一个没有任何参数的构造函数，被定义为 nop（没有语句），它什么都不做。

CExample::CExample () { };
Copy constructor

这是一个只有一个参数的构造函数，该参数是这个 class 的一个对象，这个函数的功能是将被传入的对象的所有非静态（non-static）成员变量的值都复制给自身的对象。

CExample::CExample (const CExample& rv) {

```
    a=rv.a;  b=rv.b;  c=rv.c;
}
```

必须注意:这两个默认构造函数(Empty construction 和 Copy constructor)只有在没有其他构造函数被明确定义的情况下才存在。如果任何其他有任意参数的构造函数被定义了,这两个构造函数就都不存在了。在这种情况下,如果想要有 Empty construction 和 Copy constructor,就必须自己定义它们。

当然,我们也可以重载 class 的构造函数,定义有不同的参数或完全没有参数的构造函数,如下例子所示。

【例 3.42】重载类的构造函数

(1) 打开 Visual Studio Code,新建文本文件,输入代码如下:

```
#include <iostream>
using namespace std;
class CRectangle {
    int width, height;
public:
    CRectangle();
    CRectangle(int, int);
    int area(void) {return (width*height);}
}
;

CRectangle::CRectangle() {
    width = 5;
    height = 5;
}

CRectangle::CRectangle(int a, int b) {
    width = a;
    height = b;
}

int main() {
    CRectangle rect(3, 4);
    CRectangle rectb;
    cout << "rect area: " << rect.area() << endl;
    cout << "rectb area: " << rectb.area() << endl;
}
```

(2) 保存代码为 test.cpp,并上传到 Linux,在命令行下编译并运行:

```
# g++ test.cpp -o test
# ./test
rect area: 12
rectb area: 25
```

在上面的例子中,rectb 被声明的时候没有参数,所以它使用没有参数的构造函数进行初始化,也就是 width 和 height 都被赋值为 5。

注意，在我们声明一个新的 object 的时候，如果不想传入参数，就不需要写"()"：

```
CRectangle rectb;          // 正确
CRectangle rectb();         // 错误
```

3.6.4 类的指针

类也可以有指针，要定义类的指针，我们只需要认识到，类一旦被定义就成为一种有效的数据类型，因此只需要用类的名字作为指针的名字就可以了。例如：

```
CRectangle * prect;
```

是一个指向 class CRectangle 类型的对象的指针。

就像数据结构中的情况一样，要想直接引用一个由指针指向的对象中的成员，需要使用操作符->。下面例子显示了几种可能出现的情况。

【例 3.43】类的指针的例子

（1）打开 Visual Studio Code，新建文本文件，输入代码如下：

```cpp
#include <iostream>
using namespace std;

class CRectangle {
    int width, height;
public:
    void set_values(int, int);
    int area(void) {return (width * height);}
};

void CRectangle::set_values(int a, int b) {
    width = a;
    height = b;
}

int main() {
    CRectangle a, *b, *c;
    CRectangle * d = new CRectangle[2];
    b = new CRectangle;
    c = &a;
    a.set_values(1, 2);
    b->set_values(3, 4);
    d->set_values(5, 6);
    d[1].set_values(7, 8);
    cout << "a area: " << a.area() << endl;
    cout << "*b area: " << b->area() << endl;
    cout << "*c area: " << c->area() << endl;
    cout << "d[0] area: " << d[0].area() << endl;
    cout << "d[1] area: " << d[1].area() << endl;
```

```
        return 0;
}
```

（2）保存代码为 test.cpp，并上传到 Linux，在命令行下编译并运行：

```
# g++ test.cpp -o test
# ./test
a area: 2
*b area: 12
*c area: 2
d[0] area: 30
d[1] area: 56
```

以下是怎样读前面例子中出现的一些指针和类操作符（*、&、.、->、[ ]）：

```
*x 读作 pointed by x（由 x 指向的）
&x 读作 address of x（x 的地址）
x.y 读作 member y of object x（对象 x 的成员 y）
(*x).y 读作 member y of object pointed by x（由 x 指向的对象的成员 y）
x->y 读作 member y of object pointed by x（与上一个等价）
x[0] 读作 first object pointed by x（由 x 指向的第一个对象）
x[1] 读作 second object pointed by x（由 x 指向的第二个对象）
x[n] 读作(n+1)th object pointed by x（由 x 指向的第 n+1 个对象）
```

在继续向下阅读之前，一定要清楚地明白这些指针和类操作符的逻辑含义。如果还有疑问，可以再读一遍这一小节的内容。

3.6.5 由关键字 struct 和 union 定义的类

类不仅可以用关键字 class 来定义，也可以用 struct 或 union 来定义。

因为在 C++中，类和数据结构的概念太相似了，所以这两个关键字 struct 和 class 的作用几乎是一样的（也就是说，在 C++中，struct 定义的类也可以有成员函数，而不仅仅只有数据成员）。两者定义的类的唯一区别在于，由 class 定义的类的所有成员的默认访问权限为 private，而 struct 定义的类的所有成员的默认访问权限为 public。除此之外，两个关键字的作用是相同的。

union 定义的类与 struct 和 class 定义的类不同，因为 union 在同一时间只能存储一个数据成员。但是由 union 定义的类也是可以有成员函数的。union 定义的类的访问权限默认为 public。

3.6.6 操作符重载

C++实现了在类之间使用语言标准操作符，而不只是在基本数据类型之间使用，例如：

```
int a, b, c;
a = b + c;
```

是有效操作，因为加号两边的变量都是基本数据类型。然而，我们是否可以进行下面的操作就不是那么显而易见了（它实际上是正确的）：

```
struct { char product [50]; float price; } a, b, c;
a = b + c;
```

将一个类（或结构）的对象赋给另一个同种类型的对象是允许的（通过使用默认的复制构造函数）。但相加操作就有可能产生错误，理论上讲，它在非基本数据类型之间是无效的。但归功于 C++ 的操作符重载能力，我们可以完成这个操作。像上面的例子中这样的组合类型的对象，在 C++ 中可以接受如果没有操作符重载就不能被接受的操作，我们甚至可以修改这些操作符的效果。所有可以被重载的操作符如下：

```
+    -    *    /    =    <    >    +=   -=   *=   /=   <<   >>
<<=  >>=  ==   !=   <=   >=   ++   --   %    &    ^    !    |
~    &=   ^=   |=   &&   ||   %=   []   ()   new  delete
```

要想重载一个操作符，只需要编写一个成员函数，名为 operator，后面跟要重载的操作符，遵循以下原型定义：

```
type operator sign (parameters);
```

下面是一个重载操作符 "+" 的例子。我们要计算二维向量 a(3,1) 与 b(1,2)的和。两个二维向量相加的操作很简单，就是将两个 X 轴的值相加获得结果的 x 值，将两个 Y 轴的值相加获得结果的 y 值。在这个例子里，结果是(3+1,1+2) = (4,3)。

· 【例 3.44】操作符重载的例子

（1）打开 Visual Studio Code，新建文本文件，输入代码如下：

```cpp
#include <iostream>
using namespace std;

class CVector {
public:
    int x, y;
    CVector() {}
    ;
    CVector(int, int);
    CVector operator +(CVector);
};

CVector::CVector(int a, int b) {
    x = a;
    y = b;
}

CVector CVector::operator+(CVector param) {
    CVector temp;
    temp.x = x + param.x;
    temp.y = y + param.y;
    return (temp);
}

int main() {
    CVector a(3, 1);
    CVector b(1, 2);
```

```
    CVector c;
    c = a + b;
    cout << c.x << "," << c.y<<endl;
    return 0;
}
```

（2）保存代码为 test.cpp，并上传到 Linux，在命令行下编译并运行：

```
# g++ test.cpp -o test
# ./test
4,3
```

读者是否迷惑为什么看到这么多遍的 CVector，那是因为其中有些是 class 名称 CVector，而另一些是以它命名的函数名称，不要把它们搞混了：

```
CVector (int, int);              // 函数名称 CVector(constructor)
CVector operator+ (CVector);     // 函数 operator+返回 CVector 类型的值
```

class CVector 的函数 operator+是对数学操作符"+"进行重载的函数。这个函数可以用以下两种方法进行调用：

```
c = a + b;
c = a.operator+ (b);
```

注意：我们在这个例子中包括了一个空构造函数（无参数），而且将它定义为无任何操作：

```
CVector ( ) { };
```

这是很必要的，因为例子中已经有了另一个构造函数：

```
CVector (int, int);
```

因此，如果我们不像上面这样明确定义一个的话，CVector 的两个默认构造函数就都不存在。这样，main( )中包含的下列语句将为不合法的：

```
CVector c;
```

尽管如此，一个空语句块（no-op block）并不是一种值得推荐的构造函数的实现方式，因为它不能实现一个构造函数应该完成的基本功能，也就是初始化 class 中的所有变量。在我们的例子中，这个构造函数没有完成对变量 x 和 y 的定义。因此，一个更值得推荐的构造函数定义应该像下面这样：

```
CVector ( ) { x=0; y=0; };
```

就像一个 class 默认包含一个空构造函数和一个复制构造函数一样，它同时包含一个对赋值操作符（=）的默认定义，该操作符用于两个同类对象之间。这个操作符将其参数对象（符号右边的对象）的所有非静态数据成员复制给其左边的对象。当然，我们也可以将它重新定义为想要的任何功能，例如只复制某些特定 class 成员。

重载一个操作符并不要求保持其常规的数学含义，虽然这是推荐的。例如，我们可以将操作符"+"定义为取两个对象的差值，或用"=="操作符将一个对象赋值为 0，但这样做没有什么逻辑意义。

函数 operator+的原型定义看起来很明显，因为它取操作符右边的对象为其左边对象的函数 operator+的参数，其他的操作符就不一定这么明显了。表 3-8 总结了不同的操作符函数是怎样定义的（用操作符替换每个@）。

表 3-8　不同操作符函数的定义

Expression	Operator (@)	Function member	Global function
@a	+ - * & ! ~ ++ --	A::operator@( )	operator@(A)
a@	++ --	A::operator@(int)	operator@(A, int)
a@b	+ - * / % ^ & | < > == != <= >= << >> && || ,	A::operator@(B)	operator@(A, B)
a@b	= += -= *= /= %= ^= &= |= <<= >>= [ ]	A::operator@(B)	-
a(b, c...)	( )	A::operator()(B, C...)	-
a->b	->	A::operator->()	-

这里 a 是 class A 的一个对象，b 是 class B 的一个对象，c 是 class C 的一个对象。

从表 3-8 可以看出有两种方法重载一些 class 操作符：作为成员函数或作为全域函数。它们的用法没有区别，但是要提醒一下，如果不是 class 的成员函数，就不能访问该 class 的 private 或 protected 成员，除非这个全域函数是该 class 的 friend。

3.6.7　关键字 this

关键字 this 通常被用在一个 class 内部，指正在被执行的该 class 的对象在内存中的地址。它是一个指针，其值永远是自身对象的地址。

关键字 this 可以用来检查传入一个对象的成员函数的参数是不是该对象本身。

【例 3.45】关键字 this 的例子

（1）打开 Visual Studio Code，新建文本文件，输入代码如下：

```cpp
#include <iostream>
using namespace std;

class CDummy {
public:
    int isitme(CDummy& param);
};

int CDummy::isitme(CDummy& param) {
    if (&param == this) return 1;
    else return 0;
}

int main() {
    CDummy a;
    CDummy* b = &a;
```

```
        if (b->isitme(a))
            cout << "yes, &a is b\n";
        return 0;
}
```

（2）保存代码为 test.cpp，并上传到 Linux，在命令行下编译并运行：

```
# g++ test.cpp -o test
# ./test
yes, &a is b
```

this 还经常被用在成员函数 operator=中，用来返回对象的指针（避免使用临时对象）。下面用前面看到的向量的例子来看一下函数 operator=是怎样实现的：

```
CVector& CVector::operator= (const CVector& param) {
    x=param.x;
    y=param.y;
    return *this;
}
```

实际上，如果我们没有定义成员函数 operator=，编译器自动为该 class 生成的默认代码有可能就是这个样子的。

3.6.8 静态成员

一个 class 可以包含静态成员（Static Members），该静态成员可以是数据，也可以是函数。

一个 class 的静态数据成员也被称作类变量（Class Variables），因为它们的内容不依赖于某个对象，同一个 class 的所有对象具有相同的值。

例如，一个静态成员可以被用来计算一个 class 声明的对象的个数，示例如下：

【例 3.46】静态成员的例子

（1）打开 Visual Studio Code，新建文本文件，输入代码如下：

```
#include <iostream>
using namespace std;

class CDummy {
public:
    static int n;
    CDummy() { n++; }
    ;
    ~CDummy() { n--; }
    ;
};

int CDummy::n = 0;
int main() {
    CDummy a;
    CDummy b[5];
    CDummy * c = new CDummy;
```

```
        cout << a.n << endl;
        delete c;
        cout << CDummy::n << endl;
        return 0;
}
```

（2）保存代码为 test.cpp，并上传到 Linux，在命令行下编译并运行：

```
# g++ test.cpp -o test
# ./test
7
6
```

实际上，静态成员与全域变量具有相同的属性，但它享有类的范围。因此，根据 ANSI-C++ 标准，为了避免它们被多次重复声明，在类的声明中只能够包括静态成员的原型（声明），而不能够包括其定义（初始化操作）。为了初始化一个静态数据成员，我们必须在 class 之外（在全域范围内）包括一个正式的定义，就像上面例子中的做法一样。

因为它的同一个 class 的所有 object 是同一个值，所以可以被该 class 的任何 object 的成员所引用，或者直接作为 class 的成员引用（只适用于 static 成员）：

```
cout << a.n;
cout << CDummy::n;
```

以上两个调用都指同一个变量：class CDummy 里的 static 变量 n。再提醒一次，这其实是一个全域变量。唯一的不同是它的名字跟在 class 的后面。

就像我们会在 class 中包含 static 数据一样，也可以使它包含 static 函数。它们表示相同的含义：static 函数是全域函数，但是像一个指定 class 的对象成员一样被调用。它们只能够引用 static 数据，永远不能引用 class 的非静态成员。它们也不能够使用关键字 this，因为 this 实际引用了一个对象指针，但这些 static 函数却不是任何 object 的成员，而是 class 的直接成员。

3.6.9　类之间的关系

1. 友元函数

在前面的章节中，我们已经看到了对于 class 的不同成员存在 3 个层次的内部保护：public、protected 和 private。在成员为 protected 和 private 的情况下，它们不能够被从所在的 class 以外的部分引用。然而，这个规则可以通过在一个 class 中使用关键字 friend 来绕过，这样可以允许一个外部函数获得访问 class 的 protected 和 private 成员的能力。这样的函数称为友元函数。

为了实现允许一个外部函数访问 class 的 private 和 protected 成员，我们必须在 class 内部用关键字 friend 来声明该外部函数的原型，以允许该函数共享 class 的成员。在下面的例子中，我们声明了一个友元函数 duplicate。

【例 3.47】友元函数的例子

（1）打开 Visual Studio Code，新建文本文件，输入代码如下：

```
#include <iostream>
```

```cpp
using namespace std;

class CRectangle {
    int width, height;
public:
    void set_values(int, int);
    int area(void) {return (width * height);}
    friend CRectangle duplicate(CRectangle);
};

void CRectangle::set_values(int a, int b) {
    width = a;
    height = b;
}

CRectangle duplicate(CRectangle rectparam) {
    CRectangle rectres;
    rectres.width = rectparam.width * 2;
    rectres.height = rectparam.height * 2;
    return (rectres);
}

int main() {
    CRectangle rect, rectb;
    rect.set_values(2, 3);
    rectb = duplicate(rect);
    cout << rectb.area() << endl;
}
```

（2）保存代码为 test.cpp，并上传到 Linux，在命令行下编译并运行：

```
# g++ test.cpp -o test
# ./test
24
```

函数 duplicate 是 CRectangle 的 friend，因此在该函数之内，我们可以访问 CRectangle 类型的各个对象的成员 width 和 height。注意，在 duplicate()的声明中，及当它在 main()里被调用的时候，我们并没有把 duplicate 当作 class CRectangle 的成员，它其实也不是。

friend 函数可以用来实现两个不同 class 之间的操作。广义来说，使用 friend 函数是面向对象编程之外的方法，因此，如果可能，应尽量使用 class 的成员函数来完成这些操作。比如，在上面的例子中，将函数 duplicate()集成在 class CRectangle 可以使程序更短。

2. 友元类

就像我们可以定义一个 friend 函数一样，也可以定义一个 class 是另一个 class 的 friend，以便允许第二个 class 访问第一个 class 的 protected 和 private 成员。

【例 3.48】友元类的例子

(1) 打开 Visual Studio Code,新建文本文件,输入代码如下:

```cpp
#include <iostream>
using namespace std;
class CSquare;

class CRectangle {
    int width, height;
public:
    int area(void) {return (width * height);}
    void convert(CSquare a);
};

class CSquare {
private:
    int side;
public:
    void set_side(int a){side = a; }
    friend class CRectangle;
}
;

void CRectangle::convert(CSquare a) {
    width = a.side;
    height = a.side;
}

int main() {
    CSquare sqr;
    CRectangle rect;
    sqr.set_side(4);
    rect.convert(sqr);
    cout << rect.area()<<endl;
    return 0;
}
```

(2) 保存代码为 test.cpp,并上传到 Linux,在命令行下编译并运行:

```
# g++ test.cpp -o test
# ./test
16
```

在这个例子中,我们声明了 CRectangle 是 CSquare 的 friend,因此 CRectangle 可以访问 CSquare 的 protected 和 private 成员,更具体地说,可以访问 CSquare::side,它定义了正方形的边长。

在上面程序的第一个语句里,读者可能也看到了一些新的东西,就是 class CSquare 空原型。这是必需的,因为在 CRectangle 的声明中,我们引用了 CSquare(作为 convert()的参数)。CSquare 的定义在 CRectangle 的后面,因此如果我们没有在这个 class 之前包含一个 CSquare 的声明,它在 CRectangle 中就是不可见的。

这里要考虑到，如果没有特别指明，友元关系（friendships）并不是相互的。在 CSquare 的例子中，CRectangle 是一个 friend 类，但因为 CRectangle 并没有对 CSquare 做相应的声明，所以 CRectangle 可以访问 CSquare 的 protected 和 private 成员，但反过来并不行，除非我们将 CSquare 也定义为 CRectangle 的 friend。

3. 类之间的继承

类的一个重要特征是继承，这使得我们可以基于一个类生成另一个类的对象，以便使后者拥有前者的某些成员，再加上它自己的一些成员。例如，假设要声明一系列类型的多边形，比如长方形（CRectangle）或三角形（CTriangle），它们有一些共同的特征，比如都有宽度和高度。

这个特点可以用一个类 CPolygon 来表示，基于这个类，我们可以派生出上面提到的两个类：CRectangle 和 CTriangle，如图 3-21 所示。

图 3-21

类 CPolygon 包含所有多边形公有的成员，在这个例子里就是 width 和 height，而 CRectangle 和 CTriangle 将为 CPolygon 的子类。

由其他类派生而来的子类继承基类的所有可视成员，意思是说，如果一个基类包含成员 A，而我们将它派生为另一个包含成员 B 的类，则这个子类将同时包含 A 和 B。

要定义一个类的子类，我们必须在子类的声明中使用冒号操作符（:），如下所示：

```
class derived_class_name: public base_class_name;
```

这里 derived_class_name 为子类名称，base_class_name 为基类名称。public 也可以根据需要换为 protected 或 private，描述被继承的成员的访问权限，在以下例子中很快会看到。

【例 3.49】被继承成员的访问权限

（1）打开 Visual Studio Code，新建文本文件，输入代码如下：

```cpp
#include <iostream>
using namespace std;
class CPolygon {
protected:
    int width, height;
public:
    void set_values(int a, int b) { width = a; height = b; }
}
;

class CRectangle : public CPolygon {
public:
    int area(void) { return (width * height); }
};

class CTriangle : public CPolygon {
public:
```

```
        int area(void){ return (width * height / 2); }
    };

    int main() {
        CRectangle rect;
        CTriangle trgl;
        rect.set_values(4, 5);
        trgl.set_values(4, 5);
        cout << rect.area() << endl;
        cout << trgl.area() << endl;
        return 0;
    }
```

（2）保存代码为 test.cpp，并上传到 Linux，在命令行下编译并运行：

```
# g++ test.cpp -o test
# ./test
20
10
```

如上所示，类 CRectangle 和 CTriangle 的每一个对象都包含 CPolygon 的成员，即 width、height 和 set_values()。

标识符 protected 与 private 类似，它们的唯一区别在继承时才表现出来。当定义一个子类的时候，基类的 protected 成员可以被子类的其他成员使用，而 private 成员就不可以。因为我们希望 CPolygon 的成员 width 和 height 能够被子类 CRectangle 和 CTriangle 的成员访问，而不只是被 CPolygon 自身的成员操作，所以使用了 protected 访问权限，而不是 private。

表 3-9 按照谁能访问总结了不同访问权限类型。

表 3-9 不同访问权限类型

可以访问	public	protected	private
本类的成员	yes	yes	yes
子类的成员	yes	yes	no
非成员	yes	no	no

这里"非成员"指从 class 以外的任何地方引用，例如从 main()中、从其他的 class 中或从全域或本地的任何函数中。

在我们的例子中，CRectangle 和 CTriangle 继承的成员与基类 CPolygon 拥有同样的访问限制：

```
CPolygon::width              // protected access
CRectangle::width            // protected access
CPolygon::set_values()       // public access
CRectangle::set_values()     // public access
```

这是因为在继承的时候使用的是 public：

```
class CRectangle: public CPolygon;
```

这里关键字 public 表示新的类（CRectangle）从基类（CPolygon）所继承的成员必须获得最低

程度保护。这种被继承成员的访问限制的最低程度可以通过使用 protected 或 private 而不是 public 来改变。例如，daughter 是 mother 的一个子类，我们可以这样定义：

```
class daughter: protected mother;
```

这将使得 protected 成为 daughter 从 mother 处继承的成员的最低访问限制。也就是说，原来 mother 中的所有 public 成员到 daughter 中将会成为 protected 成员，这是它们能够被继承的最低访问限制。当然，这并不是限制 daughter 不能有它自己的 public 成员，最低访问权限限制只是建立在从 mother 中继承的成员上。

最常用的继承限制除了 public 外就是 private，它被用来将基类完全封装起来。因为在这种情况下，除了子类自身外，其他任何程序都不能访问那些从基类继承而来的成员。不过大多数情况下，继承都是使用 public 的。

如果没有明确写出访问限制，所有由关键字 class 生成的类默认为 private，而所有由关键字 struct 生成的类默认为 public。

4．基类的继承

理论上说，子类继承了基类的所有成员，除了构造函数和析构函数之外：

```
operator=() 成员
friends
```

虽然基类的构造函数和析构函数没有被继承，但是当一个子类的 object 被生成或销毁的时候，其基类的默认构造函数和析构函数总是被自动调用的。

如果基类没有默认构造函数，或希望当子类生成新的 object 时，基类的某个重载的构造函数被调用，就需要在子类的每一个构造函数的定义中指定它：

```
derived_class_name (parameters) : base_class_name (parameters) {}
```

【例 3.50】基类继承的例子

（1）打开 Visual Studio Code，新建文本文件，输入代码如下：

```cpp
#include <iostream>
using namespace std;
class mother {
public:
    mother()
    { cout << "mother: no parameters\n"; }
    mother(int a)
    { cout << "mother: int parameter\n"; }
};

class daughter : public mother {
public:
    daughter(int a)
    { cout << "daughter: int parameter\n\n"; }
};
```

```
class son : public mother {
public:
    son(int a)
        : mother (a)
    { cout << "son: int parameter\n\n"; }
};

int main() {
    daughter cynthia(1);
    son daniel(1);
    return 0;
}
```

（2）保存代码为 test.cpp，并上传到 Linux，在命令行下编译并运行：

```
# g++ test.cpp -o test
# ./test
mother: no parameters
daughter: int parameter

mother: int parameter
son: int parameter
```

观察当一个新的 daughter 对象生成的时候，mother 的哪一个构造函数被调用了，而当新的 son 对象生成的时候，又是哪一个构造函数被调用了。不同的构造函数被调用是因为 daughter 和 son 的构造函数的定义不同：

```
daughter (int a)              // 没有特别指定：默认调用 constructor
son (int a) : mother (a)      // 指定了 constructor：调用被指定的构造函数
```

5. 多重继承

在 C++中，一个 class 可以从多个 class 中继承属性或函数，只需要在子类的声明中用逗号将不同基类分开就可以了。例如，有一个特殊的 class COutput 可以实现向屏幕打印的功能，我们同时希望类 CRectangle 和 CTriangle 在 CPolygon 之外还继承一些其他的成员，可以这样写：

```
class CRectangle: public CPolygon, public COutput {
class CTriangle: public CPolygon, public COutput {
```

以下是一个完整的例子。

【例 3.51】多重继承的例子

（1）打开 Visual Studio Code，新建文本文件，输入代码如下：

```
#include <iostream>
using namespace std;
class CPolygon {
protected:
    int width, height;
public:
    void set_values(int a, int b)
```

```cpp
        { width = a; height = b; }
};

class COutput {
public:
    void output(int i);
};

void COutput::output(int i) {
    cout << i << endl;
}

class CRectangle : public CPolygon, public COutput {
public:
    int area(void)
    { return (width * height); }
};

class CTriangle : public CPolygon, public COutput {
public:
    int area(void)
    { return (width * height / 2); }
};

int main() {
    CRectangle rect;
    CTriangle trgl;
    rect.set_values(4, 5);
    trgl.set_values(4, 5);
    rect.output(rect.area());
    trgl.output(trgl.area());
    return 0;
}
```

（2）保存代码为 test.cpp，并上传到 Linux，在命令行下编译并运行：

```
# g++ test.cpp -o test
# ./test
20
10
```

3.6.10 多态

1. 基类的指针

继承的好处之一是一个指向子类的指针与一个指向基类的指针是类型兼容的。本节重点介绍如何利用 C++ 的这一重要特性。我们将结合 C++ 的这个功能重写前面关于长方形和三角形的程序。

【例 3.52】指向基类的例子

（1）打开 Visual Studio Code，新建文本文件，输入代码如下：

```cpp
#include <iostream>
using namespace std;
class CPolygon {
protected:
    int width, height;
public:
    void set_values(int a, int b) {
        width = a; height = b;
    }
};
class CRectangle : public CPolygon {
public:
    int area(void) {
        return (width * height);
    }
};
class CTriangle : public CPolygon {
public:
    int area(void) {
        return (width * height / 2);
    }
};
int main() {
    CRectangle rect;
    CTriangle trgl;
    CPolygon * ppoly1 = &rect;
    CPolygon * ppoly2 = &trgl;
    ppoly1->set_values(4, 5);
    ppoly2->set_values(4, 5);
    cout << rect.area() << endl;
    cout << trgl.area() << endl;
    return 0;
}
```

（2）保存代码为 test.cpp，并上传到 Linux，在命令行下编译并运行：

```
# g++ test.cpp -o test
# ./test
20
10
```

在主函数 main 中定义了两个指向 class CPolygon 的对象的指针，即*ppoly1 和*ppoly2。它们被赋值为 rect 和 trgl 的地址，因为 rect 和 trgl 是 CPolygon 的子类的对象，因此这种赋值是有效的。

使用*ppoly1 和*ppoly2 取代 rect 和 trgl 的唯一限制是*ppoly1 和*ppoly2 是 CPolygon*类型的，因此只能够引用 CRectangle 和 CTriangle 从基类 CPolygon 中继承的成员。正是由于这个原因，我们不能够使用*ppoly1 和*ppoly2 来调用成员函数 area()，而只能使用 rect 和 trgl 来调用这个函数。

要想使 CPolygon 的指针承认 area()为合法成员函数，必须在基类中声明它，而不能只在子类中声明。

2. 虚拟成员

如果想在基类中定义一个成员并留待子类进行细化，我们必须在它前面加关键字 virtual，以便可以使用指针对指向的对象进行操作。请看一下例子。

【例 3.53】虚拟成员的例子

（1）打开 Visual Studio Code，新建文本文件，输入代码如下：

```cpp
#include <iostream>
using namespace std;
class CPolygon {
protected:
    int width, height;
public:
    void set_values(int a, int b) {
        width = a;
        height = b;
    }
    virtual int area(void) { return (0); }
};
class CRectangle : public CPolygon {
public:
    int area(void) { return (width * height); }
};
class CTriangle : public CPolygon {
public:
    int area(void) {
        return (width * height / 2);
    }
};
int main() {
    CRectangle rect;
    CTriangle trgl;
    CPolygon poly;
    CPolygon * ppoly1 = &rect;
    CPolygon * ppoly2 = &trgl;
    CPolygon * ppoly3 = &poly;
    ppoly1->set_values(4, 5);
    ppoly2->set_values(4, 5);
    ppoly3->set_values(4, 5);
    cout << ppoly1->area() << endl;
    cout << ppoly2->area() << endl;
    cout << ppoly3->area() << endl;
    return 0;
}
```

（2）保存代码为 test.cpp，并上传到 Linux，在命令行下编译并运行：

```
# g++ test.cpp -o test
# ./test
```

```
20
10
0
```

现在这 3 个类（CPolygon、CRectangle 和 CTriangle）都有同样的成员：width、height、set_values() 和 area()。area() 被定义为 virtual 是因为它后来在子类中被细化了。读者可以做一个试验，如果在代码中去掉关键字 virtual，然后执行这个程序，3 个多边形的面积计算结果都将是 0，而不是 20、10、0。这是因为没有了关键字 virtual，程序执行时不再根据实际对象的 area() 函数（即不再执行 CRectangle::area()、CTriangle::area() 和 CPolygon::area()），取而代之，程序将全部调用 CPolygon::area()，因为这些调用是通过 CPolygon 类型的指针进行的。

因此，关键字 virtual 的作用就是在使用基类的指针的时候，使子类中与基类同名的成员在适当的时候被调用，如前面的例子所示。

注意，虽然 CPolygon 中的 area 函数被定义为虚拟类型，但我们还是可以声明一个 CPolygon 对象并调用 CPolygon 的 area 函数，它将返回 0，如前面的例子的结果所示。

3. 抽象基类

基本的抽象类（abstract base class）与前面例子中的类 CPolygon 非常相似，唯一的区别是在前面的例子中，我们已经为类 CPolygon 的对象（例如对象 poly）定义了一个有效的 area() 函数，而在一个抽象类中，我们可以对它不定义，而是简单地在函数声明后面写 "=0"（等于 0）。

类 CPolygon 可以写成这样：

```
// abstract class CPolygon
class CPolygon {
protected:
    int width, height;
public:
    void set_values (int a, int b) {
        width=a;
        height=b;
    }
    virtual int area (void) =0;
};
```

注意我们是如何为 virtual int area (void) 加 "=0" 来代替函数的具体实现的。这种函数被称为纯虚拟函数（Pure Virtual Function），而所有包含纯虚拟函数的类被称为抽象基类。

抽象基类不能够有实例（对象），但我们可以定义指向它的指针。因此，像这样的声明：

```
CPolygon poly;
```

对于前面定义的抽象基类是不合法的。

然而，指针：

```
CPolygon * ppoly1;
CPolygon * ppoly2;
```

是完全合法的。这是因为该类包含的纯虚拟函数是没有被实现的，而又不可能生成一个不包含它的所有成员定义的对象。然而，因为这个函数在其子类中被完整地定义了，所以生成一个指向其子类的对象的指针是完全合法的。下面是完整的例子。

【例 3.54】第一个抽象基类的例子

(1) 打开 Visual Studio Code，新建文本文件，输入代码如下：

```cpp
#include <iostream>
using namespace std;
class CPolygon {
protected:
    int width, height;
public:
    void set_values(int a, int b) {
        width = a;
        height = b;
    }
    virtual int area(void) = 0;
};
class CRectangle : public CPolygon {
public:
    int area(void) { return (width * height); }
};
class CTriangle : public CPolygon {
public:
    int area(void) {
        return (width * height / 2);
    }
};
int main() {
    CRectangle rect;
    CTriangle trgl;
    CPolygon * ppoly1 = &rect;
    CPolygon * ppoly2 = &trgl;
    ppoly1->set_values(4, 5);
    ppoly2->set_values(4, 5);
    cout << ppoly1->area() << endl;
    cout << ppoly2->area() << endl;
    return 0;
}
```

(2) 保存代码为 test.cpp，并上传到 Linux，在命令行下编译并运行：

```
# g++ test.cpp -o test
# ./test
20
10
```

从这段程序中可以发现，我们可以用同一种类型的指针（CPolygon*）指向不同类的对象，这一点非常有用。想象一下，现在我们可以写一个 CPolygon 的成员函数，使得它可以将函数 area() 的结果打印到屏幕上。

【例 3.55】第二个抽象基类的例子

(1) 打开 Visual Studio Code，新建文本文件，输入代码如下：

```cpp
#include <iostream>
using namespace std;
class CPolygon {
protected:
    int width, height;
public:
    void set_values(int a, int b) {
        width = a;
        height = b;
    }
    virtual int area(void) = 0;
    void printarea(void) {
        cout << this->area() << endl;
    }
};
class CRectangle : public CPolygon {
public:
    int area(void) { return (width * height); }
};
class CTriangle : public CPolygon {
public:
    int area(void) {
        return (width * height / 2);
    }
};
int main() {
    CRectangle rect;
    CTriangle trgl;
    CPolygon * ppoly1 = &rect;
    CPolygon * ppoly2 = &trgl;
    ppoly1->set_values(4, 5);
    ppoly2->set_values(4, 5);
    ppoly1->printarea();
    ppoly2->printarea();
    return 0;
}
```

(2) 保存代码为 test.cpp，并上传到 Linux，在命令行下编译并运行：

```
# g++ test.cpp -o test
# ./test
20
10
```

注意，this 代表代码正在被执行的这个对象的指针。

抽象类和虚拟成员赋予了 C++多态（Polymorphic）的特征，使得面向对象的编程，成为一个有用的工具。这里只是展示了这些功能最简单的用途。想象一下，如果在对象数组或动态分配的对象上使用这些功能，将会省去多少麻烦。

3.7　C++面向对象小结

1．类和对象的区别

类是抽象的，对象是具体的，所以类不占用内存，而对象占用内存。
类是对象的抽象，而对象是类的具体事例。
假如类是水果，那么对象就是香蕉。

2．面向对象的三大特点

面向对象的三大特点是封装、继承和多态。

3．类的 3 种访问限定符

（1）public（公有的）。
（2）private（私有的）。
（3）protected（受保护的）。

它们的特点如下：

（1）public 成员可以从类外部直接访问，private 和 protected 成员不能从类外部直接访问。
（2）每个限定符在类体中可以使用多次，它的作用域是从该限定符出现开始到下一个限定符之前或类体结束之前。
（3）类体中如果没有定义限定符，就默认为私有的，而 struct 如果没有定义限定符，就默认为公有的。
（4）类的访问限定符体现了面向对象的封装性。

4．类的作用域

（1）每个类都定义了自己的作用域，类的成员（成员函数/成员变量）都在类的这个作用域内，成员函数内可任意访问成员变量和其他成员函数。
（2）对象可以通过"."直接访问公有成员，指向对象的指针通过"->"也可以直接访问对象的公有成员。
（3）在类体外定义成员，需要使用"::"作用域解析符指明成员属于哪个类域。

5．隐含的 this 指针

（1）每个成员函数都有一个指针形参，它的名字是固定的，称为 this 指针。this 指针是隐式的（构造函数比较特殊，没有隐含 this 形参）。
（2）编译器会对成员函数进行处理，在对象调用成员函数时，对象地址作为实参传递给成员函数的第一个形参 this 指针。
（3）this 指针是成员函数隐含的指针形参，由编译器自己处理，我们不能在成员函数的形参中添加 this 指针的参数定义,也不能在调用时显示传递对象的地址给 this 指针。

6. 类的 6 个默认成员函数

(1) 构造函数。
(2) 拷贝构造函数。
(3) 赋值操作符重载。
(4) 析构函数。
(5) 取地址操作符重载。
(6) const 修饰的取地址操作符重载。

7. 构造函数的特征

(1) 函数名与类名相同。
(2) 无返回值。
(3) 对象构造时系统自动调用对应的构造函数。
(4) 构造函数可以重载。
(5) 构造函数可以在类外定义,也可以在类内定义。
(6) 如果类定义中没有给出构造函数,C++编译器就会自动生成一个默认的构造函数,但是只要我们定义了一个构造函数,系统就不会自动生成默认的构造函数。
(7) 无参的构造函数和全默认值的构造函数都是默认构造函数,并且默认的构造函数只能有一个。比如下面这段代码:

```
class Date
{
public:
    Date()// 无参构造函数
    {}
    Date(int year=1990 , int month = 1, int day = 1)// 全默认值的构造函数
        :_year(year)
        , _day(day)
        , _month(month)
    {}
protected:
    int _year;
    int _month;
    int _day;
}
```

8. 拷贝构造函数

(1) 拷贝构造函数其实是一个构造函数的重载。
(2) 拷贝构造函数的参数必须使用引用传参,使用值传递会引发无穷递归调用。
(3) 若未显式定义,系统会使用默认的拷贝构造函数。默认的拷贝构造函数会依次对拷贝类成员进行初始化。

9. 析构函数

（1）析构函数在类名前加上字符~。
（2）析构函数无参数、无返回值。
（3）一个类只有一个析构函数，若未显式定义，系统会自动生成默认的析构函数。
（4）对象生命周期结束时，C++编译系统会自动调用析构函数。
（5）析构函数体内并不是删除对象，而是做一些清理工作。

示例如下：

```
class Array
{
public:
    Array(int size)
    {
        _ptr = (int*)malloc(sizeof(int)*size);
    }
    ~Array()
    {
        if (_ptr)
        {
            free(_ptr);
            _ptr = NULL;
        }
    }
protected:
    int* _ptr;
};
```

10. 类成员变量的两种初始化方式

（1）初始化列表。
（2）构造函数体内进行赋值。

初始化列表以一个冒号开始，接着以一个逗号分隔数据列表，每个数据成员都放在一个括号中进行初始化。尽量使用初始化列表进行初始化，因为它更高效。

11. 友元函数

在 C++中，友元函数允许在类外访问该类中的任何成员函数，就像成员函数一样。友元函数用关键字 friend 说明。

（1）友元函数不是类的成员函数。
（2）友元函数可以通过对象访问所有成员，私有和保护成员也一样。

示例如下：

```
class Date
{
    friend void Display(const Date& d);
```

```cpp
public:
    Date(int year = 1990, int month = 1, int day = 22)
        :_year(year)
        , _month(month)
        , _day(day)
    {}
private:
    int _year;
    int _month;
    int _day;
};
void Display(const Date& d)
{
    cout << "year=" << d._year << endl;
    cout << "month=" << d._month << endl;
    cout << "day" << d._day << endl;
}
int main()
{
    Date d1;
    Display(d1);
    return 0;
}
```

提示：友元函数在一定程度上破坏了 C++ 的封装，不宜多用，在恰当的地方使用即可。

12. 类的静态成员函数

（1）类里面用 static 修饰的成员，称为静态成员。
（2）类的静态成员是该类型的所有对象所共享的。

示例如下：

```cpp
class Date
{
public :
    Date ()
    {
        cout<<"Date ()" <<endl;
        ++ sCount;
    }
    void Display ()
    {
        cout<<"year:" <<_year<< endl;
        cout<<"month:" <<_month<< endl;
        cout<<"day:" <<_day<< endl;
    }
    // 静态成员函数
    static void PrintCount()
    {
        cout<<"Date count:" <<sCount<< endl;
```

```
}
private :
    int _year ;              // 年
    int _month ;             // 月
    int _day ;               // 日
private :
    static int sCount;       // 静态成员变量，统计创建时间个数
};
// 定义并初始化静态成员变量
int Date::sCount = 0;
void Test ()
{
    Date d1 ,d2;
    // 访问静态成员
    Date::PrintCount ();
}
```

静态成员函数没有隐含 this 指针参数，所以可以使用"类型::"直接调用静态成员函数。

3.8　C++高级知识

3.8.1　模板

模板（Templates）是 ANSI-C++ 标准中新引入的概念。如果我们使用的 C++编译器不符合这个标准，那么很可能不能使用模板。

1. 函数模板

模板使得我们可以生成通用的函数，这些函数能够接收任意数据类型的参数，可以返回任意类型的值，而不需要对所有可能的数据类型进行函数重载。这在一定程度上实现了宏的作用。它们的原型定义可以是下面两种中的任何一种：

```
template <class identifier> function_declaration;
template <typename identifier> function_declaration;
```

上面两种原型定义的不同之处在于关键字 class 或 typename 的使用。它们实际是完全等价的，因为两种定义表达的意思和执行都一模一样。

例如，要生成一个模板，返回两个对象中较大的一个，我们可以这样写：

```
template <class GenericType>
GenericType GetMax (GenericType a, GenericType b) { return (a>b?a:b); }
```

在第一行声明中，已经生成了一个通用数据类型的模板，叫作 GenericType。因此，在其后面的函数中，GenericType 成为一个有效的数据类型，它被用来定义了两个参数 a 和 b，并被用作了函数 GetMax 的返回值类型。

GenericType 仍没有代表任何具体的数据类型，当函数 GetMax 被调用的时候，我们可以使用

任何有效的数据类型来调用它。这个数据类型将被作为 pattern 来代替函数中 GenericType 出现的地方。用一个类型 pattern 来调用一个模板的方法如下：

```
function <type> (parameters);
```

例如，要调用 GetMax 来比较两个 int 类型的整数，可以这样写：

```
int x,y;
GetMax <int> (x,y);
```

因此，GetMax 的调用就好像所有的 GenericType 出现的地方都用 int 来代替一样。下面是一个例子。

【例 3.56】第一个函数模板的例子

（1）打开 Visual Studio Code，新建文本文件，输入代码如下：

```cpp
#include <iostream>
using namespace std;
template <class T> T GetMax(T a, T b) {
    T result;
    result = (a > b) ? a : b;
    return (result);
}

int main() {
    int i = 5, j = 6, k;
    long l = 10, m = 5, n;
    k = GetMax(i, j);
    n = GetMax(l, m);
    cout << k << endl;
    cout << n << endl;
    return 0;
}
```

（2）保存代码为 test.cpp，并上传到 Linux，在命令行下编译并运行：

```
# g++ test.cpp -o test
# ./test
6
10
```

在这个例子中，我们将通用数据类型命名为 T。然后对同一个函数 GetMax() 使用了两种参数类型——int 和 long，而只写了一种函数的实现，也就是说我们写了一个函数的模板，用了两种不同的 pattern 来调用它。

如你所见，在模板函数 GetMax() 里，类型 T 可以用来声明新的对象：

```
T result;
```

result 是一个 T 类型的对象，就像 a 和 b 一样，也就是说，它们都是同一类型的，这种类型就是当我们调用模板函数时写在尖括号（<>）中的类型。

在这个具体的例子中，通用类型 T 被用作函数 GetMax 的参数，不需要说明 <int> 或 <long>，编译器也可以自动检测到传入的数据类型。因此，我们也可以这样写这个例子：

```
int i,j;
GetMax (i,j);
```

因为 i 和 j 都是 int 类型，编译器会自动假设我们想要函数按照 int 进行调用。这种暗示的方法更为有用，并产生同样的结果。

【例 3.57】第二个函数模板的例子

（1）打开 Visual Studio Code，新建文本文件，输入代码如下：

```cpp
#include <iostream>
using namespace std;
template <class T> T GetMax(T a, T b) {
    return (a > b ? a : b);
}

int main() {

    int i = 5, j = 6, k;
    long l = 10, m = 5, n;
    k = GetMax(i, j);
    n = GetMax(l, m);
    cout << k << endl;
    cout << n << endl;
    return 0;
}
```

（2）保存代码为 test.cpp，并上传到 Linux，在命令行下编译并运行：

```
# g++ test.cpp -o test
# ./test
6
10
```

注意在这个例子的 main() 中我们是如何调用模板函数 GetMax() 而没有在尖括号（<>）中指明具体数据类型的。编译器自动决定每一个调用需要什么数据类型。

因为我们的模板函数只包括一种数据类型（class T），而且它的两个参数都是同一种类型，所以不能够用两个不同类型的参数来调用它。例如下面的调用就是不对的，因为函数等待的是两个同种类型的参数：

```
int i;
long l;
k = GetMax (i,l);
```

我们也可以让模板函数接收两种或两种以上类型的数据，例如：

```
template <class T>
T GetMin (T a, U b) { return (a<b?a:b); }
```

在这个例子中，模板函数 GetMin() 接收两个不同类型的参数，并返回一个与第一个参数同类型的对象。在这种定义下，我们可以这样调用该函数：

```
int i,j;
long l;
i = GetMin <int, long> (j,l);
```

或者，简单地用：

```
i = GetMin (j,l);
```

虽然 j 和 l 是不同的类型。

2. 类模板

我们也可以定义类模板（Class Templates），使得一个类可以有基于通用类型的成员，而不需要在类生成的时候定义具体的数据类型。例如：

```
template <class T>
class pair {
    T values [2];
public:
    pair (T first, T second) {
        values[0]=first;
        values[1]=second;
    }
};
```

上面定义的类可以用来存储两个任意类型的元素。例如，想要定义该类的一个对象，用来存储两个整型数据 115 和 36，可以这样写：

```
pair<int> myobject (115, 36);
```

同时，可以用这个类来生成另一个对象，用来存储任何其他类型数据，例如：

```
pair<float> myfloats (3.0, 2.18);
```

在上面的例子中，类的唯一一个成员函数已经被 inline 定义。如果我们要在类之外定义它的一个成员函数，就必须在每一个函数前面加 template <...>。

【例 3.58】类模板的例子

（1）打开 Visual Studio Code，新建文本文件，输入代码如下：

```
#include <iostream>
using namespace std;
template <class Type>
class compare
{
public:
    compare(Type a, Type b)
    {
        x = a;
        y = b;
```

```cpp
    }
    Type max()
    {
        return (x > y) ? x : y;
    }
    Type min()
    {
        return (x < y) ? x : y;
    }
private:
    Type x;
    Type y;
};

int main(void)
{
    compare<int> C1(3, 5);
    cout << "最大值: " << C1.max() << endl;
    cout << "最小值: " << C1.min() << endl;

    compare<float> C2(3.5, 3.6);
    cout << "最大值: " << C2.max() << endl;
    cout << "最小值: " << C2.min() << endl;

    compare<char> C3('a', 'd');
    cout << "最大值: " << C3.max() << endl;
    cout << "最小值: " << C3.min() << endl;
    return 0;
}
```

（2）保存代码为 test.cpp，并上传到 Linux，在命令行下编译并运行：

```
# g++ test.cpp -o test
# ./test
最大值: 5
最小值: 3
最大值: 3.6
最小值: 3.5
最大值: d
最小值: a
```

3. 模板的参数值

除了模板参数前面跟关键字 class 或 typename 表示一个通用类型外，函数模板和类模板还可以包含其他不代表一种基本类型的参数，例如代表一个常数，这些通常是基本数据类型的。下面的例子定义了一个用来存储数组的类模板。

【例 3.59】模板的参数值的例子

（1）打开 Visual Studio Code，新建文本文件，输入代码如下：

```cpp
#include <iostream>
using namespace std;

template <class T, int N>
class array {
    T memblock[N];
public:
    void setmember(int x, T value);
    T getmember(int x);
};

template <class T, int N>
void array<T, N>::setmember(int x, T value) {
    memblock[x] = value;
}

template <class T, int N>
T array<T, N>::getmember(int x) {
    return memblock[x];
}

int main() {
    array <int, 5> myints;
    array <float, 5> myfloats;
    myints.setmember(0, 100);
    myfloats.setmember(3, 3.1416);
    cout << myints.getmember(0) << '\n';
    cout << myfloats.getmember(3) << '\n';
    return 0;
}
```

（2）保存代码为 test.cpp，并上传到 Linux，在命令行下编译并运行：

```
# g++ test.cpp -o test
# ./test
100
3.1416
```

我们也可以为模板参数设置默认值，就像为函数参数设置默认值一样。
下面是一些模板定义的例子：

```
template <class T>                  // 一个 class 参数（最常用的）
template <class T, class U>         // 两个 class 参数
template <class T, int N>           // 一个 class 和一个整数
template <class T = char>           // 有一个默认值
template <int Tfunc (int)>          // 参数为一个函数
```

4. 模板与多文件工程

从编译器的角度来看，模板不同于一般的函数或类。它们在需要时才被编译，也就是说一个模板的代码直到需要生成一个对象的时候才被编译。当需要生成一个对象的时候，编译器根据模板为

特定的调用数据类型生成一个特殊的函数。

当工程变得越来越大的时候，程序代码通常会被分割为多个源程序文件。在这种情况下，通常接口（Interface）和实现（Implementation）是分开的。用一个函数库做例子，接口通常包括所有能被调用的函数的原型定义，它们通常被定义在以.h 为扩展名的头文件中，而实现（函数的定义）则在独立的 C++代码文件中。

模板这种类似宏（macro-like）的功能对多文件工程有一定的限制：函数或类模板的实现（定义）必须与原型声明在同一个文件中。也就是说，我们不能将接口存储在单独的头文件中，而必须将接口和实现放在使用模板的同一个文件中。

回到函数库的例子，如果我们想要建立一个函数模板的库，不能再使用头文件（.h），取而代之，应该生成一个模板文件，将函数模板的接口和实现都放在这个文件中（这种文件没有惯用扩展名，除了不要使用.h 扩展名或不要不加任何扩展名）。在一个工程中，多次包含同时具有声明和实现的模板文件并不会产生链接错误（Linkage Errors），因为它们只有在需要时才被编译，而兼容模板的编译器已经考虑到了这种情况，不会生成重复的代码。

3.8.2 命名空间

1. 命名空间的定义

通过使用命名空间（Namespaces）可以将一组全局范围有效的类、对象或函数组织到一个名字下面。换种说法，就是它将全局范围分割成许多子域范围，每个子域范围叫作一个命名空间。

使用命名空间的格式是：

```
namespace identifier
{
    namespace-body
}
```

这里 identifier 是一个有效的标识符，namespace-body 是该命名空间包含的一组类、对象和函数。例如：

```
namespace general
{
    int a, b;
}
```

在这个例子中，a 和 b 是命名空间 general 中的整型变量。要想在这个命名空间外面访问这两个变量，我们必须使用范围操作符（::）。例如，要想访问变量 a 和 b，需要这样写：

```
general::a
general::b
```

命名空间的作用在于全局对象或函数很有因可能重名而造成重复定义的错误，命名空间的使用可以避免这些错误的发生。

【例 3.60】命名空间的简单例子

（1）打开 Visual Studio Code，新建文本文件，输入代码如下：

```cpp
#include <iostream>
using namespace std;
namespace first {
    int var = 5;
}

namespace second {
    double var = 3.1416;
}

int main() {
    cout << first::var << endl;      cout << second::var << endl;
    return 0;
}
```

（2）保存代码为 test.cpp，并上传到 Linux，在命令行下编译并运行：

```
# g++ test.cpp -o test
# ./test
5
3.1416
```

在这个例子中，同时存在两个都叫作 var 的全局变量，一个在命名空间 first 下面定义，另一个在 second 下面定义，由于我们使用了命名空间，因此这里不会产生重复定义的错误。

2. 命名空间的使用

使用 using 指令后面跟 namespace 可以将当前的嵌套层与一个指定的命名空间连在一起，以便使该命名空间下定义的对象和函数可以被访问，就好像它们是在全局范围内被定义的一样。它的使用遵循以下原型定义：

```
using namespace identifier;
```

【例 3.61】命名空间的使用

（1）打开 Visual Studio Code，新建文本文件，输入代码如下：

```cpp
#include <iostream>
using namespace std;
namespace first {
    int var = 5;
}

namespace second {
    double var = 3.1416;
}

int main() {
    using namespace second;
    cout << var << endl;
    cout << (var * 2) << endl;
    return 0;
```

}

（2）保存代码为 test.cpp，并上传到 Linux，在命令行下编译并运行：

```
# g++ test.cpp -o test
# ./test
3.1416
6.2832
```

在这个例子的 main 函数中可以看到，我们能够直接使用变量 var 而不用在前面加任何范围操作符。

这里要注意，语句 using namespace 只在其被声明的语句块内有效，如果 using namespace 是在全局范围内被声明的，则在所有代码中都有效。例如，想在一段程序中使用一个命名空间，而在另一段程序中使用另一个命名空间，则可以像【例 3.62】中那样做。

【例 3.62】命名空间的再次使用

（1）打开 Visual Studio Code，新建文本文件，输入代码如下：

```cpp
#include <iostream>
using namespace std;
namespace first {
    int var = 5;
}

namespace second {
double var = 3.1416;
}

int main() {
    {
        using namespace first;
        cout << var << endl;
    }
    {
        using namespace second;
        cout << var << endl;
    }
    return 0;
}
```

（2）保存代码为 test.cpp，并上传到 Linux，在命令行下编译并运行：

```
# g++ test.cpp -o test
# ./test
5
3.1416
```

3. 别名定义

我们可以为已经存在的命名空间定义别名，格式为：

```
namespace new_name = current_name ;
```

4. 标准命名空间

我们能够找到的关于命名空间的最好的例子就是标准 C++函数库本身。例如 ANSI C++标准规定，标准 C++库中的所有类、对象和函数都定义在命名空间 std 下面。

读者可能已经注意到，本书忽略了这一点。笔者决定这么做是因为这条规则几乎和 ANSI 标准本身一样年轻，许多老一点的编译器并不兼容这条规则。

几乎所有的编译器，即使那些与 ANSI 标准兼容的编译器，都允许使用传统的头文件（如 iostream.h、stdlib.h 等），就像本书中所使用的一样。然而，ANSI 标准完全重新设计了这些函数库，利用了模板功能，而且遵循了这条规则，将所有的函数和变量定义在了命名空间 std 下。

该标准为这些头文件定义了新的名字，对针对 C++的文件基本上使用同样的名字，但没有.h 的扩展名，例如 iostream.h 变成了 iostream。

如果我们使用 ANSI-C++兼容的包含文件，就必须记住所有的函数、类和对象是定义在命名空间 std 下面的。

【例 3.63】标准命名空间的使用

（1）打开 Visual Studio Code，新建文本文件，输入代码如下：

```
#include <iostream>

// ANSI-C++ compliant hello world
#include <iostream>

int main() {
    std::cout << "Hello world in ANSI-C++\n";
    return 0;
}
```

（2）保存代码为 test.cpp，并上传到 Linux，在命令行下编译并运行：

```
# g++ test.cpp -o test
# ./test
Hello world in ANSI-C++
```

更常用的方法是使用 using namespace，这样我们就不必在所有标准空间中定义的函数或对象前面使用范围操作符（::）了：

```
// ANSI-C++ compliant hello world (II)
#include <iostream>
using namespace std;

int main () {
    cout << "Hello world in ANSI-C++\n";
    return 0;
}
```

对于 STL 用户，强烈建议使用 ANSI-compliant 方式来包含标准函数库。

3.8.3 异常处理

1. 异常的定义

本节介绍的异常处理是 ANSI-C++标准引入的新功能。如果使用的 C++编译器不兼容这个标准，就可能无法使用这些功能。

在编程过程中，很多时候我们无法确定一段代码是否总是能够正常工作，或者因为程序访问了并不存在的资源，或者由于一些变量超出了预期的范围，等等。

这些情况统称为异常（出错），C++新近引入的 3 种操作符能够帮助我们处理这些异常情况：try、throw 和 catch。

它们的一般用法是：

```
try {
    // 待尝试的代码
    throw exception;
}
catch (type exception)
{
    // 在发生异常时要执行的代码
}
```

所进行的操作为：try 语句块中的代码被正常执行。如果有异常发生，代码必须使用关键字 throw 和一个参数来抛出一个异常。这个参数可以是任何有效的数据类型，它的类型反映了异常的特征。

如果有异常发生，也就是说在 try 语句块中有一个 throw 指令被执行了，catch 语句块就会被执行，用来接收 throw 传来的异常参数。

【例 3.64】异常处理的例子

（1）打开 Visual Studio Code，新建文本文件，输入代码如下：

```
#include <iostream>
using namespace std;
int main() {
    char myarray[10];
    try {
        for (int n = 0; n <= 10; n++) {
            if (n > 9) throw "Out of range";
            myarray[n] = 'z';
        }
    }
    catch (char * str) {
        cout << "Exception: " << str << endl;
    }
    return 0;
}
```

（2）保存代码为 test.cpp，并上传到 Linux，在命令行下编译并运行：

```
# g++ test.cpp -o test
# ./test
```

```
terminate called after throwing an instance of 'char const*'
```

在这个例子中，如果在 n 循环中，n 变得大于 9 了，就抛出一个异常，因为数组 myarray[n]在这种情况下会指向一个无效的内存地址。当 throw 被执行的时候，try 语句块立即被停止执行，在 try 语句块中生成的所有对象会被销毁。此后，控制权被传递给相应的 catch 语句块（本例中即执行仅有的一个 catch）。最后程序紧跟着 catch 语句块继续向下执行，在本例中就是执行 return 0;。

throw 语法与 return 相似，只是参数不需要括在括号内。

catch 语句块必须紧跟在 try 语句块后面，中间不能有其他的代码。catch 捕获的参数可以是任何有效的数据类型。catch 也可以被重载，以便能够接收不同类型的参数。

【例 3.65】多个 catch 块的异常处理

（1）打开 Visual Studio Code，新建文本文件，输入代码如下：

```cpp
#include <iostream>
using namespace std;
int main() {
    try {
        char * mystring;
        mystring = new char[10];
        if (mystring == NULL) throw "Allocation failure";
        for (int n = 0; n <= 100; n++) {
            if (n > 9) throw n;
            mystring[n] = 'z';
        }
    }
    catch (int i) {
        cout << "Exception: ";
        cout << "index " << i << " is out of range" << endl;
    }
    catch (char * str) {
        cout << "Exception: " << str << endl;
    }
    return 0;
}
```

（2）保存代码为 test.cpp，并上传到 Linux，在命令行下编译并运行：

```
# g++ test.cpp -o test
# ./test
Exception: index 10 is out of range
```

在上面的例子中，有两种不同的异常可能发生：

- 要求的 10 个字符空间不能够被赋值（这种情况很少，但是有可能发生）：这种情况下，抛出的异常就会被 catch (char * str)捕获。
- n 超过了 mystring 的最大索引值：这种情况下，抛出的异常将被 catch (int i)捕获，因为它的参数是一个整型值。

我们还可以定义一个 catch 语句块来捕获所有的异常，不论抛出的是什么类型的参数。这种情况下，我们需要在 catch 后面的括号中写 3 个小黑点来代替原来的参数类型和名称，例如：

```
try {
    // code here
}
catch (...) {
    cout << "Exception occurred";
}
```

try-catch 也是可以被嵌套使用的。在这种情况下，我们可以使用表达式 throw;（不带参数）将里面的 catch 语句块捕获的异常传递到外面一层，例如：

```
try {
    try {
        // code here
    }
    catch (int n) {
        throw;
    }
}
catch (...) {
    cout << "Exception occurred";
}
```

2. 没有捕获的异常

如果一个异常由于没有对应的类型而未被任何 catch 语句捕获，那么特殊函数 terminate 将被调用。这个函数通常已经被定义了，用于立即结束当前的进程（Process），并显示一个"非正常结束"（Abnormal termination）的出错信息。它的格式是：

```
void terminate();
```

3. 标准异常

一些 C++ 标准语言库中的函数也会抛出一些异常，我们可以用 try 语句来捕获它们。这些异常抛出的参数都是 std::exception 派生出的子类类型。这个类（std::exception）被定义在 C++ 标准头文件中，用来作为 exceptions 标准结构的模型，如图 3-22 所示。

```
exception
 ├─ bad_alloc          (thrown by new)
 ├─ bad_cast           (thrown by dynamic_cast when fails with a referenced type)
 ├─ bad_exception      (thrown when an exception doesn't match any catch)
 ├─ bad_typeid         (thrown by typeid)
 ├─ logic_error
 │   ├─ domain_error
 │   ├─ invalid_argument
 │   ├─ length_error
 │   └─ out_of_range
 ├─ runtime_error
 │   ├─ overflow_error
 │   ├─ range_error
 │   └─ underflow_error
 └─ ios_base::failure  (thrown by ios::clear)
```

图 3-22

因为这是一个类结构，如果在 catch 语句块里使用引用（Reference）来捕获这个结构中的任意一种异常（也就是说在类型后面加引用符号&），那么我们将能够捕获所有派生类的异常（依据 C++ 的继承原则）。

在下面的例子中，一个类型为 bad_typeid 的异常（exception 的派生类），在要求类型信息的对象为一个空指针的时候被捕获。

【例 3.66】标准异常的例子

（1）打开 Visual Studio Code，新建文本文件，输入代码如下：

```
#include <iostream>
using namespace std;
#include <exception>
#include <typeinfo>

class A {
    virtual void f() {}
        ;
};

int main() {
    try {
        A * a = NULL;
        typeid(*a);
    }
    catch (std::exception& e) {
        cout << "Exception: " << e.what()<<endl;
    }
    return 0;
}
```

（2）保存代码为 test.cpp，并上传到 Linux，在命令行下编译并运行：

```
# g++ test.cpp -o test
# ./test
Exception: std::bad_typeid
```

我们可以用这个标准的异常层次结构来定义异常或从中派生出新的异常类型。

3.8.4 预处理指令

预处理指令是我们写在程序代码中的给预处理器的命令，而不是程序本身的语句。预处理器是一个程序，它在编译 C/C++程序之前对源码进行处理。预处理器会执行一些指令，例如#define 和#include，这些指令可以修改源码或在编译时添加额外的信息。所有预处理指令必须写在单独的一行中，它们不需要在结尾加分号。

1. #define

#define 可以用来生成宏定义常量，它的使用形式是：

```
#define name value
```

它的作用是定义一个叫作 name 的宏定义,在程序中每当遇到这个名字的时候,它就会被 value 代替,例如:

```
#define MAX_WIDTH 100
char str1[MAX_WIDTH];
char str2[MAX_WIDTH];
```

它定义了两个最多可以存储 100 个字符的字符串。

#define 也可以用来定义宏函数:

```
#define getmax(a,b) a>b?a:b
int x=5, y;
y = getmax(x,2);
```

这段代码执行后 y 的值为 5。

2. #undef

#undef 完成与#define 相反的工作,它取消对传入的参数的宏定义:

```
#define MAX_WIDTH 100
char str1[MAX_WIDTH];
#undef MAX_WIDTH
#define MAX_WIDTH 200
char str2[MAX_WIDTH];
```

3. #ifdef、#ifndef、#endif、#if、#else 和#elif

#ifdef、#ifndef、#if、#endif、#else 和#elif 指令可以使程序的一部分在某种条件下被忽略。

(1)#ifdef 可以使一段程序只在某个指定常量已经被定义了的情况下才被编译,而无论被定义的值是什么。它的操作是:

```
#ifdef name
// code here
#endif
```

例如:

```
#ifdef MAX_WIDTH
char str[MAX_WIDTH];
#endif
```

在这个例子中,语句 char str[MAX_WIDTH];只在宏定义常量 MAX_WIDTH 已经被定义的情况下才被编译器考虑,而不管它的值是什么。如果它还没有被定义,这一行代码就不会被包括在程序中。

(2)#ifndef 与#ifdef 的作用相反,在指令#ifndef 和#endif 之间的代码只有在某个常量没有被定义的情况下才被编译,例如:

```
#ifndef MAX_WIDTH
#define MAX_WIDTH 100
```

```
#endif
char str[MAX_WIDTH];
```

在这个例子中，如果处理到这段代码的时候 MAX_WIDTH 还没有被定义，它就会被定义为值100。而如果它已经被定义了，那么它会保持原值（因为#define 语句这一行不会被执行）。

（3）#if、#else 和#elif（elif = else if）指令用于让其后面所跟的程序部分只在特定条件下才被编译。这些条件只能够是常量表达式，例如：

```
#if MAX_WIDTH>200
#undef MAX_WIDTH
#define MAX_WIDTH 200
#elsif MAX_WIDTH<50
#undef MAX_WIDTH
#define MAX_WIDTH 50

#else
#undef MAX_WIDTH
#define MAX_WIDTH 100
#endif

char str[MAX_WIDTH];
```

注意#if、#elsif 和#else 指令是怎样以#endif 结尾的。

4. #line

当我们编译一段程序的时候，如果有错误发生，编译器会在错误前面显示出错文件的名称以及文件中的第几行发生的错误。指令#line 可以让我们对这两点进行控制，也就是说当出错时显示文件中的行数以及文件名。它的格式是：

```
#line number "filename"
```

其中 number 是将会赋给下一行的新行数，它后面的行数从这一点逐个递增。filename 是一个可选参数，用来替换自此行以后出错时显示的文件名，直到有另一个#line 指令替换它或直到文件的末尾，例如：

```
#line 1 "assigning variable"
int a?;
```

这段代码将会产生一个错误，显示为"在文件"assigning variable", line 1"。

5. #error

这个指令将中断编译过程并返回一个参数中定义的出错信息，例如：

```
#ifndef __cplusplus
#error A C++ compiler is required
#endif
```

在这个例子中，如果__cplusplus 没有被定义，就会中断编译过程。

6. #include

这个指令我们已经见到过很多次了。当预处理器找到一个#include 指令时，它用指定文件的全部内容替换这条语句。声明包含一个文件有两种方式：

```
#include "file"
#include <file>
```

两种方式的唯一区别是编译器应该在什么路径下寻找指定的文件。第一种方式，文件名写在双引号中，编译器首先在包含这条指令的文件所在的目录下寻找，如果找不到指定文件，再到被配置的默认路径下（也就是标准头文件路径下）寻找。

第二种方式，文件名写在尖括号（<>）中，编译器会直接到默认标准头文件路径下寻找指定文件。

7. #pragma

这个指令是用来对编译器进行配置的，针对我们所使用的平台和编译器而有所不同。要了解更多信息，可参考编译器手册。

如果编译器不支持某个#pragma 的特定参数，那么这个参数会被忽略，并且不会产生异常。

3.8.5 预定义宏

系统预先定义了一些标准宏供开发者使用，如表 3-10 所示。

表 3-10 预定义的标准宏

macro	value
__LINE__	整数值，表示当前正在编译的行在源文件中的行数
__FILE__	字符串，表示被编译的源文件的文件名
__DATE__	一个格式为"Mmm dd yyyy"的字符串，存储编译开始的日期
__TIME__	一个格式为"hh:mm:ss"的字符串，存储编译开始的时间
__cplusplus	整数值，所有 C++编译器都定义了这个常量为某个值。如果这个编译器是完全遵守 C++标准的，它的值应该等于或大于 199711L，具体值取决于它遵守的是哪个版本的标准

【例 3.67】标准宏的例子

（1）打开 Visual Studio Code，新建文本文件，输入代码如下：

```
#include <iostream>
using namespace std;
// 标准宏名称
#include <iostream>
using namespace std;

int main()
{
    cout << "This is the line number "
     << __LINE__;
```

```
    cout << " of file " << __FILE__
     << ".\n";
    cout << "Its compilation began "
        << __DATE__;
    cout << " at " << __TIME__ << ".\n";
    cout << "The compiler gives a "
      << "__cplusplus value of "
      << __cplusplus;
    cout << endl;
    return 0;
}
```

（2）保存代码为 test.cpp，并上传到 Linux，在命令行下编译并运行：

```
# g++ test.cpp -o test
# ./test
This is the line number 10 of file test.cpp.
Its compilation began Apr  7 2018 at 09:53:29.
The compiler gives a __cplusplus value of 199711
```

3.8.6　C++11 中的预定义宏

1. 通过宏__func__显示函数名称

有时候我们为了调试方便，想在某个函数中打印出函数名。为此 C++11 提供了一个预定义宏 __func__（注意两边各有两条下画线），用于表示函数名称。该宏使用起来很简单，将它当作一个字符串即可，这样在需要打印的地方，按照字符串的打印方式即可显示函数名称。

下面看一个例子来加深理解。

【例 3.68】使用宏__func__得到函数名

（1）打开 Visual Studio Code，新建文本文件，输入代码如下：

```
const char *test()
{
    return __func__;
}
int main()
{
    printf("%s,%s", __func__,test());
    return 0;
}
```

（2）保存代码为 test.cpp，并上传到 Linux，在命令行下编译并运行：

```
main,test
```

我们从 test 函数的返回类型可以看出，__func__本质上就是一个字符串。

2. 使用宏_Pragma

前面我们讲到了预处理指令"#pragma"，它的作用是向编译器传达语言标准以外的信息。在

C++11 中引入了一个预定义宏 _Pragma，它的功能和预处理指令"#pragma"相同，基本用法如下：

```
_Pragma(字符串常量)
```

比如，前面提到为了防止某个头文件被重复编译，可以在头文件的开头使用预处理指令"#pragma once"，现在我们通过 _Pragma 也可以达到同样的效果：

```
_Pragma("once")
```

由于 _Pragma 是一个宏，因此相对于预处理指令"#pragma"来说，它具有更大的灵活性。

3. 变长参数的宏 __VA_ARGS__

__VA_ARGS__ 是一个表示变长参数的宏，它以前属于 C99 标准，现在 C++11 把它正式纳入 C++标准。变长参数是指参数列表的最后一个参数是省略号，而变长参数的宏 __VA_ARGS__ 则可以替换省略号所代表的字符串。这个功能在轻量级调试中非常有用，我们可以自定义一些日志函数、打印函数来丰富调试信息。

例如，我们可以对 printf 重新定义：

```
#define PT(...)  printf(__VA_ARGS__);
```

然后在调用 printf 的地方就可以用 PT 来代替：

```
PT("%d,%s\n", 5, "abc");
```

结果输出：

```
5,abc
```

这样可以少写代码，提高效率。下面我们来实现一个日志打印函数。

【例 3.69】实现一个日志打印函数

（1）打开 Visual Studio Code，新建文本文件，输入代码如下：

```
#define DBGDUMP(...)  \
{ \
printf("%s\n%s,%d\n", __FILE__, __func__,__LINE__); \
printf(__VA_ARGS__); \
}
int main()
{
    int ret = 5;
    DBGDUMP("ret=%d\n", ret);

    return 0;
}
```

（2）保存代码为 test.cpp，并上传到 Linux，在命令行下编译并运行：

```
e:\ebook\c++\note\code\ch03\3.70\test\test\test.cpp
main,16
```

```
ret=5
```

本例代码很简单，综合性地用到了前面介绍的几个宏，它们和__VA_ARGS__一起较好地显示出了一些调试信息，比如当前文件名称、函数名称和行数，以及自己想查看的变量值，这里就是ret。这样的打印信息对于一些无法单步调试的环境非常重要，比如内核调试环境等。

3.9 字符串

3.9.1 字符串基础

字符串是用来存储一个以上字符的非数字值的变量。

1. string 类

C++提供一个 string 类来支持字符串的操作，它不是一个基本的数据类型，但是在一般的使用中与基本数据类型非常相似。

与普通数据类型不同的一点是，要想声明和使用字符串类型的变量，需要引用头文件<string>，并且使用 using namespace 语句来使用标准命名空间（std），如下面的例子所示。

【例 3.70】第一个 C++字符串例子

（1）打开 Visual Studio Code，新建文本文件，输入代码如下：

```cpp
#include <iostream>
#include <string>
using namespace std;

int main ()
{
    string mystring = "This is a string";
    cout << mystring<<endl;
    return 0;
}
```

（2）保存代码为 test.cpp，并上传到 Linux，在命令行下编译并运行：

```
# g++ test.cpp -o test
# ./test
This is a string
```

如上面的例子所示，字符串变量可以被初始化为任何字符串值，就像数字类型变量可以被初始化为任何数字值一样。

以下两种初始化格式对字符串变量都是可以使用的：

```cpp
string mystring = "This is a string";
string mystring ("This is a string");
```

字符串变量还可以进行其他与基本数据类型变量一样的操作，比如声明的时候不指定初始值，在运行过程中被重新赋值。

【例 3.71】第二个 C++字符串例子

（1）打开 Visual Studio Code，新建文本文件，输入代码如下：

```cpp
#include <iostream>
#include <string>
using namespace std;

int main ()
{
   string mystring;
   mystring =
   "This is the initial string content";
   cout << mystring << endl;
   mystring =
   "This is a different string content";
   cout << mystring << endl;
   return 0;
}
```

（2）保存代码为 test.cpp，并上传到 Linux，在命令行下编译并运行：

```
# g++ test.cpp -o test
# ./test
This is the initial string content
This is a different string content
```

除了使用 string 类外，C++程序中还能使用 C 风格的字符串。C 风格的字符串起源于 C 语言，并在 C++中得到支持。字符串实际上是使用 NULL 字符（\0）终止的一维字符数组。因此，一个以 NULL 结尾的字符串包含组成字符串的字符。

下面的声明和初始化创建了一个"Hello"字符串。由于在数组的末尾存储了空字符，因此字符数组的大小比单词"Hello"的字符数多一个。

```cpp
char greeting[6] = {'H', 'e', 'l', 'l', 'o', '\0'};
```

依据数组初始化的规则，可以把上面的语句改写成以下语句：

```cpp
char greeting[] = "Hello";
```

其实，我们不需要把 NULL 字符（\0）放在字符串常量的末尾，C++编译器会在初始化数组时，自动把'\0'放在字符串的末尾。下面的实例让我们尝试输出上面的字符串。

【例 3.72】一个简单字符串例子

（1）打开 Visual Studio Code，新建文本文件，输入代码如下：

```cpp
#include <iostream>
using namespace std;
```

```
int main ()
{
    char greeting[6] = {'H', 'e', 'l', 'l', 'o', '\0'};
    cout << "Greeting message: ";
    cout << greeting << endl;
    return 0;
}
```

（2）保存代码为 test.cpp，并上传到 Linux，在命令行下编译并运行：

```
# g++ test.cpp -o test
# ./test
Greeting message: Hello
```

C++中有大量的函数用来操作以 NULL 结尾的字符串，常用的函数如表 3-11 所示。

表 3-11　常用的操作以 NULL 结尾的字符串的函数

函　　数	说　　明
strcpy(s1, s2);	复制字符串 s2 到字符串 s1
strcat(s1, s2);	连接字符串 s2 到字符串 s1 的末尾
strlen(s1);	返回字符串 s1 的长度
strcmp(s1, s2);	如果 s1 和 s2 是相同的，就返回 0；如果 s1<s2,返回值就小于 0；如果 s1>s2，返回值就大于 0
strchr(s1, ch);	返回一个指针，指向字符串 s1 中字符 ch 第一次出现的位置
strstr(s1, s2);	返回一个指针，指向字符串 s1 中字符串 s2 第一次出现的位置

下面的例子使用了上述的一些函数。

【例 3.73】使用字符串函数的例子

（1）打开 Visual Studio Code，新建文本文件，输入代码如下：

```
#include <iostream>
#include <cstring>

using namespace std;

int main ()
{
    char str1[11] = "Hello";
    char str2[11] = "World";
    char str3[11];
    int  len ;

    // 复制 str1 到 str3
    strcpy( str3, str1);
    cout << "strcpy( str3, str1) : " << str3 << endl;

    // 连接 str1 和 str2
```

```
    strcat( str1, str2);
    cout << "strcat( str1, str2): " << str1 << endl;

    // 连接后，str1 的总长度
    len = strlen(str1);
    cout << "strlen(str1) : " << len << endl;

    return 0;
}
```

（2）保存代码为 test.cpp，并上传到 Linux，在命令行下编译并运行：

```
# g++ test.cpp -o test
# ./test
strcpy( str3, str1) : Hello
strcat( str1, str2): HelloWorld
strlen(str1) : 10
```

现在我们再回过头来看 string 类。C++标准库提供了 string 类，支持上述所有的操作，另外还增加了其他更多的功能。string 是 C++中的重要类型，程序员在 C++面试中经常会遇到关于 string 的细节问题，甚至要求当场实现这个类。只是由于面试时间关系，可能只要求实现构造函数、析构函数、拷贝构造函数等关键部分。所以读者平时还是要注意对 string 知识的积累。

string 是 C++标准库的一个重要部分，主要用于字符串处理。可以使用输入输出流方式直接进行操作，也可以通过文件等手段进行操作。同时，C++的算法库对 string 也有着很好的支持，而且 string 还和 C 语言的字符串之间有着良好的接口。虽然也有一些弊端，但是瑕不掩瑜。

要想使用标准 C++中的 string 类，必须包含头文件 string，注意是 string，不是 string.h，带.h 的是 C 语言中的头文件。

```
#include <string>// 注意是<string>，不是<string.h>，带.h 的是 C 语言中的头文件
using  std::string;
using  std::wstring;
```

或

```
using  namespace std;
```

下面就可以使用 string 和 wstring 了，它们分别对应着 char 和 wchar_t。string 和 wstring 的用法是一样的，下面只介绍 string 的用法。

2. 声明 C++字符串

声明一个字符串变量很简单：

```
string str;
```

这样我们就声明了一个字符串变量，但它既然是一个类，就有构造函数和析构函数。上面的声明没有传入参数，所以直接使用了 string 的默认构造函数，这个函数所做的就是把 str 初始化为一个空字符串。string 类的构造函数如下：

（1）string s：生成一个空字符串 s。

（2）string s(str)：拷贝构造函数，生成 str 的复制品。

（3）string s(str,stridx)：将字符串 str 内"始于 stridx"的部分当作字符串的初值。

（4）string s(str,stridx,strlen)：将字符串 str 内"始于 stridx 且长度最多 strlen"的部分作为字符串的初值。

（5）string s(cstr)：将 c 字符串作为 s 的初值。

（6）string s(chars,chars_len)：将 c 字符串前 chars_len 个字符作为字符串 s 的初值。

（7）string s(num,c)：生成一个字符串，包含 num 个 c 字符。

（8）string s(beg,end)：以区间 beg;end（不包含 end）内的字符作为字符串 s 的初值。

3. string 常用成员函数

string 常用成员函数如表 3-12 所示。

表 3-12　string 常用成员函数

函 数 名	描　　述
begin	得到指向字符串开头的迭代器
end	得到指向字符串结尾的迭代器
rbegin	得到指向反向字符串开头的迭代器
rend	得到指向反向字符串结尾的迭代器
size	得到字符串的大小
length	和 size 函数功能相同
max_size	字符串可能的最大大小
capacity	在不重新分配内存的情况下，字符串可能的大小
empty	判断是否为空
operator[]	取第几个元素，相当于数组
c_str	取得 C 风格的 const char*字符串
data	取得字符串内容地址
operator=	赋值操作符
reserve	预留空间
swap	交换函数
insert	插入字符
append	追加字符
push_back	追加字符，字符串之后插入一个字符
operator+=	+=操作符
erase	删除字符串
clear	清空字符容器中的所有内容
resize	重新分配空间
assign	和赋值操作符一样
replace	替代
copy	复制字符串到空间
find	查找
rfind	反向查找

(续表)

函 数 名	描 述
find_first_of	查找包含子串中的任何字符，返回第一个位置
find_first_not_of	查找不包含子串中的任何字符，返回第一个位置
find_last_of	查找包含子串中的任何字符，返回最后一个位置
find_last_not_of	查找不包含子串中的任何字符，返回最后一个位置
substr	得到子串
compare	比较字符串
operator+	字符串链接
operator==	判断是否相等
operator!=	判断是否不等于
operator<	判断是否小于
operator>>	从输入流中读入字符串
operator<<	字符串写入输出流
getline	从输入流中读入一行

4. C++字符串和 C 字符串的转换

C++提供 data()、c_str()和 copy()函数得到对应的 C 风格的字符串。其中，data()以字符数组的形式返回字符串内容，但并不添加"\0"；c_str()返回一个以"\0"结尾的字符数组；而 copy()则把字符串的内容复制或写入既有的 c_string 或字符数组内。C++字符串并不以"\0"结尾。建议在程序中能使用 C++字符串就使用，除非万不得已，否则不选用 c_string。

1）char*转换为 string

char *和 char str[]类型可以直接转换为 string 类型，比如：

```
char * chstr,
char arstr[]
string str1=chstr;
string str2=arstr; // 可以直接进行赋值
```

2）string 转换为 char *

string 提供了一个方法可以直接返回字符串的首指针地址，即 string.c_str();，比如：

```
string str="Hi Cpp";
const char * mystr=str.c_str();   // 注意要加上 const
```

5. 获取大小和容量

一个 C++字符串存在 3 种大小：

（1）size()和 length()：表示现有的字符数，它们等效。empty()用来检查字符串是否为空。

（2）max_size()：是指当前 C++字符串最多能包含的字符数，很可能和机器本身的限制或者字符串所在位置连续内存的大小有关系。一般情况下我们不用关心 max_size()，其大小应该足够我们使用。如果不够用，会抛出 length_error 异常。

（3）capacity()：重新分配内存之前 string 所能包含的最大字符数。这里需要指出的是，reserve()

函数为 string 重新分配内存，重新分配的大小由其参数决定，默认参数为 0，这时会对 string 进行非强制性缩减。

6. 元素存取

我们可以使用下标操作符（[]）和函数 at()对元素包含的字符进行访问。需要注意的是，操作符[]并不检查索引是否有效（有效索引 0~str.length()），如果索引失效，就会引起未定义的行为。而 at()会检查索引，如果使用 at()的时候索引无效，就会抛出 out_of_range 异常。

有一个例外不得不说，const string a;的操作符[]对索引值 a.length()仍然有效，其返回值是"\0"。其他的情况下，a.length()索引值都是无效的。举例如下：

```
const string Cstr("const string");
string Str("string");

Str[3];                        // ok
Str.at(3);                     // ok

Str[100];                      // 未定义的行为
Str.at(100);                   // throw out_of_range

Str[Str.length()]              // 未定义行为
Cstr[Cstr.length()]            // 返回"\0"
Str.at(Str.length());          // throw out_of_range
Cstr.at(Cstr.length())         // throw out_of_range
```

不建议使用类似下面的引用或指针赋值：

```
char& r=s[2];
char* p= &s[3];
```

因为一旦发生重新分配，r、p 立即失效。避免的方法就是不使用。

7. 比较函数

C++字符串支持常见的比较操作符（>、>=、<、<=、==、!=），甚至支持 string 与 C-string 的比较（如 str<"hello"）。在使用>、>=、<、<=操作符的时候，根据"当前字符特性"将字符按字典顺序逐一进行比较。字典排序靠前的字符小，比较的顺序是从前向后比较，遇到不相等的字符时，就按这个位置上的两个字符的比较结果来确定两个字符串的大小。同时，string("aaaa")<string("aaaaa")。

另一个功能强大的比较函数是成员函数 compare()。它支持多参数处理，支持用索引值和长度定位子串来进行比较。它返回一个整数来表示比较结果，返回值意义为：0（相等）、>0（大于）、<0（小于）。举例如下：

```
string s("abcd");
s.compare("abcd");             // 返回 0
s.compare("dcba");             // 返回小于 0 的值
s.compare("ab");               // 返回大于 0 的值
s.compare(s);                  // 相等
s.compare(0,2,s,2,2);          // 用"ab"和"cd"进行比较，返回小于 0 的值
```

```
s.compare(1,2,"bcx",2);          // 用 "bc" 和 "bc" 进行比较，返回 0
```

8. 更改内容

更改内容在字符串的操作中占了很大一部分，包括赋值、清空字符串以及对字符串进行增加、插入、删除、替换等。

1）赋值

第一个赋值方法当然是使用操作符"="，新值可以是 string（如 s=ns）、c_string（如 s="gaint"），甚至是单一字符（如 s='j'）。第二个赋值方法是使用成员函数 assign()，这个成员函数可以使我们更灵活地对字符串赋值。下面举例说明：

```
s.assign(str);
s.assign(str,1,3);                  // 如果 str 是 "iamangel"，就是把 "ama" 赋给字符串
s.assign(str,2,string::npos);       // 把字符串 str 从索引值 2 开始到结尾赋给 s
s.assign("gaint");
s.assign("nico",5);                 // 把 'n' 'I' 'c' 'o' '\0' 赋给字符串
s.assign(5,'x');                    // 把 5 个 x 赋给字符串
```

2）清空字符串的方法

把字符串清空的方法有 3 个：s=""、s.clear();和 s.erase();。

3）对字符串进行增加、插入、删除、替换

string 提供了很多函数用于增加、插入、删除、替换字符。

先介绍增加字符（这里介绍的增加是在字符串末尾），方法有+=、append()、push_back()，举例如下：

```
s+=str;                             // 加个字符串
s+="my name is jiayp";              // 加个 C 字符串
s+='a';                             // 加个字符

s.append(str);
s.append(str,1,3);                  // 不解释了，同前面的函数参数 assign 的解释
s.append(str,2,string::npos)        // 不解释了

s.append("my name is jiayp");
s.append("nico",5);
s.append(5,'x');

s.push_back('a');        // 这个函数只能增加单个字符，对 STL 熟悉的读者理解起来很简单
```

也许我们需要在 string 中间的某个位置插入字符串，这时候可以用 insert()函数，这个函数需要指定一个安插位置的索引，被插入的字符串将放在这个索引的后面。举例如下：

```
s.insert(0,"my name");
s.insert(1,str);
```

这种形式的 insert()函数不支持插入单个字符，这时单个字符必须写成字符串形式。为了插入单个字符，insert 函数提供了两个对插入单个字符操作的重载函数：

- insert(size_type index,size_type num,chart c)。
- insert(iterator pos,size_type num,chart c)。

其中，size_type 是无符号整数，iterator 是 char*。因此，这么调用 insert 函数是不行的：

```
insert(0,1,'j')
```

这时候并不知道第一个参数将转换成哪一个，所以必须这么写：

```
insert((string::size_type)0,1,'j')
```

这种形式指出了使用迭代器安插字符的形式。

删除函数 erase()和替换函数 replace()的形式都有好几种，示例如下：

```
string s="il8n";
s.replace(1,2,"nternationalizatio");// 从索引1开始的2个字符替换成后面的C_string
s.erase(13);                        // 从索引13开始往后全部删除
s.erase(7,5);                       // 从索引7开始往后删除5个字符
```

9. 提取子串和字符串连接

提取子串的函数是 substr()，举例如下：

```
s.substr();       // 返回s的全部内容
s.substr(11);     // 从索引11往后的子串
s.substr(5,6);    // 从索引5开始的6个字符
```

10. 输入输出操作

（1）>>：从输入流读取一个 string。

（2）<<：把一个 string 写入输出流。

（3）getline()函数：从输入流读取一行内容，直到遇到分行符或到文件末尾。

3.9.2　搜索与查找

在 C/C++语言中，可用于实现字符串查找功能的函数非常多。在 STL 中，字符串的查找功能可以实现多种功能，比如搜索单个字符、搜索子串、实现前向搜索、后向搜索，实现分别搜索第一个和最后一个满足条件的字符（或子串）。例如，C++字符串 string 中的 find 函数的返回值是字母或者子字符串（简称子串）在源字符串（简称源串）中的位置（下标从 0 开始），如果没有找到，则返回一个特别的标记 npos（它可以看作整型数据，其值是一个大数，即 4294967295，npos 表示"没有找到（not found）"或"所有剩余字符"）。find 的调用形式如下：

```
strSrc.find(str1,a,b) ;
```

该行代码表示从源字符串 strSrc 的 a 位置查询目标字符串 str1 的前 b 个字符出现的位置。这里 strSrc 为源串，str1 为目标串，这个千万不要弄混了。

若查找函数没有搜索到期望的字符（或子串），则返回 npos；若搜索成功，则返回搜索到的第 1 个字符或子串的位置。

值得注意的是，所有查找函数的返回值均是 size_type 类型，即无符号整数类型。该返回值用于

表示字符串中元素的个数或者字符在字符串中的位置。

下面我们详述每种查找函数。

1. find 函数

该函数正向查找，有 4 种形式，声明如下：

```
size_type find (value_type _Chr, size_type _Off = 0) const;
// find()函数的第 1 个参数是被搜索的字符，第 2 个参数是在源串中开始搜索的下标位置

size_type find (const value_type* _Ptr , size_type _Off = 0) const;
// find()函数的第 1 个参数是被搜索的字符串，第 2 个参数是在源串中开始搜索的下标位置

size_type find (const value_type* _Ptr, size_type _Off = 0, size_type _Count) const;
// 第 1 个参数是被搜索的字符串，第 2 个参数是源串中开始搜索的下标，第 3 个参数是第 1 个参数的字符个数，可能是 Ptr 的所有字符数，也可能是 Ptr 的子串字符个数

size_type find (const basic_string& _Str, size_type _Off = 0) const;
// 第 1 个参数是被搜索的字符串，第 2 参数是在源串中开始搜索的下标位置
```

【例 3.74】 find 函数测试

（1）打开 Visual Studio Code，新建文本文件，输入代码如下：

```cpp
#include "stdafx.h"
#include<iostream>
#include<string>

using namespace std;

int main()
{
    string s = "1a2b3c4d5e6f7jkg8h9i1a2b3c4d5e6f7g8ha9i";
    // find 查找单个字符
    cout << s.find("a") << endl;     // 1，返回找到的第一个符合的下标
    cout << s.rfind("a") << endl;    // 36，反向查找
    cout << s.find("z") << endl;     // 没有找到，返回特别标记 npos，这里等于一个特别大的数 4294967295

    // find 查找子字符串是把目标串看作整体
    cout << s.find("2b") << endl;    // 2，注意返回的是目标串在源字符串中第一次匹配的第一个元素 2 的下标
    cout << s.find("2c") << endl;    // npos，目标串是作为一个整体去比对的

    cout << s.rfind("2b") << endl;   // 22，反向查找字符串时，依然返回目标串在元字符串中第一次匹配的第一个元素 2 的下标，而不是 b

    // 查找某一特定位置 pos(包括此位置处)之后的子串位置
    cout << s.find("a",2) << endl;   // 21
```

```cpp
    cout << s.find("2b",2) << endl;     // 2，目标串首位置在 pos 处
    cout << s.find("2b",3) << endl;     // 22

    return 0;
}
```

（2）保存代码为 test.cpp，并上传到 Linux，在命令行下编译并运行：

```
# g++ test.cpp -o test
# ./test
1
36
4294967295
2
4294967295
22
21
2
22
```

【例 3.75】 找出字符串 str 中所有的"abc"

（1）打开 Visual Studio Code，新建文本文件，输入代码如下：

```cpp
// 找出字符串 str 中所有的"abc"（输出位置），若未找到，则输出"not find!"
#include<iostream>
#include<string>

using namespace std;

int main()
{
    string str("babccbabcaabcccbabccabcabcabbabcc");
    int num = 0;
    size_t fi = str.find("abc", 0);
    while (fi!=str.npos)
    {
        cout << fi << "   ";
        num++;
        fi = str.find("abc", fi + 1);
    }
    if (0 == num)
        cout << "not find!";
    cout << endl;
    return 0;
}
```

（2）保存代码为 test.cpp，并上传到 Linux，在命令行下编译并运行：

```
# g++ test.cpp -o test
# ./test
1   6   10   16   20   23   29
```

2. rfind()函数

rfind()与find()很相似，差别在于查找顺序不一样，rfind()是从指定位置起向前查找，直到串首。我们简单演示一下rfind的用法，示例如下：

```cpp
#include <iostream>
#include <string>
using namespace std;
int main ()
{
    string str_ch (" for");
    string str (" Hi, Peter, I'm sick. Please bought some drugs for me.");
    string::size_type m= str.find ('P', 5);
    string::size_type rm= str.rfind('P', 5);
    cout << "Example - find() : The position (forward) of 'P' is: " << (int) m << endl;
    cout << "Example - rfind(): The position (reverse) of 'P' is: " << (int) rm << endl;
    string::size_type n = str.find (" some", 0);
    string::size_type rn = str.rfind (" some", 0);
    cout << "Example - find () : The position (forward) of 'some' is: " << (int) n << endl;
    cout << "Example - rfind () : The position (reverse) of 'some' is: " << (int) rn << endl;
    string::size_type mo = str.find (" drugs", 0, 5);
    string::size_type rmo = str.rfind (" drugs", 0, 5);
    cout << "Example - find(): The position (forward) of 'drugs' is: " << (int) mo << endl;
    cout << "Example - rfind(): The position (reverse) of 'drugs' is: " << (int) rmo << endl;
    string::size_type no = str.find (str_ch, 0);
    string::size_type rno = str.rfind(str_ch, 0);
    cout << "Example - find (): The position of 'for' is: " << (int) no << endl;
    cout << "Example - rfind(): The position of 'for' is: " << (int) rno << endl;
    cin.get ();
}
```

程序运行结果如下：

```
Example - find() : The position (forward) of 'P' is: 5
Example - rfind(): The position (reverse) of 'P' is: 5
Example - find () : The position (forward) of 'some' is: 35
Example - rfind () : The position (reverse) of 'some' is: -1
Example - find(): The position (forward) of 'drugs' is: 40
Example - rfind(): The position (reverse) of 'drugs' is: -1
Example - find (): The position of 'for' is: 46
Example - rfind(): The position of 'for' is: -1
```

3. find_first_of 函数

该函数在源串中从位置 pos 起往后查找，只要在源串中遇到一个字符，该字符与目标串中任意一个字符相同，就停止查找，返回该字符在源串中的位置；若匹配失败，则返回 npos。

find_first_of 函数（包括下面会讲到的 find_last_of 函数）和 find 函数是有一定区别的，主要区别如下：

（1）当搜索目标是单个字符时，两者没什么区别。

（2）当目标串是一个多字符组成的字符串时，find 函数将目标串看作整体去和模式串匹配，而 find_first_of 和 find_last_of 则是只要在源串中遇到任意一个与目标串匹配的字符，就停止查找，返回该字符在源串中的位置；若匹配失败，则返回 npos。

find_first_of 函数声明如下：

```
// 第 1 个参数是目标字符串，第 2 参数是在源串中开始搜索的下标位置
size_type find_first_of(const basic_string& str, size_type pos = 0) const noexcept;
// 第 1 个参数是目标字符串，第 2 个参数是在源串中开始搜索的下标位置
size_type find_first_of(const charT* s, size_type pos = 0) const;
// 第 1 个参数是目标字符串，第 2 个参数是源串中开始搜索的下标，第 3 个参数是第 1 个参数的字符个数，可能是 s 的所有字符数，也可能是 s 的子串字符数
size_type find_first_of(const charT* s, size_type pos, size_type n) const;
// 第 1 个参数是目标字符，第 2 个参数是在源串中开始搜索的下标位置
size_type find_first_of (charT c, size_type pos = 0) const noexcept;
```

【例 3.76】find_first_of 的测试

（1）打开 Visual Studio Code，新建文本文件，输入代码如下：

```
#include<iostream>
#include<string>

using namespace std;

int main()
{
    cout<<"find_first_of test:"<<endl;
    string str("babccbabcc");
    cout << str.find('a', 0) << endl;              // 1
    cout << str.find_first_of('a', 0) << endl;     // 1
    string str1("bcgjhikl");
    string str2("kghlj");
    cout << str1.find_first_of(str2, 0) << endl;   // 2
    cout << str1.find_first_of("kghlj", 0, 20);    // 2
    return 0;
}
```

可以发现，find_first_of 是只要找到目标串中的一个符合字母即可，甚至不考虑目标串中字母的顺序，只要有一个字符在源字符中存在，即可返回正确位置。

对于搜索字符，find 和 find_first_of 几乎没区别，因此第 1 个和第 2 个的 cout 都是输出 1。

倒数第 2 个 cout 中的 find_first_of 函数，从源串 str1 的第 0 个字符 b 开始找，b 不与目标串 str2 中的任意字符匹配；再找 c，c 不与 str2 中的任意字符匹配；再找 g，g 与 str2 中的 g 匹配，于是停

止查找，返回 g 在源串 str1 中的位置 2。

注意最后一个 cout 中的 find_first_of 函数，其第 3 个参数表示目标串的字符个数，用了 20，虽然目标字符串"kghlj"不足 20 个字符，但这不影响搜索。由于源串中的字符 g 在目标串中出现了，因此返回'g'在源串中第一次出现的位置，即 2。

（2）保存代码为 test.cpp，并上传到 Linux，在命令行下编译并运行：

```
# g++ test.cpp -o test
# ./test
find_first_of test:
1
1
2
2
```

【例 3.77】将字符串中所有的元音字母换成 "*"

（1）打开 Visual Studio Code，新建文本文件，输入代码如下：

```cpp
#include<iostream>
#include<string>

using namespace std;

int main()
{
    std::string str("PLease, replace the vowels in this sentence by asterisks.");
    std::string::size_type found = str.find_first_of("aeiou");
    while (found != std::string::npos)
    {
        str[found] = '*';
        found = str.find_first_of("aeiou", found + 1);
    }
    std::cout << str << '\n';
    return 0;
}
```

（2）保存代码为 test.cpp，并上传到 Linux，在命令行下编译并运行：

```
# g++ test.cpp -o test
# ./test
PL**s*, r*pl*c* th* v*w*ls *n th*s s*nt*nc* by *st*r*sks.
```

4. find_last_of 函数

该函数与 find_first_of() 函数相似，只不过查找顺序是从指定位置向前。函数声明如下：

```cpp
// 目标串的类型是 string
size_type find_last_of (const basic_string& str, size_type pos = npos) const
```

```
noexcept;
    // 目标串的类型是 C 风格字符串（c-string）
    size_type find_last_of (const charT* s, size_type pos = npos) const;
    // 搜索目标是缓冲区（buffer），因此提供了第 3 个参数 n，表示缓冲区字节个数
    size_type find_last_of (const charT* s, size_type pos, size_type n) const;
    // 搜索目标是一个字符
    size_type find_last_of (charT c, size_type pos = npos) const noexcept;
```

【例 3.78】find_last_of 的测试

(1) 打开 Visual Studio Code，新建文本文件，输入代码如下：

```
#include<iostream>
#include<string>

using namespace std;

int main()
{
    cout<<"find_last_of test"<<endl;
    // 测试 size_type find_last_of (const charT* s, size_type pos = npos) const;
    // 目标串中仅有字符 c 与源串中的两个 c 匹配，其余字符均不匹配
    string str("abcdecg");
    cout << str.find_last_of("hjlywkcipn", 6) << endl;  // 5    从 str 的位置 6(g)
开始向前找，g 不匹配，再找 c，c 匹配，停止查找，返回 c 在 str 中的位置 5
    cout << str.find_last_of("hjlywkcipn", 4) << endl;  // 2    从 str 的位置 4(e)
开始向前找，e 不匹配，再找 d，d 不匹配，再找 c，c 匹配，停止查找，返回 c 在 str 中的位置 5
    cout << str.find_last_of("hjlywkcipn", 200) << endl;    //5    当第 2 个参数超
出源串的长度（这里 str 长度是 7）时，不会出错，相当于从源串的最后一个字符起开始查找
    return 0;
}
```

(2) 保存代码为 test.cpp，并上传到 Linux，在命令行下编译并运行：

```
# g++ test.cpp -o test
# ./test
find_last_of test
5
2
5
```

5. find_first_not_of() 函数

该函数在源串中从位置 pos 开始往后查找，只要在源串中遇到一个字符，该字符与目标串中的任意一个字符都不相同，就停止查找，返回该字符在源串中的位置；若遍历完整个源串都找不到满足条件的字符，则返回 npos。

函数声明如下：

```
// string (1)
size_type find_first_not_of (const basic_string& str, size_type pos = 0) const noexcept;
```

```cpp
// c-string (2)
size_type find_first_not_of (const charT* s, size_type pos = 0) const;
// buffer (3)
size_type find_first_not_of (const charT* s, size_type pos, size_type n) const;
// character(4)
size_type find_first_not_of (charT c, size_type pos = 0) const noexcept;
```

【例 3.79】find_first_not_of 的测试

(1) 打开 Visual Studio Code，新建文本文件，输入代码如下：

```cpp
#include<iostream>
#include<string>

using namespace std;

int main()
{
    // 测试 size_type find_first_not_of (const charT* s, size_type pos = 0) const;
    string str("abcdefg");
    cout << str.find_first_not_of("kiajbvehfgmlc", 0) << endl;// 3 从源串 str 的位置 0(a)开始查找，目标串中有 a（匹配），再找 b，b 匹配，再找 c，c 匹配，再找 d，目标串中没有 d（不匹配），停止查找，返回 d 在 str 中的位置 3
    return 0;
}
```

(2) 保存代码为 test.cpp，并上传到 Linux，在命令行下编译并运行：

```
# g++ test.cpp -o test
# ./test
3
```

6. find_last_not_of()函数

find_last_not_of()函数与 find_first_not_of()函数相似，只不过查找顺序是从指定位置向前。函数声明如下：

```cpp
// string (1)
size_type find_last_not_of (const basic_string& str, size_type pos = npos) const noexcept;
// c-string (2)
size_type find_last_not_of (const charT* s, size_type pos = npos) const;
// buffer (3)
size_type find_last_not_of (const charT* s, size_type pos, size_type n) const;
// character (4)
size_type find_last_not_of (charT c, size_type pos = npos) const noexcept;
```

函数比较简单，这里不再举例。

3.10 再论异常处理

3.10.1 基本概念

异常是指程序在运行时存在异常行为，这些异常行为让函数不能正常执行。异常应该捕获的是能够处理的错误，比如不能连接服务器、不能连接数据库、数组访问越界、死锁、文件访问失败等情况。在异常处理中，我们需要做的是尽可能地修补错误，让程序不至于崩溃，比如释放内存、解锁互斥锁。

C++异常处理涉及3个关键字：try、catch、throw。

- throw：当问题出现时，程序会抛出一个异常。这是通过使用throw关键字来完成的。
- catch：在要处理问题的地方，通过异常处理程序捕获异常。catch关键字用于捕获异常。
- try：try块中的代码标识将被激活的特定异常。它后面通常跟着一个或多个catch块。

如果有一个块抛出一个异常，捕获异常的方法是使用 try 和 catch 关键字。try 块中放置可能抛出异常的代码，try 块中的代码被称为保护代码。使用 try/catch 语句的语法如下：

```
try
{
    // 保护代码
}catch( ExceptionName e1 )
{
    // catch 块
}catch( ExceptionName e2 )
{
    // catch 块
}catch( ExceptionName eN )
{
    // catch 块
}
```

如果 try 块在不同的情境下会抛出不同的异常，这个时候可以尝试罗列多个 catch 语句，用于捕获不同类型的异常。

3.10.2 抛出异常

可以使用 throw 语句在代码块中的任何地方抛出异常。throw 语句的操作数可以是任意的表达式，表达式结果的类型决定了抛出异常的类型。以下是除以 0 时抛出异常的实例：

```
double division(int a, int b)
{
    if( b == 0 )
    {
        throw "Division by zero condition!";
    }
```

```
    return (a/b);
}
```

3.10.3 捕获异常

catch 块跟在 try 块后面,用于捕获异常。我们可以指定想要捕捉的异常类型,这是由 catch 关键字后的圆括号内的异常声明决定的。

```
try
{
    // 保护代码
}catch( ExceptionName e )
{
    // 处理 ExceptionName 异常的代码
}
```

上面的代码会捕获一个类型为 ExceptionName 的异常。如果想让 catch 块能够处理 try 块抛出的任何类型的异常,就必须在异常声明的括号内使用省略号,如下所示:

```
try
{
    // 保护代码
}catch(...)
{
    // 能处理任何异常的代码
}
```

下面是一个实例,抛出一个除以 0 的异常,并在 catch 块中捕获该异常。

【例 3.80】一个 C++异常的例子

(1) 打开 Visual Studio Code,新建文本文件,输入代码如下:

```
#include <iostream>
using namespace std;

double division(int a, int b)
{
    if( b == 0 )
    {
        throw "Division by zero condition!";
    }
    return (a/b);
}

int main ()
{
    int x = 50;
    int y = 0;
    double z = 0;
```

```
        try {
            z = division(x, y);
            cout << z << endl;
        }catch (const char* msg) {
            cerr << msg << endl;
        }
        return 0;
}
```

由于我们抛出了一个类型为 const char*的异常，因此，当捕获该异常时，必须在 catch 块中使用 const char*。当上面的代码被编译和执行时，会产生下列结果：

```
Division by zero condition!
```

（2）保存代码为 test.cpp，并上传到 Linux，在命令行下编译并运行：

```
# g++ test.cpp -o test
# ./test
Division by zero condition!
```

3.10.4　C++标准异常

C++提供了一系列标准的异常，定义在<exception>中，它们是以父子类层次结构组织起来的，我们可以在程序中使用这些标准的异常。表 3-13 是对父子类层次结构中出现的每个异常的说明。

表 3-13　异常说明

异　　常	描　　述
std::exception	该异常是所有标准 C++异常的父类
std::bad_alloc	该异常可以通过 new 抛出
std::bad_cast	该异常可以通过 dynamic_cast 抛出
std::bad_exception	这在处理 C++程序中无法预期的异常时非常有用
std::bad_typeid	该异常可以通过 typeid 抛出
std::logic_error	理论上可以通过读取代码来检测到的异常
std::domain_error	当使用了一个无效的数学域时，会抛出该异常
std::invalid_argument	当使用了无效的参数时，会抛出该异常
std::length_error	当创建了太长的 std::string 时，会抛出该异常
std::out_of_range	该异常可以通过方法抛出，例如 std::vector 和 std::bitset<>::operator[]()
std::runtime_error	理论上不可以通过读取代码来检测到的异常
std::overflow_error	当发生数学上溢时，会抛出该异常
std::range_error	当尝试存储超出范围的值时，会抛出该异常
std::underflow_error	当发生数学下溢时，会抛出该异常

3.10.5　定义新的异常

可以通过继承和重载 exception 类来定义新的异常。下面的实例演示了如何使用 std::exception 类来实现自己的异常。

【例 3.81】 std::exception 类的简单使用

(1) 打开 Visual Studio Code，新建文本文件，输入代码如下：

```cpp
#include <iostream>
#include <exception>
using namespace std;

struct MyException : public exception
{
    const char * what () const throw ()
    {
        return "C++ Exception";
    }
};

int main()
{
    try
    {
        throw MyException();
    }
    catch(MyException& e)
    {
        std::cout << "MyException caught" << std::endl;
        std::cout << e.what() << std::endl;
    }
    catch(std::exception& e)
    {
        // 其他的错误
    }
}
```

(2) 保存代码为 test.cpp，并上传到 Linux，在命令行下编译并运行：

```
# g++ test.cpp -o test
# ./test
MyException caught
C++ Exception
```

3.11 再论函数模板

模板机制是 C++语言中引入的新特性，因其抽象化程度很高，对于初学者而言是一大难点，所以我们再次讲述，以便加深理解。

模板分为类模板和函数模板，如果能很好地掌握函数模板的概念与使用，对类模板的理解也就顺理成章。因此首先要重视函数模板的学习。

首先来看 3 个函数的异同：

```
int max(int x,int y){ return (x>y)?x:y;}
float max(float x, float y){ return (x>y)?x:y;}
char max(char x, char y){ return (x>y)?x:y;}
```

这些函数所进行的操作都是一样的，所不同的仅仅是操作参数的类型。若用通用的标识符 T 代表函数的参数与返回值类型，则上述 3 个函数可以统一表示成这样的形式：

```
T max(T x,T y){ return (x>y)?x:y;}
```

接下来，为我们熟识的这位"老朋友"戴上一顶"新帽子"，也就是在头部增加模板的声明 template <class T>，得到的最终形式为：

```
template <class T>
T max(T x,T y){ return (x>y)?x:y;}
```

这便是一个完整的、合法的函数模板，它的功能是求任意类型的两个数中的较大者。之所以要在头部戴上一顶"新帽子"，是因为要由关键字 template 说明下面是在声明一个模板，关键字 class 或 typename 修饰 T，说明 T 是模板的类型参数，代表一种通用类型。这样就可以很容易地搞清楚函数模板的来龙去脉，可以看到，函数模板的实质是通过类型的参数化把多个实现相同、操作数类型不同的函数用统一的模板形式表示出来。反过来，如果用实际的数据类型（如 int、char 等）替代上述模板中的类型参数 T，则可得到具体的函数。通过上面的引导过程，读者应该可以理解函数模板是一组函数的抽象，是生成具体函数的模型、样板，并且知道编写函数模板的语法。

理论和语法介绍完了，下面来看实例。首先看下面一段代码：

```
#include <iostream.h>
template <class T>
T max(T x,T y){return (x>y)?x:y;}
void main()
{
    cout<<max(5,12)<<endl;              // A
    cout<<max(4.0,35.2)<<endl;          // B
    cout<<max('a','f')<<endl;           // C
    cout<<max(5,12.0)<<endl;            // D
    cout<<max("cap","cup")<<endl;       // E
}
```

在这段程序中，一个实际的函数调用语句时，系统遵循这样的规则：首先寻找一个参数完全匹配的函数，如果找到了就调用它；其次寻找一个函数模板，把它实例化生成一个匹配的模板函数，然后调用。

系统使用函数模板的过程包括两个步骤：首先推断出模板的实参，然后使用该实参去实例化函数模板。以行 A 的调用代码 max(5,12) 为例来说明函数模板的使用，如图 3-23 所示。

```
                    调用表达式max(5, 12)
                              int  int
                                          1.模板实参推导
              template <class T> T max(T x,T y)
              {return (x>y)?x:y;}

                                          2.实例化

              int max(int x,int y){ return (x>y)?x:y;}
```

图 3-23

因为程序中不存在完全与之匹配的具体参数 max(int,int)，系统找到对应的函数模板 max()，根据第一个调用参数 5 的类型 int，编译器推断出 T 必须是 int；根据第二个调用参数 12 的类型 int，编译器又推断出 T 必须是 int。于是以 int 作为模板实参实例化函数模板 max()，生成了模板函数：

```
int max(int x,int y){ return (x>y)?x:y;}
```

然后调用它。行 B 和行 C 的调用函数匹配过程与之类似，所不同的是分别以 double 和 char 作为模板实参去实例化函数模板。

模板实参的推导过程需要注意的是：推导是逐个参数进行的。对于上例中行 D 的调用表达式 max(5,12.0)，编译器根据第一个参数 5 的类型 int，推导出 T 必须是 int；而根据第二个参数 12.0 的类型 double，推导出 T 必须是 double，于是发生矛盾，编译器报错。那对于不同参数类型应该怎么办呢？可以使用多个类型参数的函数模板，即若程序中的函数模板为：

```
template <class T1, class T2>
T1 max(T1 x,T2 y){return (x>y)?x:y;}
```

则 D 行代码可正确编译通过。而对于 E 行的调用 max("cap","cup")，因为函数模板中的比较操作不适用于字符串，所以需要在程序中为它提供专门的版本：

```
char *max(char*s1,char*s2){ return (strcmp(s1,s2)>0)?s1:s2;}
```

相信通过简短的实例，读者能够明白函数模板的使用原理，以及多个类型参数模板和函数模板的专门化概念。

3.12 字符集

3.12.1 计算机上的 3 种字符集

在计算机中，每个字符都要使用一个编码来表示，而每个字符究竟使用哪个编码来表示，取决于使用哪个字符集（charset）。

计算机字符集可归类为 3 种，单字节字符集（Single-Byte Character System，SBCS）、多字节字符集（Multi-Byte Character System，MBCS）和 Unicode 字符集（Unicode Character Set，UCS）。

1）单字节字符集

单字节字符集的所有字符都只有一个字节的长度，它是一个理论规范。具体实现时有两种字符集：ASCII 字符集和扩展 ASCII 字符集。

ASCII 字符集主要用于美国，它由美国国家标准局（ANSI）颁布，全称是美国国家标准信息交换码（American National Standard Code For Information Interchange），使用 7 位来表示一个字符，总共可以表示 128 个字符（0~127），一个字节有 8 位，有一位不需要用到，因此人们把最高的一位永远设为 0，用剩下的 7 位来表示这 128 个字符。ASCII 字符集包括英文字母、数字、标点符号等常用字符，如字符 A 的 ASCII 码是 65，字符 a 的 ASCII 码是 97，字符 0 的 ASCII 码是 48，字符 1 的 ASCII 码是 49，具体可以查看 ASCII 码表。

在计算机刚刚在美国兴起的时候，ASCII 字符集中的 128 个字符够用了，一切应用都是妥妥的。但后来计算机发展到欧洲，欧洲各个国家的字符就多了，128 个不够用了，怎么办？人们对 ASCII 码进行了扩展，因此就有了扩展 ASCII 字符集，它使用 8 位表示一个字符，这样表示 256 个字符，在前面 0~127 的范围内定义与 ASCII 字符集相同的字符，后面多出来的 128 个字符用来表示欧洲国家的一些字符，如拉丁字母、希腊字母等。有了扩展 ASCII 字符集，计算机在欧洲的发展也是妥妥的。

2）多字节字符集

随着计算机普及到更多国家和地区（比如东亚和中东），由于这些国家的字符更多，8 位的单字节字符集已经不能满足信息交流的需要了。因此，为了能够表示其他国家的文字（比如中文），人们继续扩展 ASCII 码，即英文字母和欧洲字符为了和扩展 ASCII 兼容，依然用一个字节表示，而对于其他各国自己的字符（如中文字符），则用两个字节表示。这就是多字节字符集，它也是一个理论规范，具体实现时，各个国家根据自己的语言字符分别各自实现不同的字符集，比如中国实现了 GB-2312 字符集（后来又扩展出 GBK 和 GB18030），日本实现了 JIS 字符集，等等。这些具体的字符集虽然不同，但实现依据都是 MBCS，即 256 后面的字符用 2 个字节表示。

MBCS 解决了欧美以外地区的字符表示，但缺点也是明显的。MBCS 在保留原有扩展 ASCII 码（前面 256 个）的同时，用两个字节来表示各国的语言字符，这就导致占用一个字节和两个字节的 ASCII 码混在一起，使用起来不方便。例如字符串"你好 abc"，字符数是 5，而字节数是 8（最后还有一个 \0）。对于用++或--运算符来遍历字符串的程序员来说，这简直就是噩梦。另外，各个国家、地区各自定义的字符集难免会有交集，因此使用简体中文的软件就不能在日文环境下运行（显示乱码）。

3）Unicode 编码

Unicode 编码是纯理论的概念，和具体计算机没关系。为了把全世界所有的文字符号都统一进行编码，国际标准化组织（International Standard Organization，ISO）提出了 Unicode 编码方案，它是可以容纳世界上所有文字和符号的字符编码方案，这个方案规定任何语言中的任一字符都只对应唯一的数字，这个数字被称为代码点（Code Point），或称码点、码位，它用十六进制书写，并加上 "U+" 前缀，比如，"田" 的代码点是 U+7530；"A" 的代码点是 U+0041。再强调一下，代码点是一个理论的概念，和具体的计算机无关。

所有字符及其 Unicode 编码构成的集合就叫 Unicode 字符集。早期的版本有 UCS-2，它用两个字节编码，最多能表示 65535 个字符。在这个版本中，每个码点的长度有 16 位，这样可以用数字 0~65535（2 的 16 次方）来表示世界上的字符（当初以为够用了），其中 0~127 这 128 个数字表示的字符依旧跟 ASCII 码完全一样，比如 Unicode 和 ASCII 中的数字 65，都表示字母 "A"；数字 97

都表示字母"a"。但反过来却是不同的,字符"A"在 Unicode 中的编码是 0x0041,在 ASCII 中的编码是 0x41,虽然它们的值都为 97,但编码的长度是不一样的,Unicode 码是 16 位长度,ASCII 码是 8 位长度。

但 UCS-2 后来不够用了,因此有了 UCS-4 这个版本。UCS-4 用 4 个字节编码(实际上只用了 31 位,最高位必须为 0),它根据最高字节分成 2^7=128 个组(最高字节的最高位恒为 0,所以有 128 个)。每个组再根据次高字节分为 256 个平面(Plane)。每个平面根据第 3 个字节分为 256 行(Row),每行有 256 个码位(Cell)。组 0 的平面 0 被称作基本多语言平面(Basic Multilingual Plane,BMP),即范围在 U+00000000~U+0000FFFF 的码点,如果将 UCS-4 的 BMP 去掉前面的两个 0 字节,就得到了 UCS-2(U+0000 ~ U+FFFF)。每个平面有 2^16=65536 个码位。Unicode 计划使用 17 个平面,一共有 17*65536=1114112 个码位。在 Unicode 5.0.0 版本中,已定义的码位只有 238605 个,分布在平面 0、平面 1、平面 2、平面 14、平面 15、平面 16。其中,平面 15 和平面 16 上只是定义了两个各占 65534 个码位的专用区(Private Use Area),分别是 0xF0000~0xFFFFD 和 0x100000~0x10FFFD。所谓专用区,就是保留给大家放自定义字符的区域,可以简写为 PUA。平面 0 也有一个专用区,是 0xE000~0xF8FF,有 6400 个码位。平面 0 的 0xD800~0xDFFF 共有 2048 个码位,是一个被称作代理区(Surrogate)的特殊区域。代理区的目的是用两个 UTF-16 字符表示 BMP 以外的字符。在介绍 UTF-16 编码时会介绍。

在 Unicode 5.0.0 版本中,238605-65534×2-6400-2408=99089,余下的 99089 个已定义码位分布在平面 0、平面 1、平面 2 和平面 14 上,它们对应着 Unicode 目前定义的 99089 个字符,其中包括 71226 个汉字。平面 0、平面 1、平面 2 和平面 14 上分别定义了 52080、3419、43253 和 337 个字符。平面 2 的 43253 个字符都是汉字。平面 0 上定义了 27973 个汉字。

最后归纳总结一下:

(1)在 Unicode 字符集中的某个字符对应的代码值称作代码点,简称码点,用十六进制书写,并加上"U+"前缀。比如,"田"的代码点是 U+7530;"A"的代码点是 U+0041。

(2)随着字符越来越多,最初定义的 16 位(UC2 版本)已经不够用了,于是用 32 位(UC4 版本)表示某个字符的代码点,并把所有代码点分成 17 个代码平面。其中,U+0000 ~ U+FFFF 划入基本多语言平面;其余划入 16 个辅助平面(Supplementary Plane),代码点范围为 U+10000 ~ U+10FFFF。

(3)并不是每个平面中的代码点都有对应的字符,有些是保留的,还有些是有特殊用途的。

3.12.2 查看 Linux 系统的字符集

字符集在 Linux 系统中的体现形式是一个环境变量,以 CentOS 7 为例,它查看当前终端使用字符集的方式有以下几种。

第 1 种查看方式:

```
# echo $LANG
zh_CN.UTF-8
```

第 2 种查看方式:

```
# env |grep LANG
LANGUAGE=zh_CN:zh
```

```
LANG=zh_CN.UTF-8
```

第 3 种查看方式：

```
# export |grep LANG
declare -x LANG="zh_CN.UTF-8"
declare -x LANGUAGE="zh_CN:zh"
```

第 4 种查看方式：

```
# locale
LANG=zh_CN.UTF-8
LANGUAGE=zh_CN:zh
LC_CTYPE="zh_CN.UTF-8"
LC_NUMERIC="zh_CN.UTF-8"
LC_TIME="zh_CN.UTF-8"
LC_COLLATE="zh_CN.UTF-8"
LC_MONETARY="zh_CN.UTF-8"
LC_MESSAGES="zh_CN.UTF-8"
LC_PAPER="zh_CN.UTF-8"
LC_NAME="zh_CN.UTF-8"
LC_ADDRESS="zh_CN.UTF-8"
LC_TELEPHONE="zh_CN.UTF-8"
LC_MEASUREMENT="zh_CN.UTF-8"
LC_IDENTIFICATION="zh_CN.UTF-8"
LC_ALL=
```

3.12.3　修改 Linux 系统的字符集

值得注意的是，如果默认语言是 en_US.UTF-8，那么在 Linux 的字符和图形界面下都是无法显示和输入中文的。如果默认语言是中文，比如 zh_CN.GB18030 或者 zh_CN.gb2312，那么字符界面无法显示和输入中文，图形界面可以。

修改 Linux 系统的字符串的方式有如下两种：

（1）通过直接设置变量的方式修改：

```
# export LANG=zh_CN.UTF-8
```

（2）通过修改/etc/default/locale 文件的方式控制：

```
# vim /etc/default/locale
LANG="zh_CN.UTF-8"
LANGUAGE="zh_CN:zh"
```

3.12.4　Unicode 编码的实现

到目前为止，关于 Unicode 都是在讲理论层面的东西，没有涉及 Unicode 在计算机中的实现方式。Unicode 的实现方式和编码方式不一定等价，一个字符的 Unicode 编码是确定的，但是在实际存储和传输过程中，由于不同系统平台的设计可能不一致，以及出于节省空间的目的，对 Unicode 编码的实现方式有所不同。Unicode 编码的实现方式称为 Unicode 转换格式（Unicode Transformation Format，UTF）。Unicode 编码的实现方式主要有 UTF-8、UTF-16、UTF-32 等，分别以字节（BYTE）、字（WORD，2 个字节）、双字（DWORD，4 个字节，实际上只用了 31 位，最高位恒为 0）作为编码单位。根据字节序的不同，UTF-16 可以被实现为 UTF-16LE 或 UTF-16BE，UTF-32 可以被实现为 UTF-32LE 或 UTF-32BE。再次强调，这些实现方式是对 Unicode 码点进行编码，以适合计算机的存储和传输。

1. UTF-8

在 UTF-8 以字节为单位对 Unicode 进行编码，这里的单位是程序在解析二进制流时的最小单元。UTF-8 中，程序是一个字节一个字节地解析文本的。从 Unicode 到 UTF-8 的编码方式（对 Unicode 码点进行 UTF-8 编码）如表 3-14 所示。

表 3-14 从 Unicode 到 UTF-8 的编码方式

Unicode 编码（十六进制）所处范围	UTF-8 字节流（二进制）
000000~00007F	0xxxxxxx
000080~0007FF	110xxxxx 10xxxxxx
000800~00FFFF	1110xxxx 10xxxxxx 10xxxxxx
010000~10FFFF	11110xxx 10xxxxxx 10xxxxxx 10xxxxxx

从表 3-14 可以看出，UTF-8 的特点是对不同范围的字符（也就是 Unicode 码点，一个码点对应一个字符）使用不同长度的编码。对于 0x00~0x7F 之间的字符，UTF-8 编码与 ASCII 编码完全相同。UTF-8 编码的最大长度是 4 字节。4 字节模板有 21 个 x，即可以容纳 21 位二进制数字。Unicode 的最大码点 0x10FFFF 也只有 21 位。

举个例子，"汉"这个中文字符的 Unicode 编码是 0x6C49。0x6C49 在 0x0800 和 0xFFFF 之间，使用 3 字节模板：1110xxxx 10xxxxxx 10xxxxxx。将 0x6C49 写成二进制是 0110 1100 0100 1001，用这个比特流从左到右依次代替模板中的 x，得到 11100110 10110001 10001001，即 E6 B1 89。这样，"汉"的 UTF-8 编码就是 E6B189。

再看一个例子，假设某字符的 Unicode 编码为 0x20C30，0x20C30 在 0x010000 和 0x10FFFF 之间，使用 4 字节模板：11110xxx 10xxxxxx 10xxxxxx 10xxxxxx。将 0x20C30 写成 21 位二进制数字（不足 21 位就在前面补 0）：0 0010 0000 1100 0011 0000。用这个比特流依次代替模板中的 x，得到 11110000 10100000 10110000 10110000，即 F0 A0 B0 B0。

2. UTF-16

UTF-16 编码以 16 位无符号整数为单位，即把 Unicode 码点转换为以 16 比特长为一个单位的二进制串，以用于数据存储或传递。程序每次取 16 位二进制串为一个单位来解析。我们把 Unicode 编码记作 U。具体编码规则介绍如下。

1）代理区

因为 Unicode 字符集的编码值范围为 0~0x10FFFF，而大于或等于 0x10000 的辅助平面区的编码值无法用一个 16 位来表示（16 位最多能表示到码点 0xFFFF），所以 Unicode 标准规定：基本多语言平面内，码点范围在 U+D800~U+DFFF 的值不对应于任何字符，称为代理区。这样，UTF-16 利用保留下来的 0xD800~0xDFFF 区段的码点来对辅助平面内的字符的码点进行编码。

2）从 U+0000 至 U+D7FF 以及从 U+E000 至 U+FFFF 的码点

第一个 Unicode 平面的码点从 U+0000 至 U+FFFF（除去代理区），包含最常用的字符。这个范围内的码点的 UTF-16 编码数值等价于对应的码点，都是 16 位。

我们用 U 来表示码点，如果 U<0x10000，U 的 UTF-16 编码就是 U 对应的 16 位无符号整数（为了书写简便，后文将 16 位无符号整数记作 WORD）。

3）从 U+10000 到 U+10FFFF 的码点

辅助平面中的码点大于或等于 0x10000，在 UTF-16 中被编码为一对 16 比特长的码元（即 32 位，4 字节），称作理对（Surrogate Pair）。

如果码点 U≥0x10000，先计算 U'=U-0x10000，然后将 U'（注意右上方有一个撇）写成二进制形式 yyyy yyyy yyxx xxxx xxxx，接着在 y 前加上 110110，在 x 前加上 110111，则 U 的 UTF-16 编码（二进制）就是 110110yyyyyyyyyy 110111xxxxxxxxxx。

为什么 U'可以写成 20 个二进制位？Unicode 的最大码点是 0x10ffff，减去 0x10000 后，U'的最大值是 0xfffff，所以肯定可以用 20 个二进制位表示。例如，Unicode 编码 0x20C30 减去 0x10000 后，得到 0x10C30，写成二进制是 0001 0000 1100 0011 0000。用前 10 位依次代替模板中的 y，用后 10 位依次代替模板中的 x，就得到 1101100001000011 1101110000110000，即 0xD843 0xDC30。按照这个规则，如果 Unicode 编码在 0x10000~0x10FFFF 范围内，UTF-16 编码就有两个 WORD，第一个 WORD 的高 6 位是 110110，第二个 WORD 的高 6 位是 110111。由此可见，第一个 WORD 的取值范围（二进制）是 11011000 00000000~11011011 11111111，即 0xD800~0xDBFF；第二个 WORD 的取值范围（二进制）是 11011100 00000000~11011111 11111111，即 0xDC00~0xDFFF。它们和码点的具体对应关系见表 3-15。

表 3-15 和码点的具体对应关系

hi \ lo	DC00	DC01	…	DCFF
D800	10000	10001	…	103FF
D801	10400	10401	…	107FF
⋮	⋮	⋮	⋱	⋮
DBFF	10FC00	10FC01	…	10FFFF

通过代理区很好地表示了 U≥0x10000 的码点，并且将一个 WORD 的 UTF-16 编码与两个 WORD 的 UTF-16 编码区分开了。

我们把 D800~DB7F 的范围称为高位代理（High Surrogates），意思是代理区中的 D800~DB7F 作为两个 WORD 的 UTF-16 编码的第一个 WORD（高位部分的那个 WORD）；把 DB80~DBFF 的范围称为高位专用代理（High Private Use Surrogates）；把 DC00~DFFF 的范围称为低位代理（Low Surrogates），意思是代理区中的 DC00~DFFF 作为两个 WORD 的 UTF-16 编码的第二个 WORD（低位部分的那个 WORD）。后来，由于高位代理比低位代理的值要小，为了避免混淆使用，Unicode 标准称高位代理为前导代理（Lead Surrogates）。同样，由于低位代理比高位代理的值要大，为了避免混淆使用，Unicode 标准称低位代理为后尾代理（Trail Surrogates）。

下面再介绍一下高位专用代理。首先来看一下如何从 UTF-16 编码推导 Unicode 编码。

如果一个字符的 UTF-16 编码的第一个 WORD 的范围为 0xDB80 到 0xDBFF，那么它的 Unicode

编码的范围是什么？我们知道第二个 WORD 的取值范围是 pl=0xDC00-0xDFFF，所以这个字符的 UTF-16 编码范围应该是 0xDB80 0xDC00~0xDBFF 0xDFFF。我们将这个范围写成二进制：

1101101110000000 11011100 00000000 - 1101101111111111 1101111111111111

按照编码的相反步骤，取出高低 WORD 的后 10 位，然后拼在一起，得到：

1110 0000 0000 0000 0000 - 1111 1111 1111 1111 1111

即 0xE0000-0xFFFFF，按照编码的相反步骤再加上 0x10000，得到 0xF0000~0x10FFFF。这就是 UTF-16 编码的第一个 WORD 在 0xDB80 到 0xDBFF 之间的 Unicode 编码范围，即平面 15 和平面 16。由于 Unicode 标准将平面 15 和平面 16 都作为专用区，因此 0xDB80 到 0xDBFF 之间的保留码点被称作高位专用代理。

下面讲述一下 UTF-16 的字节序（字节存储次序）问题。

UTF-16 的编码单元是 16 位，两个字节，这两个字节在传输和存储过程中，高低位的位置不同，是不同的字符。比如，"田"的 UTF-16 编码是 0x7530，但是如果存成 0x3075，就变成了字符"ふ"，成了另外的字符。再比如"奎"的 UTF-16 编码是 594E，"乙"的 UTF-16 编码是 4E59，如果我们收到 UTF-16 字节流 594E，那么应该解释成"奎"还是"乙"？再如"汉"字的 Unicode 编码是 6C49，那么写到文件里时，究竟是将 6C 写在前面，还是将 49 写在前面？

UTF-8 以字节为编码单元，没有字节序的问题。UTF-16 以两个字节为编码单元，在解释一个 UTF-16 文本前，要弄清楚每个编码单元的字节序。字节序有两种：大端（Big Endian）和小端（Little Endian），或称大尾和小尾。大端是指将一个数的高位字节存储在起始地址，数的其他部分再按顺序存储；小端是指将一个数的低位字节存储在起始地址，数的其他部分再按顺序存储。

例如，16 位宽的数 0x1234 在小端模式的 CPU 内存中的存放方式（假设从地址 0x8000 开始存放）为：

内存地址	0x8000	0x80001
存放的数据	0x34	0x12

而在大端模式的 CPU 内存中的存放方式则为：

内存地址	0x8000	0x80001
存放的数据	0x12	0x34

32 位宽的数 0x12345678 在小端模式的 CPU 内存中的存放方式（假设从地址 0x8000 开始存放）为：

内存地址	0x8000	0x8001	0x8002	0x8003
存放的数据	0x78	0x56	0x34	0x12

而在大端模式的 CPU 内存中的存放方式则为：

内存地址	0x8000	0x8001	0x8002	0x8003
存放的数据	0x12	0x34	0x56	0x78

大端和小端是由硬件决定的，和操作系统没关系。通常 x86、ARM 等硬件平台都是小端。

为了识别一个编码的字节序，Unicode 标准建议用 BOM（Byte Order Mark）来区分字节序，即在传输字节流前，先传输一个用作 BOM 的字符，该字符的码点为 U+FEFF，而 FEFF 的反转字节序 FFFE 在 Unicode 中是未定义的码位，所以两者结合起来可以标示字节序，即 BOM 字符在大端系统上的编码为 FEFF，而在小端系统上的编码则为 FFFE。通常把 BOM 字符的编码放在文件开头，如果开头是 FEFF，就说明该文件是以大端方式存储的 UTF-16（UTF-16 大端可以写成 UTF-16BE）编码；如果文件开头是 FFFE，则说明该文件是以小端方式存储的 UTF-16（UTF-16 小端可以写成 UTF-16LE）编码。

数据传输过程也一样，如果接收者收到 FEFF，就表明这个字节流是大端的；如果收到 FFFE，就表明这个字节流是小端的。

UTF-8 不需要 BOM 来表明字节顺序，但可以用 BOM 来表明编码方式，BOM 的 UTF-8 编码为 11101111 10111011 10111111（EFBBBF）。如果文件开头是 EFBBBF，就说明该文件的编码是 UTF-8；如果接收者收到以 EFBBBF 开头的字节流，也就知道这是 UTF-8 编码了。

在 Windows 的记事本上，选择"另存为"的时候，用户可以选择不同的编码选项，对应编码选项有"ANSI""Unicode""Unicode big endian"以及"UTF-8"。其中，"Unicode""Unicode big endian"对应的分别是 UTF-16LE 和 UTF-16BE。我们可以来做个试验，选一个字，比如"海"，"海"的码点是 U+6D77。在 Windows 下新建一个文本文档，输入"海"，然后选择菜单"另存为"，在另存为的时候选择编码方式为"Unicode big endian"，接着关闭文件。再打开可以查看二进制码的文本工具（比如 UltraEdit，注意最好用高一点的版本，比如版本 21，版本太低只会显示小端的情况，比如 UltraEdit 11 就是这样的），选择二进制查看方式，就可以看到内容为 FE FF 6D 77，文件开头的两个字节是 FE FF，表示大端存储，6D 77 就是"海"的 UTF-16BE 编码（因为码点小于或等于 0x10000，所以和 Unicode 码点一样；因为是大端，所以数据的高位字节 6D 存在低地址，即先存高位字节）。以同样的方式，我们再把文本文件改为小端方式（在记事本另存为的时候选择编码为 Unicode）存储，然后用二进制查看，可以看到内容为 FF FE 77 6D，文件开头两个字节为 FF FE，表示小端存储，77 6D 为 UTF-16LE 编码，低位部分 77 存在低地址，即先存数据的低位字节；如果以 UTF-8 存放，以二进制查看的时候就可以看到开头 3 个字节是 EFBBBF。

3. UTF-32

UTF-32 编码以 32 位无符号整数为单位。Unicode 码点的 UTF-32 编码就是该码点值。UTF-32 很简单，其编码和 Unicode 码点一一对应。根据字节序的不同，UTF-32 也被实现为 UTF-32LE 或 UTF-32BE。BOM 字符在 UTF-32LE（UTF-32 小端方式）的编码为 FF FE 00 00，BOM 字符在 UTF-32BE（UTF-32 大端方式）的编码为 00 00 FE FF。

既然 UTF-32 最简单，那为什么很多系统不采用 UTF-32 呢？这是因为 Unicode 定义的范围太大了，实际使用中，99%的人使用的字符编码不会超过 2 个字节，如果统一用 4 个字节，数据冗余就非常大，会造成存储上的浪费和传输上的低效，因此 16 位是最好的。就算遇到超过 16 位表示的字符，我们也可以通过上面讲到的代理技术，采用 32 位标识，这样的方案是最好的。不少主流操作系统实现 Unicode 方案采用的还是 UTF-16 或 UTF-8。比如 Windows 用的方案就是 UTF16，而不少 Linux 用的方案就是 UTF-8。但现在情况正在发生改变，好多新版本的主流 Linux 系统已经开始采用 UTF-32 了。

3.12.5　C 运行时库对 Unicode 的支持

首先要记住宽字节，即 wchar_t 类型采用 Unicode 编码方式，在 Windows 中为 UTF-16，在 Ubuntu 中默认情况下为 UTF-8。

C95 标准化了两种表示大型字符集的方法：宽字符（Wide Character，该字符集内每个字符使用相同的位长）以及多字节字符（Multibyte Character，每个字符可以是一到多个字节不等，而某个字节序列的字符值由字符串或流所在的环境背景决定）。自从 1994 年增补之后，C 语言不止提供 char 类型，还提供 wchar_t 类型（宽字符），此类型定义在 stddef.h 头文件中。wchar_t 指定的宽字节类型足以表示某个实现版本扩展字符集的任何元素。

在多字节字符集中，每个字符的编码宽度都是不等的，可以是一个字节，也可以是多个字节。源码字符集和运行字符集都可能包含多字节字符。多字节字符可以用于字符的常量、字符串字面值、标识符、注释以及头文件。

C 语言本身并没有定义或指定任何编码集合或任何字符集（基本源码字符集和基本运行字符集除外），而是由其实现指定如何编码宽字符，以及要支持什么类型的多字节字符编码机制。

虽然 C 标准没有支持 Unicode 字符集，但是许多实现版本使用 Unicode 转换格式 UTF-16 和 UTF-32 来处理宽字符。如果遵循 Unicode 标准，wchar_t 类型至少是 16 位或 32 位长，而 wchar_t 类型的一个值就代表一个 Unicode 字符。

UTF-8 是一个由 Unicode Consortium（万国码联盟）定义的实现，可以表示 Unicode 字符集的所有字符。UTF-8 字符所使用的空间大小从 1 个字节到 4 个字节都有可能。

多字节字符和宽字符的主要差异在于宽字符占用的字节数目都一样，而多字节字符的字节数目不等，这样的表示方式使得多字节字符串比宽字符串更难处理。比如，即使字符 A 可以用一个字节来表示，但是要在多字节的字符串中找到此字符，就不能使用简单的字节比对，因为即使在某个位置找到相符合的字节，此字节也不见得是一个字符，它可能是另一个不同字符的一部分。然而，多字节字符相当适合用来将文字存储成文件。

在下面的代码中，我们可以看到 wchar_t 所占用的字节数。

```
#include <stdio.h>
#include <wchar.h>
int main()
{
    wchar_t ch = 'A'; // ch 占用 4 个字节
    printf("sizeof(ch)=%d\n", sizeof(ch));
    return 0;
}
```

在 Ubuntu 下编译并运行：

```
# g++ test.cpp -o test
# ./test
sizeof(ch)=4
```

3.12.6　C++标准库对 Unicode 的支持

C++标准库中的 string 也有对应的宽字符版本 wstring，但没有提供统一的函数形式，不过可以自己定义一个，例如：

```
#ifdef _UNICODE
#define tstr  wstring
#else
#define tstr  string
#endif
```

然后在程序中使用 tstr 即可。类似的还有 fstream/wfstream、ofstream/wofstream 等，都有两个版本。

3.12.7 字符集相关实例

【例 3.82】找出 char 类型的数组里的汉字

（1）打开 Visual Studio Code，新建文本文件，输入代码如下：

```
#include "string.h"
#include "iostream"
using namespace std;

int main(int argc, char* argv[])
{
    char sz1[] = "a 世界 a1a 都去 asdfad 哪啦";
    string str;
    int i, len = strlen(sz1);    // 得到字符数组长度

    for (int i = 0; i < len;)
    {
        if (sz1[i] < 0)          // 若为负数，则前后两个字节存的是汉字
        {
            str.push_back(sz1[i]);
            i++;
            str.push_back(sz1[i]);
        }
        i++;
    }
    cout << str << endl;         // 输出找到的汉字

    return 0;
}
```

（2）保存代码为 test.cpp，并上传到 Linux，在命令行下编译并运行：

```
# g++ test.cpp -o test
# ./test
世界都去哪啦
```

注意，若用 SecureCRT 终端工具，则要把字符集设为"简体中文 GB2312"，否则无法正确显示出中文。

第 4 章

Linux 文件编程

4.1 文件系统及层次结构标准

文件系统是操作系统中负责管理和存储文件的软件系统。

当我们在 Linux 下查看根目录下的内容时，见到的目录结构都大同小异，这是因为所有的 Linux 发行版对根文件系统的布局都遵循文件系统层次结构标准（File system Hierarchy Standard，FHS）的建议规定。该标准规定了根目录下各个子目录的名称及其存放的内容，如表 4-1 所示。

表 4-1 根目录下各个子目录的名称及其存放的内容

目 录 名	存放的内容
/	根目录，一般根目录下只存放目录，不存放文件，/etc、/bin、/dev、/lib、/sbin 应该和根目录放置在一个分区中
/bin	必备的用户命令程序，例如 ls、cp 等
/boot	放置 Linux 系统启动时要用到的一些文件。比如，/boot/vmlinuz 为 Linux 的内核文件。建议单独分区，分区大小为 100MB 即可
/sbin	必备的系统管理员命令，例如 ifconfig、reboot 等
/dev	设备文件，例如 mtdblock0、tty1 等
/etc	系统配置文件存放的目录，不建议在此目录下存放可执行文件。重要的配置文件有/etc/inittab、/etc/fstab、/etc/init.d、/etc/X11、/etc/sysconfig、/etc/xinetd.d，修改配置文件之前记得备份。注：/etc/X11 存放与 X Windows 有关的设置
/lib	必要的链接库，例如 C 链接库、内核模块
/home	普通用户主目录
/root	root 用户主目录
/usr/bin	非必备的用户程序，例如 find、du 等
/usr/sbin	非必备的管理员程序，例如 chroot、inetd 等

(续表)

目录名	存放的内容
/var	放置系统执行过程中经常变化的文件，如随时更改的日志文件/var/log。/var/log/message 存放所有的登录文件，/var/spool/mail 存放邮件，/var/run 是程序或服务启动后，其 PID 存放在该目录下。建议单独分区，设置较大的磁盘空间
/proc	此目录的数据都在内存中，如系统核心、外部设备、网络状态，由于数据都存放于内存中，因此不占用磁盘空间。比较重要的目录有 /proc/cpuinfo、/proc/interrupts、/proc/dma、/proc/ioports、/proc/net/*等
/tmp	一般用户或正在执行的程序临时存放文件的目录，任何人都可以访问，重要数据不可放置在此目录下
/srv	服务程序启动之后需要访问的数据目录，如 www 服务需要访问的网页数据存放在/srv/www 内
/usr	应用程序存放的目录。/usr/bin 存放应用程序；/usr/share 存放共享数据；/usr/lib 存放不能直接运行的，却是许多程序运行所必需的一些函数库文件；/usr/local 存放软件升级包；/usr/share/doc 存放系统说明文件；/usr/share/man 存放程序说明文件
/lib，/usr/lib，/usr/local/lib	系统使用的函数库的目录，程序在执行过程中，通常需要一些程序库的支持

4.2 文件的属性信息

如何查看文件类型的属性信息呢？可以通过命令 ls -l 或 ll 显示的每行结果的第一个字符来判断是哪种文件。比如在 /root 下执行 ls -l，显示结果如下：

```
[root@localhost ~]# ls -l
总用量 12
-rw-------. 1 root root 1659 12月 16 2016 anaconda-ks.cfg
-rw-------. 1 root root 1707 12月 15 2016 initial-setup-ks.cfg
-rwxr-xr-x  1 root root    0 1月 27 22:03 myfile.txt
drwxr-xr-x. 2 root root    6 12月 17 2016 perl5
drwxr-xr-x. 5 root root 4096 12月  9 06:49 soft
drwxr-xr-x. 2 root root   32 11月  3 22:11 zww
drwxr-xr-x. 2 root root    6 12月 17 2016 公共
drwxr-xr-x. 2 root root    6 12月 17 2016 模板
drwxr-xr-x. 2 root root    6 12月 17 2016 视频
drwxr-xr-x. 2 root root    6 12月 17 2016 图片
drwxr-xr-x. 2 root root    6 12月 17 2016 文档
drwxr-xr-x. 2 root root    6 12月 17 2016 下载
drwxr-xr-x. 2 root root    6 12月 17 2016 音乐
drwxr-xr-x. 2 root root    6 12月 17 2016 桌面
```

从第 3 行开始，每行就代表某个文件或目录的属性信息，比如第 3 行表示文件 anaconda-ks.cfg 的属性行（信息）：

```
-rw-------. 1 root root 1659 12月 16 2016 anaconda-ks.cfg
```

anaconda-ks.cfg 的属性行（信息）的第一个字符是"-"，表示文件类型是普通文件。文件属性信息分为：文件类型、权限、链接数、所属用户、所属用户组、文件大小、最后修改时间、文件名，具体可以参见图 4-1。

图 4-1

4.3 i 节点

4.3.1 基本概念

在 Linux 系统中，内核为每一个新创建的文件分配一个 i 节点（索引节点，Index Node）。文件的属性信息就保存在索引节点里，在访问文件时，索引节点被复制到内存中，从而实现文件的快速访问。索引节点是 Linux 虚拟文件系统（Virtual File Systems，VFS）的基本概念之一。

i 节点不但包含某个文件的属性信息，还包含指向存储文件数据的数据块的指针。在 Linux 文件系统中，一个文件除了纯数据本身之外，还必须包含对这些纯数据的管理信息，如访问权限、文件的属主以及该文件的数据所对应的磁盘块等，这些管理信息称为元数据（Mata Data），保存在文件的 i 节点之中。

我们以硬盘存储文件来说明，文件存储在硬盘上，硬盘的最小存储单位叫作"扇区"。每个扇区能存储 512 字节。操作系统在读取硬盘的时候，不会一个一个扇区地读取，这样效率太低，而是一次性连续读取多个扇区，即一次性读取一个"块"（Block）。这种由多个扇区组成的"块"是文件存取的最小单位。"块"的大小最常见的是 4KB，即连续 8 个扇区组成一块。文件纯数据都存放在"块"中，很显然，我们还必须找到一个地方来存储文件的元数据，比如文件的创建者、文件的创建日期、文件的大小等。这种存储文件元数据的区域就叫作 i 节点。通常，在一个 Linux 系统中，i 节点所占空间大约是整个文件系统空间的 1%。在 Linux 系统中，一个磁盘被格式化为 ext 文件系统（比如 ext2 或 ext3）时，系统将自动生成一个 i 节点表（i 节点数组），并且每个文件都对应着一个 i 节点。创建一个文件后，会同时创建一个 i 节点和一个"块"，i 节点存放的是文件的属性信息（但是不包括文件名），并存放所对应数据所在的"块"的地址的指针；"块"存放文件的真正数据，每个"块"最多存放一个文件，而当一个"块"存放不下时，会占用下一个"块"。

4.3.2 i 节点的内容

i 节点包含文件的元数据，具体来说主要有以下内容：

(1) i 节点号（inode-no），在一个文件系统中，每个 i 节点都有唯一的编号。
(2) 文件类型，比如字符"-"表示普通文件，字符"d"表示目录，等等。
(3) 权限，权限分为可读权限、可写权限、可执行权限等，系统使用一组数字来表示某个文件或目录的权限，这是因为用数字表示权限比用符号表示权限占用的存储空间少。
(4) 文件的字节数。
(5) 文件的拥有者 uid。
(6) 文件的所属组 gid。
(7) 文件的时间戳，时间戳又包含 3 个时间：

- ctime（change time）：表示文件的 i 节点上一次变动的时间。
- mtime（modify time）：表示文件内容上一次变动的时间。
- atime（access time）：表示文件上一次访问（内容没有变动）的时间。

(8) 硬链接数，稍后会讲到。
(9) 存有文件纯数据的"块"的位置，即真正存放文件数据的数据块的指针。

细心的读者可能会发现，i 节点里不包含文件名。的确，i 节点不包含文件名，因为每个 i 节点都有一个 i 节点号，操作系统是通过用 i 节点号来识别文件的，而不是通过文件名来识别文件的，文件名是给人用的。虽然每个文件都对应唯一的 i 节点号，但 i 节点号是杂乱而毫无意义的，不方便人记忆和使用，用户希望对每个文件取一个有意义的文件名。现代文件系统提供的一个基本功能是按名存取，所以还需要建立文件名到i节点号的对应关系，这就引出了目录项（Directory Entry，即dentry）的概念。在 Linux 文件系统中有一类特殊的文件称为"目录"，目录就保存了该目录下所有文件的文件名到 i 节点号的对应关系，这里的一个对应关系就称为一个目录项。Linux 把所有的文件和目录构建成了一个倒立的树状结构，这样只要确定了根目录的 i 节点号，就可以对整个文件系统进行按名存取。再次强调，文件名保存在一个目录项中，每一个目录项中都包含文件名和 i 节点。我们可以通过图 4-2 来看一下目录项和 i 节点之间的联系。

图 4-2

从图 4-2 中可以看出目录是一种表，而每一行即为一个目录项，每个目录项都包含一个 i 节点号和一个文件名，i 节点号指向 i 节点。这样我们就可以通过文件名找到 i 节点号，通过 i 节点号找到 i 节点，从而找到文件在磁盘上的位置。表面上用户通过文件名打开文件，实际上系统内部经历了以下 3 个过程：

（1）系统通过目录项找到这个文件名对应的 i 节点号。
（2）通过 i 节点号获取 i 节点信息。
（3）根据 i 节点信息找到文件数据所在的"块"，读出数据。

我们可以用 ls -i 来查看文件所对应的 i 节点号，比如：

```
[root@localhost ~]# ls -i myfile.txt
67230464 myfile.txt
```

67230464 就是 myfile.txt 的 i 节点号。

也可以用 stat 命令来查看某个文件的 i 节点号，比如：

```
[root@localhost ~]# stat myfile.txt
  文件："myfile.txt"
  大小：0          块：0         IO 块：4096   普通空文件
设备：fd00h/64768d    Inode：67230464    硬链接：1
权限：(0755/-rwxr-xr-x)  Uid：(    0/    root)   Gid：(    0/    root)
最近访问：2018-01-27 22:03:59.006601572 +0800
最近更改：2018-01-27 22:03:59.006601572 +0800
最近改动：2018-01-27 22:03:59.006601572 +0800
创建时间：-
```

可以看到，除了 i 节点号外，其他的属性信息也都显示出来了。如果要查看某目录下的所有文件的 i 节点号，可以使用命令 ls -li：

```
[root@localhost ~]# ls -li
总用量 12
 74593456 -rw-------. 1 root root   1659 12月 16  2016 anaconda-ks.cfg
 72621286 -rw-------. 1 root root   1707 12月 15  2016 initial-setup-ks.cfg
 67230464 -rwxr-xr-x  1 root root      0 1月  27 22:03 myfile.txt
 67230504 -rw-r--r--  1 root root      0 2月  18 18:14 newfile.dat
 39782649 drwxr-xr-x. 2 root root      6 12月 17  2016 perl5
102575654 drwxr-xr-x. 5 root root   4096 12月  9 06:49 soft
 72630749 drwxr-xr-x. 2 root root     32 11月  3 22:11 zww
104214069 drwxr-xr-x. 2 root root      6 12月 17  2016 公共
 72621302 drwxr-xr-x. 2 root root      6 12月 17  2016 模板
104214070 drwxr-xr-x. 2 root root      6 12月 17  2016 视频
 72621303 drwxr-xr-x. 2 root root      6 12月 17  2016 图片
  6224821 drwxr-xr-x. 2 root root      6 12月 17  2016 文档
 39782647 drwxr-xr-x. 2 root root      6 12月 17  2016 下载
 39782648 drwxr-xr-x. 2 root root      6 12月 17  2016 音乐
  6224820 drwxr-xr-x. 2 root root      6 12月 17  2016 桌面
```

4.3.3 i 节点的使用状况

每个 i 节点的大小一般是 128 字节或 256 字节。i 节点的总数在格式化时就会给定，一般是每

1KB 或每 2KB 就设置一个 i 节点。

查看每个硬盘分区的 i 节点总数和已经使用的数量可以使用 df 命令。我们每次新建一个文件，可用 i 节点的数目就会减 1，已用 i 节点数目就会加 1，通过 df -i 命令可以查看到当前文件系统的 i 节点的使用情况，如下：

```
# df -i
文件系统        Inode     已用(I)   可用(I)   已用(I)%  挂载点
udev            243821    475      243346    1%       /dev
tmpfs           250860    902      249958    1%       /run
/dev/sda5       1277952   310190   967762    25%      /
tmpfs           250860    1        250859    1%       /dev/shm
tmpfs           250860    6        250854    1%       /run/lock
tmpfs           250860    18       250842    1%       /sys/fs/cgroup
/dev/loop0      29        29       0         100%     /snap/bare/5
/dev/loop1      10944     10944    0         100%     /snap/core18/2790
/dev/loop2      10944     10944    0         100%     /snap/core18/2812
/dev/loop3      14443     14443    0         100%     /snap/core22/1122
/dev/loop4      14329     14329    0         100%     /snap/core22/864
/dev/loop5      24339     24339    0         100%     /snap/gnome-3-34-1804/36
/dev/loop6      18503     18503    0         100%     /snap/gnome-3-34-1804/93
/dev/loop7      20541     20541    0         100%     /snap/gnome-42-2204/126
/dev/loop8      62342     62342    0         100%     /snap/gtk-common-themes/1506
/dev/loop9      20627     20627    0         100%     /snap/gnome-42-2204/141
/dev/loop10     15827     15827    0         100%     /snap/snap-store/467
/dev/loop11     2038      2038     0         100%     /snap/snap-store/959
/dev/loop12     76208     76208    0         100%     /snap/gtk-common-themes/1535
/dev/loop13     658       658      0         100%     /snap/snapd/20671
/dev/loop14     658       658      0         100%     /snap/snapd/20290
/dev/sda1       0         0        0         -        /boot/efi
tmpfs           250860    81       250779    1%       /run/user/0
```

可以看到，路径 "/" 的可用 i 节点数为 967762，已用 i 节点数为 310190。下面在 "/" 下新建一个文件，然后用 df -i 查看：

```
# touch newfile.dat
# df -i

文件系统        Inode     已用(I)   可用(I)   已用(I)%  挂载点
udev            243821    475      243346    1%       /dev
tmpfs           250860    902      249958    1%       /run
/dev/sda5       1277952   310191   967761    25%      /
tmpfs           250860    1        250859    1%       /dev/shm
tmpfs           250860    6        250854    1%       /run/lock
tmpfs           250860    18       250842    1%       /sys/fs/cgroup
/dev/loop0      29        29       0         100%     /snap/bare/5
/dev/loop1      10944     10944    0         100%     /snap/core18/2790
/dev/loop2      10944     10944    0         100%     /snap/core18/2812
/dev/loop3      14443     14443    0         100%     /snap/core22/1122
```

```
/dev/loop4          14329      14329         0   100% /snap/core22/864
/dev/loop5          24339      24339         0   100% /snap/gnome-3-34-1804/36
/dev/loop6          18503      18503         0   100% /snap/gnome-3-34-1804/93
/dev/loop7          20541      20541         0   100% /snap/gnome-42-2204/126
/dev/loop8          62342      62342         0   100% /snap/gtk-common-themes/1506
/dev/loop9          20627      20627         0   100% /snap/gnome-42-2204/141
/dev/loop10         15827      15827         0   100% /snap/snap-store/467
/dev/loop11          2038       2038         0   100% /snap/snap-store/959
/dev/loop12         76208      76208         0   100% /snap/gtk-common-themes/1535
/dev/loop13           658        658         0   100% /snap/snapd/20671
/dev/loop14           658        658         0   100% /snap/snapd/20290
/dev/sda1               0          0         0      - /boot/efi
tmpfs              250860         81    250779     1% /run/user/0
```

可以看到，新建了文件 newfile.dat 后，"/"的可用 i 节点数减 1，变为 967761，可用的 i 节点数增加 1，变为 310191。

4.4 文件类型

在 Linux 系统中，可以说一切皆文件。我们看到的目录和外设（如光驱、U 盘、硬盘等）都是以文件的形式存在的。在 Linux 中有 7 种文件类型：普通文件、目录、块设备文件、字符设备文件、链接文件、管道文件、套接口文件。针对这 7 种文件类型，分别由相应的字符来表示。

- -：普通文件。
- d：目录。
- b：块设备文件（例如硬盘、光驱等）。
- c：字符设备文件（例如"猫"等串口设备）。
- l：链接文件。
- p：管道文件。
- s：套接口文件/数据接口文件（例如启动一个 MySQL 服务器时会产生一个 mysql.sock 文件）。

这里只需关注第一个字符（即文件类型）即可，其他属性暂不介绍。顺便介绍一下 ll 和 ls-l 的区别：ll 会显示出当前目录下的隐藏文件，而 ls -l 不会。

4.4.1 普通文件

普通文件中包含的内容就是用户、系统或应用程序输入而生成的数据，在文件系统中不加任何内部修饰，把它们看作纯粹的字节流。我们可以用命令 ls -l 或 ll 来查看文件的属性信息，通过判断属性行的第一个字符来判断文件的类型，如果第一个字符是"-"，就表示是一个普通文件。比如我们在/root 下运行 ll 命令：

```
[root@localhost ~]# ll
总用量 12
```

```
-rw-------. 1 root root 1659 12月 16 2016 anaconda-ks.cfg
-rw-------. 1 root root 1707 12月 15 2016 initial-setup-ks.cfg
-rwxr-xr-x  1 root root    0 1月 27 22:03 myfile.txt
drwxr-xr-x. 2 root root    6 12月 17 2016 perl5
drwxr-xr-x. 5 root root 4096 12月  9 06:49 soft
drwxr-xr-x. 2 root root   32 11月  3 22:11 zww
drwxr-xr-x. 2 root root    6 12月 17 2016 公共
drwxr-xr-x. 2 root root    6 12月 17 2016 模板
drwxr-xr-x. 2 root root    6 12月 17 2016 视频
drwxr-xr-x. 2 root root    6 12月 17 2016 图片
drwxr-xr-x. 2 root root    6 12月 17 2016 文档
drwxr-xr-x. 2 root root    6 12月 17 2016 下载
drwxr-xr-x. 2 root root    6 12月 17 2016 音乐
drwxr-xr-x. 2 root root    6 12月 17 2016 桌面
```

把"总用量 12"看作第 1 行，ll 输出的第 2 行到第 4 行的属性符号的第一个字符是"-"，因此文件 anaconda-ks.cfg、initial-setup-ks.cfg 和 myfile.txt 是普通文件。

文件和普通文件的所指范围不同，普通文件一定是文件，但文件不一定是普通文件，普通文件只是文件的一个子集。

4.4.2 目录

在 Linux 中，任何东西都被看成文件，目录也不例外。前面提到，目录保存了该目录下所有文件的文件名到 i 节点号的对应关系。每个文件的文件名和该文件的 i 节点构成一个目录项，所有的目录项连在一起就是一个目录（块），如图 4-3 所示。

图 4-3

我们可以用命令 ls -l 或 ll 来查看某个文件的属性符号（类似 drw-----），如果第一个字符是"d"，该文件就表示一个目录。这句话是不是感觉有点别扭？要注意这里说的是"该文件"，文件和普通文件所指的范围不同，普通文件只是文件的一个子集。慢慢习惯吧，Linux 下一切皆文件。比如我们在/root 下运行 ls -l 命令：

```
[root@localhost ~]# ls -l
总用量 12
-rw-------. 1 root root 1659 12月 16 2016 anaconda-ks.cfg
```

```
-rw-------. 1 root root 1707 12月 15 2016 initial-setup-ks.cfg
-rwxr-xr-x  1 root root    0 1月  27 22:03 myfile.txt
drwxr-xr-x. 2 root root    6 12月 17 2016 perl5
drwxr-xr-x. 5 root root 4096 12月  9 06:49 soft
drwxr-xr-x. 2 root root   32 11月  3 22:11 zww
drwxr-xr-x. 2 root root    6 12月 17 2016 公共
drwxr-xr-x. 2 root root    6 12月 17 2016 模板
drwxr-xr-x. 2 root root    6 12月 17 2016 视频
drwxr-xr-x. 2 root root    6 12月 17 2016 图片
drwxr-xr-x. 2 root root    6 12月 17 2016 文档
drwxr-xr-x. 2 root root    6 12月 17 2016 下载
drwxr-xr-x. 2 root root    6 12月 17 2016 音乐
drwxr-xr-x. 2 root root    6 12月 17 2016 桌面
```

把"总用量 12"看作第 1 行，从第 5 行到结束，其属性符号的第一个字符都是"d"，因此从第 5 行开始都是目录。

当新建一个目录的时候，会默认分配一个"块"，就是我们看到的 4096 字节，目录中文件的文件名和 inode 信息要存放到这个"块"中。目录里面文件增长，要存储的元信息也会增多，一个"块"不够时，会再申请一个"块"，但是最小的单位就是"块"，所以大小总会是 4096 的整数倍。

4.4.3 块设备文件

块设备是具有一定结构的随机存取设备，对这种设备的读写是按块进行的，它使用缓冲区来存放暂时的数据，待条件成熟后，从缓存区一次性写入设备或者从设备一次性读到缓冲区。Linux 秉承"一切都是文件"的设计思想，将所有的块设备也看成文件，当内核发现一个块设备时，会通知用户空间，用户空间的 udevd 后台进程接收到这些消息后，会按照用户指定的规则为它们创建块设备文件。块设备文件通常存放在/dev 下，比如/dev/sg1。常见的块设备文件如下：

- /dev/hd[a-t]：IDE设备。
- /dev/sd[a-z]：SCSI设备和SATA设备。
- /dev/fd[0-7]：标准软驱。
- /dev/md[0-31]：软raid设备。
- /dev/loop[0-7]：本地回环设备。
- /dev/ram[0-15]：内存。

其中，[]里的字母表示第几块设备，数字代表分区。因此，/dev/sda3 代表第一块 SATA 接口的硬盘的第 3 个分区。我们可以联合使用 ll 和 grep 来搜索出/dev 下的 sda 设备文件，如下：

```
[root@localhost dev]# ll /dev|grep sd
brw-rw---- 1 root disk   8,  0 11月 25 16:16 sda
brw-rw---- 1 root disk   8,  1 11月 25 16:16 sda1
brw-rw---- 1 root disk   8,  2 11月 25 16:16 sda2
brw-rw---- 1 root disk   8,  3 11月 25 16:16 sda3
```

可以看到，块设备文件的属性符号的第一个字符是 b，b 就是 block 的简写，代表块设备文件。

4.4.4 字符设备文件

字符设备又称为裸设备。相对于块设备可以随机访问，字符设备只能被顺序读写。常见的字符设备有打印机、计算机显示器、键盘、鼠标、调试解调器、终端等。终端是一种字符型设备，它有多种类型，通常使用 tty 来简称各种类型的终端设备。tty 是 Teletype 或者 Teletypewriters 的缩写，Teletype 是最早出现的一种终端设备，很像电传打字机，是由 Teletype 公司生产的。字符设备文件通常也是存放在/dev 下。

我们用 ll 和 grep 联合搜索出/dev 下的 tty 设备文件，如下：

```
[root@localhost dev]# ll /dev|grep tty
crw-rw-rw-  1 root tty      5,  2 2月 12 13:42 ptmx
crw-rw-rw-  1 root tty      5,  0 11月 25 16:16 tty
crw--w----  1 root tty      4,  0 11月 25 16:16 tty0
crw--w----  1 root tty      4,  1 11月 25 08:24 tty1
crw--w----  1 root tty      4, 10 11月 25 16:16 tty10
crw--w----  1 root tty      4, 11 11月 25 16:16 tty11
crw--w----  1 root tty      4, 12 11月 25 16:16 tty12
...
```

可以看到属性符号的第一个字符都是 c，表示是一个字符设备。

4.4.5 链接文件

链接相当于给文件添加了另一条索引。

要理解 Linux 下链接文件的实质，首先需要理解索引节点和目录项两个基本概念。

合理地使用链接文件会为日常使用和系统管理带来一些便利，主要包括以下几方面：

1）保持软件的兼容性

例如，在很多 Linux 发行版中，/bin/sh 文件其实是一个指向/bin/bash 的符号链接。为什么要这样设计？因为几乎所有的 Shell 脚本的第一行都是 "#!/bin/sh"，"#!" 符号表示该行指定该脚本所用的解释器。"#!/bin/sh" 表示使用 Bourne Shell 作为解释器，这是一个早期的 Shell。在现代的 Linux 发行版中，通常采用 Bourne Again Shell（即 bash），bash 是对 Bourne Shell 的改进和增强，而早期的 Bourne Shell 在系统中根本不存在。为了能够顺利地运行 Shell 脚本而不必修改，只需要创建一个软链接/bin/sh 让其指向/bin/bash。如此一来，就可以让 bash 来解释原本针对 Bourne Shell 编写的脚本了。

2）方便软件的使用

比如安装了一个大型软件 Matlab，它可能默认安装在/usr/opt/Matlab 目录下，可执行文件位置在/usr/opt/Matlab/bin 目录下。除非将这个路径加入 PATH 环境变量里，否则每次运行这个软件，都需要输入一长串的路径，很不方便。此时，可以在 "~/bin" 下创建一个符号链接，这样今后在命令行下就无须输入完整路径，只需输入 matlab 即可。

3）维持旧的操作习惯

比如在 SuSE 中，启动脚本的位置放在/etc/init.d 目录下，而在 RedHat 的发行版中，启动脚本的位置放在/etc/init.d/rc.d 目录下。为了避免因为从 SuSE 转换到 RedHat 系统而导致管理员找不到位置的情况，可以创建一个符号链接/etc/init.d，使其指向/etc/init.d/rc.d。事实上，RedHat 发行版也正是这样做的。

4）方便系统管理

在/etc/rc.d/rcX.d（X 为数字 0~7）目录下的符号链接是一个非常典型的例子。在 init.d/目录下有许多用于启动、停止系统服务的脚本，如 sshd、crond 等。这些脚本可以接收一个参数，代表要启动或停止服务。为了决定在某个运行级别运行哪些脚本及传递给这些脚本哪些参数，RedHat 设计了一个额外的目录机制，即 rc0.d~rc6.d 的 7 个目录，每个目录对应一个运行级别。如果在某运行级别下需要启动某服务或者停止某服务，就在对应的 rcX.d 目录下建立一个符号链接，指向 init.d/目录下的脚本。

Linux 下的链接文件可以分为硬链接文件和软链接文件。

1. 硬链接文件

硬链接的实质是现有文件在目录树中的另一个入口。也就是说，硬链接相当于源文件的另一个目录项，它和源文件指向同一个索引节点，对应于相同的磁盘数据块，具有相同的访问权限、属性等。简而言之，硬链接其实就是给现有的文件起了一个别名。如果把文件系统比喻成一本书，硬链接就是在书本的目录中有两个目录项指向了同一页码的同一章节。硬链接的优点是几乎不占磁盘空间（因为仅仅是增加了一个目录项而已），但是这一优点相对于软链接其实并不明显（因为软链接占用的磁盘空间也很少）。另外，硬链接有以下一些局限：

（1）不能跨文件系统创建硬链接。原因很简单，i 节点号只有在一个文件系统内才能保证是唯一的，如果跨越文件系统，i 节点号就可能重复。

（2）不能对目录创建硬链接。

正因为硬链接的这些局限，加之软链接更加易于管理，所以软链接更加常用。

对硬链接文件进行读写时，系统会自动把读写操作转换为对源文件的操作，而在删除硬链接文件时，系统仅仅删除硬链接文件，而不删除源文件。但如果删除硬链接文件的源文件，硬链接文件依然存在，而且保留了原有的内容。此时，系统会把它当作一个普通文件。

建立硬链接有什么好处呢？除了方便外，它还有防止"误删"的作用。意思是，只要文件的索引节点号上有一个及以上的硬链接，该文件就不会删除（文件的数据块和目录链接不被释放）。

2. 软链接文件

软链接又称为符号链接（Symbolic Link，简写为 symlink）。与硬链接仅仅是一个目录项不同，软连接实质上也是个文件，不过这个文件的内容是另一个文件名的指针。当 Linux 访问软链接时，它会循着指针找出含有实际数据的目标文件。同样用书本来打个比方，软链接是书本里的某一章节，不过这一章节什么内容都没有，只有一行字"转某某章某某页"。软链接可以跨越文件系统指向另一个分区的文件，甚至可以跨越主机指向远程主机的一个文件，也可以指向目录。当创建了一个软链接文件后，它的权限为 777，即所有权限都是开放的，实际上我们也无法使用 chmod 命令修改其权限，但是实际文件的保护权限仍然起作用。软链接还可以指向不存在的文件（可能是原来指向的文件被删除了，或者指向的文件系统尚未挂载，或者最初建立该符号链接的时候就指向了一个不存在的文件，等等），此时称这种状态为"断裂"（Broken）。与之相对的是，硬链接是不能指向一个不存在的文件的。另外，在 Linux 上创建一个指向目录的软链接是允许的，但是却不能创建一个指向目录的硬链接。其实在 UNIX 操作系统的历史上，对目录创建硬链接曾经是允许的，但人们发现，这样做会出现很多问题，尤其是一些对目录树进行的遍历操作，如 fsck、find 等命令无法正确执行。在《UNIX 环境高级编程》一书中提到，作者在自己的系统上做过实验，结果是创建目录硬链接后，文件系统变得错误百出。因为这样做会破坏文件系统的树形结构，可能会使目录之间出现环。

对软链接文件进行读写时，系统会自动把读写操作转换为对源文件的操作，而在删除软链接文件的时候，系统仅删除链接文件，而不删除源文件。

对于软链接文件，文件属性信息的第一个字符是"l"。比如我们进入目录/etc/httpd/，然后用 ll 来查看软链接文件，如下：

```
# cd /etc/httpd/
# ll
总用量 8
drwxr-xr-x. 2 root root   35 12月 16 2016 conf
drwxr-xr-x. 2 root root 4096 12月 16 2016 conf.d
drwxr-xr-x. 2 root root 4096 12月 16 2016 conf.modules.d
lrwxrwxrwx. 1 root root   19 12月 16 2016 logs -> ../../var/log/httpd
lrwxrwxrwx. 1 root root   29 12月 16 2016 modules
-> ../../usr/lib64/httpd/modules
lrwxrwxrwx. 1 root root   10 12月 16 2016 run -> /run/httpd
```

可以看到，后 3 个文件都是软链接文件。

4.5 文件权限

文件或目录的访问权限可分为只读、只写和可执行 3 种。以文件为例，只读权限表示只允许读其内容，而禁止对它做任何的更改操作。只写权限表示允许向文件写入数据，但不允许读取或执行文件。可执行权限表示允许将该文件作为一个程序执行。文件被创建时，文件所有者自动拥有对该文件的读、写和可执行权限，以便于对文件进行阅读和修改。用户也可以根据需要把访问权限设置为需要的任何组合。可以用 ls -l 命令来查看当前目录下所有文件和目录的权限，比如：

```
[root@localhost ~]# ls -l
总用量 12
-rwxrwxrwx. 1 root root  629 5月  18 14:14 myshell.sh
-rw-------. 1 root root 1659 12月 16 2016 anaconda-ks.cfg
-rw-------. 1 root root 1707 12月 15 2016 initial-setup-ks.cfg
drwxr-xr-x. 2 root root    6 12月 17 2016 perl5
drwxr-xr-x. 3 root root   49 6月   3 07:52 soft
-rw-rw-rw-. 1 root root    0 10月 10 16:37 test.txt
drwxr-xr-x. 2 root root    6 12月 17 2016 公共
drwxr-xr-x. 2 root root    6 12月 17 2016 模板
drwxr-xr-x. 2 root root    6 12月 17 2016 视频
drwxr-xr-x. 2 root root    6 12月 17 2016 图片
drwxr-xr-x. 2 root root    6 12月 17 2016 文档
```

```
drwxr-xr-x. 2 root root       6 12月 17 2016 下载
drwxr-xr-x. 2 root root       6 12月 17 2016 音乐
drwxr-xr-x. 2 root root      32 9月  14 06:48 桌面
```

要查看某个指定文件的权限，可以这样写：

```
[root@localhost ~]# ls -l test.txt
-rw-rw-rw-. 1 root root 0 10月 10 16:37 test.txt
```

返回的结果中，第一个字符代表是文件还是目录，-代表非目录，d 代表目录。接下来每 3 个字符为一组权限，分为 3 组，依次代表所有者权限、同组用户权限和其他用户权限。每组权限的 3 个字符依次代表是否可读、是否可写、是否可执行，其中，r 表示拥有读的权限，w 表示拥有写的权限，x 表示拥有可执行的权限，-表示没有该权限。

4.6　Linux 文件 I/O 编程的基本方式

在 Linux 下对文件进行输入/输出操作（I/O 操作）有 3 种编程方式，第一种是调用 C 库中文件的 I/O 函数，比如 fopen、fread/fwrite、fclose 等。相信读者在学习 C 语言的过程中，对这些函数已经有所了解，这节就不介绍了。另外两种方式是使用 Linux 的系统调用和 C++文件流的操作。

4.7　什么是 I/O

I/O 就是输入/输出，它是主存和外部设备（比如硬盘、U 盘）之间复制数据的过程，其中数据从设备到内存的过程称为输入，数据从内存到设备的过程称为输出。I/O 可以分为低级 I/O 和高级 I/O。低级 I/O 通常也称为不带缓冲的 I/O，它是 Linux 提供的系统调用，如函数 open、read、write 等。高级 I/O 通常也称为带缓冲的 I/O，比如 ANSI C 提供的标准 I/O 库中的 fopen、fread、fwrite 等函数就是这种高级 I/O 的例子。带缓冲的 I/O 在系统调用前会采用一定的策略，因此速度会比较慢，但它比不带缓冲的 I/O 安全。

4.8　Linux 系统调用下的文件 I/O 编程

4.8.1　文件描述符

对于 Linux 而言，所有对设备或文件的操作都是通过文件描述符进行的。当打开或者创建一个文件的时候，内核向进程返回一个文件描述符（非负整数），后续对文件的操作就可以通过该文件描述符来执行，内核记录有关这个打开文件的信息。一个进程启动时，默认打开 3 个文件，标准输入、标准输出、标准错误，对应的文件描述符分别是 0（STDIN_FILENO）、1（STDOUT_FILENO）、

2（STDERR_FILENO）。这些常量定义在 unistd.h 头文件中。

我们以前可能没接触过文件描述符，接触较多的是文件指针，其实两者之间是可以通过函数 fileno 和 fdopen 相互转换的。函数 fileno 将文件指针转换为文件描述符，声明如下：

```
int fileno(FILE *stream);
```

其中，参数 stream 是文件指针。

函数 fdopen 将文件描述符转换为文件指针，声明如下：

```
FILE *fdopen(int fd, const char *mode);
```

其中，参数 fd 是文件描述符，mode 是打开方式。

【例 4.1】打印 stdin、stdout 和 stderr 的文件描述符值

（1）打开 Visual Studio Code，新建一个 test.cpp 文件，在 test.cpp 中输入如下代码：

```
#include <stdlib.h>
#include <stdio.h>

int main(void)
{
    printf("fileno(stdin) = %d\n", fileno(stdin));
    printf("fileno(stdout) = %d\n", fileno(stdout));
    printf("fileno(stderr) = %d\n", fileno(stderr));
    return 0;
}
```

（2）上传 test.cpp 到 Linux，在终端下输入命令 g++ -o test test.cpp，然后运行 test，运行结果如下：

```
[root@localhost cpp98]# g++ -o test test.cpp
[root@localhost cpp98]# ./test
fileno(stdin) = 0
fileno(stdout) = 1
fileno(stderr) = 2
```

4.8.2 打开或创建文件

Linux 提供 open 函数来打开或者创建一个文件。该函数声明如下：

```
#include <fcntl.h>
int open(const char *pathname, int flags);
int open(const char *pathname, int flags, mode_t mode);
```

其中，参数 pathname 表示文件的名称，可以包含（绝对和相对）路径；flags 表示文件打开方式；mode 用来规定对该文件的所有者、文件的用户组及系统中其他用户的访问权限。如果函数执行成功，就返回文件描述符，如果函数执行失败，就返回-1。

文件打开的方式 flags 可以使用下列宏（当有多个选项时，采用"|"连接）：

- O_RDONLY：打开一个只供读取的文件。
- O_WRONLY：打开一个只供写入的文件。

- O_RDWR：打开一个可供读写的文件。
- O_APPEND：写入的所有数据将被追加到文件的末尾。
- O_CREAT：打开文件，如果文件不存在就建立文件。
- O_EXCL：如果已经设置O_CREAT且文件存在，就强制open失败。
- O_TRUNC：在打开文件时，将文件的内容清空。
- O_DSYNC：每次写入时，等待数据写到磁盘上。
- O_RSYNC：每次读取时，等待相同部分先写到磁盘上。
- O_SYNC：以同步方式写入文件，强制刷新内核缓冲区到输出文件。

最后 3 个 SYNC（同步）选项都会降低性能。使用这些宏需要包含头文件 fcntl.h。值得注意的是，O_RDONLY、O_WRONLY 和 O_RDWR 这 3 个选项是必选其一的。

参数 mode 只在创建文件时才使用，用于指定文件的访问权限。Mode 可以使用下列宏：

- S_IRUSR：文件所有者的读权限位。
- S_IWUSR：文件所有者的写权限位。
- S_IXUSR：文件所有者的执行权限位。
- S_IRWXU：S_IRUSR|S_IWUSR|S_IXUSR。
- S_IRGRP：文件用户组的读权限位。
- S_IWGRP：文件用户组的写权限位。
- S_IXGRP：文件用户组的执行权限位。
- S_IRWXG：S_IRGRP|S_IWGRP|S_IXGRP。
- S_IROTH：文件其他用户的读权限位。
- S_IWOTH：文件其他用户的写权限位。
- S_IXOTH：文件其他用户的执行权限位。
- S_IRWXO：S_IROTH|S_IWOTH|S_IXOTH。

使用这些权限宏，需要包含头文件 sys/stat.h。文件的访问权限是根据 umask&~mode 得出来的，例如 umask=0022,mode = 0655，则访问权限为 644。umask 是目前用户在建立档案或目录时的权限默认值，我们可以通过命令 umask 查看该值，比如：

```
[root@localhost ~]# umask
0022
[root@localhost ~]# umask -S
u=rwx,g=rx,o=rx
```

加 S 表示以字符形式显示。

下面看一个小例子，创建一个指定权限的文件。

打开文件，既可以用相对路径，又可以用绝对路径。比如，打开当前目录 zww 下的文件 myfile.dat，可以这样写：

```
int fd = open("./zww/myfile.dat", O_RDWR);
```

其中，"."表示当前工作目录，当前进程被启动的目录就是当前工作目录。

如果要以只读方式打开当前目录上级目录下的某个文件，可以这样写：

```
int fd = open("../myfile.dat", O_RDONLY); // 其中..表示当前工作目录的上一级目录
```

或者打开一个绝对路径下的文件，比如：

```
int fd = open("/etc/myfile.dat", O_CREAT| O_RDWR); // 不存在就新建，否则以读写方式打开
```

4.8.3 创建文件

为了维持与早期的 UNIX 系统的向后兼容性，Linux 也提供了一个专门创建文件的系统调用，即 creat 函数（注意结尾没有 e）。它的声明如下：

```
int creat(const char *pathname, mode_t mode);
```

其中，参数 pathname 表示文件的名称，可以包含（绝对和相对）路径；mode 用来规定对该文件的所有者、文件的用户组及系统中其他用户的访问权限，其取值与 open 函数的 mode 相同。如果函数执行成功，就返回文件描述符，否则返回-1。

在 UNIX 的早期版本中，open 系统调用函数仅仅存在两个参数的形式。如果文件不存在，就不能打开这些文件。文件的创建则由单独的系统调用函数 creat 完成。在 Linux 及所有 UNIX 的近代版本中，creat 系统调用函数是多余的，因为 open 也可以用来创建文件。下面两种形式等价。

```
int fd = creat(file, mode);
int fd = open(file, O_WRONLY | O_CREAT | O_TRUNC, mode);
```

【例 4.2】创建一个只读的文件

（1）打开 Visual Studio Code，新建一个 test.cpp 文件，在 test.cpp 中输入如下代码：

```
#include <sys/types.h>
#include <sys/stat.h>
#include <fcntl.h>
#include <stdio.h>
#include <unistd.h>

int main(void)
{
    int fd = -1;
    char filename[] = "/root/test.txt";      // 注意路径中的/不要写成\
    fd = creat(filename,0666);                // 创建只读属性的文件
    if (fd == -1)
        printf("fail to pen file %s\n", filename);
    else
        printf("create file %s successfully\n", filename);

    return 0;
}
```

（2）上传 test.cpp 到 Linux，在终端下输入命令 g++ -o test test.cpp，然后运行 test，运行结果如下：

```
[root@localhost cpp98]# g++ -o test test.cpp
[root@localhost cpp98]# ./test
```

```
create file /root/test.txt successfully
```

我们在路径/root 下创建了一个文件 test.txt。即使 test.txt 存在，依然会成功创建。

4.8.4 关闭文件

文件不再使用的时候，需要把它关闭。可以用函数 close 来关闭文件，该函数声明如下：

```
#include <unistd.h>
int close(int fd);
```

其中，参数 fd 为要关闭的文件的描述符。如果函数执行成功，就返回文件描述符，否则返回-1。

文件关闭以后，文件描述符不再指向任何文件，从而描述符可以再次使用。如果每次打开文件后都不关闭，就会将系统的文件描述符耗尽，导致不能再打开文件。

【例 4.3】打开并关闭一个文件

（1）打开 Visual Studio Code，新建一个 test.cpp 文件，在 test.cpp 中输入如下代码：

```cpp
#include <sys/types.h>
#include <sys/stat.h>
#include <fcntl.h>
#include <stdio.h>
#include <unistd.h>

int main(void)
{
    int fd = -1;
    char filename[] = "test.txt";   // 若没有使用绝对路径，则打开的是当前目录下的test.txt
    fd = open(filename, O_CREAT | O_RDWR, S_IRWXU); // 打开文件
    if (fd == -1)
        printf("fail to pen file %s,fd:%d\n", filename, fd);
    else
        printf("Open file %s successfully,fd:%d\n", filename, fd);
    close(fd);
    return 0;
}
```

（2）上传 test.cpp 到 Linux，在终端下输入命令 g++ -o test test.cpp，然后运行 test，运行结果如下：

```
[root@localhost cpp98]# g++ -o test test.cpp
[root@localhost cpp98]# ./test
Open file test.txt successfully,fd:3
```

如果当前目录（就是和可执行文件 test.cpp 同一目录）下没有 test.txt，就新建一个 test.txt，如果已经有了，就打开它。

【例 4.4】循环打开文件，而不关闭

（1）打开 Visual Studio Code，新建一个 test.cpp 文件，在 test.cpp 中输入如下代码：

```c
#include <sys/types.h>
#include <sys/stat.h>
#include <fcntl.h>
#include <stdio.h>
#include <unistd.h>
#include <stdlib.h>

int main(void)
{
    int i = 0;
    int fd = 0;
    for (i = 1; fd >= 0; i++)
    {
        fd = open("test.txt", O_RDONLY);      // 打开文件
        if (fd > 0)
             printf("fd:%d\n", fd);            // 如果成功，就打印文件描述符
        else
        {
            printf("error,can't openf file \n");
            exit(1);                           // 如果失败，就退出
        }
    }
    return 0;
}
```

（2）上传 test.cpp 到 Linux，在终端下输入命令 g++ -o test test.cpp，然后运行 test，运行结果如下：

```
...
fd:65530
fd:65531
fd:65532
fd:65533
fd:65534
error,can't openf file
```

当文件描述符是 65534 的时候，就无法再继续打开文件了。如果我们再次运行 test：

```
[root@localhost cpp98]# ./test
error,can't openf file
```

可以发现一个文件都无法打开了，因为系统中的文件描述符已经耗尽了。此时需要重启计算机。

4.8.5 读取文件中的数据

可以用函数 read 从已打开的文件中读取数据，该函数声明如下：

```c
#include <unistd.h>
ssize_t read(int fd,void * buf ,size_t count);
```

该函数会把参数 fd 所指的文件传送 count 个字节到 buf 指针所指的内存中。若参数 count 为 0，则 read()不会有作用并返回 0。返回值为实际读取到的字节数，如果返回 0，表示已到达文件末尾或

没有可读取的数据,注意:文件读写位置会随读取到的字节移动。

需要强调的是,如果函数读取成功,会返回实际读到的数据的字节数,最好能将返回值与参数 count 做比较,若返回的字节数比要求读取的字节数少,则有可能读到了文件末尾或者 read() 被信号中断了读取动作。当有错误发生时,则返回-1,错误代码存入 errno 中,此时文件读写位置无法预料。

常见的错误代码如下:

- EINTR:此调用被信号中断。
- EAGAIN:当使用不可阻断 I/O 时(O_NONBLOCK),若无数据可读取,则返回此值。
- EBADF:参数 fd 为非有效的文件描述符,或当前文件已关闭。

【例 4.5】从文件中读取数据

(1)打开 Visual Studio Code,新建一个 test.cpp 文件,在 test.cpp 中输入如下代码:

```
#include<stdio.h>
#include<unistd.h>
#include<sys/types.h>
#include<sys/stat.h>
#include<fcntl.h>

int main(void)
{
    int fd = -1,i;
    ssize_t size =-1;
    char buf[10];
    char filename[] = "/root/test.txt"; // 要读取的文件

    fd = open(filename,O_RDONLY); // 只读方式打开文件
    if(-1==fd)
    {
        printf("Open file %s failuer,fd:%d\n",filename,fd);
        return -1;
    }
    else  printf("Open file %s success,fd:%d\n",filename,fd);

    // 循环读取数据,直到文件末尾或者出错
    while(size)
    {
        // 读取文件中的数据,10 的意思是希望读 10 个字节,但真正读到的字节数是函数返回值
        size = read(fd,buf,10);
        if(-1==size)
        {
            close(fd);
            printf("Read file %s error occurs\n",filename);
            return -1;
        }else{
            if(size>0)
            {
                printf("read %d bytes:",size);
```

```
            printf("\"");
            for(i =0;i<size;i++)  // 循环打印文件读到的内容
                printf("%c",*(buf+i));
            printf("\"\n");
        }else{
            printf("reach the end of file \n");
        }

    }
 }
    return 0;
}
```

（2）上传 test.cpp 到 Linux，在终端下输入命令 g++ -o test test.cpp，然后运行 test，运行结果如下：

```
[root@localhost cpp98]# g++ -o test test.cpp
[root@localhost cpp98]# ./test
Open file /root/test.txt success,fd:3
read 3 bytes:"abc"
reach the end of file
```

我们可以在/root 下放一个文本文件 test.txt，然后输入 3 个字符"abc"，这样程序就能正确打开 test.txt 并读出文件的内容了。

4.8.6　向文件写入数据

可以用函数 write 将数据写入已打开的文件内，该函数声明如下：

```
#include <unistd.h>
ssize_t write (int fd,const void * buf,size_t count);
```

该函数会把参数 buf 所指的缓冲区中的 count 个字节数据写入 fd 所指的文件内。当然，文件读写位置也会随之移动。其中，参数 fd 是一个已经打开的文件描述符；buf 指向一个缓冲区，表示要写的数据；count 表示要写的数据的长度，单位是字节。如果函数执行成功，就返回实际写入数据的字节数。当有错误发生时，则返回-1，错误代码可以用 errno 查看。常见的错误代码如下：

- EINTR 此调用被信号所中断。
- EADF 参数 fd 是非有效的文件描述符，或该文件已关闭。

【例 4.6】向文件中写入文件

（1）打开 Visual Studio Code，新建一个 test.cpp 文件，在 test.cpp 中输入如下代码：

```
#include<sys/types.h>
#include<sys/stat.h>
#include<stdio.h>
#include<unistd.h>
#include<fcntl.h>

int main(void)
{
```

```c
    int fd = -1,i;
    ssize_t size =-1;
    int input =0;

    char buf[] = "boys and girls\n hi,children!";  // 要写入文件的字符串
    char filename[] = "test.txt";

    fd = open(filename,O_RDWR|O_APPEND);  // 以追加和读写方式打开一个文件
    if(-1==fd)
    {
       printf("Open file %s faliuer \n",filename );
    }else{
       printf("Open file %s success \n,=",filename );
    }
    size = write(fd,buf,strlen(buf));  // 向文件中写入数据，实际写入数据由函数返回并存入 size 中
    printf("write %d bytes to file %s\n",size,filename);

    close(fd);
    return 0;
}
```

（2）上传 test.cpp 到 Linux，在终端下输入命令 g++ -o test test.cpp，然后运行 test，运行结果如下：

```
[root@localhost cpp98]# g++ -o test test.cpp
[root@localhost cpp98]# ./test
Open file /root/test.txt success
write 28 bytes to file /root/test.txt
```

我们可以在/root 下放一个文件 test.txt，并预先写入几个字符，比如 abc，然后运行该程序，运行完毕后再打开文件，可以看到 abc 后面追加了我们通过程序添加的内容，比如：

```
[root@localhost cpp98]# cat /root/test.txt
abcboys and girls
hi,children!boys and girls
```

4.8.7　设定文件偏移量

有时候需要从文件中某个位置开始读写，此时需要让文件读写位置移动到新的位置，所以有了设定文件偏移量的函数。文件偏移量指的是当前文件操作位置相对于文件开始位置的偏移。当打开一个文件时，如果没有指定 O_APPEND 参数，那么文件的偏移量为 0。如果指定了 O_APPEND 参数，那么文件的偏移量与文件的长度相等，即文件的当前操作位置移到了末尾。

用来设定文件偏移量的系统函数是 lseek，该函数声明如下：

```
<unistd.h>
off_t lseek( int fd, off_t offset, int whence)
```

该函数对文件描述符 fd 所代表的文件，按照操作模式 whence 和偏移量的大小 off_t，重新设定文件偏移量。如果 lseek()函数操作成功，就返回新的文件偏移量的值；如果失败，就返回-1。由于

文件的偏移量可以为负值，因此在判断 lseek()是否操作成功时，不要使用小于 0 的判断，要使用是否等于-1 来判断。参数 offset 和 whence 搭配使用，具体含义如下：

- whence值为SEEK_SET时，offset为相对文件开始处的值。
- whence值为SEEK_CUR时，offset为相对当前位置的值。
- whence值为SEEK_END时，offset为相对文件结尾的值。

【例 4.7】对空文件设置偏移量到 5 处，写入字符串"boys"

（1）打开 Visual Studio Code，新建一个 test.cpp 文件，在 test.cpp 中输入如下代码：

```
#include <stdio.h>
#include <sys/types.h>
#include <sys/stat.h>
#include <unistd.h>
#include <fcntl.h>
#include <string.h>

int main(void)
{
    int fd = -1;
    ssize_t size = -1;
    off_t offset = -1;

    char buf[] = "boys";
    char filename[] = "/root/test.txt";

    fd = open(filename, O_RDWR); // 读写方式打开文件
    if (-1 == fd)
    {
        printf("Open file %s failure,fd:%d", filename, fd);
        return -1;
    }
    offset = lseek(fd, 5, SEEK_SET); // 重新定义文件偏移量到 5 处
    if (-1 == offset)
    {
        printf("lseek file %s failure,fd:%d", filename, fd);
        return -1;
    }
    size = write(fd, buf, strlen(buf)); // 向文件写入数据
    if (size != strlen(buf))
    {
        printf("write file %s failure,fd:%d", filename, fd);
        return -1;
    }
    close(fd);
    return 0;
}
```

（2）上传 test.cpp 到 Linux，在终端下输入命令 g++ -o test test.cpp，然后运行 test，运行结果如下：

```
[root@localhost cpp98]# g++ -o test test.cpp
[root@localhost cpp98]# ./test
write file boys OK
```

我们可以在/root下存放一个空文件（0字节大小）test.txt，再运行程序，运行完毕后把/root/test.txt下载到Windows下，然后双击打开它，可以看到，boys的确在距离文件开头5个空格处，比如：

```
boys
```

其实boys前面的不是空格，而是"0"，因为如果偏移量的设置超出文件的大小（我们原来的文件大小是0），就会造成文件空洞，即文件尾部（0字节的文件尾部其实就是文件开头）与设置位置之间被"0"填充。这种情况应该避免，设置文件偏移量的时候不应该超出文件的大小。

现在我们在Windows下新建一个test.txt，然后输入123456789ABCD，保存并上传到Linux的/root下，运行test程序后，打开文件可以发现，boys写在5后面了，并且6789被覆盖了，比如：

```
[root@localhost cpp98]# cat /root/test.txt
12345boysABCD
```

4.8.8 获取文件状态

在设计程序的时候，经常要用到文件的一些特征值，如文件的所有者、文件的修改时间、文件的大小等。stat()函数、fstat()函数和lstat()函数都可以获得文件的状态。这些函数声明如下：

```c
int stat(const char *path, struct stat *buf);
int fstat(int filedes, struct stat *buf);
int lstat(const char *path, struct stat *buf);
```

其中，参数path是文件的路径（含文件名）；filedes是文件描述符；buf为指向stat结构体的指针，获得的状态从这个参数中传回。当函数执行成功时返回0，执行失败时返回-1。

fstat区别于另外两个系统调用函数的地方在于，fstat接收的是一个"文件描述符"，而另外两个则直接接收"文件全路径"。文件描述符需要用open函数后才能得到，而文件全路径直接写就可以了。stat和lstat的区别：当文件是一个符号链接时，lstat返回的是该符号链接本身的信息，而stat返回的是该链接指向的文件的信息。结构体stat为一个描述文件状态的结构，定义如下：

```c
struct stat {
    mode_t     st_mode;        // 文件对应的模式、文件、目录等
    ino_t      st_ino;         // i节点号
    dev_t      st_dev;         // 设备号码
    dev_t      st_rdev;        // 特殊设备号码
    nlink_t    st_nlink;       // 文件的链接数
    uid_t      st_uid;         // 文件所有者
    gid_t      st_gid;         // 文件所有者对应的组
    off_t      st_size;        // 普通文件，对应的文件字节数
    time_t     st_atime;       // 文件最后被访问的时间
    time_t     st_mtime;       // 文件内容最后被修改的时间
    time_t     st_ctime;       // 文件状态改变的时间
    blksize_t  st_blksize;     // 文件内容对应的块大小
    blkcnt_t   st_blocks;      // 文件内容对应的块数量
```

};

【例 4.8】获取文件的状态

（1）打开 Visual Studio Code，新建一个 test.cpp 文件，在 test.cpp 中输入如下代码：

```cpp
#include<sys/stat.h>
#include<sys/types.h>
#include<unistd.h>
#include <iostream>
using namespace std;

int main(void)
{
    struct stat st;

    if (-1 == stat("/root/test.txt", &st))          // 获取文件状态
    {
        cout << ("stat failed\n");
        return -1;
    }
    cout<<"file length:"<<st.st_size<<"byte"<<endl; // 文件长度
    cout << "mod time:" << st.st_mtime << endl;     // 最后修改时间
    cout << "node:" << st.st_ino << endl;           // 节点
    cout << "mode:" << st.st_mode << endl;          // 模式
}
```

（2）上传 test.cpp 到 Linux，在终端下输入命令 g++ -o test test.cpp，然后运行 test，运行结果如下：

```
[root@localhost cpp98]# g++ -o test test.cpp
[root@localhost cpp98]# ./test
file length:13byte
mod time:1508633499
node:82506175
mode:33188
```

4.8.9 文件锁定

当多个用户共同使用、操作一个文件时，Linux 采用的方法就是给文件上锁，以此来避免共享的资源产生竞争的状态。文件锁分为建议性锁和强制性锁。建议性锁是指给文件上锁后，只在文件上设置一个锁的标识，其他进程在操作这个文件进程时，可以检测到锁的存在，但这个锁并不能阻止其他进程对这个文件进行操作，这就好比红绿灯，当红灯亮时，告诉你不要过马路，但如果你一定要过，也拦不住你。强制性锁则是给文件上锁后，当其他进程要对这个文件进行不兼容的操作（比如上了读锁，另一个进程要写）时，系统内核将阻塞后来的进程，直到第一个进程将锁解开。一般情况下，内核和系统都不适合用建议性锁，而要使用强制性锁，这样可以防止一些破坏性操作。每个进程对文件操作时，例如执行 open、read、write 等操作，内核都会检测该文件是否被加了强制性锁，如果加了强制性锁，就会导致这些文件操作失败，也就是内核强制应用程序来遵守游戏规则，这就是强制性锁的原理所在。

值得注意的是，对文件加锁是原子性的。另外，由 fork 产生的子进程不继承父进程所设置的锁。意味着，若一个进程得到一把锁，然后调用 fork，那么对于父进程获得的锁而言，子进程被视为另一个进程。对于从父进程处继承过来的任一描述符，子进程需要调用 fcntl 才能获得它自己的锁。

Linux 下可以用 fcntl 函数来实现文件的锁定。文件锁定在很多场合都很有用，比如为了防止进程重复启动，可以在进程启动时对/var/run 下的.PID 文件进行锁定，这样后面的进程重复启动时，会因为无法对该文件上锁而退出。fcntl 函数不仅能对整个文件上锁，还可以对文件的某一记录上锁，此时的锁又可称为记录锁。

函数 fcntl 声明如下：

```
#include <unistd.h>
#include <fcntl.h>
int fcntl(int fd, int cmd, struct flock *lock);
```

其中，参数 fd 是文件描述符，cmd 是操作命令。对于文件锁定，取值如下：

- F_GETLK：根据lock描述，决定是否上文件锁（或记录锁）。
- F_SETLK：设置lock描述的文件锁（或记录锁）。

lock 是指向结构体 flock 的指针，表示一个文件锁或记录锁，用于将整个文件或者文件中的某一记录（即某一部分字节）锁起来。锁的类型有两种：建议锁和强制锁。建议锁，顾名思义，相对温柔一些，在对文件进行锁操作时，会检测是否已经有锁存在，并且尊重已有的锁，但是另外的进程还是可以自由修改文件。如果我们编写的程序或者程序新创建的进程都以一致的方式处理文件（或记录）锁（即在读写前都申请一次文件（或记录）锁，或者都不申请，总之要以一致的方式处理），就不会发生冲突，这样的进程集称为合作进程，合作进程使用建议性锁是可行的。但是，如果需要阻止非我们创建的进程也按照一致的方式处理记录锁，就只能使用强制性记录锁了。强制锁是由内核执行的锁，当一个文件被上锁进行写入操作的时候，内核将阻止其他进程对该文件进行读写操作。强制锁对性能的影响很大，fcntl 默认是建议锁，如果想在 Linux 中使用强制锁，则要在 root 权限下通过 mount 命令用-o mand 选项打开该机制。结构体 flock 定义如下：

```
struct flock
{
    short int  l_type;        // 锁定的状态
    short int  l_whence;      // 决定 l_start 的位置
    off_t      l_start;       // 锁定区域的开头位置
    off_t      l_len;         // 锁定区域的大小
    pid_t      l_pid;         // 锁定动作的进程
};
```

l_type 有以下 3 个选项：

- F_RDLCK：读取锁（也称共享锁），只读用，多个进程可以同时建立读取锁。
- F_WRLCK：写入锁（也称独占锁），在任何时刻只能有一个进程建立写入锁。
- F_UNLCK：解除锁定。

l_whence 必须是以下几个值之一（在 unistd.h 中定义）：

- SEEK_SET：文件开始位置。

- SEEK_CUR：文件当前位置。
- SEEK_END：文件末尾位置。

l_start 为相对开始偏移量，相对于 l_whence 而言。

l_len 是加锁的长度，值为 0 表示到文件末尾。

l_pid 是当前操作文件的进程 ID 号。

如果函数成功，就返回 0，否则返回-1，此时可以用 errno 查看错误码。

是不是感觉这个 fcntl 函数有点复杂？其实上面只是针对锁文件的情况，fcntl 函数还有其他功能和形式，这里暂且不介绍。下面我们来看一个关于 fcntl 函数的例子。

【例 4.9】测试建议锁

（1）打开 Visual Studio Code，新建一个 test.cpp 文件，在 test.cpp 中输入如下代码：

```cpp
#include <fcntl.h>
#include <stdio.h>
#include <error.h>
#include <sys/stat.h>
#include <unistd.h>

int main(int argc, char* argv[])
{
    struct flock lock; // 定义文件锁
    int res, fd = open("myfile.txt", O_RDWR|O_CREAT,0777);// 创建一个文本文件
    if (fd > 0)
    {
        lock.l_type = F_WRLCK;          // 独占锁
        lock.l_whence = SEEK_SET;       // 文件开始位置
        lock.l_start = 0;               // 根据 l_whence 而定的相对开始偏移量
        lock.l_len = 0;                 // 锁到文件末尾
        lock.l_pid = getpid();
        res  = fcntl(fd, F_SETLK, &lock); // 设置文件锁
        printf("return value of fcntl=%d\n", res);
        while (true)
            ;
    }

    return 0;
}
```

（2）上传 test.cpp 到 Linux，在终端下输入命令 g++ -o test test.cpp，然后运行 test，运行结果如下：

```
# g++ -o test test.cpp
# ./test
return value of fcntl=0
```

现在程序处于死循环中，一直在运行了。此时这个终端被 test 程序独占，我们需要新开一个 Shell（可以在 SecureCRT 下直接克隆会话）来修改 myfile.txt 文件：

```
# cd /zww/test
```

```
# cat myfile.txt
# echo "hello" >> myfile.txt
# cat myfile.txt
hello
```

可以看到，开始时 myfile.txt 内容是空的，我们用 echo 写入一个字符串"hello"后，内容就有了，说明修改成功了，更说明在建议锁锁住的情况下，其他进程的确是可以修改被锁文件的。因此，建议锁只适用于合作进程。

通过一个比喻再次强调，建议性锁就是假定人们都会遵守某些规则去干一件事。例如，开车时看到红灯会停下，而看到绿灯才会继续走，我们可以称红绿灯为建议锁，但这是一种需要大家主动去遵守的规则，我们并不能阻止某些人强闯红灯，而强制性锁是想闯红灯也闯不了。

下面我们来具体看看强制锁，实现强制锁需将文件所在的文件系统通过 mount 命令的-o mand 选项来挂载，并且使用 chmod 函数或 chmod 命令将文件用户组的 x 权限去掉（即清除组可执行位）。

【例 4.10】测试强制锁

首先查看我们的硬盘信息，在 Shell 下输入命令：

```
# df -hT

文件系统         类型        容量    已用    可用    已用%   挂载点
udev            devtmpfs    953M    0       953M    0%      /dev
tmpfs           tmpfs       196M    1.6M    195M    1%      /run
/dev/sda5       ext4        20G     16G     3.1G    84%     /
tmpfs           tmpfs       980M    0       980M    0%      /dev/shm
tmpfs           tmpfs       5.0M    4.0K    5.0M    1%      /run/lock
tmpfs           tmpfs       980M    0       980M    0%      /sys/fs/cgroup
/dev/loop0      squashfs    128K    128K    0       100%    /snap/bare/5
/dev/loop1      squashfs    56M     56M     0       100%    /snap/core18/2790
/dev/loop2      squashfs    56M     56M     0       100%    /snap/core18/2812
/dev/loop3      squashfs    75M     75M     0       100%    /snap/core22/1122
/dev/loop4      squashfs    74M     74M     0       100%    /snap/core22/864
/dev/loop5      squashfs    256M    256M    0       100%    /snap/gnome-3-34-1804/36
/dev/loop6      squashfs    219M    219M    0       100%    /snap/gnome-3-34-1804/93
/dev/loop7      squashfs    486M    486M    0       100%    /snap/gnome-42-2204/126
/dev/loop8      squashfs    63M     63M     0       100%    /snap/gtk-common-themes/1506
/dev/loop9      squashfs    497M    497M    0       100%    /snap/gnome-42-2204/141
/dev/loop10     squashfs    50M     50M     0       100%    /snap/snap-store/467
/dev/loop11     squashfs    13M     13M     0       100%    /snap/snap-store/959
/dev/loop12     squashfs    92M     92M     0       100%    /snap/gtk-common-themes/1535
/dev/loop13     squashfs    41M     41M     0       100%    /snap/snapd/20671
/dev/loop14     squashfs    41M     41M     0       100%    /snap/snapd/20290
/dev/sda1       vfat        511M    4.0K    511M    1%      /boot/efi
tmpfs           tmpfs       196M    20K     196M    1%      /run/user/0
```

其中，-T 选项表示查看文件系统类型。/zww/test 下的 myfile.txt 是在/dev/sda5 上的，所以进入 /zww/test 后，重新挂载：

```
# cd /zww/test
# mount -o remount,mand /dev/sda5
```

此时文件系统/dev/sda5 增加了 mand 选项，我们再来修改 myfile.txt 的权限：

```
# chmod g+s,g-x myfile.txt
```

g-x 表示将用户组的 x 权限去掉。然后再次运行上例的 test 程序：

```
# ./test
return value of fcntl=0
```

此时程序处于死循环中。我们再新开一个终端 Shell，然后尝试向 myfile.txt 写入新的内容：

```
# echo "boy" >> myfile.txt
```

可以发现，#提示符不出现了，说明 echo 命令被阻塞了（内核阻止了它），说明我们的强制锁生效了。下面用 Ctrl+C 快捷键结束 test 程序，可以发现另一个 Shell 下的 echo 命令的阻塞被解除了，出现了#提示符：

```
#
```

我们再来查看 myfile.txt 的内容：

```
# cat myfile.txt
hello
boy
```

可以发现，boy 写入成功。这说明强制锁解除后，就可以写入新内容了，否则无法写入。从这个例子可以发现，我们并没有重新修改代码，而是进行了一些系统设置（重新加载了文件系统，修改了文件的权限）。fcntl 真是一个奇特的函数，实现一个功能并不是通过本身的参数控制，而是通过系统设置。

4.8.10 建立文件和内存映射

所谓文件和内存映射，就是将普通文件映射到进程地址空间，然后进程就可以像访问普通内存一样对文件进行访问，而不必再进行调用 read 或 write 等操作。系统提供了函数 mmap 将普通文件映射到内存中，该函数声明如下：

```
void *mmap(void *start, size_t length, int prot, int flags, int fd, off_t offset);
```

其中，参数 start 为映射区的起始地址，通常为 NULL（或 0），表示由系统自己决定映射到什么地址；length 表示映射数据的长度，即文件需要映射到内存中的数据的大小；prot 表示映射区保护方式，取下列某个值或者它们的组合：

- PROT_EXEC：映射区可被执行。
- PROT_READ：映射区可读取。
- PROT_WRITE：映射区可写入。
- PROT_NONE：映射区不可访问。

参数 flags 用来指定映射对象的类型、映射选项和映射页是否可以共享，它的值可以是一个或者多个位的组合，可选值如下：

- MAP_FIXED：如果参数start指定了需要映射到的地址，而所指定的地址无法成功建立映射，映射就会失败。通常不推荐使用此设置，而是将start设置为NULL（或0），由系统自动选取映射地址。
- MAP_SHARED：共享映射区域，映射区域允许其他进程共享，对映射区域写入数据将会写入原来的文件中。
- MAP_RIVATE：对映射区域进行写入操作时会产生一个映射文件的复制，即写入复制（copy on write），而读操作不会影响此复制。对此映射区的修改不会写回原来的文件，即不会影响原来文件的内容。
- MAP_ANONYMOUS：建立匿名映射，映射区不与任何文件关联，而且映射区无法与其他进程共享。
- MA_DENYWRITE：对文件的写入操作将被禁止，不允许直接对文件进行操作。
- MAP_LOCKED：将映射区锁定，防止页面被交换出内存。

参数 flags 必须为 MAP_SHARED 或者 MAP_PRIVATE 二者之一的类型。MAP_SHARED 类型表示多个进程使用的是一个内存映射的副本，任何一个进程都可以对此映射进行修改，其他的进程对其修改是可见的。而 MAP_PRIVATE 则是多个进程使用的文件内存映射，在写入操作后，会复制一个副本给修改的进程，多个进程之间的副本是不一致的。

参数 fd 表示文件描述符，一般由 open()函数返回；参数 offset 表示被映射数据在文件中的起点。

mmap()映射后，让用户程序直接访问设备内存，相较于在用户空间和内核空间互相复制数据，其效率更高，因此在要求高性能的应用中比较常用。mmap 映射内存必须是页面大小的整数倍，面向流的设备不能进行 mmap，mmap 的实现和硬件有关。

下面这个例子显示了把文件映射到内存的方法。

【例 4.11】文件与内存映射

（1）打开 Visual Studio Code，新建文本文件，输入代码如下：

```c
#include <sys/mman.h> /* for mmap and munmap */
#include <sys/types.h> /* for open */
#include <sys/stat.h>  /* for open */
#include <fcntl.h>     /* for open */
#include <unistd.h>    /* for lseek and write */
#include <stdio.h>

int main(int argc, char **argv)
{
    int fd;
    char *mapped_mem, * p;
    int flength = 1024;
    void * start_addr = 0;

    fd = open(argv[1], O_RDWR | O_CREAT, S_IRUSR | S_IWUSR);
    flength = lseek(fd, 1, SEEK_END);
    write(fd, "\0", 1); /* 在文件最后添加一个空字符，以便下面的printf正常工作 */
    lseek(fd, 0, SEEK_SET);
```

```
        mapped_mem =(char*) mmap(start_addr,
            flength,
            PROT_READ,                  // 允许读
            MAP_PRIVATE,                // 不允许其他进程访问此内存区域
            fd,
            0);

        /* 使用映射区域 */
        printf("%s\n", mapped_mem);  /* 为了保证这里工作正常，参数传递的文件名最好是一个文
本文件 */
        close(fd);
        munmap(mapped_mem, flength);
        return 0;
}
```

（2）保存代码为 test.cpp，上传到 Linux，在命令行下编译并运行：

```
# g++ test.cpp -o test
# ./test myfile.txt
hello
boy
```

可以发现，程序把文件中的内容映射到内存后，再把该内存区域打印出来，显示的正是文件中的内容。其中，myfile.txt 是自己新建的文本文件。

上面的方法因为用了 PROT_READ，所以只能读取文件里的内容，不能修改，如果换成 PROT_WRITE，就可以修改文件的内容了；又由于用了 MAAP_PRIVATE，因此此进程只能使用此内存区域，若换成 MAP_SHARED，则可以被其他进程访问，请看下例。

【例 4.12】修改文件的内存映像

（1）打开 Visual Studio Code，新建文本文件，输入代码如下：

```
#include <sys/mman.h> /* for mmap and munmap */
#include <sys/types.h> /* for open */
#include <sys/stat.h> /* for open */
#include <fcntl.h>    /* for open */
#include <unistd.h>   /* for lseek and write */
#include <stdio.h>
#include <string.h> /* for memcpy */

int main(int argc, char **argv)
{
    int fd;
    char *mapped_mem, * p;
    int flength = 1024;
    void * start_addr = 0;

    fd = open(argv[1], O_RDWR | O_CREAT, S_IRUSR | S_IWUSR);
    flength = lseek(fd, 1, SEEK_END);
    write(fd, "\0", 1); // 在文件最后添加一个空字符，以便下面的 printf 正常工作
    lseek(fd, 0, SEEK_SET);
```

```
            start_addr = (void*)0x80000;
            mapped_mem = (char*)mmap(start_addr,
                flength,
                PROT_READ|PROT_WRITE,         // 允许写入
                MAP_SHARED,          // 允许其他进程访问此内存区域
                fd,
                0);

        // 使用映射区域
        printf("%s\n", mapped_mem); // 为了保证这里正常工作,参数传递的文件名最好是一个文
本文件
        while ((p = strstr(mapped_mem, "hello"))) { // 此处来修改文件内容,hello 必须
在文件中已经有了
            memcpy(p, "Linux", 5);    // 我们把 hello 改为 Linux
            p += 5;
        }

        close(fd);
        munmap(mapped_mem, flength);
        return 0;
}
```

(2)保存代码为 test.cpp,上传到 Linux,在命令行下编译并运行:

```
# g++ test.cpp -o test
# ./test myfile.txt
hello
boy
```

再次查看 myfile.txt,可以发现内容变了:

```
# cat myfile.txt
Linux
boy
```

说明我们修改内存映像成功了。

4.8.11 mmap 和 shm 对比

共享内存允许两个或多个进程共享一个给定的存储区,因为数据不需要来回复制,所以是最快的一种进程间通信机制。共享内存可以通过 mmap()映射普通文件(特殊情况下还可以采用匿名映射)机制实现,也可以通过 System V 共享内存机制(shm)实现。应用接口和原理很简单,内部机制复杂。为了实现更安全的通信,往往还与信号灯等同步机制共同使用。mmap 机制与 shm 机制对比如下:

- mmap 机制:就是在磁盘上建立一个文件,每个进程存储器里面单独开辟一个空间来进行映射。如果是多进程,那么对实际的物理存储器(主存)消耗不会太大。mmap 保存到实际硬盘,实际存储并没有反映到主存上。优点是储存量可以很大(多于主存),缺点是进程间读取和写入速度比主存的要慢。

- shm 机制：每个进程的共享内存都直接映射到实际物理存储器里面。shm 保存到物理存储器（主存），实际的储存量直接反映到主存上。优点是进程间访问速度（读写）比磁盘要快，缺点是存储量不能非常大（多于主存）。

从使用上看，如果分配的存储量不大，就使用 shm；如果存储量大，就使用 mmap。

4.9　C++方式下的文件 I/O 编程

4.9.1　流的概念

在 C++语言中，数据的输入和输出包括对标准输入设备（键盘）和标准输出设备（显示器）、外存磁盘上的文件以及内存中指定的字符串存储空间（当然可用该空间存储任何信息）进行输入输出。对标准输入设备和标准输出设备的输入输出简称为标准 I/O，对外存磁盘上的文件的输入输出简称为文件 I/O，对内存中指定的字符串存储空间的输入输出简称为（字符）串 I/O。

"流"就是"流动"，是物质从一处向另一处流动的过程。C++流是指信息从外部输入设备（如键盘和磁盘）向计算机内部（即内存）输入和从内存向外部输出设备（如显示器和磁盘）输出的过程，这种输入输出过程被形象地比喻为"流"。为了实现信息的内外流动，C++系统定义了 I/O 类库，其中的每一个类都称作相应的流或流类，用以完成某一方面的功能。一个流类定义的对象也时常被称为流。例如根据文件流类 fstream 定义的一个对象 fio 可称作 fio 流或 fio 文件流，用它可以同磁盘上的一个文件相联系，实现对该文件的输入和输出，fio 就等同于与之相联系的文件。

因为 C++兼容 C，所以 C 中的输入输出函数依然可以在 C++中使用，但是很显然，直接把 C 的那套输入输出搬到 C++中肯定无法满足 C++的需求，更重要的一点是，C 中的输入输出有类型要求，只支持基本类型，因此 C++设计了易于使用的并且多种输入输出流接口统一的 I/O 类库，并且支持多种格式化操作，还可以自定义格式化操作。总体来说，C++中有 3 种输入输出流。

（1）标准 I/O 流：内存与标准输入输出设备之间信息的传递。
（2）文件 I/O 流：内存与外部文件之间信息的传递。
（3）字符串 I/O 流：内存变量与表示字符串流的字符数组之间信息的传递。

C++引入 I/O 流，将这 3 种输入输出流接口统一起来，使用符号">>"读取数据的时候，不用去管是从何处读取数据，使用符号"<<"写数据的时候，也不需要管是写到哪里去。

4.9.2　流的类库

C++语言系统为实现数据的输入和输出定义了一个庞大的类库，其中 ios 为根基类，其余都是它的直接或间接派生类，它直接派生 4 个类：输入流类 istream、输出流类 ostream、文件流基类 fstreambase 和字符串流基类 strstreambase。C++系统中的 I/O 类库的所有类被包含在 iostream、fstream 和 strstream 这 3 个系统头文件中。我们可以用图 4-4 来表示各个类的继承关系。

图 4-4

头文件<fstream>提供了 3 个文件流类：ifstream、ofstream 和 fstream。这 3 个类的描述如表 4-2 所示。

表 4-2　3 个文件流类的描述

类	描　述
ifstream	该类表示输入文件流，用于从文件读取信息
ofstream	该类表示输出文件流，用于创建文件并向文件写入信息
fstream	该类通常表示文件流，且同时具有 ofstream 和 ifstream 两种功能，意味着它可以创建文件、向文件写入信息、从文件读取信息

值得注意的是，要在 C++中进行文件处理，必须在 C++源码文件中包含头文件<fstream>。此外，在 C++新标准中，头文件都把.h 去掉了，如#include<fstream.h>现在要用：

```
#include<fstream>
using namespace std;
```

同时要把标准命名空间加上。但是 fstream.h 和 fstream 并不是完全等价的。在旧头文件里的 fstream.h，如果使用 ifstream file 的默认参数声明一个输入文件流，当这个要读的 file 文件不存在时，会自动创建一个空文件，从而给判断文件是否存在造成了很多麻烦。如果使用新标准 fstream，就不会创建空文件，从而可以用 while(!file)来判断文件是否存在，通过返回数值来指导程序运行。

类似地，头文件 ostream.h 与 iostream 也是不同的。iostream.h 在旧的 C++标准中使用，新标准中用 iostream，还要引用命名空间 std。iostream.h 慢慢地不再使用了，比如微软的 VC6 可以使用 iostream.h，VS 2008 已经不能使用 iostream.h 了。好像不习惯将没有.h 结尾的文件称为头文件，但与时俱进吧，头文件不一定要.h。

4.9.3　打开文件

在从文件读取信息或者向文件写入信息之前，必须先打开文件。ofstream 和 fstream 对象都可以用来打开文件进行写操作，如果只需要打开文件进行读操作，就使用 ifstream 对象。被打开的文件在程序中由一个流对象来表示（这些类的一个实例），而对这个流对象所做的任何输入输出操作实际上就是对该文件所做的操作。要通过一个流对象打开一个文件，需要使用它的成员函数 open()。

open()函数是 fstream、ifstream 和 ofstream 对象的一个成员，该函数声明如下：

```
void open(const char *filename, ios::openmode mode);
```

其中，第一参数指定要打开的文件的名称和位置，第二个参数定义文件被打开的模式。文件打开模式如表 4-3 所示。

表 4-3　文件打开模式

模式标志	描　　述
ios::app	追加模式。所有写入都追加到文件末尾
ios::ate	文件打开后定位到文件末尾
ios::in	打开文件用于读取
ios::out	打开文件用于写入
ios::trunc	如果该文件已经存在，其内容将在打开文件之前被截断，即把文件长度设为 0

可以把以上两种或两种以上的模式结合使用。例如，如果想要以写入模式打开文件，并希望截断文件，以防止文件已存在，那么可以使用下面的代码：

```
ofstream outfile;
outfile.open("file.dat", ios::out | ios::trunc );
```

类似地，如果想要打开一个文件用于读写，可以使用下面的代码：

```
fstream afile;
afile.open("file.dat", ios::out | ios::in );
```

又比如，如果想要以二进制方式打开文件 example.bin 来写入一些数据，可以这样写：

```
ofstream file;
file.open ("example.bin", ios::out | ios::app | ios::binary);
```

ofstream、ifstream 和 fstream 类的成员函数 open 都包含一个默认打开文件的方式，这 3 个类的默认方式各不相同，如表 4-4 所示。

表 4-4　ofstream、ifstream 和 fstream 的打开文件的默认方式

类	默认方式
ofstream	ios::out | ios::trunc
ifstream	ios::in
fstream	ios::in | ios::out

只有在函数被调用且没有声明方式参数的情况下，默认值才会被采用。如果函数被调用时声明了任何参数，默认值将被完全改写，而不会与调用参数组合。

由于对类 ofstream、ifstream 和 fstream 的对象所进行的第一个操作通常都是打开文件，因此这些类都有一个构造函数可以直接调用 open 函数，并拥有同样的参数。这样，我们就可以通过以下方式进行与上面同样的定义对象和打开文件的操作：

```
ofstream file ("example.bin", ios::out | ios::app | ios::binary); // 定义对象
```

的同时直接打开文件

两种打开文件的方式都是正确的。

另外，我们可以通过调用成员函数 is_open()，来检查一个文件是否已经被顺利地打开了：

```
bool is_open();
```

该函数返回一个布尔值，值为真（true）代表文件已经被顺利打开，值为假（false）则相反。

4.9.4　关闭文件

当文件读写操作完成之后，我们必须将文件关闭以使文件重新变为可访问的。关闭文件需要调用成员函数 close()，它负责将缓存中的数据释放出来并关闭文件。close()函数是 fstream、ifstream 和 ofstream 对象的一个成员函数，声明如下：

```
void close();
```

这个函数一旦被调用，原先的流对象就可以被用来打开其他的文件了，这个文件也就可以重新被其他的进程访问了。为防止流对象被销毁时还联系着打开的文件，析构函数将会自动调用关闭函数 close()。

4.9.5　写入文件

在 C++编程中，我们使用流插入运算符（<<）向文件写入数据，就像使用该运算符输出信息到屏幕上一样。唯一不同的是，在这里使用的是 ofstream 或 fstream 对象，而不是 cout 对象。

4.9.6　读取文件

在 C++编程中，我们使用流提取运算符（>>）从文件读取信息，就像使用该运算符从键盘输入信息一样。唯一不同的是，在这里使用的是 ifstream 或 fstream 对象，而不是 cin 对象。

下面来看一个例子，以读写模式打开一个文件。在向文件 afile.dat 写入用户输入的信息之后，程序从文件读取信息，并将其输出到屏幕上。

【例 4.13】用 C++流的方式读写文件

（1）打开 Visual Studio Code，新建文本文件 test.cpp，输入代码如下：

```cpp
#include <fstream>
#include <iostream>
using namespace std;

int main ()
{
   char data[100];

   // 以写模式打开文件
   ofstream outfile;
   outfile.open("afile.dat");
```

```
        cout << "Writing to the file" << endl;
        cout << "Enter your name: ";
        cin.getline(data, 100);

        // 向文件写入用户输入的数据
        outfile << data << endl;

        cout << "Enter your age: ";
        cin >> data;
        cin.ignore();

        // 再次向文件写入用户输入的数据
        outfile << data << endl;

        // 关闭打开的文件
        outfile.close();

        // 以读模式打开文件
        ifstream infile;
        infile.open("afile.dat");

        cout << "Reading from the file" << endl;
        infile >> data;

        // 在屏幕上写入数据
        cout << data << endl;

        // 再次从文件读取数据,并显示它
        infile >> data;
        cout << data << endl;

        // 关闭打开的文件
        infile.close();

        return 0;
}
```

(2) 上传 test.cpp 到 Linux,在终端下输入命令 g++ -o test test.cpp,然后运行 test,结果如下:

```
# g++ -o test test.cpp
# ./test
Writing to the file
Enter your name: zww
Enter your age: 61
Reading from the file
zww
61
```

可以看到在同目录下生成了一个文件 afile.dat,查看里面的内容可得:

```
# cat afile.dat
```

```
zww
61
```

上面的例子中使用了 cin 对象的附加函数，比如 getline()函数从外部读取一行，ignore()函数会忽略掉之前读语句留下的多余字符。

4.9.7 文件位置指针

先复习一下 C 语言中的文件指针定位函数 fseek()，其声明如下：

```
int fseek(FILE *fp, LONG offset, int origin);
```

其中，fp 是文件指针；offset 是相对于 origin 规定的偏移位置量；origin 是指针移动的起始位置，可设置为以下 3 种情况：

- SEEK_SET：文件开始位置。
- SEEK_CUR：文件当前位置。
- SEEK_END：文件结束位置。

当 offset 是向文件末尾方向偏移的时候，无论偏移量是否超出文件末尾，fseek 都返回 0，当偏移量没有超出文件末尾的时候，文件指针指向正常的偏移地址；当偏移量超出文件末尾的时候，文件指针指向文件末尾，并不会返回表示偏移出错的-1 值。当 offset 向文件头方向偏移的时候，如果偏移量没有超出文件头，就是正常偏移，文件指针指向正确的偏移地址，fseek 返回值为 0；当偏移量超出文件头时，fseek 返回-1 值，文件指针不变，还是处于原来的地址。

在 C++中，istream 和 ostream 也提供了用于重新定位文件位置指针的成员函数 seekg 和 seekp：seekg 用于设置输入文件流的文件流指针位置，而 seekp 用于设置输出文件流的文件流指针位置。它们的声明如下：

```
ostream& seekp( streampos pos );
ostream& seekp( streamoff off, ios::seek_dir dir );
istream& seekg( streampos pos );
istream& seekg( streamoff off, ios::seek_dir dir );
```

其中，pos 表示新的文件流指针位置值；off 表示需要偏移的值；dir 表示搜索的起始位置，该参数的类型是一个枚举：

```
enum seek_dir {beg, cur, end};
```

每个枚举常量的含义如下：

- ios::beg：文件流的起始位置（默认值，从流的开头开始定位）。
- ios::cur：文件流的当前位置。
- ios::end：文件流的结束位置。

文件位置指针是一个整数值，指定了从文件的起始位置到指针所在位置的字节数。下面是关于定位文件位置指针的代码片段。

```
// 定位到 fileObject 的第 n 个字节（假设是 ios::beg）
fileObject.seekg( n );
```

```
// 把文件的读指针从 fileObject 当前位置向后移 n 个字节
fileObject.seekg( n, ios::cur );

// 把文件的读指针从 fileObject 末尾往回移 n 个字节
fileObject.seekg( n, ios::end );

// 定位到 fileObject 的末尾
fileObject.seekg( 0, ios::end );
```

下面的例子使用这些函数来获得一个二进制文件的大小。

【例 4.14】获得二进制文件的大小

（1）打开 Visual Studio Code，新建文本文件 test.cpp，输入代码如下：

```
#include <iostream>
#include <fstream>
using namespace std;


const char * filename = "afile.dat"; // afile.dat 在前面的例子中已经生成了

int main() {
    long l, m;
    ifstream file(filename, ios::in | ios::binary);
    l = file.tellg();
    file.seekg(0, ios::end);
    m = file.tellg();
    file.close();
    cout << "size of " << filename;
    cout << " is " << (m - l) << " bytes.\n";
    return 0;
}
```

（2）上传 test.cpp 到 Linux，在终端下输入命令 g++ -o test test.cpp，然后运行 test，运行结果如下：

```
# g++ -o test test.cpp
# ./test
size of afile.dat is 7 bytes.
```

假设当前目录下有一个文件 afile.dat，大小为 7 字节，上面的代码就可以判断出其大小。同时，我们可以在命令行下验证一下：

```
# ll afile.dat
-rw-r--r-- 1 root root 7 3月  15 21:49 afile.da
```

可以看出，果然是 7 字节。

4.9.8 状态标志符的验证

一些验证流的状态的成员函数有时候会大大方便我们的开发，比如 eof，它是 ifstream 从类 ios 中继承过来的，当到达文件末尾时返回 true。除了 eof()以外，还有一些验证流的状态的成员函数（所有都返回 bool 型值）：

```
bool bad();
```

如果在读写过程中出错，就返回 true。例如，当我们要对一个不是写状态的文件进行写入时，或者要写入的设备没有剩余空间的时候。

```
bool fail();
```

除了在与 bad()同样的情况下会返回 true 以外，格式错误时也返回 true。例如，想要读入一个整数，而获得了一个字母的时候。

```
bool eof();
```

如果读文件到达文件末尾，就返回 true。

```
bool good();
```

这是最通用的，如果调用以上任何一个函数都返回 true，则此函数返回 false。

要想重置以上成员函数所检查的状态标志，我们可以使用成员函数 clear()，该函数没有参数。

【例 4.15】判断文件是否达到末尾

（1）打开 Visual Studio Code，新建文本文件 test.cpp，输入代码如下：

```cpp
#include <iostream>
#include <fstream>
using namespace std;


#include <stdlib.h>

int main() {
    char buffer[256];
    ifstream examplefile("afile.dat");  // afile.dat 在前面的例子中已经生成了
    if (!examplefile.is_open())
    { cout << "Error opening file"; exit(1); }
    while (!examplefile.eof()) {  // 判断文件是否达到末尾
        examplefile.getline(buffer, 100);
        cout << buffer << endl;
    }
    return 0;
}
```

（2）上传 test.cpp 到 Linux，在终端下输入命令 g++ -o test test.cpp，然后运行 test，运行结果如下：

```
# g++ -o test test.cpp
```

```
# ./test
zww
61
```

4.9.9 读写文件数据块

C++的 I/O 中提供了 write 和 read 函数,分别从流中读取数据和向流写入数据。write 函数是 ostream 的一个成员函数,被 ofstream 继承。而 read 是 istream 的一个成员函数,被 ifstream 继承。类 fstream 的对象同时拥有这两个函数。Write 和 read 函数的原型是:

```
ostream& write ( char * buffer, streamsize size );
istream read ( char * buffer, streamsize size );
```

这里 buffer 是一块内存的地址,用来存储要写入或读出的数据。参数 size 是一个整数值,表示要从 buffer 中读出或写入的字符数。

下面两个小例子演示了这两个函数的使用。

【例 4.16】复制文件

(1) 打开 Visual Studio Code,新建文本文件 test.cpp,输入代码如下:

```cpp
// 复制文件
#include <fstream>          // std::ifstream, std::ofstream

int main() {
    std::ifstream infile("myfile.txt", std::ifstream::binary);
    std::ofstream outfile("new.txt", std::ofstream::binary);

    // 获取文件大小
    infile.seekg(0, infile.end);
    long size = infile.tellg();
    infile.seekg(0);

    // 为文件内容分配内存
    char* buffer = new char[size];

    // 读取 infile 的内容
    infile.read(buffer, size);

    // 向 outfile 写入内容
    outfile.write(buffer, size);

    // 释放动态分配的内存
    delete[] buffer;

    outfile.close();
    infile.close();
    return 0;
}
```

(2)上传 test.cpp 到 Linux，在终端下输入命令 g++ -o test test.cpp，然后运行 test，运行结果如下：

```
# g++ test.cpp -o test
# ./test
# cat new.txt
Linux
boy
```

【例 4.17】读取文件到内存

(1) 打开 Visual Studio Code，新建文本文件 test.cpp，输入代码如下：

```cpp
// 将文件读入内存
#include <iostream>     // std::cout
#include <fstream>      // std::ifstream

int main() {

    std::ifstream is("myfile.txt", std::ifstream::binary);
    if (is) {
        // 获取文件长度
        is.seekg(0, is.end);
        int length = is.tellg();
        is.seekg(0, is.beg);

        char * buffer = new char[length];

        std::cout << "Reading " << length << " characters... ";
        // 以块的形式读取数据
        is.read(buffer, length);

        if (is)
            std::cout << "all characters read successfully.";
        else
            std::cout << "error: only " << is.gcount() << " could be read";
        is.close();

        // 缓冲区包含整个文件内容
        delete[] buffer;
    }
}
```

(2) 上传 test.cpp 到 Linux，在终端下输入命令 g++ -o test test.cpp，然后运行 test，运行结果如下：

```
# g++ test.cpp -o test
# ./test
Reading 18 characters... all characters read successfully.
```

4.10 文件编程中的其他操作

4.10.1 获取文件有关信息

Linux 一线开发中，经常会碰到和文件打交道的情况，除了前面介绍的读写文件外，获取文件的相关信息（比如类型、大小、是否存在）也经常会遇到。Linux 用函数 stat 来获取文件相关信息，该函数声明如下：

```
#include <sys/stat.h>
#include <unistd.h>
int stat(const char *file_name, struct stat *buf);
```

其中，参数 file_name 指向文件名；buf 指向结构体 stat。结构体 stat 用于存放文件属性信息，其定义如下：

```
struct stat {
    dev_t         st_dev;       // 文件的设备编号
    ino_t         st_ino;       // 节点
    mode_t        st_mode;      // 文件的类型和存取的权限
    nlink_t       st_nlink;     // 连到该文件的硬链接数目，刚建立的文件值为1
    uid_t         st_uid;       // 用户ID
    gid_t         st_gid;       // 组ID
    dev_t         st_rdev;      // (设备类型)若此文件为设备文件，则为其设备编号
    off_t         st_size;      // 文件字节数(文件大小)
    unsigned long st_blksize;   // 块大小(文件系统的I/O 缓冲区大小)
    unsigned long st_blocks;    // 块数
    time_t        st_atime;     // 最后一次访问时间
    time_t        st_mtime;     // 最后一次修改时间
    time_t        st_ctime;     // 最后一次改变时间(指属性)
};
```

如果函数执行成功，就返回 0，失败则返回-1，错误代码存于 errno 中，常见错误代码如下：

- ENOENT：参数 file_name 指定的文件不存在。
- ENOTDIR：路径中的目录存在但却非真正的目录。
- ELOOP：欲打开的文件有过多符号链接问题，上限为 16 个符号链接。
- EFAULT：参数 buf 为无效指针，指向无法存在的内存空间。
- EACCESS：存取文件时被拒绝。
- ENOMEM：核心内存不足。
- ENAMETOOLONG：参数 file_name 的路径名称太长。

这些宏的定义可以在 include/asm-generic/errno-base.h 中找到，比如：

```
#define ENOENT      2   /* No such file or directory */
```

我们可以通过 stat 获取文件的类型和文件大小等信息。文件类型有：普通文件、目录文件、块特殊文件、字符特殊文件、FIFO、套接字和符号链接。

【例 4.18】获取文件的大小

（1）打开 Visual Studio Code，新建文本文件 test.cpp，输入代码如下：

```cpp
#include <sys/stat.h>
#include <unistd.h>
#include <stdio.h>

int main() {
    struct stat buf;
    stat("/etc/hosts", &buf);
    printf("/etc/hosts file size = %d\n", buf.st_size);

    stat("/zww/test/myfile.txt", &buf);
    printf("/zww/test/myfile.txt size = %d\n", buf.st_size);
}
```

上面的代码中，分别用 stat 函数获取了两个文件的属性信息，然后打印了两个文件的大小。注意，这两个文件必须存在。

（2）将 test.cpp 上传到 Linux，然后在命令行下编译并运行：

```
# g++ test.cpp -o test
# ./test
/etc/hosts file size = 158
/zww/test/myfile.txtfile size = 18
```

我们可以再用 ll 命令来验证一下：

```
[root@localhost ~]# ll /etc/hosts
-rw-r--r--. 1 root root 158 6  7 2013 /etc/hosts
# ll /zww/test/myfile.txt
-rwxr-Sr-x. 1 root root 18 3 26 13:17 /zww/test/myfile.txt
```

可见，/etc/hosts 的大小的确为 158 字节，/zww/test/myfile.txt 的大小的确为 18 字节。

【例 4.19】判断文件是否存在

（1）打开 Visual Studio Code，新建文本文件 test.cpp，输入代码如下：

```cpp
#include <sys/stat.h>
#include <unistd.h>
#include <stdio.h>
#include <errno.h>// for ENOENT
#include <string.h>// for memset
int main()
{
    struct stat st;
    memset(&st, 0, sizeof(st));
    if (!stat("/zww/test/myfile.txt", &st)) // 如果 myfil.txt 不存在，stat 就会返回非 0
    {
```

```
                if (st.st_size >= 0) // 加了一层保证
                {
                    printf("/zww/test/myfile.txt exists.\n");
                }
            }
            else    if(ENOENT == errno)
                printf("/zww/test/myfile.txt does NOT exist:%d\n",errno);
}
```

代码中，我们还用 st.st_size 来判断文件大小是否大于或等于 0，这样可以加一层保障。另外，用 fopen 也可以加一层保障，比如：

```
if (stat("/zww/test/myfile.txt", &stb) == 0)
{
    FILE *fd = fopen("/zww/test/myfile.txt", "r");
    if (fd)
    {
        // 文件存在
    }
}
```

有读者或许会想，那直接用 fopen 判断文件是否存在不就行了？这个会有例外情况，比如一个文件存在，但没有读权限的时候，就不能用 fopen 去判断是否存在了。其实判断文件是否存在更简单的方法是用 access 函数，限于篇幅，不再展开了。

（2）将 test.cpp 上传到 Linux，然后在命令行下编译并运行：

```
# g++ test.cpp -o test
# ./test
/zww/test/myfile.txt exists.
```

4.10.2 创建和删除文件目录项

首先必须要弄清楚目录项和 i 节点两个概念（本章开头讲过了，这里不再赘述）。目录文件中存放的是文件名和对应的 i 节点号，统称为目录项。link 和 unlink 函数分别用来创建硬链接和删除硬链接。link 函数创建一个新目录项，并且增加一个链接数。unlink 函数删除目录项，并且减少一个链接数。如果链接数达到 0 并且没有任何进程打开该文件,该文件内容才被真正删除。如果在 unlink 之前没有 close，那么依旧可以访问文件内容。两个函数中的操作都是原子操作。总之，真正影响链接数的操作是 link、unlink 以及 open 的创建。删除文件内容的真正含义是文件的链接数为 0。

link 函数声明如下：

```
int link(const char *oldpath,const char * newpath);
```

其中，参数 oldpath 为源文件路径名，参数 newpath 为新文件路径名。当 oldpath 不存在或者 newpath 存在但调用失败时返回-1，调用成功时返回 0。

unlink 函数的声明如下：

```
int unlink(const char *pathname);
```

其中，参数 pathname 为要删除目录项的文件路径名。如果函数执行成功就返回 0，否则返回-1。

我们知道 Linux 是用 i 节点来区分文件的，当删除一个文件的时候，系统并不一定就会释放 i 节点的内容。只有满足下面的要求的时候，系统才会释放 i 节点的内容。

（1）i 节点中指向该节点的硬链接数为 0。

（2）没有进程打开指向该节点的文件。

使用 unlink 函数删除文件的时候，只会删除目录项，并且将 i 节点的硬链接数目减 1，并不一定会释放 i 节点。如果此时没有进程正在打开该文件或者有其他文件指向该 i 节点，那么该 i 节点将会被释放；如果有进程正在打开一个文件，而此时使用 unlink 删除了该文件，那么只是删除了目录项，并没有释放 i 节点，因为此时仍然有进程在打开这个文件。

unlink 函数的另一个用途就是创建临时文件。当程序使用 open 创建一个文件后，它可以立即使用 unlink 函数删除此文件，但由于此时进程正在打开该文件，因此系统并不会释放该文件的 i 节点，而只是删除其目录项。当进程退出时，该 i 节点将会被立即释放。这种技术常用于创建无须长期存储在文件系统中的临时文件，如用于进程间通信的有名管道（FIFO）文件。

【例 4.20】link 和 unlink 的简单用法

（1）打开 Visual Studio Code，新建文本文件 test.cpp，输入代码如下：

```
#include <stdio.h>
#include <sys/types.h>
#include <sys/stat.h>
#include <fcntl.h>
#include <unistd.h>
int main()
{
    int fd;
    struct stat buf;
    stat("test.txt", &buf);
    printf("1.link =% d\n", buf.st_nlink); // 1.未打开文件之前测试链接数

    fd = open("test.txt", O_RDONLY);        // 2.打开已存在的文件 test.txt
    stat("test.txt", &buf);
    printf("2.link =% d\n", buf.st_nlink); // 测试链接数

    close(fd);// 3.关闭文件 test.txt
    stat("test.txt", &buf);
    printf("3.link =% d\n", buf.st_nlink); // 测试链接数

    link("test.txt", "test2.txt");          // 4.创建硬链接 test2.txt
    stat("test.txt", &buf);
    printf("4.link =% d\n", buf.st_nlink);  // 测试链接数

    unlink("test2.txt");// 5.删除 test2.txt
    stat("test.txt", &buf);
    printf("5.link =% d\n", buf.st_nlink);  // 测试链接数
```

```
        // 6.重复步骤2,重新打开test.txt
        fd = open("test.txt", O_RDONLY);          // 打开已存在的文件test.txt
        stat("test.txt", &buf);
        printf("6.link =% d\n", buf.st_nlink);    // 测试链接数


        unlink("test.txt");                       // 7.删除test.txt
        fstat(fd, &buf);
        printf("7.link =% d\n", buf.st_nlink);    // 测试链接数

        close(fd);// 8.此步骤可以不显式写出,因为进程结束时,打开的文件自动关闭
}
```

(2)将test.cpp上传到Linux,然后在命令行下用touch命令新建一个test.txt空文件,再编译运行:

```
# touch test.txt
# g++ test.cpp -o test
# ./test
1.link = 1
2.link = 1
3.link = 1
4.link = 2
5.link = 1
6.link = 1
7.link = 0
```

我们对每一步结果进行分析:

```
1.link=1
2.link=1     // open不影响链接数
3.link=1     // close不影响链接数
4.link=2     // link之后链接数加1
5.link=1     // unlink后链接数减1
6.link=1     // 重新打开,链接数不变
7.link=0     // unlink之后再减1,此处我们改用fstat函数而非stat,因为unlilnk已经删
```
除了文件名,所以不可以通过文件名访问,但是fd仍然是打开着的,文件内容还没有被真正删除,依旧可以使用fd获得文件信息

执行步骤8,文件内容被删除

第 5 章

多进程编程

进程是操作系统结构的基础。进程是一个具有独立功能的程序对某个数据集在处理机上的执行过程，也是资源分配的一个基本单位。Linux 作为一个多用户、多任务的操作系统，必定支持多进程。多进程是现代操作系统的基本特征。

5.1 进程的基本概念

进程是现代操作系统重要的特征之一。操作系统在裸机硬件层面之上提供了更为简单、可靠、安全、高效的功能，而首要功能就是管理和协调各种计算机系统资源，包括物理的和虚拟的资源。为了提高计算机系统中各种资源的利用效率，现代操作系统广泛采用了多道程序技术，使多种硬件资源能够并行工作。因此，程序的并发执行以及多任务共享资源成为现代操作系统的重要特点。为了描述计算机程序的执行过程和作为资源分配的基本单位，便引进了"进程"这个概念。

从提出进程这一概念以来，人们就已经对进程下过许多种定义，尽管侧重点不尽相同，但都注重一点，就是进程是一个动态的执行过程。因此，可以这样定义进程的概念：进程是一个具有独立功能的程序对某个数据集在处理机上的执行过程，进程也是资源分配的基本单位。为了更好地理解进程的概念，有必要将进程与程序的概念做一下比较。

（1）进程和程序是相辅相成的。程序是进程的组成部分之一，一个进程的运行目标是执行它所对应的程序，如果没有程序，进程就失去了存在的意义。一个程序也可以由多个进程组成。

（2）进程是一个动态概念，而程序则是一个静态概念。程序是指令的有序集合，其本身没有任何运行的含义，是一个静态的概念。进程是程序在处理机上的一次执行过程，它是一个动态的概念，动态地产生、执行，然后消亡。因此，进程的存在也是暂时的。

（3）进程具有并行性特征，而程序则没有。进程具有并行特征体现在两个方面：独立性和异步性。独立性是指，进程是一个相对完整的资源分配单位。异步性是指，每个进程按照各自独立的、不可预知的速度向前推进。显然程序不反映执行过程，所以不具有并行性。

5.2 进程的描述

从构成要素来看，进程由 3 部分组成，也就是进程控制块（Process Control Block，PCB）、有关的程序段以及操作的数据集。其中进程控制块主要包括进程的一些描述信息、资源信息以及控制信息等。系统为每个进程设置一个 PCB，它是标识和描述进程存在及相关特性的数据块，是进程存在的唯一标识，是进程动态特征的集中反映。当创建一个进程时，系统首先创建其 PCB，然后根据 PCB 中的信息对进程实施有效的管理和控制。当一个进程完成其功能之后，系统就释放 PCB，进程也随之消亡。进程控制块的具体内容随操作系统的不同而有所区别，但主要都应当包括以下信息。

（1）进程标识。每个进程都有系统唯一的进程名称或标识号。在识别一个进程时，进程名或标识号就代表该进程。

（2）状态信息。指明进程当前所处的状态，作为进程调度、分配处理机的依据。进程在活动期间有 3 种基本的状态：就绪状态、执行状态和等待状态。一个进程在任一时刻只能具有这 3 种状态中的一种。执行状态表示该进程当前占有处理机，正在处理机上调度执行；就绪状态表示该进程已经得到了除处理机之外的全部资源，准备占有处理机；等待状态则表示进程因某种原因（等待某事件发生）而暂时不能占有处理机。当然在具体的系统中，为了最大可能地提高资源的利用率，可能会引进或者进一步细分某些状态。

（3）进程的优先级。进程优先级是选取进程占有处理机的重要依据，一般根据进程的轻重缓急程度为进程指定一个优先级，包括静态或者动态的优先级。

（4）CPU 现场信息。当进程状态变化时（例如一个进程放弃使用处理机），它需要将当时的 CPU 现场保护到内存中，以便再次占用处理机时恢复正常运行。CPU 现场信息包括各种通用寄存器、程序计数器、程序状态字等。

（5）资源清单。每个进程在运行时，除了需要内存外，还需要其他资源，如 I/O 设备、外存、数据区等。

（6）队列指针。用于将处于同一状态或者具有家族关系的进程链接成一个队列，在该单元中存放下一进程 PCB 首地址。

（7）其他，如计时信息、记账信息、通信信息等。

Linux 中的每个进程都由一个 task_struct 数据结构来表示。task_struct 其实就是通常意义上的进程控制块，或者称为进程描述符，系统正是通过 task_stmct 结构来对进程进行有效管理和控制的。当系统创建一个进程时，Linux 为新的进程分配一个 task_stmct 结构；进程结束时，又收回其 task_struct 结构，进程也随之消亡。分配给进程的 task_truct 结构可以被内核中的许多模块（如调度程序、资源分配程序、中断处理程序等）访问，并常驻于内存。在新发布的 Linux 4.14 内核中，Linux 为每个新创建的进程动态地分配一个 task_struct 结构，系统所能允许的最大进程数是由机器所拥有的物理内存的大小决定的，这是对以前版本的改进。

Linux 支持两种进程：实时进程和普通进程。实时进程具有一定程度上的紧迫性，应该有一个短的响应时间，更重要的是，这个响应时间应该有很小的变化；普通进程则没有这种限制。因此，调度程序需要区别对待这两种进程。

由于 task_struct 结构包含进程的全部信息，因此有必要来详细分析 task_struct 结构中所包含的内容。task_struct 结构包含的数据比较庞大，按其功能主要分为：进程标识符信息、进程调度信息、进程间通信信息、进程链接信息、时间和定时器信息、文件系统信息、虚拟内存信息、处理器特定信息及其他信息。

1）进程标识符信息

进程标识符信息包括进程标识符（Process ID，PID）、用户标识符、组标识符等信息。每个进程都有唯一的进程标识符，内核通过这个标识符来识别不同的进程。同时，进程标识符也是内核提供给用户程序的接口。PID 是 32 位的无符号整数，存放在进程描述符的 PID 域中，它被顺序编号，新创建进程的 PID 通常是前一个进程的 PID 加 1。为了与 16 位硬件平台的传统 UNIX 系统保持兼容，Linux 允许的最大 PID 号是 32767。当内核在系统中创建第 32768 个进程时，就必须重新开始使用闲置的 PID 号。

此外，每个进程都属于某个用户和某个用户组。进程描述符中定义了多种类别的用户标识符和组标识符，比如用户标识符（uid）、有效用户标识符（euid）以及组标识符（gid）、有效组标识符（egid）等。这些也都是简单的数字，主要用于系统的安全控制。

2）进程调度信息

调度程序利用进程调度信息来决定系统中哪个进程最迫切需要运行，并采用适当的策略来保证系统运转的公平性和高效性。这些信息主要包括调度标志、调度的策略、进程的类别、进程的优先级、进程状态。其中可能的进程状态有：可运行状态、可中断的等待状态、不可中断的等待状态、暂停状态和僵死状态。

3）进程间通信信息

在多任务编程环境中，进程之间必然会发生多种多样的合作、协调等，因此进程之间就必须进行通信，来交换信息和交流数据。Linux 支持多种形式的进程间通信机制，如信号、管道，也支持 System V 进程间通信机制，如信号量、消息队列和共享内存等。进程描述符中主要有这些域与进程通信相关：

- sig，信号处理函数，包括自定义的和系统默认的处理函数。
- blocked，进程所能接收信号的位掩码。
- sigmask_lock，信号掩码的自旋锁。
- semundo，进程信号量的取消操作队列，进程每操作一次信号量，都生成一个对此次操作的取消操作，这些属于同一进程的取消操作组成一个链表，当进程异常终止时，内核就会执行取消操作。
- semsleeping，与信号量相关的等待队列，每一信号量集合对应一个等待队列。

4）进程链接信息

Linux 系统中所有进程都是相互联系的。除了初始化进程 init 外，其他所有进程都有一个父进程。可以通过 fork 或 clone 系统调用函数来创建子进程，除了进程标识符等必要的信息外，子进程的 task_struct 结构中的绝大部分信息都是从父进程中复制过来的。每个进程对应的 task_struct 结构中都包含有指向其父进程和兄弟进程（具有相同父进程的进程）以及子进程的指针。有了这些指针，进程之间的通信、协作就更加方便了。进程的 ask_struct 结构中主要有下面这些域记录了进程间的各种关系。

- next_task、prev_task用于链入进程双向链表的前后指针，系统的所有进程组成一个双向循环链表。
- p_opptr、p_pptr、p_cptr、p_ysptr、p_osptr分别表示指向祖先进程、父进程、子进程、兄弟进程的指针。
- Pidhash_next、pidhash_pprev用于链入进程哈希表的前后指针。

5）时间和定时器信息

内核需要记录进程的创建时间以及在其生命周期中消耗的 CPU 时间。进程耗费的 CPU 时间由两部分组成：一是在用户态（用户模式）下耗费的时间，二是在内核态（内核模式）下耗费的时间，每次时钟滴答，也就是每个时钟中断，内核都要更新当前进程耗费的时间。Linux 支持与进程相关的多种间隔定时器，包括实时定时器、虚拟定时器和概况定时器。进程可以通过系统调用函数来设定定时器，以便在定时器到期后向它发送信号。这些定时器可以是一次性的或者周期性的。

6）文件系统信息

进程经常会访问文件系统资源，打开或者关闭文件，Linux 内核要对进程使用文件的情况进行记录。task_struct 结构中有两个数据结构用于描述进程与文件相关的信息，即 fs 和 files。其中，fs 域是指向 fs_struct 结构的指针，fs_struct 结构中描述了两个虚拟文件系统（VFS）索引节点，这两个索引节点叫作 root 和 pwd，分别指向进程的可执行映像所对应的主目录和当前工作目录。files 域用来记录进程打开文件的文件描述符。

7）虚拟内存信息

Linux 采用按需分页的策略来解决进程的内存需求，当物理内存不足时，Linux 内存管理系统需要把内存中的部分页面交换到外存。每个进程都有自己的虚拟地址空间（内核线程除外），用 mm_struct 来描述，其中包含一个指向若干个虚存块的虚存队列。另外，Linux 内核还引入了一个域 active_mm，它指向活动地址空间，但这一空间并不为该进程所拥有，通常为内核线程所使用。内核线程与用户进程相比不需要 mm_struct 结构：当用户进程切换到内核线程时，内核线程可以直接借用进程的页表，无须重新加载独立的页表。内核线程用 active_mm 指针指向所借用进程的 mm_struct 结构。

8）处理器特定信息

进程可以看作系统当前执行状态的综合。进程运行时，它将使用处理器的寄存器以及堆栈等。进程被挂起时，进程的上下文，即所有与 CPU 相关的处理机状态必须保存在它的 task_struct 结构中。当进程被调度重新运行时，再从中恢复这些环境，重新设定上下文，也就是恢复这些寄存器和堆栈的值。

5.2.1 进程的标识符

进程标识符也称进程识别码，可以用来唯一表示某个进程，就像我们每个人的身份证号一样，每个人的都不同。就算几个进程来自同一个程序，这些进程的 ID 也是不同的。PID 是进程运行时系统随机分配的，在进程运行时，PID 不会改变，进程终止后，PID 就会被系统回收，以后可能会被分配给新运行的进程。

PID 在系统中其实就是一个无符号整型数值，类型是 pid_t，该类型定义在 /usr/include/sys/types.h 中，定义如下：

```
#ifndef __pid_t_defined
typedef __pid_t pid_t;
# define __pid_t_defined
#endif
```

可以看到 pid_t 其实就是 __pid_t 类型。而 __pid_t 在 /usr/include/bits/types.h 中被定义为 __PID_T_TYPE 类型。在文件 /usr/include/bits/typesizes.h 中可以看到这样的定义：

```
#define    __PID_T_TYPE        __S32_TYPE
```

可以看出 __PID_T_TYPE 被定义为 __S32_TYPE 类型。在文件 /usr/include/bits/types.h 中，我们终于找到了这样的定义：

```
#define    __S32_TYPE        int
```

pid_t 实际上就是一个 int 型。真是山穷水尽疑无路，柳暗花明又一村。

【例 5.1】获取 pid_t 的字节长度

（1）打开 Visual Studio Code，新建文本文件，输入代码如下：

```cpp
#include <iostream>
using namespace std;
int main(int argc, char *argv[])
{
    pid_t pid;
    cout << sizeof(pid_t) << endl;
    return 0;
}
```

（2）保存代码为 test.cpp，并上传到 Linux，在命令行下编译并运行：

```
sizeof(pid_t)=4
```

可以看到，在 64 位的 Linux 下，pid_t 的字节长度是 4，就是 int 型的大小。

我们可以在终端下用 ps -e 命令来查看所有进程的 ID，比如：

```
[root@localhost ~]# ps -e
  PID TTY          TIME CMD
    1 ?        00:00:26 systemd
    2 ?        00:00:00 kthreadd
    3 ?        00:00:11 ksoftirqd/0
    7 ?        00:00:00 migration/0
    8 ?        00:00:00 rcu_bh
    9 ?        00:00:00 rcuob/0
   ...
  995 ?        00:00:00 sedispatch
 1001 ?        00:00:04 rtkit-daemon
```

```
38136 ?          00:00:00 sshd
38140 pts/3      00:00:00 bash
38816 ?          00:00:00 sshd
42238 pts/0      00:00:00 bash
```

-e 表示显示所有进程，也可以用-A，含义一样。上面第一列的内容就是进程的 ID，即 PID。最后一列就是进程的名字，它和所对应的程序名字相同，因此会出现重名（比如上面的 ssh 和 bash 进程）。虽然重名了，但其 PID 是不同的，因此 PID 可以用来标识一个进程。

在开发中，我们可以用函数 getpid 来获取当前进程的 ID，该函数声明如下：

```
#include <unistd.h>
pid_t getpid(void);
```

【例 5.2】获取当前进程的 ID

（1）打开 Visual Studio Code，新建文本文件，输入代码如下：

```
#include <iostream>
#include <unistd.h>
using namespace std;

int main(int argc, char *argv[])
{
    pid_t pid = getpid();
    cout <<"pid="<<pid << endl;
    return 0;
}
```

（2）保存代码为 test.cpp，并上传到 Linux，在命令行下编译并运行：

```
# g++ test.cpp -o test
# ./test
   pid=42518
```

结果打印的内容就是进程 test 的 ID，多次运行可以发现每次打印的值是不同的。

5.2.2　PID 文件

在 Linux 系统的/var/run 目录下，一般会看到很多*.pid 文件，而且往往新安装的程序在运行后也会在/var/run 目录下产生自己的 PID 文件。它的内容是什么呢？其实，PID 文件为文本文件，内容只有一行，记录了该进程的 ID。我们可以用 cat 命令来查看 PID 文件的内容。比如可以用 cat 命令查看/var/run 目录下的 sshd.pid 文件：

```
[root@localhost ~]# cd /var/run
[root@localhost run]# cat sshd.pid
1712
```

说明进程 sshd 的 PID 是 1712。可以用 ps 来查看进程 sshd 的 PID：

```
[root@localhost run]# ps -e|grep ssh
 1712 ?          00:00:02 sshd
```

那么这些 PID 文件有什么作用呢？PID 文件的作用是防止进程启动多个副本。只有获得相应 PID 文件写入权限的进程才能正常启动，并把自身的 PID 写入该文件中。PID 文件位于固定路径（/var/run），并且文件名也是固定的（进程名字为.pid）。

通常有两种方法配合 PID 文件来实现进程的重复启动：一种是文件加锁法，另一种是 PID 读写法。文件加锁法的基本思路是进程运行后会给.pid 文件加一个文件锁，只有获得该锁的进程才有写入权限（F_WRLCK），以后其他试图获得该锁的进程会自动退出。给文件加锁的函数是 fcntl，如果成功锁定，进程就继续往下执行，如果锁定不成功，说明已经有同样的进程在运行了，进程就退出。我们在第 4 章对 fcntl 函数进行了详细阐述，这里就不赘述了。PID 读写法就是先启动的进程先往 PID 文件中写入自己的进程 ID 号，然后其他进程判断该 PID 文件中是否有数据了。下面看一个例子。

【例 5.3】通过 PID 文件判断进程是否运行

（1）打开 Visual Studio Code，新建文本文件，输入代码如下：

```c
#include <stdlib.h>
#include <stdio.h>
#include <sys/types.h>
#include <sys/stat.h>
#include <fcntl.h>
#include <unistd.h>
#include <string.h>
#include <signal.h>

static char* starter_pid_file_default = "/var/run/test.pid";


static bool check_pid(char *pid_file)
{
    struct stat stb;
    FILE *pidfile;

    if (stat(pid_file, &stb) == 0)
    {
        pidfile = fopen(pid_file, "r");
        if (pidfile)
        {
            char buf[64];
            pid_t pid = 0;
            memset(buf, 0, sizeof(buf));
            if (fread(buf, 1, sizeof(buf), pidfile))
            {
                buf[sizeof(buf) - 1] = '\0';
                pid = atoi(buf);
            }
            fclose(pidfile);
            if (pid && kill(pid, 0) == 0)// 检查进程
            {   /* such a process is running */
```

```
            return 1;
        }
    }
    printf("removing pidfile '%s', process not running", pid_file);
    unlink(pid_file);
}
return 0;
}


int main()
{
    FILE *fd = fopen(starter_pid_file_default, "w");

    if (fd)
    {
        fprintf(fd, "%u\n", getpid());
        fclose(fd);
    }
    if (check_pid(starter_pid_file_default))
    {
        printf("test is already running (%s exists)", 
starter_pid_file_default);

    }
    else
        printf("test is NOT running (%s NOT exists)", starter_pid_file_default);

    unlink(starter_pid_file_default);


    return 0;
}
```

代码中，check_pid 是一个自定义函数，用来检查 PID 文件是否存在，继而判断进程是否运行。因为整个程序设计的思路是程序在刚刚启动的时候会创建一个/var/run/test.pid 文件，并把本进程的进程号写入该文件中。在 check_pid 中，用了 stat 函数来判断文件是否存在，保险起见，又用 fopen 打开了一次。如果存在，就读取该文件中的进程号，然后通过 kill 函数检查一下该进程是否在运行。kill 函数的第二个参数表示准备发送的信号代码，如果为 0，则没有任何信号发出，但是系统会执行错误检查，通常会利用 sig 值是否为 0 来检验某个进程是否仍在执行。

程序结束的时候，也就是进程即将退出的时候，我们会删除 PID 文件。

（2）保存代码为 test.cpp，并上传到 Linux，在命令行下编译并运行：

```
# g++ test.cpp -o test
# ./test
test is already running (/var/run/test.pid exists)
```

5.3 进程的创建

5.3.1 使用 fork 创建进程

Linux 可以通过执行系统调用函数 fork 来创建新进程。由 fork 创建的新进程被称为子进程。该函数被调用一次，但返回两次。两次返回的区别是子进程的返回值是 0，而父进程的返回值是子进程的 PID。子进程和父进程继续执行 fork 之后的指令。父进程和子进程几乎是等同的——它们具有相同的变量值（但变量内存并不共享），打开的文件也都相同，还有其他一些相同属性。如果父进程改变了变量的值，子进程将不会看到这个变化。实际上，子进程是父进程的一个复制，但它们并不共享内存。实际上，Linux 并不完全复制内存页，而是采用写时复制的技术，这些内存区域由父、子进程共享，而且内核将它们的许可权限改为只读，当有进程试图修改这些区域时，内核就为相关部分做一下复制。系统调用函数 fork 的声明如下：

```
#include <unistd.h>
pid_t fork();
```

该函数将创建一个子进程。如果成功，在父进程的程序中，将返回子进程的线程 ID，即 PID 值；在子进程中，函数则返回 0。如果失败，则在父进程的程序中返回-1，并能通过 errno 得到错误码。

一个进程成功调用 fork 函数后，系统先给新的进程分配资源，例如存储数据和代码的空间。然后把原来的进程的所有值都复制到新的进程中，只有少数值与原来的进程的值不同，相当于克隆了一个自己。下面我们来看一个例子。

【例 5.4】通过 fork 来创建子进程

（1）打开 Visual Studio Code，新建文本文件，输入代码如下：

```cpp
#include <iostream>
using namespace std;

#include <unistd.h>
#include <stdio.h>
int main()
{
    pid_t fpid;
    int count = 0;
    fpid = fork();
    if (fpid < 0)   // 如果函数返回负数，则出错了
        cout<<"failed to fork";
    else if (fpid == 0)   // 如果 fork 返回 0, 则进入子程序
    {
        cout<<"I am the child process, my pid is "<<getpid()<<endl;
        count++;
    }
    else  // 如果 fork 返回值大于 0, 则依旧在父进程中执行
    {
```

```
            cout<<"I am the parent process, my pid is "<<getpid()<<endl;
            cout << "fpid =" << fpid << endl;
            count++;
        }
        printf("result: %d\n", count);
        return 0;
}
```

（2）保存代码为 test.cpp，并上传到 Linux，在命令行下编译并运行：

```
# g++ test.cpp -o test
# ./test
I am the parent process, my pid is 32726
fpid =32727
count=1
I am the child process, my pid is  32727
count=1
```

我们可以看到父进程和子进程的 PID 是不同的，说明它们是两个不同的进程。在语句 fpid=fork 之前，只有一个进程（父进程）在执行这段代码，但在这条语句之后，就变成两个进程在执行了，这两个进程几乎完全相同，将要执行的下一条语句都是 if(fpid<0)。

为什么这两个进程的 fpid 不同呢？这与 fork 函数的特性有关。fork 调用的一个奇妙之处就是它仅仅被调用一次，却能够返回两次。父进程 fork 返回的是子进程的 PID，我们可以看到父进程中的打印"fpid =32727"和子进程中的打印"my pid is 32727"一样，都是 32727。另外，count 分别在父进程和子进程中执行了一次 count++，所以输出都是 count=1。

有些读者可能疑惑为什么不是从第一行#include 处开始复制代码，这是因为 fork 是把进程当前的情况复制一份，执行 fork 时，进程已经执行完了语句"int count=0;"，fork 只复制下一次要执行的代码到新的进程。

再次强调，在 fork 函数执行完毕后，如果新进程创建成功，则出现两个进程，一个是子进程，一个是父进程。在子进程中，fork 函数返回 0，在父进程中，fork 返回新创建的子进程的 PID。我们可以通过 fork 的返回值来判断当前进程是子进程还是父进程。创建新进程成功后，系统中出现两个基本相同的进程，这两个进程没有固定的先后执行顺序，哪个进程先执行要看操作系统的进程调度策略。

5.3.2 使用 exec 创建进程

exec 用被执行的程序（新的程序）替换调用它（调用 exec）的程序。相对于 fork 函数会创建一个新的进程，产生一个新的 PID，exec 会启动一个新的程序替换当前的进程，且 PID 不变。即 exec 创建的进程会占据了原来的进程，但表面（PID）上看起来依旧不变。那么这是如何实现的呢？现在我们来学习一下 exec()函数族。

```
#include <unistd.h>
int execl(const char *path, const char *arg, ...);
int execlp(const char *file, const char *arg, ...);
```

```
int execle(const char *path, const char *arg,..., char * const envp[]);
int execv(const char *path, char *const argv[]);
int execvp(const char *file, char *const argv[]);
int execvpe(const char *file, char *const argv[], char *const envp[]);
```

exec()函数族一共有 6 个函数，其中常用的是 execl 和 execlp 函数。

1. execl 函数

execl 函数声明如下：

```
#include <unistd.h>
int execl(const char *path, const char *arg, ...);
```

其中，参数 path 指向要执行的文件路径（可以是命令的全路径、执行程序的全路径或脚本文件的全路径）；后面的参数（arg 及其后面的省略号）代表执行该程序时传递的参数列表，并且第一个被认为是 argv[0]（即 path 后面的参数被认为是 argv[0]），第二个被认为是 argv[1]……相当于 main 函数中的 argv，我们知道 main 中的 argv[0]是程序的名称，程序所需的参数是从 argv[1]开始获取的，execl 的 argv[0]也是按照此习惯来的，即 argv[1]才是传给 execl 要启动的程序的第一个参数，argv[0]可以只写个程序名（其实对于大多数命令程序来说没什么作用，随便写一个字符串也可以，读者可以从后面的例子看到，但不要写 NULL，写 NULL 就认为参数列表就此结束了。而对于自定义程序，则要视实际情况而定，有些自定义程序需要 argv[0]，此时就不能乱写了。要记住紧跟 path 后面的参数相当于 main 的 argv[0]）。最后一个参数必须用空指针 NULL 表示结束。函数成功时不返回值，失败则返回-1，失败原因存于 errno 中，可通过 perror()打印。

需要注意的是，对于系统命令程序，比如 pwd 命令，argv[0]是必要的，但其值可以是一个无意义的字符串。

【例 5.5】使用 execl 执行不带选项的命令程序 pwd

（1）打开 Visual Studio Code，新建文本文件，输入代码如下：

```
// 执行/bin/pwd
#include <unistd.h>

int main()
{
    // 执行/bin 目录下的 pwd, 注意 argv[0]必须要有
    execl("/bin/pwd", "asdfaf", NULL);
    return 0;
}
```

（2）保存代码为 test.cpp，上传到 Linux，在命令行下编译并运行：

```
# g++ test.cpp -o test
# ./test
/zww/test
```

程序运行后，打印了当前路径，这和执行 pwd 命令是一样的。虽然 pwd 命令不带选项，但用 execl 执行的时候，依然要有 argv[0]这个参数。读者可以试试把"asdfaf"去掉，那样就会报错。不

过这样乱写似乎不好看，一般都是写命令的名称，比如 execl("/bin/pwd", "pwd", NULL); 。

【例 5.6】使用 execl 执行带选项的命令程序 ls

（1）打开 Visual Studio Code，新建文本文件，输入代码如下：

```
/*
 * execl 函数使用实例 1
 *功能:执行/bin/ls -al /etc/passwd
 * */
#include <unistd.h>

int main()
{
    /*执行/bin 目录下的 ls，注意，argv[0]传入的是程序名 ls，argv[1]才传入-al，argv[2]传入的是要查看的文件/etc/passwd  */
    execl("/bin/ls", "ls","-al","/etc/passwd",NULL);
    return 0;
}
```

（2）保存代码为 test.cpp，并上传到 Linux，在命令行下编译并运行：

```
# g++ test.cpp -o test
# ./test
-rw-r--r--. 1 root root 2727 12月 16 2016 /etc/passwd
```

passwd 是 etc 下的一个文件。我们可以在 Shell 下直接用 ls 命令进行查看：

```
# ls -la /etc/passwd
-rw-r--r--. 1 root root 2727 12月 16 2016 /etc/passwd
```

可以发现命令行运行和程序运行结果是一样的。这个程序中，execl 的第二个参数（相当于 argv[0]）其实没什么用处，我们即使随便输入一个字符串，效果也是一样的，读者可以在例子中修改一下，比如：

```
execl("/bin/ls", "lsadfadfae", "-al", "/etc/passwd", NULL);
```

运行结果不变，说明对于 execl 函数，只要提供了程序的全路径和从 argv[1]开始的参数信息，就可以了。

【例 5.7】使用 execl 执行我们的程序

（1）打开 Visual Studio Code，新建文本文件，编写一个小程序，代码如下：

```
#include <string.h>
using namespace std;
#include <iostream>

int main(int argc, char* argv[])
{
    int i;
    cout <<"argc=" << argc << endl; // 打印一下传进来的参数个数
```

```
    for(i=0;i<argc;i++)    // 打印各个参数
        cout<<argv[i]<<endl;

    if (argc == 2&&strcmp(argv[1], "-p")==0)    // 判断是否带了参数-p
        cout << "will print all" << endl;
    else
        cout << "will print little" << endl;

    cout << "my program over" << endl;
    return 0;
}
```

（2）保存文件为 mytest.cpp，然后上传到 Linux，在命令行下编译并运行：

```
# g++ mytest.cpp -o mytest
# ./mytest
argc=1
./mytest
will print little
my program over
```

（3）小程序编写完毕，把它复制到一个地方，比如/zww/test 下。下面用 execl 来执行它。继续打开 Visual Studio Code，新建文本文件，输入代码如下：

```
#include <unistd.h>
using namespace std;
#include <iostream>

int main(int argc, char* argv[])
{
    execl("/zww/test/mytest", NULL);  // 不传任何参数给 mytest
    cout << "------------------\n";// 如果 execl 执行成功，那么这一句不会执行

    return 0;
}
```

（4）保存文件为 test.cpp，然后上传到 Linux，在命令行下编译并运行：

```
# g++ test.cpp -o test
# ./test
argc=0
will print little
my program over
```

在调用 execl 时，没有传任何参数给 mytest，因此 argc 打印了 0，这说明执行自己的程序时，可以不传 argv[0]。这一点和执行系统命令不一样，读者可以和前面的例子比较一下。下面传两个参数给 mytest，调用方式改为：

```
execl("/zww/test/mytest", "adsfadf","-p",NULL);
```

保存文件为 test.cpp，然后上传到 Linux，在命令行下编译并运行：

```
# g++ test.cpp -o test
# ./test
argc=2
adsfadf
-p
will print all
my program over
```

可以看到，我们给 mytest 传了两个参数，分别是"adsfadf"和"-p"。还可以试试传一个参数给 mytest 的情况，比如：execl("/zww/test/mytest", "adsfadf" ,NULL);。

2. execlp 函数

execlp 函数的声明如下：

```
#include <unistd.h>
int execlp(const char *file, const char *arg, ...);
```

其中，参数 file 指向要执行的程序，但不需要写出完整路径，函数会到环境变量 PATH 所给出的路径中去查找，找到后便执行；后面的参数同 execl，最后一个参数也必须用空指针 NULL 作为结束。如果函数执行成功，则不会返回，执行失败则直接返回-1，错误码存于 errno 中。

【例 5.8】使用 execlp 执行不带选项的命令程序 pwd

（1）打开 Visual Studio Code，新建文本文件，编写一个小程序，代码如下：

```
#include <unistd.h>

int main(int argc, char* argv[])
{
    execlp("pwd", "",  NULL);
    return 0;
}
```

（2）保存文件为 test.cpp，然后上传到 Linux，在命令行下编译并运行：

```
# g++ test.cpp -o test
# ./test
/zww/test
```

execlp 的第一个参数直接用 pwd 这个命令程序即可，而不需要写出其全路径，因为环境变量 PATH 中已经包含路径/usr/bin 了，而/usr/bin 下有 pwd 这个程序。可以用 echo 看一下：

```
/usr/lib64/qt-3.3/bin:/root/perl5/bin:/usr/local/sbin:/usr/local/bin:/usr/sbin:/usr/bin:/root/bin
[root@localhost bin]# cd /usr/bin
[root@localhost bin]# ls pwd
pwd
```

至于 execlp 的第二个参数为什么是空字符串，这其实不重要，传任意字符串都可以，但必须要有，不能为 NULL，否则运行会报错。这只是针对创建系统命令程序的情况，我们自己的程序无须这样。

【例 5.9】使用 execlp 执行我们的程序

（1）打开 Visual Studio Code，新建文本文件，编写一个小程序，代码如下：

```cpp
#include <string.h>
using namespace std;
#include <iostream>

int main(int argc, char* argv[])
{
    int i;
    cout <<"argc=" << argc << endl; // 打印一下传进来的参数个数

    for(i=0;i<argc;i++)    // 打印各个参数
        cout<<argv[i]<<endl;
}
```

（2）保存文件为 mytest.cpp，然后上传到 Linux，在命令行下编译并运行：

```
# g++ mytest.cpp -o mytest
# ./mytest hello world
argc=3
./mytest
hello
world
```

（3）小程序编写完毕，把它复制到/usr/bin 下。下面用 execlp 来执行它。继续打开 Visual Studio Code，新建文本文件，输入代码如下：

```cpp
#include <unistd.h>
using namespace std;
#include <iostream>

int main(int argc, char* argv[])
{
    execl("mytest", NULL); // 不传任何参数给 mytest
    cout << "------------------\n";// 如果 execl 执行成功，那么这一句不会执行

    return 0;
}
```

（4）保存文件为 test.cpp，然后上传到 Linux，在命令行下编译并运行：

```
# g++ test.cpp -o test
# ./test
argc=0
```

我们的 mytest 执行成功了。

其实，只有 execvpe 是真正意义上的系统调用函数，其他都是在此基础上包装的函数。exec 函数族的作用是根据指定的文件名找到可执行文件，并用它来取代调用进程的内容，换句话说，就是

在调用进程（调用 exec 函数族的进程）内部执行一个可执行文件。这里的可执行文件既可以是二进制文件，也可以是任何 Linux 下可执行的脚本文件。

细看一下，这 6 个函数都是以 exec 开头（表示属于 exec 函数簇）的，前 3 个函数后面是字母 l，表示 list（列举参数）。后 3 个函数接着字母 v，表示 vector（参数向量表）。它们的区别在于，execv 开头的函数是以 "char *argv[]"（vector）形式传递命令行参数的，而 execl 开头的函数采用罗列（list）的方式，把参数一个一个列出来，然后以一个 NULL 表示结束。这里的 NULL 的作用和 argv 数组里的 NULL 作用是一样的。

5.3.3 使用 system 创建进程

system 函数通过调用 Shell 程序来执行所传入的命令（效率低），相当于先 fork()，再 execve()。该函数的特点是源进程和子进程各自运行，且源进程需要等子进程运行完后再运行。system() 会调用 fork() 产生子进程，然后由子进程来调用 /bin/sh -c 执行 system 函数的参数 command 字符串所代表的命令，此命令执行完后随即返回原调用的进程。/bin/sh 一般是一个软链接，指向某个具体的 Shell，比如 bash，-c 选项是告诉 Shell 从字符串 command 中读取命令。在该 command 执行期间，SIGCHLD 信号会被暂时搁置，SIGINT 和 SIGQUIT 信号则会被忽略（关于信号第 6 章会讲述）。该函数声明如下：

```
#include <stdlib.h>
int system(const char *command);
```

其中，command 是要执行的命令。如果 fork 失败，则返回-1，如果 command 顺利执行完毕，则返回 command 通过 exit 或 return 返回的值。

为了更好地理解 system() 函数的返回值，需要了解其执行过程，实际上 system() 函数执行了 3 步操作：

（1）fork 一个子进程。
（2）在子进程中调用 exec 函数去执行 command。
（3）在父进程中调用 wait 等待子进程结束。如果 fork 失败，system() 函数返回-1；如果 exec 执行成功，即 command 顺利执行完毕，则返回 command 通过 exit 或 return 返回的值（注意，command 顺利执行不代表执行成功，比如 command："rm debuglog.txt"，无论文件是否存在，该 command 都会顺利执行）。如果 exec 执行失败，即 command 没有顺利执行，比如被信号中断或者 command 命令根本不存在，则 system() 函数返回 127。如果 command 为 NULL，则 system() 函数返回非 0 值，一般为 1。

看完这 3 点，肯定有人对 system() 函数的返回值还是不清楚，下面给出一个使用 system() 函数的例子。

```
int system(const char * cmdstring)
{
    pid_t pid;
    int status;
    if(cmdstring == NULL)
    {
```

```
            return (1); // 如果 cmdstring 为空,则返回非 0 值,一般为 1
        }
        if((pid = fork())<0)
        {
            status = -1; // fork 失败,返回-1
        }
        else if(pid == 0)
        {
            execl("/bin/sh", "sh", "-c", cmdstring, (char *)0);// 子进程调用 execl 执
行 cmdstring
            _exit(127); // exec 执行失败则返回 127,注意 exec 只在失败时才返回现在的进程,成
功的话现在的进程就不存在
        }
        else // 父进程
        {
            while(waitpid(pid, &status, 0) < 0)
            {
                if(errno != EINTR)
                {
                    status = -1; // 如果 waitpid 被信号中断,则返回-1
                    break;
                }
            }
        }
        return status; // 如果 waitpid 成功,则返回子进程的状态
}
```

仔细看完这个 system()函数的实现,对该函数的返回值就应该十分清楚了,比如什么时候 system()函数返回 0 呢?只在 command 命令返回 0 时。

5.4 进程调度

进程调度也就是处理机调度。在多道程序设计环境中,进程数往往多于处理机数,这将导致多个进程对处理机资源的互相争夺。进程调度的任务是控制和协调进程对 CPU 的竞争,按照一定的调度算法使某一就绪进程取得 CPU 的控制权,从而转为运行状态。进程调度的功能主要包括:记录系统中所有进程的执行状况;根据一定的调度算法,从就绪队列中选出一个进程来准备把处理机分配给它;将处理机分配给进程,进行上下文切换,把被选中进程的进程控制块内相关的现场信息(如程序状态字、通用寄存器等内容)送入处理器相应的寄存器中,从而让它占用处理机运行。

进程的调度一般可以在下述情况下发生:

(1)正在执行的进程运行完毕。
(2)正在执行的进程调用阻塞原语将自己阻塞起来,并进入等待状态。
(3)执行中的进程提出 I/O 请求后被阻塞。
(4)正在执行的进程调用了 P 原语操作,因资源得不到满足而被阻塞;或者调用 V 原语操作

释放了资源，从而激活了等待相应资源的进程队列。

（5）在分时系统中，时间片已经用完。

（6）就绪队列中的某个进程的优先级变得高于当前运行进程的优先级，从而引起进程的调度。

进程调度的主要问题是采用某种算法合理有效地将处理机分配给进程，其调度算法应尽可能提高资源的利用率，减少处理机的空闲时间。衡量进程调度算法的指标有：面向系统的吞吐量、处理机利用率、公平性以及资源分配的平衡性等，面向用户的作业周转时间、响应时间、可预测性等。而这些"合理的目标"往往是相互制约的，难以全部达到要求。实际系统中，往往综合考虑这些因素，根据具体情况区别对待或者进行某些取舍。常见的进程调度算法有以下 4 种。

1）先来先服务法（FCFS）

将进程变为就绪状态的先后次序排成队列，并按照先来先服务的方式进行调度处理，这是一种最普遍也是最简单的方法。

2）时间片轮转法（RR）

其基本思想是，将 CPU 的处理时间划分成一个个时间片，就绪队列中的各个进程轮流运行一个时间片，当时间片结束时，就强迫运行进程让出 CPU，该进程进入就绪队列等待下一次调度。同时又去选择就绪队列中的一个进程，分配给它一个时间片，以投入运行。如此轮流调度，使得就绪队列中的所有进程在有限的时间内都可以依次轮流获得一个时间片的处理机时间。这主要是分时系统中采用的一种调度算法。

3）优先级算法

进程调度每次将处理机分配给具有最高优先级的就绪进程。进程优先级的设置可以是静态的，也可以是动态的。静态优先级在进程创建时根据进程初始状态或者用户要求而确定，在进程运行期间不再改变。动态优先级则是指在进程创建时先确定一个初始优先级，以后在进程运行中随着进程的不断推进，其优先级值也不断地改变。

4）多级反馈队列法

在实际系统中，调度模式往往是几种调度算法的结合。多级队列反馈法就是综合了先来先服务法、时间片轮转法和优先级法的一种进程调度算法。系统按照优先级别的不同设置若干个就绪队列，对级别较高的队列分配较小的时间片，对级别较低的队列分配稍大一点的时间片。除了最低一级的队列采用时间片轮转法调度之外，其他各级队列均采用先来先服务法调度。系统总是先调度级别较高队列中的进程，仅当该队列为空时才去调度下一级队列中的进程。当执行进程用完其时间片时，便被剥夺并进入下一级就绪队列。当等待进程被唤醒时，它进入与其优先级对应的就绪队列，若其优先级高于当前执行进程，便抢占 CPU 执行。

Linux 采用的是基于优先级可抢占式的调度系统，并使用 schedule 函数来实现进程调度的功能。Linux 所实现的可抢占还只是一定程度上的抢占，因为到目前为止，Linux 内核还不是抢占式的，这意味着进程只有在用户态运行时才能被抢占。如果一个进程变为 TASK_RUNNING 状态，内核则会检查它的动态优先级是否大于当前正在 CPU 上运行的进程优先级。如果是，当前执行进程将被中断，并使用调度程序选择另一个进程运行（通常是刚刚变为可运行状态的进程）。此外，进程在它的时间片到期时也可以被抢占。

1. 优先级

为了选择一个进程运行，Linux 调度程序必须考虑每个进程的优先级。实际上，Linux 采用了两种优先级：静态优先级和动态优先级。静态优先级只针对实时进程，它由用户赋给实时进程，范围为 1~99，以后调度程序不再改变它。动态优先级只应用于普通进程，实质上它是基本时间片与当前时期内的剩余时间片之和。其实，实时进程的静态优先级总是高于普通进程的动态优先级，因此只有在处于可运行状态的进程中且没有实时进程后，调度程序才开始运行普通进程。

2. 调度策略

Linux 对实时进程和普通进程区别对待。对于实时进程有两种调度策略：SCHED_FIFO 和 SCHED_RR。SCHED_FIFO 就是先进先出的算法，当调度程序将 CPU 分配给一个进程时，该进程的 task_struct 结构还保留在运行队列链表的当前位置。如果没有其他更高优先级的实时进程，这个进程就可以占用 CPU 直至运行完毕。SCHED_RR 就是采用循环轮转的方法，当调度程序将 CPU 分配给一个进程时，就将这个进程的 tasl_struct 放置在运行队列的末尾。这种策略确保了把 CPU 时间公平地分配给具有相同优先级的实时进程。对于普通的分时进程采用 SCHED_OTHER 策略。

Linux 的进程调度由内核函数 schedule 实现。Linux 在进程终止、进程休眠或者某个进程变为可运行状态时都可能会发生进程调度；如果当前进程的时间片用完，或者进程从中断、异常及系统调用返回到用户态，都可能会发生进程调度。Linux 进程的状态转换如图 5-1 所示。

图 5-1

1）可运行状态（TASK_RUNNING）

处于这种状态的进程，要么正在 CPU 上运行，要么准备运行。正在 CPU 上运行的进程就是当前进程（由 current 宏表示），而准备运行的进程只要得到 CPU 就可以立即投入运行，CPU 是这些进程唯一等待的系统资源。系统中有一个运行队列，用来容纳所有处于可运行状态的进程，调度程序执行时，从中选择一个进程投入运行。

2）可中断的等待状态（TASK_INTERRUPTIBLE）

进程被挂起，直到满足一些条件为止，条件可能包括产生一个硬件中断、释放进程正等待的系统资源或者传递一个信号,这些都有可能唤醒进程,让进程的状态返回到 TASK_RUNING 状态。

3) 不可中断的等待状态 (TASK_UNINTERRUPTIBLE)

这种状态与前一种状态相似,但不同的是,传递信号给休眠的进程并不能改变其状态。这种状态不太常见,但在一些特定的情况下是很有用的,例如进程必须等待,直到给定的事件发生,而期间不能被中断。

4) 暂停状态 (TASK_STOPPED)

进程的执行已经被暂停,当进程接收到 SIGSTOP、SIGTSTP、SIGTTIN 或者 SIGTT0U 信号后,进入暂停状态。当一个进程正在被另一个进程监控时(例如调试程序执行 ptrace 系统调用来监控测试程序),每一个这样的信号都可以将这个进程置于 TASK_STOPPED 状态。

5) 僵死状态 (TASK_ZOMBIE)

进程的执行已经终止,但是父进程还没有发布 wait 类系统调用来返回有关终止进程的信息。在父进程发布 wait 类系统调用之前,内核不能丢弃包含在终止进程 task_struct 结构中的数据,因为父进程可能还需要这些信息。

5.5 进程的分类

在 Linux 下,进程一般分为前台进程、后台进程和守护进程 3 类。

5.5.1 前台进程

前台进程(也称普通进程)就是需要和用户交换的进程。默认情况下,启动一个进程都是在前台运行的,这时它就把 Shell 给占据了,我们无法进行其他操作,要一直等到该进程终止。前面讲述的进程基本都是前台进程。查看前台进程的命令是 ps,可以根据需要加上不同的命令选项,比如通过进程名来查找进程号:

```
ps -e | grep 进程名
```

5.5.2 后台进程

对于那些不需要交互的进程,很多时候希望将它们放在后台启动,可以在启动的时候加一个"&"。比如一个进程的名字叫 recv,我们希望它在后台运行,则可以输入 "recv &"。这样它就是一个后台进程了,而且不会占据 Shell,我们依然可以在 Shell 下做其他操作。但关闭 Shell 窗口的时候,后台进程也将随之退出。我们把切换到后台运行的进程称为 job。当一个进程以后台方式启动时(即启动时加上&),系统会输出该进程的相关 job 信息,会输出 job ID 和进程 ID。在后台运行的进程,可以用 ps 命令查看,或通过 jobs 命令只查看所有 job。如果想要终止某个后台进程,可使用命令 killall,比如终止所有名为 recv 的后台进程:killall recv。不过这种方法有点简单粗暴。

【例 5.10】制作一个后台进程并查看

(1) 打开 Visual Studio Code，新建一个 test.cpp 文件，在 test.cpp 中输入如下代码：

```cpp
#include <unistd.h>
#include <iostream>
using namespace std;

int main(void)
{
    cout << "hello,world" << endl;
    sleep(10000);
    cout << "byebye"<<endl;
}
```

(2) 上传 test.cpp 到 Linux，在终端下输入命令 g++ -o test test.cpp，然后运行 test，运行结果如下：

```
# g++ -o test test.cpp
# ./test &
[1] 62096
# hello,world
```

其中，[1]表示 job 的 ID，62096 表示进程 test 的进程 ID。现在进程 test 以后台方式运行了，马上可以通过命令 jobs 来查看：

```
# jobs
[1]+  运行中                  ./test &
```

显示一个后台进程 test 正在运行中。

5.6 守护进程

5.6.1 守护进程的概念

守护进程是运行在后台的一种特殊进程。它独立于控制终端并且周期性地执行某种任务或等待处理某些发生的事件。守护进程是一种很有用的进程。Linux 中大多数服务器都是用守护进程实现的，比如 Internet 服务器 inetd、Web 服务器 httpd 等，另外常见的守护进程还有系统日志进程 syslogd、数据库服务器 mysqld 等。同时，守护进程完成许多系统任务，比如作业规划进程 crond、打印进程 lpd 等。

守护进程脱离终端运行，之所以脱离于终端，是为了避免进程被任何终端所产生的信息打断，其在执行过程中的信息也不在任何终端上显示。Linux 中，每一个系统与用户进行交互的界面称为终端，每一个从此终端开始运行的进程都会依附于这个终端，这个终端就称为这些进程的控制终端。当控制终端被关闭时，相应的进程都会自动关闭，因此守护进程要脱离终端运行，默默地在后台提供服务。

守护进程一般在系统启动时开始运行，除非强行终止，否则直到系统关机都保持运行。守护进程经常以超级用户（root）权限运行，因为它们要使用特殊的端口（1~1024）或访问某些特殊的资源。

一个守护进程的父进程是 init 进程，因为它真正的父进程在创建出子进程后就先于子进程退出了，所以它是一个由 init 继承的孤儿进程。守护进程是非交互式程序，没有控制终端，所以任何输出，无论是向标准输出设备 stdout 还是标准出错设备 stderr 的输出，都需要进行特殊处理。守护进程的名称通常以 d 结尾，比如 sshd、xinetd、crond 等。

守护进程类似于 Windows 操作系统中的服务程序。它通常以超级用户启动，并且没有控制终端。

5.6.2 守护进程的特点

守护进程有下面几个特点：

（1）守护进程都具有超级用户的权限。
（2）守护进程的父进程是 init 进程。
（3）守护进程都不用控制终端，其 TTY 列以"？"表示，TPGID 为-1。
（4）守护进程都是各自进程组合会话过程的唯一进程。
（5）守护进程在后台运行。
（6）守护进程必须与其运行前的环境隔离开来。这些环境包括未关闭的文件描述符、控制终端、会话和进程组、工作目录以及文件创建掩模等，它们通常是守护进程从执行它的父进程（特别是 Shell）中继承下来的。
（7）守护进程的启动方式有其特殊之处，它可以在 Linux 系统启动时从启动脚本/etc/rc.d 中启动，也可以由作业规划进程 crond 启动，还可以由用户终端（通常是 Shell）启动。

除了这几个特点之外，守护进程与普通进程基本上没有什么区别，但守护进程应该编写得更可靠、更健壮，这一点要注意。因此，编写守护进程实际上是把一个普通进程按照上述守护进程的特点改造成守护进程。

5.6.3 查看守护进程

可以使用命令 ps x 或 ps axj 来查看当前运行着的守护进程。其中，a 表示不仅列出当前用户的进程，也列出所有其他用户的进程；x 表示不仅列出有控制终端的进程，也列出所有无控制终端的进程；j 表示列出与作业控制相关的信息。

比如我们在终端下输入 ps axj：

```
[root@localhost ~]# ps axj
 PPID   PID  PGID   SID TTY      TPGID STAT   UID   TIME COMMAND
    0     2     0     0 ?           -1 S        0   0:00 [kthreadd]
    2     3     0     0 ?           -1 S        0   0:04 [ksoftirqd/0]
    2     7     0     0 ?           -1 S        0   0:00 [migration/0]
    2     8     0     0 ?           -1 S        0   0:00 [rcu_bh]
```

从上面的结果也可以看出守护进程的特点，TTY 表示控制终端，这几个守护进程的控制终端为"？"，意思是这几个守护进程没有控制终端。UID 为 0，表示进程的启动者是超级进程。

5.6.4 守护进程的分类

根据守护进程的启动和管理方式，可以将守护进程分为独立启动（stand_alone）守护进程和超级守护进程两类。

- 独立启动守护进程：该类守护进程随系统启动，启动后就常驻内存，所以会一直占用系统资源。其最大的优点是它会一直启动，当外界有要求时响应速度较快，比如 httpd 等进程。此类守护进程通常保存在 /etc/rc.d/init.d 目录下。
- 超级守护进程：系统启动时，由一个统一的守护进程 xinet 来负责管理一些进程，当响应请求到来时，需要通过 xinet 的转接才可以唤醒被 xinet 管理的进程。这种进程的优点是，最初只有 xinet 这一守护进程占有系统资源，其他的内部服务并不一直占有系统资源，只有数据包或其他请求到来时进程才会被 xinet 唤醒，并且还可以通过 xinet 对它所管理的进程设置一些访问权限，相当于多了一层管理机制。

我们可以用银行业务来形容这两类守护进程。

- 独立启动守护进程：银行里有一种单服务的窗口，像取钱、存钱等窗口，这种窗口边上始终会坐着一个人，如果有人来取钱或存钱，可以直接到相应的窗口去办理，这个处理单一服务的始终存在的人就是独立启动的守护进程。
- 超级守护进程：银行里还有一种窗口，提供综合服务，例如汇款、转账、提款等业务，这种窗口附近也始终坐着一个管理员（xinet），他不提供具体的服务，提供具体服务的工作人员在里面等着，当有人来办理业务时，管理员会通知里面提供相应服务的工作人员，比如有人来汇款了，他会通知里面管汇款的工作人员，然后里面管汇款的工作人员会立马跑过来帮忙办理汇款业务，其他的人继续等着。这些负责具体业务的工作人员就称为超级守护进程。当然，可能汇款时会有一些规则，比如不能往北京汇款，管汇款的工作人员就会提早告诉外面的管理员，当有人想往北京汇款时，管理员就直接告诉他不能办理，于是根本不会去喊汇款员，相当于提供了一层管理机制。这里需要注意的是，超级守护进程的管理员 xinet 也是一个守护进程，只不过它的任务就是传话，其实这也是一个很具体很艰巨的任务。

当然，每个守护进程都会监听一个端口（类比银行窗口），一些常用守护进程的监听端口是固定的，像 httpd 监听 80 端口、sshd 监听 22 端口等，我们可以将其理解为责任制，时刻等待，有求必应。具体的端口信息可以通过 cat /etc/services 来查看。

每个守护进程都会有一个脚本，可以理解成工作配置文件，守护进程的脚本需要放在指定位置，独立启动守护进程的脚本放在 /etc/init.d/ 目录下，当然也包括 xinet 的 Shell 脚本；超级守护进程按照 xinet 中脚本的指示，所管理的守护进程位于 /etc/xinetd.config 目录下。

5.6.5 守护进程的常用启动方式

守护进程通常是随着系统启动而自动激活的,它可以通过以下方式启动:

(1)在系统启动时由启动脚本启动,这些启动脚本通常放在/etc/rc.d 目录下。
(2)利用 inetd 超级服务器启动,如 telnet 等。
(3)由 crond 定时启动,在终端用 nohup 启动的进程也是守护进程。

5.6.6 编写守护进程的步骤

在 Linux 或者 UNIX 操作系统中,在系统引导的时候会开启很多服务,这些服务就叫作守护进程。为了增加灵活性,root 可以选择系统开启的模式,这些模式叫作运行级别,每一种运行级别以一定的方式配置系统。

在具体编写守护进程之前,我们先来了解一下守护进程编程的基本步骤。

1)创建子进程,父进程退出

这是编写守护进程的第一步。由于守护进程是脱离控制终端的,因此完成第一步后就会在 Shell 终端里造成程序已经运行完毕的假象。之后的所有工作都在子进程中完成,而用户在 Shell 终端里则可以执行其他命令,从而在形式上做到与控制终端的脱离。

在 Linux 中,父进程先于子进程退出会造成子进程成为孤儿进程,而每当系统发现一个孤儿进程时,就会自动由 1 号进程(init)收养它,这样原先的子进程就会变成 init 进程的子进程。

2)在子进程中创建新对话

这个步骤是创建守护进程中最重要的一步,虽然它的实现非常简单,但意义却非常重大。在这里使用的是系统函数 setsid,在具体介绍 setsid 之前,首先要了解两个概念:进程组和会话周期。

- 进程组是一个或多个进程的集合。进程组由进程组ID来唯一标识。除了进程号(PID)之外,进程组ID也是一个进程的必备属性。每个进程组都有一个组长进程,其组长进程的进程号等于进程组ID,且该进程组ID不会因组长进程的退出而受到影响。
- 会话周期是一个或多个进程组的集合。通常,一个会话开始于用户登录,终止于用户退出,在此期间,该用户运行的所有进程都属于这个会话周期。

接下来具体介绍 setsid 的相关内容。

setsid 函数用于创建一个新的会话,并担任该会话组的组长。调用 setsid 有下面 3 个作用:

- 让进程摆脱原会话的控制。
- 让进程摆脱原进程组的控制。
- 让进程摆脱原控制终端的控制。

那么,在创建守护进程时为什么要调用 setsid 函数呢?由于创建守护进程的第一步调用了 fork 函数来创建子进程,再将父进程退出,而在调用 fork 函数时,子进程全盘复制了父进程的会话周期、进程组、控制终端等,虽然父进程退出了,但会话周期、进程组、控制终端等并没有改变,因此进程还不是真正意义上的独立开来,而 setsid 函数能够使进程完全独立出来,从而摆脱其他进程的控制。

3）改变当前目录为根目录

这一步也是必要的步骤。使用 fork 创建的子进程继承了父进程当前的工作目录。由于在进程运行中，当前目录所在的文件系统（如"/mnt/usb"）是不能卸载的，这就会对以后的使用造成诸多麻烦。因此，通常的做法是让"/"作为守护进程的当前工作目录，这样就可以避免上述的问题。当然，如果有特殊需要，也可以把当前工作目录换成其他的路径，如/tmp。改变工作目录的常见函数是 chdir。

4）重设文件权限掩码

文件权限掩码是指屏蔽掉文件权限中的对应位。比如，有个文件权限掩码是 050，它就屏蔽了文件组拥有者的可读与可执行权限。由于使用 fork 函数新建的子进程继承了父进程的文件权限掩码，这就给该子进程使用文件带来了诸多麻烦。因此，把文件权限掩码设置为 0 可以大大增强该守护进程的灵活性。设置文件权限掩码的函数是 umask。在这里，通常的使用方法为 umask(0)。

5）关闭文件描述符

同文件权限掩码一样，用 fork 函数新建的子进程会从父进程那里继承一些已经打开的文件。这些被打开的文件可能永远不会被守护进程读写，但它们一样消耗系统资源，而且可能导致所在的文件系统无法卸载。

由于守护进程是脱离控制终端的，因此从终端输入的字符不可能到达守护进程，守护进程中用常规方法（如 printf）输出的字符也不可能在终端上显示出来。所以，文件描述符为 0、1 和 2 的 3 个文件（常说的输入、输出和报错）已经失去了存在的价值，也应被关闭。通常按如下方式关闭文件描述符：

```
for(i=0;i<MAXFILE;i++)
    close(i);
```

6）守护进程退出处理

当用户需要在外部停止守护进程运行时，往往会使用 kill 命令停止该守护进程。所以，守护进程中需要编码来实现 kill 发出的 signal 信号处理，达到进程的正常退出。

```
signal(SIGTERM, sigterm_handler);
void sigterm_handler(int arg)
{
    _running = 0;
}
```

这样，一个简单的守护进程就建立起来了。下面我们来看一个具体实例。

【例 5.11】隔 10 秒在/tmp/dameon.log 中写入一句话

（1）打开 Visual Studio Code，新建文本文件，输入代码如下：

```c
#include <stdio.h>
#include <stdlib.h>
#include <string.h>
#include <fcntl.h>
#include <sys/types.h>
#include <unistd.h>
#include <sys/wait.h>
```

```
#include <signal.h>
#include <sys/stat.h>

#define MAXFILE 65535

volatile sig_atomic_t _running = 1;

void sigterm_handler(int arg)
{
    _running = 0;
}

int main()
{
    pid_t pc;
    int i, fd, len;
    char *buf = "this is a Dameon\n";
    len = strlen(buf);
    pc = fork();                          // 第一步
    if(pc < 0)
    {
        printf("error fork\n");
        exit(1);
    }
    else if(pc > 0)
        exit(0);

    setsid();                             // 第二步
    chdir("/");                           // 第三步
    umask(0);                             // 第四步
    for(i = 0 ; i < MAXFILE ; i++)        // 第五步
        close(i);
    signal(SIGTERM, sigterm_handler);     // 第六步
    while(_running)
    {
        if((fd = open("/tmp/dameon.log", O_CREAT | O_WRONLY | O_APPEND, 0600)) < 0) \
        {
            perror("open");
            exit(1);
        }
        write(fd, buf, len + 1);
        close(fd);
        usleep(10 * 1000);                // 10毫秒
    }
}
```

（2）保存代码为 test.cpp，上传到 Linux，在命令行下编译生成 test 程序，然后重启 Linux 就可以开始运行了。

第 6 章

Linux 进程间的通信

Linux 中的进程为了能在同一项任务上协调工作，它们彼此之间必须能够进行通信。对于一个操作系统来说，进程间的通信是不可或缺的。Linux 支持多种不同方式的进程间通信机制，如信号、管道、FIFO 和 System V IPC 机制，其中 System V IPC 机制包括信号量、消息队列和共享内存 3 种机制。Linux 下的这些进程间通信机制基本上是从 UNIX 平台上的进程间通信机制继承和发展而来的。

本章将讲述 Linux 常用的 3 种进程通信方式：信号、管道和消息队列。这 3 种方式的效果差别不是很大，只要熟练其中一种，基本上就可以应对一般的一线开发场景了，当然熟练 3 种就更好了。

6.1 信号

6.1.1 信号的基本概念

信号可以说是最早引入类 UNIX 系统中的进程间通信方式之一，Linux 同样支持这种通信方式。信号是很短的信息，可以发送到一个进程或者一组进程中，发送给进程的这个唯一信息通常是标识信号的一个数。信号可以从键盘中断中产生，进程在虚拟内存的非法访问等系统错误环境下也会有信号产生，信号也可以被 Shell 程序用来向其子进程发送任务控制命令等。信号异步地发生，也就是说没有确定的时序。而收到信号的进程则采取某种行为或者将它忽略。大多数信号可以被阻塞，以便能够在稍后的时间里再采取行动。

信号机制可以说是在软件层次上对中断机制的模拟。Linux 使用信号主要有两个目的：一是让进程意识到已经发生了一个特定的事件；二是迫使进程执行包含在其自身代码中的信号处理程序。对于每一个信号，进程可以采取以下 3 种行为之一：

（1）忽略信号。进程将忽略这个信号的出现，但有两个信号不能被忽略，即 SIGKILL 和 SIGSTOP。

（2）执行与这个信号相关的默认操作。由内核预定义的这个操作依赖于信号的类型，默认操作可以是这些类型之一：忽略信号，内核将信号丢弃，信号对进程没有任何影响（进程永远不知道曾经出现过该信号）；终止（杀死）进程，有时是指进程异常终止，而不是进程因调用 exit 而发生的正常终止；产生核心转储文件，同时进程终止，核心转储文件包含对进程虚拟内存的镜像，可将其加载到调试器中以检查进程终止时的状态；停止（不是终止）进程，使进程暂停执行；执行之前被暂停的进程。

（3）调用相应的信号处理函数来捕获信号，进程可以事先登记特殊的信号处理函数，当进程收到信号时，调用信号处理函数。当从信号处理函数返回后，被中断的进程将从其断点处重新开始执行。

Linux 支持 POSIX 标准信号和实时信号，但内核不使用实时信号。我们可以用 kill 命令来显示 Linux 支持的信号列表，比如：

```
[root@localhost ~]# kill -l
 1) SIGHUP       2) SIGINT       3) SIGQUIT      4) SIGILL       5) SIGTRAP
 6) SIGABRT      7) SIGBUS       8) SIGFPE       9) SIGKILL     10) SIGUSR1
11) SIGSEGV     12) SIGUSR2     13) SIGPIPE     14) SIGALRM     15) SIGTERM
16) SIGSTKFLT   17) SIGCHLD     18) SIGCONT     19) SIGSTOP     20) SIGTSTP
21) SIGTTIN     22) SIGTTOU     23) SIGURG      24) SIGXCPU     25) SIGXFSZ
26) SIGVTALRM   27) SIGPROF     28) SIGWINCH    29) SIGIO       30) SIGPWR
31) SIGSYS      34) SIGRTMIN    35) SIGRTMIN+1  36) SIGRTMIN+2  37) SIGRTMIN+3
38) SIGRTMIN+4  39) SIGRTMIN+5  40) SIGRTMIN+6  41) SIGRTMIN+7  42) SIGRTMIN+8
43) SIGRTMIN+9  44) SIGRTMIN+10 45) SIGRTMIN+11 46) SIGRTMIN+12 47) SIGRTMIN+13
48) SIGRTMIN+14 49) SIGRTMIN+15 50) SIGRTMAX-14 51) SIGRTMAX-13 52) SIGRTMAX-12
53) SIGRTMAX-11 54) SIGRTMAX-10 55) SIGRTMAX-9  56) SIGRTMAX-8  57) SIGRTMAX-7
58) SIGRTMAX-6  59) SIGRTMAX-5  60) SIGRTMAX-4  61) SIGRTMAX-3  62) SIGRTMAX-2
63) SIGRTMAX-1  64) SIGRTMAX
```

上面的列表中，编号 1~31 的信号为传统 UNIX 支持的信号，是不可靠信号（非实时的）；编号 32~64 的信号是后来扩充的，称作可靠信号（实时信号）。不可靠信号和可靠信号的区别在于前者不支持排队，可能会造成信号丢失，而后者不会。下面我们对编号小于（SIGRTMIN）的信号进行讨论。

1）SIGHUP

本信号在用户终端连接（正常或非正常）结束时发出，通常是在终端的控制进程结束时，通知同一 Session 内的各个作业，这时它们与控制终端不再关联。登录 Linux 时，系统会分配给登录用户一个终端（Session）。在这个终端运行的所有程序，包括前台进程组和后台进程组，一般都属于这个 Session。当用户退出 Linux 登录时，前台进程组和后台进程组有对终端输出的进程将会收到 SIGHUP 信号。这个信号的默认操作为终止进程，因此前台进程组和后台进程组有终端输出的进程就会终止。不过可以捕获这个信号，比如 wget 能捕获 SIGHUP 信号并忽略它，这样即使退出了 Linux 登录，wget 也能继续下载。此外，对于与终端脱离关系的守护进程，这个信号用于通知它重新读取配置文件。

2）SIGINT

程序终止信号，在用户输入 INTR 字符（通常是在键盘终端上按 Ctrl+C 快捷键）时发出，用于通知前台进程组终止进程。

3）SIGQUIT

和 SIGINT 类似，但由 QUIT 字符来控制。进程因收到 SIGQUIT 而退出时，会产生 core 文件，在这个意义上 SIGQUIT 信号类似于一个程序错误信号。

4）SIGILL

执行了非法指令时产生。通常是因为可执行文件本身出现错误，或者试图执行数据段。堆栈溢出时也有可能产生这个信号。

5）SIGTRAP

由断点指令或其他 trap 指令产生，由 debugger 使用。

6）SIGABRT

调用 abort 函数生成的信号。

7）SIGBUS

非法地址，包括内存地址对齐出错。比如，访问一个 4 个字长的整数，但其地址不是 4 的倍数。它与 SIGSEGV 的区别在于，后者是由于对合法存储地址的非法访问触发的（如访问不属于自己存储空间或只读存储空间的数据）。

8）SIGFPE

在发生致命的算术运算错误时发出。不仅包括浮点运算错误，还包括溢出及除数为 0 等其他的算术错误。

9）SIGKILL

用来立即结束程序的运行。本信号不能被阻塞、处理和忽略。如果管理员发现某个进程终止不了，可尝试发送这个信号。

10）SIGUSR1

留给用户使用。

11）SIGSEGV

试图访问未分配给自己的内存，或试图往没有写权限的内存地址写数据。

12）SIGUSR2

留给用户使用。

13）SIGPIPE

管道破裂。这个信号通常在进程间通信产生，比如采用 FIFO（管道）通信的两个进程，读管道没打开或者意外终止就往管道写，写进程会收到 SIGPIPE 信号。此外，用 Socket 通信的两个进程，写进程在写 Socket 的时候，读进程已经终止。

14）SIGALRM

时钟定时信号。计算的是实际时间或时钟时间，alarm 函数使用该信号。

15）SIGTERM

程序结束信号。与 SIGKILL 不同的是，该信号可以被阻塞和处理。通常用来要求程序自己正常退出，Shell 命令 kill 默认产生这个信号。如果进程终止不了，我们才会尝试 SIGKILL。

16）SIGSTKFLT

Linux 专用。数学协处理器的栈异常。

17）SIGCHLD

子进程结束时，父进程会收到这个信号。如果父进程没有处理这个信号，也没有等待子进程，子进程虽然终止，但是还会在内核进程表中占有表项，这时的子进程称为僵尸进程。这种情况我们应该避免（父进程或者忽略 SIGCHILD 信号，或者捕捉它，或者等待它派生的子进程，或者父进程先终止，这时子进程的终止自动由 init 进程来接管）。

18）SIGCONT

让一个停止的进程继续执行。本信号不能被阻塞，可以用一个 handler 来让程序在由停止状态变为继续执行时完成特定的工作，例如重新显示提示符。

19）SIGSTOP

停止进程的执行。注意它和程序结束以及程序终止的区别：该进程还未结束，只是暂停执行，本信号不能被阻塞、处理或忽略。

20）SIGTSTP

停止进程的运行，但该信号可以被处理和忽略，用户输入 SUSP 字符时（通常是在键盘终端上按 Ctrl+Z 快捷键）发出这个信号。

21）SIGTTIN

当后台作业要从用户终端读数据时，该作业中的所有进程会收到 SIGTTIN 信号。默认时这些进程会停止执行。

22）SIGTTOU

类似于 SIGTTIN，但在写终端（或修改终端模式）时收到。

23）SIGURG

有"紧急"数据或带外（out-of-band）数据到达 socket 时产生。

24）SIGXCPU

超过 CPU 时间资源限制。这个限制可以由 getrlimit/setrlimit 来读取/改变。

25）SIGXFSZ

进程企图扩大文件，以至于超过文件大小资源限制。

26）SIGVTALRM

虚拟时钟信号。类似于 SIGALRM，但是计算的是该进程占用的 CPU 时间。

27）SIGPROF

类似于 SIGALRM/SIGVTALRM，但包括该进程用的 CPU 时间以及系统调用的时间。

28）SIGWINCH

窗口大小改变时发出。

29）SIGIO

文件描述符准备就绪，可以开始进行输入/输出操作。

30）SIGPWR

电源失败。

31）SIGSYS

非法的系统调用。

在以上列出的信号中，程序不可捕获、阻塞或忽略的信号有 SIGKILL 和 SIGSTOP。不能恢复至默认动作的信号有 SIGILL 和 SIGTRAP。默认会导致进程流产的信号有 SIGABRT、SIGBUS、SIGFPE、SIGILL、SIGIOT、SIGQUIT、SIGSEGV、SIGTRAP、SIGXCPU、SIGXFSZ。默认会导致进程退出的信号有 SIGALRM、SIGHUP、SIGINT、SIGKILL、SIGPIPE、SIGPOLL、SIGPROF、SIGSYS、SIGTERM、SIGUSR1、SIGUSR2、SIGVTALRM。默认会导致进程停止的信号有 SIGSTOP、SIGTSTP、SIGTTIN、SIGTTOU。默认进程忽略的信号有 SIGCHLD、SIGPWR、SIGURG、SIGWINCH。

总的来说，可以归纳为下列 5 种方式：

（1）硬件异常产生信号。比如无效的内存访问将产生 SIGSEGV 信号，而除数为 0 时将产生 SIGFPE 信号等。这些条件通常由硬件检测到，并将其通知给内核，内核为该条件发生时正在运行的进程产生适当的信号。

（2）软件条件触发信号。当内核检测到某种软件条件已经发生，并将其通知给有关进程时，也会产生信号，比如进程所设置的定时器到期。

（3）用户按某些终端键时产生信号。比如用户在键盘终端上按 Ctrl+C 快捷键将产生 SIGINT 信号。

（4）用户使用 kill 命令将信号发送给进程。kill 命令的语法如下：

```
kill[参数][进程号]
```

其中，参数通常取如下几项：

- -l：列出全部的信号名称。
- -a：在处理当前进程时，不限制命令名和进程号的对应关系。
- -p：指定 kill 命令只打印相关进程的进程号，而不发送任何信号。
- -s：指定发送信号。
- -u：指定用户。

一般可以用该命令终止一个失控的后台进程，比如希望尽快终止一个进程，可以使用命令 kill -9 pid。

（5）进程使用系统调用函数 kill 将信号发送给一个进程或一组进程。注意，这个系统调用函数 kill 不是杀死进程，而是让一个进程发送信号给另一个进程，并且要求接收信号进程和发送信号进程的所有者相同，或者发送信号进程的所有者是超级用户。

Linux 内核中并没有专门的机制来区分不同信号的相对优先级。也就是说，当有多个信号在同一时刻发出时，进程可能会以任意的顺序接收到信号并进行处理。此外，当进程调用信号处理函数处理某个信号时，一般会自动阻塞相同的信号，直到信号处理结束。Linux 通过存储在进程 task_struct 结构中的信息来实现信号，它维护着挂起的信号（已经产生但还没有被接收的信号）、阻塞信号的掩码以及处理每个可能信号的信息等。信号并非一产生就立刻交付给进程，而是必须等到进程再次运行时才交付给进程。进程在系统调用退出之前，都会检查是否有可以立刻发送的非阻塞信号。当然，进程可以选择去等待信号，此时进程将一直处于可中断状态直到信号出现。

6.1.2 与信号相关的系统调用

通过系统调用，进程可以向其他进程发送信号，也可以更改默认的信号处理函数、阻塞信号的掩码以及检查是否有挂起的信号等。与信号相关的系统调用主要有 kill()、sigaction()、sigprocmask()、sigpending()、signal()等。

1. 使用 kill 发送信号

系统调用 kill()用来向一个进程或一个进程组发送一个信号，其中第一个参数决定信号发送的对象，该系统调用声明如下：

```
#include <sys/types. h>
#include <signal. h>
int kill(pid_t pid, int sig);
```

其中，pid 可能的选择有以下 4 种：

（1）当 pid>0 时，pid 是信号欲送往的进程的标识。
（2）当 pid=0 时，信号将送往所有与调用 kill()的那个进程属于同一个使用组的进程。
（3）当 pid=-1 时，信号将送往所有调用进程有权给其发送信号的进程，除了进程 1（init）外。
（4）当 pid<-1 时，信号将送往以-pid 为组标识的进程。

参数 sig 表示准备发送的信号代码，如果其值为 0，则没有任何信号送出，但是系统会执行错误检查，通常会利用 sig 值为 0 来检验某个进程是否仍在执行。当函数成功执行时，返回 0，否则返回 -1，此时 errno 可以得到错误码：错误码值 EINVAL 表示指定的信号码无效（参数 sig 不合法）；错误码值 EPERM 表示权限不够，无法传送信号给指定进程；错误码值 ESRCH 表示参数 pid 所指定的进程或进程组不存在。

【例 6.1】使用 kill 发送信号终止目标进程

（1）打开 Visual Studio Code，新建文本文件，输入代码如下：

```
#include <sys/wait.h>
#include <sys/types.h>
#include <stdio.h>
#include <stdlib.h>
#include <signal.h>
#include <unistd.h>
int main(void)
{
    pid_t childpid;
    int status;
```

```c
    int retval;

    childpid = fork();              // 创建子进程
    if (-1 == childpid)             // 判断是否创建失败
    {
        perror("fork()");
        exit(EXIT_FAILURE);
    }
    else if (0 == childpid)
    {
        puts("In child process");
        sleep(100);                 // 让子进程休眠,以便查看父进程的行为
        exit(EXIT_SUCCESS);
    }
    else
    {
        if (0 == (waitpid(childpid,&status,WNOHANG)))// 判断子进程是否已经退出
        {
            retval=kill(childpid,SIGKILL);// 发送 SIGKILL 给子进程,要求它停止运行

            if (retval)             // 判断是否发生信号
            {
                puts("kill failed.");
                perror("kill");
                waitpid(childpid, &status, 0);
            }
            else
            {
                printf("%d killed\n", childpid);
            }

        }
    }

    exit(EXIT_SUCCESS);
}
```

(2)保存文件为 test.cpp,然后上传到 Linux,在命令行下编译并运行:

```
# g++ test.cpp -o test
# ./test
39759 killed
```

上面例子的代码首先创建了一个子进程,然后让子进程休眠一会儿,在父进程中判断子进程是否存在,如果存在,则发送 SIGKILL 信号给子进程,让它退出。其中,函数 waitpid 会暂时停止目前进程的执行,直到有信号来到或子进程结束,声明如下:

```c
#include <sys/types.h>
#include <sys/wait.h>
pid_t waitpid(pid_t pid, int *status, int options);
```

其中，参数 pid 为欲等待的子进程识别码，不同的取值含义不同，具体如下：

- 当pid<-1时，等待进程组识别码为pid绝对值的任何子进程。
- 当pid=-1时，等待任何子进程，相当于wait()。
- 当pid=0时，等待进程组识别码与目前进程相同的任何子进程。
- 当pid>0时，等待任何子进程识别码为pid的子进程。

参数 options 提供了一些额外的选项来控制 waitpid，常见的有 WNOHANG 和 WUNTRACED。WNOHANG 表示若 PID 指定的子进程没有结束，则 waitpid()函数返回 0，不予以等待；若结束，则返回该子进程的 ID。WUNTRACED 表示若子进程进入暂停状态，则马上返回；若子进程处于结束状态，则不予以理会。如果不想使用 options，可以把 options 设为 NULL。参数 status 用来存放子进程的结束状态。如果函数执行成功，则返回子进程识别码（PID），如果有错误发生，则返回值-1，失败原因存于 errno 中。

2. 使用 sigaction 查询或设置信号处理方式

系统调用 sigaction()可以用来查询或设置信号处理方式，函数声明如下：

```
#include <signal.h>
int sigaction(int signum, const struct sigaction *act,struct sigaction *oldact);
```

参数 signum 表示要操作的信号，可以指定除 SIGKILL 和 SIGSTOP 以外的所有信号；act 表示要设置的对信号的新处理方式，它是一个结构体指针；oldact 表示原来对信号的处理方式。如果函数执行成功就返回 0，否则返回-1。结构体 sigaction 用来描述对信号的处理，定义如下：

```
struct sigaction
{
    void       (*sa_handler)(int);
    void       (*sa_sigaction)(int, siginfo_t *, void *);
    sigset_t   sa_mask;
    int        sa_flags;
    void       (*sa_restorer)(void);
};
```

其中：

（1）成员 sa_handler 是一个函数指针，指向一个信号处理函数。

（2）成员 sa_sigaction 是另一个信号处理函数，它有 3 个参数，可以获得关于信号的更详细的信息。当 sa_flags 成员的值包含 SA_SIGINFO 标志时，系统将使用 sa_sigaction 函数作为信号处理函数，否则使用 sa_handler 作为信号处理函数。在某些系统中，成员 sa_handler 与 sa_sigaction 被放在联合体中，因此使用时不要同时设置。

（3）成员 sa_mask 用来指定在信号处理函数执行期间需要被屏蔽的信号，特别是当某个信号被处理时，它自身会被自动放入进程的信号掩码。因此，在信号处理函数执行期间，这个信号不会再度发生。

（4）成员 sa_flags 用于指定信号处理的行为，它可以是以下值的"按位或"组合。

- SA_RESTART：使被信号打断的系统调用自动重新发起。

- SA_NOCLDSTOP：使父进程在它的子进程暂停或继续运行时不会收到SIGCHLD信号。
- SA_NOCLDWAIT：使父进程在它的子进程退出时不会收到SIGCHLD信号，这时子进程如果也退出，不会成为僵尸进程。
- SA_NODEFER：使对信号的屏蔽无效，即在信号处理函数执行期间，仍能发出这个信号。
- SA_RESETHAND：信号处理之后重新设置为默认的处理方式。
- SA_SIGINFO：使用sa_sigaction而不是sa_handler作为信号处理函数。

（5）成员 sa_restorer 则是一个已经废弃的数据域，不要使用。

如果希望能用相同方式处理某信号的多次出现，最好用 sigaction 函数，因为它的响应函数设置后就一直有效，不会重置。

下面用一个例子来说明 sigaction 函数的使用。

【例 6.2】系统调用 sigaction 的简单使用

（1）打开 Visual Studio Code，新建文本文件，输入代码如下：

```c
#include <stdio.h>
#include <unistd.h>
#include <signal.h>
#include <errno.h>

static void sig_usr(int signum)
{
    if (signum == SIGUSR1)
    {
        printf("SIGUSR1 received\n");
    }
    else if (signum == SIGUSR2)
    {
        printf("SIGUSR2 received\n");
    }
    else
    {
        printf("signal %d received\n", signum);
    }
}

int main(void)
{
    char buf[512];
    int n;
    struct sigaction sa_usr;
    sa_usr.sa_flags = 0;
    sa_usr.sa_handler = sig_usr;            // 信号处理函数

    sigaction(SIGUSR1, &sa_usr, NULL);      // 设置信号处理方式
    sigaction(SIGUSR2, &sa_usr, NULL);      // 设置信号处理方式
    printf("My PID is %d\n", getpid());     // 打印当前进程的pid
    while (1)
```

```
    {
        if ((n = read(STDIN_FILENO, buf, 511)) == -1)// 从标准输入读入字符
        {
            if (errno == EINTR)
            {
                printf("read is interrupted by signal\n");
            }
        }
        else
        {
            buf[n] = '\0';
            printf("%d bytes read: %s\n", n, buf);
        }
    }

    return 0;
}
```

（2）保存文件为 test.cpp，然后上传到 Linux，在命令行下编译并运行：

```
# g++ test.cpp -o test
# ./test
My PID is 58471
```

此时，我们可以另外打开一个终端，然后输入发送信号的命令：

```
[root@localhost ~]# kill -USR1 58471
```

这样程序就会收到信号，并打印信息了：

```
SIGUSR1 received
read is interrupted by signal
```

这说明用 sigaction 注册信号处理函数时，不会自动重新发起被信号打断的系统调用。如果需要自动重新发起，则要设置 SA_RESTART 标志，比如在上例中可以进行类似 "sa_usr.sa_flags = SA_RESTART;" 的设置。

3. 使用 sigprocmask 检测或更改信号屏蔽字

系统调用 sigprocmask()可以检测或更改其信号屏蔽字。一个进程的信号屏蔽字规定了当前阻塞而不能传递给该进程的信号集。函数声明如下：

```
#include <signal.h>
int sigprocmask(int how, const sigset_t *set, sigset_t *oldset);
```

其中，参数 how 用于指定信号修改的方式，可能的选择有 3 种：

- SIG_BLOCK表示加入信号到进程屏蔽。
- SIG_UNBLOCK表示从进程屏蔽里将信号删除。
- SIG_SETMASK表示将set的值设定为新的进程屏蔽。

参数 set 为指向信号集的指针，在此专指新设的信号集，如果仅想读取现在的屏蔽值，可将其

设置为 NULL。参数 oldset 也是指向信号集的指针，在此存放原来的信号集。如果函数成功执行，则返回 0，失败则返回-1，errno 被设为 EINVAL。

下面用一个例子来说明函数 sigprocmask 的使用。

【例 6.3】系统调用 sigprocmask 的使用

（1）打开 Visual Studio Code，新建文本文件，输入代码如下：

```c
#include <stdio.h>
#include <unistd.h>
#include <signal.h>

void handler(int sig) // SIGINT 信号处理函数
{
    printf("Deal SIGINT");
}
int main()
{
    sigset_t newmask;
    sigset_t oldmask;
    sigset_t pendmask;

    struct sigaction act;
    act.sa_handler = handler;       // handler 为信号处理函数首地址
    sigemptyset(&act.sa_mask);
    act.sa_flags = 0;
    sigaction(SIGINT, &act, 0);     // 信号捕捉函数，捕捉 Ctrl+C 快捷键
    sigemptyset(&newmask);          // 初始化信号量集
    sigaddset(&newmask, SIGINT);    // 将 SIGINT 添加到信号量集中
    sigprocmask(SIG_BLOCK, &newmask, &oldmask);// 将 newmask 中的 SIGINT 阻塞掉,
并保存当前信号屏蔽字到 oldmask
    sleep(5);// 休眠 5 秒钟，说明:在 5 秒休眠期间，任何 SIGINT 信号都会被阻塞，如果在 5 秒
内收到任何键盘的 Ctrl+C 信号，则此时会把这些信息存在内核的队列中，等待 5 秒结束后，可能要处理此信号
    sigpending(&pendmask);// 检查信号是悬而未决的，这个函数后面会讲到
    // 判断信号 SIGINT 是否悬而未决。所谓悬而未决，是指 SIGINT 被阻塞还没有被处理
    if (sigismember(&pendmask, SIGINT))
        printf(" SIGINT pending\n");
    sigprocmask(SIG_SETMASK, &oldmask, NULL);// 恢复被屏蔽的信号 SIGINT

    // 此处开始可以处理信号
    printf("SIGINT unblocked\n");
    sleep(5);   // 在这个时间段内，如果按下 Ctrl+C 快捷键，则会调用函数 handler
    return (0);
}
```

（2）保存文件为 test.cpp，然后上传到 Linux，在命令行下编译并运行：

```
# g++ test.cpp -o test
# ./test
^C^C^C SIGINT pending
```

```
Deal SIGINTSIGINT unblocked
^CDeal SIGINT#
```

程序运行后,在开始的 5 秒内按 Ctrl+C 快捷键,则不会有反应,因为这个信号被我们屏蔽了,过了 5 秒后,再按 Ctrl+C 快捷键,将进入 SIGINT 信号的处理函数,即打印"Deal SIGINT"。这个例子演示了如何更改信号屏蔽字来屏蔽某个信号。

4. 使用 sigpending 检查是否有挂起的信号

系统调用 sigpending()用来检查进程是否有挂起的信号,也就是已经产生但被阻塞的信号。函数声明如下:

```
#include <signal.h>
int sigpending(sigset_t *set);
```

其中,信号集通过 set 参数返回。如果函数执行成功,就返回 0;如果出错,则返回-1。

系统调用 sigpending 在【例 6.3】中实现过了,用法可以参考该示例,这里不再赘述。

5. 使用 signal 设置信号处理程序

系统调用 signal()用来为信号设置一个新的信号处理程序,可以将这个信号处理程序设置为一个用户指定的函数,或者设置为宏 SIG_ING 和 SIG_DFL。函数声明如下:

```
#include <signal. h>
typedef void (*sighandler_t)(int);
sighandler_t signal(int signum, sighandler_t handler);
```

参数 signum 是我们要处理的信号,指明了所要处理的信号类型,它可以取除了 SIGKILL 和 SIGSTOP 之外的任何一种信号;参数 handler 描述了与信号关联的动作,它可以取以下 3 种值:

(1) SIG_ING:宏 SIG_ING 代表忽略信号,比如 signal(SIGINT, SIG_ING)表示忽略 SIGINT 信号。SIGINT 信号由 InterruptKey 产生,通常是用户按了 Ctrl+C 快捷键或者 Delete 键产生的。

(2) SIG_DFL:宏 SIG_DFL 表示恢复对信号的系统默认处理。比如 signal(SIGINT, SIG_DFL);表示对信号 SIGINT 进行默认处理,即终止该进程。这种方式是否显式地写 signal 效果都一样。

(3) sighandler_t 类型的函数指针:此时,参数 handler 是 sighandler_t 类型的函数指针,指向一个我们自定义的函数,用来响应对信号 signum 的处理,而且这个自定义信号处理函数的参数是 signum。进程只要接收到类型为 signum 的信号,不管它正在执行程序的哪一部分,都立即执行 handler 函数。当 handler 函数执行结束后,控制权返回进程被中断的那一点继续执行。

如果函数执行成功,则返回该信号上一次的 handler 值;如果出错,则返回 SIG_ERR,此时可以通过错误码 errno 获得。

函数 signal 类似于 sigaction,不过两者是有区别的。首先 signal 是 ANSI C 标准的,而 sigaction 符合 POSIX 标准。其次,signal 比 sigaction 使用简单,但要注意,如果在 C 语言中使用,并且 gcc 编译时加上-std=c99,那么 signal 注册的信号在 sa_handler 被调用之前会把信号的 sa_handler 指针恢复,用 signal 函数注册的信号处理函数只会被调用一次,之后收到这个信号将按默认方式处理;如果编译时没有加上-std=c99,则 signal 注册的信号在处理信号时不会恢复 sa_handler 指针,下次依旧会使用 signal 定义的信号处理行为来处理。在 C++程序中,signal 注册的信号不会在 sa_handler 被调用之前把信号的 sa_handler 指针恢复。

而 sigaction 注册的信号在处理信号时不管编译时是否加上-std=c99，都不会恢复 sa_handler 指针，下次收到该信号时，依旧会根据 sigaction 注册的信号处理行为来处理。

【例 6.4】忽略 SIGINT 信号

（1）打开 Visual Studio Code，新建文本文件，输入代码如下：

```c
#include <stdio.h>
#include <signal.h>
int main(int argc, char *argv[])
{
    signal(SIGINT, SIG_IGN);// 忽略 SIGINT 信号
    while (1);
    return 0;
}
```

（2）保存文件为 test.cpp，然后上传到 Linux，在命令行下编译并运行：

```
# g++ test.cpp -o test
# ./test
  ^C^C^C^C^C^C^C^C^C
```

可以看到，程序运行时，我们多次按 Ctrl+C 快捷键，但并没有使得程序退出，说明信号 SIGINT 被忽略了。

【例 6.5】自定义信号 SIGINT 的处理

（1）打开 Visual Studio Code，新建文本文件，输入代码如下：

```c
#include <stdio.h>
#include <signal.h>
typedef void (*signal_handler)(int);
void signal_handler_fun(int signum) {
    printf("catch signal %d\n", signum);
}
int main(int argc, char *argv[])
{
    signal(SIGINT, signal_hander_fun); // 注册信号 SIGINT 的处理行为
    while(1);
    return 0;
}
```

（2）保存文件为 test.cpp，然后上传到 Linux，在命令行下编译并运行：

```
# g++ test.cpp -o test
# ./test
^Ccatch signal 2
^Ccatch signal 2
^Ccatch signal 2
^Ccatch signal 2
```

可以看到，每次按 Ctrl+C 快捷键的时候，都会执行 signal_handler_fun 函数，而不是退出程序。

6.2 管道

6.2.1 管道的基本概念

所谓管道，是指用于连接读进程和写进程，以实现它们之间通信的共享文件，故又称管道文件。这种进程通信方式首创于 UNIX 系统，因为它能传送大量的数据并且十分有效，所以很多操作系统都引入了这种通信方式，当然 Linux 也支持管道。

可以说管道是一种以先进先出的方式保存一定数量数据的特殊文件，而且管道一般是单向的。写进程将数据写入管道的一端，读进程从管道另一端读取数据，腾出空间以便写进程写入新的数据，所有的数据只能读取一次。Linux 下管道的大小有一定的限制。实际上，管道是一个固定大小的缓冲区。在 Linux 中，该缓冲区的大小为一个页面，即 4KB，因此管道的大小不像文件那样可以任意增长。

为了协调双方的通信，管道通信机制必须能够提供读写进程之间的同步机制。如果一个进程试图写入一个已满的管道，在默认情况下，系统会自动阻塞该进程，直到管道有空间接收数据。同样地，如果试图读一个空的管道，进程也会被阻塞，直到管道有可读的数据。此外，如果一个进程以读方式打开一个管道，而没有另外的进程以写方式打开该管道，则也会造成该进程阻塞（因为没有数据会写到这个管道里）。同样地，当一个进程试图对没有读进程的管道进行写操作时，则会出现异常，导致进程终止。

管道是一个进程连接数据流到另一个进程的通道，它通常用来把一个进程的输出连接到另一个进程的输入。在 Shell 下，可以通过符号"|"来使用管道。比如，当前路径下有一个文件夹 perl5，在 Shell 中输入命令 ls -l | grep per，我们知道 ls 命令（其实也是一个进程）会把当前目录中的文件或文件夹都列出来，现在把本来要输出到屏幕上的数据通过管道输出到 grep 进程中，作为 grep 进程的输入，然后 grep 进程对输入的信息进行筛选，把存在 per 字符串的那行（ls -l 是一行一行的字符串）打印在屏幕上：

```
[root@localhost ~]# ls -l|grep per
drwxr-xr-x. 2 root root    6 12月 17 2016 perl5
```

6.2.2 管道读写的特点

管道读写是通过标准的无缓冲的输入输出系统调用 read() 和 write() 实现的。系统调用 read() 将从一个由管道文件描述符所指的管道中读取指定的字节数到缓冲区。如果调用成功，函数将返回实际所读的字节数；如果失败，将返回-1。当然由于管道的特殊性，管道的读取有其自身的特点：

（1）所有的读取操作总是从管道当前位置开始读，不支持文件指针的移动。

（2）如果管道没有被其他进程以写方式打开，那么 read() 系统调用将返回 0，也就是遇到文件末端的条件。

（3）如果管道中没有数据，也就是管道为空，默认情况下 read() 系统调用将会阻塞，直到有数据被写进该管道或者该管道被关闭。当然，也可以通过 fcuntl()系统调用对管道进行设置，如在管道为空的情况下让 read()系统调用立即返回。

数据通过系统调用 write()写入管道。write()系统调用将数据从缓冲区向管道文件描述符所指的管道中写入数据。如果该系统调用成功，将返回实际所写的字节数，否则返回-1。当然，由于管道的特殊性，管道的写操作也有其自身的特点：

（1）每一次的写请求操作总是附加在管道的末端。

（2）当有多个对同一管道的写请求发生时，系统保证小于或等于 4KB 大小的写请求操作不会交叉进行。

（3）如果试图对一个没有被任何进程以读方式打开的管道进行写操作，则将会产生 SIGPIPE 信号。默认情况下（假如 SIGP1PE 信号没有被捕获），该进程将会被系统终止。

（4）默认情况下，对管道的写操作请求会导致进程阻塞，因为如果设备处于忙状态，write()系统调用会被阻塞并且将被延迟写入，当然也可以通过 fcntl()系统调用对管道进行设置。

6.2.3 管道的局限性

管道有下列几个局限性：

（1）数据自己读却不能自己写。

（2）数据一旦被读走，便不在管道中存在，不可反复读取。

（3）由于管道采用半双工通信方式，因此数据只能在一个方向上流动。

（4）只能在有公共祖先的进程间使用管道。

6.2.4 创建管道函数 pipe

管道是一种基本的 IPC 机制，由 pipe 函数创建，该函数声明如下：

```
int pipe(int filedes[2]);
```

其中，参数 filedes 表示两个文件描述符，filedes[0]指向管道的读端，filedes[1]指向管道的写端。如果函数调用成功则返回 0，调用失败则返回-1。

调用 pipe 函数时，在内核中开辟一块缓冲区（称为管道）用于通信，它有一个读端和一个写端，然后通过 filedes 参数传给用户程序两个文件描述符，filedes[0]指向管道的读端，filedes[1]指向管道的写端（很好记，就像 0 是标准输入，1 是标准输出一样）。所以管道在用户程序中看起来就像一个打开的文件，通过 read(filedes[0]);或者 write(filedes[1]);向这个文件读写数据其实是在读写内核缓冲区。

值得注意的是，管道创建时默认打开了文件描述符，且默认是以阻塞（block）模式打开的。

6.2.5 读写管道函数 read/write

读写管道的函数和读写文件的函数一样，都是 read 和 write。这两个函数我们在第 4 章讲过了，这里不再赘述。但有两点要注意：

（1）当没有数据可读时，read 调用阻塞，即进程暂停执行，一直等到有数据来到为止。

（2）当管道满的时候，write 调用阻塞，直到有进程读取数据。

6.2.6 等待子进程中断或结束的函数 wait

wait 函数用于等待子进程中断或结束，进程一旦调用了 wait，就立即阻塞自己，由 wait 自动分析当前进程的某个子进程是否已经退出，如果让它找到了一个已经变成僵尸的子进程，wait 就会收集这个子进程的信息，并把它彻底销毁后返回；如果没有找到这样一个子进程，wait 就会一直阻塞在这里，直到有一个出现为止。函数声明如下：

```
#include<sys/types.h>
#include<sys/wait.h>
pid_t wait (int * status);
```

子进程的结束状态值会由参数 status 返回，如果不在意结束状态值，则参数 status 可以设成 NULL。如果执行成功，则返回子进程识别码（PID），如果有错误发生，则返回-1，失败原因存于 errno 中。

管道创建成功以后，创建该管道的进程（父进程）同时掌握着管道的读端和写端。下面来看一个例子，实现父子进程间的通信，如图 6-1 所示，这是一个非常典型的通过管道的进程通信的例子。

图 6-1

第一步，父进程调用 pipe 函数创建管道，得到两个文件描述符 fd[0]、fd[1]，分别指向管道的读端和写端。

第二步，父进程调用 fork 创建子进程，那么子进程也有两个文件描述符指向同一管道。

第三步，父进程关闭管道读端，子进程关闭管道写端。父进程可以向管道中写入数据，子进程将管道中的数据读出。由于管道是利用环形队列实现的，因此数据从写端流入管道，从读端流出，这样就实现了进程间的通信。

下面来看一个实例。

【例 6.6】父子进程使用管道通信

（1）打开 Visual Studio Code，新建文本文件，输入代码如下：

```c
#include <unistd.h>
#include <string.h>
#include <stdlib.h>
#include <stdio.h>
#include <sys/wait.h>

void sys_err(const char *str)
{
    perror(str);
    exit(1);
}

int main(void)
{
    pid_t pid;
    char buf[1024];
    int fd[2];
    char *p = "test for pipe\n";

    if (pipe(fd) == -1)                                 // 创建管道
        sys_err("pipe");

    pid = fork();                                       // 创建子进程
    if (pid < 0) {
        sys_err("fork err");
    }
    else if (pid == 0) {
        close(fd[1]);                                   // 关闭写描述符
        printf("child process wait to read:\n");
        int len = read(fd[0], buf, sizeof(buf));        // 等待管道上的数据
        write(STDOUT_FILENO, buf, len);
        close(fd[0]);
    }
    else {
        close(fd[0]);                                   // 关闭读描述符
        write(fd[1], p, strlen(p));                     // 向管道写入字符串数据
        wait(NULL);
```

```
        close(fd[1]);
    }
    return 0;
}
```

在代码中,首先创建一个管道,得到 fd[0]和 fd[1]两个读写描述符,然后用 fork 函数创建一个子进程。在子进程中,先关闭写描述符,然后开始读管道上的数据。而父进程在创建了子进程后,就关闭读描述符,并向管道写入字符串 p。

(2)保存代码为 test.cpp,然后上传到 Linux,在命令行下编译并运行:

```
# g++ test.cpp -o test
# ./test
child process wait to read:
test for pipe
```

【例 6.7】read 阻塞 10 秒后读数据

(1)打开 Visual Studio Code,新建文本文件,输入代码如下:

```
#include <stdio.h>
#include <unistd.h>
#include <stdlib.h>
#include <fcntl.h>

int main(void)
{
    int fds[2];
    if (pipe(fds) == -1) {
        perror("pipe error");
        exit(EXIT_FAILURE);
    }
    pid_t pid;
    pid = fork();
    if (pid == -1) {
        perror("fork error");
        exit(EXIT_FAILURE);
    }
    if (pid == 0) {
        close(fds[0]);                  // 子进程关闭读端
        sleep(10);                      // 休眠 10 秒
        write(fds[1], "hello", 5);      // 子进程写数据给管道
        exit(EXIT_SUCCESS);
    }

    close(fds[1]);                      // 父进程关闭写端
    char buf[10] = { 0 };
    read(fds[0], buf, 10);              // 等待读数据
    printf("receive datas = %s\n", buf);
    return 0;
```

}
```

在代码中,我们让子进程先休眠 10 秒,父进程因为没有数据从管道中读出而被阻塞了,直到子进程休眠结束,向管道中写入数据后,父进程才读到数据。

(2)保存代码为 test.cpp,然后上传到 Linux,在命令行下编译并运行:

```
# g++ test.cpp -o test
# ./test
receive datas = hello
```

可以看到,运行 test 后,稍等 10 秒,父进程就会读到数据了,可见当在管道中没有数据可读的时候,read 的确阻塞了调用进程(这里是父进程)。

6.2.7 使用管道的特殊情况

使用管道需要注意以下 4 种特殊情况(假设都是阻塞 I/O 操作,没有设置 O_NONBLOCK 标志):

(1)如果所有指向管道写端的文件描述符都关闭了(管道写端引用计数为 0),而仍然有进程从管道的读端读数据,那么管道中剩余的数据都被读取后,再次 read 会返回 0,就像读到文件末尾一样。

(2)如果有指向管道写端的文件描述符没关闭(管道写端引用计数大于 0),而持有管道写端的进程也没有向管道中写数据,这时有进程从管道读端读数据,那么管道中剩余的数据都被读取后,再次 read 会阻塞,直到管道中有数据可读了才读取数据并返回。

(3)如果所有指向管道读端的文件描述符都关闭了(管道读端引用计数为 0),这时有进程向管道的写端写数据,那么该进程会收到信号 SIGPIPE,通常会导致进程异常终止。当然,也可以对 SIGPIPE 信号实施捕捉,不终止进程。

(4)如果有指向管道读端的文件描述符没关闭(管道读端引用计数大于 0),而持有管道读端的进程也没有从管道中读数据,这时有进程向管道写端写数据,那么在管道被写满时,再次 write 会阻塞,直到管道中有空位置了才写入数据并返回。

6.3 消息队列

现在我们来讨论另一种常用的进程间通信方式:消息队列。从许多方面来看,消息队列类似于有名管道(Name Pipes),但是却没有与打开和关闭管道的复杂关联。然而,使用消息队列并没有解决我们使用有名管道所遇到的问题,例如管道上的阻塞。

消息队列提供了一种在两个不相关的进程之间传递数据的简单高效的方法。与有名管道比较起来,消息队列的优点在于独立发送与接收进程,这减少了在打开与关闭有名管道之间同步的困难。

消息队列提供了一种由一个进程向另一个进程发送块数据的方法。另外,每一个数据块都有一个类型,而接收进程可以独立接收具有不同类型的数据块。消息队列的好处在于我们几乎可以完全避免同步问题,并且可以通过发送消息屏蔽有名管道的问题;更好的是,我们可以使用某些紧急方
```

式发送消息。坏处在于，与管道类似，在每一个数据块上有一个最大尺寸限制，同时在系统中所有消息队列的块尺寸上也有一个最大尺寸限制。

尽管有这些限制，但是 Linux 并没有定义这些限制的具体值，除了指出超过这些尺寸是某些消息队列功能失败的原因。Linux 系统有两个定义：MSGMAX 与 MSGMNB，分别用于定义单个消息与一个队列的最大尺寸。这些宏定义在其他系统上也许并不相同，甚至也许就不存在。

Linux 提供了一组消息队列函数让我们使用消息队列，消息队列函数定义如下：

```
#include <sys/msg.h>
int msgctl(int msqid, int cmd, struct msqid_ds *buf);
int msgget(key_t key, int msgflg);
int msgrcv(int msqid, void *msg_ptr, size_t msg_sz, long int msgtype, int msgflg);
int msgsnd(int msqid, const void *msg_ptr, size_t msg_sz, int msgflg);
```

除了头文件 sys/msg.h，头文件 sys/types.h 与 sys/ipc.h 通常也是需要的。函数不多，下面来一个一个了解。

6.3.1 创建和打开消息队列函数 msgget

函数 msgget 用于得到一个已存在的消息队列标识符或创建一个消息队列对象，声明如下：

```
#include <sys/types.h>
#include <sys/ipc.h>
#include <sys/msg.h>
int msgget(key_t key, int msgflg);
```

其中，参数 key 表示消息队列的键值（有点类似数据库表中的键值概念），用于标识一个消息队列。函数将它与已有的消息队列对象的关键字进行比较，以此来判断消息队列对象是否已经创建。如果取宏 IPC_PRIVATE（数值为 0），表示创建一个私有队列，这在理论上只可以被当前进程所访问。key_t 是一个 32 位整型。

参数 msgflg 表示创建或访问消息队列的具体方式，通常取值如下：

- IPC_CREAT：如果消息队列对象不存在，就创建消息队列对象，否则进行打开操作。要创建一个新的消息队列时，IPC_CREAT 特殊位必须与其他的权限位进行或操作。如果消息队列已经存在，则 IPC_CREAT 标记将被忽略。
- IPC_EXCL：和 IPC_CREAT 一起使用（用 "|" 连接），如果消息对象不存在，就创建它，否则产生一个错误并返回。

如果函数执行成功，则返回一个正数作为消息队列标识符，执行错误则返回-1，错误原因存于 erron 中。一些常见的错误码如下：

- EACCES：key 指定的消息队列已存在，但调用进程没有权限访问它。
- EEXIST：key 指定的消息队列已存在，而 msgflg 中同时指定 IPC_CREAT 和 IPC_EXCL 标志。
- ENOENT：key 指定的消息队列不存在，同时 msgflg 中没有指定 IPC_CREAT 标志。
- ENOMEM：需要建立消息队列，但内存不足。
- ENOSPC：需要建立消息队列，但已达到系统的限制。

读者可以想一下，为什么需要键值 key？这是因为是进程间的通信，所以必须有一个公共的标识来确保使用同一个通信通道（比如这个通信通道就是消息队列），再把这个标识与某个消息队列进行绑定，任何一个进程如果使用这个标识，内核就可以通过该标识找到对应的那个队列，这个标识就是键值。如果没有键值，进程 A 打开或者创建一个队列并返回这个队列的描述符，但其他进程不知道这个队列的描述符是什么，因此就不能通信了。

6.3.2 获取和设置消息队列的属性函数 msgctl

函数 msgctl 用于获取和设置消息队列的属性。该函数声明如下：

```c
#include <sys/types.h>
#include <sys/ipc.h>
#include <sys/msg.h>
int msgctl(int msqid, int cmd, struct msqid_ds *buf);
```

其中，参数 msqid 是消息队列标识符；cmd 表示要对消息队列进行的操作，它的取值可以是：

- IPC_STAT：读取消息队列的msqid_ds数据，并将其存储在buf指定的地址中。
- IPC_SET：设置消息队列的属性，要设置的属性需先存储在buf中，可设置的属性包括msg_perm.uid、msg_perm.gid、msg_perm.mode以及msg_qbytes。
- IPC_EMID：将队列从系统内核中删除。

参数 buf 指向消息队列管理结构体 msqid_ds，该结构体定义如下：

```c
/* Obsolete, used only for backwards compatibility and libc5 compiles */
struct msqid_ds {
    struct ipc_perm msg_perm;
    struct msg *msg_first;      /* first message on queue,unused */
    struct msg *msg_last;       /* last message in queue,unused */
    __kernel_time_t msg_stime;  /* last msgsnd time */
    __kernel_time_t msg_rtime;  /* last msgrcv time */
    __kernel_time_t msg_ctime;  /* last change time */
    unsigned long  msg_lcbytes; /* Reuse junk fields for 32 bit */
    unsigned long  msg_lqbytes; /* ditto */
    unsigned short msg_cbytes;  /* current number of bytes on queue */
    unsigned short msg_qnum;    /* number of messages in queue */
    unsigned short msg_qbytes;  /* max number of bytes on queue */
    __kernel_ipc_pid_t msg_lspid; /* pid of last msgsnd */
    __kernel_ipc_pid_t msg_lrpid; /* last receive pid */
};
```

如果函数执行成功就返回 0，失败则返回-1，错误原因可以通过错误码 errno 获得，常见错误码如下：

- EACCESS：参数cmd为IPC_STAT，无权限读取该消息队列。
- EFAULT：参数buf指向无效的内存地址。
- EIDRM：标识符为msqid的消息队列已被删除。
- EINVAL：无效的参数cmd或msqid。

- EPERM：参数cmd为IPC_SET或IPC_RMID，却无足够的权限执行。

6.3.3 将消息送入消息队列的函数 msgsnd

msgsnd 函数用来将消息送入消息队列。该函数声明如下：

```
#include <sys/types.h>
#include <sys/ipc.h>
#include <sys/msg.h>
int msgsnd(int msqid, const void *msgp, size_t msgsz, int msgflg);
```

其中，参数 msqid 是消息队列对象的标识符（由 msgget 函数得到），参数 msgp 是指向消息缓冲区的指针，该缓冲区用来暂时存储要发送的消息，通常可以用一个通用结构来表示消息：

```
struct msgbuf {
    long mtype;      /* 消息类型，必须大于 0*/
    char mtext[1];   /*消息数据*/
};
```

参数 msgsz 是要发送信息的长度（字节数），可以用以下公式计算：

```
msgsz = sizeof(struct mymsgbuf) - sizeof(long);
```

参数 msgflg 是控制函数行为的标志，可以取以下的值：

- 0: 表示阻塞方式，线程将被阻塞直到消息可以被写入。
- IPC_NOWAIT：表示非阻塞方式，如果消息队列已满或其他情况无法送入消息，那么函数立即返回。

如果函数执行成功就返回 0；如果失败则返回-1，错误原因可以通过错误码 errno 获得，errno 被设为以下某个值：

- EACCES：调用进程在消息队列上没有写权限，同时没有CAP_IPC_OWNER权限。
- EAGAIN：由于消息队列的msg_qbytes限制和msgflg中指定IPC_NOWAIT标志，因此消息不能被发送。
- EFAULT：msgp指针指向的内存空间不可访问。
- EIDRM：消息队列已被删除。
- EINTR：等待消息队列空间可用时被信号中断。
- EINVAL：参数无效。
- ENOMEM：系统内存不足，无法将msgp指向的消息复制进来。

6.3.4 从消息队列中读取一条新消息的函数 msgrcv

函数 msgrcv 用于从消息队列中读出一条新消息。该函数声明如下：

```
#include <sys/types.h>
#include <sys/ipc.h>
#include <sys/msg.h>
ssize_t msgrcv(int msqid, void *msgp, size_t msgsz, long msgtyp,int msgflg);
```

其中，参数 msqid 表示消息队列的标识符；参数 msgp 指向要读出消息的缓冲区，通常消息缓冲区结构为：

```
struct msgbuf {
    long mtype;      /* 消息类型，必须大于 0*/
    char mtext[1];   /* 消息数据 */
};
```

参数 msgsz 表示消息数据的长度；参数 msgtyp 表示从消息队列内读取的消息形态，如果值为 0，则表示消息队列中的所有消息都会被读取；参数 msgflg 是控制函数行为的标志，可以取以下值：

（1）0：表示阻塞方式，当消息队列为空时，一直等待。

（2）IPC_NOWAIT：表示非阻塞方式，消息队列为空时，不等待，马上返回-1，并设定错误码为 ENOMSG。如果函数执行成功，msgrcv 返回复制到 mtext 数组的实际字节数；若失败则返回-1，errno 被设为以下的某个值：

- E2BIG：消息文本长度大于msgsz，并且msgflg中没有指定。
- G_NOERROREACCES：调用进程没有读权限，同时没有CAP_IPC_OWNER权限。
- EAGAIN：消息队列为空，并且msgflg中没有指定IPC_NOWAIT。
- EFAULT：msgp指向的空间不可访问。
- EIDRM：当进程休眠等待接收消息时，消息已被删除。
- EINTR：当进程休眠等待接收消息时，信号被中断。
- EINVAL：参数无效。
- ENOMSG：msgflg中指定了IPC_NOWAIT，同时所请求类型的消息不存在。

6.3.5 生成键值函数 ftok

系统建立 IPC 通信（如消息队列、共享内存）时必须指定一个键值。通常情况下，该键值通过 ftok 函数得到，该函数声明如下：

```
key_t ftok( char * fname, int id );
```

其中，参数 fname 是指定的文件名，这个文件必须是存在的而且可以访问的。id 是子序号，它是一个 8 位的整数，即范围是 0~255，可以根据自己的约定随意设置，没有什么限制条件。若函数执行成功，则会返回 key_t 键值，否则返回-1。在一般的 UNIX 中，通常是将文件的索引节点取出，然后在前面加上子序号就得到 key_t 的值。

ftok 根据路径名提取文件信息，再根据这些文件信息及参数 id 合成 key，该路径可以随便设置但必须存在。ftok 只是根据文件i节点在系统内的唯一性来取一个数值，和文件的权限无关。

ftok()函数的返回值就是 key，它与指定的文件的索引节点号和子序列号 id 有关，这样就会给我们一个误解，即只要文件的路径、名称和子序列号不变，那么得到的 key 值就永远不会变。

事实上，这种认识是错误的，想一下，假如存在这样一种情况：在访问同一共享内存的多个进程先后调用 ftok()时间段中，如果 fname 指向的文件或者目录被删除后又重新创建，那么文件系统会赋予这个同名文件新的i节点信息，于是这些进程调用的 ftok()都能正常返回，但键值 key 却不一定相同了。由此可能造成的后果是，原本这些进程意图访问一个相同的共享内存对象，然而由于它们各自得到的键值不同，实际上进程指向的共享内存不再一致，如果这些共享内存都得到创建，则在整个应用运行的过程中虽然表面上不会报出任何错误，但通过一个共享内存对象进行数据传输的目的将无法实现。这是一个很重要的坑，笔者当年因为此问题而苦不堪言，希望读者谨记。

所以要确保 key 值不变，要么确保 ftok() 的文件不被删除，要么不用 ftok()，指定一个固定的 key 值。

【例 6.8】生成一个键值

（1）打开 Visual Studio Code，新建文本文件，输入代码如下：

```
#include <stdio.h>
#include <sys/sem.h>
#include <stdlib.h>
int main()
{
    key_t semkey;
    if((semkey = ftok("./test", 123))<0)
    {
        printf("ftok failed\n");
        exit(EXIT_FAILURE);
    }
    printf("ftok ok ,semkey = %d\n", semkey);
    return 0;
}
```

代码很简单，用当前路径下的 test 程序文件和 123 一起生成一个键值，最后打印出来。

（2）保存代码为 test.cpp，然后上传到 Linux，在命令行下编译并运行：：

```
# g++ test.cpp -o test
# ./test
ftok ok ,semkey = 2063635014
```

【例 6.9】解开 ftok 产生键值的内幕

（1）打开 Visual Studio Code，新建文本文件，输入代码如下：

```
#include <stdio.h>
#include <stdlib.h>
#include <string.h>
#include <sys/stat.h>
#include <sys/sem.h>
int main()
{
    char    filename[50];
    struct stat    buf;
    int     ret;
    strcpy( filename, "./test" );
    ret = stat( filename, &buf );
    if( ret )
    {
```

```
            printf( "stat error\n" );
            return -1;
        }

        printf( "the file info: ftok( filename, 0x27 ) = %x, st_ino = %x, st_dev= %x\n",
ftok( filename, 0x27 ), buf.st_ino, buf.st_dev );

        return 0;
    }
```

代码中,我们首先生成一个键值,然后用获取文件信息的函数 stat 来获取 test 程序的文件信息,最后打印出键值和文件 tet 的相关属性。

(2)保存代码为 test.cpp,然后上传到 Linux,在命令行下编译并运行::

```
# g++ test.cpp -o test
# ./test
the file info: ftok( filename, 0x27 ) = 27009246, st_ino = d359246, st_dev= fd00
```

通过执行结果可以看出,ftok 获取的键值是由 ftok 函数的第二个参数的后 8 位、st_dev 的后 8 位、st_ino 的后 16 位构成的。注意,它们都是十六进制的。

其中,st_dev 是文件的设备编号,st_ino 是文件的节点信息,它们都定义在结构体 stat 中:

```
struct stat {
    unsigned long  st_dev;        // 文件的设备编号
    unsigned long  st_ino;        // 节点
    unsigned short st_mode;       // 文件的类型和存取的权限
    unsigned short st_nlink;      // 连到该文件的硬链接数目,刚建立的文件值为 1
    unsigned short st_uid;        // 用户 ID
    unsigned short st_gid;        // 组 ID
    unsigned long  st_rdev;
    unsigned long  st_size;
    unsigned long  st_blksize;
    unsigned long  st_blocks;
    unsigned long  st_atime;
    unsigned long  st_atime_nsec;
    unsigned long  st_mtime;
    unsigned long  st_mtime_nsec;
    unsigned long  st_ctime;
    unsigned long  st_ctime_nsec;
    unsigned long  __unused4;
    unsigned long  __unused5;
};
```

这个结构体 stat 和函数 stat 都在第 4 章讲述过了,这里不再赘述。

前面我们已经了解了消息队列的定义,下面看一下它们实际是如何工作的。我们将会编写两个程序:test 用来接收,send 用来发送。我们会允许任意一个程序创建消息队列,但是接收者在接收到最后一条消息后删除消息队列。

【例 6.10】消息队列的发送和接收

(1) 首先创建接收程序,打开 Visual Studio Code,新建文本文件,输入代码如下:

```c
#include <stdio.h>
#include <stdlib.h>
#include <string.h>
#include <errno.h>
#include <unistd.h>
#include <sys/types.h>
#include <sys/ipc.h>
#include <sys/msg.h>
struct my_msg_st
{
    long int my_msg_type;
    char some_text[BUFSIZ];
};
int main()
{
    int running = 1;
    int msgid;
    struct my_msg_st some_data;
    long int msg_to_receive = 0;      // 读取消息队列中的全部消息

    // 创建消息队列
    msgid = msgget((key_t)1234,0666|IPC_CREAT);
    if(msgid == -1)
    {
        fprintf(stderr,"msgget failed with error: %d\n", errno);
        exit(EXIT_FAILURE);
    }
    // 接收消息队列中的消息直到遇到一条 end 消息。最后,消息队列被删除
    while(running)
    {   // 阻塞方式等待接收消息
        if(msgrcv(msgid, (void *)&some_data, BUFSIZ, msg_to_receive, 0)==-1)
        {
            fprintf(stderr, "msgrcv failed with errno: %d\n", errno);
            exit(EXIT_FAILURE);
        }


        printf("You wrote: %s", some_data.some_text);
        if(strncmp(some_data.some_text,"end",3)==0)//如果收到的是 end,就退出循环
        {
            running = 0;
        }
    }

    if(msgctl(msgid, IPC_RMID, 0)==-1)// 删除消息队列
    {
        fprintf(stderr, "msgctl(IPC_RMID) failed\n");
```

```
            exit(EXIT_FAILURE);
    }
    exit(EXIT_SUCCESS);
}
```

代码很简单，接收者使用 msgget 来获得消息队列标识符，并且等待接收消息，直到接收到特殊消息 end，然后它会使用 msgctl 删除消息队列进行一些清理工作。

（2）保存代码为 test.cpp，然后上传到 Linux，在命令行下编译并运行：

```
# g++ test.cpp -o test
# ./test
```

此时接收程序就处于等待接收消息的状态了。

（3）下面创建消息发送程序，打开 Visual Studio Code，新建文本文件，输入代码如下：

```c
#include <stdio.h>
#include <stdlib.h>
#include <unistd.h>
#include <string.h>
#includ <errno.h>
#include <sys/types.h>
#include <sys/ipc.h>
#include <sys/msg.h>
#define MAX_TEXT 512
struct my_msg_st
{
    long int my_msg_type;
    char some_text[MAX_TEXT];
};

int main()
{
    int running = 1;
    struct my_msg_st some_data;
    int msgid;
    char buffer[BUFSIZ];

    msgid = msgget((key_t)1234, 0666|IPC_CREAT);// 用一个整数作为键值
    if(msgid==-1)
    {
        fprintf(stderr,"msgget failed with errno: %d\n", errno);
        exit(EXIT_FAILURE);
    }
     while(running)
    {
        printf("Enter some text: ");
        fgets(buffer, BUFSIZ, stdin);
        some_data.my_msg_type = 1;
        strcpy(some_data.some_text, buffer);
```

```
        if(msgsnd(msgid, (void *)&some_data, MAX_TEXT, 0)==-1)
        {
            fprintf(stderr, "msgsnd failed\n");
            exit(EXIT_FAILURE);
        }
        if(strncmp(buffer, "end", 3) == 0)
        {
            running = 0;
        }
    }
    exit(EXIT_SUCCESS);
}
```

发送程序使用 msgget 创建一个消息队列，然后使用 msgsnd 函数向队列中添加消息。

与管道的程序不同，消息队列的程序并没有必要提供自己的同步机制。这是消息队列相较于管道的一个巨大优点。

（4）保存代码为 send.cpp，上传到 Linux，另开一个终端窗口，在命令行下编译并运行：

```
# ./send
Enter some text: abc
Enter some text: zww book
Enter some text: end
```

我们发了 3 条消息，最后一条是 end，此时接收端变为：

```
# ./test
You wrote: abc
You wrote: zww book
You wrote: end
#
```

3 条消息都接收到了，并且收到最后一条消息后程序就退出了，符合预期。

【例 6.11】获取消息队列的属性

（1）打开 Visual Studio Code，新建文本文件，输入代码如下：

```
#include <sys/types.h>
#include <sys/msg.h>
#include <unistd.h>
#include <ctime>
#include "stdio.h"
#include "errno.h"
void msg_stat(int,struct msqid_ds );
main()
{
    int gflags,sflags,rflags;
    key_t key;
    int msgid;
    int reval;
```

```c
        struct msgsbuf{
              int mtype;
              char mtext[1];
        }msg_sbuf;
    struct msgmbuf
        {
        int mtype;
        char mtext[10];
        }msg_rbuf;
    struct msqid_ds msg_ginfo,msg_sinfo;
    char  msgpath[]="./test";

    key=ftok(msgpath,'b');
    gflags=IPC_CREAT|IPC_EXCL;
    msgid=msgget(key,gflags|00666);
    if(msgid==-1)
    {
        printf("msg create error\n");
    }
    // 创建一个消息队列后,输出消息队列默认属性
    msg_stat(msgid,msg_ginfo);
    sflags=IPC_NOWAIT;
    msg_sbuf.mtype=10;
    msg_sbuf.mtext[0]='a';
    reval=msgsnd(msgid,&msg_sbuf,sizeof(msg_sbuf.mtext),sflags);
    if(reval==-1)
    {
        printf("message send error\n");
    }
    // 发送一条消息后,输出消息队列属性
    msg_stat(msgid,msg_ginfo);


    reval=msgctl(msgid,IPC_RMID,NULL);// 删除消息队列
    if(reval==-1)
    {
        printf("unlink msg queue error\n");
    }
}

void msg_stat(int msgid,struct msqid_ds msg_info)
{
    int reval;
    sleep(1);// 只是为了方便后面输出时间
    reval=msgctl(msgid,IPC_STAT,&msg_info);
    if(reval==-1)
    {
        printf("get msg info error\n");
    }
    printf("\n");
```

```
        printf("current number of bytes on queue is %d\n",msg_info.msg_cbytes);
        printf("number of messages in queue is %d\n",msg_info.msg_qnum);
        printf("max number of bytes on queue is %d\n",msg_info.msg_qbytes);
        // 每个消息队列的容量（字节数）都有限制，值的大小因系统而异。在创建新的消息队列时，
msg_qbytes 的默认值就是 MSGMNB
        printf("pid of last msgsnd is %d\n",msg_info.msg_lspid);
        printf("pid of last msgrcv is %d\n",msg_info.msg_lrpid);
        printf("last msgsnd time is %s", ctime(&(msg_info.msg_stime)));
        printf("last msgrcv time is %s", ctime(&(msg_info.msg_rtime)));
        printf("last change time is %s", ctime(&(msg_info.msg_ctime)));
        printf("msg uid is %d\n",msg_info.msg_perm.uid);
        printf("msg gid is %d\n",msg_info.msg_perm.gid);
}
```

其中，函数 msg_stat 是一个自定义函数，用来打印消息队列的一些属性信息。我们先创建了一个消息队列，然后打印了其属性信息，接着发送了一条消息，又打印了其属性信息。

（2）保存代码为 test.cpp，然后上传到 Linux，在命令行下编译并运行：

```
# g++ test.cpp -o test
# ./test

current number of bytes on queue is 0
number of messages in queue is 0
max number of bytes on queue is 16384
pid of last msgsnd is 0
pid of last msgrcv is 0
last msgsnd time is Thu Jan  1 08:00:00 1970
last msgrcv time is Thu Jan  1 08:00:00 1970
last change time is Fri Mar 30 14:55:17 2018
msg uid is 0
msg gid is 0

current number of bytes on queue is 1
number of messages in queue is 1
max number of bytes on queue is 16384
pid of last msgsnd is 90972
pid of last msgrcv is 0
last msgsnd time is Fri Mar 30 14:55:18 2018
last msgrcv time is Thu Jan  1 08:00:00 1970
last change time is Fri Mar 30 14:55:17 2018
msg uid is 0
msg gid is 0
```

可以看到，刚开始的时候，消息队列里的消息是 0，发送一条后，队列里面的消息数量就变成了 1。因为我们发送的消息是字符 "a"，长度是 1，所以消息队列的长度就是一个字节。

第 7 章

C++ Web 编程

有的读者看到这个标题或许会有一丝惊讶，Web 开发不是用脚本语言的吗，比如 JSP、PHP、ASP.NET 等，C++作为编译语言也可以用来开发 Web 程序吗？的确如此，并且可以做得很好。

其实在这些脚本语言诞生之前，Web 开发就存在了，所用的技术就是赫赫有名的 CGI（Common Gateway Interface，通用网关接口）。它是 Web 开发的祖师爷，而且只要按照该接口的标准，无论什么语言（比如脚本语言 Perl，当然也包括编译型语言 C++）都可以开发出 Web 程序，因此也叫作 CGI 程序。用 C++来写 CGI 程序就好像写普通程序一样。其实，C++写 Web 程序虽然没有 PHP、JSP 那么流行，但在大公司却很盛行，比如某公司的后台大部分是用 C++开发的，该公司内部 C++的地位一枝独秀，不仅逻辑层用 C++写，连大部分 Web 程序都用 C++写。

用 C++开发 Web 程序虽然不那么大众，但却像英菲尼迪，小众而强悍。

7.1 CGI 程序的工作方式

我们知道浏览网页其实就是用户的浏览器和 Web 服务器进行交互的过程。具体地讲，在进行网页浏览时，通常就是浏览器通过一个 URL 请求一个网页，然后服务器返回这个网页文件给浏览器，浏览器在本地解析该文件并渲染成我们看到的网页，这是静态网页的情况。还有一种情况是动态网页，就是动态生成网页，也就是说在服务端没有这个网页文件，它是在网页请求的时候动态生成的，比如 PHP/JSP 网页（通过 PHP 程序和 JSP 程序动态生成的网页）。依据浏览器传来的请求参数的不同，生成的内容也不同。

同样地，在浏览器向 Web 服务器请求一个后缀是 cgi 的 URL 或者提交表单的时候，Web 服务器会把浏览器传来的数据传给 CGI 程序，CGI 程序通过标准输入来接收这些数据。CGI 程序处理完数据后，通过标准输出将结果信息发往 Web 服务器，Web 服务器再将这些信息发送给浏览器。

7.2 架设 Web 服务器 Apache

在开发 CGI 程序之前,首先需要一个 Web 服务器,因为程序是运行在 Web 服务器上的。Web 服务器软件比较多,比较著名的有 Apache 和 Nginx,这里选用 Apache。在 Ubuntu 下输入命令准备下载和安装 Apache:

```
# apt update
# apt install apache2
```

安装完毕后,可以查看一下 Apache 的版本:

```
# apache2 -version
Server version: Apache/2.4.41 (Ubuntu)
Server built:   2024-04-10T17:46:26
```

上面的结果表示 Apache 已经安装了,版本号是 2.4.41。

此时,我们可以查看 apache 进程有没有在运行:

```
# systemctl status apache2
● apache2.service - The Apache HTTP Server
     Loaded: loaded (/lib/systemd/system/apache2.service; enabled; vendor prese>
     Active: active (running) since Tue 2024-05-28 17:00:38 CST; 9min ago
       Docs: https://httpd.apache.org/docs/2.4/
   Main PID: 4049 (apache2)
      Tasks: 55 (limit: 2285)
     Memory: 5.6M
     CGroup: /system.slice/apache2.service
             ├─4049 /usr/sbin/apache2 -k start
             ├─4051 /usr/sbin/apache2 -k start
             └─4052 /usr/sbin/apache2 -k start

5月 28 17:00:38 mypc systemd[1]: Starting The Apache HTTP Server...
5月 28 17:00:38 mypc systemd[1]: Started The Apache HTTP Server.
5月 28 17:00:39 mypc apachectl[4045]: AH00558: apache2: Could not reliably de
Server version: Apache/2.4.41 (Ubuntu)
Server built:   2024-04-10T17:46:26
```

看到 "active (running)" 说明在运行了。此时,在 Ubuntu 中打开火狐浏览器,然后在地址栏里输入 http://localhost,就能看到结果了,如图 7-1 所示。

至此,Apache Web 服务器架设成功。但要让 CGI 程序正常运作,还必须配置 Apache,使其允许执行 CGI 程序。再次强调,是 Web 服务器进程来执行 CGI 程

图 7-1

序。配置步骤如下：

步骤 01 创建 CGI 目录。在 Web 服务器上，通常会指定一个目录来存储 CGI 程序。我们可以创建一个专门用于存放 CGI 程序的目录，例如/usr/lib/cgi-bin。运行以下命令创建目录并设置相应的权限：

```
mkdir /usr/lib/cgi-bin
chown -R www-data:www-data /usr/lib/cgi-bin
chmod -R 755 /usr/lib/cgi-bin
```

步骤 02 配置 Web 服务器以运行 CGI 程序。打开 Apache 的默认 CGI 配置文件：

```
vi /etc/apache2/conf-available/serve-cgi-bin.conf
```

将以下代码添加到文件的末尾：

```
<Directory "/usr/lib/cgi-bin">
    Options +ExecCGI
    AddHandler cgi-script .cgi .pl
</Directory>
```

保存并关闭文件。

步骤 03 启用新的 CGI 配置：

```
a2enconf serve-cgi-bin
```

步骤 04 重新启动 Apache 服务器：

```
systemctl restart apache2
```

现在，我们的 C/C++ CGI 编程环境已在 Ubuntu 上设置完毕。我们可以在/usr/lib/cgi-bin 目录中编写或放置 CGI 程序，并通过浏览器访问它们。请确保编写的 CGI 程序具有正确的文件扩展名（如.cgi 或.pl），并且文件具有可执行权限。

下面我们来看 C++开发的 Web 程序，当然很简单，属于 Hello World 级别的。

【例 7.1】第一个 C++开发的 Web 程序

（1）打开 Visual Studio Code，新建文本文件，输入代码如下：

```
#include <stdio.h>

int main()
{
    printf("Content-Type: text/html\n\n");
    printf("Hello cgi!\n");
    return 0;
}
```

代码很简单，只有两个 printf 打印语句。

（2）将代码保存为 test.cpp，然后上传到 Linux，在命令行下编译生成 test，并复制到/var/www/cgi-bin/。

```
# g++ test.cpp -o test
```

```
# cp test /usr/lib/cgi-bin/test.cgi
```

（3）在 Ubuntu 下打开火狐浏览器，输入网址"http://localhost/cgi-bin/test.cgi"，按回车键，可以看到如图 7-2 所示的页面。

图 7-2

【例 7.2】第二个 C++开发的 Web 程序

（1）打开 Visual Studio Code，新建文本文件，输入代码如下：

```cpp
#include <iostream>
using namespace std;

int main()
{
    cout << "Content-Type: text/html\n\n";        //注意结尾是两个\n
    cout << "<html>\n";
    cout << "<head>\n";
    cout << "<title>Hello World - First CGI Program</title>\n";
    cout << "</head>\n";
    cout << "<body>\n";
    cout << "<h2>Hello World! This is my first CGI program</h2>\n";
    cout << "</body>\n";
    cout << "</html>\n";

    return 0;
}
```

（2）将代码保存为 test.cpp，然后上传到 Linux，在命令行下编译生成 test，并复制到 /var/www/cgi-bin/。

```
# g++ test.cpp -o test
# cp test /var/www/cgi-bin/test.cgi
```

（3）在 Ubuntu 下打开火狐浏览器，输入网址"http://localhost/cgi-bin/test.cgi"，按回车键，可以看到如图 7-3 所示的页面。

图 7-3

第 8 章

多线程基本编程

在多核时代，如何充分利用每个 CPU 内核是一个绕不开的话题，从需要为成千上万的用户同时提供服务的服务端应用程序，到需要同时打开十几个页面，每个页面都有几十、上百个链接的 Web 浏览器应用程序，从需要支持并发访问的数据库系统，到手机上的一个有良好用户响应能力的 App，为了充分利用每个 CPU 内核，都会想到是否可以使用多线程技术。这里所说的"充分利用"包含两个层面的意思，一个是使用到所有的内核，另一个是内核不空闲，即不让某个内核长时间处于空闲状态。在 C++98 的时代，C++标准并没有包含多线程的支持，人们只能直接调用操作系统提供的 SDK API 来编写多线程程序，不同的操作系统提供的 SDK API 以及线程控制能力不尽相同。到了 C++11，终于在标准之中加入了正式的多线程的支持，从而使得我们可以使用标准形式的类来创建与执行线程，也使得我们可以使用标准形式的锁、原子操作、线程本地存储（TLS）等来进行复杂的各种模式的多线程编程，而且 C++11 还提供了一些高级概念，比如 promise/future、packaged_task、async 等，以简化某些模式的多线程编程。

多线程可以让我们的应用程序拥有更加出色的性能，但如果没有用好，多线程又比较容易出错且难以查找错误所在，甚至可以让人们觉得自己陷进了泥潭。作为一名 C++程序员，掌握好多线程并发开发技术是学习的重中之重，而且为了能在实践工作中承接老代码系统的维护，学习 C++11 之前的多线程开发技术也是必不可少的。以后开发新功能，C++11 将是大势所趋。其实很多原理都是类似的，相信读者学的时候会感受到这一点。

8.1 使用多线程的好处

多线程编程技术作为现代软件开发的流行技术，恰当、正确地使用它将会带来巨大的优势。

1）让软件拥有灵敏的响应

在单线程软件中，当软件中有多个任务时，比如读写文件、更新用户界面、网络连接、打印文档等，如果按照先后次序执行，即先完成前面的任务再执行后面的任务，当某个任务执行的时间较长时，比如读写一个大文件，那么用户界面将无法及时更新，这样看起来软件像死掉一样，用户体验很不好。怎么解决这个问题呢？人们提出了多线程编程技术。在采用多线程编程技术的程序中，多个任务由不同的线程去执行，不同线程各自占用一段 CPU 时间，即使线程任务还没完成，也会让出 CPU 时间给其他线程去执行。这样从用户的角度看起来，好像几个任务同时进行，至少界面上能得到及时更新，大大改善了用户对软件的体验，提高了软件的响应速度和友好度。

2）充分利用多核处理器

随着多核处理器日益普及，单线程程序愈发成为性能瓶颈。比如计算机有两个 CPU 核，单线程软件同一时刻只能让一个线程在一个 CPU 核上运行，另一个核就可能空闲在那里，无法发挥性能。如果软件设计了两个线程，则可以让这两个线程在不同的 CPU 核上同时运行，运行效率增加一倍。

3）更高效的通信

对于同一进程的线程来说，它们共享该进程的地址空间，可以访问相同的数据。通过数据共享的方式使得线程之间的通信比进程之间的通信更加高效和方便。

4）开销比进程小

创建线程、线程切换等操作所带来的系统开销比进程的类似操作所需开销要小得多。由于线程共享进程资源，创建线程时不需要再为其分配内存空间等资源，因此创建时间也更短。比如在 Solaris 2 操作系统中，创建进程的时间大约是创建线程的 30 倍。线程作为基本执行单元，当从同一个进程的某个线程切换到另一个线程时，需要载入的信息比进程之间切换所需的要少，所以切换速度快，比如在 Solaris 2 操作系统中，线程的切换比进程的切换大约快 5 倍。

8.2 多线程编程的基本概念

8.2.1 操作系统和多线程

要在应用程序中实现多线程，必须有操作系统的支持。Linux 32 位或 64 位操作系统对应用程序提供了多线程的支持，所以 Windows NT/2000/XP/7/8/10 是多线程操作系统。根据进程与线程的支持情况，可以把操作系统大致分为如下几类：

（1）单进程、单线程，MS-DOS 大致是这种操作系统。

（2）多进程、单线程，多数 UNIX（及类 UNIX 的 Linux）是这种操作系统。

（3）多进程、多线程，Win32（Windows NT/2000/XP/7/8/10 等）、Solaris 2.x 和 OS/2 都是这种操作系统。

（4）单进程、多线程，VxWorks 是这种操作系统。

具体到 Linux C++的开发环境，它提供了一套 POSIX API 函数来管理线程，用户既可以直接使用这些 POSIX API 函数，也可以使用 C++自带的线程类。作为一名 Linux C++开发者，这两者都应该会使用，因为在 Linux C++程序中，这两种方式都有可能出现。

8.2.2 线程的基本概念

现代操作系统大多支持多线程概念，每个进程中至少有一个线程，所以即使没有使用多线程编程技术，进程也含有一个主线程，所以也可以说，CPU 中执行的是线程，线程是程序的最小执行单位，是操作系统分配 CPU 时间的最小实体。一个进程的执行说到底是从主线程开始的，如果需要，可以在程序任何地方开辟新的线程，其他线程都是由主线程创建的。一个进程正在运行，也可以说是一个进程中的某个线程正在运行。一个进程的所有线程共享该进程的公共资源，比如虚拟地址空间、全局变量等。每个线程也可以拥有自己私有的资源，如堆栈、在堆栈中定义的静态变量和动态变量、CPU 寄存器的状态等。

线程总是在某个进程环境中创建的，并且会在这个进程内部销毁。线程和进程的关系是：线程是属于进程的，线程运行在进程空间内，同一进程所产生的线程共享同一内存空间，当进程退出时，该进程所产生的线程都会被强制退出并清除。线程可与属于同一进程的其他线程共享进程所拥有的全部资源，但是其本身基本上不拥有系统资源，只拥有一点在运行中必不可少的信息（如程序计数器、一组寄存器和线程栈，线程栈用于维护线程在执行代码时需要的所有函数参数和局部变量）。

相对于进程来说，线程所占用的资源更少。比如创建进程，系统要为它分配很大的私有空间，占用的资源较多；而对于多线程程序来说，由于多个线程共享一个进程地址空间，因此占用的资源较少。此外，进程间切换时，需要交换整个地址空间，而线程间切换时，只是切换线程的上下文环境，因此效率更高。在操作系统中引入线程带来的主要好处是：

（1）在进程内创建、终止线程比创建、终止进程要快。
（2）同一进程内线程间的切换比进程间的切换要快，尤其是用户级线程间的切换。
（3）每个进程具有独立的地址空间，而该进程内的所有线程共享该地址空间，因此线程的出现可以解决父子进程模型中子进程必须复制父进程地址空间的问题。
（4）线程对解决客户/服务器模型非常有效。

虽然多线程给应用开发带来了不少好处，但并不是所有情况下都要去使用多线程，要具体问题具体分析。通常在下列情况下可以考虑使用多线程：

（1）应用程序中的各任务相对独立。
（2）某些任务耗时较多。
（3）各任务有不同的优先级。
（4）一些实时系统应用。

值得注意的是，一个进程中的所有线程共享它们父进程的变量，但同时每个线程可以拥有自己的变量。

8.2.3 线程的状态

一个线程在从创建到结束这一生命周期中，总是处于下面 4 个状态中的一个。

1）就绪态

线程能够运行的条件已经满足，只是在等待处理器（处理器要根据调度策略来把就绪态的线程调度到处理器中运行）。处于就绪态的原因可能是线程刚刚被创建（刚创建的线程不一定马上运行，一般先处于就绪态），也可能是刚刚从阻塞状态中恢复，还可能是因被其他线程抢占而处于就绪态。

2）运行态

运行态表示线程正在处理器中运行，正占用着处理器。

3）阻塞态

由于在等待处理器之外的其他条件而无法运行的状态叫作阻塞态。这里的其他条件包括 I/O 操作、互斥锁的释放、条件变量的改变等。

4）终止态

终止态就是线程的线程函数运行结束或被其他线程取消后处于的状态。处于终止态的线程虽然已经结束了，但它所占资源还没有被回收，而且还可以被重新复活。我们不应该长时间让线程处于这种状态，线程处于终止态后应该及时进行资源回收，下面会讲到如何回收。

8.2.4　线程函数

线程函数就是线程创建后进入运行态后要执行的函数。执行线程说到底就是执行线程函数。这个函数是我们自定义的，然后在创建线程时把我们的函数作为参数传入线程创建函数。

同理，中断线程的执行就是中断线程函数的执行，以后再恢复线程的时候，就会在前面线程函数暂停的地方继续执行下面的代码。结束线程也就不再运行线程函数。线程的函数可以是一个全局函数或类的静态函数，比如在 POSIX 线程库中，它通常这样声明：

```
void *ThreadProc (void *arg);
```

其中，参数 arg 指向要传给线程的数据，这个参数是在创建线程的时候作为参数传入线程创建函数中的。函数的返回值应该表示线程函数运行的结果：成功还是失败。注意函数名 ThreadProc 可以是自定义的函数名，这个函数是用户自己先定义好，然后由系统来调用。

8.2.5　线程标识

既然句柄是用来标识线程对象的，那线程本身用什么来标识呢？在创建线程的时候，系统会为线程分配唯一的 ID 作为线程的标识，这个 ID 从线程创建开始就存在，一直伴随着线程的结束才消失。线程结束后，该 ID 就自动不存在，我们不需要去显式清除它。

通常线程创建成功后会返回一个线程 ID。

8.2.6　C++多线程开发的两种方式

在 Linux C++开发环境中，通常有两种方式来开发多线程程序：一种是利用 POSIX 多线程 API 函数来开发多线程程序，另一种是利用 C++自带线程类来开发多线程程序。这两种方式各有利弊。前一种方法比较传统，后一种方法比较新，是 C++11 推出的方法。为何 C++程序员也要熟悉 POSIX 多线程开发呢？这是因为 C++11 以前，在 C++里面使用多线程一般都是利用 POSIX 多线程 API，或者把 POSIX 多线程 API 封装成类，再在公司内部供大家使用。因此，一些老项目都是和 POSIX 多线程库相关的，这也使得我们必须熟悉它，因为很可能进入公司后会要求维护以前的程序代码。而 C++自带线程类很可能在以后开发新的项目时会用到。总之，技多不压身。

8.3 利用 POSIX 多线程 API 函数进行多线程开发

在用 POSIX 多线程 API 函数进行开发之前，我们首先要熟悉这些 API 函数。常见的与线程有关的基本 API 函数如表 8-1 所示。

表 8-1 与线程有关的基本 API 函数

API 函数	含 义
pthread_create	创建线程
pthread_join	等待一个线程的结束
pthread_self	获取线程 ID
pthread_cancel	取消另一个线程
pthread_exit	在线程函数中调用来退出线程函数
pthread_kill	向线程发送一个信号

使用这些 API 函数需要包含头文件 pthread.h，并且在编译的时候需要加上库 pthread，表示包含多线程库文件。

8.3.1 线程的创建

在 POSIX API 中，创建线程的函数是 pthread_create，该函数声明如下：

```
int pthread_create(pthread_t *pid, const pthread_attr_t *attr,void *(*start_routine)(void *),void *arg);
```

其中，参数 pid 是一个指针，指向创建成功后的线程的 ID，pthread_t 其实就是 unsigned long int；attr 是指向线程属性结构 pthread_attr_t 的指针，如果为 NULL，则使用默认属性；start_routine 指向线程函数的地址，线程函数就是线程创建后要执行的函数；arg 指向传给线程函数的参数，如果执行成功，函数返回 0。

创建完子线程后，主线程会继续执行后面的代码，这就可能会出现创建的子线程还没执行完，主线程就结束了，比如控制台程序，而主线程结束就意味着进程结束了。在这种情况下，我们需要等待子线程全部运行结束后再继续执行主线程。还有一种情况，主线程为了统计各个子线程工作的结果而需要等待子线程结束后再继续执行。POSIX 提供了函数 pthread_join 来等待子线程结束，即子线程的线程函数执行完毕后，pthread_join 才返回，因此 pthread_join 是一个阻塞函数。函数 pthread_join 会让主线程挂起（休眠，就是让出 CPU），直到子线程都退出，同时 pthread_join 能让子线程所占资源得到释放。子线程退出后，主线程会接收到系统的信号，从休眠中恢复。函数 pthread_join 声明如下：

```
int pthread_join(pthread_t pid, void **value_ptr);
```

其中，参数 pid 是所等待线程的 ID；value_ptr 通常可设为 NULL，如果不为 NULL，则 pthread_join 复制一份线程退出值到一个内存区域，并让*value_ptr 指向该内存区域，因此 pthread_join 还有一个重要功能就是能获得子线程的返回值（这一点后面会讲到）。如果函数执行成功就返回 0，否则返回错误码。

下面来实践一下，看几个简单的例子。

【例8.1】创建一个简单的线程，不传参数

（1）打开 Visual Studio Code，新建一个 test.cpp 文件，在 test.cpp 中输入代码：

```cpp
#include <pthread.h>
#include <stdio.h>
#include <unistd.h>                    // 休眠

void *thfunc(void *arg)                // 线程函数
{
    printf("in thfunc\n");
    return (void *)0;
}
int main(int argc, char *argv [])
{
    pthread_t tidp;
    int ret;

    ret = pthread_create(&tidp, NULL, thfunc, NULL); // 创建线程
    if (ret)
    {
        printf("pthread_create failed:%d\n", ret);
        return -1;
    }

    sleep(1); // main 线程挂起 1 秒钟，为了让子线程有机会执行
    printf("in main:thread is created\n");

    return 0;
}
```

（2）上传 test.cpp 到 Linux，在终端下输入命令 g++ -o test test.cpp -lpthread，其中 pthread 是线程库的名字，然后运行 test，运行结果如下：

```
# g++ -o test test.cpp -lpthread
# ./test
in thfunc
in main:thread is created
#
```

在这个例子中，首先创建一个线程，在线程函数中打印一行字符串后结束；而主线程在创建子线程后，会等待 1 秒，这样不至于因为主线程过早结束而导致进程结束。如果没有等待函数 sleep，

则可能子线程的线程函数还没来得及执行，主线程就结束了，这样会导致子线程的线程函数没有机会执行，因为主线程已经结束，整个应用程序已经退出了。

【例8.2】创建一个线程，并传入整型参数

（1）打开 Visual Studio Code，新建一个 test.cpp 文件，在 test.cpp 中输入代码：

```cpp
#include <pthread.h>
#include <stdio.h>

void *thfunc(void *arg)
{
    int *pn = (int*)(arg);  // 获取参数的地址
    int n = *pn;
    printf("in thfunc:n=%d\n", n);
    return (void *)0;
}
int main(int argc, char *argv [])
{
    pthread_t tidp;
    int ret, n=110;

    ret = pthread_create(&tidp, NULL, thfunc, &n); // 创建线程并传递 n 的地址
    if (ret)
    {
        printf("pthread_create failed:%d\n", ret);
        return -1;
    }
    pthread_join(tidp,NULL);                        // 等待子线程结束
    printf("in main:thread is created\n");

    return 0;
}
```

（2）上传 test.cpp 到 Linux，在终端下输入命令 g++ -o test test.cpp -lpthread，其中 pthread 是线程库的名字，然后运行 test，运行结果如下：

```
# g++ -o test test.cpp -lpthread
# ./test
in thfunc:n=110
in main:thread is created
#
```

这个例子和上面的例子有两点不同：一是创建线程的时候，把一个整型变量的地址作为参数传给线程函数；二是等待子线程结束没有用 sleep 函数，而是用 pthread_join 函数。sleep 只是等待一个固定的时间，有可能在这个固定的时间内子线程早已经结束，或者子线程运行的时间大于这个固定时间，因此用它来等待子线程结束并不精确，而用 pthread_join 函数则会一直等到子线程结束后才执行该函数后面的代码，它的第一个参数就是子线程的 ID。

【例8.3】创建一个线程，并传递字符串作为参数

（1）打开 Visual Studio Code，新建一个 test.cpp 文件，在 test.cpp 中输入代码：

```cpp
#include <pthread.h>
#include <stdio.h>

void *thfunc(void *arg)
{
    char *str;
    str = (char *)arg;                  // 得到传进来的字符串
    printf("in thfunc:str=%s\n", str); // 打印字符串
    return (void *)0;
}
int main(int argc, char *argv [])
{
    pthread_t tidp;
    int ret;
    const char *str = "hello world";
    ret = pthread_create(&tidp, NULL, thfunc, (void *)str);// 创建线程并传递 str
    if (ret)
    {
        printf("pthread_create failed:%d\n", ret);
        return -1;
    }
    pthread_join(tidp, NULL); // 等待子线程结束
    printf("in main:thread is created\n");

    return 0;
}
```

（2）上传 test.cpp 到 Linux，在终端下输入命令 g++ -o test test.cpp -lpthread，其中 pthread 是线程库的名字，然后运行 test，运行结果如下：

```
# g++ -o test test.cpp -lpthread
# ./test
in thfunc:n=110,str=hello world
in main:thread is created
#
```

【例8.4】创建一个线程，并传递结构体作为参数

（1）打开 Visual Studio Code，新建一个 test.cpp 文件，在 test.cpp 中输入代码：

```cpp
#include <pthread.h>
#include <stdio.h>

typedef struct  // 定义结构体的类型
{
    int n;
    char *str;
}MYSTRUCT;
```

```c
void *thfunc(void *arg)
{
    MYSTRUCT *p = (MYSTRUCT*)arg;
    printf("in thfunc:n=%d,str=%s\n", p->n,p->str); // 打印结构体的内容
    return (void *)0;
}
int main(int argc, char *argv [])
{
    pthread_t tidp;
    int ret;
    MYSTRUCT mystruct; // 定义结构体
    // 初始化结构体
    mystruct.n = 110;
    mystruct.str = "hello world";
    ret = pthread_create(&tidp, NULL, thfunc, (void *)&mystruct);
    // 创建线程并传递结构体地址
    if (ret)
    {
        printf("pthread_create failed:%d\n", ret);
        return -1;
    }
    pthread_join(tidp, NULL); // 等待子线程结束
    printf("in main:thread is created\n");

    return 0;
}
```

（2）上传 test.cpp 到 Linux，在终端下输入命令 g++ -o test test.cpp -lpthread，其中 pthread 是线程库的名字，然后运行 test，运行结果如下：

```
-bash-4.2# g++ -o test test.cpp -lpthread
 bash 4.2# ./test
in thfunc:n=110,str=hello world
in main:thread is created
-bash-4.2#
```

【例8.5】创建一个线程，共享进程数据

（1）打开 Visual Studio Code，新建一个 test.cpp 文件，在 test.cpp 中输入代码：

```c
#include <pthread.h>
#include <stdio.h>

int gn = 10;                              // 定义一个全局变量，将会在主线程和子线程中用到
void *thfunc(void *arg)
{
    gn++;                                 // 递增 1
    printf("in thfunc:gn=%d,\n", gn);     // 打印全局变量 gn 值
    return (void *)0;
}

int main(int argc, char *argv [])
```

```cpp
{
    pthread_t tidp;
    int ret;
    ret = pthread_create(&tidp, NULL, thfunc, NULL);
    if (ret)
    {
        printf("pthread_create failed:%d\n", ret);
        return -1;
    }
    pthread_join(tidp, NULL);          // 等待子线程结束
    gn++;                               // 子线程结束后，gn 再递增 1
    printf("in main:gn=%d\n", gn);     // 再次打印全局变量 gn 值

    return 0;
}
```

（2）上传 test.cpp 到 Linux，在终端下输入命令 g++ -o test test.cpp -lpthread，其中 pthread 是线程库的名字，然后运行 test，运行结果如下：

```
-bash-4.2# g++ -o test test.cpp -lpthread
-bash-4.2# ./test
in thfunc:gn=11,
in main:gn=12
-bash-4.2#
```

从上例中可以看到，全局变量 gn 首先在子线程中递增 1，子线程结束后，再在主线程中递增 1。两个线程都对同一个全局变量进行了访问。

8.3.2　线程的属性

POSIX 标准规定线程具有多个属性。那么，具体有哪些属性呢？线程主要的属性包括分离状态（Detached State）、调度策略和参数（Scheduling Policy and Parameters）、作用域（Scope）、栈尺寸（Stack Size）、栈地址（Stack Address）、优先级（Priority）等。Linux 为线程属性在 /usr/include/bits/pthreadtypes.h 中定义了一个联合体 pthread_attr_t，注意是联合体而不是结构体，代码如下：

```c
union pthread_attr_t
{
    char __size[__SIZEOF_PTHREAD_ATTR_T];
    long int __align;
};
```

从这个定义中可以看出，属性值都是存放在数组 __size 中的。这样很不方便存取。别急，Linux 已经为我们准备了一组专门用于存取属性值的函数，后面具体讲属性的时候会看到。如果要获取线程的属性，首先要用函数 pthread_getattr_np 来获取属性结构体值，再用相应的函数来具体获得某个属性值。函数 pthread_getattr_np 声明如下：

```c
int pthread_getattr_np(pthread_t thread, pthread_attr_t *attr);
```

其中，参数 thread 是线程 ID，attr 返回线程属性结构体的内容。如果函数执行成功就返回 0，否则返回错误码。注意，使用该函数需要定义宏 _GNU_SOURCE，而且要在 pthread.h 前定义，具体如下：

```
#define _GNU_SOURCE            /* See feature_test_macros(7) */
#include <pthread.h>
```

当函数 pthread_getattr_np 获得的属性结构体变量不再需要的时候，应该用函数 pthread_attr_destroy 进行销毁。

我们前面用 pthread_create 创建线程的时候，属性结构体指针参数用了 NULL，此时创建的线程具有默认属性，即为非分离、大小为 1MB 的堆栈，与父进程有同样级别的优先级。如果要创建非默认属性的线程，可以在创建线程之前用函数 pthread_attr_init 来初始化一个线程属性结构体，再调用相应 API 函数来设置相应的属性，接着把属性结构体的地址作为参数传入 pthread_create。函数 pthread_attr_init 声明如下：

```
int pthread_attr_init(pthread_attr_t *attr);
```

其中，参数 attr 为指向线程属性结构体的指针。如果函数执行成功就返回 0，否则返回一个错误码。

需要注意的一点是：使用 pthread_attr_init 初始化线程属性，之后（传入 pthread_create）需要使用 pthread_attr_destroy 销毁，从而释放相关资源。函数 pthread_attr_destroy 声明如下：

```
int pthread_attr_destroy(pthread_attr_t *attr);
```

其中，参数 attr 为指向线程属性结构体的指针。如果函数执行成功就返回 0，否则返回一个错误码。

除了在创建时指定属性外，我们也可以通过一些 API 函数来改变已经创建的线程的默认属性，后面讲具体属性的时候再详述。线程属性的设置方法我们基本了解了，那获取线程属性的方法呢？答案是通过函数 pthread_getattr_np，该函数可以获取某个正在运行的线程的属性，函数声明如下：

```
int pthread_getattr_np(pthread_t thread, pthread_attr_t *attr);
```

其中，参数 thread 是要获取属性的线程 ID，attr 用于返回得到的属性。如果函数执行成功就返回 0，否则返回一个错误码。

1. 分离状态

分离状态是线程一个很重要的属性。POSIX 线程的分离状态决定一个线程以什么样的方式来终止自己。要注意和前面线程的状态进行区别，前面所说的线程的状态是不同操作系统上的线程都有的状态（线程当前活动状态的说明），而这里所说的分离状态是 POSIX 标准下的属性所特有的，用于表明该线程以何种方式终止自己。默认的分离状态是可连接（joinable），即创建线程时如果使用默认属性，则分离状态属性就是可连接的。因此，默认属性下创建的线程是可连接线程。

POSIX 下的线程要么是分离的，要么是可连接的（非分离状态）。前者用宏 PTHREAD_CREATE_DETACHED 表示，后者用宏 PTHREAD_CREATE_JOINABLEb 表示。默认情况下创建的线程是可连接的，一个可连接的线程是可以被其他线程收回资源和杀死（或称取消）的，并且它不会主动释放资源（比如栈空间），必须等待其他线程来回收其资源。因此我们要在主线程中使用 pthread_join 函数，该函数是一个阻塞函数，当它返回时，所等待的线程的资源也就被释放了。再次强调，如果是可连接的线程，当线程函数自己返回结束时或调用 pthread_exit 结束时都不会释放线程所占用的堆栈和线程描述符（总计 8000 多字节），必须调用 pthread_join 且返回后，这些资源才会被释放。这对于父进程长时间运行的进程来说，结果会是灾难性的。因为父进程不退出并且没有调用 pthread_join，所以这些可连接的线程资源就一直没有释放，相当于变成了僵尸线程，僵尸线程越来越多，以后再想创建新线程将变得没有资源可用。

如果不用 pthread_join，并且父进程先于可连接的子线程退出，那么会不会泄露资源呢？答案是不会的。如果父进程先于子线程退出，那么它将被 init 进程所收养，这个时候 init 进程就是它的父进程，将调用 wait 系列函数为其回收资源。再说一遍，一个可连接的线程所占用的内存仅当有线程对它执行 pthread_join 后才会释放，为了避免内存泄漏，可连接的线程在终止时，要么被设为 DETACHED（可分离），要么使用 pthread_join 来回收资源。另外，一个线程不能被多个线程等待，否则第一个接收到信号的线程成功返回，其余调用 pthread_join 的线程将得到错误代码 ESRCH。

了解了可连接线程，我们再来看可分离的线程。这种线程运行结束时，其资源将立刻被系统回收。可以理解为这种线程能独立（分离）出去，可以自生自灭，父线程不用管。将一个线程设置为可分离状态有两种方式。一种是调用函数 pthread_detach，将线程转换为可分离线程。另一种是在创建线程时就将它设置为可分离状态，基本过程是首先初始化一个线程属性的结构体变量（通过函数 pthread_attr_init），然后将其设置为可分离状态（通过函数 pthread_attr_setdetachstate），最后将该结构体变量的地址作为参数传入线程创建函数 pthread_create，这样所创建出来的线程就直接处于可分离状态。

函数 pthread_attr_setdetachstate 用来设置线程的分离状态属性，声明如下：

```
int pthread_attr_setdetachstate(pthread_attr_t * attr, int detachstate);
```

其中，参数 attr 是要设置的属性结构体；detachstate 是要设置的分离状态值，可以取值 PTHREAD_CREATE_DETACHED 或 PTHREAD_CREATE_JOINABLE。如果函数执行成功就返回 0，否则返回非零错误码。

【例8.6】创建一个可分离线程

（1）打开 Visual Studio Code，新建一个 test.cpp 文件，在 test.cpp 中输入代码：

```cpp
#include <iostream>
#include <pthread.h>

using namespace std;

void *thfunc(void *arg)
{
    cout<<("sub thread is running\n");
    return NULL;
}

int main(int argc, char *argv[])
{
```

```
    pthread_t thread_id;
    pthread_attr_t thread_attr;
    struct sched_param thread_param;
    size_t stack_size;
    int res;

    res = pthread_attr_init(&thread_attr);
    if (res)
        cout<<"pthread_attr_init failed:"<<res<<endl;

    res = pthread_attr_setdetachstate( &thread_attr,PTHREAD_CREATE_DETACHED);
    if (res)
        cout<<"pthread_attr_setdetachstate failed:"<<res<<endl;

    res = pthread_create(  &thread_id,    &thread_attr, thfunc,
        NULL);
    if (res )
        cout<<"pthread_create failed:"<<res<<endl;
    cout<<"main thread will exit\n"<<endl;

    sleep(1);
    return 0;
}
```

（2）上传 test.cpp 到 Linux，在终端下输入命令 g++ -o test test.cpp -lpthread，其中 pthread 是线程库的名字，然后运行 test，运行结果如下：

```
# g++ -o test test.cpp -lpthread
# ./test
main thread will exit

sub thread is running
#
```

在上面的代码中，我们首先初始化了一个线程属性结构体，然后设置其分离状态为 PTHREAD_CREATE_DETACHED，并用这个属性结构体作为参数传入线程创建函数中。这样创建出来的线程就是可分离线程，意味着该线程结束时，它所占用的任何资源都可以立刻被系统回收。程序的最后，我们让 main 线程挂起 1 秒，让子线程有机会执行。因为如果 main 线程很早就退出，将会导致整个进程很早退出，子线程就没机会执行了。

有读者可能会想，如果子线程执行的时间很长，那么 sleep 到底应该休眠多少秒呢？有没有一种机制不用 sleep 函数，而让子线程完整执行呢？答案是有的，对于可连接线程，主线程可以用 pthread_join 函数等待子线程结束；而对于可分离线程，并没有这样的函数，但可以采用这样的方法：先让主线程退出而进程不退出，一直等到子线程退出了进程才退出，即在主线程中调用函数 pthread_exit，在 main 线程中如果调用了 pthread_exit，那么此时终止的只是 main 线程，而进程的资源会为由 main 线程创建的其他线程保持打开的状态，直到其他线程都终止。值得注意的是，如果在非 main 线程（其他子线程）中调用 pthread_exit，就不会有这样的效果，只会退出当前子线程。下面我们重新改写【例 8.6】，不用 sleep，显得更专业一些。

【例8.7】创建一个可分离线程，且main线程先退出

（1）打开 Visual Studio Code，新建一个 test.cpp 文件，在 test.cpp 中输入代码：

```cpp
#include <iostream>
#include <pthread.h>

using namespace std;

void *thfunc(void *arg)
{
    cout<<("sub thread is running\n");
    return NULL;
}

int main(int argc, char *argv[])
{
    pthread_t thread_id;
    pthread_attr_t thread_attr;
    struct sched_param thread_param;
    size_t stack_size;
    int res;

    res = pthread_attr_init(&thread_attr);   // 初始化线程结构体
    if (res)
        cout<<"pthread_attr_init failed:"<<res<<endl;

    res=pthread_attr_setdetachstate( &thread_attr,PTHREAD_CREATE_DETACHED);
        // 设置分离状态
    if (res)
        cout<<"pthread_attr_setdetachstate failed:"<<res<<endl;

    res = pthread_create(  &thread_id,   &thread_attr, thfunc, NULL);
        // 创建一个可分离线程

    if (res )
        cout<<"pthread_create failed:"<<res<<endl;
    cout<<"main thread will exit\n"<<endl;

    pthread_exit(NULL);   // 主线程退出，但进程不会在此刻退出，下面的语句不会再执行
    cout << "main thread has  exited,this line will not run\n" << endl;
    // 此句不会执行
    return 0;
}
```

（2）上传 test.cpp 到 Linux，在终端下输入命令 g++ -o test test.cpp -lpthread，其中 pthread 是线程库的名字，然后运行 test，运行结果如下：

```
# g++ -o test test.cpp -lpthread
# ./test
main thread will exit
```

```
sub thread is running
#
```

正如我们所预料的那样，main 线程中调用了函数 pthread_exit，将退出 main 线程，但进程并不会在此刻退出，而是要等到子线程结束后才退出。因为是分离线程，所以当它结束时，所占用的资源会立刻被系统回收。如果是一个可连接线程，则必须在创建它的线程中调用 pthread_join 来等待可连接线程结束，并释放该线程所占的资源。因此，在上面的代码中，如果我们创建的是可连接线程，则 main 函数中不能调用 pthread_exit 预先退出。在此我们再总结一下可连接线程和可分离线程最重要的区别：一个可连接的线程在自己退出时或 pthread_exit 时都不会释放它所占用的堆栈和线程描述符（总计 8000 多字节），这些资源需要通过其他线程调用 pthread_join 之后才会被释放；相反，一个分离的线程是不能被其他线程回收或杀死的，它所占用的资源在终止时由系统自动释放。

除了直接创建可分离线程外，还能把一个可连接线程转换为可分离线程。这有一个好处，就是把线程的分离状态转为可分离后，它自己退出或调用 pthread_exit 时，就可以由系统回收其资源了。转换方法是调用函数 pthread_detach，该函数可以把一个可连接线程转换为一个可分离线程，声明如下：

```
int pthread_detach(pthread_t thread);
```

其中，参数 thread 是要设置为分离状态的线程的 ID。如果函数执行成功就返回 0，否则返回一个错误码，比如错误码 EINVAL 表示目标线程不是一个可连接的线程，ESRCH 表示该 ID 的线程没有找到。要注意的是，如果一个线程已经被其他线程连接了，则 pthread_detach 不会产生作用，并且该线程继续处于可连接状态。同时，如果一个线程已成功地进行了 pthread_detach，再想要去连接它，则必定失败。

获取分离状态的函数是 pthread_attr_getdetachstate，该函数声明如下：

```
int pthread_attr_getdetachstate(pthread_attr_t *attr, int *detachstate);
```

其中，参数 attr 为属性结构体指针，detachstate 返回分离状态。如果函数执行成功就返回 0，否则返回错误码。

下面我们来看一个例子，首先创建一个可连接线程，然后获取其分离状态。

【例8.8】获取线程的分离状态属性

（1）打开 Visual Studio Code，新建一个 test.cpp 文件，在 test.cpp 中输入代码：

```
#ifndef _GNU_SOURCE
#define _GNU_SOURCE        /* To get pthread_getattr_np() declaration */
#endif
#include <pthread.h>
#include <stdio.h>
#include <stdlib.h>
#include <unistd.h>
#include <errno.h>

#define handle_error_en(en, msg) \          // 输出自定义的错误信息
    do { errno = en; perror(msg); exit(EXIT_FAILURE); } while (0)
```

```cpp
static void * thread_start(void *arg)
{
    int i,s;
    pthread_attr_t gattr;      // 定义线程属性结构体

    s = pthread_getattr_np(pthread_self(), &gattr);
    // 获取当前线程属性结构值，该函数前面讲过了
    if (s != 0)
        handle_error_en(s, "pthread_getattr_np");   // 打印错误信息

    printf("Thread's detachstate attributes:\n");

    s = pthread_attr_getdetachstate(&gattr,&i);// 从属性结构值中获取分离状态属性
    if (s)
        handle_error_en(s, "pthread_attr_getdetachstate");
    printf("Detach state        = %s\n",          // 打印当前分离状态属性
        (i == PTHREAD_CREATE_DETACHED) ? "PTHREAD_CREATE_DETACHED" :
        (i == PTHREAD_CREATE_JOINABLE) ? "PTHREAD_CREATE_JOINABLE" :
        "???");

    pthread_attr_destroy(&gattr);
}

int main(int argc, char *argv[])
{
    pthread_t thr;
    int s;

    s = pthread_create(&thr, NULL, &thread_start, NULL);   // 创建线程
    if (s != 0)
    {
        handle_error_en(s, "pthread_create");
         return 0;
    }

    pthread_join(thr, NULL);                // 等待子线程结束
    return 0;
}
```

（2）上传 test.cpp 到 Linux，在终端下输入命令 g++ -o test test.cpp -lpthread，其中 pthread 是线程库的名字，然后运行 test，运行结果如下：

```
[root@localhost Debug]# ./test
Thread's detachstate attributes:
Detach state = PTHREAD_CREATE_JOINABLE
```

从运行结果可见，默认创建的线程就是一个可连接线程，即其分离状态属性是可连接的。

下面我们再看一个例子，把一个可连接线程转换为可分离线程，并查看转换前后的分离状态属性。

【例8.9】把可连接线程转换为可分离线程

（1）打开 Visual Studio Code，新建一个 test.cpp 文件，在 test.cpp 中输入代码：

```cpp
#ifndef _GNU_SOURCE
#define _GNU_SOURCE     /* To get pthread_getattr_np() declaration */
#endif
#include <pthread.h>
#include <stdio.h>
#include <stdlib.h>
#include <unistd.h>
#include <errno.h>

static void * thread_start(void *arg)
{
    int i,s;
    pthread_attr_t gattr;

    s = pthread_getattr_np(pthread_self(), &gattr);
    if (s != 0)
        printf("pthread_getattr_np failed\n");

    s = pthread_attr_getdetachstate(&gattr, &i);
    if (s)
        printf( "pthread_attr_getdetachstate failed");
    printf("Detach state        = %s\n",
        (i == PTHREAD_CREATE_DETACHED) ? "PTHREAD_CREATE_DETACHED" :
        (i == PTHREAD_CREATE_JOINABLE) ? "PTHREAD_CREATE_JOINABLE" :
        "???");

    pthread_detach(pthread_self()); // 转换线程为可分离线程

    s = pthread_getattr_np(pthread_self(), &gattr);
    if (s != 0)
        printf("pthread_getattr_np failed\n");
    s = pthread_attr_getdetachstate(&gattr, &i);
    if (s)
        printf(" pthread_attr_getdetachstate failed");
    printf("after pthread_detach,\nDetach state        = %s\n",
        (i == PTHREAD_CREATE_DETACHED) ? "PTHREAD_CREATE_DETACHED" :
        (i == PTHREAD_CREATE_JOINABLE) ? "PTHREAD_CREATE_JOINABLE" :
        "???");

    pthread_attr_destroy(&gattr);   // 销毁属性
}

int main(int argc, char *argv[])
{
    pthread_t thread_id;
    int s;
```

```
    s = pthread_create(&thread_id, NULL, &thread_start, NULL);
    if (s != 0)
    {
        printf("pthread_create failed\n");
        return 0;
    }
    pthread_exit(NULL);// 主线程退出,但进程并不马上结束
}
```

（2）上传 test.cpp 到 Linux，在终端下输入命令 g++ -o test test.cpp -lpthread，其中 pthread 是线程库的名字，然后运行 test，运行结果如下：

```
[root@localhost Debug]# ./test
Detach state = PTHREAD_CREATE_JOINABLE
after pthread_detach,
Detach state = PTHREAD_CREATE_DETACHED
```

2. 栈尺寸

除了分离状态属性外，线程的另一个重要属性是栈尺寸。这对于我们在线程函数中开设栈上的内存空间非常重要。局部变量、函数参数、返回地址等都存放在栈空间里，而动态分配的内存（比如用 malloc）或全局变量等都属于堆空间。注意在线程函数中开设局部变量（尤其是数组）不要超过默认栈尺寸大小。获取线程栈尺寸属性的函数是 pthread_attr_getstacksize，声明如下：

```
int pthread_attr_getstacksize(pthread_attr_t *attr, size_t *stacksize);
```

其中，参数 attr 指向属性结构体；stacksize 用于获得栈尺寸（单位是字节），指向 size_t 类型的变量。如果函数执行成功就返回 0，否则返回错误码。

【例8.10】获得线程默认栈尺寸大小和最小尺寸

（1）打开 Visual Studio Code，新建一个 test.cpp 文件，在 test.cpp 中输入代码：

```
#ifndef _GNU_SOURCE
#define _GNU_SOURCE     /* To get pthread_getattr_np() declaration */
#endif
#include <pthread.h>
#include <stdio.h>
#include <stdlib.h>
#include <unistd.h>
#include <errno.h>
#include <limits.h>
static void * thread_start(void *arg)
{
    int i,res;
    size_t stack_size;
    pthread_attr_t gattr;

    res = pthread_getattr_np(pthread_self(), &gattr);
    if (res)
        printf("pthread_getattr_np failed\n");
```

```
        res = pthread_attr_getstacksize(&gattr, &stack_size);
        if (res)
            printf("pthread_getattr_np failed\n");

        printf("Default stack size is %u byte; minimum is %u byte\n", stack_size,
PTHREAD_STACK_MIN);

         pthread_attr_destroy(&gattr);
    }
    int main(int argc, char *argv[])
    {
        pthread_t thread_id;
        int s;

        s = pthread_create(&thread_id, NULL, &thread_start, NULL);
        if (s != 0)
        {
            printf("pthread_create failed\n");
            return 0;
        }
        pthread_join(thread_id, NULL);  // 等待子线程结束
    }
```

（2）上传 test.cpp 到 Linux，在终端下输入命令 g++ -o test test.cpp -lpthread，其中 pthread 是线程库的名字，然后运行 test，运行结果如下：

```
[root@localhost Debug]# ./test
Default stack size is 8392704 byte; minimum is 16384 byte
```

3. 调度策略

线程的调度策略也是线程的一个重要属性。一个线程肯定有一种策略来调度它。进程中有了多个线程后，就要管理这些线程如何去占用 CPU，这就是线程调度。线程调度通常由操作系统来安排，不同操作系统的调度策略（或称调度方法）不同，比如有的操作系统采用轮询法来调度。在理解线程调度之前，先要了解一下实时与非实时。实时就是指操作系统对中断等的响应时效性非常高，非实时正好相反。目前，VxWorks 属于实时操作系统，Windows 和 Linux 则属于非实时操作系统，也叫分时操作系统。响应实时的表现主要是抢占，抢占通过优先级来控制，优先级高的任务最先占用 CPU。

Linux 虽然是一个非实时操作系统，但其线程也有实时和分时之分，具体的调度策略可以分为 3 种：SCHED_OTHER（分时调度策略）、SCHED_FIFO（先来先服务调度策略）、SCHED_RR（实时调度策略，时间片轮转）。我们创建线程的时候可以指定其调度策略，默认的调度策略是 SCHED_OTHER，SCHED_FIFO 和 SCHED_RR 只用于实时线程。

1）SCHED_OTHER

SCHED_OTHER 表示分时调度策略（也可称轮转策略），是一种非实时调度策略，系统会为每

个线程分配一段运行时间,称为时间片。该调度策略是不支持优先级的,如果我们去获取该调度策略下的最高和最低优先级,可以发现都是 0。该调度策略有点像排队上公共厕所,前面的人占用了位置,不出来的话,后面的人是轮不上的,而且不能强行赶出来(不支持优先级,没有 VIP 特权之说)。

2) SCHED_FIFO

SCHED_FIFO 表示先来先服务调度策略,支持优先级抢占。SCHED_FIFO 策略下,CPU 让一个先来的线程执行完再调度下一个线程,顺序就是按照创建线程的先后。线程一旦占用 CPU 就会一直运行,直到有更高优先级的任务到达或自己放弃 CPU。如果有和正在运行的线程具有同样优先级的线程已经就绪,就必须等待正在运行的线程主动放弃后才可以运行这个就绪的线程。SCHED_FIFO 策略下,可设置的优先级范围是 1~99。

3) SHCED_RR

SHCED_RR 表示时间片轮转(轮循)调度策略,但支持优先级抢占,因此也是一种实时调度策略。SHCED_RR 策略下,CPU 会分配给每个线程一个特定的时间片,当线程的时间片用完时,系统将重新分配时间片,并将线程置于实时线程就绪队列的尾部,这样就保证了所有具有相同优先级的线程能够被公平地调度。

获取这 3 种调度策略下可设置的最低和最高优先级,主要使用的函数是 sched_get_priority_min 和 sched_get_priority_max。这两个函数都在 sched.h 中声明,具体如下:

```
int sched_get_priority_min(int policy);
int sched_get_priority_max(int policy);
```

其中,参数 policy 为调度策略,可以取值为 SCHED_FIFO、SCHED_RR 或 SCHED_OTHER。函数返回可设置的最低优先级和最高优先级。对于 SCHED_OTHER,由于是分时策略,因此返回 0;另外两个策略返回的最低优先级是 1,最高优先级是 99。

【例8.11】获取线程3种调度策略下可设置的最低和最高优先级

(1)打开 Visual Studio Code,新建一个 test.cpp 文件,在 test.cpp 中输入代码:

```
#include <stdio.h>
#include <unistd.h>
#include <sched.h>
main()
{
    printf("Valid priority range for SCHED_OTHER: %d - %d\n",
        sched_get_priority_min(SCHED_OTHER),    // 获取 SCHED_OTHER 的可设置的最低优先级
        sched_get_priority_max(SCHED_OTHER));   // 获取 SCHED_OTHER 的可设置的最高优先级
    printf("Valid priority range for SCHED_FIFO: %d - %d\n",
        sched_get_priority_min(SCHED_FIFO),     // 获取 SCHED_FIFO 的可设置的最低优先级
        sched_get_priority_max(SCHED_FIFO));    // 获取 SCHED_FIFO 的可设置的最高优先级
    printf("Valid priority range for SCHED_RR: %d - %d\n",
        sched_get_priority_min(SCHED_RR),       // 获取 SCHED_RR 的可设置的最低优先级
        sched_get_priority_max(SCHED_RR));      // 获取 SCHED_RR 的可设置的最高优先级
}
```

（2）上传 test.cpp 到 Linux，在终端下输入命令 g++ -o test test.cpp -lpthread，其中 pthread 是线程库的名字，然后运行 test，运行结果如下：

```
[root@localhost Debug]# ./test
Valid priority range for SCHED_OTHER: 0 - 0
Valid priority range for SCHED_FIFO: 1 - 99
Valid priority range for SCHED_RR: 1 - 99
```

对于 SCHED_FIFO 和 SHCED_RR 调度策略，由于支持优先级抢占，因此具有高优先级的可运行的（就绪状态下的）线程总是先运行。如果一个正在运行的线程在未完成其时间片时，出现一个更高优先级的线程就绪，那么正在运行的这个线程就可能在未完成其时间片前被抢占，甚至一个线程会在未开始其时间片前就被抢占了，从而要等待下一次被选择运行。当 Linux 系统切换线程的时候，将执行一个上下文转换的操作，即保存正在运行的线程的相关状态，装载另一个线程的状态，开始新线程的执行。

需要说明的是，虽然 Linux 支持实时调度策略（比如 SCHED_FIFO 和 SCHED_RR），但它依旧属于非实时操作系统，这是因为实时操作系统对响应时间有着非常严格的要求，而 Linux 作为一个通用操作系统达不到这一要求（通用操作系统要求能支持一些较差的硬件，从硬件角度就达不到实时要求）。此外，Linux 的线程优先级是动态的，也就是说即使高优先级线程还没有完成，低优先级线程还是会得到一定的时间片。

8.3.3 线程的结束

线程安全退出是编写多线程程序时一个重要的事项。在 Linux 下，线程的结束通常由以下原因所致：

（1）在线程函数中调用 pthread_exit 函数。
（2）线程所属的进程结束了，比如进程调用了 exit。
（3）线程函数执行结束后返回（return）了。
（4）线程被同一进程中的其他线程通知结束或取消。

第 1 种方式，与 Windows 下的线程退出函数 ExitThread 不同，pthread_exit 不会导致 C++对象被析构，所以可以放心使用。第 2 种方式最好不用，因为线程函数如果有 C++对象，则 C++对象不会被销毁。第 3 种方式推荐使用，线程函数执行到 return 后结束是最安全的方式，尽量将线程设计成这样的形式。第 4 种方式通常用于其他线程要求目标线程结束运行的情况，比如目标线程中执行一个耗时的复杂科学计算，但用户等不及想中途停止它，此时就可以向目标线程发送取消信号。其实，（1）和（3）属于线程自己主动终止，（2）和（4）属于被动终止，就是自己并不想终止，但外部线程希望自己终止。

一般情况下，进程中各个线程的运行是相互独立的，线程的终止并不会相互通知，也不会影响其他的线程。对于可连接线程，它终止后，所占用的资源并不会随着线程的终止而归还系统，而是仍为线程所在的进程持有，可以调用 pthread_join 函数来同步并释放资源（这一点前面已经讲过了，这里又讲一遍，希望读者能记住）。

1. 线程主动终止

线程主动终止一般是指线程函数中使用了 return 语句或调用了 pthread_exit 函数。函数 pthread_exit 声明如下：

```
void pthread_exit(void *retval);
```

其中，参数 retval 就是线程退出的时候返回给主线程的值。注意，线程函数的返回类型是 void*。另外，在 main 线程中调用 "pthread_exit(NULL);" 的时候，将结束 main 线程，但进程并不立即退出。

下面来看一个线程主动终止的例子。

【例8.12】线程终止并得到线程的退出码

（1）打开 Visual Studio Code，新建一个 test.cpp 文件，在 test.cpp 中输入代码：

```cpp
#include <pthread.h>
#include <stdio.h>
#include <string.h>
#include <unistd.h>
#include <errno.h>

#define PTHREAD_NUM    2

void *thrfunc1(void *arg)          // 第一个线程函数
{
    static int count = 1;          // 这里需要的是静态变量
    pthread_exit((void*)(&count)); // 通过 pthread_exit 结束线程
}
void *thrfunc2(void *arg)
{
    static int count = 2;
    return (void *)(&count);       // 线程函数返回
}

int main(int argc, char *argv[])
{
    pthread_t pid[PTHREAD_NUM];    // 定义两个线程id
    int retPid;
    int *pRet1; // 注意这里是指针
    int * pRet2;

    if ((retPid = pthread_create(&pid[0], NULL, thrfunc1, NULL)) != 0)
    // 创建第 1 个线程
    {
        perror("create pid first failed");
        return -1;
    }
    if ((retPid = pthread_create(&pid[1], NULL, thrfunc2, NULL)) != 0)
    // 创建第 2 个线程
    {
```

```
            perror("create pid second failed");
            return -1;
    }

    if (pid[0] != 0)
    {
        pthread_join(pid[0], (void**)& pRet1);  // 注意pthread_join的第2个参数的用法
        printf("get thread 0 exitcode: %d\n", * pRet1);  // 打印线程返回值
    }
    if (pid[1] != 0)
    {
        pthread_join(pid[1], (void**)& pRet2);
        printf("get thread 1 exitcode: %d\n", * pRet2);  // 打印线程返回值
    }
    return 0;
}
```

（2）上传 test.cpp 到 Linux，在终端下输入命令 g++ -o test test.cpp -lpthread，其中 pthread 是线程库的名字，然后运行 test，运行结果如下：

```
[root@localhost Debug]# ./test
get thread 0 exitcode: 1
get thread 1 exitcode: 2
```

从这个例子可以看到，线程返回值有两种方式，一种是调用函数 pthread_exit，另一种是直接 return。此外，这个例子中用了不少强制转换，这里要稍微啰唆一下，首先看函数 thrfunc1 中的最后一句 pthread_exit((void*)(&count));，我们知道 pthread_exit 函数的参数类型为 void *，因此只能通过指针的形式传递出去，故先把整型变量 count 转换为整型指针，即&count，&count 为 int*类型，这个时候再与 void*匹配，需要进行强制转换，也就是代码中的(void*)(&count);。函数 thrfunc2 中的 return 关键字返回值的时候，同样也需要进行强制类型的转换，线程函数的返回类型是 void*，那么对于 count 整型变量来说，必须转换为 void 型的指针类型（void*），因此有 (void*)((int*)&count);。

介绍完了返回的情况，我们再来介绍一下接收。对于接收返回值的函数 pthread_join 来说，它有两个作用，其一是等待线程结束，其二是获取线程结束时的返回值。pthread_join 的第 2 个参数类型是 void**二级指针，那么我们就把整型指针 pRet1 的地址（int**类型）赋给它，再显式地转换为 void**即可。

要注意一点，返回整数数值的时候使用了 static 关键字，这是因为必须确定返回值的地址是不变的。如果不用 static，则对于 count 变量而言，以内存上来讲，属于在栈区开辟的变量，那么在调用结束的时候，必然是释放内存空间的，相对而言，这时候就没办法找到 count 所代表内容的地址空间。这就是为什么很多人在看到 swap 交换函数的时候，写成 swap(int,int)是没有办法进行交换的。因此，如果我们需要修改传过来的参数，就必须使用这个参数的地址，或者一个变量本身是不变的内存地址空间，这样才可以进行修改，否则修改失败或者返回值是随机值。而把返回值定义成静态变量，这样线程结束时，其存储单元依然存在，这样做 main 线程中可以通过指针引用到它的值，并打印出来。读者可以试试不用静态变量，结果必将不同。还可以试着返回一个字符串，这样比返回一个整数更加简单明了。

2. 线程被动终止

一个线程可能在执行一项耗时的计算任务，用户可能没耐心等待，希望结束该线程。此时线程就要被动终止了。如何被动终止呢？一种方法是在同进程的另一个线程中通过函数 pthread_kill 发送信号给要终止的线程，目标线程收到信号后再退出。另一种方法是在同进程的其他线程中通过函数 pthread_cancel 来取消目标线程的执行。我们先来看看 pthread_kill。它是向线程发送信号的函数，注意它不是杀死（kill）线程，而是向线程发信号。因此，线程之间交流信息可以用这个函数。需要注意的是，接收信号的线程必须先用 sigaction 函数注册该信号的处理函数。函数 pthread_kill 声明如下：

```
int pthread_kill(pthread_t threadId, int signal);
```

其中，参数 threadId 是接收信号的线程的 ID；signal 是信号，通常是一个大于 0 的值，如果等于 0，就用来探测线程是否存在。如果函数执行成功就返回 0，否则返回错误码，如 ESRCH 表示线程不存在，EINVAL 表示信号不合法。

向指定 ID 的线程发送 signal，如果线程代码内不做处理，则按照信号默认的行为影响整个进程。也就是说，如果给一个线程发送了 SIGQUIT，但线程却没有实现 signal 处理函数，则整个进程退出。因此，如果 int signal 的参数不是 0，那么一定要清楚到底要干什么，而且一定要实现线程的信号处理函数，否则就会影响整个进程。

【例8.13】向线程发送请求结束信号

（1）打开 Visual Studio Code，新建一个 test.cpp 文件，在 test.cpp 中输入代码：

```cpp
#include <iostream>
#include <pthread.h>
#include <signal.h>
#include <unistd.h> // sleep
using namespace std;

static void on_signal_term(int sig) // 信号处理函数
{
    cout << "sub thread will exit" << endl;
    pthread_exit(NULL);
}
void *thfunc(void *arg)
{
    signal(SIGQUIT, on_signal_term); // 注册信号处理函数

    int tm = 50;
    while (true)   // 死循环，模拟一个长时间计算任务
    {
        cout << "thrfunc--left:"<<tm<<" s--" <<endl;
        sleep(1);
        tm--; // 每过 1 秒，tm 就减 1
    }

    return (void *)0;
```

```cpp
}

int main(int argc, char *argv[])
{
    pthread_t    pid;
    int res;

    res = pthread_create(&pid, NULL, thfunc, NULL); // 创建子线程
    sleep(5);    // 让出 CPU 5 秒,让子线程执行
    pthread_kill(pid,SIGQUIT);// 5 秒结束后,开始向子线程发送 SIGQUIT 信号,通知它结束

    pthread_join(pid, NULL); // 等待子线程结束
    cout << "sub thread has completed,main thread will exit\n";
    return 0;
}
```

(2) 上传 test.cpp 到 Linux,在终端下输入命令 g++ -o test test.cpp -lpthread,其中 pthread 是线程库的名字,然后运行 test,运行结果如下:

```
[root@localhost cpp98]# ./test
thrfunc--left:50 s--
thrfunc--left:49 s--
thrfunc--left:48 s--
thrfunc--left:47 s--
thrfunc--left:46 s--
sub thread will exit
sub thread has completed,main thread will exit
```

我们可以看到,子线程在执行的时候,主线程等了 5 秒后就开始向它发送信号 SIGQUIT。在子线程中已经注册了 SIGQUIT 的处理函数 on_signal_term。如果不注册信号 SIGQUIT 的处理函数,就将调用默认处理,即结束线程所属的进程。读者可以试着把 signal(SIGQUIT, on_signal_term);注释掉,再运行一下,就会发现在子线程运行 5 秒之后整个进程结束了,pthread_kill(pid, SIGQUIT);后面的语句不会再执行。

既然说到了 pthread_kill,就顺便讲一种常见应用,即判断线程是否还存活。方法是先发送信号 0(一个保留信号),然后判断其返回值,根据返回值就可以知道目标线程是否还存活着。请看下例。

【例8.14】判断线程是否已经结束

(1) 打开 Visual Studio Code,新建一个 test.cpp 文件,在 test.cpp 中输入代码:

```cpp
#include <iostream>
#include <pthread.h>
#include <signal.h>
#include <unistd.h>              // sleep
#include "errno.h"               // for ESRCH
using namespace std;

void *thfunc(void *arg)          // 线程函数
{
    int tm = 50;
```

```
        while (1)    // 如果终止线程，可以在这里改为 tm>48 或其他
        {
            cout << "thrfunc--left:"<<tm<<" s--" <<endl;
            sleep(1);
            tm--;
        }
        return (void *)0;
    }
    int main(int argc, char *argv[])
    {
        pthread_t    pid;
        int res;

        res = pthread_create(&pid, NULL, thfunc, NULL); // 创建线程
        sleep(5);
        int kill_rc = pthread_kill(pid, 0);   // 发送信号 0，探测线程是否存活
        // 打印探测结果
        if (kill_rc == ESRCH)
            cout<<"the specified thread did not exists or already quit\n";
        else if (kill_rc == EINVAL)
            cout<<"signal is invalid\n";
        else
            cout<<"the specified thread is alive\n";

        return 0;
    }
```

（2）上传 test.cpp 到 Linux，在终端下输入命令 g++ -o test test.cpp -lpthread，其中 pthread 是线程库的名字，然后运行 test，运行结果如下：

```
[root@localhost cpp98]# g++ -o test test.cpp -lpthread
[root@localhost cpp98]# ./test
thrfunc--left:50 s--
thrfunc--left:49 s--
thrfunc--left:48 s--
thrfunc--left:47 s--
thrfunc--left:46 s--
the specified thread is alive
```

上面例子中的主线程在休眠 5 秒后探测子线程是否存活，结果是活着，因为子线程一直在死循环。如果要让探测结果为子线程不存在，可以把死循环改为一个可以跳出循环的条件，比如 while(tm>48)。

除了通过函数 pthread_kill 发送信号来通知线程结束外，还可以通过函数 pthread_cancel 来取消某个线程的执行。所谓取消某个线程的执行，就是发送取消请求，请求其终止运行。函数 pthread_cancel 声明如下：

```
int pthread_cancel(pthread_t thread);
```

其中，参数 thread 表示要被取消的线程（目标线程）的 ID。如果发送取消请求成功，则函数返

回 0，否则返回错误码。注意，发送取消请求成功，并不意味着目标线程立即停止运行，即系统并不会马上关闭被取消线程，只有在被取消线程下次调用一些系统函数或 C 库函数（比如 printf），或者调用函数 pthread_testcancel（让内核去检测是否需要取消当前线程）时，才会真正结束线程。这种在线程执行过程中检测是否有未响应取消信号的地方叫作取消点。常见的取消点有 printf、pthread_testcancel、read/write、sleep 等函数调用的地方。如果被取消线程停止成功，就将自动返回常数 PTHREAD_CANCELED（这个值是-1），可以通过 pthread_join 获得这个退出值。

函数 pthread_testcancel 用于让内核去检测是否需要取消当前线程，声明如下：

```
void pthread_testcancel(void);
```

可别小看了 pthread_testcancel 函数，它可以在线程的死循环中让系统（内核）有机会去检查是否有取消请求过来。如果不调用 pthread_testcancel，则函数 pthread_cancel 取消不了目标线程。下面看两个例子，第一个例子不调用函数 pthread_testcancel，无法取消目标线程；第二个例子调用函数 pthread_testcancel，取消成功。取消成功的意思是不但取消请求发送成功，而且目标线程停止运行了。

【例8.15】取消线程失败

（1）打开 Visual Studio Code，新建一个 test.cpp 文件，在 test.cpp 中输入代码：

```cpp
#include<stdio.h>
#include<stdlib.h>
#include <pthread.h>
#include <unistd.h> // sleep
void *thfunc(void *arg)
{
    int i = 1;
    printf("thread start-------- \n");
    while (1)   // 死循环
        i++;

    return (void *)0;
}
int main()
{
    void *ret = NULL;
    int iret = 0;
    pthread_t tid;
    pthread_create(&tid, NULL, thfunc, NULL);   // 创建线程
    sleep(1);
    pthread_cancel(tid);                         // 发送取消线程的请求
    pthread_join(tid, &ret);                     // 等待线程结束
    if (ret == PTHREAD_CANCELED)                 // 判断是否成功取消线程
        printf("thread has stopped,and exit code: %d\n", ret);
        // 打印返回值，应该是-1
    else
        printf("some error occured");

    return 0;
}
```

（2）上传 test.cpp 到 Linux，在终端下输入命令 g++ -o test test.cpp -lpthread，其中 pthread 是线程库的名字，然后运行 test，运行结果如下：

```
[root@localhost cpp98]# ./test
thread start--------
^C
[root@localhost cpp98]#
```

从运行结果可以看到，程序打印"thread start--------"后就没反应了，我们只能按 Ctrl+C 快捷键来停止进程。这说明主线程中虽然发送取消请求了，但并没有让子线程停止运行。因为如果停止运行，pthread_join 是会返回的，然后会打印其后面的语句。下面我们来改进一下这个程序，在 while 循环中加一个函数 pthread_testcancel。

【例8.16】取消线程成功

（1）打开 Visual Studio Code，新建一个 test.cpp 文件，在 test.cpp 中输入代码：

```
#include<stdio.h>
#include<stdlib.h>
#include <pthread.h>
#include <unistd.h> // sleep
void *thfunc(void *arg)
{
    int i = 1;
    printf("thread start-------- \n");
    while (1)
    {
        i++;
        pthread_testcancel(); // 让系统测试取消请求
    }
    return (void *)0;
}
int main()
{
    void *ret = NULL;
    int iret = 0;
    pthread_t tid;
    pthread_create(&tid, NULL, thfunc, NULL); // 创建线程
    sleep(1);

    pthread_cancel(tid);                  // 发送取消线程的请求
    pthread_join(tid, &ret);              // 等待线程结束
    if (ret == PTHREAD_CANCELED)          // 判断是否成功取消线程
        printf("thread has stopped,and exit code: %d\n", ret);
        // 打印返回值，应该是-1
    else
        printf("some error occured");

    return 0;
}
```

（2）上传 test.cpp 到 Linux，在终端下输入命令 g++ -o test test.cpp -lpthread 其中 pthread 是线程库的名字，然后运行 test，运行结果如下：

```
[root@localhost cpp98]# g++ -o test test.cpp -lpthread
[root@localhost cpp98]# ./test
thread start--------
thread has stopped,and exit code: -1
```

可以看到，这个例子取消线程成功了，目标线程停止运行，返回 pthread_join，并且得到的线程返回值正是 PTHREAD_CANCELED。原因就在于我们在 while 死循环中添加了函数 pthread_testcancel，让系统每次循环都去检查一下有没有取消请求。不使用 pthread_testcancel 也行，可以在 while 循环中用 sleep 函数来代替，但这样会影响 while 的速度。在实际开发中可以根据具体项目具体分析。

8.3.4 线程退出时的清理机会

前面讲了线程的终止，主动终止可以认为是线程正常终止，这种方式是可预见的。被动终止是其他线程要求其结束，这种退出方式是不可预见的，是一种异常终止。不论是可预见的线程终止还是异常终止，都会存在资源释放的问题，在不考虑因运行出错而退出的前提下，如何保证线程终止时能顺利地释放掉自己所占用的资源，特别是锁资源，就是一个必须解决的问题。经常出现的情形是资源独占锁的使用：线程为了访问临界资源而为其加上锁，但在访问过程中线程被外界取消，如果取消成功了，则该临界资源将永远处于锁定状态得不到释放。外界取消操作是不可预见的，因此的确需要一个机制来简化用于资源释放的编程，也就是需要一个在线程退出时执行清理的机会。关于锁后面会讲到，这里只需要知道谁上了锁，谁就要负责解锁，否则会引起程序死锁。

我们来看一个场景：线程 1 执行这样一段代码：

```
void *thread1(void *arg)
{
    pthread_mutex_lock(&mutex);      // 上锁
    // 调用某个阻塞函数，比如套接字的 accept，该函数等待客户连接
    sock = accept(...);
    pthread_mutex_unlock(&mutex);
}
```

这个例子中，如果线程 1 执行 accept，线程就会阻塞（也就是等在那里，有客户端连接的时候才返回，或者出现其他故障）。现在线程 1 处于等待中，这时线程 2 发现线程 1 等了很久，不耐烦了，它想关掉线程 1，于是调用 pthread_cancel 或者类似函数请求线程 1 立即退出。这时线程 1 仍然在 accept 等待中，当它收到线程 2 的 cancel 信号后，就会从 accept 中退出，然后终止线程，但是这个时候线程 1 还没有执行解锁函数 pthread_mutex_unlock(&mutex);，也就是说锁资源没有释放，从而造成其他线程的死锁问题，也就是其他在等待这个锁资源的线程将永远等不到了。因此，必须在线程接收到 cancel 后，用一种方法来保证异常退出（也就是线程没达到终点）时可以做清理工作（主要是解锁方面）。

对此，POSIX 线程库提供了函数 pthread_cleanup_push 和 pthread_cleanup_pop，让线程退出时可以做一些清理工作。这两个函数采用先入后出的栈结构管理，前者会把一个函数压入清理函数

栈，后者用来弹出栈顶的清理函数，并根据参数来决定是否执行清理函数。多次调用函数 pthread_cleanup_push 将把当前在栈顶的清理函数往下压，弹出清理函数时，在栈顶的清理函数先被弹出。栈的特点是先进后出。pthread_cleanup_push 声明如下：

```
void pthread_cleanup_push(void (*routine)(void *), void *arg);
```

其中，参数 routine 是一个函数指针，arg 是该函数的参数。由 pthread_cleanup_push 压栈的清理函数在下面 3 种情况下会执行：

（1）线程主动结束时，比如 return 或调用 pthread_exit 的时候。
（2）调用函数 pthread_cleanup_pop，且其参数为非 0 时。
（3）线程被其他线程取消时，也就是有其他的线程对该线程调用 pthread_cancel 函数。

函数 pthread_cleanup_pop 声明如下：

```
void pthread_cleanup_pop(int execute);
```

其中，参数 execute 用来决定在弹出栈顶清理函数的同时是否执行清理函数，取 0 时表示不执行清理函数，非 0 时则执行清理函数。要注意的是，函数 pthread_cleanup_pop 与 pthread_cleanup_push 必须成对出现在同一个函数中，否则就会出现语法错误。

了解这两个函数后，我们可以把上面可能会引起死锁的线程 1 的代码改写如下：

```
void *thread1(void *arg)
{
    pthread_cleanup_push(clean_func,...)      // 压栈一个清理函数 clean_func
    pthread_mutex_lock(&mutex);               // 上锁
    // 调用某个阻塞函数，比如套接字的 accept, 该函数等待客户连接
    sock = accept(...);

    pthread_mutex_unlock(&mutex);             // 解锁
    pthread_cleanup_pop(0);                   // 弹出清理函数, 但不执行, 因为参数是 0
    return NULL;
}
```

在上面的代码中，如果 accept 被其他线程 cancel 后退出，就会自动调用 clean_func 函数，在这个函数中可以释放锁资源。如果 accept 没有被 cancel，那么线程继续执行，当执行到"pthread_mutex_unlock(&mutex);"时，线程自己已正确地释放资源了，再执行到"pthread_cleanup_pop(0);"时，会把前面压栈的清理函数 clean_func 弹出栈，但不会去执行它（因为参数是 0）。现在的流程就安全了。

【例8.17】线程主动终止时，调用清理函数

（1）打开 Visual Studio Code，新建一个 test.cpp 文件，在 test.cpp 中输入代码：

```
#include <stdio.h>
#include <stdlib.h>
#include <pthread.h>
#include <string.h> // strerror
```

```c
void mycleanfunc(void *arg)                            // 清理函数
{
    printf("mycleanfunc:%d\n", *((int *)arg));   // 打印传进来的不同参数

}
void *thfrunc1(void *arg)
{
    int m=1;
    printf("thfrunc1 comes \n");
    pthread_cleanup_push(mycleanfunc, &m);    // 把清理函数压栈
    return (void *)0;            // 退出线程
    pthread_cleanup_pop(0); // 把清理函数出栈,这句不会执行,但必须有,否则编译不过
}

void *thfrunc2(void *arg)
{
    int m = 2;
    printf("thfrunc2 comes \n");
    pthread_cleanup_push(mycleanfunc, &m);    // 把清理函数压栈
    pthread_exit(0); // 退出线程
    pthread_cleanup_pop(0); // 把清理函数出栈,这句不会执行,但必须有,否则编译不过

}

int main(void)
{
    pthread_t pid1,pid2;
    int res;
    res = pthread_create(&pid1, NULL, thfrunc1, NULL); // 创建线程1
    if (res)
    {
        printf("pthread_create failed: %d\n", strerror(res));
        exit(1);
    }
    pthread_join(pid1, NULL); // 等待线程1结束

    res = pthread_create(&pid2, NULL, thfrunc2, NULL); // 创建线程2
    if (res)
    {
        printf("pthread_create failed: %d\n", strerror(res));
        exit(1);
    }
    pthread_join(pid2, NULL); // 等待线程2结束

    printf("main over\n");
    return 0;
}
```

（2）上传 test.cpp 到 Linux，在终端下输入命令 g++ -o test test.cpp -lpthread，其中 pthread 是线程库的名字，然后运行 test，运行结果如下：

```
[root@localhost cpp98]# g++ -o test test.cpp -lpthread
[root@localhost cpp98]# ./test
thfrunc1 comes
mycleanfunc:1
thfrunc2 comes
mycleanfunc:2
main over
```

从例子中可以看到，无论是 return 还是 pthread_exit 都会引起清理函数的执行。值得注意的是，pthread_cleanup_pop 必须和 pthread_cleanup_push 成对出现在同一个函数中，否则编译不过，读者可以把 pthread_cleanup_pop 注释掉后再编译试试。这个例子是线程主动调用清理函数，下面我们再看一个由 pthread_cleanup_pop 执行清理函数的例子。

【例8.18】pthread_cleanup_pop调用清理函数

（1）打开 Visual Studio Code，新建一个 test.cpp 文件，在 test.cpp 中输入代码：

```cpp
#include <stdio.h>
#include <stdlib.h>
#include <pthread.h>
#include <string.h> // strerror

void mycleanfunc(void *arg)                    // 清理函数
{
    printf("mycleanfunc:%d\n", *((int *)arg));
}
void *thfrunc1(void *arg)                      // 线程函数
{
    int m=1,n=2;
    printf("thfrunc1 comes \n");
    pthread_cleanup_push(mycleanfunc, &m);     // 把清理函数压栈
    pthread_cleanup_push(mycleanfunc, &n);     // 再把一个清理函数压栈
    pthread_cleanup_pop(1);// 出栈清理函数，并执行
    pthread_exit(0);                           // 退出线程
    pthread_cleanup_pop(0);                    // 不会执行，仅为了成对
}

int main(void)
{
    pthread_t pid1 ;
    int res;
    res = pthread_create(&pid1, NULL, thfrunc1, NULL); // 创建线程
    if (res)
    {
        printf("pthread_create failed: %d\n", strerror(res));
        exit(1);
    }
    pthread_join(pid1, NULL);                  // 等待线程结束

    printf("main over\n");
```

```
    return 0;
}
```

（2）上传 test.cpp 到 Linux，在终端下输入命令 g++ -o test test.cpp -lpthread，其中 pthread 是线程库的名字，然后运行 test，运行结果如下：

```
[root@localhost cpp98]# g++ -o test test.cpp -lpthread
[root@localhost cpp98]# ./test
thfrunc1 comes
mycleanfunc:2
mycleanfunc:1
main over
```

从例子中可以看出，我们连续压了两次清理函数入栈，第一次压栈的清理函数在栈底，第二次压栈的清理函数就到栈顶了，出栈的时候应该是第二次压栈的清理函数先执行，因此"pthread_cleanup_pop(1);"执行的是传 n 进去的清理函数，输出的整数值是 2。pthread_exit 退出线程时，引发执行的清理函数是传 m 进去的清理函数，输出的整数值是 1。下面再看最后一种情况，线程被取消时引发清理函数。

【例8.19】取消线程时引发清理函数

（1）打开 Visual Studio Code，新建一个 test.cpp 文件，在 test.cpp 中输入代码：

```cpp
#include<stdio.h>
#include<stdlib.h>
#include <pthread.h>
#include <unistd.h> // sleep

void mycleanfunc(void *arg) // 清理函数
{
    printf("mycleanfunc:%d\n", *((int *)arg));
}

void *thfunc(void *arg)
{
    int i = 1;
    printf("thread start-------- \n");
    pthread_cleanup_push(mycleanfunc, &i); // 把清理函数压栈
    while (1)
    {
        i++;
        printf("i=%d\n", i);
    }
    printf("this line will not run\n");     // 这句不会调用
    pthread_cleanup_pop(0);                 // 仅仅为了成对调用

    return (void *)0;
}
int main()
{
```

```
            void *ret = NULL;
            int iret = 0;
            pthread_t tid;
            pthread_create(&tid, NULL, thfunc, NULL);   // 创建线程
            sleep(1);                        // 等待一会,让子线程开始 while 循环
            pthread_cancel(tid);             // 发送取消线程的请求
            pthread_join(tid, &ret);         // 等待线程结束
            if (ret == PTHREAD_CANCELED)                 // 判断是否成功取消线程
                printf("thread has stopped,and exit code: %d\n", ret);
                // 打印返回值,应该是-1
            else
                printf("some error occured");

            return 0;
        }
```

（2）上传 test.cpp 到 Linux，在终端下输入命令 g++ -o test test.cpp -lpthread，其中 pthread 是线程库的名字，然后运行 test，运行结果如下：

```
[root@localhost cpp98]# g++ -o test test.cpp -lpthread
[root@localhost cpp98]# ./test
i=2
i=3
i=4
...
i=24383
i=24384
i=24385
i=24386
i=24387
i=24388
i=24389i=24389
mycleanfunc:24389
thread has stopped,and exit code: -1
```

从这个例子可以看出，子线程在循环打印 i 的值，一直到被取消。由于循环里有系统调用 printf，因此取消成功。取消成功的时候，将会执行清理函数，在清理函数中打印的 i 值将是执行很多次 i++ 后的 i 值。这是因为我们压栈清理函数的时候，传给清理函数的是 i 的地址，而执行清理函数的时候，i 的值已经变了，所以打印的是最新的 i 值。

8.4 C++11 中的线程类

前面讲的线程是利用 POSIX 线程库开发的，这是传统 C/C++程序员使用线程的方式。现在在 C++11 中，提供了在语言层面使用线程的方式。

C++11 新标准中引入了 5 个头文件来支持多线程编程，分别是 atomic、thread、mutex、condition_variable 和 future。

- atomic：该头文件主要声明了两个类，即std::atomic和std::atomic_flag，另外还声明了一套C风格的原子类型和与C兼容的原子操作的函数。
- thread：该头文件主要声明了std::thread类，另外std::this_thread命名空间也在该头文件中。
- mutex：该头文件主要声明了与互斥锁相关的类，包括std::mutex系列类、std::lock_guard、std::unique_lock以及其他的类型和函数。
- condition_variable：该头文件主要声明了与条件变量相关的类，包括std::condition_variable和std::condition_variable_any。
- future：该头文件主要声明了std::promise、std::package_task两个Provider类，以及std::future和std::shared_future两个Future类，另外还有一些与之相关的类型和函数，std::async函数就声明在此头文件中。

显然，std::thread类是非常重要的类，下面我们来概览一下这个类的成员，类std::thread的常用成员函数如表8-2所示。

表 8-2 类 std::thread 的常用成员函数

成员函数	说明（public 访问方式）
thread	构造函数，有 4 种
get_id	获得线程 ID
joinable	判断线程对象是否可连接
join	阻塞函数，等待线程结束
native_handle	用于获得与操作系统相关的原生线程句柄（需要本地库支持）
swap	线程交换
detach	分离线程

8.4.1 线程的创建

在 C++11 中，创建线程的方式是使用类 std::thread 的构造函数，std::thread 在#include<thread> 头文件中声明，因此使用 std::thread 时需要包含头文件 thread，即#include <thread>。std::thread 的构造函数有 3 种形式：不带参数的默认构造函数、初始化构造函数、移动构造函数。

虽然类 thread 的初始化可以提供很丰富和方便的形式，但其实现的底层依然是创建一个 pthread 线程并运行，有些实现甚至是直接调用 pthread_create 来创建。

1. 默认构造函数

默认构造函数是不带参数的，声明如下：

```
thread();
```

仅定义默认构造函数的 thread 对象，其线程是不会马上运行的。

【例8.20】批量创建线程

（1）打开 Visual Studio Code，新建一个 test.cpp 文件，在 test.cpp 中输入代码：

```
#include <stdio.h>
```

```cpp
#include <stdlib.h>

#include <chrono>        // std::chrono::seconds
#include <iostream>      // std::cout
#include <thread>        // std::thread, std::this_thread::sleep_for
using namespace std;
void thfunc(int n) // 线程函数
{
    std::cout << "thfunc:" << n <<  endl;
}

int main(int argc, const char *argv[])
{
    std::thread threads[5]; // 批量定义 5 个 thread 对象, 但此时并不会执行线程
    std::cout << "create 5 threads...\n";
    for (int i = 0; i < 5; i++)
        threads[i] = std::thread(thfunc, i + 1); // 这里开始执行线程函数 thfunc

    for (auto& t : threads)                      // 等待每个线程结束
        t.join();
    std::cout << "All threads joined.\n";

    return EXIT_SUCCESS;
}
```

（2）上传 test.cpp 到 Linux，在终端下输入命令 g++ -o test test.cpp -lpthread -std=c++11，其中 pthread 是线程库的名字，然后运行 test，运行结果如下：

```
# g++ -o test test.cpp -lpthread -std=c++11
# ./test
create 5 threads...
thfunc:5
thfunc:1
thfunc:2
thfunc:3
thfunc:4
All threads joined.
```

上例定义了 5 个线程对象，刚定义的时候并不会执行线程，然后在第一个 for 循环中，将初始化构造函数（后面会讲到）的返回值赋给它们，初始化构造函数的第一个参数是线程函数，此时线程会启动。创建的线程都是可连接线程，所以要用 join 来等待它们结束。这个函数后面也会讲到。多执行几次这个程序，就可以发现其打印的次序并不是每次都一样，这与 CPU 的调度有关。

2. 初始化构造函数

这里所说的初始化构造函数的意思是把线程函数的指针和线程函数的参数（如果有）都传入线程类的构造函数中。这种形式最常用，由于传入了线程函数，因此定义线程对象的时候，就会开始执行线程函数，如果线程函数需要参数，可以在构造函数中传入。初始化构造函数的形式如下：

```cpp
template <class Fn, class... Args>
```

```
explicit thread (Fn&& fn, Args&&... args);
```

其中，fn 是线程函数指针；args 是可选的，是要传入线程函数的参数。线程对象定义后，主线程会继续执行后面的代码，这就可能会出现创建的子线程还没执行完，主线程就结束了，比如控制台程序，主线程结束意味着进程就结束了。在这种情况下，我们需要等待子线程全部运行结束后再继续执行主线程。还有一种情况，主线程为了统计各个子线程工作的结果而需要等待子线程结束后再继续执行，此时主线程就要等待了。类 thread 提供了成员函数 join 来等待子线程结束，即子线程的线程函数执行完毕后，join 才返回，因此 join 是一个阻塞函数。函数 join 会让主线程挂起（休眠，就是让出 CPU），直到子线程都退出，同时 join 能让子线程所占的资源得到释放。子线程退出后，主线程会接收到系统的信号，从休眠中恢复。这一过程和 POSIX 类似，只是函数形式不同而已，有了 POSIX 线程方面的基础，理解这里的内容应该不难。成员函数 join 声明如下：

```
void join();
```

值得注意的是，这样创建的线程是可连接线程，因此线程对象必须在销毁时调用 join 函数，或者将其设置为可分离的。

下面我们来看一个通过初始化构造函数来创建线程的例子。

【例8.21】创建一个线程，不传参数

（1）打开 Visual Studio Code，新建一个 test.cpp 文件，在 test.cpp 中输入代码：

```cpp
#include <iostream>
#include <thread>
#include <unistd.h>      // sleep
using namespace std;     // 使用命名空间 std

void thfunc()            // 子线程的线程函数
{
    cout << "i am c++11 thread func" << endl;
}

int main(int argc, char *argv[])
{
    thread t(thfunc);    // 定义线程对象，并把线程函数指针传入
    sleep(1);            // main 线程挂起 1 秒钟，为了让子线程有机会执行

    return 0;
}
```

（2）上传 test.cpp 到 Linux，在终端下输入命令 g++ -o test test.cpp -lpthread -std=c++11，其中 pthread 是线程库的名字，然后运行 test，运行结果如下：

```
[root@localhost ch08-2]# g++ -o test test.cpp -lpthread -std=c++11
[root@localhost ch08-2]# ./test
i am c++11 thread func
```

值得注意的是，编译 C++11 代码的时候，要加上编译命令函数 "-std=c++11"。在这个例子中，首先定义一个线程对象，定义对象后马上执行传入构造函数的线程函数，线程函数打印一行字

符串后结束，而主线程在创建子线程后会等待 1 秒再结束，这样不至于因为主线程的过早结束而导致进程结束，进程结束后子线程就没有机会执行了。

【例8.22】创建一个线程，并传入整型参数

（1）打开 Visual Studio Code，新建一个 test.cpp 文件，在 test.cpp 中输入代码：

```cpp
#include <iostream>
#include <thread>
using namespace std;

void thfunc(int n)   // 线程函数
{
    cout << "thfunc: " << n << "\n";     // 这里的 n 是 1
}

int main(int argc, char *argv[])
{
    thread t(thfunc,1);   // 定义线程对象 t，并传入线程函数指针和线程函数参数
    t.join();   // 等待线程对象 t 结束

    return 0;
}
```

（2）上传 test.cpp 到 Linux，在终端下输入命令 g++ -o test test.cpp -lpthread -std=c++11，其中 pthread 是线程库的名字，然后运行 test，运行结果如下：

```
# g++ -o test test.cpp -lpthread -std=c++11
# ./test
thfunc: 1
```

这个例子和上一个例子有两点不同，一点是创建线程的时候，把一个整数作为参数传给构造函数；另一点是等待子线程结束没有用 sleep 函数，而是用 join 函数。sleep 只是等待一个固定的时间，有可能在这个固定的时间内，子线程早已经结束，或者子线程运行的时间大于这个固定时间，因此用 sleep 来等待子线程结束并不精确，而用函数 join 则会一直等到子线程结束后才会执行该函数后面的代码。

【例8.23】创建一个线程，并传递字符串作为参数

（1）打开 Visual Studio Code，新建一个 test.cpp 文件，在 test.cpp 中输入代码：

```cpp
#include <iostream>
#include <thread>
using namespace std;

void thfunc(char *s)   // 线程函数
{
    cout << "thfunc: " <<s << "\n";     // 这里 s 就是 boy and girl
}

int main(int argc, char *argv[])
```

```cpp
{
    char s[] = "boy and girl";         // 定义一个字符串
    thread t(thfunc,s);                // 定义线程对象，并传入字符串 s
    t.join();                          // 等待 t 执行结束

    return 0;
}
```

（2）上传 test.cpp 到 Linux，在终端下输入命令 g++ -o test test.cpp -lpthread -std=c++11，其中 pthread 是线程库的名字，然后运行 test，运行结果如下：

```
# g++ -o test test.cpp -lpthread -std=c++11
# ./test
thfunc: boy and girl
```

【例8.24】创建一个线程，并传递结构体作为参数

（1）打开 Visual Studio Code，新建一个 test.cpp 文件，在 test.cpp 中输入代码：

```cpp
#include <iostream>
#include <thread>
using namespace std;

typedef struct                         // 定义结构体的类型
{
    int n;
    const char *str;                   // 注意这里要有 const，否则会有警告
}MYSTRUCT;

void thfunc(void *arg)                 // 线程函数
{
    MYSTRUCT *p = (MYSTRUCT*)arg;
    cout << "in thfunc:n=" << p->n<<",str="<< p->str <<endl; //打印结构体的内容
}

int main(int argc, char *argv[])
{
    MYSTRUCT mystruct;                 // 定义结构体
    // 初始化结构体
    mystruct.n = 110;
    mystruct.str = "hello world";

    thread t(thfunc, &mystruct);       // 定义线程对象 t，并传入结构体变量的地址
    t.join();                          // 等待线程对象 t 结束

    return 0;
}
```

（2）上传 test.cpp 到 Linux，在终端下输入命令 g++ -o test test.cpp -lpthread -std=c++11，其中 pthread 是线程库的名字，然后运行 test，运行结果如下：

```
# g++ -o test test.cpp -lpthread -std=c++11
```

```
# ./test
in thfunc:n=110,str=hello world
```

通过结构体可以把多个值传递给线程函数。下面不用结构体作为载体，直接把多个值通过构造函数传给线程函数，其中有一个参数是指针，我们在线程中修改其值。

【例8.25】创建一个线程，传多个参数给线程函数

（1）打开 Visual Studio Code，新建一个 test.cpp 文件，在 test.cpp 中输入代码：

```cpp
#include <iostream>
#include <thread>
using namespace std;

void thfunc(int n,int m,int *pk,char s[])   // 线程函数
{
    cout << "in thfunc:n=" <<n<<",m="<<m<<",k="<<* pk <<"\nstr="<<s<<endl;
    *pk = 5000;                    // 修改* pk
}

int main(int argc, char *argv[])
{
    int n = 110,m=200,k=5;
    char str[] = "hello world";

    thread t(thfunc, n,m,&k,str);  // 定义线程对象 t，并传入多个参数
    t.join();                      // 等待线程对象 t 结束
    cout << "k=" << k << endl;     // 此时应该打印 5000

    return 0;
}
```

（2）上传 test.cpp 到 Linux，在终端下输入命令 g++ -o test test.cpp -lpthread -std=c++11，其中 pthread 是线程库的名字，然后运行 test，运行结果如下：

```
# g++ -o test test.cpp -lpthread -std=c++11
# ./test
in thfunc:n=110,m=200,k=5
str=hello world
k=5000
```

在这个例子中，我们传入了多个参数给构造函数，这样线程函数也要准备多样的形参，并且其中一个是整型地址（&k），我们在线程中修改了它所指变量的内容，等子线程结束后，再在主线程中打印 k，发现它的值变了。

前面提到，默认创建的线程都是可连接线程，可连接线程需要调用 join 函数来等待其结束并释放资源。其实除了使用 join 方式来等待结束外，还可以把可连接线程进行分离，即调用 detach 成员函数将可连接线程变成分离线程，这样线程终止后其资源就可以被系统自动回收了，而且主线程并不需要等待子线程结束，主线程可以自己先结束。成员函数 detach 的形式如下：

```cpp
void detach();
```

【例8.26】把可连接线程转换为分离线程（C++11和POSIX联合作战）

（1）打开 Visual Studio Code，新建一个 test.cpp 文件，在 test.cpp 中输入代码：

```cpp
#include <iostream>
#include <thread>
using namespace std;
void thfunc(int n,int m,int *k,char s[])   // 线程函数
{
    cout << "in thfunc:n=" <<n<<",m="<<m<<",k="<<*k<<"\nstr="<<s<<endl;
    *k = 5000;
}

int main(int argc, char *argv[])
{
    int n = 110,m=200,k=5;
    char str[] = "hello world";

    thread t(thfunc, n,m,&k,str);          // 定义线程对象
    t.detach();                             // 分离线程

    cout << "k=" << k << endl;             // 这里输出 3
    pthread_exit(NULL); // main 线程结束，但进程并不会结束，下面一句不会执行

    cout << "this line will not run"<< endl;  // 这一句不会执行
    return 0;
}
```

（2）上传 test.cpp 到 Linux，在终端下输入命令 g++ -o test test.cpp -lpthread -std=c++11，其中 pthread 是线程库的名字，然后运行 test，运行结果如下：

```
# g++ -o test test.cpp -lpthread -std=c++11
# ./test
k=5
in thfunc:n=110,m=200,k=5
str=hello world
```

在这个例子中，我们调用 detach 来分离线程，这样就不需要等待子线程结束，主线程自己先结束。为了展示效果，我们在主线程中调用了 pthread_exit(NULL);来结束主线程。前面提到过，在 main 线程中调用 pthread_exit(NULL);的时候，将结束 main 线程，但进程并不立即退出，要等所有的线程全部结束后才会结束，所以我们能看到子线程函数打印的内容。主线程中会先打印 k，这是因为打印 k 的时候线程还没有切换。从这个例子也可以看出，C++11 可以和 POSIX 联合作战，这也充分体现了 C++程序的强大威力。

3. 移动构造函数

通过移动构造函数的方式来创建线程是 C++11 创建线程的另一种常用方式。它通过向 thread 构造函数中传入一个 C++对象来创建线程。这种形式的构造函数定义如下：

```cpp
thread (thread&& x);
```

调用成功之后，x 不代表任何 thread 对象。

【例8.27】通过移动构造函数来启动线程

（1）打开 Visual Studio Code，新建一个 test.cpp 文件，在 test.cpp 中输入代码：

```cpp
#include <iostream>
#include <thread>

using namespace std;

void fun(int & n)                           // 线程函数
{
    cout << "fun: " << n << "\n";
    n += 20;
    this_thread::sleep_for(chrono::milliseconds(10));   // 等待 10 毫秒
}
int main()
{
    int n = 0;

    cout << "n=" << n << '\n';
    n = 10;
    thread t1(fun, ref(n));         // ref(n)是取 n 的引用
    thread t2(move(t1));            // t2 执行 fun, t1 不是 thread 对象
    t2.join();                      // 等待 t2 执行完毕
    cout << "n=" << n << '\n';
    return 0;
}
```

（2）上传 test.cpp 到 Linux，在终端下输入命令 g++ -o test test.cpp -lpthread -std=c++11，其中 pthread 是线程库的名字，然后运行 test，运行结果如下：

```
# g++ -o test test.cpp -lpthread -std=c++11
# ./test
n=0
fun: 10
n=30
```

从这个例子可以看出，t1 并不会执行，执行的是 t2，因为 t1 的线程函数移动给 t2 了。

8.4.2 线程的标识符

线程的标识符（ID）可以用来唯一标识某个 thread 对象所对应的线程，这样可以用来区别不同的线程。两个标识符相同的 thread 对象，所代表的线程是同一个线程，或者代表这两个对象都还没有线程。两个标识符不同的 thread 对象代表着不同的线程，或者一个 thread 对象已经有线程了，另一个还没有。

类 thread 提供了成员函数 getid 来获取线程 ID，该函数声明如下：

```cpp
thread::id get_id()
```

其中，id 是线程标识符的类型，它是类 thread 的成员，用来唯一标识某个线程。

有时候，为了查看两个 thread 对象的 ID 是否相同，可以在调试的时候把 ID 打印出来，它们的数值虽然没什么含义，但却可以用来比较是否相同，这也为调试做出了贡献。

【例8.28】线程比较

（1）打开 Visual Studio Code，新建一个 test.cpp 文件，在 test.cpp 中输入代码：

```cpp
#include <iostream>    // std::cout
#include <thread>      // std::thread, std::thread::id, std::this_thread::get_id
using namespace std;

thread::id main_thread_id = this_thread::get_id(); // 获取主线程 ID

void is_main_thread()
{
    if (main_thread_id == this_thread::get_id())  // 判断是否和主线程 ID 相同
        std::cout << "This is the main thread.\n";
    else
        std::cout << "This is not the main thread.\n";
}

int main()
{
    is_main_thread();                    // is_main_thread 作为 main 线程的普通函数调用
    thread th(is_main_thread);           // is_main_thread 作为线程函数使用
    th.join();                           // 等待 th 结束
    return 0;
}
```

（2）上传 test.cpp 到 Linux，在终端下输入命令 g++ -o test test.cpp -lpthread -std=c++11，其中 pthread 是线程库的名字，然后运行 test，运行结果如下：

```
# g++ -o test test.cpp -lpthread -std=c++11
# ./test
This is the main thread.
This is not the main thread.
```

在本例中，is_main_thread 第一次使用时是作为 main 线程中的普通函数，得到的 ID 肯定和 main_thread_id 相同。第二次是作为一个子线程的线程函数，此时得到的 ID 是子线程的 ID，和 main_thread_id 就不同了。

8.4.3 当前线程 this_thread

在实际线程开发中，经常需要访问当前线程。C++11 提供了一个命名空间 this_thread 来引用当前线程，该命名空间集合了 4 个有用的函数：get_id、yield、sleep_until、sleep_for。其中函数 get_id 和类 thread 的成员函数 get_id 是同一个意思，都是用来获取线程 ID 的。

1. 让出CPU时间

调用函数 yield 的线程将让出自己的 CPU 时间片，以便其他线程有机会运行。函数 yield 声明如下：

```
void yield();
```

调用该函数的线程放弃执行，回到就绪态。只看这个函数似乎有点抽象，下面通过一个例子来说明该函数的作用。创建 10 个线程，每个线程都让一个变量从 1 累加到 100 万，谁先完成就打印谁的编号，以此排名。为了公平起见，创建线程的时候，先不让它们占用 CPU 时间，一直到 main 线程改变全局变量值，各个子线程才开始累加。

【例8.29】线程赛跑排名次

（1）打开 Visual Studio Code，新建一个 test.cpp 文件，在 test.cpp 中输入代码：

```cpp
#include <iostream>              // std::cout
#include <thread>                // std::thread, std::this_thread::yield
#include <atomic>                // std::atomic
using namespace std;

atomic<bool> ready(false);       // 定义全局变量

void thfunc(int id)
{
    while (!ready)               // 一直等待，直到main线程中重置全局变量ready
        this_thread::yield();    // 让出自己的CPU时间片

    for (volatile int i = 0; i < 1000000; ++i) // 开始累加到100万
    {}
    cout << id<<",";// 累加完毕后，打印本线程的序号，这样最终输出的是排名，先完成先打印
}

int main()
{
    thread threads[10];                         // 定义10个线程对象
    cout << "race of 10 threads that count to 1 million:\n";
    for (int i = 0; i < 10; ++i)
        threads[i] = thread(thfunc, i);
        // 启动线程，把i当作参数传入线程函数，用于标记线程的序号
    ready = true;                               // 重置全局变量
    for (auto& th : threads) th.join();         // 等待10个线程全部结束
    cout << '\n';

    return 0;
}
```

（2）上传 test.cpp 到 Linux，在终端下输入命令 g++ -o test test.cpp -lpthread -std=c++11，其中 pthread 是线程库的名字，然后运行 test，运行结果如下：

```
# g++ -o test test.cpp -lpthread -std=c++11
```

```
# ./test
race of 10 threads that count to 1 million:
9,4,5,0,1,2,6,7,8,3,
```

多次运行此例，会发现每次结果都是不同的。线程刚刚启动的时候，一直在 while 循环中让出自己的 CPU 时间，这就是函数 yield 的作用。this_thread 在子线程中使用，代表这个子线程本身。一旦跳出 while，就开始累加，一直到 100 万，最后输出序号。全部序号都输出后，得到的结果是先跑完 100 万的排名。atomic 用来定义在全局变量 ready 上的操作都是原子操作。在多个线程访问同一个全局资源的时候，原子操作能够确保所有其他的线程都不在同一时间内访问相同的资源，也就是它确保了在同一时刻只有唯一的线程对这个资源进行访问。这有点类似互斥对象对共享资源访问的保护，但是原子操作更加接近底层，因而效率更高。

2. 让线程暂停一段时间

函数 sleep_until 和 sleep_for 用来阻塞线程，暂停执行一段时间。函数 sleep_until 声明如下：

```
template <class Clock, class Duration>
void sleep_until (const chrono::time_point<Clock,Duration>& abs_time);
```

其中，参数 abs_time 表示函数阻塞线程到 abs_time 时间点，到了这个时间点后再继续执行。函数 sleep_for 的功能类似，只是它是挂起线程一段时间，时间长度由参数决定，声明如下：

```
template <class Rep, class Period>
void sleep_for (const chrono::duration<Rep,Period>& rel_time);
```

其中，参数 rel_time 表示线程挂起的时间段，在这段时间内线程暂停执行。

下面我们来看两个例子，加深一下对这两个函数的理解。

【例8.30】暂停线程到下一分钟

（1）打开 Visual Studio Code，新建一个 test.cpp 文件，在 test.cpp 中输入代码：

```cpp
#include <iostream>      // std::cout
#include <thread>        // std::this_thread::sleep_until
#include <chrono>        // std::chrono::system_clock
#include <ctime>         // std::time_t, std::tm, std::localtime, std::mktime
#include <time.h>
#include <stddef.h>
using namespace std;

void getNowTime()        // 获取并打印当前时间
{
    timespec time;
    struct tm nowTime;
    clock_gettime(CLOCK_REALTIME, &time);  // 获取相对于1970到现在的秒数

    localtime_r(&time.tv_sec, &nowTime);
    char current[1024];
    printf(
        "%04d-%02d-%02d %02d:%02d:%02d\n",
        nowTime.tm_year + 1900,
```

```
            nowTime.tm_mon+1,
            nowTime.tm_mday,
            nowTime.tm_hour,
            nowTime.tm_min,
            nowTime.tm_sec);
}

int main()
{
    using std::chrono::system_clock;
    std::time_t tt = system_clock::to_time_t(system_clock::now());
    struct std::tm * ptm = std::localtime(&tt);
    getNowTime();              // 打印当前时间
    cout << "Waiting for the next minute to begin...\n";
    ++ptm->tm_min;             // 累加一分钟
    ptm->tm_sec = 0;           // 秒数置0
    this_thread::sleep_until(system_clock::from_time_t(mktime(ptm)));
    // 暂停执行到下一个整分时间
    getNowTime();              // 打印当前时间

    return 0;
}
```

（2）上传 test.cpp 到 Linux，在终端下输入命令 g++ -o test test.cpp -lpthread -std=c++11，其中 pthread 是线程库的名字，然后运行 test，运行结果如下：

```
# g++ -o test test.cpp -lpthread -std=c++11
# ./test
2017-10-05 13:02:31
Waiting for the next minute to begin...
2017-10-05 13:03:00
```

本例中，main 线程从 sleep_until 处开始挂起，然后到下一个整分时间（就是分钟加 1，秒钟为 0）再继续执行。

【例8.31】暂停线程5秒

（1）打开 Visual Studio Code，新建一个 test.cpp 文件，在 test.cpp 中输入代码：

```
#include <iostream>        // std::cout, std::endl
#include <thread>          // std::this_thread::sleep_for
#include <chrono>          // std::chrono::seconds

int main()
{
    std::cout << "countdown:\n";
    for (int i = 5; i > 0; --i)
    {
        std::cout << i << std::endl;
        std::this_thread::sleep_for(std::chrono::seconds(1));    // 暂停1秒
    }
```

```cpp
    std::cout << "Lift off!\n";

    return 0;
}
```

（2）上传 test.cpp 到 Linux，在终端下输入命令 g++ -o test test.cpp -lpthread -std=c++11，其中 pthread 是线程库的名字，然后运行 test，运行结果如下：

```
# g++ -o test test.cpp -lpthread -std=c++11
# ./test
countdown:
5
4
3
2
1
Lift off!
```

程序很简单，无须多言。

第 9 章

多线程高级编程

第 8 章讲述了多线程的一些基本概念和基本操作,比如创建、结束等。这一章我们将讲述线程开发的一些高级话题,比如多线程编程模型、线程同步等。

在多线程编程中,线程间是相互独立而又相互依赖的,所有的线程都是并发、并行和异步执行的。多线程编程提供了一种新型的模块化编程思想和方法,这种方法能清晰地表达各种独立事件的相互关系。但是,多线程编程也带来了一定的复杂度:并发和异步机制带来了线程间资源竞争的无序性。因此,我们需要引入同步机制来消除这种复杂度,并实现线程间的数据共享,以一致的顺序执行一组操作。如何使用同步机制来消除线程并发、并行和异步执行而带来的复杂度是多线程编程中的核心问题。

9.1 多线程的同步和异步

多个线程可能在同一时间对同一共享资源进行操作,其结果是某个线程无法获得资源,或者会导致资源的破坏。为保证共享资源的稳定性,需要采用线程同步机制来调整多个线程的执行顺序,比如可以用一把"锁",一旦某个线程获得了锁的拥有权,即可保证只有它(拥有锁的线程)才能对共享资源进行操作。同样地,利用这个锁,其他线程可一直处于等待状态,直到锁没有被任何线程拥有为止。

异步是当一个调用或请求发给被调用者时,调用者不用等待其结果的返回而继续当前的处理。实现异步机制的方式有多线程、中断和消息等。也就是说,多线程是实现异步的一种方式。C++11 对异步的支持丝毫不弱。

9.2 线程同步

并发和异步机制带来了线程间资源竞争的无序性,因此需要引入同步机制来消除这种复杂度,实现线程间正确有序地共享数据，以一致的顺序执行一组操作。

线程同步是多线程编程中的重要概念。它的基本思想是同步各个线程对资源（比如全局变量、文件）的访问。如果不对资源访问进行线程同步，则会产生资源访问冲突的问题。对于多线程程序，访问冲突的问题是很普遍的，解决的办法是引入锁（比如互斥锁、读写锁等），获得锁的线程可以完成"读-修改-写"的操作，然后释放锁给其他线程，没有获得锁的线程只能等待而不能访问共享数据，这样"读-修改-写"3步操作组成一个原子操作，要么都执行，要么都不执行，不会执行到中间被打断，也不会在其他处理器上并行做这个操作。

比如，一个线程正在读取一个全局变量，虽然读取全局变量的这条语句在C/C++源码中是一条语句，但编译为机器代码后，CPU需要用多条指令来处理这个读取变量的过程。如果这一系列指令被另一个线程打断了，也就是说CPU还没执行完读取变量的所有指令而去执行另一个线程了，另一个线程却要对这个全局变量进行修改，并将修改后的全局变量返回原先的线程，这样CPU继续执行读取变量的指令时，变量的值已经改变了，如此第一个线程的执行结果就不是预料的结果了。

我们来看一个对于多线程访问共享变量造成竞争的例子，假设增量操作分为以下3个步骤：

（1）从内存单元读入寄存器。
（2）在寄存器中进行变量值的增加。
（3）把新的值写回内存单元。

那么当两个线程对同一个变量做增加操作时，就可能出现如图9-1所示的情况。

图 9-1

如果两个线程在串行操作下分别对i进行了累加，那么i的值就应该是7了，但图9-1的两个线程执行后的i值是6。因为线程B并没有等线程A做完i+1后才开始执行，而是在线程A刚刚把i从内存读入寄存器后就开始执行了，所以线程B也是在i=5的时候开始执行的，这样线程A的执行结果是6，线程B的执行结果也是6。因此，在这种没有做同步的情况下，多个线程对全局变量进行累加，最终结果是小于或等于它们的串行操作结果的。请看下例。

【例9.1】不用线程同步的多线程累加

(1) 打开 Visual Studio Code，新建一个 test.cpp 文件，在 test.cpp 中输入代码：

```cpp
#include <stdio.h>
#include <unistd.h>
#include <pthread.h>
#include <sys/time.h>
#include <string.h>
#include <cstdlib>

int gcn = 0;                              // 定义一个全局变量，用于累加

void *thread_1(void *arg) {               // 第一个线程
    int j;
    for (j = 0; j < 10000000; j++) {      // 开始累加
        gcn++;
    }
    pthread_exit((void *)0);
}

void *thread_2(void *arg) {               // 第二个线程
    int j;
    for (j = 0; j < 10000000; j++) {      // 开始累加
        gcn++;
    }
    pthread_exit((void *)0);
}
int main(void)
{
    int j,err;
    pthread_t th1, th2;

    for (j = 0; j < 10; j++)              // 做10次
    {
        err=pthread_create(&th1, NULL, thread_1, (void *)0);// 创建第一个线程
        if (err != 0) {
            printf("create new thread error:%s\n", strerror(err));
            exit(0);
        }
        err = pthread_create(&th2, NULL, thread_2,(void *)0);// 创建第二个线程
        if (err != 0) {
            printf("create new thread error:%s\n", strerror(err));
            exit(0);
        }

        err = pthread_join(th1, NULL);    // 等待第一个线程结束
        if (err != 0) {
            printf("wait thread done error:%s\n", strerror(err));
            exit(1);
        }
```

```
            err = pthread_join(th2, NULL);   // 等待第二个线程结束
            if (err != 0) {
                printf("wait thread done error:%s\n", strerror(err));
                exit(1);
            }
            printf("gcn=%d\n", gcn);
            gcn = 0;
        }

        return 0;
    }
```

（2）上传 test.cpp 到 Linux，在终端下输入命令 g++ -o test test.cpp -lpthread，其中 pthread 是线程库的名字，然后运行 test，运行结果如下：

```
[root@localhost cpp98]# ./test
gcn=17945938
gcn=20000000
gcn=20000000
gcn=20000000
gcn=20000000
gcn=20000000
gcn=20000000
gcn=15315061
gcn=20000000
gcn=16248825
```

从结果中可以看到，有 3 次没有达到 20 000 000。

上面的例子是一个语句被打断的情况，有时候还会有一个事务不能被打断。比如，一个事务需要多条语句完成，并且不可打断，如果打断的话，其他需要这个事务结果的线程则可能会得到非预料的结果。下面我们再看一个例子，有这样一个需求，伙计在卖商品时，每次卖出 50 元的货物就要收 50 元的钱，老板每隔 1 秒就要去清点店里的货物和金钱的总和，看总和有没有少。我们可以创建两个线程，一个线程代表伙计卖货收钱这个事务，另一个线程模拟老板验证总和的操作。抽象地讲，就是一个线程对全局变量进行写操作，另一个线程对全局变量进行读操作。

【例9.2】不用线程同步的卖货程序

（1）打开 Visual Studio Code，新建一个 test.cpp 文件，在 test.cpp 中输入代码：

```
#include <stdio.h>
#include <unistd.h>
#include <pthread.h>

int a = 200;                        // 代表有价值 200 元的货物
int b = 100;                        // 代表现在有 100 元现金

void* ThreadA(void*)                // 模拟伙计卖货收钱
{
    while (1)
    {
```

```
            a -= 50;                    // 卖出价值 50 元的货物
            b += 50;                    // 收回 50 元钱
        }
    }

    void* ThreadB(void*)                // 模拟老板对账
    {
        while (1)
        {
            printf("%d\n", a + b);      // 打印当前货物和现金的总和
            sleep(1);                   // 隔 1 秒
        }
    }

    int main()
    {
        pthread_t tida, tidb;

        pthread_create(&tida, NULL, ThreadA, NULL);    // 创建伙计卖货线程
        pthread_create(&tidb, NULL, ThreadB, NULL);    // 创建老板对账线程
        pthread_join(tida, NULL);                      // 等待线程结束
        pthread_join(tidb, NULL);                      // 等待线程结束
        return 1;
    }
```

（2）上传 test.cpp 到 Linux，在终端下输入命令 g++ -o test test.cpp -lpthread，其中 pthread 是线程库的名字，然后运行 test，运行结果如下：

```
[root@localhost cpp98]# ./test
300
250
250
300
250
300
250
^C
[root@localhost cpp98]#
```

按 Ctrl+C 快捷键后程序停止。在这个例子中，线程 B 每隔 1 秒就检查一下当前货物和现金的总和是否是 300，以此来判断伙计是否私吞钱款。伙计虽然在卖力地卖货和收钱，但无奈还是出现了 250，真是有口难辩啊。发生这种情况的原因是伙计在卖出货物和收货款之间被老板的对账线程打断了。下面我们用互斥锁来帮伙计证明清白。

在讲述互斥锁之前，我们首先要了解一下临界资源和临界区（Critical Section）的概念。所谓临界资源，是一次仅允许一个线程使用的共享资源。对于临界资源，各线程应该互斥地对它进行访问。每个线程中访问临界资源的那段代码称为临界区，又称临界段。因为临界资源要求每个线程互斥地对它进行访问，所以每次只准许一个线程进入临界区，进入后其他进程不允许再进入，一直要等到临界区中的线程退出。我们可以用线程同步机制来互斥地进入临界区。

一般来讲，线程进入临界区需要遵循下列原则：

（1）如果有若干线程要求进入空闲的临界区，一次仅允许一个线程进入。

（2）任何时候，处于临界区内的线程不可多于 1 个。若已有线程进入自己的临界区，则其他所有试图进入临界区的线程必须等待。

（3）进入临界区的线程要在有限时间内退出，以便其他线程能及时进入自己的临界区。

（4）如果进程不能进入自己的临界区，则应让出 CPU（阻塞），避免进程出现"忙等"现象。

9.3 利用 POSIX 多线程 API 函数进行线程同步

POSIX 提供了 3 种方式进行线程同步，即互斥锁、读写锁和条件变量。

9.3.1 互斥锁

1. 互斥锁的概念

互斥锁（也可称互斥量）是线程同步的一种机制，用来保护多线程的共享资源。同一时刻，只允许一个线程对临界区进行访问。互斥锁的工作流程是：初始化一个互斥锁，在进入临界区前把互斥锁加锁（防止其他线程进入临界区），退出临界区的时候把互斥锁解锁（让别的线程有机会进入临界区），最后不用互斥锁的时候就销毁它。POSIX 库中用类型 pthread_mutex_t 来定义一个互斥锁。pthread_mutex_t 是一个联合体类型，定义在 pthreadtypes.h 中，具体如下：

```
/* Data structures for mutex handling.  The structure of the attribute
   type is not exposed on purpose.  */
typedef union
{
  struct __pthread_mutex_s
  {
    int __lock;
    unsigned int __count;
    int __owner;
#ifdef __x86_64__
    unsigned int __nusers;
#endif
    /* KIND must stay at this position in the structure to maintain
       binary compatibility.  */
    int __kind;
#ifdef __x86_64__
    int __spins;
    pthread_list_t __list;
# define __PTHREAD_MUTEX_HAVE_PREV 1
#else
    unsigned int __nusers;
    __extension__ union
    {
```

```
            int __spins;
            __pthread_slist_t __list;
        };
#endif
    } __data;
    char __size[__SIZEOF_PTHREAD_MUTEX_T];
    long int __align;
} pthread_mutex_t;
```

我们不需要去深究这个类型，只要了解即可。注意使用的时候不需要包含 pthreadtypes.h 文件，只需要包含 pthread.h 文件即可，因为 pthread.h 文件会包含 pthreadtypes.h 文件。

我们可以如下定义一个互斥锁：

```
pthread_mutex_t mutex;
```

2. 互斥锁的初始化

用于初始化互斥锁的函数是 pthread_mutex_init（这种初始化方式叫函数初始化），声明如下：

```
int pthread_mutex_init(pthread_mutex_t *restrict mutex,const pthread_mutexattr_t *restrict attr);
```

其中，参数 mutex 是指向 pthread_mutex_t 变量的指针；attr 是指向 pthread_mutexattr_t 的指针，表示互斥锁的属性，如果赋值为 NULL，则使用默认的互斥锁属性，该参数通常使用 NULL。如果函数执行成功就返回 0，否则返回错误码。

注意：关键字 restrict 只用于限定指针，用来告知编译器所有修改该指针所指向内容的操作全部都是基于该指针的，即不存在其他进行修改操作的途径，这样可以帮助编译器更好地进行代码优化，生成更有效率的汇编代码。

使用函数 pthread_mutex_init 初始化互斥锁属于动态方式，还可以用宏 PTHREAD_MUTEX_INITIALIZER 来静态地初始化互斥锁（这种方式叫常量初始化），这个宏定义在 pthread.h 中，定义如下：

```
# define PTHREAD_MUTEX_INITIALIZER \
    { { 0, 0, 0, 0, 0, { 0 } } }
```

它用一些初始化值来初始化一个互斥锁。用 PTHREAD_MUTEX_INITIALIZER 来初始化一个互斥锁可以这样写：

```
pthread_mutex_t  mutex = PTHREAD_MUTEX_INITIALIZER;
```

注意，如果 mutex 是指针，则不能用这种静态方式，例如：

```
pthread_mutex_t  * pmutex =  (pthread_mutex_t *)malloc(sizeof(pthread_mutex_t));
pmutex = PTHREAD_MUTEX_INITIALIZER;   // 这样是错误的
```

因为 PTHREAD_MUTEX_INITIALIZER 相当于一组常量，只能对 pthread_mutex_t 的变量进行赋值，而不能赋值给一个指针，即使这个指针已经分配了内存空间。如果要对指针进行初始化，可以用函数 pthread_mutex_init，比如：

```
pthread_mutex_t  *pmutex =  (pthread_mutex_t
*)malloc(sizeof(pthread_mutex_t));
pthread_mutex_init(pmutex, NULL);   // 这个写法是正确的，动态初始化一个互斥锁
```

或者可以先定义变量，再调用初始化函数进行初始化，例如：

```
pthread_mutex_t  mutex;
pthread_mutex_init(&mutex, NULL);
```

注意，静态初始化的互斥锁是不需要销毁的，而动态初始化的互斥锁是需要销毁的，销毁函数会在后面讲到。

3. 互斥锁的上锁和解锁

一个互斥锁成功初始化后，就可以用于上锁和解锁了。上锁是为了防止其他线程进入临界区，解锁则允许其他线程进入临界区。用于上锁的函数是 pthread_mutex_lock 或 pthread_mutex_trylock，前者声明如下：

```
int pthread_mutex_lock(pthread_mutex_t *mutex);
```

其中，参数 mutex 是指向 pthread_mutex_t 变量的指针，应该已经成功初始化了。函数执行成功时返回 0，否则返回错误码。值得注意的是，如果调用该函数时互斥锁已经被其他线程上锁了，则调用该函数的线程将被阻塞。

另一个上锁函数 pthread_mutex_trylock 在调用时，如果互斥锁已经上锁了，则并不阻塞，而是立即返回，并且函数返回 EBUSY。函数声明如下：

```
int pthread_mutex_trylock(pthread_mutex_t *mutex);
```

其中，参数 mutex 是指向 pthread_mutex_t 变量的指针，应该已经成功初始化了。函数执行成功时返回 0，否则返回错误码。

当线程退出临界区后，要对互斥锁进行解锁。解锁的函数是 pthread_mutex_unlock，声明如下：

```
int pthread_mutex_unlock(pthread_mutex_t *mutex);
```

其中，参数 mutex 是指向 pthread_mutex_t 变量的指针，应该是已上锁的互斥锁。函数执行成功时返回 0，否则返回错误码。需要注意的是，pthread_mutex_unlock 要和 pthread_mutex_lock 成对使用。

4. 互斥锁的销毁

当互斥锁用完后，需要销毁，用于销毁互斥锁的函数是 pthread_mutex_destroy，声明如下：

```
int pthread_mutex_destroy(pthread_mutex_t *mutex);
```

其中，参数 mutex 是指向 pthread_mutex_t 变量的指针，应该是已初始化的互斥锁。函数执行成功时返回 0，否则返回错误码。

关于互斥锁的基本函数介绍完了，下面我们通过例子来加深理解。

【例9.3】用互斥锁的多线程累加

(1) 打开 Visual Studio Code, 新建一个 test.cpp 文件, 在 test.cpp 中输入代码:

```cpp
#include <stdio.h>
#include <unistd.h>
#include <pthread.h>
#include <sys/time.h>
#include <string.h>
#include <cstdlib>

int gcn = 0;

pthread_mutex_t mutex;

void *thread_1(void *arg) {
    int j;
    for (j = 0; j < 10000000; j++) {
        pthread_mutex_lock(&mutex);
        gcn++;
        pthread_mutex_unlock(&mutex);
    }
    pthread_exit((void *)0);
}

void *thread_2(void *arg) {
    int j;
    for (j = 0; j < 10000000; j++) {
        pthread_mutex_lock(&mutex);
        gcn++;
        pthread_mutex_unlock(&mutex);    // 解锁
    }
    pthread_exit((void *)0);
}
int main(void)
{
    int j,err;
    pthread_t th1, th2;

    pthread_mutex_init(&mutex, NULL);    // 初始化互斥锁
    for (j = 0; j < 10; j++)
    {
        err = pthread_create(&th1, NULL, thread_1, (void *)0);
        if (err != 0) {
            printf("create new thread error:%s\n", strerror(err));
            exit(0);
        }
        err = pthread_create(&th2, NULL, thread_2, (void *)0);
        if (err != 0) {
            printf("create new thread error:%s\n", strerror(err));
            exit(0);
```

```cpp
        }
        err = pthread_join(th1, NULL);
        if (err != 0) {
            printf("wait thread done error:%s\n", strerror(err));
            exit(1);
        }
        err = pthread_join(th2, NULL);
        if (err != 0) {
            printf("wait thread done error:%s\n", strerror(err));
            exit(1);
        }
        printf("gcn=%d\n", gcn);
        gcn = 0;
    }
    pthread_mutex_destroy(&mutex);     // 销毁互斥锁

    return 0;
}
```

（2）上传 test.cpp 到 Linux，在终端下输入命令 g++ -o test test.cpp -lpthread，其中 pthread 是线程库的名字，然后运行 test，运行结果如下：

```
[root@localhost cpp98]# ./test
gcn=20000000
gcn=20000000
gcn=20000000
gcn=20000000
gcn=20000000
gcn=20000000
gcn=20000000
gcn=20000000
gcn=20000000
gcn=20000000
```

正如我们所料，加了互斥锁来同步线程后，每次都能得到正确的结果。下面我们来帮伙计证明一下。

【例9.4】用互斥锁进行同步的卖货程序

（1）打开 Visual Studio Code，新建一个 test.cpp 文件，在 test.cpp 中输入代码：

```cpp
#include <stdio.h>
#include <unistd.h>
#include <pthread.h>

int a = 200; // 当前货物价值
int b = 100; // 当前现金

pthread_mutex_t lock;                    // 定义一个全局的互斥锁
```

```cpp
void* ThreadA(void*)                        // 伙计卖货线程
{
    while (1)
    {
        pthread_mutex_lock(&lock);          // 上锁
        a -= 50;                            // 卖出价值 50 元的货物
        b += 50;                            // 收回 50 元钱
        pthread_mutex_unlock(&lock);        // 解锁
    }
}

void* ThreadB(void*)                        // 老板对账线程
{
    while (1)
    {
        pthread_mutex_lock(&lock);          // 上锁
        printf("%d\n", a + b);
        pthread_mutex_unlock(&lock);        // 解锁
        sleep(1);
    }
}

int main()
{
    pthread_t tida, tidb;
    pthread_mutex_init(&lock, NULL);                    // 初始化互斥锁
    pthread_create(&tida, NULL, ThreadA, NULL);         // 创建伙计卖货线程
    pthread_create(&tidb, NULL, ThreadB, NULL);         // 创建老板对账线程
    pthread_join(tida, NULL);
    pthread_join(tidb, NULL);

    pthread_mutex_destroy(&lock);                       // 销毁互斥锁

    return 1;
}
```

（2）上传 test.cpp 到 Linux，在终端下输入命令 g++ -o test test.cpp -lpthread，其中 pthread 是线程库的名字，然后运行 test，运行结果如下：

```
[root@localhost cpp98]# g++ -o test test.cpp -lpthread
[root@localhost cpp98]# ./test
300
300
300
300
300
300
^C
[root@localhost cpp98]#
```

加了互斥锁同步线程后，老板每次对账输出的结果都是 300，这是因为伙计卖货和收钱的过程没有被打断，账面就对了。

9.3.2 读写锁

1. 读写锁的概念

前面我们讲述了通过互斥锁来同步线程访问临界资源的方法。回想一下前面介绍的互斥锁，它只有两个状态，要么是加锁状态，要么是不加锁状态。假如现在一个线程 a 只想读一个共享变量 i，因为不确定是否会有线程去写它，所以还是要对它进行加锁。但是这时又有一个线程 b 试图读共享变量 i，发现它被锁住，那么 b 不得不等到 a 释放了锁后才能获得锁并读取 i 的值，但是两个读取操作即使同时发生，也不会像写操作那样造成竞争，因为它们不修改变量的值。所以我们期望在多个线程试图读取共享变量的值时，它们可以立刻获取因为读而加的锁，而不需要等待前一个线程释放。读写锁解决了上面的问题，它提供了比互斥锁更好的并行性。因为以读模式加锁后，当有多个线程试图再以读模式加锁时，并不会造成这些线程被阻塞在等待锁的释放上。

读写锁是多线程同步的另一种机制。在一些程序中存在读操作和写操作问题，也就是说，对某些资源的访问会存在两种可能的情况，一种情况是访问必须是排他的，就是独占的意思，这种操作称作写操作；另一种情况是访问方式是可以共享的，就是可以有多个线程同时去访问某个资源，这种操作就称作读操作。这个问题模型是从对文件的读写操作中引申出来的。把对资源的访问细分为读和写两种操作模式，这样可以大大增加并发效率。读写锁比互斥锁的适用性更高，并行性也更高。需要注意的是，这里只是说并行效率比互斥锁高，并不是速度一定比互斥锁快，因为读写锁更复杂，系统开销更大。并发性好对于用户体验非常重要，假设使用互斥锁需要 0.5 秒，使用读写锁需要 0.8 秒，如果突然有 20 个查询请求，并且使用的是互斥锁，则最后的查询请求被满足需要 10 秒，这估计没人能受得了。使用读写锁时，因为读锁能够多次获得，所以 20 个请求中，每个请求都能在 1 秒左右被满足，用户体验好得多。

读写锁有几个重要特点需要记住：

（1）如果一个线程用读锁锁定了临界区，那么其他线程也可以用读锁来进入临界区，这样就可以有多个线程并行操作。这个时候如果再用写锁加锁就会发生阻塞，写锁请求阻塞后，后面继续有读锁来请求时，这些后来的读锁都将被阻塞。这样避免了读锁长期占用资源，防止写锁饥饿。

（2）如果一个线程用写锁锁住了临界区，那么其他线程无论是读锁还是写锁都会发生阻塞。

POSIX 库中用类型 pthread_rwlock_t 来定义一个读写锁，pthread_rwlock_t 是一个联合体类型，定义在 pthreadtypes.h 中，定义如下：

```
typedef union
{
# ifdef __x86_64__
    struct
    {
        int __lock;
        unsigned int __nr_readers;
        unsigned int __readers_wakeup;
        unsigned int __writer_wakeup;
```

```
            unsigned int __nr_readers_queued;
            unsigned int __nr_writers_queued;
            int __writer;
            int __shared;
            unsigned long int __pad1;
            unsigned long int __pad2;
        /* FLAGS must stay at this position in the structure to maintain
           binary compatibility.  */
            unsigned int __flags;
# define __PTHREAD_RWLOCK_INT_FLAGS_SHARED 1
        } __data;
# else
        struct
        {
            int __lock;
            unsigned int __nr_readers;
            unsigned int __readers_wakeup;
            unsigned int __writer_wakeup;
            unsigned int __nr_readers_queued;
            unsigned int __nr_writers_queued;
            /* FLAGS must stay at this position in the structure to maintain
               binary compatibility.  */
            unsigned char __flags;
            unsigned char __shared;
            unsigned char __pad1;
            unsigned char __pad2;
            int __writer;
        } __data;
# endif
        char __size[__SIZEOF_PTHREAD_RWLOCK_T];
        long int __align;
} pthread_rwlock_t;
```

我们不需要去深究这个类型，只要了解即可。注意使用的时候不需要包含pthreadtypes.h文件，只需要包含pthread.h文件即可。

我们可以这样定义一个读写锁：

```
pthread_rwlock_t rwlock;
```

2. 读写锁的初始化

读写锁有两种初始化方式，即常量初始化和函数初始化。常量初始化通过宏PTHREAD_RWLOCK_INITIALIZER来给一个读写锁变量赋值，比如：

```
pthread_rwlock_t rwlock = PTHREAD_RWLOCK_INITIALIZER;
```

同互斥锁一样，这种方式属于静态初始化方式，不能对一个读写锁指针进行初始化，比如下面这样是错误的：

```
pthread_rwlock_t *prwlock = (pthread_rwlock_t *)malloc(sizeof(pthread_rwlock_t));
```

```
prwlock = PTHREAD_RWLOCK_INITIALIZER;    // 这样是错误的
```

函数初始化方式属于动态初始化方式，通过函数 pthread_rwlock_init 进行，该函数声明如下：

```
int pthread_rwlock_init(pthread_rwlock_t *restrict rwlock,const
pthread_rwlockattr_t *restrict attr);
```

其中，参数 rwlock 是指向 pthread_rwlock_t 类型变量的指针，表示一个读写锁；attr 是指向 pthread_rwlockattr_t 类型变量的指针，表示读写锁的属性，如果该参数为 NULL，则使用默认的读写锁属性。如果函数执行成功就返回 0，否则返回错误码。

静态初始化的读写锁是不需要销毁的，而动态初始化的读写锁是需要销毁的，销毁函数我们会在后面讲到。

比如对如下条件变量进行初始化：

```
pthread_rwlock_t *prwlock = (pthread_rwlock_t
*)malloc(sizeof(pthread_rwlock_t));
pthread_rwlock_init (prwlock,NULL);
```

或者

```
pthread_rwlock_t rwlock;
pthread_rwlock_init (&rwlock,NULL);
```

3. 读写锁的上锁和解锁

读写锁的上锁可分为读模式下的上锁和写模式下的上锁。读模式下的上锁函数有 pthread_rwlock_rdlock 和 pthread_rwlock_tryrdlock，前者声明如下：

```
int pthread_rwlock_rdlock(pthread_rwlock_t *rwlock);
```

其中，参数 rwlock 是指向 pthread_rwlock_t 变量的指针，应该已经成功初始化了。函数执行成功时返回 0，否则返回错误码。值得注意的是，如果调用该函数时，读写锁已经被其他线程在写模式下上了锁或者有一个线程在写模式下等待该锁，则调用该函数的线程将被阻塞；如果其他线程在读模式下已经上锁，则可以获得该锁，进入临界区。

另一个读模式下的上锁函数 pthread_rwlock_tryrdlock 在调用时，如果读写锁已经上锁了，则它并不被阻塞，而是立即返回 EBUSY，该函数声明如下：

```
int pthread_rwlock_tryrdlock(pthread_rwlock_t *rwlock);
```

其中，参数 rwlock 是指向 pthread_rwlock_t 变量的指针，应该已经成功初始化了。函数执行成功时返回 0，否则返回错误码。

相对于读模式下的上锁，写模式下的读写锁也有两个上锁函数：pthread_rwlock_wrlock 和 pthread_rwlock_trywrlock。前者声明如下：

```
int pthread_rwlock_wrlock(pthread_rwlock_t *rwlock);
```

其中，参数 rwlock 是指向 pthread_rwlock_t 变量的指针，应该已经成功初始化了。函数执行成功时返回 0，否则返回错误码。值得注意的是，如果调用该函数时，读写锁已经被其他线程上锁（无论是读模式还是写模式），则调用该函数的线程将被阻塞。

函数 pthread_rwlock_trywrlock 和 pthread_rwlock_wrlock 类似，唯一的区别是读写锁不可用时不会被阻塞，而是返回一个错误值 EBUSY。该函数声明如下：

```
int pthread_rwlock_trywrlock(pthread_rwlock_t *rwlock);
```

其中，参数 rwlock 是指向 pthread_rwlock_t 变量的指针，应该已经成功初始化了。函数执行成功时返回 0，否则返回错误码。

除了上述上锁函数外，还有两个不常用的上锁函数，它们可以设定在规定的时间内等待读写锁，如果等不到，就返回 ETIMEDOUT。这两个函数声明如下：

```
int pthread_rwlock_timedrdlock(pthread_rwlock_t *restrict rwlock, const struct timespec *restrict abs_timeout);
int pthread_rwlock_timedwrlock(pthread_rwlock_t *restrict rwlock, const struct timespec *restrict abs_timeout);
```

这两个函数不常用，所以这里不详细说明了。

当线程退出临界区后，要对读写锁进行解锁，解锁的函数是 pthread_rwlock_unlock，声明如下：

```
int pthread_rwlock_unlock(pthread_rwlock_t *rwlock);
```

其中，参数 rwlock 是指向 pthread_rwlock_t 变量的指针，应该是已上锁的读写锁。函数执行成功时返回 0，否则返回错误码。需要注意的是，该函数要与上锁函数成对使用。

4. 读写锁的销毁

当读写锁用完后，需要销毁，用于销毁读写锁的函数是 pthread_rwlock_destroy，声明如下：

```
int pthread_rwlock_destroy(pthread_rwlock_t *rwlock);
```

其中，参数 rwlock 是指向 pthread_mutex_t 变量的指针，它应该是已初始化的读写锁。函数执行成功时返回 0，否则返回错误码。

关于读写锁的基本函数介绍完了，下面我们通过例子来加深理解。

【例9.5】互斥锁和读写锁速度大比拼

（1）打开 Visual Studio Code，新建一个 test.cpp 文件，在 test.cpp 中输入代码：

```cpp
#include <stdio.h>
#include <unistd.h>
#include <pthread.h>
#include <sys/time.h>
#include <string.h>
#include <cstdlib>

int gcn = 0;

pthread_mutex_t mutex;
pthread_rwlock_t rwlock;

void *thread_1(void *arg) {
```

```c
        int j;
        volatile int a;
        for (j = 0; j < 10000000; j++) {
            pthread_mutex_lock(&mutex);            // 上锁
            a = gcn;                               // 只读全局变量 gcn
            pthread_mutex_unlock(&mutex);          // 解锁
        }
        pthread_exit((void *)0);
}

void *thread_2(void *arg) {
        int j;
        volatile int b;
        for (j = 0; j < 10000000; j++) {
            pthread_mutex_lock(&mutex);            // 上锁
            b = gcn;                               // 只读全局变量 gcn
            pthread_mutex_unlock(&mutex);          // 解锁
        }
        pthread_exit((void *)0);
}

void *thread_3(void *arg) {
        int j;
        volatile int a;
        for (j = 0; j < 10000000; j++) {
            pthread_rwlock_rdlock(&rwlock);        // 上锁
            a = gcn;                               // 只读全局变量 gcn
            pthread_rwlock_unlock(&rwlock);
        }
        pthread_exit((void *)0);
}

void *thread_4(void *arg) {
        int j;
        volatile int b;
        for (j = 0; j < 10000000; j++) {
            pthread_rwlock_rdlock(&rwlock);        // 上锁
            b = gcn;                               // 只读全局变量 gcn
            pthread_rwlock_unlock(&rwlock);        // 解锁
        }
        pthread_exit((void *)0);
}

int mutextVer(void)
{
        int j,err;
        pthread_t th1, th2;

        struct  timeval start;
```

```c
    clock_t t1, t2;
    struct timeval end;

    pthread_mutex_init(&mutex, NULL);     // 初始化互斥锁

    gettimeofday(&start, NULL);

    err = pthread_create(&th1, NULL, thread_1, (void *)0);
    if (err != 0) {
        printf("create new thread error:%s\n", strerror(err));
        exit(0);
    }
    err = pthread_create(&th2, NULL, thread_2, (void *)0);
    if (err != 0) {
        printf("create new thread error:%s\n", strerror(err));
        exit(0);
    }

    err = pthread_join(th1, NULL);
    if (err != 0) {
        printf("wait thread done error:%s\n", strerror(err));
        exit(1);
    }
    err = pthread_join(th2, NULL);
    if (err != 0) {
        printf("wait thread done error:%s\n", strerror(err));
        exit(1);
    }

    gettimeofday(&end, NULL);

    pthread_mutex_destroy(&mutex);        // 销毁互斥锁

    long long total_time = (end.tv_sec - start.tv_sec) * 1000000 + (end.tv_usec - start.tv_usec);

    total_time /= 1000;                   // 以毫秒为单位获取运行时间
    printf("total mutex time is %lld ms\n", total_time);

    return 0;
}


int rdlockVer(void)
{
    int j, err;
    pthread_t th1, th2;

    struct timeval start;
    clock_t t1, t2;
```

```
    struct timeval end;


    pthread_rwlock_init(&rwlock, NULL); // 初始化读写锁

    gettimeofday(&start, NULL);

    err = pthread_create(&th1, NULL, thread_3, (void *)0);
    if (err != 0) {
        printf("create new thread error:%s\n", strerror(err));
        exit(0);
    }
    err = pthread_create(&th2, NULL, thread_4, (void *)0);
    if (err != 0) {
        printf("create new thread error:%s\n", strerror(err));
        exit(0);
    }

    err = pthread_join(th1, NULL);
    if (err != 0) {
        printf("wait thread done error:%s\n", strerror(err));
        exit(1);
    }
    err = pthread_join(th2, NULL);
    if (err != 0) {
        printf("wait thread done error:%s\n", strerror(err));
        exit(1);
    }

    gettimeofday(&end, NULL);

    pthread_rwlock_destroy(&rwlock); // 销毁互斥锁


    long long total_time = (end.tv_sec - start.tv_sec) * 1000000 + (end.tv_usec - start.tv_usec);
    total_time /= 1000;              // 以毫秒为单位获取运行时间
    printf("total rwlock time is %lld ms\n", total_time);

    return 0;
}

int main()
{
    mutextVer();
    rdlockVer();

    return 0;
}
```

（2）上传 test.cpp 到 Linux，在终端下输入命令 g++ -o test test.cpp -lpthread，其中 pthread 是线程库的名字，然后运行 test，运行结果如下：

```
[root@localhost cpp98]# g++ -o test test.cpp -lpthread
[root@localhost cpp98]# ./test
total mutex time is 439 ms
total rwlock time is 836 ms
```

从这个例子中可以看出，即使都是在读情况下，读写锁依然比互斥锁速度慢。那是不是说读写锁没什么作用了呢？不是这样的，虽然读写锁在速度上可能不如互斥锁，但它的并发性好，而并发性对于用户体验非常重要。对于并发性要求高的地方，应该优先考虑读写锁。

9.3.3 条件变量

1. 条件变量的概念

线程间的同步有这样一种情况：线程 A 需要等某个条件成立才能继续往下执行，现在这个条件不成立，线程 A 就阻塞等待，而线程 B 在执行过程中使这个条件成立了，于是唤醒线程 A 继续执行。在 POSIX 线程库中，同步机制之一的条件变量（Condition Variable）就是用在这种场合，它可以让一个线程因等待"条件变量的条件"而挂起，另一个线程在条件成立后向挂起的线程发送条件成立的信号。这两种行为都是通过条件变量相关的函数实现的。

为了防止线程间竞争，使用条件变量时，需要联合互斥锁一起使用。条件变量常用在多线程之间关于共享数据状态变化的通信中，当一个线程的行为依赖于另一个线程对共享数据状态的改变时，就可以使用条件变量来同步它们。

我们首先来看一个经典问题——生产者-消费者问题（Producer-Consumer）。生产者-消费者问题也称作有界缓冲区（Bounded-Buffer）问题，两个线程共享一个公共的固定大小的缓冲区。其中一个是生产者，用于将数据放入缓冲区，如此反复；另一个是消费者，用于从缓冲区中取出数据，如此反复。问题出现在当缓冲区已经满了，而此时生产者还想向其中放入一个新的数据项的情形，解决方法是让生产者进行休眠，等待消费者从缓冲区中取出一个或者多个数据后再去唤醒它。同样地，当缓冲区已经空了，而消费者还想去取数据时，也可以让消费者进行休眠，等待生产者放入一个或者多个数据后再唤醒它。这样做看似对了，但其实在实现时会有一个死锁情况存在。为了跟踪缓冲区中的消息数目，需要一个全局变量 count。如果缓冲区最多存放 N 个数据，则生产者的代码会首先检查 count 是否达到 N，如果是，则生产者休眠，否则生产者向缓冲区中放入一个数据，并增加 count 的值。消费者的代码也与此类似，首先检测 count 是否为 0，如果是，则休眠，否则从缓冲区中取出消息并减少 count 的值。同时，每个线程也需要检查是否需要唤醒另一个进程。代码如下：

```
pthread_mutex_t mutex;    // 定义一个互斥锁，用于让生产线程和消费线程对缓冲区互斥访问
#define N 100              // 缓冲区大小
int count = 0;             // 跟踪缓冲区的记录数

/* 生产者线程 */
void procedure(void)
{
```

```
    int item;                                    // 缓冲区中的数据项

    while(true)                                  // 无限循环
    {
        item = produce_item();                   // 产生下一个数据项
        if (count == N)                          // 如果缓冲区满了,进行休眠
        {
            sleep();
        }
        pthread_mutex_lock(&mutex);              // 上锁
        insert_item(item);                       // 将新数据项放入缓冲区
        count = count + 1;                       // 计数器加 1
        pthread_mutex_unlock(&mutex);            // 解锁

        if (count == 1)                          // 表明插入之前为空
        {                                        // 消费者等待
            wakeup(consumer);                    // 唤醒消费者
        }
    }
}

/* 消费者线程 */
void consumer(void)
{
    int item;                                    // 缓冲区中的数据项

    while(true)                                  // 无限循环
    {
        if (count == 0)                          // 如果缓冲区为空,进入休眠
        {
            sleep();
        }
        pthread_mutex_lock(&mutex);              // 上锁
        item = remove_item();                    // 从缓冲区中取出一个数据项
        count = count - 1;                       // 计数器减 1
        pthread_mutex_unlock(&mutex);            // 解锁
        if (count == N -1)                       // 缓冲区有空槽
        {                                        // 唤醒生产者
            wakeup(producer);
        }
    }
}
```

当缓冲区为空时,消费线程刚刚读取 count 的值为 0,就准备开始休眠(sleep)了,而此时调度程序决定暂停消费线程并启动执行生产线程。生产者向缓冲区中加入一个数据项,count 的值加 1。现在 count 的值变成了 1。推断刚才 count 为 0,所以此时消费者一定在休眠,于是生产者开始调用 wakeup(consumer)来唤醒消费者。但是,此时消费者实际上并没有休眠,因此 wakeup 信号就丢失了。当消费者下次运行时,它将进入休眠(因为它已经判断过 count 是 0 了)。而生产者下次运行的时候,count 会继续递增,并且不会唤醒 consumer 了(生产者认为消费者醒着),所以迟早会填满缓

冲区，然后生产者也休眠，这样两个线程就都永远地休眠下去了。产生这个问题的关键是消费者解锁到休眠这段代码有可能被打断，而条件变量的重要功能是把释放互斥锁到休眠这段代码当作一个原子操作，不允许打断。

POSIX 库中用类型 pthread_cond_t 来定义一个条件变量，比如：

```
#include <pthread.h>
pthread_cond_t cond;
```

2. 条件变量的初始化

条件变量有两种初始化方式，即常量初始化和函数初始化。常量初始化通过宏 PTHREAD_RWLOCK_INITIALIZER 来给一个读写锁变量赋值，比如：

```
pthread_cond_t cond = PTHREAD_COND_INITIALIER;
```

这种方式属于静态初始化方式，不能对一个读写锁指针进行初始化，比如下面的代码是错误的：

```
pthread_cond_t *pcond = (pthread_cond_t *)malloc(sizeof(pthread_cond_t));
pcond = PTHREAD_COND_INITIALIER;  // 这样是错误的
```

函数初始化方式属于动态初始化方式，通过函数 pthread_cond_init 进行，该函数声明如下：

```
int pthread_cond_init(pthread_cond_t *cond,pthread_condattr_t *cond_attr);
```

其中，参数 cond 是指向 pthread_cond_t 变量的指针；cond_attr 是指向 pthread_condattr_t 变量的指针，表示条件变量的属性，如果赋值为 NULL，则使用默认的条件变量属性，该参数通常使用 NULL。如果函数执行成功就返回 0，否则返回错误码。

静态初始化的条件变量是不需要销毁的，而动态初始化的条件变量是需要销毁的，销毁函数我们会在后面讲到。

比如对如下条件变量进行初始化：

```
pthread_cond_t *pcond = (pthread_cond_t *)malloc(sizeof(pthread_cond_t));
pthread_cond_init(pcond,NULL);
```

或者

```
pthread_cond_t  cond;
pthread_cond_init(&cond,NULL);
```

下面的代码也演示了一个条件变量的静态初始化过程：

```
#include <pthread.h>
#include "errors.h"

typedef struct my_struct_tag {
    pthread_mutex_t    mutex;   /* 对变量访问进行保护 */
    pthread_cond_t     cond;    /* 变量值发生改变会发出信号*/
    int                value;   /* 被互斥锁保护的变量 */
} my_struct_t;

my_struct_t data = {
```

```
        PTHREAD_MUTEX_INITIALIZER, PTHREAD_COND_INITIALIZER, 0};
int main (int argc, char *argv[])
{
    return 0;
}
```

上面代码初始化的效果和用函数 pthread_mutex_init 与 pthread_cond_init（都使用默认属性）进行初始化的效果是一样的。

3. 等待条件变量

函数 pthread_cond_wait 和 pthread_cond_timedwait 用于等待条件变量，并且将线程阻塞在一个条件变量上。pthread_cond_wait 声明如下：

```
int pthread_cond_wait(pthread_cond_t *restrict cond,pthread_mutex_t *restrict mutex);
```

其中，参数 cond 指向 pthread_cond_t 类型变量的指针，表示一个已经初始化的条件变量；mutex 指向一个互斥锁变量的指针，用于同步线程对共享资源的访问。如果函数执行成功就返回 0，出错则返回错误编号。

这里再次强调，为了防止多个线程同时请求函数 pthread_cond_wait 形成竞争，因此条件变量必须和一个互斥锁联合使用。如果条件不满足，调用 pthread_cond_wait 会发生这些操作：线程将 mutex 解锁、线程被条件变量 cond 阻塞。这是一个原子操作，不会被打断。被阻塞的线程可以在以后某个时间通过其他线程执行函数 pthread_cond_signal 或 pthread_cond_broadcast 来唤醒。线程被唤醒后，如果条件还不满足，该线程将继续阻塞在这里，等待下一次被唤醒。这个过程可以用 while 循环语句来实现，比如：

```
Lock (mutex)

while (condition is false) {
    Cond_wait(cond, mutex, timeout)
}

DoSomething()

Unlock (mutex)
```

使用 while 还有一个原因是，阻塞在条件变量上的线程被唤醒有可能不是因为条件被满足，而是因为虚假唤醒（Spurious Wakeups）。虚假唤醒在 POSIX 标准里是默认允许的，wait 返回只是代表共享数据有可能被改变，因此必须要重新判断。

那么什么时候会出现虚假唤醒呢？

在多核处理器下，pthread_cond_signal 可能会激活多于一个线程（阻塞在条件变量上的线程）。结果就是，当一个线程调用 pthread_cond_signal() 后，多个调用 pthread_cond_wait() 或 pthread_cond_timedwait() 的线程返回。

当函数等到条件变量时，将对 mutex 上锁并唤醒本线程。这也是一个原子操作。由于

pthread_cond_wait 需要释放锁，因此当调用 pthread_cond_wait 的时候，互斥锁必须已经被调用线程锁定。由于收到信号时要对 mutex 上锁，因此等到信号时，除了信号来到外，互斥锁也应该已经解锁了，只有两个条件都满足，该函数才会返回。

函数 pthread_cond_timedwait 是计时等待条件变量，声明如下：

```
 int pthread_cond_timedwait(pthread_cond_t *restrict cond,pthread_mutex_t
*restrict mutex,const struct timespec *restrict abstime);
```

其中，参数 cond 指向 pthread_cond_t 类型变量的指针，表示一个已经初始化的条件变量；mutex 指向一个互斥锁变量的指针，用于同步线程对共享资源的访问；abstime 指向结构体 timespec 变量，表示等待的时间，如果等于或超过这个时间，则返回 ETIME。结构体 timespec 定义如下：

```
typedef struct timespec{
    time_t tv_sec;          // 秒
    long tv_nsex;           // 纳秒
}timespec_t;
```

这里的秒和纳秒数是自 1970 年 1 月 1 号 00:00:00 开始到现在所经历的时间。如果函数执行成功就返回 0，出错则返回错误编号。

4. 唤醒等待条件变量的线程

pthread_cond_signal 用于唤醒一个等待条件变量的线程，该函数声明如下：

```
int pthread_cond_signal(pthread_cond_t *cond);
```

其中，参数 cond 指向 pthread_cond_t 类型变量的指针，表示一个已经阻塞线程的条件变量。如果函数执行成功就返回 0，出错则返回错误编号。

pthread_cond_signal 只唤醒一个等待该条件变量的线程，pthread_cond_broadcast 则将唤醒所有等待该条件变量的线程，该函数声明如下：

```
int pthread_cond_broadcast(pthread_cond_t *cond);
```

其中，参数 cond 指向 pthread_cond_t 类型变量的指针，表示一个已经阻塞线程的条件变量。如果函数执行成功就返回 0，出错则返回错误编号。

5. 条件变量的销毁

当不再使用条件变量的时候，应该把它销毁。用于销毁条件变量的函数是 pthread_cond_destroy，声明如下：

```
int pthread_cond_destroy(pthread_cond_t *cond);
```

其中，参数 cond 指向 pthread_cond_t 类型变量的指针，表示一个不再使用的条件变量。如果函数执行成功就返回 0，出错则返回错误编号。

关于条件变量的基本函数就介绍完了，下面我们通过例子来加深理解。

【例9.6】找出1~20中能整除3的整数

（1）打开 Visual Studio Code，新建一个 test.cpp 文件，在 test.cpp 中输入代码：

```c
#include <pthread.h>
#include <stdio.h>
#include <stdlib.h>
#include <unistd.h>

pthread_mutex_t mutex = PTHREAD_MUTEX_INITIALIZER;/*初始化互斥锁*/
pthread_cond_t cond = PTHREAD_COND_INITIALIZER;/*初始化条件变量*/

void *thread1(void *);
void *thread2(void *);

int i = 1;
int main(void)
{
    pthread_t t_a;
    pthread_t t_b;

    pthread_create(&t_a, NULL, thread2, (void *)NULL);      // 创建线程t_a
    pthread_create(&t_b, NULL, thread1, (void *)NULL);      // 创建线程t_b
    pthread_join(t_b, NULL);/*等待进程t_b结束*/
    pthread_mutex_destroy(&mutex);
    pthread_cond_destroy(&cond);
    exit(0);
}

void *thread1(void *junk)
{
    for (i = 1; i <= 20; i++)
    {
        pthread_mutex_lock(&mutex);            // 锁住互斥锁
        if (i % 3 == 0)
            pthread_cond_signal(&cond);        // 唤醒等待条件变量cond的线程
        else
            printf("thead1:%d\n", i);          // 打印不能整除3的i
        pthread_mutex_unlock(&mutex);          // 解锁互斥锁

        sleep(1);
    }

}

void *thread2(void *junk)
{
    while (i < 20)
    {
        pthread_mutex_lock(&mutex);

        if (i % 3 != 0)
            pthread_cond_wait(&cond, &mutex);            // 等待条件变量
        printf("------------thread2:%d\n", i);           // 打印能整除3的i
```

```
        pthread_mutex_unlock(&mutex);

        sleep(1);
        i++;
    }
}
```

（2）上传 test.cpp 到 Linux，在终端下输入命令 g++ -o test test.cpp -lpthread，其中 pthread 是线程库的名字，然后运行 test，运行结果如下：

```
[root@localhost cpp98]# g++ -o test test.cpp -lpthread
[root@localhost cpp98]# ./test
thead1:1
thead1:2
------------thread2:3
thead1:5
------------thread2:6
thead1:8
------------thread2:9
thead1:10
------------thread2:12
thead1:13
------------thread2:15
thead1:16
------------thread2:18
thead1:19
```

在本例中，线程 1 在累加 i 的过程中，如果发现 i 能整除 3，就唤醒等待条件变量 cond 的线程。线程 2 在循环中，如果发现 i 不能整除 3，则阻塞线程，等待条件变量。需要注意的是，由于调用 pthread_cond_wait 时需要释放锁，因此在调用 pthread_cond_wait 的时候，互斥锁必须已经被调用线程锁定，所以我们在线程 2 中的 pthread_cond_wait 函数调用前会先调用加锁函数（即 pthread_mutex_lock(&mutex);），而且等 pthread_cond_wait 收到条件变量信号时，它又要对互斥锁加锁，就需要在线程 1 中的 pthread_cond_signal 后面调用解锁函数（即 pthread_mutex_unlock(&mutex);），才会让线程 2 中的 pthread_cond_wait 返回，并执行它后面的语句。此外，pthread_cond_wait 可以对 mutex 上锁，当用完 i 的时候，再对 mutex 解锁，这样可以让线程 1 继续进行。当线程 1 打印了一个非整除 3 的 i 后，就休眠了，此时将切换到线程 2 的执行，线程发现 i 不能整除 3，就阻塞。

9.4　C++11/14 中的线程同步

　　C++11/14 提供了两种方式进行线程同步，即互斥锁和条件变量。一线实际编程中用得较多的是互斥锁，C++11 中的条件变量在实际编程中用得不多，这里不再赘述。
　　同 POSIX 线程库一样，C++11 也提供了互斥锁来同步线程对共享资源的访问，而且是语言级别上的支持。我们知道，互斥锁是线程同步的一种机制，用来保护多线程的共享资源。同一时刻，只允许一个线程对临界区进行访问。互斥锁的工作流程是：初始化一个互斥锁，在进入临界区前把互斥锁加锁（防止其他线程进入临界区），退出临界区的时候把互斥锁解锁（让别的线程有机会进入临界区），最后不用互斥锁的时候就销毁它。POSIX 库中用类型 pthread_mutex_t 来定义一个互斥锁，pthread_mutex_t 是一个联合体类型，定义在 pthreadtypes.h 中。

C++ 11 中与互斥锁相关的类（包括锁类型）和函数都声明在头文件 <mutex>中，如果需要使用互斥锁相关的类，就必须包含头文件<mutex>。C++11 中的互斥锁有 4 种，并对应着 4 种不同的类。

（1）基本互斥锁，对应的类为 std::mutex。
（2）递归互斥锁，对应的类为 std::recursive_mutex。
（3）定时互斥锁，对应的类为 std::time_mutex。
（4）定时递归互斥锁，对应的类 std::time_mutex。

既然是互斥锁，那肯定有上锁和解锁操作，这些类里面都有上锁的成员函数 lock、try_lock 以及解锁的成员函数 unlock。

下面具体介绍基本互斥锁和定时互斥锁。

1. 基本互斥锁std::mutex

类 std::mutex 是最基本的互斥锁，用来同步线程对临界资源的互斥访问。它的成员函数如表 9-1 所示。

表 9-1 类 std::mutex 的成员函数

成员函数	说　　明
mutex	构造函数
lock	互斥锁上锁
Try_lock	如果互斥锁没有上锁，则上锁
native_handle	得到本地互斥锁句柄

函数 lock 用来对一个互斥锁上锁，如果互斥锁没有被上锁，则当前线程（调用线程，调用该函数的线程）可以成功对互斥锁上锁，即当前线程拥有互斥锁，直到当前线程调用解锁函数 unlock。如果互斥锁已经被其他线程上锁了，则当前线程挂起，直到互斥锁被其他线程解锁。如果互斥锁已经被当前线程上锁了，则再次调用该函数时将死锁，若需要递归上锁，则可以调用成员函数 recursive_mutex。该函数声明如下：

```
void lock();
```

函数 unlock 用来对一个互斥锁解锁，释放调用线程对其拥有的所有权。如果有其他线程因为要对互斥锁上锁而被阻塞，则互斥锁被调用线程解锁后，被阻塞的其他线程就可以继续往下执行了，即能对互斥锁上锁了。如果互斥锁当前没有被调用线程上锁，则调用线程调用 unlock 后将产生不可预知的结果。函数 unlock 声明如下：

```
void unlock();
```

lock 和 unlock 都要被调用线程配对使用。

【例9.7】 多线程统计计数器到10万

（1）打开 Visual Studio Code，新建一个 test.cpp 文件，在 test.cpp 中输入代码：

```cpp
#include <iostream>              // std::cout
#include <thread>                // std::thread
#include <mutex>                 // std::mutex

volatile int counter(0);         // 定义一个全局变量，当作计数器，用于累加
std::mutex mtx;                  // 用于保护 counter 的互斥锁

void thrfunc()
{
    for (int i = 0; i < 10000; ++i)
    {
        mtx.lock();              // 互斥锁上锁
        ++counter;               // 计数器累加
        mtx.unlock();            // 互斥锁解锁
    }
}

int main(int argc, const char* argv[])
{
    std::thread threads[10];

    for (int i = 0; i < 10; ++i)
        threads[i] = std::thread(thrfunc); // 启动10个线程

    for (auto& th : threads) th.join();    // 等待10个线程结束
    std::cout <<"count to "<< counter << " successfully \n";

    return 0;
}
```

（2）上传 test.cpp 到 Linux，在终端下输入命令 g++ -o test test.cpp -lpthread -std=c++11，其中 pthread 是线程库的名字，然后运行 test，运行结果如下：

```
# g++ -o test test.cpp -lpthread -std=c++11
# ./test
count to 100000 successfully
```

2. 定时互斥锁std::time_mutex

类 std:: time_mutex 是定时互斥锁类，和基本互斥锁类似，用来同步线程对临界资源的互斥访问，区别是多了定时。它的成员函数如表 9-2 所示。

表 9-2　类 std:: time_mutex 的成员函数

成员函数	说　　明
mutex	构造函数
lock	互斥锁上锁

（续表）

成员函数	说明
try_lock	如果互斥锁没有上锁，则努力上锁，但不阻塞
try_lock_for	如果互斥锁没有上锁，则努力一段时间上锁，这段时间内阻塞，过了这段时间就退出
try_lock_until	努力上锁，直到某个时间点，时间点到达之前将一直阻塞
native_handle	得到本地互斥锁句柄

函数 try_lock 尝试锁住互斥锁，如果互斥锁被其他线程占有，则当前线程也不会被阻塞，线程调用该函数会出现 3 种情况：① 如果当前互斥锁没有被其他线程占有，则当前调用线程锁住互斥锁，直到该线程调用 unlock 释放互斥锁；② 如果当前互斥锁被其他线程锁住，则当前调用线程返回 false，而并不会被阻塞；③ 如果当前互斥锁被当前调用线程锁住，则会产生死锁。该函数声明如下：

```
bool try_lock();  // 注意有下画线
```

如果函数成功上锁，则返回 true，否则返回 false。该函数不会被阻塞，不能上锁时将立即返回 false。

【例9.8】用非阻塞上锁版本改写上例

（1）打开 Visual Studio Code，新建一个 test.cpp 文件，在 test.cpp 中输入代码：

```cpp
#include <iostream>           // std::cout
#include <thread>             // std::thread
#include <mutex>              // std::mutex

volatile int counter(0);      // 定义一个全局变量，当作计数器用于累加
std::mutex mtx;               // 用于保护 counter 的互斥锁

void thrfunc()
{
    for (int i = 0; i < 10000; ++i)
    {
        if (mtx.try_lock())    // 互斥锁上锁
        {
            ++counter;         // 计数器累加
            mtx.unlock();      // 互斥锁解锁
        }
        else std::cout << "try_lock false\n" ;
    }
}

int main(int argc, const char* argv[])
{
    std::thread threads[10];

    for (int i = 0; i < 10; ++i)
        threads[i] = std::thread(thrfunc);  // 启动 10 个线程
```

```
      for (auto& th : threads) th.join();    // 等待 10 个线程结束
      std::cout << "count to " << counter << " successfully \n";

      return 0;
}
```

（2）上传 test.cpp 到 Linux，在终端下输入命令 g++ -o test test.cpp -lpthread -std=c++11，其中 pthread 是线程库的名字，然后运行 test，运行结果如下：

```
# g++ -o test test.cpp -lpthread -std=c++11
# ./test
count to 100000 successfully
```

从上面两个例子可以看出，当临界区的代码很短的时候，比如只有"counter++;"，lock 和 try_lock 的效果一样。

9.5 线程池

9.5.1 线程池的定义

这里的池是形象的说法。线程池就是有一堆已经创建好了的线程，初始都处于空闲等待状态，当有新的任务需要处理的时候，就从这堆线程（这堆线程比喻为线程池）中取一个空闲等待的线程来处理该任务，当任务处理完毕后，就把该线程放回池中（一般就是将线程状态置为空闲），以供后面的任务继续使用。当池子里的线程全都处于忙碌状态时，线程池中没有可用的空闲等待线程，此时可以根据需要选择创建一个新的线程并置入池中，或者通知任务当前线程池里所有线程都在忙，等待片刻再尝试。这个过程可以用图 9-2 来表示。

图 9-2

9.5.2 使用线程池的原因

线程的创建和销毁相对于进程的创建和销毁来说是轻量级的（开销没有进程那么大），但是当我们的任务需要进行大量线程的创建和销毁操作时，这些开销合在一起就比较大了。比如，设计一个压力性能测试框架的时候，需要连续产生大量的并发操作。线程池在这种场合是非常适用的。线程池的好处就在于线程复用，某个线程在处理完一个任务后，可以继续处理下一个任务，而不用销毁后再创建，这样可以避免无谓的开销，因此尤其适用于连续产生大量并发任务的场合。

9.5.3 用 C++实现一个简单的线程池

在知道了线程池的基本概念后，下面我们用 Linux C++来实现一个基本的线程池，该线程池虽然简单，但可以体现线程池的基本工作思想。另外，线程池的实现是千变万化的，有时候要根据实际应用场合来定制，但万变不离其宗，原理都是一样的。现在我们从简单的、基本的线程池开始实践，为以后工作中设计复杂高效的线程池做准备。

【例9.9】用C++实现一个简单的线程池

（1）打开 Visual Studio Code，新建文本文件并输入如下代码：

```cpp
#ifndef __THREAD_POOL_H
#define __THREAD_POOL_H

#include <vector>
#include <string>
#include <pthread.h>

using namespace std;

/*执行任务的类：设置任务数据并执行*/
class CTask {
protected:
    string m_strTaskName;        // 任务的名称
    void* m_ptrData;              // 要执行的任务的具体数据

public:
    CTask() = default;
    CTask(string &taskName)
        : m_strTaskName(taskName)
        , m_ptrData(NULL) {}
    virtual int Run() = 0;
    void setData(void* data);    // 设置任务数据

    virtual ~CTask() {}
};

/*线程池管理类*/
class CThreadPool {
private:
    static vector<CTask*> m_vecTaskList;        // 任务列表
    static bool shutdown;                        // 线程退出标志
    int m_iThreadNum;                            // 线程池中启动的线程数
```

```
    pthread_t *pthread_id;

    static pthread_mutex_t m_pthreadMutex;      // 线程同步锁
    static pthread_cond_t m_pthreadCond;        // 线程同步条件变量

protected:
    static void* ThreadFunc(void *threadData); // 新线程的线程回调函数
    static int MoveToIdle(pthread_t tid);      // 线程执行结束后,把自己放入空闲线程中
    static int MoveToBusy(pthread_t tid);      // 移入到忙碌线程中去
    int Create();                              // 创建线程池中的线程

public:
    CThreadPool(int threadNum);
    int AddTask(CTask *task);                  // 把任务添加到任务队列中
    int StopAll();                             // 使线程池中的所有线程退出
    int getTaskSize();                         // 获取当前任务队列中的任务数
};

#endif
```

（2）保存代码为头文件 thread_pool.h，再新建一个 thread_pool.cpp 文件，并输入如下代码：

```
#include "thread_pool.h"
#include <cstdio>

void CTask::setData(void* data) {
    m_ptrData = data;
}

// 静态成员初始化
vector<CTask*> CThreadPool::m_vecTaskList;
bool CThreadPool::shutdown = false;
pthread_mutex_t CThreadPool::m_pthreadMutex = PTHREAD_MUTEX_INITIALIZER;
pthread_cond_t CThreadPool::m_pthreadCond = PTHREAD_COND_INITIALIZER;

// 线程管理类构造函数
CThreadPool::CThreadPool(int threadNum) {
    this->m_iThreadNum = threadNum;
    printf("I will create %d threads.\n", threadNum);
    Create();
}

// 线程回调函数
void* CThreadPool::ThreadFunc(void* threadData) {
    pthread_t tid = pthread_self();
    while (1)
    {
        pthread_mutex_lock(&m_pthreadMutex);
        // 如果队列为空, 等待新任务进入任务队列
        while (m_vecTaskList.size() == 0 && !shutdown)
            pthread_cond_wait(&m_pthreadCond, &m_pthreadMutex);
```

```cpp
            // 关闭线程
            if (shutdown)
            {
                pthread_mutex_unlock(&m_pthreadMutex);
                printf("[tid: %lu]\texit\n", pthread_self());
                pthread_exit(NULL);
            }

            printf("[tid: %lu]\trun: ", tid);
            vector<CTask*>::iterator iter = m_vecTaskList.begin();
            // 取出一个任务并处理
            CTask* task = *iter;
            if (iter != m_vecTaskList.end())
            {
                task = *iter;
                m_vecTaskList.erase(iter);
            }

            pthread_mutex_unlock(&m_pthreadMutex);

            task->Run();      // 执行任务
            printf("[tid: %lu]\tidle\n", tid);

        }

        return (void*)0;
}

// 往任务队列里添加任务并发出线程同步信号
int CThreadPool::AddTask(CTask *task) {
    pthread_mutex_lock(&m_pthreadMutex);
    m_vecTaskList.push_back(task);
    pthread_mutex_unlock(&m_pthreadMutex);
    pthread_cond_signal(&m_pthreadCond);

    return 0;
}

// 创建线程
int CThreadPool::Create() {
    pthread_id = new pthread_t[m_iThreadNum];
    for (int i = 0; i < m_iThreadNum; i++)
        pthread_create(&pthread_id[i], NULL, ThreadFunc, NULL);

    return 0;
}

// 停止所有线程
int CThreadPool::StopAll() {
```

```cpp
    // 避免重复调用
    if (shutdown)
        return -1;
    printf("Now I will end all threads!\n\n");

    // 唤醒所有等待线程，线程池也要销毁了
    shutdown = true;
    pthread_cond_broadcast(&m_pthreadCond);

    // 清理僵尸线程
    for (int i = 0; i < m_iThreadNum; i++)
        pthread_join(pthread_id[i], NULL);

    delete[] pthread_id;
    pthread_id = NULL;

    // 销毁互斥锁和条件变量
    pthread_mutex_destroy(&m_pthreadMutex);
    pthread_cond_destroy(&m_pthreadCond);

    return 0;
}

// 获取当前队列中的任务数
int CThreadPool::getTaskSize() {
    return m_vecTaskList.size();
}
```

（3）新建一个 main.cpp，输入如下代码：

```cpp
#include "thread_pool.h"
#include <cstdio>
#include <stdlib.h>
#include <unistd.h>

class CMyTask : public CTask {
public:
    CMyTask() = default;
    int Run() {
        printf("%s\n", (char*)m_ptrData);
        int x = rand() % 4 + 1;
        sleep(x);
        return 0;
    }
    ~CMyTask() {}
};

int main() {
    CMyTask taskObj;
    char szTmp[] = "hello!";
    taskObj.setData((void*)szTmp);
```

```cpp
        CThreadPool threadpool(5);    // 线程池大小为 5

    for (int i = 0; i < 10; i++)
        threadpool.AddTask(&taskObj);

    while (1) {
        printf("There are still %d tasks need to handle\n", threadpool.getTaskSize());
        // 任务队列里已经没有任务了
        if (threadpool.getTaskSize() == 0) {
            // 清除线程池
            if (threadpool.StopAll() == -1) {
                printf("Thread pool clear, exit.\n");
                exit(0);
            }
        }
        sleep(2);
        printf("2 seconds later...\n");
    }
    return 0;
}
```

（4）把这3个文件上传到 Linux，在命令行下编译并运行：

```
# g++ thread_pool.cpp test.cpp -o test -lpthread
# ./test
I will create 5 threads.
There are still 10 tasks need to handle
[tid: 139992529053440]  run: hello!
[tid: 139992520660736]  run: hello!
[tid: 139992512268032]  run: hello!
[tid: 139992503875328]  run: hello!
[tid: 139992495482624]  run: hello!
2 seconds later...
There are still 5 tasks need to handle
[tid: 139992512268032]  idle
[tid: 139992512268032]  run: hello!
[tid: 139992495482624]  idle
[tid: 139992495482624]  run: hello!
[tid: 139992520660736]  idle
[tid: 139992520660736]  run: hello!
[tid: 139992529053440]  idle
[tid: 139992529053440]  run: hello!
[tid: 139992503875328]  idle
[tid: 139992503875328]  run: hello!
2 seconds later...
There are still 0 tasks need to handle
Now I will end all threads!

[tid: 139992520660736]  idle
[tid: 139992520660736]  exit
```

```
[tid: 139992495482624]   idle
[tid: 139992495482624]   exit
[tid: 139992512268032]   idle
[tid: 139992512268032]   exit
[tid: 139992529053440]   idle
[tid: 139992529053440]   exit
[tid: 139992503875328]   idle
[tid: 139992503875328]   exit
2 seconds later...
There are still 0 tasks need to handle
Thread pool clear, exit.
```

第 10 章

Linux 下的库

10.1 库的基本概念

库在软件开发中扮演着重要的角色，尤其是当软件规模较大的时候，往往会将软件划分为许多模块，这些模块各自提供不同的功能，而一些通用的功能会放在一个模块里，以供其他模块来调用，这样可以避免多次重复开发，从而提高效率。此外，在团队合作开发的软件项目中，可以根据模块划分来进行分工，比如指定某个人负责开发某个库。在实际的软件开发中，对于一些需要被许多模块反复使用的公共代码，我们通常将它们编译为库文件。

库从本质上来说是一种可执行代码的二进制格式，可以被载入内存中执行。在 Linux 操作系统中，库以文件的形式存在，并且可以分为动态链接库和静态链接库两种，简称动态库和静态库。动态链接库文件的后缀名是.so，静态链接库文件的后缀名是.a。无论是动态链接库还是静态链接库，都是向其调用者提供变量、函数或类。

10.2 库的分类

Linux 下的库有两种：静态库和动态库（共享库）。二者的不同在于代码被载入的时刻不同。

静态库在程序编译时会被链接到目标代码中，目标程序运行时将不再需要该静态库。静态库移植方便，但是体积较大，浪费空间和资源，因为所有相关的对象文件与涉及的库被链接合成一个可执行文件，这就导致可执行文件的体积较大。

动态库在程序编译时并不会被链接到目标代码中，而是在程序运行时才被载入，因此可执行文件体积较小。有了动态库，程序的升级变得相对简单，比如某个动态库升级了，只需要更换这个动态库文件，而不需要去更换可执行文件。但要注意的是，可执行程序在运行时需要能找到动态库文件。可执行文件是动态库的调用者。

10.3 静态库

10.3.1 静态库的基本概念

静态库文件的后缀为.a，在 Linux 下一般命名为 libxxx.a。当有程序使用某个静态库时，在链接步骤中，链接器将从静态库文件中取得的代码复制到生成的可执行文件中，即整个库中的所有函数都被链接到可执行文件中。因此使用静态库的可执行文件通常较大。但使用静态库的优点也非常明显，即可执行程序最终运行时不需要和该库有关的文件的支持，因为所有使用的函数都已经被编译进去了，可执行文件可以直接运行。当然，有时候这也是一个缺点，比如静态库里的内容改变了，那么程序（调用者）必须重新编译。

10.3.2 静态库的创建和使用

通常使用 ar 命令来创建静态库。通过 ar 命令其实就是把一些目标文件（.o）组合在一起，成为一个单独的静态库。Linux 上创建静态库的步骤如下：

（1）编辑源文件（比如.c 或.cpp 文件）。
（2）通过 gcc -c xxx.c 或 g++ -c xxx.cpp 生成目标文件（即.o 文件）。
（3）用 ar 归档目标文件，生成静态库。
（4）配合静态库写一个头文件，文件里的内容就是提供给外面使用的函数、变量或类的声明。

要学会创建静态库，主要是学会 ar 命令的使用。ar 命令不但可以创建静态库，还可以修改或提取已有静态库中的信息。它的常见用法如下：

ar [option] libxxx.a xx1.o xx2.o xx3.o ...

其中，option 是 ar 命令的选项；libxxx.a 是生成的静态库文件的名字，xxx 通常是我们自己设定的名字，lib 是一种习惯，静态库通常以 lib 开头；后面的 xx1.o、xx2.o、xx3.o 是要归档进静态库中的目标代码文件，可以有多个，所以后面用省略号。

常用选项如下：

（1）选项 c：用来创建一个库。无论库是否存在，都将创建。
（2）选项 s：创建目标文件索引，这在创建较大的库时能加快时间。如果不需要创建索引，可改成大写 S 参数；如果.a 文件缺少索引，还可以使用 ranlib 命令添加。
（3）选项 r：在库中插入模块，若插入的模块名已经在库中存在，则将替换同名的模块。如果若干模块中有一个模块在库中不存在，ar 就会显示一个错误消息，并不会替换其他同名模块。默认情况下，新的成员增加在库的结尾处，可以使用其他任意选项来改变增加的位置。
（4）选项 t：显示库文件中有哪些目标文件。注意，只显示名称。
（5）选项 tv：显示库文件中有哪些目标文件。显示的信息包括文件名、时间、大小等。
（6）选项 s：显示静态库文件中的索引表。

要使用静态库很简单，下面我们来看一个例子，生成一个静态库并使用它。

【例10.1】创建并使用静态库（g++版）

（1）打开 Visual Studio Code，新建一个源文件 test.cpp，内容如下：

```cpp
#include <stdio.h>
#include <iostream>
using namespace std;
void f(int age)
{
    cout << "your age is " << age << endl;
    printf("age:%d\n",age);
}
```

代码很简单。这个源码文件主要作为静态库。我们首先将 test.cpp 文件上传到 Linux，在命令行下输入以下命令：

```
# g++ -c test.cpp
```

此时会在 test.cpp 同目录下生成 test.o 目标文件。再输入以下命令来生成静态库：

```
# ar rcs libtest.a test.o
```

其中，ar 是静态函数库创建的命令，c 是 create（创建）的意思，rs 前面都有解释。

此时会在同目录下生成 libtest.a 静态库文件。注意，所要生成的.a 文件的名字前 3 位最好是 lib，否则在链接的时候，就可能找不到这个库。

（2）现在静态库生成了，我们另外编写一个源文件来使用该库中的函数 f。打开 Visual Studio Code，新建一个文件 main.cpp，并输入如下代码：

```cpp
extern void f(int age);    // 声明要使用的函数
#include <iostream>
using namespace std;

int main(int argc, char *argv[])
{
    f(66);
    cout << "HI" << endl;
    return 0;
}
```

代码很简单。首先声明一下 f，然后就可以在 main 函数中使用了。保存文件后将其上传到 Linux，注意要和 libtest.a 放在同一个目录，然后在命令行进行编译并运行：

```
# g++ -o main main.cpp -L. -ltest
# ./main
your age is 66
age:66
HI
```

编译运行成功了。其中，-L 用来告诉 g++去哪里找库文件，它后面加了一个点（.），表示在当前目录下去找库文件；-l 用来指定具体的库，其中的 lib 和.a 不用显式写出，g++或 gcc 会自动去寻找 libtest.a，这也是我们前面生成静态库的时候，静态库的文件名要用 lib 前缀的原因。默认情况下，g++或 gcc 首先搜索动态库（.so）文件，找不到后再去寻找静态库（.a）文件。当前目录没有动态库文件，因此可以找到静态库文件。

gcc 和 g++使用静态库的过程类似，下面列举一个 gcc 版本的例子。

【例10.2】创建并使用静态库（gcc版）

（1）打开 Visual Studio Code，新建一个源文件 test.cpp，内容如下：

```
#include <stdio.h>
void f(int age)
{
    printf("age:%d\n",age);
}
```

这个源码文件主要作为静态库。我们首先将 test.c 文件上传到 Linux，在命令行下输入如下命令：

```
# gcc -c test.cpp
```

此时会在 test.cpp 同目录下生成 test.o 目标文件。再输入以下命令来生成静态库：

```
# ar rcs libtest.a test.o
```

此时会在同目录下生成 libtest.a 静态库文件。

（2）现在静态库生成了，我们另外编写一个源文件来使用该库中的函数 f。打开 Visual Studio Code，新建一个文件 main.cpp，并输入如下代码：

```
extern void f(int age);    // 声明要使用的函数

int main(int argc, char *argv[])
{
    f(66);
    return 0;
}
```

代码很简单，首先声明一下 f，然后就可以在 main 函数中使用了。保存代码后将其上传到 Linux，注意要和 libtest.a 放在同一个目录，然后在命令行进行编译并运行：

```
# gcc -o main main.cpp -L. -ltest
# ./main
age:66
```

编译运行成功了。其中，-L 用来告诉 gcc 去哪里找库文件，它后面加了一个点（.），表示在当前目录下去找库文件；-l 用来指定具体的库，其中的 lib 和.a 不用显式写出，g++或 gcc 会自动去寻找 libtest.a。默认情况下，g++或 gcc 首先搜索动态库（.so）文件，找不到后再去寻找静态库（.a）文件。当前目录没有动态库文件，因此可以找到静态库文件。

10.4 动态库

10.4.1 动态库的基本概念

动态库又称为共享库。这种类型的库的命名规则一般是 libxxx.M.N.so，其中，xxx 为库的名字，M 是库的主版本号，N 是库的副版本号。当然也可以不要版本号，但名字必须有，即 libxxx.so。相对于静态函数库，动态函数库在编译的时候并没有被编译进目标代码中，我们的程序执行到相关函数时才调用该函数库里的相应函数，因此动态函数库所产生的可执行文件比较小。由于函数库没有被整合进程序，而是程序运行时动态地申请并调用，因此程序的运行环境中必须提供相应的库。动态函数库的改变并不影响程序，所以动态函数库的升级比较方便。Linux 系统有几个重要的目录用于存放相应的函数库，如/lib/usr/lib。

当要使用静态的程序库时，连接器会找出程序所需的函数，然后将它们复制到执行文件，由于这种复制是完整的，因此一旦连接成功，静态程序库也就不再需要了。然而，对动态库而言，就不是这样的。动态库会在执行程序内留下一个标记，指明当程序执行时，首先必须载入这个库。由于动态库节省空间，因此 Linux 下进行连接的默认操作是首先连接动态库，也就是说，如果同时存在静态和动态库，不特别指定的话，将与动态库连接。

10.4.2 动态库的创建和使用

动态库文件的后缀为.so，可以直接使用 gcc 或 g++生成。下面来看一个例子。

【例10.3】创建和使用动态库

（1）打开 Visual Studio Code，新建一个源文件 test.cpp，内容如下：

```
#include <stdio.h>
#include <iostream>
using namespace std;
void f(int age)
{
    cout << "your age is " << age << endl;
    printf("age:%d\n",age);
}
```

代码很简单。这个源文件主要作为动态库。把源 test.c 文件上传到 Linux，在命令行输入：

```
# g++ test.cpp -fPIC -shared -o libtest.so
```

此时会在同目录下生成动态库文件 libtest.so。上面命令行中的-shared 表明生成共享库，而-fPIC 则表明使用地址无关代码。PIC 的全称是 Position Independent Code。在 Linux 下编译共享库时，必须加上-fPIC 参数，否则在链接时会有错误提示。那么 fPIC 的目的是什么？共享库文件可能会被不同的进程加载到不同的位置上，如果共享对象中的指令使用了绝对地址、外部模块地址，那么在共享对象被加载时就必须根据相关模块的加载位置对这个地址做调整，也就是修改这些地址，让它在对应进程中能正确访问，这样就不能实现多进程共享一份物理内存，共享库在每个进程中都必须有一份物理内存的复制。fPIC 指令就是为了让使用同一个共享对象的多个进程能尽可能多地共享物理内存，它背后把那些涉及绝对地址、外部模块地址访问的地方都抽离出来，保证代码段的内容可以多进程相同，实现共享。这些内容了解即可。总之，-fPIC（或-fpic）表示编译为位置独立的代码。位置独立的代码即位置无关代码，在可执行程序加载的时候，可以存放在内存中的任何位置。若不使用该选项，则编译后的代码是位置相关的代码，在可执行程序加载时，通过代码复制的方式来满足不同进程的需要，没有实现真正意义上的位置共享。

（2）动态库产生后，我们就可以使用动态库了，下面先编写一个主函数。打开 Visual Studio Code，新建一个文件 main.cpp，并输入如下代码：

```cpp
extern void f(int age);            // 声明要使用的函数
#include <iostream>
using namespace std;

int main(int argc, char *argv[])
{
    f(66);
    cout << "HI" << endl;

    return 0;
}
```

代码很简单。首先声明一下 f，然后就可以在 main 函数中使用了。保存代码后将其上传到 Linux，注意要和 libtest.a 放在同一个目录，然后在命令行进行编译并运行：

```
# g++ main.c -o main -L ./ -ltest
```

其中，-L 用来告诉 g++去哪里找库文件，它后面加了空格和./表示在当前目录下寻找库，或者直接写-L.即可；-l 用来指定具体的库，其中的 lib 和.so 不用显式写出，g++会自动去寻找 libtest.so。默认情况下，g++或 gcc 首先搜索动态库（.so）文件，找不到后再去寻找静态库（.a）文件。当前目录下以 test 命名的库文件有动态库文件（libtest.so），因此 g++可以找到。

编译链接后，会在当前目录下生成可执行文件 main，如果此时运行，会发现运行不了：

```
# ./main
./main: error while loading shared libraries: libtest.so: cannot open shared object file: No such file or directory
```

这是为什么呢？看提示似乎是 main 程序找不到 libtest.so，但是 main 文件和 libtest.so 都在同一目录下。虽然我们知道它们在同一目录下，但程序 main 并不知道。那怎么办呢？把动态库放到默认的搜索路径上，或者告诉系统动态库的路径即可，有以下 3 种方法。

第一种，将库复制到/usr/lib 和/lib（不包含子目录）下。

这两个路径是默认搜索的地方，但要注意的是，把动态库放到这两个目录之一后，要执行命令 ldconfig，否则还是会提示找不到。现在我们把 libtest.so 剪切到/usr/lib：

```
# mv libtest.so /usr/local/lib
```

移动后，当前目录下就没有 libtest.so 了，然后执行 ldconfig 后再运行 main：

```
# ldconfig
# ./main
age:66
HI
```

很多开源软件通过源码包进行安装时，如果不指定--prefix，就会将库安装在/usr/local/lib 目录下，当运行程序需要链接动态库时，提示找不到相关的.so 库，进而报错。也就是说，/usr/local/lib 目录不在系统默认的库搜索目录中。

第二种，在命令前加环境变量。

如果第一种方法做了，则首先把/usr/lib 或/lib 下的 libtest.so 删除：

```
[root@localhost lib]# cd /usr/lib
[root@localhost lib]# rm -f libtest.so
```

再回到/zww/test 下重新生成一个 libtest.so，然后加环境变量后运行 main：

```
# g++ test.cpp -fPIC -shared -o libtest.so
# LD_LIBRARY_PATH=/zww/test ./main
age:66
HI
```

可以看到，我们把动态库 libtest.so 的路径/zww/test 赋值给了环境变量 LD_LIBRARY_PATH，然后运行 main 就成功了。这种方法虽然简单，但该环境变量只对当前命令有效，当该命令执行完成后，该环境变量就无效了，除非每次执行 main 都这样加环境变量。要想采用永久法，可以参考第三种方法。

第三种，修改/etc/ld.so.conf 文件。

我们可以把自己的动态库文件的路径加到/etc/ld.so.conf 中，这个文件叫动态库配置文件，接着执行 ldconfig，然后系统可以把我们添加的路径作为其默认的搜索路径，一劳永逸。

```
# vi /etc/ld.so.conf
```

然后在该文件末尾新起一行加入我们的库路径/zww/test/，保存并关闭。此时查看/etc/ld.so.conf 的内容为：

```
# cat /etc/ld.so.conf
include ld.so.conf.d/*.conf
/zww/test/
```

其中，第一行原来就有。

现在开始执行 main：

```
# ./main
age:66
HI
```

可以发现执行成功了。我们也可以把 libtest.so 放到任意目录，然后添加任意目录的路径到/etc/ld.so.conf，发现再也不用担心 main 找不到 ibtest.so 了。比如现在把 libtest.so 放到/root/下，并执行 main：

```
# mv libtest.so /root
# ./main
./main: error while loading shared libraries: libtest.so: cannot open shared object file: No such file or directory
```

预料之中，main 找不到 libtest.so，因为/zww/test 下没有了。我们来修改/etc/ld.so.conf，把/root 添加进去，添加后的内容如下：

```
# cat /etc/ld.so.conf
include ld.so.conf.d/*.conf
/root
```

再执行 ldconfig，然后执行 main：

```
# ldconfig
# ./main
age:66
HI
```

执行成功了。值得注意的是，每次修改/etc/ld.so.conf 后，都要执行 ldconfig。ldconfig 命令的用途主要是在默认搜寻目录（/lib 和/usr/lib）以及动态库配置文件/etc/ld.so.conf 所列的目录下，搜索出可共享的动态链接库（格式如前面介绍的 lib*.so*），进而创建出动态装入程序（ld.so 程序）所需的连接和缓存文件。缓存文件默认为/etc/ld.so.cache，此文件保存已排好序的动态链接库的名字列表。

【例10.4】多个文件生成动态库

（1）打开 Visual Studio Code，新建一个源文件 test1.cpp，内容如下：

```cpp
#include <iostream>
using namespace std;
void f1(int age)
{
    cout << "this is libtest1.so: " << age << endl;
}
```

（2）保存后，再新建一个源文件 test2.cpp，内容如下：

```cpp
#include <iostream>
using namespace std;
void f2(int age)
{
    cout << "this is libtest2.so: " << age << endl;
}
```

代码很简单。这两个源文件主要作为动态库。

（3）把两个源文件上传到 Linux，在命令行下输入以下命令：

```
# g++ test1.cpp test2.cpp -fPIC -shared -o libtest.so
```

此时会在同目录下生成动态库文件 libtest.so，然后编译 main：

```
# g++ main.cpp -L. -ltest -o main
```

此时把/zww/test 路径加入动态库配置文件/etc/ld.so.conf 中，加入后内容如下：

```
# cat /etc/ld.so.conf
include ld.so.conf.d/*.conf
/zww/test
```

执行 ldconfig 后再执行 main：

```
# ldconfig
# ./main
this is libtest1.so: 65
this is libtest2.so: 66
bye
```

运行成功了。其实多个文件组成库的过程和一个文件类似，只是编译库的时候多加一个源文件而已。

第 11 章

TCP/IP 基础

　　Linux 网络编程所需的基础理论概念是一个很广的话题，如果要全面论述，根本不可能在一章里讲完。因此，本章将主要讲解 Linux 网络编程中经常涉及的 TCP/IP 概念等。

11.1 什么是 TCP/IP

　　TCP/IP 是 Transmission Control Protocol/Internet Protocol 的简写，中文译名为传输控制协议/因特网互联协议，又名网络通信协议，是 Internet 最基本的协议，也是国际互联网络的基础。TCP/IP 不是指一个协议，也不是 TCP 和 IP 这两个协议的合称，而是一个协议簇，包括多个网络协议，比如 IP、IMCP、TCP 以及我们更加熟悉的 HTTP、FTP、POP3 等。TCP/IP 定义了计算机操作系统如何连入因特网，以及数据如何在它们之间传输的标准。

　　TCP/IP 是为了解决不同系统的计算机之间的传输通信而提出的一个标准，不同系统的计算机采用了同一种协议后，就能相互进行通信，从而建立网络连接，实现资源共享和网络通信。就像两个说不同语言的人，都用英语说话后，就能相互交流了。

11.2 TCP/IP 的分层结构

　　TCP/IP 按照层次由上到下可以分成 4 层，分别是应用层（Application Layer）、传输层（Transport Layer）、网际层（Internet Layer，也称 Internet 层或网络层）和网络接口层（Network Interface Layer）。其中，应用层包含所有的高层协议，比如虚拟终端协议（Telecommunications Network，Telnet）、文件传输协议（File Transfer Protocol，FTP）、电子邮件传输协议（Simple Mail Transfer Protocol，SMTP）、域名服务（Domain Name Service，DNS）、网上新闻传输协议（Net News Transfer Protocol，

NNTP）和超文本传送协议（HyperText Transfer Protocol，HTTP）等。Telnet 允许一台机器上的用户登录到远程机器上，并进行工作；FTP 提供有效地将文件从一台机器上移到另一台机器上的方法；SMTP 用于电子邮件的收发；DNS 用于把主机名映射到网络地址；NNTP 用于新闻的发布、检索和获取；HTTP 用于在 WWW 上获取主页。

应用层的下面一层是传输层，著名的 TCP 和 UDP 就在这一层。TCP 是面向连接的协议，它提供了可靠的报文传输和对上层应用的连接服务。为此，除了基本的数据传输外，它还有可靠性保证、流量控制、多路复用、优先权和安全性控制等功能。UDP（User Datagram Protocol，用户数据报协议）是面向无连接的不可靠传输的协议，主要用于不需要 TCP 的排序和流量控制等功能的应用程序。

传输层的下面一层是网际层，该层是整个 TCP/IP 体系结构的关键部分，其功能是使主机可以把分组发往任何网络，并使分组独立地传向目标。这些分组可能经由不同的网络，到达的顺序和发送的顺序也可能不同。互联网层使用的协议有因特网协议（IP）。

网络层下面是网络接口层，或称数据链路层，该层是整个体系结构的基础部分，负责接收 IP 层的 IP 数据包，通过网络向外发送；或接收从网络上传来的物理帧，抽出 IP 数据包，向 IP 层发送。该层是主机与网络的实际连接层。链路层下面就是实体线路了（比如以太网络、光纤网络等）。链路层有以太网、令牌环网等标准，链路层负责网卡设备的驱动、帧同步（就是从网线上检测到什么信号算作新帧的开始）、冲突检测（如果检测到冲突就自动重发）、数据差错校验等工作。交换机是工作在链路层的网络设备，可以在不同的链路层网络之间转发数据帧（比如十兆以太网和百兆以太网之间、以太网和令牌环网之间）。由于不同链路层的帧格式不同，因此交换机要将输入进来的数据包拆掉链路层首部重新封装之后再转发。

不同的协议层对数据包有不同的称谓，在传输层叫作段（Segment），在网络层叫作数据报（Datagram），在链路层叫作帧（Frame）。数据封装成帧后发到传输介质上，到达目的主机后，每层协议再剥掉相应的首部，最后将应用层数据交给应用程序处理。

不同层包含不同的协议，我们可以用图 11-1 来表示各个协议及其所在的层。

图 11-1

在主机发送端，从传输层开始，会把上一层的数据加上一个报头形成本层的数据，这个过程叫数据封装，如图 11-2 所示。在主机接收端，从最下层开始，每一层数据会去掉首部信息，该过程叫作数据解封。

```
应用层                          用户数据              字节流
传输层                  TCP     用户数据              TCP报文段
                       首部
网际层              IP         TCP报文段              IP数据报或分组
                   首部
网络接入层      网络         IP数据报                  网络级分组或帧
               首部
```

图 11-2

以浏览某个网页为例，看看浏览网页的过程中，TCP/IP 各层做了哪些工作。
发送方：

（1）打开浏览器，输入网址"www.xxx.com"，按回车键，访问网页，其实就是访问 Web 服务器上的网页，在应用层采用的是 HTTP 协议，浏览器将网址等信息组成 HTTP 数据，并将数据送给下一层传输层。

（2）传输层在数据前面加上 TCP 首部，并标记端口为 80（Web 服务器默认端口），将这个数据段送给下一层网络层。

（3）网络层在这个数据段前面加上自己机器的 IP 地址和目的 IP 地址，这时这个段被称为 IP 数据包（也可以称为报文），然后将这个 IP 包送给下一层网络接口层。

（4）网络接口层先在 IP 数据包前面加上自己机器的 MAC 地址以及目的 MAC 地址，这时加上 MAC 地址的数据称为帧，网络接口层通过物理网卡将这个帧以比特流的方式发送到网络上。

互联网上有路由器，它会读取比特流中的 IP 地址进行选路，到达正确的网段，之后这个网段的交换机读取比特流中的 MAC 地址，找到对应要接收的机器。

接收方：

（1）网络接口层用网卡接收到比特流，读取比特流中的帧，将帧中的 MAC 地址去掉，就成了 IP 数据包，传递给上一层网络层。

（2）网络层接收到下层传上来的 IP 数据包，将 IP 从包的前面拿掉，取出带有 TCP 的数据（数据段）交给传输层。

（3）传输层拿到这个数据段，看到 TCP 标记的端口是 80 端口，说明应用层协议是 HTTP 协议，之后将 TCP 头去掉并将数据交给应用层，告诉应用层对方要求的是 HTTP 的数据。

（4）应用层发送方请求的是 HTTP 数据，就调用 Web 服务器程序，把 www.xxx.com 的首页文件发送回去。

如果两台计算机在不同的网段中，那么数据从一台计算机到另一台计算机的传输过程要经过一个或多个路由器。跨路由器通信过程如图 11-3 所示。

图 11-3

目的主机收到数据包后，如何经过各层协议栈到达应用程序呢？整个过程如图 11-4 所示。

图 11-4

以太网驱动程序首先根据以太网首部中的"上层协议"字段确定该数据帧的有效载荷（Payload，指除去协议首部之外实际传输的数据）是 IP、ARP 还是 RARP 的数据报，然后交给相应的协议处理。假如是 IP 数据报，IP 协议再根据 IP 首部中的"上层协议"字段确定该数据报的有效载荷是 TCP、UDP、ICMP 还是 IGMP，然后交给相应的协议处理。假如是 TCP 段或 UDP 段，TCP 或 UDP 协议再根据 TCP 首部或 UDP 首部的"端口号"字段确定应该将应用层数据交给哪个用户进程。IP 地址是标识网络中不同主机的地址，而端口号是同一台主机上标识不同进程的地址，IP 地址和端口号合起来标识网络中唯一的进程。

注意，虽然 IP、ARP 和 RARP 数据报都需要以太网驱动程序来封装成帧，但是从功能上划分，ARP 和 RARP 属于链路层，IP 属于网络层。虽然 ICMP、IGMP、TCP、UDP 的数据都需要 IP 协议来封装成数据报，但是从功能上划分，ICMP、IGMP 与 IP 属于网络层，TCP 和 UDP 属于传输层。

下面用一张图来总结一下 TCP/IP 模型对数据的封装，如图 11-5 所示。

图 11-5

11.3 应用层

应用层位于 TCP/IP 最高层,该层的协议主要有以下几种:

(1) 远程登录协议(Telnet)。
(2) 文件传送协议(File Transfer Protocol,FTP)。
(3) 简单邮件传送协议(Simple Mail Transfer Protocol,SMTP)。
(4) 域名系统(Domain Name System,DNS)。
(5) 简单网络管理协议(Simple Network Management Protocol,SNMP)。
(6) 超文本传送协议(Hyper Text Transfer Protocol,HTTP)。
(7) 邮局协议(POP3)。

其中,从网络上下载文件时使用的是 FTP,上网浏览网页时使用的是 HTTP;在网络上访问一台主机时,通常不直接输入 IP 地址,而是输入域名,用的是 DNS 服务协议,它会将域名解析为 IP 地址;通过 outlook 发送电子邮件时,使用的是 SMTP,接收电子邮件时会使用 POP3。

11.3.1 DNS

因特网上的主机通过 IP 地址来标识自己,但由于 IP 地址是一串数字,用这个数字去访问主机比较难记。因此,因特网管理机构又采用了一串英文来标识一个主机,这串英文是有一定规则的,它的专业术语叫域名(Domain Name)。对用户来讲,用户访问一个网站的时候,既可以输入该网站的 IP 地址,也可以输入其域名,对访问而言两者是等价的。例如,微软公司的 Web 服务器的域名是 www.microsoft.com,无论用户在浏览器中输入的是 www.microsoft.com,还是 Web 服务器的 IP 地址,都可以访问其 Web 网站。

域名由因特网域名与地址管理机构(Internet Corporation for Assigned Names and Numbers,ICANN)管理,这是为承担域名系统管理、IP 地址分配、协议参数配置以及主服务器系统管理等职能而设立的非赢利机构。ICANN 为不同的国家或地区设置了相应的顶级域名,这些域名通常由两个英文字母组成。例如,.uk 代表英国,.fr 代表法国,.jp 代表日本。中国的顶级域名是.cn,.cn 下的域名由中国互联网络信息中心(China Internet Network Information Center,CNNIC)进行管理。

域名只是某个主机的别名,并不是真正的主机地址,主机地址只能是 IP 地址。为了能够通过域名访问主机,必须实现域名和 IP 地址之间的转换。这个转换工作就由 DNS 来完成。DNS 是因特网的一项核心服务。它作为可以将域名和 IP 地址相互映射的一个分布式数据库，能够使人更方便地访问互联网，而不用记住可以直接被机器读取的 IP 数串。一个需要域名解析的用户先将该解析请求发往本地的域名服务器，如果本地的域名服务器能够解析，则直接得到结果，否则本地的域名服务器将向根域名服务器发送请求。依据根域名服务器返回的指针再查询下一层的域名服务器，以此类推，直到得到所要解析域名的 IP 地址。

11.3.2 端口的概念

我们知道，网络上的主机通过 IP 地址来标识自己，方便其他主机上的程序和自己主机上的程序建立通信。但主机上需要通信的程序有很多，如何才能找到对方主机上的目的程序呢？IP 地址只是用来寻找目的主机的，最终通信还需要找到目的程序。为此，人们提出了端口这个概念，用来标识目的程序。有了端口，一台拥有 IP 地址的主机可以提供许多服务，比如 Web 服务进程用 80 端口提供 Web 服务，FTP 进程通过 21 端口提供 FTP 服务，SMTP 进程通过 23 端口提供 SMTP 服务，等等。

如果把 IP 地址比作一间旅馆的地址，端口就是这家旅馆内某个房间的房号。旅馆的地址只有一个，但房间却有很多个，类似地端口也有很多个。端口是通过端口号来标记的，端口号是一个 16 位的无符号整数，范围是 0~65535（$2^{16}-1$），并且前面 1024 个端口号留给操作系统使用，我们自己的应用程序如果要使用端口，通常用 1024 后面的整数作为端口号。

11.4 传输层

传输层为应用层提供会话和数据报通信服务。传输层最重要的两个协议是 TCP 和 UDP。TCP 提供一对一的、面向连接的可靠通信服务，它能建立连接，对发送的数据包进行排序和确认，并恢复在传输过程中丢失的数据包。与 TCP 不同，UDP 提供一对一或一对多的、无连接的不可靠通信服务。

11.4.1 TCP

TCP 是面向连接的、保证高可靠性（数据无丢失、数据无失序、数据无错误、数据无重复到达）的传输层协议。它会把应用层数据加上一个 TCP 头，组成 TCP 报文。TCP 报文首部（TCP 头）的格式如图 11-6 所示。

图 11-6

如果用 C 语言来定义，可以这样写：

```
typedef struct _TCP_HEADER                  // TCP 头定义，共 20 字节
{
    short   sSourPort;                      // 源端口号 16 位
    short   sDestPort;                      // 目的端口号 16 位
    unsigned int   uiSequNum;               // 序列号 32 位
    unsigned int   uiAcknowledgeNum;        // 确认号 32 位
    short   sHeaderLenAndFlag;              // 前 4 位：TCP 头长度；中 6 位：保留；后 6 位：标志位
    short   sWindowSize;                    // 窗口大小 16 位
    short   sCheckSum;                      // 检验和 16 位
    short   surgentPointer;                 // 紧急数据偏移量 16 位
}TCP_HEADER, *PTCP_HEADER;
```

11.4.2 UDP

UDP 是无连接的、不保证可靠的传输层协议。它的协议头相对比较简单，如图 11-7 所示。

图 11-7

如果用 C 语言来定义，可以这样写：

```
typedef struct _UDP_HEADER                  // UDP 头定义，共 8 字节
{
    unsigned short m_usSourPort;            // 源端口号 16 位
    unsigned short m_usDestPort;            // 目的端口号 16 位
    unsigned short m_usLength;              // 数据包长度 16 位
    unsigned short m_usCheckSum;            // 校验和 16 位
}UDP_HEADER, *PUDP_HEADER;
```

11.5 网络层

网络层向上层提供简单灵活的、无连接的、尽最大努力交付的数据报服务。该层重要的协议有 IP、ICMP（Internet 互联网控制报文协议）、IGMP（Internet 组织管理协议）、ARP（地址转换协议）、RARP（反向地址转换协议）等。

11.5.1 IP

IP 是 TCP/IP 协议簇中最为核心的协议。它把上层数据报封装成 IP 数据包后进行传输。如果 IP 数据包太大，还要对数据包进行分片后再传输，到了目的地址处再进行组装还原，以适应不同物理

网络对一次所能传输数据大小的要求。

1. IP的特点

1）不可靠

不可靠的意思是它不能保证 IP 数据包能成功地到达目的地。IP 仅提供最好的传输服务。当发生某种错误时，如某个路由器暂时用完了缓冲区，IP 有一个简单的错误处理算法：丢弃该数据报，然后发送 ICMP 消息报给信源端。任何要求的可靠性必须由上层协议（如 TCP）来提供。

2）无连接

无连接的意思是 IP 并不维护任何关于后续数据报的状态信息。每个数据包的处理是相互独立的。这也说明，IP 数据报可以不按发送顺序接收。如果一信源向相同的信宿发送两个连续的数据报（先是 A，然后是 B），每个数据报都独立地进行路由选择，就可能选择不同的路线，因此 B 可能在 A 到达之前先到达。

3）无状态

无状态的意思是通信双方不同步传输数据的状态信息，无法处理乱序和重复的 IP 数据报。IP 数据报提供了标识字段来唯一标识 IP 数据报，处理 IP 分片和重组，不指示接收顺序。

2. IPv4数据包的包头格式

IPv4 数据包的包头格式如图 11-8 所示。

4位版本	4位首部长度	8位服务类型（TOS）	16位总长度（字节数）
16位标识		3位标志	13位片偏移
8位生存时间（TTL）	8位协议	16位首部校验和	
32位源IP地址			
32位目的IP地址			
选项（如果有）			填充
数据			

图 11-8

这里主要介绍 IPv4 的包头结构，IPv6 的结构与之不同。图 11-8 中的"数据"以上部分就是 IP 包头的内容。因为有了选项部分，所以 IP 包头的长度是不确定的。如果没有选项部分，则 IP 包头的长度为（4+4+8+16+16+3+13+8+8+16+32+32）位=160 位=20 字节，这也是 IP 包头的最小长度。

- 版本（Version）：占用4位，标识目前采用的IP协议的版本号，一般的值为0100（表示IPv4），0110（表示IPv6）。
- 首部长度：即IP包头长度，这个字段的作用是描述IP包头的长度。该字段占用4位，由于在IP包头中有变长的可选部分，为了能多表示一些长度，因此采用4字节（32位）为本字段数值的单位。比如4位最大能表示为1111，即15，单位是4字节，因此最多能表示的长度为15×4字节=60字节。
- 服务类型（Type of Service，TOS）：占用8位，这8位可用PPPDTRC0八个字符来表示，其中，PPP定义了包的优先级，取值越大表示数据越重要，取值如表11-1所示。

表 11-1　PPP 定义了包的优先级

PPP 取值	含　义	PPP 取值	含　义
000	普通（Routine）	100	疾速（Flash Override）
001	优先（Priority）	101	关键（Critic）
010	立即（Immediate）	110	网间控制（Internetwork Control）
011	闪速（Flash）	111	网络控制（Network Control）

- D：延迟，0表示普通，1表示延迟尽量小。
- T：吞吐量，0表示普通，1表示吞吐量尽量大。
- R：可靠性，0表示普通，1表示可靠性尽量大。
- M：传输成本，0表示普通，1表示成本尽量小。
- 0：这是最后一位，被保留，恒定为0。
- 总长度：占用16位空间，该字段表示以字节为单位的IP包的总长度(包括IP包头部和IP数据部分)。如果该字段全为1，就是最大长度，即$2^{16}-1$字节= 65535字节 ≈ 63.9990234375KB，有些书上写最大是64KB，其实是达不到的，最大长度只能是65535字节，而不是65536字节。
- 标识：在协议栈中保持着一个计数器，每产生一个数据报，计数器的值就加1，并将此值赋给标识字段。注意这个"标识符"并不是序号，IP是无连接服务，数据报不存在按序接收的问题。当IP数据报由于长度超过网络的MTU(Maximum Transmission Unit，最大传输单元)而必须分片(分片会在后面讲到，意思就是把一个大的网络数据包拆分成一个个小的数据包)时，这个标识字段的值就被复制到所有的小分片的标识字段中。相同的标识字段的值使得分片后各数据包片最后能正确地重装成为原来的大数据包。该字段占用16位。
- 标志(Flags)：该字段占用3位，该字段最高位不使用，第二位称DF(Don't Fragment)位，DF位设为1时表明路由器不用对上层数据包分片。如果一个上层数据包无法在不分段的情况下进行转发，则路由器会丢弃该上层数据包并返回一个错误信息。最低位称MF(More Fragments)位，为1时说明这个IP数据包是分片的，并且后续还有数据包；为0时说明这个IP数据包是分片的，但已经是最后一个分片了。
- 片偏移：该字段的含义是某个分片在原IP数据包中的相对位置。第一个分片的偏移量为0。片偏移以8字节为偏移单位。这样，每个分片的长度一定是8字节(64位)的整数倍。该字段占13位。
- 生存时间，也称存活时间（Time To Live，TTL）：表示数据包到达目标地址之前的路由跳数。TTL是由发送端主机设置的一个计数器，每经过一个路由节点值就减1，减到为0时，路由就丢弃该数据包，向源端发送ICMP差错报文。这个字段的主要作用是防止数据包不断在IP互联网络上永不终止地循环转发。该字段占8位。
- 协议：该字段用来标识数据部分所使用的协议，比如取值1表示ICMP、取值2表示IGMP、取值6表示TCP、取值17表示UDP、取值88表示IGRP、取值89表示OSPF。该字段占8位。
- 首部校验和（Header Checksum）：该字段用于对IP头部的正确性进行检测，但不包含数据部分。前面提到，每个路由器会改变TTL的值，所以路由器会为每个通过的数据包重新计算首部校验和。该字段占16位。
- 起源和目标地址：用于标识这个IP包的起源和目标IP地址。值得注意的是，除非使用NAT

（网络地址转换），否则在整个传输的过程中，这两个地址不会改变。这两个字段都占用32位。
- 选项（可选）：这是一个可变长的字段。该字段属于可选项，主要是在一些特殊情况下使用。最大长度是40字节。
- 填充（Padding）：由于IP包头长度字段的单位为32位，因此IP包头的长度必须为32位的整数倍。在可选项后面，IP协议会填充若干个0，以达到32位的整数倍。

在Linux源码中，IP包头的定义如下：

```c
struct iphdr {
#if defined(__LITTLE_ENDIAN_BITFIELD)
    __u8    ihl:4,
            version:4;
#elif defined (__BIG_ENDIAN_BITFIELD)
    __u8    version:4,
            ihl:4;
#else
#error  "Please fix <asm/byteorder.h>"
#endif
    __u8    tos;
    __be16  tot_len;
    __be16  id;
    __be16  frag_off;
    __u8    ttl;
    __u8    protocol;
    __sum16 check;
    __be32  saddr;
    __be32  daddr;
    /*The options start here. */
};
```

这个定义可以在源码目录的 include/uapi/linux/ip.h 中查到。

3. IP数据包分片

IP在传输数据包时，将数据包分为若干分片（小数据包）后进行传输，并在目的系统中进行重组。这一过程称为分片（Fragmentation）。

要理解IP分片，首先要理解MTU。物理网络一次传送的数据是有最大长度的，因此网络层下层（数据链路层）的传输单元（数据帧）也有一个最大长度，这个最大长度的值就是MTU。每一种物理网络都会规定链路层数据帧的最大长度，比如以太网的MTU为1500字节。

IP在传输数据包时，若IP数据包加上数据帧头部后长度大于MTU，则将数据包切分成若干分片（小数据包）后再进行传输，并在目标系统中进行重组。IP分片既可能在源端主机进行，也可能发生在中间的路由器处，因为不同网络的MTU是不一样的，而传输的整个过程可能会经过不同的物理网络。如果传输路径上的某个网络的MTU比源端网络的MTU小，路由器就可能对IP数据报再次进行分片。分片数据的重组只会发生在目的端的IP层。

4. IP 地址的定义

IP 中有个概念叫 IP 地址。所谓 IP 地址，就是 Internet 中主机的标识，Internet 中的主机要与别的主机通信必须具有一个 IP 地址。就像房子要有个门牌号，这样邮递员才能根据信封上的地址找到目的地。

IP 地址有两个版本，分别是 32 位的 IPv4 和 128 位的 IPv6，后者是为了解决前者不够用而产生的。每个 IP 数据包都必须携带目的 IP 地址和源 IP 地址，路由器依靠此信息为数据包选择路由。

这里以 IPv4 为例，IP 地址是由 4 个数字组成的，数字之间用小圆点隔开，每个数字的取值范围为 0~255（包括 0 和 255）。通常有两种表示形式：

（1）十进制表示，比如 192.168.0.1。
（2）二进制表示，比如 11000000.10101000.00000000.00000001。

两种方式可以相互转换，每 8 位二进制数对应 1 位十进制数。一个示例如图 11-9 所示。

图 11-9

实际应用中多用十进制表示，比如 172.16.100.2。

5. IP 地址的两级分类编址

因特网由很多网络构成，每个网络上都有很多主机，这样便构成了一个有层次的结构。IP 地址在设计的时候就考虑到地址分配的层次特点，把每个 IP 地址分割成网络号（NetID）和主机号（HostID）两部分，网络号表示主机属于互联网中的哪一个网络，而主机号则表示其属于该网络中的哪一台主机，两者之间是主从关系，同一网络中绝对不能有主机号完全相同的两台计算机，否则会报出 IP 地址冲突。IP 地址分为两部分后，IP 数据包从网际上的一个网络到达另一个网络时，选择路径可以基于网络而不是主机。在大型的网际中，这一点优势特别明显，因为路由表中只存储网络信息而不存储主机信息，这样可以大大简化路由表，方便路由器的 IP 寻址。

根据网络地址和主机地址在 IP 地址中所占的位数可以将 IP 地址分为 A、B、C、D、E 五类，每一类网络可以从 IP 地址的第一个数字看出，如图 11-10 所示。

这 5 类 IP 地址中，A 类地址的第 1 位为 0，第 2~8 位为网络地址，第 9~32 位为主机地址，这类地址适用于为数不多的主机数大于 2^{16} 的大型网络，A 类地址的网段有 126（2^7-2），每个 A 类网络最多可以容纳 16777214（$2^{24}-2$）台主机。

B 类地址前两位分别为 1 和 0，第 3~16 位为网络地址，第 17~32 位为主机地址，此类地址用于主机数介于 2^8 和 2^{16} 之间的中型网络，B 类网络可以有 16382（$2^{14}-2$）个网段。

C 类地址前 3 位分别为 1、1、0，第 4~24 位为网络地址，其余为主机地址，用于每个网络只能容纳 254（2^8-2）台主机的小型网，C 类网络数量上限为 2097150（$2^{21}-2$）个。

D 类地址前 4 位为 1、1、1、0，其余为多目地址。

```
              网络           主机
        A类  0xxxxxxx xxxxxxxx xxxxxxxx xxxxxxxx
             0—126         2²⁴-2=16,777,214

                 网络            主机
        B类  10xxxxxx xxxxxxxx xxxxxxxx xxxxxxxx
             128—191           2¹⁶-2=65534

                      网络            主机
        C类  110xxxxx xxxxxxxx xxxxxxxx xxxxxxxx
             192—223                  2⁸-2=254

                          多广播
        D类  1110xxxx xxxxxxxx xxxxxxxx xxxxxxxx
             224—239

                         实验室保留
        E类  11110xxx xxxxxxxx xxxxxxxx xxxxxxxx
             240—255
```

图 11-10

E 类地址前 5 位为 1、1、1、1、0，其余位数留待后用。

A 类 IP 地址的第一个字节范围是 0~126，B 类 IP 地址的第一个字节范围是 128~191，C 类 IP 地址的第一个字节范围是 192~223，所以看到 192.X.X.X 肯定是 C 类 IP 地址，大家根据 IP 地址的第一个字节的范围就能够推导出该 IP 地址属于 A 类还是 B 类或 C 类。

IP 地址以 A、B、C 三类为主，又以 B、C 两类地址更为常见。除此之外，还有一些特殊用途的 IP 地址，如广播地址（主机地址全为 1，用于广播，这里的广播是指同时向网上所有主机发送报文，不是指我们日常所听的那种广播）、有限广播地址（所有地址全为 1，用于本网广播）、本网地址（网络地址全为 0，后面的主机号表示本网地址）、回送测试地址（127.x.x.x 型，用于网络软件测试及本地机进程间通信）、主机位全 0 地址（这种地址的网络地址就是本网地址）及保留地址（网络号全 1 和全 0 两种）。由此可见，网络位全 1 或全 0 和主机位全 1 或全 0 都是不能随意分配的。这也是前面的 A、B、C 类网络的网络数及主机数要减 2 的原因。

总之，主机号全为 0 或全为 1 时分别作为本网络地址和广播地址使用，这种 IP 地址不能分配给用户使用。D 类网络用于广播，它可以将信息同时传送到网上的所有设备，而不是点对点的信息传送，这种网络可以用来召开电视电话会议。E 类网络常用于进行试验。网络管理员在配置网络时不应该采用 D 类和 E 类网络。特殊的 IP 地址如表 11-2 所示。

表 11-2 特殊的 IP 地址

特殊 IP 地址	含 义
0.0.0.0	表示默认的路由，这个值用于简化 IP 路由表
127.0.0.1	表示本机，使用这个地址，应用程序可以像访问远程主机一样访问本机
网络号全为 0 的 IP 地址	表示本网络的某主机，如 0.0.0.88 将访问本网络中节点为 88 的主机
主机号全为 0 的 IP 地址	表示网络本身
网络号或主机号全为 1	表示所有主机
255.255.255.255	表示本网络广播

当前，A 类地址已经全部分配完，B 类也剩余不多了，为了有效并连续地利用剩下的 C 类地址，互联网采用 CIDR（Classless Inter Domain Routing，无类别域间路由）方式把许多 C 类地址合起来作为 B 类地址分配。整个世界被分为 4 个地区，每个地区分配一段连续的 C 类地址：欧洲（194.0.0.0～195.255.255.255）、北美（198.0.0.0～199.255.255.255）、中南美（200.0.0.0～201.255.255.255）、亚太地区（202.0.0.0～203.255.255.255）、保留备用（204.0.0.0～223.255.255.255）。这样每一类都有约 3200 万网址可供使用。

6. 网络掩码

在 IP 地址的两级编址中，IP 地址由网络号和主机号两部分组成，如果我们把主机号部分全部置零，此时得到的地址就是网络地址。网络地址可以用于确定主机所在的网络，因此路由器只需计算出 IP 地址中的网络地址，然后跟路由表中存储的网络地址进行比较，就可以知道这个分组应该从哪个接口发送出去。当分组达到目的网络后，再根据主机号抵达目的主机。

要计算出 IP 地址中的网络地址，需要借助于网络掩码，或称默认掩码。这是一个 32 位的数，左边连续 n 位全部为 1，后边 32-n 位连续为 0。A、B、C 三类地址的网络掩码分别为 255.0.0.0、255.255.0.0 和 255.255.255.0。我们通过 IP 地址和网络掩码进行与运算，得到的结果就是该 IP 地址的网络地址。网络地址相同的两台主机就处于同一个网络中，它们可以直接通信，而不必借助于路由器。

举个例子，现在有两台主机 A 和 B，A 的 IP 地址为 192.168.0.1，网络掩码为 255.255.255.0；B 的 IP 地址为 192.168.0.254，网络掩码为 255.255.255.0。我们先运行 A，把它的 IP 地址和子网掩码每位相与。

- IP 地址：11010000.10101000.00000000.00000001。
- 子网掩码：11111111.11111111.11111111.00000000。
- AND 运算：
  - 网络号：11000000.10101000.00000000.00000000。
  - 转换为十进制：192.168.0.0。

再把 B 的 IP 地址和子网掩码每位相与：

- IP：11010000.10101000.00000000.11111110。
- 子网掩码：11111111.11111111.11111111.00000000。
- AND 运算：
  - 网络号：11000000.10101000.00000000.00000000。
  - 转换为十进制：192.168.0.0。

我们看到，A 和 B 两台主机的网络号是相同的，因此可以认为它们处于同一网络。

由于 IP 地址越来越不够用，为了不浪费，人们对每类网络进一步划分出子网，因此 IP 地址的编址又有了三级编址的方法，即子网内的某个主机 IP 地址={<网络号>,<子网号>,<主机号>}。该方法中有了子网掩码的概念。后来又提出了超网、无分类编址和 IPv6。限于篇幅，这里不再叙述。

11.5.2 ARP

网络上的 IP 数据包到达最终目的网络后，必须通过 MAC 地址来找到最终目的主机，而数据包中只有 IP 地址，为此需要把 IP 地址转为 MAC 地址，这个工作就由 ARP 来完成。ARP 是网际层中的协议，用于将 IP 地址解析为 MAC 地址。通常，ARP 只适用于局域网中。ARP 的工作过程如下：

（1）本地主机在局域网中广播 ARP 请求，ARP 请求数据帧中包含目的主机的 IP 地址。这一步所表达的意思就是"如果你是这个 IP 地址的拥有者，就请回答你的硬件地址"。

（2）目的主机收到这个广播报文后，用 ARP 解析这份报文，识别出是询问其硬件地址，于是发送 ARP 应答包，里面包含 IP 地址及其对应的硬件地址。

（3）本地主机收到 ARP 应答后，知道了目的地址的硬件地址，之后的数据报就可以传送了。同时，会把目的主机的 IP 地址和 MAC 地址保存在本机的 ARP 表中，以后通信直接查找此表即可。

我们在 Windows 操作系统的命令行下可以使用"arp -a"命令来查询本机 ARP 缓存列表，如图 11-11 所示。

图 11-11

另外，可以使用"arp -d"命令清除 ARP 缓存表。

ARP 通过发送和接收 ARP 报文来获取物理地址，ARP 报文的格式如图 11-12 所示。

图 11-12

结构 ether_header 定义了以太网帧首部；结构 arphdr 定义了其后的 5 个字段，其信息用于在任何类型的介质上传送 ARP 请求和回答；结构 ether_arp 除了包含 arphdr 外，还包含源主机和目的主机的地址。如果这个报文格式用 C 语言表述，可以这样写：

```c
// 定义常量
#define EPT_IP      0x0800      /* type: IP */
#define EPT_ARP     0x0806      /* type: ARP */
#define EPT_RARP    0x8035      /* type: RARP */
#define ARP_HARDWARE 0x0001     /* Dummy type for 802.3 frames */
#define ARP_REQUEST 0x0001      /* ARP request */
#define ARP_REPLY   0x0002      /* ARP reply */
// 定义以太网首部
typedef struct ehhdr
{
    unsigned char eh_dst[6];    /* destination ethernet addrress */
    unsigned char eh_src[6];    /* source ethernet addresss */
    unsigned short eh_type;     /* ethernet pachet type */
}EHHDR, *PEHHDR;
// 定义以太网 arp 字段
typedef struct arphdr
{
    // arp 首部
    unsigned short arp_hrd;     /* format of hardware address */
    unsigned short arp_pro;     /* format of protocol address */
    unsigned char arp_hln;      /* length of hardware address */
    unsigned char arp_pln;      /* length of protocol address */
    unsigned short arp_op;      /* ARP/RARP operation */

    unsigned char arp_sha[6];   /* sender hardware address */
    unsigned long arp_spa;      /* sender protocol address */
    unsigned char arp_tha[6];   /* target hardware address */
    unsigned long arp_tpa;      /* target protocol address */
}ARPHDR, *PARPHDR;

// 定义整个 arp 报文包，总长度为 42 字节
typedef struct arpPacket
{
    EHHDR ehhdr;
    ARPHDR arphdr;
} ARPPACKET, *PARPPACKET;
```

11.5.3　RARP

RARP 允许局域网的物理机器从网关服务器的 ARP 表或者缓存上请求其 IP 地址。比如局域网中有一台主机只知道自己的物理地址而不知道自己的 IP 地址，那么可以通过 RARP 发出征求自身 IP 地址的广播请求，然后由 RARP 服务器负责回答。RARP 广泛应用于无盘工作站引导时获取 IP 地址。

RARP 的工作过程如下：

（1）主机发送一个本地的 RARP 广播，在此广播包中，声明自己的 MAC 地址并且请求任何收

到此请求的 RARP 服务器分配一个 IP 地址。

（2）本地网段上的 RARP 服务器收到此请求后，检查其 RARP 列表，查找该 MAC 地址对应的 IP 地址。

（3）如果存在，RARP 服务器就会给源主机发送一个响应数据包，并将此 IP 地址提供给对方主机使用。

（4）如果不存在，RARP 服务器则对此不做任何响应。

（5）源主机收到 RARP 服务器的响应信息，就利用得到的 IP 地址进行通信。如果一直没有收到 RARP 服务器的响应信息，表示初始化失败。

RARP 的帧格式与 ARP 的相同，只是帧类型字段和操作类型不同。

11.5.4 ICMP

ICMP 是网络层的一个协议，用于探测网络是否连通、主机是否可达、路由是否可用等。简单地讲，它是用来查询和诊断网络的。

虽然和 IP 同处网络层，但 ICMP 报文却是作为 IP 数据包的数据，再加上 IP 包头后发送出去的，如图 11-13 所示。

图 11-13

IP 首部的长度为 20 字节。ICMP 报文作为 IP 数据包的数据部分，当 IP 首部的协议字段取值为 1 时，其数据部分是 ICMP 报文。ICMP 报文格式如图 11-14 所示。

图 11-14

其中，最上面的（0　8　16　31）指的是比特位，所以前 3 个字段（类型、代码、校验和）一共占了 32 位（类型占 8 位，代码占 8 位，检验和占 16 位），即 4 字节。所有 ICMP 报文前 4 字节的格式都是一样的，即任何 ICMP 报文都含有类型、代码和校验和 3 个字段，8 位类型和 8 位代码字段一起决定了 ICMP 报文的种类。紧接着的 4 字节取决于 ICMP 报文种类。这 8 字节就是 ICMP 报文的首部，后面的 ICMP 数据部分的内容和长度也取决于 ICMP 报文种类。16 位的检验和字段是包括选项数据在内的整个 ICMP 数据报文的检验和，其计算方法和 IP 头部检验和的计算方法是一样的。

ICMP 报文可以分为两大类：差错报告报文和查询报文。每一条（或称每一种）ICMP 报文要么属于差错报告报文，要么属于查询报文，如图 11-15 所示。

类型	代码	描述	查询	差错
0	0	回显应答(ping应答)	*	
3		目的不可达		
	0	网络不可达		*
	1	主机不可达		*
	2	协议不可达		*
	3	端口不可达		*
	4	需要进行分片但设置了不分片比特		*
	5	源站选路失败		*
	6	目的网络不认识		*
	7	目的主机不认识		*
	8	源主机被隔离（作废不用）		*
	9	目的网络被强制禁止		*
	10	目的主机被强制禁止		*
	11	由于服务类型TOS，网络不可达		*
	12	由于服务类型TOS，主机不可达		*
	13	由于过滤，通信被强制禁止		*
	14	主机越权		*
	15	优先权中止生效		*
4	0	源端被关闭（基本流控制）		*
5		重定向		*
	0	对网络重定向		*
	1	对主机重定向		*
	2	对服务类型和网络重定向		*
	3	对服务类型和主机重定向		*
8	0	请求回显（Ping请求）	*	
9	0	路由器通告	*	
10	0	路由器请求	*	
11		超时		
	0	传输期间生存期为0		*
	1	在数据报组装期间生存期为0		*
12		参数问题		
	0	坏的IP首部（包括各种差错）		*
	1	缺少必需的选项		*
13	0	时间戳请求	*	
14	0	时间戳应答	*	
15	0	信息请求（作废不用）	*	
16	0	信息应答（作废不用）	*	
17	0	地址掩码请求	*	
18	0	地址掩码应答	*	

图 11-15

1. ICMP差错报告报文

从图11-15中可以发现，属于差错报告报文的ICMP报文很多，为了归纳方便，根据其类型的不同，可以将这些差错报告报文分为5种类型：目的不可达（类型=3）、源端被关闭（类型=4）、重定向（类型=5）、超时（类型=11）和参数问题（类型=12）。

从图11-15中可以看到，代码字段不同的取值进一步表明了该类型ICMP报文的具体情况，比如类型为3的ICMP报文表明目的不可达，但目的不可达的原因是什么呢？此时就用代码字段进一步说明，比如代码为0表示网络不可达，代码为1表示主机不可达，等等。

ICMP协议规定，ICMP差错报文必须包括产生该差错报文的源数据报的IP首部，还必须包括跟在该 IP（源 IP）首部后面的前 8 字节，这样 ICMP 差错报文的 IP 包长度=本 IP 首部（20 字节）+本 ICMP 首部（8 字节）+源 IP 首部（20 字节）+源 IP 包的 IP 首部后的 8 字节=56 字节。我们可以用图 11-16 来表示 ICMP 差错报文。

图 11-16

一个具体的 UDP 端口不可达的差错报文如图 11-17 所示。

图 11-17

从图 11-17 中可以看到，IP 数据报的长度是 56 字节。为了让读者更形象地了解这五大类差错报告报文的格式，我们用图形来表示每一类报文。

1）ICMP 目的不可达报文

目的不可达也称终点不可达，可分为网络不可达、主机不可达、协议不可达、端口不可达、需要分片但 DF 比特已置为 1 以及源站选路失败等 16 种，其代码字段分别置为 0~15。当出现以上 16 种情况时，就向源站发送目的不可达报文。目的不可达报文的格式如图 11-18 所示。

图 11-18

2）ICMP 源端被关闭报文

也称源站抑制，当路由器或主机由于拥塞而丢弃数据报时，就向源站发送源站抑制报文，使源站知道应当将数据报的发送速率放慢。该类报文的格式如图 11-19 所示。

3）ICMP 重定向报文

当 IP 数据报应该被发送到另一个路由器时，收到该数据报的当前路由器就要发送 ICMP 重定向差错报文给 IP 数据报的发送端。重定向一般用来让具有很少选路信息的主机逐渐建立更完善的路由表。ICMP 重定向报文只能由路由器产生。该类报文格式如图 11-20 所示。

图 11-19

图 11-20

4）ICMP 超时报文

当路由器收到生存时间为 0 的数据报时，除了丢弃该数据报外，还要向源站发送时间超过报文。当目的站在预先规定的时间内不能收到一个数据报的全部数据报片时，就将已收到的数据报片都丢弃，并向源站发送时间超时报文。该类报文格式如图 11-21 所示。

5）ICMP 参数问题

当路由器或目的主机收到的数据报的首部中的字段的值不正确时，就丢弃该数据报，并向源站发送参数问题报文。该类报文格式如图 11-22 所示。

图 11-21

图 11-22

2. ICMP查询报文

根据功能的不同，ICMP 查询报文可以分为四大类：请求回显（Echo）或应答、请求时间戳（Timestamp）或应答、请求地址掩码（Address Mask）或应答、请求路由器或通告。注意，后面 ping 编程的时候会用到这方面的理论知识。前面提到，种类由类型和代码字段决定，下面来看一下它们的类型和代码，如表 11-3 所示。

表 11-3 类型和代码字段含义

类型/TYPE	代 码	含 义
8、0	0	回送请求（TYPE=8）、应答（TYPE=0）
13、14	0	时间戳请求（TYPE=13）、应答（TYPE=14）
17、18	0	地址掩码请求（TYPE=17）、应答（TYPE=18）
10、9	0	路由器请求（TYPE=10）、通告（TYPE=9）

这里要提一下回送请求和应答，Echo 的中文翻译为回声，有的文献用回送或回显，本书用回显表示。请求回显的含义就好比请求对方回复一个应答。我们知道 Linux 或 Windows 下有一个 ping 命令，值得注意的是，Linux 下的 ping 命令产生的 ICMP 报文大小是（56+8）字节=64 字节（56 是 ICMP 报文数据部分长度，8 是 ICMP 报头部分长度），而 Windows（比如 XP）下的 ping 命令产生的 ICMP 报文大小是（32+8）字节=40 字节。该命令就是本机向目的主机发送一个请求回显（类型 Type=8）的 ICMP 报文，如果途中没有异常（例如被路由器丢弃、目标不回应 ICMP 或传输失败），则目标返回一个回显应答的 ICMP 报文（类型 Type=0），表明这台主机存在。后面章节还会讲到 ping 命令的抓包和编程。

为了让读者更形象地了解这 4 类查询报文格式，我们用图形来表示每一类报文。

（1）ICMP 请求回显和应答回显报文格式如图 11-23 所示。

（2）ICMP 时间戳请求和应答报文格式如图 11-24 所示。

图 11-23

图 11-24

（3）ICMP 地址掩码请求和应答报文格式如图 11-25 所示。

图 11-25

（4）ICMP 路由器请求报文格式和通告报文分别如图 11-26 和图 11-27 所示。

图 11-26

图 11-27

【例11.1】抓包查看来自Windows的ping包

（1）启动 VMware 下的 XP，设置网络连接方式为 NAT，则虚拟机 XP 会连接到虚拟交换机 VMnet8 上。

（2）在 Windows 7 上安装并打开抓包软件 Wireshark，选择要捕获网络数据包的网卡是"VMware Virtual Ethernet Adapter for VMnet8"，如图 11-28 所示。

图 11-28

双击图 11-28 中选中的网卡，开始在该网卡上捕获数据。此时我们在虚拟机 XP（192.168.80.129）下 ping 宿主机（192.168.80.1），可以在 Wireshark 下看到捕获到的 ping 包。如图 11-29 所示的是回显请求，可以看到 ICMP 报文的数据部分是 32 字节，如果加上 ICMP 报头（8 字节），就是 40 字节。

图 11-29

再看一下回显应答，ICMP 报文的数据部分长度依然是 32 字节，如图 11-30 所示。

图 11-30

【例11.2】抓包查看来自Linux的ping包

（1）启动 Vmware 下的 Linux，设置网络连接方式为 NAT，则虚拟机 Linux 会连接到虚拟交换机 VMnet8 上。

（2）在 Windows 7 上安装并打开抓包软件 Wireshark，选择要捕获网络数据包的网卡是"VMware Virtual Ethernet Adapter for VMnet8"，图示可以参考上例。

我们在虚拟机 Linux（192.168.80.128）下 ping 宿主机（192.168.80.1），可以在 Wireshark 下看到捕获到的 ping 包。如图 11-31 所示的是回显请求，可以看到 ICMP 报文的数据部分是 56 字节，如果加上 ICMP 报头（8 字节），就是 64 字节。

图 11-31

再看一下回显应答，ICMP 报文的数据部分长度依然是 56 字节，如图 11-32 所示。

图 11-32

11.6 数据链路层

11.6.1 数据链路层的基本概念

数据链路层最基本的服务是将源计算机网络层来的数据可靠地传输到相邻节点目标计算机的

网络层。为达到这一目的，数据链路层要解决以下3个问题：

（1）如何将数据组合成数据块（在数据链路层中，将这种数据块称为帧，帧是数据链路层的传送单位）。

（2）如何控制帧在物理信道上的传输，包括如何处理传输差错、如何调节发送速率以使之与接收方相匹配。

（3）在两个网路实体之间提供数据链路通路的建立、维持和释放管理。

11.6.2 数据链路层的主要功能

数据链路层的主要功能如下：

1）为网络层提供服务

- 无确定的无连接服务：适用于实时通信或者误码率较低的通信信道，如以太网。
- 有确定的无连接服务：适用于误码率较高的通信信道，如无线通信。
- 有确定的面向连接服务：适用于通信要求比较高的场合。

2）成帧、帧定界、帧同步、透明传输的功能

为了向网络层提供服务，数据链路层必须使用物理层提供的服务。而物理层是以比特流进行传输的，这种比特流并不保证在数据传输过程中不出现错误，接收到的位数量可能少于、等于或者多于发送的位数量，而且它们还可能有不同的值。这时数据链路层为了实现数据有效的差错控制，就采用一种"帧"的数据块进行传输。而要采用帧格式传输，就必须有相应的帧同步技术，这就是数据链路层的"成帧"（也称为"帧同步"）功能。

- 成帧：两个工作站之间传输信息时，必须将网络层的分组封装成帧，以帧的形式进行传输，在一段数据的前后分别添加首部和尾部，就构成了帧。
- 帧定界：首部和尾部中含有很多控制信息，它们的一个重要作用是确定帧的界限，即帧定界。
- 帧同步：帧同步指的是接收方应当能从接收的二进制比特流中区分出帧的起始和终止。
- 透明传输：透明传输就是无论所传的数据是什么样的比特组合，都能在链路上传输。

3）差错控制功能

在数据通信过程中，难免会因为物理链路性能和网络通信环境等因素出现一些传送错误，为了确保数据通信的准确，必须使得这些错误发生的概率尽可能低。这一功能也是在数据链路层实现的，就是"差错控制"功能。

4）流量控制

在双方的数据通信中，控制数据通信的流量同样非常重要。它既可以确保数据通信的有序进行，还可以避免通信过程中出现因为接收方来不及接收而造成的数据丢失。这就是数据链路层的"流量控制"功能。

5）链路管理

数据链路层的"链路管理"功能包括数据链路的建立、维持和释放3个方面。当网络中的两个

节点要进行通信时，数据的发送方必须确定接收方已处于准备接收的状态。为此通信双方必须先交换一些必要的信息，以建立一条基本的数据链路。在传输数据时要维持数据链路，而在通信完毕时要释放数据链路。

6）MAC 寻址

这是数据链路层中 MAC 子层的主要功能。这里所说的"寻址"与"IP 地址寻址"是完全不一样的，因为此处所寻找的地址是计算机网卡的 MAC 地址，也称"物理地址""硬件地址"，而不是 IP 地址。在以太网中，采用媒体访问控制（Media Access Control，MAC）地址进行寻址，MAC 地址被烧入每个以太网网卡中。

网络接口层中的数据通常称为 MAC 帧，帧所用的地址为媒体设备地址，即 MAC 地址，也就是通常所说的物理地址。每一块网卡都有全世界唯一的物理地址，它的长度固定为 6 字节，比如 00-30-C8-01-08-39。我们在 Linux 操作系统的命令行下用 ifconfig -a 命令可以看到系统所有的网卡信息。

MAC 帧的帧头定义如下：

```
typedef struct _MAC_FRAME_HEADER     // 数据帧头定义
{
 char cDstMacAddress[6];             // 目的 MAC 地址
 char cSrcMacAddress[6];             // 源 MAC 地址
 short m_cType;                      // 上一层协议类型，如 0x0800 代表上一层是 IP 协议，0x0806 为 ARP
}MAC_FRAME_HEADER,*PMAC_FRAME_HEADER;
```

第 12 章

套接字基础

从本章开始讲述具体的网络编程。本书讲述的 Linux 网络编程是指用户态网络编程，Linux 网络编程还包括内核态网络编程。顾名思义，用户态网络编程开发的程序都是在用户态运行的，内核态网络编程开发的程序都是在内核态运行的。实际上，内核态网络编程和用户态网络编程的概念类似，一般掌握了用户态网络编程后，实现内核态网络编程基本上就是替换一下函数形式。

Linux 用户态网络编程主要基于套接字 API，套接字 API 是 Linux 提供的一种网络编程接口。通过套接字 API，开发人员既可以在传输层上进行网络编程，也可以跨越传输层直接对网络层进行开发。套接字 API 已经是用户态网络编程必须掌握的内容。套接字编程可以分为 TCP 套接字编程、UDP 套接字编程和原始套接字编程，我们将在后面的章节分别叙述。

socket 的中文称呼为套接字或套接口，是 TCP/IP 网络编程中的基本操作单元，可以看作不同主机进程之间相互通信的端点。套接字是应用层与 TCP/IP 协议簇通信的中间软件抽象层，一组接口把复杂的 TCP/IP 协议簇隐藏在套接字接口后面。某个主机上的某个进程通过该进程中定义的套接字可以与其他主机上同样定义了套接字的进程建立通信，传输数据。

socket 起源于 UNIX，在 UNIX 一切皆文件的哲学思想下，socket 是一种"打开—读/写—关闭"模式的实现。服务器和客户端各自维护一个"文件"，在建立连接后，可以向自己的文件写入内容供对方读取或者读取对方的内容，通信结束时关闭文件。当然这只是一个大体路线，实际上编程时还有不少细节需要考虑。

无论 Windows 平台还是 Linux 平台，都对套接字实现了自己的一套编程接口。Windows 下的 socket 实现叫 Windows Socket。Linux 下的实现有两套：一套是伯克利套接口（Berkeley Sockets），起源于 Berkeley UNIX，这套接口很简单，得到了广泛应用，已经成为 Linux 网络编程事实上的标准；另一套是传输层接口（Transport Layer Interface，TLI），它是 System V 系统上的网络编程 API，所以这套编程接口更多的是在 UNIX 上使用。

简单地介绍一下 System V 和 BSD（Berkeley Software Distribution）。System V 的鼻祖正是 1969 年 AT&T 开发的 UNIX，随着 1993 年 Novell 收购 AT&T 后开放了 UNIX 的商标，System V 的风格也逐渐成为 UNIX 厂商的标准。BSD 的鼻祖是加州大学伯克利分校在 1975 年开发的 BSD UNIX，后来被开源组织发展为现在众多的 BSD 操作系统。这里需要说明的是，Linux 不能称为"标准的 UNIX"而只能称为"UNIX Like"，有一部分原因就来自它的操作风格介于 System V 和 BSD 之间，而且不同的厂商为了照顾不同的用户，各个 Linux 发行版本的操作风格也大不相同。本书讲述的 Linux 网络编程都是基于 Berkeley Sockets API 的。

socket 是在应用层和传输层之间的一个抽象层，它把 TCP/IP 层复杂的操作抽象为几个简单的接口，供应用层调用已实现的进程在网络中通信。socket 在 TCP/IP 中的地位如图 12-1 所示。

图 12-1

由图 12-1 可以看出，socket 编程接口其实就是用户进程（应用层）和传输层之间的编程接口。

12.1　网络程序的架构

网络程序通常有两种架构，一种是 B/S 架构（Browser/Server，浏览器/服务器），比如我们使用火狐浏览器浏览 Web 网站，火狐浏览器就是一个 Browser，网站上运行的 Web 服务器就是一个 Server。这种架构的优点是用户只需要在自己计算机上安装一个网页浏览器就可以了，主要工作逻辑都在服务器上完成，减轻了用户端的升级和维护的工作量。另一种架构是 C/S 架构（Client/Server，客户机/服务器），这种架构要在服务器端和客户机端分别安装不同的软件，并且对于不同的应用，客户机端也要安装不同的客户机软件，有时候客户机端的软件安装或升级比较复杂，因此维护起来成本较高。这种架构的优点是可以较充分地利用两端的硬件能力，较为合理地分配任务。值得注意的是，客户机和服务器实际上是指两个不同的进程，服务器是提供服务的进程，客户机是请求服务和接收服务的进程，它们通常位于不同的主机上（也可以是同一主机上的两个进程），这些主机由网络连接，服务器端提供服务并对来自客户机端的请求做出响应。比如我们计算机上安装的 QQ 程序就是一个客户机端，而在腾讯公司内部还有服务端程序。

基于套接字的网络编程中，通常使用 C/S 架构。一个简单的客户机和服务器之间的通信过程如下：

（1）客户机向服务器提出一个请求。
（2）服务器收到客户机的请求，进行分析处理。
（3）服务器将处理的结果返回给客户机。

通常，一个服务器可以向多个客户机提供服务。因此对服务器来说，还需要考虑如何有效地处理多个客户机的请求。

12.2　套接字的类型

在 Linux 系统下，有以下 3 种类型的套接字。

1）流套接字（SOCK_STREAM）

流套接字用于提供面向连接的、可靠的数据传输服务。该服务将保证数据能够实现无差错、无重复发送，并按顺序接收。流套接字之所以能够实现可靠的数据服务，原因在于它使用了传输控制协议，即 TCP。

2）数据报套接字（SOCK_DGRAM）

数据报套接字提供了一种无连接的服务。该服务并不能保证数据传输的可靠性，数据有可能在传输过程中丢失或出现重复，且无法保证按顺序接收到数据。数据报套接字使用 UDP 进行数据的传输。由于数据报套接字不能保证数据传输的可靠性，因此有可能出现数据丢失的情况，需要在程序中做相应的处理。

3）原始套接字（SOCK_RAW）

原始套接字允许直接访问较低层次的协议，比如 IP、ICMP，常用于检验新的协议实现，或者访问现有服务中配置的新设备。因为 RAW_SOCKET 可以自如地控制 Linux 下的多种协议，能够对网络底层的传输机制进行控制，所以可以应用原始套接字来操纵网络层和传输层应用。比如，我们可以通过 RAW_SOCKET 来接收发向本机的 ICMP、IGMP 协议包，或者接收 TCP/IP 栈不能够处理的 IP 包，也可以用来发送一些自定义包头或自定义协议的 IP 包。网络监听技术经常会用到原始套接字。

原始套接字与标准套接字（标准套接字包括流套接字和数据报套接字）的区别在于：原始套接字可以读写内核没有处理的 IP 数据包，而流套接字只能读取 TCP 的数据，数据报套接字只能读取 UDP 的数据。

12.3　套接字的地址结构

不同协议簇的套接字地址的定义是不同的，如 AF_INET 的地址为 struct socketaddr_in，而域套接字协议簇 AF_UNIX 的地址为 struct socketaddr_un。不同地址结构的定义不同，占用的内存大小自然不同。

在进行套接字编程的时候，很多套接字函数都需要一个指向套接字地址结构的指针作为参数。

这些结构的名字均以sockaddr_开头，比如，IPv4的套接字地址结构体为sockaddr_in，IPv6的套接字地址结构体为sockaddr_in6。

IPv4的套接字地址结构体 sockaddr_in 定义在<netinet/in.h>里（这个头文件的全路径是/usr/include/ netinet/in.h），其结构体定义如下：

```
/* Structure describing an Internet socket address. */
struct sockaddr_in
{
    __SOCKADDR_COMMON (sin_);    // 协议簇
    in_port_t     sin_port;       /* Port number. 端口号*/
    struct in_addr sin_addr;      /* Internet address. IP地址*/

    /* Pad to size of `struct sockaddr'. 用于填充的0字节*/
    unsigned char sin_zero[sizeof (struct sockaddr) -
                SOCKADDR_COMMON_SIZE -
                sizeof (in_port_t) -
                sizeof (struct in_addr)];
};
```

其中，__SOCKADDR_COMMON是一个宏，定义在/usr/include/bits/sockaddr.h中，定义如下：

```
#define __SOCKADDR_COMMON(sa_prefix) \
  sa_family_t sa_prefix##family
```

熟悉C语言的人都知道"\"是一个续行符，表示两行内容依旧当一行处理。而精通C语言的人知道"##"用来连接前后两个参数，比如定义了一个宏#define SIGN(x) INT_##x，则 int SIGN(1);展开后变为int INT_1;。这里顺便讲一下，C语言还可以用一个#把一个符号直接转换为字符串，例如：

```
#define STRING(x) #x
const char *str = STRING( test_string );
```

str的内容就是test_string，也就是说#会把其后的符号直接加上双引号，这些都是我们编程不大用到的知识，但Linux头文件以及内核代码中却经常用到，不得不熟悉。

言归正传，现在知道了__SOCKADDR_COMMON(sa_prefix)相当于 sa_family_t sa_prefix##family，并且sa_prefix是一个宏参数。而sa_family_t在/usr/include/bits/sockaddr.h中的定义如下：

```
/* POSIX.1g specifies this type name for the `sa_family' member. */
typedef unsigned short int sa_family_t;
```

原来就是一个无符号短整型，有人可能会问，short int是什么？其实short int是int的正规写法，平时我们只用int是因为short int中的short可以省略。

12.4　主机字节序和网络字节序

主机字节序就是在主机内部，数据在内存中的存储顺序。学过微机原理的人应该知道，不同CPU

的字节序是不同的。所谓字节序,就是一个数据的某个字节在内存地址中存放的顺序,即该数据的低位字节是从内存低地址开始存放还是从高地址开始存放。主机字节序通常可以分为两种模式:小端字节序(little-endian)和大端字节序(big-endian)。

为什么会有大小端模式之分呢?这是因为计算机系统是以字节为单位的,一个地址单元(存储单元)对应着一个字节,即一个存储单元存放一个字节数据。但是在 C 语言中,除了 8 位的 char 型之外,还有 16 位的 short 型,32 位的 long 型(要看具体的编译器)。另外,对于位数大于 8 位的处理器,例如 16 位或者 32 位的处理器,由于寄存器宽度大于一个字节,必然存在着多个字节如何安排的问题,这就导致了大端存储模式和小端存储模式。例如一个 16 位的 short 型 x,在内存中的地址为 0x0010,x 的值为 0x1122,那么 0x11 为高字节,0x22 为低字节。对于大端模式,就将 0x11 放在低地址中,即 0x0010 中,将 0x22 放在高地址中,即 0x0011 中。小端模式刚好相反。我们常用的 x86 结构是小端模式,而 KEIL C51 则为大端模式。很多 ARM、DSP 都为小端模式。有些 ARM 处理器还可以由硬件来选择是大端模式还是小端模式。

1)小端字节序

小端字节序就是数据的低字节存于内存低地址中,高字节存于内存高地址中。比如一个 long 型数据 0x12345678,采用小端字节序的话,它在内存中的存放情况是这样的:

```
0x0029f458    0x78      // 低内存地址存放低字节数据
0x0029f459    0x56
0x0029f45a    0x34
0x0029f45b    0x12      // 高内存地址存放高字节数据
```

2)大端字节序

大端字节序就是数据的高字节存于内存低地址中,低字节存于内存高地址中。比如一个 long 型数据 0x12345678,采用大端字节序的话,它在内存中的存放情况是这样的:

```
0x0029f458    0x12      // 低内存地址存放高字节数据
0x0029f459    0x34
0x0029f45a    0x56
0x0029f45b    0x79      // 高内存地址存放低字节数据
```

可以用下面的例子来测试主机的字节序。

【例12.1】测试主机的字节序

(1)新建一个 Linux C++工程,工程名是 Test。
(2)在 Test.cpp 中输入代码如下:

```cpp
#include <iostream>
using namespace std;

int main(int argc, char *argv[])
{
    int nNum = 0x12345678;
    char *p = (char*)&nNum;   // p指向存储nNum的内存的低地址

    if (*p == 0x12) cout << "This machine is big endian." << endl; // 判断低地址是否存放的是数据高位
```

```
        else cout << "This machine is small endian." << endl;

        return 0;
}
```

首先定义 nNum 为 int，数据长度为 4 字节，然后定义字符指针 p 指向 nNum 的地址，因为字符是 1 字节，所以为字符指针 p 赋值时，会取存放在 nNum 地址的最低字节出来，即 p 指向低地址。如果*p 为 0x78（0x78 为数据的低位），则为小端；如果*p 为 0x12（0x12 为数据的高位），则为大端。

（3）保存工程并运行，运行结果如图 12-2 所示。

这台主机是 x86 机子，x86 机子基本都是小端模式。

图 12-2

在网络上有着各种各样的主机、路由器等网络设备，彼此的机器字节序各不相同，但由于它们要相互传输数据，必须统一它们的字节序，因此人们提出了网络字节序。网络字节序是 TCP/IP 中规定好的一种数据表示格式，它与具体的 CPU 类型、操作系统等无关，从而可以保证数据在不同主机之间传输时能够被正确解释。网络字节序采用大端排序方式。我们在开发网络程序的时候，应该保证使用网络字节序，为此需要将数据由主机的字节序转换为网络字节序后再发出数据，接收方收到数据后也要先转为主机字节序后再进行处理。这个过程在跨平台开发时尤其重要。

在 Linux 中提供了几个主机字节序和网络字节序相互转换的函数，比如：

uint16_t htons(uint16_t hosts); // 将 uint16_t（16 位）类型的数据从主机字节序转为网络字节序
uint32_t htonl(uint32_t hostl); // 将 uint32_t（32 位）类型的数据从主机字节序转为网络字节序
uint16_t ntohs(uint16_t nets);   // 将 uint16_t（16 位）类型的数据从网络字节序转为主机字节序
uint32_t ntohl(uint32_t netl);   // 将 uint32_t（32 位）类型的数据从网络字节序转为主机字节序

使用这些函数的时候，要包含头文件 netinet/in.h，即#include <netinet/in.h>。

值得注意的是，对于字节类型，是不存在字节顺序的问题的（想想为什么），因此网络编程中发送数据和接收数据的函数的用户缓冲区指针都是字符或字节类型，后面会讲到这点。

12.5 出错信息的获取

网络编程并不简单，经常会发生各种各样的问题。因此，获取出错时的信息就显得尤为重要。有些 Socket 函数可以通过返回值来判断，但并不全面。实际在网络编程中，很多情况都是在发送和接收数据时在 Socket 上出现了异常，导致操作无法完成，而返回值只能涉及操作相关的字节数和是否错误，并不能反映完全的错误信息。可以通过下面几种方式来获取更为全面的出错信息。

1）通过全局变量 errno

如果在调用 Linux 系统 API 的时候经常出现一些错误，比如使用 open、write 之类的函数时返回-1，也就是调用失败，就需要知道失败的原因。这个时候使用 errno 全局变量就相当有用了。

在程序代码中包含#include<errno.h>，每次程序调用失败的时候，系统都会自动用错误代码填充 errno 全局变量，这样只需要读取 errno 全局变量就可以获得失败原因。查看错误代码 errno 是调试程序的一个重要方法。当 Linux API 函数发生异常时，一般会对 errno 变量（需包含 errno.h）赋一个整数值，不同的值表示不同的含义，可以通过查看该值推测出错的原因。在实际编程中，用这一方法解决了不少原本看起来莫名其妙的问题。

2）通过函数 strerror

这个函数以及全局变量 errno 是常用的获取 Linux 中错误信息的方式，使用起来相当顺手，而且这个函数也可以捕捉 Linux 中的所有错误，因为其使用的错误号是全局变量。但劣势也在于此：在获取错误时不能完全保证这个错误信息就是之前的，很有可能在获取该信息时错误号和错误信息已经再度更新了，因而会造成误判。在网络编程中，特别是在进行异步的网络操作时，检测到错误后，再去获取错误是有时间差的，错误容易被覆盖修改。

3）通过函数 gai_strerror

有很多 Socket 相关的函数的错误号和错误信息是无法通过 errno 或 strerror(errno)函数去获取的。其原因在于很多函数并没有将 errno.h 作为错误码。gai_strerror 将返回的非零值作为参数，然后返回指向对应的出错信息字符串的指针，其原型如下：

```
#include <netdb.h>
char *gai_strerror(int error);
```

4）通过函数 getsockopt

当该函数的第 3 个参数是 SO_ERROR 时，可以获取 fd 上的错误信息。如果 epoll 获取 select、poll 检测到 fd 上有异常，那么通过 getsockopt 的 SO_ERROR 来获取 fd 上的错误码无疑是最准确的。该函数的原型如下：

```
#include <netinet/socket.h>
int getsockopt(int sockfd, int level, int optname, void *optval, socklen_t *optlen);
```

综上所述，这些错误信息的获取方式各有优缺点和适宜的场景，读者可以根据使用场景合理地去调用。这里只需要了解，后面在实际编程中会讲到这些函数的用法。这里提到这些主要是让读者知道网络编程经常会有各种意想不到的情况出现，要有获取错误信息的能力，以便分析问题。

第 13 章

TCP 套接字编程

13.1 TCP 套接字编程的基本步骤

流式套接字编程针对的是 TCP 通信，即面向连接的通信，分为服务器端和客户端两部分，分别代表两个通信端点。下面介绍流式套接字编程的基本步骤。

服务器端编程的步骤如下：

（1）创建服务端套接字（使用函数 socket）。
（2）绑定套接字到一个 IP 地址和一个端口上（使用函数 bind）。
（3）将套接字设置为监听模式等待连接请求（使用函数 listen），这个套接字就是监听套接字了。
（4）请求到来后，接收连接请求，返回一个新的对应此次连接的套接字（accept）。
（5）用返回的新的套接字和客户端进行通信，即发送或接收数据（使用函数 send 或 recv），通信结束就关闭这个新创建的套接字（使用函数 closesocket）。
（6）监听套接字继续处于监听状态，等待其他客户端的连接请求。
（7）如果要退出服务器端程序，则先关闭监听套接字（使用函数 closesocket）。

客户端编程的步骤如下：

（1）创建客户端套接字（使用函数 socket）。
（2）向服务器发出连接请求（使用函数 connect）。
（3）和服务器端进行通信，即发送或接收数据（使用函数 send 或 recv）。
（4）如果要关闭客户端程序，则先关闭套接字（使用函数 closesocket）。

下面用图 13-1 来解释这些步骤。

图 13-1

13.2 协议簇和地址簇

协议簇就是不同协议的集合。在 Linux 中，用宏来表示不同的协议簇，这个宏的形式以 PF 开头。比如，IPv4 协议簇为 PF_INET，PF 的意思是 PROTOCOL FAMILY。在 bits/socket.h 中定义了不同协议簇的宏：

```
/* Protocol families. */
#define PF_UNSPEC     0   /* Unspecified. */
#define PF_LOCAL      1   /* Local to host (pipes and file-domain). */
#define PF_UNIX       PF_LOCAL /* POSIX name for PF_LOCAL. */
#define PF_FILE       PF_LOCAL /* Another non-standard name for PF_LOCAL. */
#define PF_INET       2   /* IP protocol family. */
#define PF_AX25       3   /* Amateur Radio AX.25. */
#define PF_IPX        4   /* Novell Internet Protocol. */
#define PF_APPLETALK  5   /* Appletalk DDP. */
#define PF_NETROM     6   /* Amateur radio NetROM. */
#define PF_BRIDGE     7   /* Multiprotocol bridge. */
#define PF_ATMPVC     8   /* ATM PVCs. */
#define PF_X25        9   /* Reserved for X.25 project. */
#define PF_INET6      10  /* IP version 6. */
#define PF_ROSE       11  /* Amateur Radio X.25 PLP. */
#define PF_DECnet     12  /* Reserved for DECnet project. */
```

```
#define PF_NETBEUI   13   /* Reserved for 802.2LLC project. */
#define PF_SECURITY  14   /* Security callback pseudo AF. */
#define PF_KEY       15   /* PF_KEY key management API. */
#define PF_NETLINK   16
#define PF_ROUTE     PF_NETLINK /* Alias to emulate 4.4BSD. */
#define PF_PACKET    17   /* Packet family. */
#define PF_ASH       18   /* Ash. */
#define PF_ECONET    19   /* Acorn Econet. */
#define PF_ATMSVC    20   /* ATM SVCs. */
#define PF_RDS       21   /* RDS sockets. */
#define PF_SNA       22   /* Linux SNA Project */
#define PF_IRDA      23   /* IRDA sockets. */
#define PF_PPPOX     24   /* PPPoX sockets. */
#define PF_WANPIPE   25   /* Wanpipe API sockets. */
#define PF_LLC       26   /* Linux LLC. */
#define PF_CAN       29   /* Controller Area Network. */
#define PF_TIPC      30   /* TIPC sockets. */
#define PF_BLUETOOTH 31   /* Bluetooth sockets. */
#define PF_IUCV      32   /* IUCV sockets. */
#define PF_RXRPC     33   /* RxRPC sockets. */
#define PF_ISDN      34   /* mISDN sockets. */
#define PF_PHONET    35   /* Phonet sockets. */
#define PF_IEEE802154 36  /* IEEE 802.15.4 sockets. */
#define PF_CAIF      37   /* CAIF sockets. */
#define PF_ALG       38   /* Algorithm sockets. */
#define PF_NFC       39   /* NFC sockets. */
#define PF_MAX       40   /* For now.. */
```

地址簇就是一个协议簇所使用的地址集合,也是用宏来表示,这个宏的形式以 AF 开头,比如 IP 地址簇为 AF_INET,AF 的意思是 ADDRESS FAMILY。在 bits/socket.h 中定义了不同地址簇的宏:

```
/* Address families. */
#define AF_UNSPEC     PF_UNSPEC
#define AF_LOCAL      PF_LOCAL
#define AF_UNIX       PF_UNIX
#define AF_FILE       PF_FILE
#define AF_INET       PF_INET
#define AF_AX25       PF_AX25
#define AF_IPX        PF_IPX
#define AF_APPLETALK  PF_APPLETALK
#define AF_NETROM     PF_NETROM
#define AF_BRIDGE     PF_BRIDGE
#define AF_ATMPVC     PF_ATMPVC
#define AF_X25        PF_X25
#define AF_INET6      PF_INET6
#define AF_ROSE       PF_ROSE
#define AF_DECnet     PF_DECnet
#define AF_NETBEUI    PF_NETBEUI
#define AF_SECURITY   PF_SECURITY
```

```
#define AF_KEY          PF_KEY
#define AF_NETLINK      PF_NETLINK
#define AF_ROUTE        PF_ROUTE
#define AF_PACKET       PF_PACKET
#define AF_ASH          PF_ASH
#define AF_ECONET       PF_ECONET
#define AF_ATMSVC       PF_ATMSVC
#define AF_RDS          PF_RDS
#define AF_SNA          PF_SNA
#define AF_IRDA         PF_IRDA
#define AF_PPPOX        PF_PPPOX
#define AF_WANPIPE      PF_WANPIPE
#define AF_LLC          PF_LLC
#define AF_CAN          PF_CAN
#define AF_TIPC         PF_TIPC
#define AF_BLUETOOTH    PF_BLUETOOTH
#define AF_IUCV         PF_IUCV
#define AF_RXRPC        PF_RXRPC
#define AF_ISDN         PF_ISDN
#define AF_PHONET       PF_PHONET
#define AF_IEEE802154   PF_IEEE802154
#define AF_CAIF         PF_CAIF
#define AF_ALG          PF_ALG
#define AF_NFC          PF_NFC
#define AF_MAX          PF_MAX
```

可以看到，地址簇和协议簇其实是一样的，值也一样，说到底，它们都是用来识别不同的协议的。那为什么会有两套东西呢？这是因为之前 UNIX 有两种风格的系统：BSD 系统和 POSIX 系统。对于 BSD 系统，一直用的是 AF，对于 POSIX 系统，一直用的是 PF。Linux 作为晚辈，不敢得罪两位大哥，所以这两种都支持，这样两位大哥的一些应用软件都可以在 Linux 上运行了。

Bell 实验室的 Ken Thompson 开始利用一台闲置的 PDP-7 计算机开发了一种多用户、多任务操作系统。很快，Dennis Richie 加入了这个项目，在他们的共同努力下，诞生了最早的 UNIX。Richie 受一个更早的项目——MULTICS 的启发，将此操作系统命名为 UNIX。早期 UNIX 是用汇编语言编写的，但其第 3 个版本用一种崭新的编程语言 C 重新设计了。C 是 Richie 设计出来并用于编写操作系统的程序语言。通过这次重新编写，UNIX 得以移植到更为强大的 DEC PDP-11/45 与 11/70 计算机上运行。UNIX 从实验室走出来并成为操作系统的主流，现在几乎每个主要的计算机厂商都有其自有版本的 UNIX。

随着 UNIX 的成长，占领的市场大了，公司多了，懂得人也多了，就分家了。后来 UNIX 太多太乱，编程的接口甚至命令都不一样了，为了规范大家的使用和开发，就出现了 POSIX 标准。典型的 POSIX 标准的 UNIX 实现有 Solaris、AIX 等。

BSD 则代表 Berkeley Software Distribution，即伯克利软件套件，是 20 世纪 70 年代加州大学伯克利分校对贝尔实验室的 UNIX 进行一系列修改后的版本，它最终发展成了一个完整的操作系统，有着自己的一套标准。现在有多个不同的 BSD 分支。今天，BSD 并不特指任何一个 BSD 衍生版本，而是类 UNIX 操作系统中的一个分支的总称。典型的代表是 FreeBSD、NetBSD、OpenBSD 等。

13.3 socket 地址

一个套接字代表通信的一端，通信的两端各有一个套接字地址。这个 socket 地址包含 IP 地址和端口信息。有了 IP 地址，就能从网络中识别对方的主机；有了端口，就能识别对方主机上的进程。

socket 地址可以分为通用 socket 地址和专用 socket 地址。前者会出现在一些 socket API 函数中，比如 bind 函数、connect 函数等。后者主要是为了方便使用而提出来的，两者可以相互转换。

13.3.1 通用 socket 地址

通用 socket 地址就是一个结构体，名字是 sockaddr，定义在 bits/socket.h 中，注意是 bits 目录下的 socket.h，而不是 sys/socket.h。该结构体如下：

```
#include <bits/socket.h>
/* Structure describing a generic socket address. */
struct sockaddr
{
    SOCKADDR_COMMON (sa_);
    char sa_data[14];          /* Address data. */
};
```

其中，__SOCKADDR_COMMON 是一个宏，定义如下：

```
#define __SOCKADDR_COMMON(sa_prefix) \
sa_family_t sa_prefix##family
```

这个宏用来声明 socket 地址（比如 struct sockaddr、struct sockaddr_in、struct sockaddr_un 等）的通用成员，##是 C 语言中的粘连符，即将前后字符连接起来。这样 __SOCKADDR_COMMON (sa_)就变成：

```
sa_family_t sa_pfamily
```

而类型 sa_family_t 在 bit/sockaddr.h 的定义如下：

```
/* POSIX.1g specifies this type name for the `sa_family' member. */
typedef unsigned short int sa_family_t;
```

其实就是一个无符号的短整型。那么我们的通用 socket 地址结构体就可以这样写：

```
struct sockaddr
{
    sa_family_t  sa_pfamily;
    char sa_data[14];          /* Address data. */
};
```

其中，sa_pfamily 是个短整型变量，用来存放地址簇（或协议簇）类型，常用取值如下：

- PF_UNIX：UNIX本地域协议簇。
- PF_INET：IPv4协议簇。

- PF_INET6: IPv6协议簇。
- AF_UNIX: UNIX本地域地址簇。
- AF_INET: IPv4地址簇。
- AF_INET6: IPv6地址簇。

sa_data用来存放地址数据。不同协议簇的具体地址长度如表13-1所示。

表13-1 不同协议簇的具体地址长度

协议簇	地址含义和长度
PF_INET	32位IPv4地址和16位端口号，共6字节
PF_INET6	128位IPv6地址、16位端口号、32位流标识和32位范围ID，共26字节
PF_UNIX	文件全路径名，最大长度可达108字节

sa_data只有14字节，随着时代的发展，一些新的协议被提出，比如IPv6，它的地址长度超过了14字节，sa_data太小了，容纳不下，怎么办呢？Linux定义了新的通用存储结构：

```
#include <bits/socket.h>
struct sockeaddr_storage{
    sa_family_t sa_family;
    unsigned long int __ss_align;
    char __ss_padding[128-sizeof(__ss_align)]
}
```

这个结构体存储的地址就大了，而且是内存对齐的，可以看到有__ss_align。

13.3.2 专用socket地址

上面两个通用地址结构把IP地址、端口等信息一股脑儿放到一个char数组中，使得使用起来不方便。为此，Linux为不同的协议簇定义了不同的socket地址结构体。

IPv4的socket地址结构体定义如下：

```
struct sockaddr_in{
    sa_family_t sin_family;      // 地址簇，取AF_INET
    u_int16_t sin_port;          // 端口号，用网络字节序表示
    struct in_addr sin_addr;     // IPv4地址结构，用网络字节序表示
}
```

其中，in_addr定义如下：

```
typedef __u32 __bitwise __be32;
/* Internet address. */
struct in_addr {
    __be32    s_addr;   //存放IPv4地址，用网络字节序表示，be32就是一个无符号的32位整型
};
```

再看IPv6的socket地址结构体：

```
/* Ditto, for IPv6. */
struct sockaddr_in6
```

```
{
    sa_family_t   sin6_family;      // 地址簇，取 AF_INET6
    in_port_t     sin6_port;        // 端口号，用网络字节序表示
    uint32_t      sin6_flowinfo;    // IPv6 流信息，设置为 0
    struct in6_addr sin6_addr;      // IPv6 地址
    uint32_t      sin6_scope_id;    // IPv6 id 范围
};
```

其中，in6_addr 定义如下：

```
// IPv6 address structure
struct in6_addr {
    union {
        __u8    u6_addr8[16];
        __be16  u6_addr16[8];
        __be32  u6_addr32[4];
    } in6_u;
#define s6_addr          in6_u.u6_addr8
#define s6_addr16        in6_u.u6_addr16
#define s6_addr32        in6_u.u6_addr32
};
```

UNIX 本地域协议簇使用如下 socket 地址结构体：

```
#include <linux/un.h>
#define UNIX_PATH_MAX    108
struct sockaddr_un {
    __kernel_sa_family_t sun_family;        // 地址簇，取 AF_UNIX
    char sun_path[UNIX_PATH_MAX];           // 文件全路径名
};
```

这些专用的 socket 地址结构体显然比通用的 socket 地址更清楚，把各个信息用不同的字段来表示。但要注意，socket API 函数使用的是通用地址结构，因此在具体使用时，要把专用地址结构转换为通用地址结构，不过可以强制转换。

13.3.3 IP 地址的转换

IP 地址转换函数用于完成点分十进制 IP 地址与二进制 IP 地址之间的相互转换。IP 地址转换主要有 inet_aton、inet_addr 和 inet_ntoa 三个函数，这三个地址转换函数都只能处理 IPv4 地址，而不能处理 IPv6 地址。

函数 inet_addr 将点分十进制 IP 地址转换为二进制地址，声明如下：

```
#include <sys/socket.h>
#include <netinet/in.h>
#include <arpa/inet.h>
in_addr_t inet_addr (const char *cp)
```

其中，参数 cp 为点分十进制 IP 地址，如 "172.16.2.6"。如果函数执行成功，就返回二进制形式的 IP 地址，类型是 32 位无符号整型：

```
typedef uint32_t in_addr_t;
```

否则返回一个常值 INADDR_NONE（32 位均为 1）。

```
/* Address indicating an error return. */
#define INADDR_NONE       ((unsigned long int) 0xffffffff)
```

函数 inet_aton 将点分十进制 IP 地址转换为二进制地址，声明如下：

```
#include <sys/socket.h>
#include <netinet/in.h>
#include <arpa/inet.h>
int inet_aton(const char *cp, struct in_addr *inp);
```

其中，参数 cp 为点分十进制 IP 地址，如"172.16.2.6"；inp 用来存储转换后的二进制地址信息。如果函数执行成功，就返回非 0，否则返回 0。

函数 inet_ntoa 将二进制地址转换为点分十进制 IP 地址，声明如下：

```
#include <sys/socket.h>
#include <netinet/in.h>
#include <arpa/inet.h>
char *inet_ntoa(struct in_addr in)
```

其中，in 存放二进制 IP 地址。如果函数执行成功，就返回字符串指针，此指针指向转换后的点分十进制 IP 地址，否则返回 NULL。

【例13.1】IP地址字符串和二进制的互换

（1）打开 Visual Studio Code，新建文本文件，输入代码如下：

```
#include <stdio.h>
#include <arpa/inet.h>
int main(int argc, const char * argv[])
{
    struct in_addr ia;
    inet_aton("172.16.2.6", &ia);
    printf("ia.s_addr=0x%x\n",ia.s_addr);
    printf("real_ip=%s\n",inet_ntoa(ia));
    return 0;
}
```

代码很简单，先把 IP 地址 172.16.2.6 转为二进制存于 ia，然后打印出来，再转换为点阵的字符串形式。

（2）保存代码为 test.cpp，上传到 Linux，编译并运行：

```
# ./test
ia.s_addr=0x60210ac
real_ip=172.16.2.6
```

13.4　TCP 套接字编程的相关函数

13.4.1　socket 函数

无论是服务端还是客户端，都需要先调用 socket 函数，用于建立两端通信的端点。该函数声明如下：

```
#include <sys/types.h>
#include <sys/socket.h>
int socket(int domain, int type, int protocol);
```

其中，参数 domain 用于指定协议簇，常用取值如下：

- AF_INET：使用 IPv4 协议。
- AF_INET6：使用 IPv6 协议。
- AF_UNIX：本地通信，在 UNIX 和 Linux 系统上，一般都是当客户端和服务器在同一台机器上的时候使用。
- AF_NETLINK：内核和用户之间的通信。

参数 type 指定产生套接字的类型，常用取值如下：

- SOCK_STREAM：表示字节流套接口，即生成的 socket 使用 TCP 来进行通信。
- SOCK_DGRAM：表示数据包套接口，即生成的 socket 使用 UDP 来进行通信。
- SOCK_RAW：表示原始套接口。
- SOCK_RDM：这个类型很少使用，在大部分的操作系统上没有实现，它是提供给数据链路层使用的，不保证数据包的顺序。

参数 protocol 通常取值为 0，如果在原始套接字下，则取一个常数值，到第 15 章再具体讲述。如果函数执行成功，则返回一个正整数值，该值通常称为套接字描述符；如果函数执行失败，则返回-1。

下面演示 socket 函数的使用：

```
int sockfd;
if( (sockfd = socket(AF_INET,SOCK_STREAM,0))<0 )   // 建立一个socket
{
    printf("创建套接字失败!\n");
    return -1;
}
```

13.4.2　bind 函数

该函数让本地地址信息关联（或称绑定）到一个套接字（socket 函数产生的套接字）上，例如对应 AF_INET、AF_INET6 就是把一个 IPv4 或 IPv6 地址和端口号组合赋给 socket。它既可以用于连接的（流式）套接字，也可以用于无连接的（数据报）套接字。当新建一个套接字后，套接字数据结构中有一个默认的 IP 地址和默认的端口号。服务器程序必须调用 bind 函数来为其套接字绑定自己的 IP 地址和一个特定的端口号。客户端程序一般不必调用 bind 函数来为其套接字绑定 IP 地址和端口号，通常会用默认的 IP 地址和端口来与服务器程序通信。bind 函数声明如下：

```
#include <sys/socket.h>
int bind( int sockfd, const struct sockaddr * addr, socklen_t addrlen);
```

其中，参数 sockfd 标识一个待绑定的套接字描述符（由 socket 函数产生）；addr 是一个结构体 sockaddr 的指针，指向要绑定给 sockfd 的协议地址，这个地址结构根据创建 socket 时的地址协议簇的不同而不同，如 IPv4 对应的是：

```
struct sockaddr_in {
    sa_family_t    sin_family; /* address family: AF_INET */
    in_port_t      sin_port;   /* port in network byte order */
    struct in_addr sin_addr;   /* internet address */
};

/* Internet address. */
struct in_addr {
    uint32_t       s_addr;     /* address in network byte order */
};
```

IPv6 对应的是：

```
struct sockaddr_in6 {
    sa_family_t     sin6_family;   /* AF_INET6 */
    in_port_t       sin6_port;     /* port number */
    uint32_t        sin6_flowinfo; /* IPv6 flow information */
    struct in6_addr sin6_addr;     /* IPv6 address */
    uint32_t        sin6_scope_id; /* Scope ID (new in 2.4) */
};

struct in6_addr {
    unsigned char   s6_addr[16];   /* IPv6 address */
};
```

UNIX 域对应的是：

```
#define UNIX_PATH_MAX    108
struct sockaddr_un {
    sa_family_t sun_family;               /* AF_UNIX */
    char        sun_path[UNIX_PATH_MAX];  /* pathname */
};
```

addrlen 指定 addr 的缓冲区长度，socklen_t 相当于 int，因为系统相关头文件中有定义：

```
typedef int socklen_t;
```

大家可以去 sys/socket.h 和 unistd.h 中找到它。因此，要使用 socklen_t，需要包含头文件：

```
#include <sys/socket.h>
#include <unistd.h>
```

如果函数执行成功，就返回 0，否则返回-1，可用通过 errno 查看错误码。

通常服务器在启动的时候会绑定一个众所周知的地址（如 IP 地址+端口号），用于提供服务，客户端可以通过它来连接服务器；而客户端就不用指定，由系统自动分配一个端口号和自身的 IP 地址组合。这就是为什么服务器端在 listen 之前通常会调用 bind 函数，而客户端就不会调用，是在连接（调用 connect 函数）时由系统随机生成一个。

另外要注意的是，调用 bind 函数前设置端口号时，一般不要使用大于 1024 的值，因为 1~1024 是系统保留的端口号。

还有一个问题要注意，一个程序成功 bind 后，程序退出再次运行进行 bind 的时候，会提示该套接字地址已经被占用（错误码是 98），但上次进程已经关闭了套接字，为什么不能马上再次绑定呢？这是由 TCP 套接字的状态 TIME_WAIT 引起的，该状态在套接字关闭后保留 2~4 分钟。在 TIME_WAIT 状态退出之后，套接字被删除，该地址才能被重新绑定而不出问题。

等待 TIME_WAIT 结束可能是一件令人恼火的事，特别是当你正在开发一个套接字服务器时，需要停止服务器来做一些改动，然后重启。幸运的是，有方法可以避开 TIME_WAIT 状态。可以给套接字应用 SO_REUSEADDR 套接字选项，以便端口可以马上重用：

```
int on = 1;
setsockopt( sfp, SOL_SOCKET, SO_REUSEADDR, &on, sizeof(on) );// 允许地址的立即重用
```

后面我们会在实例中验证这一点。

下面的代码片段演示了 bind 函数的使用：

```
#include <sys/socket.h>
...

int listenfd,connfd;
struct sockaddr_in sockaddr;
char buff[MAXLINE];
int n,port=10051;

int on = 1;
setsockopt(sfp,SOL_SOCKET,SO_REUSEADDR,&on,sizeof(on));// 允许地址的立即重用

memset(&sockaddr,0,sizeof(sockaddr));

sockaddr.sin_family = AF_INET;
sockaddr.sin_addr.s_addr = htonl(INADDR_ANY);    // 接收任意 IP 地址的客户端连接
sockaddr.sin_port = htons(port);                 // port 是服务器端指定的端口号
listenfd = socket(AF_INET,SOCK_STREAM,0);        // 创建套接字
if(-1==bind(listenfd,(struct sockaddr *) &sockaddr,sizeof(sockaddr))// 绑定协议地址
{
    printf("failed to bind socket:%d\n",errno);
    return -1;
}
...
```

13.4.3 listen 函数

该函数用于服务器端的流套接字,让流套接字处于监听状态,监听客户端发来的建立连接的请求。该函数声明如下:

```
#include <sys/socket.h>
int listen( int s, int backlog);
```

其中,参数 s 是一个流套接字描述符,处于监听状态的流套接字 s 将维护一个客户连接请求队列;backlog 表示连接请求队列所能容纳的客户连接请求的最大数量,或者说队列的最大长度。如果函数执行成功就返回 0,否则返回-1。

举个例子,如果 backlog 设置为 5,当有 6 个客户端发来连接请求时,那么前 5 个客户端连接会放在请求队列中,第 6 个客户端会收到错误消息。

socket 函数创建的套接字默认是一个主动套接字,即默认是一个将调用 connect 函数发起连接的客户端套接字,listen 函数将该套接字变为被动套接字,等待客户端的连接请求。因此,对于 TCP 服务器,在调用 bind 函数后,必须调用 listen 函数,使其变为被动套接字,使得内核能接收发向该套接字的连接请求。

13.4.4 accept 函数

该函数用于服务程序从处于监听状态的流套接字的客户连接请求队列中取出排在最前面的一个客户端请求,并且创建一个新的套接字来与客户端套接字创建连接通道,如果连接成功,就返回新创建的套接字的描述符,以后就用新创建的套接字与客户端套接字相互传输数据。该函数声明如下:

```
#include <sys/socket.h>
int accept( int s, struct sockaddr * addr, socklen_t * addrlen);
```

其中,参数 s 为处于监听状态的流套接字描述符;addr 返回新创建的套接字的地址结构;addrlen 指向结构 sockaddr 的长度,表示新创建的套接字的地址结构的长度。如果函数执行成功,就返回一个新的套接字的描述符,该套接字将与客户端套接字进行数据传输,并且参数 addr 将得到客户端的协议地址,包括 IP 地址和端口号等,而 addrlen 将得到客户端地址结构的大小(socklen_t 相当于 int)。如果执行失败,就返回-1,可以从 errno 获取错误码。

下面的代码演示了 accept 的使用:

```
struct sockaddr_in  NewSocketAddr;
int addrlen;
addrlen=sizeof(NewSocketAddr);
int NewServerSocket=accept(ListenSocket, (struct sockaddr *)& NewSocketAddr, &addrlen);
if(-1== NewServerSocket)
    printf("failed to accept: %d\n", errno);
```

13.4.5 connect 函数

客户端程序使用 connect 函数请求与服务器的监听套接字建立 TCP 连接。该函数声明如下:

```
#include <sys/socket.h>
int connect( int s, const struct sockaddr* name, socklen_t namelen);
```

其中，参数 s 为还未连接的套接字描述符；name 是服务器套接字的地址结构的指针；namelen 是 name 所指套接字地址结构的大小。如果函数执行成功就返回 0，否则返回-1。

建立 socket 后默认是阻塞套接字，因此调用 connect 后一直要等到连接成功或超时才能返回。在大多数实现中，connect 的超时时间在 75 秒至几分钟，想要缩短超时时间，解决方法有两种：一是将套接字设置为非阻塞状态；二是采用信号处理函数设置阻塞超时控制。

对于一个阻塞套接字，该函数的返回值表示连接是否成功，如果连接不上，通常要等较长时间才能返回，此时可以把套接字设为非阻塞方式，然后设置连接超时时间。对于非阻塞套接字，由于连接请求不会马上成功，因此函数会立即返回 EINPROGRESS，但这并不意味着连接失败，而是表示连接操作正在进行中，但是仍未完成，同时 TCP 的三路握手操作继续进行。在这之后，我们可以调用 select 来检查这个连接是否建立成功。

下面的代码片段演示了阻塞套接字的使用情况：

```
struct sockaddr_in server_address;
bzero( &server_address, sizeof( server_address ) );
server_address.sin_family = AF_INET;
inet_pton( AF_INET, ip, &server_address.sin_addr );
server_address.sin_port = htons( port );

int sock = socket( PF_INET, SOCK_STREAM, 0 );
assert( sock >= 0 );

int sendbuf = atoi( argv[3] );
int len = sizeof( sendbuf );
setsockopt( sock, SOL_SOCKET, SO_SNDBUF, &sendbuf, sizeof( sendbuf ) );
getsockopt( sock, SOL_SOCKET, SO_SNDBUF, &sendbuf, ( socklen_t* )&len );
printf( "the tcp send buffer size after setting is %d\n", sendbuf );

int ret = connect( sock, ( struct sockaddr* )&server_address, sizeof( server_address ) );
printf("connect ret code is: %d\n", ret);
if ( ret == -1 )
    printf("connect failed...\n");
```

下面的代码片段演示了非阻塞套接字的 connect 函数的使用情况：

```
int setnonblocking( int fd )
{
    int old_option = fcntl( fd, F_GETFL );
    int new_option = old_option | O_NONBLOCK;
    fcntl( fd, F_SETFL, new_option );
    return old_option;
}

int unblock_connect( const char* ip, int port, int time )
{
    int ret = 0;
```

```c
struct sockaddr_in address;
bzero( &address, sizeof( address ) );
address.sin_family = AF_INET;
inet_pton( AF_INET, ip, &address.sin_addr );
address.sin_port = htons( port );

int sockfd = socket( PF_INET, SOCK_STREAM, 0 );
int fdopt = setnonblocking( sockfd );
ret = connect( sockfd, ( struct sockaddr* )&address, sizeof( address ) );
printf("connect ret code = %d\n", ret);
if ( ret == 0 )
{
    printf( "connect with server immediately\n" );
    fcntl( sockfd, F_SETFL, fdopt );    // 还原旧的可选项
    return sockfd;
}
// unblock mode --> connect return immediately! ret = -1 & errno=EINPROGRESS
else if ( errno != EINPROGRESS )
{
    printf("ret = %d\n", ret);
    printf( "unblock connect failed!\n" );
    return -1;
}
else if (errno == EINPROGRESS)
{
    printf( "unblock mode socket is connecting...\n" );
}

//使用 select 来检查写事件,如果 socket 可写,则连接成功完成
fd_set readfds;
fd_set writefds;
struct timeval timeout;

FD_ZERO( &readfds );
FD_SET( sockfd, &writefds );

timeout.tv_sec = time;  // 超时时间为 10 分钟
timeout.tv_usec = 0;

ret = select( sockfd + 1, NULL, &writefds, NULL, &timeout );
if ( ret <= 0 )
{
    printf( "connection time out\n" );
    close( sockfd );
    return -1;
}

if ( ! FD_ISSET( sockfd, &writefds ) )
{
    printf( "no events on sockfd found\n" );
```

```
        close( sockfd );
        return -1;
    }

    int error = 0;
    socklen_t length = sizeof( error );
    if( getsockopt( sockfd, SOL_SOCKET, SO_ERROR, &error, &length ) < 0 )
    {
        printf( "get socket option failed\n" );
        close( sockfd );
        return -1;
    }

    if( error != 0 )
    {
        printf( "connection failed after select with the error: %d \n", error );
        close( sockfd );
        return -1;
    }

    // 连接成功
    printf( "connection ready after select with the socket: %d \n", sockfd );
    fcntl( sockfd, F_SETFL, fdopt ); // set old optional back
    return sockfd;
}
```

后面会举例详细讲述这两种情况。

13.4.6　write 函数

write 函数用于在已建立连接的 socket 上发送数据，无论是客户端还是服务器应用程序都用 write 函数向 TCP 连接的另一端发送数据。但在该函数内部，它只是把参数 buf 中的数据发送到套接字的发送缓冲区中，此时数据并不一定马上成功地传到连接的另一端，发送数据到接收端是底层协议完成的。该函数只是把数据发送（或称复制）到套接字的发送缓冲区后就返回了。该函数声明如下：

```
#include <unistd.h>
int write( int s, const char* buf, int len);
```

其中，参数 s 为发送端套接字的描述符，对于服务器而言是 accept 函数返回的已连接的套接字描述符，对于客户端而言是调用 socket 函数返回的套接字描述符；buf 存放应用程序要发送的数据的缓冲区；len 表示 buf 所指缓冲区的大小。如果函数复制数据成功，就返回实际复制的字节数，如果函数在复制数据时出现错误，则返回-1。

如果底层协议在后续的数据发送过程中出现网络错误，那么下一个 socket 函数就会返回-1（这是因为每一个除 write 外的 socket 函数在执行的最开始总要先等待套接字的发送缓冲区中的数据被协议传送完毕才能继续，如果在等待时出现网络错误，该 socket 函数就返回-1）。

13.4.7 read 函数

该函数从连接的套接字或无连接的套接字上接收数据,其声明如下:

```
int read( int s, char* buf, int len);
```

其中,参数 s 为已连接或已绑定(针对无连接)的套接字的描述符,对于服务器而言是 accept 函数返回的已连接的套接字描述符,对于客户端而言是调用 socket 函数返回的套接字描述符;buf 指向一个缓冲区,该缓冲区用来存放从套接字的接收缓冲区中复制得到的数据;len 为 buf 所指缓冲区的大小。如果函数执行成功,则返回收到的数据的字节数;如果连接被优雅地关闭了,则函数返回 0;如果发生错误,则返回-1。

13.4.8 send 函数

send 函数和 write 函数类似,都是用来发送数据的,只不过多了一个附加参数,这样控制更灵活一些。函数声明如下:

```
#include <sys/socket.h>
#include <sys/types.h>
ssize_t send(int sockfd, const void *buf,size_t len, int flag);
```

其中,前 3 个参数和 write 函数的参数含义相同;flag 参数是传输控制标志,取值如下:

(1) 0:表示常规操作,功能与 write 相同。
(2) MSG_DONTROUTE:通知内核目的主机在直接连接的本地网络上,不需要查询路由表。
(3) MSG_DONTWAIT:将单个 I/O 操作设置为非阻塞模式(不需要在套接字上打开非阻塞标志),然后执行 I/O 操作,最后关闭非阻塞标志。
(4) MSG_OOB:表明发送的数据是带外数据。

如果函数执行成功,就返回写出的字节数,失败则返回-1。

13.4.9 recv 函数

和 read 函数类似,recv 函数也是用于发送数据,只不过多了一个附加参数。函数声明如下:

```
#include <sys/socket.h>
#include <sys/types.h>
ssize_t recv(int sockfd, void *buf, size_t len, int flag);
```

其中,前 3 个参数和 read 函数的参数含义相同;flag 参数是传输控制标志,取值如下:

(1) 0:表示常规操作,功能与 read 相同。
(2) MSG_DONTWAIT:将单个 I/O 操作设置为非阻塞模式(不需要在套接字上打开非阻塞标志),然后执行 I/O 操作,最后关闭非阻塞标志。
(3) MSG_OOB:指明要读取的数据是带外数据而不是一般数据。
(4) MSG_PEEK:可以查看可读的数据,在接收数据后不会将这些数据丢弃。
(5) MSG_WAITALL:通知内核直到读到请求的数据字节数时,读操作才返回。

如果函数执行成功，就返回读入数据的字节数，出错则返回-1。

13.4.10 close 函数

close 函数用于关闭套接字，并立即返回。不再使用的套接字应该关闭，关闭后的套接字描述符将不能再接收和发送数据。TCP 试着将已排队的待发数据发送完，然后按照正常 TCP 连接终止的操作关闭连接。close 关闭套接字描述符本质上只是将描述符的访问计数减 1，如果此时描述符的访问计数仍旧大于 0，就不会引发 TCP 的终止连接操作。这个功能在并发服务器中非常重要。

close 函数声明如下：

```
#include <unistd.h>
int close(int sockfd);
```

其中，参数 sockfd 是要关闭的套接字描述符。函数调用成功则返回 0，出错则返回-1。

13.4.11 获得套接字地址

一个套接字绑定了地址，就可以通过函数来获取它的套接字地址了。套接字通信需要本地和远程两端建立套接字，这样获取套接字地址可以分为获取本地套接字地址和获取远程套接字地址。其中，获取本地套接字地址的函数是 getsockname，这个函数在下面两种情况下可以获得本地套接字地址。

（1）本地套接字通过 bind 函数绑定了地址。

（2）本地套接字没有绑定地址，但通过 connect 函数和远程建立了连接，此时内核会分配一个地址给本地套接字。

getsockname 函数声明如下：

```
#include <sys/socket.h>
int getsockname(int sockfd, struct sockaddr *addr, socklen_t *addrlen);
```

其中，参数 sockfd 是套接字描述符；addr 指向存放套接字地址的结构体指针；addrlen 是结构体 sockaddr 的大小。

【例13.2】绑定后获取本地套接字地址

（1）打开 Visual Studio Code，新建文本文件，输入代码如下：

```
#include <stdlib.h>
#include <sys/types.h>
#include <stdio.h>
#include <sys/socket.h>
#include <netinet/in.h>
#include <string.h>
#include "unistd.h"
#include "errno.h"
#include <arpa/inet.h>  // for inet_ntoa
```

```c
int main()
{
    int sfp, nfp;
    struct sockaddr_in s_add, c_add;
    socklen_t sin_size;
    unsigned short portnum = 10051;
    struct sockaddr_in serv;
    socklen_t serv_len = sizeof(serv);

    sfp = socket(AF_INET, SOCK_STREAM, 0);
    if (-1 == sfp)
    {
        printf("socket fail ! \r\n");
        return -1;
    }
    printf("socket ok !\r\n");
    printf("ip=%s,port=%d\r\n", inet_ntoa(serv.sin_addr), ntohs(serv.sin_port)); // 马上获取

    int on = 1;
    setsockopt(sfp, SOL_SOCKET, SO_REUSEADDR, &on, sizeof(on));// 允许地址的立即重用

    bzero(&s_add, sizeof(struct sockaddr_in));
    s_add.sin_family = AF_INET;
    s_add.sin_addr.s_addr = inet_addr("192.168.0.2"); // 这个IP地址必须是本机上有的
    s_add.sin_port = htons(portnum);
    // 绑定
    if (-1 == bind(sfp, (struct sockaddr *)(&s_add), sizeof(struct sockaddr)))
    {
        printf("bind fail:%d!\r\n", errno);
        return -1;
    }
    printf("bind ok !\r\n");
    getsockname(sfp, (struct sockaddr *)&serv,&serv_len);// 获取本地套接字地址
    // 打印套接字地址里的IP地址和端口号
    printf("ip=%s,port=%d\r\n", inet_ntoa(serv.sin_addr), ntohs(serv.sin_port));
    return 0;
}
```

在代码中，我们首先创建套接字，马上获取它的地址信息，然后绑定IP地址和端口号，再去获取套接字地址。运行时可以看到没有绑定前获取到的都是0，绑定后就可以正确获取到了。

（2）保存代码为test.cpp，上传到Linux，编译并运行：

```
# cd /zww/test
# g++ test.cpp -o test
# ./test
socket ok !
ip=0.0.0.0,port=0
```

```
bind ok !
ip=192.168.0.2,port=10051
```

需要注意的是，192.168.0.2 必须是本机上存在的 IP 地址，如果随便设一个并不存在的 IP 地址，程序就会返回错误。设置一个并不存在的 IP 地址后编译运行，应该会出现下面的结果：

```
# g++ test.cpp -o test
# ./test
socket ok !
ip=0.0.0.0,port=0
bind fail:99!
```

要获取远程套接字地址，可以使用 getpeername 函数。getpeername 只有在连接建立以后才被调用，否则不能正确获得对方的地址和端口，因此它的参数描述字一般是已连接描述字而非监听套接口描述字。getpeername 函数声明如下：

```
#include <sys/socket.h>
int getpeername(int sockfd, struct sockaddr *addr, socklen_t *addrlen);
```

其中，参数 sockfd 是已连接的套接字描述符；addr 指向存放套接字地址的结构体指针；addrlen 是结构体 sockaddr 的大小。

13.4.12　获得主机名称和主机信息

gethostname 函数是 Linux 中的一个系统调用，用于获取当前主机的名称。函数声明如下：

```
#include <unistd.h>
int gethostname(char *name, size_t len);
```

其中，name 用于存储获取到的主机名，len 是主机名的更大长度。下面看一个实例，返回本地主机的标准名称。

【例13.3】绑定后获取本地套接字地址

（1）打开 Visual Studio Code，新建文本文件，输入代码如下：

```c
#include <stdio.h>
#include <unistd.h>

int main()
{
    char hostname[30]="";
    int flag = 0;
    flag = gethostname(hostname, sizeof(hostname));
    if (flag < 0)
    {
        perror("gethostname error");
        return -1 ;
    }
    printf("hostname = %s\n", hostname);
    return 0 ;
```

}

（2）保存代码为 test.cpp，上传到 Linux，编译并运行：

```
# gcc test.cpp -o test
# ./test
hostname = mypc
```

为了验证是否正确，我们可以用命令 uname -n 来测试一下，该命令用于显示主机名：

```
# uname -n
mypc
```

可见结果正确。

在网络编程中，可能出现这样的情况：我们只知道某个服务器的主机名或域名，但不知道其具体的 IP 地址是什么。例如，知道百度的网址是 www.baidu.com，但不知道其 IP 地址具体是什么。而 gethostbyname 可以让我们知道某个网址对应的 IP 地址。gethostbyname 函数是 Linux 系统中用于获取主机名对应 IP 地址的函数之一，它通过主机名或域名获取网络信息，包括 IP 地址。该函数声明如下：

```
#include <netinet/in.h>
struct hostent *gethostbyname(const char *name);
```

参数 name 表示域名或主机名。若函数执行成功，则返回 hostent 指针，否则返回 NULL，失败原因存于 h_error 中（注意错误原因不存于 error 中）。

hostent 结构具体定义如下：

```
struct hostent {
    char *h_name;          /*正式的主机名称*/
    char **h_aliases;      /*该主机的其他别名*/
    int h_addrtype;        /*地址类型，通常是 AF_INET*/
    int h_length;          /*地址的长度*/
    char **h_addr_list;    /*该主机的所有地址*/
};
```

该函数首先在/etc/hosts 文件中查找是否有匹配的主机名，如果没有，则到域名解析配置文件中去查找。下面我们看一个实例，通过网站域名得到网站主机的名称和 IP 地址。

【例13.4】获取腾讯服务器的主机名和IP地址

（1）打开 Visual Studio Code，新建文本文件，输入代码如下：

```
#include <stdio.h>
#include <netdb.h>
#include <sys/types.h>
#include <netinet/in.h>
#include <arpa/inet.h>

int main(int argc, char *argv [])
{
    struct hostent *h;
    const char *s = "www.qq.com";   // 定义域名字符串
```

```
    if ((h = gethostbyname(s)) == NULL) {  /* get the host info */
        herror("gethostbyname");
        return -1;
    }
    printf("Host name : %s\n", h->h_name); // 输出主机名称
    //输出 IP 地址
    printf("IP Address : %s\n", inet_ntoa(*((struct in_addr *)h->h_addr)));

    return 0;
}
```

在上述代码中，我们首先定义网站域名字符串，然后通过 gethostbyname 函数得到网站主机的信息，最后输出主机的名称和 IP 地址。其中，函数 inet_ntoa 的功能是将 IP 地址转换成用"."间隔的字符串形式。

（2）保存代码为 test.cpp，上传到 Linux，编译并运行：

```
# gcc test.cpp -o test
# ./test
Host name : ins-r23tsuuf.ias.tencent-cloud.net
IP Address : 101.91.22.57
```

13.4.13 阻塞套接字的使用

当使用函数 socket 创建套接字时，默认都是阻塞模式的。阻塞模式是指套接字在执行操作时，调用函数在没有完成操作之前不会立即返回的工作模式。这意味着当调用 API 函数时，如果不能立即完成，线程就处于等待状态，直到操作完成。值得注意的是，并不是所有的 Linux socket API 以阻塞套接字为参数进行调用时都会发生阻塞。例如，以阻塞套接字为参数调用 bind()、listen()时，函数会立即返回。这里将可能阻塞套接字的 Linsock API 调用分为以下 4 种。

1）接收连接函数

函数 accept 从请求连接队列中接收一个客户端连接。以阻塞套接字为参数调用这些函数时，若请求队列为空，则函数就会阻塞，线程进入休眠状态。

2）发送函数

函数 send、sendto 用来发送数据。当以阻塞套接字为参数调用这些函数时，如果套接字缓冲区没有可用空间，函数就会阻塞，线程就会休眠，直到缓冲区有空间。

3）接收函数

函数 recv 用来接收数据。当以阻塞套接字为参数调用这些函数时，如果此时套接字缓冲区没有数据可读，则函数阻塞，调用线程在数据到来前处于休眠状态。

4）连接函数

函数 connect 用于向对方发出连接请求。客户端以阻塞套接字为参数调用这些函数向服务器发出连接时，直到收到服务器的应答或超时才会返回。

使用阻塞模式的套接字开发网络程序比较简单，容易实现。当希望能够立即发送和接收数据，

且处理的套接字数量较少时,使用阻塞套接字模式来开发网络程序比较合适,而它的不足之处表现为:在大量建立好的套接字线程之间进行通信比较困难;当希望同时处理大量套接字时,将无从下手,扩展性差。

【例13.5】一个简单的服务器客户端聊天程序(阻塞套接字版)

(1)首先创建服务器端的代码。打开 Visual Studio Code,新建文本文件,输入代码如下:

```c
#include <stdlib.h>
#include <sys/types.h>
#include <stdio.h>
#include <sys/socket.h>
#include <netinet/in.h>
#include <string.h>
#include "unistd.h"
#include "errno.h"
#include <arpa/inet.h> // for inet_ntoa

int main()
{
    int sfp,nfp;
    struct sockaddr_in s_add,c_add;
    socklen_t sin_size;
    unsigned short portnum=10051;

    printf("Hello,I am a server,Welcome to connect me !\r\n");
    sfp = socket(AF_INET, SOCK_STREAM, 0);
    if(-1 == sfp)
    {
        printf("socket fail ! \r\n");
        return -1;
    }
    printf("socket ok !\r\n");

    int on = 1;
    setsockopt( sfp, SOL_SOCKET, SO_REUSEADDR, &on, sizeof(on) );// 允许地址的立即重用

    bzero(&s_add,sizeof(struct sockaddr_in));
    s_add.sin_family=AF_INET;
    s_add.sin_addr.s_addr=htonl(INADDR_ANY);
    s_add.sin_port=htons(portnum);

    if(-1 == bind(sfp,(struct sockaddr *)(&s_add), sizeof(struct sockaddr)))
    {
        printf("bind fail:%d!\r\n",errno);
        return -1;
    }
    printf("bind ok !\r\n");
```

```cpp
        if(-1 == listen(sfp,5)) // 在套接字上监听
        {
            printf("listen fail !\r\n");
            return -1;
        }
        printf("listen ok\r\n");

        while(1)
        {
            sin_size = sizeof(struct sockaddr_in);

            nfp = accept(sfp, (struct sockaddr *)(&c_add), &sin_size);
            if(-1 == nfp)
            {
                printf("accept fail !\r\n");
                return -1;
            }
            printf("accept ok!\r\nServer start get connect from ip=%s,port=%d\r\n",inet_ntoa(c_add.sin_addr)  ,ntohs(c_add.sin_port));

            if(-1 == write(nfp,"hello,client,you are welcome! \r\n",32))
            {
                printf("write fail!\r\n");
                return -1;
            }
            printf("write ok!\r\n");
            close(nfp);

            puts("continue to listen(y/n)?");
            char ch[2];
            scanf("%s", ch, 2);        // 读控制台两个字符,包括回车符
            if (ch[0] != 'y')          // 如果不是 y 就退出循环
                break;
        }

        printf("bye!\n");
        close(sfp); // 关闭套接字
        return 0;
}
```

程序很简单。先新建一个监听套接字,然后等待客户端的连接请求,阻塞在 accept 函数处,一旦有客户端连接请求来了,就返回一个新的套接字。这个套接字和客户端进行通信,通信完毕就关掉这个套接字。而监听套接字根据用户的输入继续监听或退出。

(2) 保存代码为 test.cpp,上传到 Linux,编译并运行:

```
# g++ test.cpp -o test
# ./test
Hello,I am a server,Welcome to connect me !
socket ok !
```

```
bind ok !
listen ok
```

（3）下面创建客户端代码。打开 Visual Studio Code，新建文本文件，输入代码如下：

```c
#include <stdlib.h>
#include <sys/types.h>
#include <stdio.h>
#include <sys/socket.h>
#include <netinet/in.h>
#include <string.h>
#include <arpa/inet.h>  // for inet_addr
#include "unistd.h"    // for read

int main()
{
    int cfd;
    int recbytes;
    int sin_size;
    char buffer[1024]={0};
    struct sockaddr_in s_add,c_add;
    unsigned short portnum=10051;
    char ip[]="172.16.2.7";

    printf("this is client\r\n");

    cfd = socket(AF_INET, SOCK_STREAM, 0);
    if(-1 == cfd)
    {
        printf("socket fail ! \r\n");
        return -1;
    }
    printf("socket ok !\r\n");

    bzero(&s_add,sizeof(struct sockaddr_in));
    s_add.sin_family=AF_INET;
    s_add.sin_addr.s_addr= inet_addr(ip);
    s_add.sin_port=htons(portnum);

    // 发起连接
    if(-1 == connect(cfd,(struct sockaddr *)(&s_add), sizeof(struct sockaddr)))
    {
        printf("connect fail !\r\n");
        return -1;
    }
    printf("connect ok !\r\n");

    if(-1 == (recbytes = read(cfd,buffer,1024)))   // 接收数据
    {
        printf("read data fail !\r\n");
```

```
            return -1;
    }
    printf("read ok:");

    buffer[recbytes]='\0';
    printf("%s\r\n",buffer);

    printf("press any key to quit");
    getchar();
    close(cfd); // 关闭套接字
    return 0;
}
```

（4）保存代码为 client.cpp，上传到 Linux 后，新开启一个终端窗口，然后编译并运行：

```
[root@localhost client]# g++ client.cpp -o client
[root@localhost client]# ./client
this is client
socket ok !
connect ok !
read ok:hello,client,you are welcome!

press any key to quit
```

因为前面的服务器端已经运行了，所以连接成功，客户端能收到服务器端发来的数据。此时服务器端变为：

```
Hello,I am a server,Welcome to connect me !
socket ok !
bind ok !
listen ok
accept ok!
Server start get connect from ip=172.16.2.7,port=55890
write ok!
continue to listen(y/n)?
```

如果要停止服务器，可以输入 n，然后按回车键来结束程序。

【例13.6】判断当前套接字是否为阻塞套接字

（1）打开 Visual Studio Code，新建文本文件，输入代码如下：

```
#include <sys/socket.h>
#include <arpa/inet.h>
#include <assert.h>
#include <stdio.h>
#include <unistd.h>
#include <string.h>
#include <errno.h>
#include <stdlib.h>
#include <fcntl.h>
#include <sys/time.h>
```

```
int main( int argc, char* argv[] )
{
    int sock = socket( PF_INET, SOCK_STREAM, 0 );
    assert( sock >= 0 );

    int old_option = fcntl( sock, F_GETFL );
    if(0==(old_option & O_NONBLOCK))
        printf("now socket is BLOCK mode\n"); // 0 是阻塞模式
    else
        printf("now socket is NOT BLOCK mode\n");
    return 0;
}
```

可见，socket 函数创建的套接字默认是阻塞套接字。判断套接字是否阻塞可以通过系统调用 fcntl 先获得套接字描述符的属性标志，然后和 O_NONBLOCK 进行与操作，看是否为 0，如果是 0，则说明是阻塞套接字。

（2）保存代码为 test.cpp，上传到 Linux 后，新开启一个终端窗口，然后编译并运行：

```
# g++ test.cpp -o test
# ./test
now socket is BLOCK mode
```

【例13.7】统计阻塞套接字的connect超时时间

（1）打开 Visual Studio Code，新建文本文件，输入代码如下：

```
#include <sys/socket.h>
#include <arpa/inet.h>
#include <assert.h>
#include <stdio.h>
#include <unistd.h>
#include <string.h>
#include <errno.h>
#include <stdlib.h>
#include <fcntl.h>
#include <sys/time.h>

#define BUFFER_SIZE 512

int main( int argc, char* argv[] )
{
    char ip[]="172.16.2.88"; // 本机的 IP 地址是 172.16.2.7，172.16.2.88 并不存在
    int port = 13334;

    struct sockaddr_in server_address;
    bzero( &server_address, sizeof( server_address ) );
```

```c
        server_address.sin_family = AF_INET;
        inet_pton( AF_INET, ip, &server_address.sin_addr );
        server_address.sin_port = htons( port );

        int sock = socket( PF_INET, SOCK_STREAM, 0 );
        assert( sock >= 0 );

        int old_option = fcntl( sock, F_GETFL );
        printf("noblock: %d\n", old_option & O_NONBLOCK); // 0是阻塞模式

        struct  timeval tv1, tv2;
        gettimeofday(&tv1, NULL);

        int ret = connect( sock, ( struct sockaddr* )&server_address, sizeof( server_address ) );
        printf("connect ret code is: %d\n", ret);
        if ( ret == 0 )
        {
            printf("call getsockname ...\n");
            struct sockaddr_in local_address;
            socklen_t length;
            int ret = getpeername(sock, ( struct sockaddr* )&local_address, &length);
            assert(ret == 0);
            char local[INET_ADDRSTRLEN ];
            printf( "local with ip: %s and port: %d\n",
                inet_ntop( AF_INET, &local_address.sin_addr, local, INET_ADDRSTRLEN ), ntohs( local_address.sin_port ) );

            char buffer[ BUFFER_SIZE ];
            memset( buffer, 'a', BUFFER_SIZE );
            send( sock, buffer, BUFFER_SIZE, 0 );
        }
        else if (ret == -1)
        {
            gettimeofday(&tv2, NULL);
            suseconds_t msec = tv2.tv_usec - tv1.tv_usec;
            time_t sec = tv2.tv_sec - tv1.tv_sec;
            printf("time used:%d.%fs\n", sec, (double)msec / 1000000 );

            printf("connect failed...\n");
            if (errno == EINPROGRESS)
            {
                printf("unblock mode ret code...\n");
            }
        }
```

```
    else
    {
        printf("ret code is: %d\n", ret);
    }

    close( sock );
    return 0;
}
```

代码中，首先定义了和本机 IP 地址在同一子网的不真实存在的 IP 地址。如果不是同一子网，connect 能很快判断出这个 IP 地址不存在，所以超时时间较短。而定义一个在同一子网的假 IP 地址，则要等网关回复结果后 connect 才知道是否能连通。如果我们的计算机连上 Internet，再定义一个公网上的假 IP 地址，那么超时时间会更长，因为要等很多网关、路由器等信息回复后，connect 才能知道是否可以连上。不过，同一子网里的假 IP 地址用作测试也足够了。

（2）保存代码为 test.cpp，上传到 Linux 后，新开启一个终端窗口，然后编译并运行：

```
# g++ test.cpp -o test
# ./test
noblock: 0
connect ret code is: -1
time used:3.0.032286s
connect failed...
```

可以看到，大概等 3 秒后，才提示 connect 失败了。

13.4.14 非阻塞套接字的使用

把套接字设为非阻塞模式后，很多 Linsock 函数就会立即返回，但并不意味着操作已经完成。

【例13.8】设置套接字为非阻塞套模式

（1）打开 Visual Studio Code，新建文本文件，输入代码如下：

```
#include <sys/socket.h>
#include <arpa/inet.h>
#include <assert.h>
#include <stdio.h>
#include <unistd.h>
#include <string.h>
#include <errno.h>
#include <stdlib.h>
#include <fcntl.h>
#include <sys/time.h>

int setnonblocking( int fd ) // 自定义函数，用于设置套接字为非阻塞套接字
{
    int old_option = fcntl( fd, F_GETFL );
```

```
    int new_option = old_option | O_NONBLOCK;
    fcntl( fd, F_SETL, new_option );
    return old_option;
}

int main( int argc, char* argv[] )
{
    int sock = socket( PF_INET, SOCK_STREAM, 0 );
    assert( sock >= 0 );

    int old_option = fcntl( sock, F_GETFL );
    if(0==(old_option & O_NONBLOCK))
        printf("now socket is BLOCK mode\n"); // 0是阻塞模式
    else
        printf("now socket is NOT BLOCK mode\n");

    setnonblocking(sock);
    old_option = fcntl( sock, F_GETFL );
    if(0==(old_option & O_NONBLOCK))
        printf("now socket is BLOCK mode\n"); // 0是阻塞模式
    else
        printf("now socket is NOBLOCK mode\n");

    return 0;
}
```

可以看到，在调用了我们定义的 setnonblocking 函数后，套接字变为非阻塞套接字。实际功能也是通过系统调用 fcntl 来实现的。

（2）保存代码为 test.cpp，上传到 Linux 后，新开启一个终端窗口，然后编译并运行：

```
# g++ test.cpp -o test
# ./test
now socket is BLOCK mode
now socket is NOBLOCK mode
```

【例13.9】自定义connect超时时间（非阻塞套接字法）

（1）打开 Visual Studio Code，新建文本文件，输入代码如下：

```
#include <sys/types.h>
#include <sys/socket.h>
#include <netinet/in.h>
#include <arpa/inet.h>
#include <stdlib.h>
#include <assert.h>
#include <stdio.h>
#include <time.h>
#include <errno.h>
#include <fcntl.h>
#include <sys/ioctl.h>
```

```c
#include <unistd.h>
#include <string.h>

#define BUFFER_SIZE 1023

int setnonblocking( int fd )
{
    int old_option = fcntl( fd, F_GETFL );
    int new_option = old_option | O_NONBLOCK;
    fcntl( fd, F_SETFL, new_option );
    return old_option;
}

int unblock_connect( const char* ip, int port, int time )
{
    int ret = 0;
    struct sockaddr_in address;
    bzero( &address, sizeof( address ) );
    address.sin_family = AF_INET;
    inet_pton( AF_INET, ip, &address.sin_addr );
    address.sin_port = htons( port );

    int sockfd = socket( PF_INET, SOCK_STREAM, 0 );
    int fdopt = setnonblocking( sockfd );
    ret = connect( sockfd, ( struct sockaddr* )&address, sizeof( address ) );
    printf("connect ret code = %d\n", ret);
    if ( ret == 0 )
    {
        printf( "connect with server immediately\n" );
        fcntl( sockfd, F_SETFL, fdopt );    // 还原旧的可选项
        return sockfd;
    }
    // unblock mode --> connect return immediately! ret = -1 & errno=EINPROGRESS
    else if ( errno != EINPROGRESS )
    {
        printf("ret = %d\n", ret);
        printf( "unblock connect failed!\n" );
        return -1;
    }
    else if (errno == EINPROGRESS)
    {
        printf( "unblock mode socket is connecting...\n" );
    }

    // 使用 select 来检查写事件, 如果 socket 可写, 则连接成功完成
    fd_set readfds;
    fd_set writefds;
    struct timeval timeout;

    FD_ZERO( &readfds );
```

```c
        FD_SET( sockfd, &writefds );

        timeout.tv_sec = time; // 我们设置超时时间为 1 秒，原来大概需要 3 秒
        timeout.tv_usec = 0;

        ret = select( sockfd + 1, NULL, &writefds, NULL, &timeout );
        if ( ret <= 0 )
        {
            printf( "connection time out\n" );
            close( sockfd );
            return -1;
        }

        if ( ! FD_ISSET( sockfd, &writefds ) )
        {
            printf( "no events on sockfd found\n" );
            close( sockfd );
            return -1;
        }

        int error = 0;
        socklen_t length = sizeof( error );
        if( getsockopt( sockfd, SOL_SOCKET, SO_ERROR, &error, &length ) < 0 )
        {
            printf( "get socket option failed\n" );
            close( sockfd );
            return -1;
        }

        if( error != 0 )
        {
            printf( "connection failed after select with the error: %d \n", error );
            close( sockfd );
            return -1;
        }

        // 连接成功
        printf( "connection ready after select with the socket: %d \n", sockfd );
        fcntl( sockfd, F_SETFL, fdopt ); // 还原旧的可选项
        return sockfd;
}

int main( int argc, char* argv[] )
{
    if( argc <= 2 )
    {
        printf( "usage: %s ip_address port_number\n", basename( argv[0] ) );
        return 1;
    }
    const char* ip = argv[1];
```

```cpp
        int port = atoi( argv[2] );

        int sockfd = unblock_connect( ip, port, 1);
        if ( sockfd < 0 )
        {
            printf("sockfd error! return -1\n");
            return 1;
        }
        // shutdown( sockfd, SHUT_WR );      // 禁用读写
        printf( "send data out\n" );
        send( sockfd, "abc", 3, 0 );
        shutdown( sockfd, SHUT_WR );         // 禁用读写
        close(sockfd);
        return 0;
}
```

在代码中自定义函数 setnonblocking，用于设置套接字为非阻塞套接字。然后定义一个函数 unblock_connect 用于连接，并且设置超时时间为 1 秒。而实际的超时返回是通过 select 函数来实现的。

（2）保存代码为 test.cpp，上传到 Linux 后，新开启一个终端窗口，然后编译并运行：

```
# ./test 172.16.2.88 11133 kkk
connect ret code = -1
unblock mode socket is connecting...
connection failed after select with the error: 113
sockfd error! return -1
```

172.16.2.88 是 Linux 主机 IP 地址的同一网段的一个假 IP，原来阻塞超时需要 3 秒左右，现在大概需要 1 秒左右，说明我们自定义的超时实际生效了；11133 是端口；kkk 是我们想要发送的信息。

在一个 TCP 套接口被设置为非阻塞之后调用 connect，connect 会立即返回 EINPROGRESS 错误，表示连接操作正在进行中，但是仍未完成。同时 TCP 的三路握手操作继续进行，在这之后，我们可以调用 select 来检查这个连接是否建立成功。

非阻塞 connect 有以下 3 种用途。

（1）我们可以在三路握手的同时做一些其他的处理。connect 操作要花一个往返时间完成，而且可以是在任何地方，从几毫秒的局域网到几百毫秒或几秒的广域网，在这段时间内，我们可能有一些其他的处理想要执行。

（2）可以用这种技术同时建立多个连接，这在 Web 浏览器中很普遍。

（3）由于我们使用 select 来等待连接的完成，因此可以给 select 设置一个时间限制，从而缩短 connect 的超时时间。在大多数实际环境（公网）中，connect 的超时时间在 75 秒到几分钟。有时候应用程序想要一个更短的超时时间，使用非阻塞 connect 就是一种方法。

非阻塞 connect 听起来虽然简单，但是仍然有一些细节问题要处理：

（1）即使套接口是非阻塞的，如果连接的服务器在同一台主机上，那么在调用 connect 建立连接时，连接通常会立即建立成功。我们必须处理这种情况。

（2）有两条与 select 和非阻塞 I/O 相关的规则：一是当连接建立成功时，套接口描述符变成可

写；二是当连接出错时，套接口描述符变成既可读又可写。

值得注意的是，当一个套接口出错时，它会被 select 调用标记为既可读又可写。

这里总结一下处理非阻塞 connect 的步骤。

- 第一步：创建socket，返回套接口描述符。
- 第二步：调用fcntl把套接口描述符设置成非阻塞。
- 第三步：调用connect开始建立连接。
- 第四步：判断连接是否成功建立。

如果 connect 返回 0，表示连接成功（服务器和客户端在同一台机器上时就有可能发生这种情况）。

调用 select 来等待连接建立成功完成。如果 select 返回 0，则表示建立连接超时。返回超时错误给用户，同时关闭连接，以防止三路握手操作继续进行下去。如果 select 返回大于 0 的值，则需要检查套接口描述符是否可读或可写，如果套接口描述符可读或可写，则可以通过调用 getsockopt 来得到套接口上待处理的错误（SO_ERROR），如果连接建立成功，这个错误值将是 0，如果建立连接时遇到错误，则这个值是连接错误所对应的 errno 值，比如 ECONNREFUSED、ETIMEDOUT 等。

【例13.10】自定义connect超时时间（信号处理法）

打开 Visual Studio Code，新建文本文件，输入代码如下：

```
#include <sys/socket.h>
#include <arpa/inet.h>
#include <assert.h>
#include <stdio.h>
#include <unistd.h>
#include <string.h>
#include <errno.h>
#include <stdlib.h>
#include <fcntl.h>
#include <sys/time.h>
#include <signal.h>

#define BUFFER_SIZE 512

void u_alarm_handler(int n)
{
    printf("alarm:-----------connect timeout----------\n");
}

int main( int argc, char* argv[] )
{

    char ip[]="172.16.2.88"; // 本机的 IP 地址是 172.16.2.7，172.16.2.88 并不存在
    int port = 13334;

    struct sockaddr_in server_address;
    bzero( &server_address, sizeof( server_address ) );
```

```
            server_address.sin_family = AF_INET;
            inet_pton( AF_INET, ip, &server_address.sin_addr );
            server_address.sin_port = htons( port );

            int sock = socket( PF_INET, SOCK_STREAM, 0 );
            assert( sock >= 0 );

            int old_option = fcntl( sock, F_GETFL );
            printf("noblock: %d\n", old_option & O_NONBLOCK); // 0是阻塞模式

            struct  timeval tv1, tv2;
            gettimeofday(&tv1, NULL);

            sigset(SIGALRM, u_alarm_handler);
            alarm(1);                                           // 设置1秒超时
            int ret = connect( sock, ( struct sockaddr* )&server_address,
sizeof( server_address ) );
            alarm(0);
            sigrelse(SIGALRM);

            printf("connect ret code is: %d\n", ret);
            if ( ret == 0 )
            {
                printf("call getsockname ...\n");
                struct sockaddr_in local_address;
                socklen_t length;
                int ret = getpeername(sock, ( struct sockaddr* )&local_address,
&length);
                assert(ret == 0);
                char local[INET_ADDRSTRLEN ];
                printf( "local with ip: %s and port: %d\n",
                    inet_ntop( AF_INET, &local_address.sin_addr, local,
INET_ADDRSTRLEN ), ntohs( local_address.sin_port ) );


                char buffer[ BUFFER_SIZE ];
                memset( buffer, 'a', BUFFER_SIZE );
                send( sock, buffer, BUFFER_SIZE, 0 );
            }
            else if (ret == -1)
            {
                gettimeofday(&tv2, NULL);
                suseconds_t msec = tv2.tv_usec - tv1.tv_usec;
                time_t sec = tv2.tv_sec - tv1.tv_sec;
                printf("time used:%d.%fs\n", sec, (double)msec / 1000000 );

                printf("connect failed...\n");
                if (errno == EINPROGRESS)
                {
                    printf("unblock mode ret code...\n");
```

```
        }
    }
    else
    {
        printf("ret code is: %d\n", ret);
    }

    close( sock );
    return 0;
}
```

在代码中,套接字依然是阻塞套接字。首先定义一个中断信号处理函数u_alarm_handler,用于超时后的报警处理,然后定义一个1秒的定时器,执行connect,如果系统连接成功,则正常执行下去;如果连接不成功阻塞在这里,当超过定义的 2 秒后,系统会产生一个信号,触发执行u_alarm_handler函数,执行完 u_alarm_handler 后,程序将继续从 connect 的下面一行执行下去。

【例13.11】一个简单的服务器客户端聊天程序(非阻塞套接字版)

(1)首先创建服务器端的代码。打开 Visual Studio Code,新建文本文件,输入代码如下:

```
#include <stdlib.h>
#include <sys/types.h>
#include <stdio.h>
#include <sys/socket.h>
#include <netinet/in.h>
#include <string.h>
#include "unistd.h"
#include "errno.h"
#include <arpa/inet.h>  // for inet_ntoa

int main()
{
    int sfp,nfp;
    struct sockaddr_in s_add,c_add;
    socklen_t sin_size;
    unsigned short portnum=10051;

    printf("Hello,I am a server,Welcome to connect me !\r\n");
    sfp = socket(AF_INET, SOCK_STREAM, 0);
    if(-1 == sfp)
    {
        printf("socket fail ! \r\n");
        return -1;
    }
    printf("socket ok !\r\n");

    int on = 1;
    setsockopt( sfp, SOL_SOCKET, SO_REUSEADDR, &on, sizeof(on) );// 允许地址的立即重用
```

```c
        bzero(&s_add,sizeof(struct sockaddr_in));
        s_add.sin_family=AF_INET;
        s_add.sin_addr.s_addr=htonl(INADDR_ANY);
        s_add.sin_port=htons(portnum);

        if(-1 == bind(sfp,(struct sockaddr *)(&s_add), sizeof(struct sockaddr)))
        {
            printf("bind fail:%d!\r\n",errno);
            return -1;
        }
        printf("bind ok !\r\n");

        if(-1 == listen(sfp,5))  // 在套接字上监听
        {
            printf("listen fail !\r\n");
            return -1;
        }
        printf("listen ok\r\n");

        while(1)
        {
            sin_size = sizeof(struct sockaddr_in);

            nfp = accept(sfp, (struct sockaddr *)(&c_add), &sin_size);
            if(-1 == nfp)
            {
                printf("accept fail !\r\n");
                return -1;
            }
            printf("accept ok!\r\nServer start get connect from
ip=%s,port=%d\r\n",inet_ntoa(c_add.sin_addr)  ,ntohs(c_add.sin_port));


            if(-1 == write(nfp,"hello,client,you are welcome! \r\n",32))
            {
                printf("write fail!\r\n");
                return -1;
            }
            printf("write ok!\r\n");
            close(nfp);

            puts("continue to listen(y/n)?");
            char ch[2];
            scanf("%s", ch, 2);      // 读控制台两个字符,包括回车符
            if (ch[0] != 'y')        // 如果不是 y 就退出循环
                break;
        }

        printf("bye!\n");
        close(sfp); // 关闭套接字
```

            return 0;
    }

程序很简单。先新建一个监听套接字，然后等待客户端的连接请求，阻塞在 accept 函数处，一旦有客户端连接请求来了，就返回一个新的套接字，这个套接字就和客户端进行通信，通信完毕后关掉这个套接字。而监听套接字根据用户的输入继续监听或退出。

（2）保存代码为 test.cpp，上传到 Linux 后编译并运行：

```
# g++ test.cpp -o test
# ./test
Hello,I am a server,Welcome to connect me !
socket ok !
bind ok !
listen ok
```

（3）下面创建客户端代码。打开 Visual Studio Code，新建文本文件，输入代码如下：

```cpp
#include <sys/types.h>
#include <sys/socket.h>
#include <netinet/in.h>
#include <arpa/inet.h>
#include <stdlib.h>
#include <assert.h>
#include <stdio.h>
#include <time.h>
#include <errno.h>
#include <fcntl.h>
#include <sys/ioctl.h>
#include <unistd.h>
#include <string.h>

#define BUFFER_SIZE 1023

int setnonblocking( int fd )
{
    int old_option = fcntl( fd, F_GETFL );
    int new_option = old_option | O_NONBLOCK;
    fcntl( fd, F_SETFL, new_option );
    return old_option;
}

int unblock_connect( const char* ip, int port, int time )
{
    int ret = 0;
    struct sockaddr_in address;
    bzero( &address, sizeof( address ) );
    address.sin_family = AF_INET;
    inet_pton( AF_INET, ip, &address.sin_addr );
    address.sin_port = htons( port );

    int sockfd = socket( PF_INET, SOCK_STREAM, 0 );
```

```c
int fdopt = setnonblocking( sockfd );
ret = connect( sockfd, ( struct sockaddr* )&address, sizeof( address ) );
printf("connect ret code = %d\n", ret);
if ( ret == 0 )
{
    printf( "connect with server immediately\n" );
    fcntl( sockfd, F_SETFL, fdopt );      // 还原旧的可选项
    return sockfd;
}
// unblock mode --> connect return immediately! ret = -1 & errno=EINPROGRESS
else if ( errno != EINPROGRESS )
{
    printf("ret = %d\n", ret);
    printf( "unblock connect failed!\n" );
    return -1;
}
else if (errno == EINPROGRESS)
{
    printf( "unblock mode socket is connecting...\n" );
}

// 使用 select 来检查写事件，如果 socket 可写，则连接成功完成
fd_set readfds;
fd_set writefds;
struct timeval timeout;

FD_ZERO( &readfds );
FD_SET( sockfd, &writefds );

timeout.tv_sec = time; // 超时时间为 10 分钟
timeout.tv_usec = 0;

ret = select( sockfd + 1, NULL, &writefds, NULL, &timeout );
if ( ret <= 0 )
{
    printf( "connection time out\n" );
    close( sockfd );
    return -1;
}

if ( ! FD_ISSET( sockfd, &writefds ) )
{
    printf( "no events on sockfd found\n" );
    close( sockfd );
    return -1;
}

int error = 0;
socklen_t length = sizeof( error );
if( getsockopt( sockfd, SOL_SOCKET, SO_ERROR, &error, &length ) < 0 )
```

```c
        {
            printf( "get socket option failed\n" );
            close( sockfd );
            return -1;
        }

        if( error != 0 )
        {
            printf( "connection failed after select with the error: %d \n", error );
            close( sockfd );
            return -1;
        }

        // 连接成功
    printf( "connection ready after select with the socket: %d \n", sockfd );
    fcntl( sockfd, F_SETFL, fdopt );  // 还原旧的可选项
    printf("connect ok !\r\n");

        int recbytes;
        int sin_size;
        char buffer[1024]={0};

        if(-1 == (recbytes = read(sockfd,buffer,1024)))   // 接收数据
        {
            printf("read data fail !\r\n");
            return -1;
        }
        printf("read ok:");

        buffer[recbytes]='\0';
        printf("%s\r\n",buffer);

        return sockfd;
}


int main( int argc, char* argv[] )
{

    const char ip[] = "172.16.2.7";
    int port = 10051;

    int sockfd = unblock_connect( ip, port, 1);
    if ( sockfd < 0 )
    {
        printf("sockfd error! return -1\n");
        return 1;
    }

    close(sockfd);
```

```
        return 0;
}
```

在代码中，我们把套接字设置为非阻塞套接字，然后 connect 会立即返回，并且 errno 等于 EINPROGRESS，表示正在连接过程中。

（4）保存代码为 client.cpp，上传到 Linux 后，新开启一个终端窗口，然后编译并运行：

```
[root@localhost client]# g++ client.cpp -o client
[root@localhost client]# ./client
connect ret code = -1
unblock mode socket is connecting...
connection ready after select with the socket: 3
connect ok !
read ok:hello,client,you are welcome!
```

因为前面的服务器端已经运行了，所以连接成功，客户端能收到服务器端发来的数据。此时服务器端变为：

```
Hello,I am a server,Welcome to connect me !
socket ok !
bind ok !
listen ok
accept ok!
Server start get connect from ip=172.16.2.7,port=55938
write ok!
continue to listen(y/n)?
```

如果要停止服务器，可以输入 n，然后按回车键来结束程序。

第 14 章

UDP 套接字编程

UDP 套接字就是数据报套接字，一种无连接的 socket，对应无连接的 UDP 应用。在使用 TCP 编写的应用程序和使用 UDP 编写的应用程序之间存在一些本质差异，其原因在于这两个传输层之间的差别：UDP 是无连接的不可靠的数据报协议，TCP 提供面向连接的可靠字节流。从资源的角度来看，UDP 套接字相对来说开销较小，因为不需要维持网络连接，而且因为无须花费时间来连接，所以 UDP 套接字的速度也较快。

因为 UDP 提供的是不可靠服务，所以数据可能会丢失。如果数据非常重要，就需要小心编写 UDP 客户端程序，以检查错误并在必要时重传。实际上，UDP 套接字在局域网中是非常可靠的。

14.1 UDP 套接字编程的基本步骤

在 UDP 套接字程序中，客户端不需要与服务器建立连接，可以直接使用 sendto 函数给服务器发送数据报。同样，服务器不需要接收来自客户端的连接，可以直接调用 recvfrom 函数等待来自某个客户端的数据到达。图 14-1 展示了客户端与服务器使用 UDP 套接字进行通信的过程。

编写 UDP 套接字应用程序，相关操作步骤说明如下。

（1）服务器的操作步骤：

步骤 01 创建套接字描述符（socket）。
步骤 02 设置服务器的 IP 地址和端口号（需要转换为网络字节序的格式）。
步骤 03 将套接字描述符绑定到服务器地址（bind）。
步骤 04 从套接字描述符读取来自客户端的请求并取得客户端的地址（recvfrom）。
步骤 05 向套接字描述符写入应答并发送给客户端（sendto）。
步骤 06 回到 **步骤 04**，等待读取下一个来自客户端的请求。

（2）客户端的操作步骤：

步骤 01 创建套接字描述符（socket）。

步骤02 设置服务器的 IP 地址和端口号（需要转换为网络字节序的格式）。
步骤03 向套接字描述符写入请求并发送给服务器（sendto）。
步骤04 从套接字描述符读取来自服务器的应答（recvfrom）。
步骤05 关闭套接字描述符（close）。

图 14-1

了解了 UDP 套接字编程的基本步骤后，我们再来看一下常用的 UDP 套接字函数。

14.2 UDP 套接字编程的相关函数

UDP 套接字创建函数 socket()、地址绑定函数 bind()与 TCP 套接字的相同，具体用法可参考第 13 章。本节仅介绍消息发送函数 sendto()和 sendmsg，以及消息接收函数 recofrom 和 recvmsg。

14.2.1 消息发送函数 sendto 和 sendmsg

发送消息时，send 只可用于基于连接的套接字，send 和 write 唯一的不同是标志的存在，当标志为 0 时，send 等同于 write。sendto 和 sendmsg 既可用于无连接的套接字，也可用于基于连接的套接字，但这两个函数一般不用在连接套接字上。

这两个函数用来发送消息，函数原型如下：

```
#include <sys/types.h>
#include <sys/socket.h>
ssize_t sendto(int sock, const void *buf, size_t len, int flags, const struct
```

```
    sockaddr *to, socklen_t tolen);
    ssize_t sendmsg(int sock, const struct msghdr *msg, int flags);
```

其中，参数 sock 表示将要发送数据的套接字；buf 指向将要发送数据的缓冲区；len 是 buf 所指缓冲区的长度，以字节为单位；flags 是以下零个或者多个标志的组合体，可以通过或操作连在一起。

- MSG_DONTROUTE：不要使用网关来发送封包，只发送到直接联网的主机。这个标志主要用于诊断或者路由程序。
- MSG_DONTWAIT：操作不会被阻塞。
- MSG_EOR：终止一个记录。
- MSG_MORE：调用者有更多的数据需要发送。
- MSG_NOSIGNAL：当另一端终止连接时，请求在基于流的错误套接字上不要发送 SIGPIPE 信号。
- MSG_OOB：发送 out-of-band 数据（需要优先处理的数据），同时现行协议必须支持这种操作。
- to：指向存放接收端地址的区域，可以为 NULL。
- tolen：是结构体 struct sockaddr 的长度。
- msg：指向存放发送消息头的内存缓冲，定义如下：

```
struct msghdr {
    void *msg_name;
    socklen_t msg_namelen;
    struct iovec *msg_iov;
    size_t msg_iovlen;
    void *msg_control;
    socklen_t msg_controllen;
    int msg_flags;
};
```

如果函数执行成功，则返回已发送的字节数，失败则返回-1，错误码 errno 被设为以下某个值。

- EACCES：对于 UNIX 域套接字，不允许对目标套接字文件进行写操作，或者路径前驱的一个目录节点不可搜索。
- EAGAIN，EWOULDBLOCK：套接字已标记为非阻塞，而发送操作被阻塞。
- EBADF：sock 不是有效的描述词。
- ECONNRESET：连接被用户重置。
- EDESTADDRREQ：套接字不处于连接模式，没有指定对端地址。
- EFAULT：内存空间访问出错。
- EINTR：操作被信号中断。
- EINVAL：参数无效。
- EISCONN：基于连接的套接字已被连接上，同时指定接收对象。
- EMSGSIZE：消息太大。
- ENOMEM：内存不足。

- ENOTCONN：套接字尚未连接，目标没有给出。
- ENOTSOCK：sock索引的不是套接字。
- EPIPE：本地连接已关闭。

14.2.2 消息接收函数 recvfrom 和 recvmsg

这两个函数从套接字上接收一个消息。recvfrom 和 recvmsg 可以同时应用于面向连接的和无连接的套接字。recv 一般只用在面向连接的套接字，几乎等同于 recvfrom，只需将 recvfrom 的第 5 个参数设置为 NULL。按照习惯，recvfrom 和 recvmsg 一般用于无连接套接字。

如果消息太大，无法完整存放在所提供的缓冲区中，则根据不同的套接字，多余的字节被丢弃。假如套接字上没有消息可以读取，除非套接字已被设置为非阻塞模式，否则这两个函数将会阻塞一直等到消息到来。

这两个函数声明如下：

```
#include <sys/types.h>
#include <sys/socket.h>
ssize_t  recvfrom(int sock, void *buf, size_t len, int flags, struct sockaddr *from, socklen_t *fromlen);
ssize_t  recvmsg(int sock, struct msghdr *msg, int flags);
```

其中，参数 sock 是将要接收数据的套接字；buf 为存放消息的缓冲区；len 为 buf 所指缓冲区的大小；flags 是以下一个或者多个标志的组合体，可以通过或操作连在一起。

- MSG_DONTWAIT：操作不会被阻塞，非阻塞，立即返回，不等待。
- MSG_ERRQUEUE：指示应该从套接字的错误队列上接收错误值，依据不同的协议，错误值以某种辅助性消息的方式传递进来，使用者应该提供足够大的缓冲区。错误以 sock_extended_err 结构形态被使用，定义如下：

```
#define SO_EE_ORIGIN_NONE    0
#define SO_EE_ORIGIN_LOCAL   1
#define SO_EE_ORIGIN_ICMP    2
#define SO_EE_ORIGIN_ICMP6   3
struct sock_extended_err
{
    u_int32_t ee_errno;   /* error number */
    u_int8_t ee_origin;   /* where the error originated */
    u_int8_t ee_type;     /* type */
    u_int8_t ee_code;     /* code */
    u_int8_t ee_pad;
    u_int32_t ee_info;    /* additional information */
    u_int32_t ee_data;    /* other data */
    /* More data may follow */
};
```

- MSG_PEEK：指示数据接收后，在接收队列中保留原数据，不将其删除，随后的读操作还可以接收相同的数据。
- MSG_TRUNC：返回封包的实际长度，即使它比所提供的缓冲区更长，只对 packet 套接字有效。
- MSG_WAITALL：要求阻塞操作，直到请求得到完整的满足。然而，如果捕捉到信号、错误或者连接断开发生，或者下次被接收的数据类型不同，仍会返回少于请求量的数据。
- MSG_EOR：指示记录的结束，返回的数据完成一个记录。
- MSG_TRUNC：指明报尾部数据已被丢弃，因为它比所提供的缓冲区需要更多的空间。
- MSG_CTRUNC：指明由于缓冲区空间不足，一些控制数据已被丢弃。
- MSG_OOB：指示接收到out-of-band数据（需要优先处理的数据）。
- MSG_ERRQUEUE：指示除了来自套接字错误队列的错误外，没有接收到其他数据。
- From：为指向存放对端地址的缓冲区指针，如果为NULL，不储存对端地址；fromlen是一个输入输出参数，作为输入参数，指向存放表示from所指缓冲区的最大长度，作为输出参数，指向存放表示from所指缓冲区的实际长度；msg指向存放进入消息头的内存缓冲，结构形态如下：

```
struct msghdr {
    void          *msg_name;       /* optional address */
    socklen_t     msg_namelen;     /* size of address */
    struct iovec *msg_iov;         /* scatter/gather array */
    size_t        msg_iovlen;      /* elements in msg_iov */
    void         *msg_control;     /* ancillary data, see below */
    socklen_t     msg_controllen;  /* ancillary data buffer len */
    int           msg_flags;       /* flags on received message */
};
```

如果函数成功执行，则返回接收到的字节数；如果另一端已关闭，则返回 0；如果函数执行失败，则返回-1，errno 被设为以下的某个值。

- EAGAIN：套接字已标记为非阻塞，而接收操作被阻塞或者接收超时。
- EBADF：sock不是有效的描述词。
- ECONNREFUSE：远程主机阻绝网络连接。
- EFAULT：内存空间访问出错。
- EINTR：操作被信号中断。
- EINVAL：参数无效。
- ENOMEM：内存不足。
- ENOTCONN：与面向连接关联的套接字尚未被连接上。
- ENOTSOCK：sock索引的不是套接字。

14.3 实战 UDP 套接字

了解了基本的 UDP 收发函数后，接着进入实战环节。

【例14.1】获取网卡IP地址信息（UDP套接字版）

（1）打开 Visual Studio Code，新建文本文件，输入代码如下：

```c
#include <string.h>
#include <sys/socket.h>
#include <sys/ioctl.h>
#include <net/if.h>
#include <stdio.h>
#include <netinet/in.h>
#include <arpa/inet.h>
int main()
{
    int inet_sock;
    struct ifreq ifr;    // 定义网口请求结构体
    inet_sock = socket(AF_INET, SOCK_DGRAM, 0);

    strcpy(ifr.ifr_name, "eno16777736");
    // SIOCGIFADDR 标志代表获取接口地址
    if (ioctl(inet_sock, SIOCGIFADDR, &ifr) < 0)
        perror("ioctl");
    printf("%s\n", inet_ntoa(((struct sockaddr_in*)&(ifr.ifr_addr))->sin_addr));
    return 0;
}
```

在代码中，首先创建一个 UDP 套接字，然后把本机的一个网卡名字"eno16777736"赋值给 ifr.ifr_name，接着调用 ioctl 函数获取 SIOCGIFADDR 信息，即网络接口的 IP 地址信息。

（2）保存代码为 test.cpp，上传到 Linux，然后编译并运行：

```
# g++ test.cpp -o test
# ./test
1.1.1.10
```

该 IP 地址是笔者 Ubuntu 的 eno16777736 网卡的 IP 地址。

【例14.2】服务器和客户端通信

（1）先创建服务器端的程序。打开 Visual Studio Code，新建文本文件，输入代码如下：

```c
#include <sys/types.h>
#include <sys/stat.h>
#include <fcntl.h>
#include <stdio.h>
#include <stdlib.h>
#include <string.h>
#include <strings.h>
#include <unistd.h>
#include <errno.h>
#include <sys/stat.h>
#include <dirent.h>
```

```c
#include <sys/mman.h>
#include <sys/wait.h>
#include <signal.h>
#include <sys/ipc.h>
#include <sys/shm.h>
#include <sys/msg.h>
#include <sys/sem.h>
#include <pthread.h>
#include <semaphore.h>
#include <poll.h>
#include <sys/epoll.h>
#include <sys/socket.h>
#include <netinet/in.h>
#include <arpa/inet.h>
#include <netinet/in.h>

char rbuf[50];

int main()
{
    int sockfd;
    int size;
    int ret;
    int on =1;
    struct sockaddr_in saddr;
    struct sockaddr_in raddr;

    // 设置地址信息，ip 信息
    size = sizeof(struct sockaddr_in);
    bzero(&saddr,size);
    saddr.sin_family = AF_INET;
    saddr.sin_port = htons(8888);
    saddr.sin_addr.s_addr = htonl(INADDR_ANY);

    // 创建 UDP 的套接字
    sockfd = socket(AF_INET,SOCK_DGRAM,0);
    if(sockfd<0)
    {
        perror("socket failed");
        return -1;
    }

    // 设置端口复用
    setsockopt(sockfd,SOL_SOCKET,SO_REUSEADDR,&on,sizeof(on));

    // 绑定地址信息，IP 信息
    ret = bind(sockfd,(struct sockaddr*)&saddr,sizeof(struct sockaddr));
    if(ret<0)
    {
        perror("sbind failed");
```

```
        return -1;
    }

    socklen_t val = sizeof(struct sockaddr);
    // 循环接收客户端发来的消息
    while(1)
    {
        puts("waiting data");
        ret=recvfrom(sockfd,rbuf,50,0,(struct sockaddr*)&raddr,&val);
        if(ret <0)
        {
            perror("recvfrom failed");
        }

        printf("the data :%s\n",rbuf);
        bzero(rbuf,50);
    }
    // 关闭udp套接字，这里不可达
    close(sockfd);
    return 0;
}
```

代码很简单，通过一个 while 循环等待客户端发来的消息。没有数据过来时，就在 recvfrom 函数上阻塞着。

（2）保存代码为 test.cpp，上传到 Linux，然后编译并运行：

```
# g++ test.cpp -o test
# ./test
waiting data
```

（3）下面创建客户端代码。打开 Visual Studio Code，新建文本文件，输入代码如下：

```
#include <sys/types.h>
#include <sys/stat.h>
#include <fcntl.h>
#include <stdio.h>
#include <stdlib.h>
#include <string.h>
#include <strings.h>
#include <unistd.h>
#include <errno.h>
#include <sys/stat.h>
#include <dirent.h>
#include <sys/mman.h>
#include <sys/wait.h>
#include <signal.h>
#include <sys/ipc.h>
#include <sys/shm.h>
#include <sys/msg.h>
#include <sys/sem.h>
#include <pthread.h>
```

```c
#include <semaphore.h>
#include <poll.h>
#include <sys/epoll.h>
#include <sys/socket.h>
#include <netinet/in.h>
#include <arpa/inet.h>
#include <netinet/in.h>

char wbuf[50];

int main()
{
    int sockfd;
    int size,on = 1;
    struct sockaddr_in saddr;
    int ret;

    size = sizeof(struct sockaddr_in);
    bzero(&saddr,size);

    // 设置地址信息、ip 信息
    saddr.sin_family = AF_INET;
    saddr.sin_port = htons(8888);
    saddr.sin_addr.s_addr=inet_addr("172.16.2.6");// 172.16.2.6为服务端所在的IP地址

    sockfd= socket(AF_INET,SOCK_DGRAM,0);           // 创建UDP的套接字
    if(sockfd<0)
    {
        perror("failed socket");
        return -1;
    }
    // 设置端口复用
    setsockopt(sockfd,SOL_SOCKET,SO_REUSEADDR,&on,sizeof(on));

    // 循环发送信息给服务端
    while(1)
    {
        puts("please enter data:");
        scanf("%s",wbuf);
        ret=sendto(sockfd,wbuf,50,0,(struct sockaddr*)&saddr,
            sizeof(struct sockaddr));
        if(ret<0)
        {
            perror("sendto failed");
        }

        bzero(wbuf,50);
    }
    close(sockfd);
```

```
        return 0;
}
```

代码也很简单,使用一个 while 循环等待用户输入信息,输入后就把信息发送出去。

(4)保存代码为 client.cpp,上传到 Linux,重新开一个终端,然后编译并运行:

```
[root@localhost client]# g++ client.cpp -o client
[root@localhost client]# ./client
please enter data:
hi,server
please enter data:
```

发送消息 "hi,server" 后,服务端就变为:

```
waiting data
the data :hi,server
waiting data
```

【例14.3】实现简单的ifconfig查询功能

(1)打开 Visual Studio Code,新建文本文件,输入代码如下:

```c
#include <net/if.h>           /* for ifconf */
#include <linux/sockios.h>    /* for net status mask */
#include <netinet/in.h>       /* for sockaddr_in */
#include <sys/socket.h>
#include <sys/types.h>
#include <sys/ioctl.h>
#include <stdio.h>
#include <unistd.h>  // for close
#include <arpa/inet.h>
#include <string.h>
#define MAX_INTERFACE   (16)

void port_status(unsigned int flags);

/* set == 0: do clean , set == 1: do set! */
int set_if_flags(char *pif_name, int sock, int status, int set)
{
    struct ifreq ifr;
    int ret = 0;

    strncpy(ifr.ifr_name, pif_name, strlen(pif_name) + 1);
    ret = ioctl(sock, SIOCGIFFLAGS, &ifr);
    if (ret)
        return -1;
    /* set or clean */
    if (set)
        ifr.ifr_flags |= status;
    else
        ifr.ifr_flags &= ~status;
    /* set flags */
```

```c
        ret = ioctl(sock, SIOCSIFFLAGS, &ifr);
        if (ret)
            return -1;

        return 0;
    }

    int get_if_info(int fd)
    {
        struct ifreq buf[MAX_INTERFACE];
        struct ifconf ifc;
        int ret = 0;
        int if_num = 0;
        ifc.ifc_len = sizeof(buf);
        ifc.ifc_buf = (caddr_t) buf;

        ret = ioctl(fd, SIOCGIFCONF, (char*)&ifc);
        if (ret)
        {
            printf("get if config info failed");
            return -1;
        }
        /* 网口总数 ifc.ifc_len 应该是一个输入参数 */
        if_num = ifc.ifc_len / sizeof(struct ifreq);
        printf("interface num is interface = %d\n", if_num);
        while (if_num-- > 0)
        {
            printf("net device: %s\n", buf[if_num].ifr_name);
            /* 获取第 n 个网口信息 */
            ret = ioctl(fd, SIOCGIFFLAGS, (char*)&buf[if_num]);
            if (ret)
                continue;

            /* 获取网口状态 */
            port_status(buf[if_num].ifr_flags);

            /* 获取当前网卡的 IP 地址 */
            ret = ioctl(fd, SIOCGIFADDR, (char*)&buf[if_num]);
            if (ret)
                continue;
            printf("IP address is: \n%s\n", inet_ntoa(((struct sockaddr_in
*)(&buf[if_num].ifr_addr))->sin_addr));

            /* 获取当前网卡的 MAC */
            ret = ioctl(fd, SIOCGIFHWADDR, (char*)&buf[if_num]);
            if (ret)
                continue;

            printf("%02x:%02x:%02x:%02x:%02x:%02x\n\n",
                (unsigned char)buf[if_num].ifr_hwaddr.sa_data[0],
```

```c
                (unsigned char)buf[if_num].ifr_hwaddr.sa_data[1],
                (unsigned char)buf[if_num].ifr_hwaddr.sa_data[2],
                (unsigned char)buf[if_num].ifr_hwaddr.sa_data[3],
                (unsigned char)buf[if_num].ifr_hwaddr.sa_data[4],
                (unsigned char)buf[if_num].ifr_hwaddr.sa_data[5]);
    }
}
void port_status(unsigned int flags)
{
    if (flags & IFF_UP)
    {
        printf("is up\n");
    }
    if (flags & IFF_BROADCAST)
    {
        printf("is broadcast\n");
    }
    if (flags & IFF_LOOPBACK)
    {
        printf("is loop back\n");
    }
    if (flags & IFF_POINTOPOINT)
    {
        printf("is point to point\n");
    }
    if (flags & IFF_RUNNING)
    {
        printf("is running\n");
    }
    if (flags & IFF_PROMISC)
    {
        printf("is promisc\n");
    }
}

int main()
{
    int fd;

    fd = socket(AF_INET, SOCK_DGRAM, 0);
    if (fd > 0)
    {
        get_if_info(fd);
        close(fd);
    }
    return 0;
}
```

在代码中，首先创建 UDP 套接字，然后通过 ioctl 函数和内核进行交互，获得所需要的信息。

ioctl 函数在驱动编程中经常会碰到，它是用户态和内核态打交道的重要途径。结构体 ifconf 通常用来保存所有接口信息，其定义如下：

```
// if.h
struct ifconf
{
    int ifc_len; /* size of buffer */
    union
    {
        char *ifcu_buf; /* input from user->kernel*/
        struct ifreq *ifcu_req; /* return from kernel->user*/
    } ifc_ifcu;
};
#define ifc_buf ifc_ifcu.ifcu_buf /* buffer address */
#define ifc_req ifc_ifcu.ifcu_req /* array of structures */
```

（2）保存代码为 test.cpp，上传到 Linux，然后编译并运行：

```
# g++ test.cpp -o test
# ./test
interface num is interface = 6
net device: virbr0
is up
is broadcast
IP address is:
192.168.122.1
00:00:00:00:00:00

net device: eno67109432
is up
is broadcast
is running
IP address is:
1.1.1.11
00:0c:29:3d:94:31

net device: eno50332208
is up
is broadcast
is running
IP address is:
192.168.0.2
00:0c:29:3d:94:27

net device: eno33554984
is up
is broadcast
is running
IP address is:
10.1.0.2
00:0c:29:3d:94:1d
```

```
net device: eno16777736
is up
is broadcast
is running
is promisc
IP address is:
1.1.1.10
00:0c:29:3d:94:13

net device: lo
is up
is loop back
is running
IP address is:
127.0.0.1
00:00:00:00:00:00
```

可以看到，本机所有网卡信息都列举出来了，效果和 ifconfig 命令类似。

14.4　UDP 丢包及无序问题

UDP 是无连接的面向消息的数据传输协议，与 TCP 相比，它有两个致命的缺点：一是数据包容易丢失，二是数据包无序。

丢包的原因通常是服务器端的 socket 接收缓存满了（UDP 没有流量控制，因此发送速度比接收速度快，很容易出现这种情况），系统就会将后来收到的包丢弃，而且服务器收到包后，还要进行一些处理，而这段时间客户端发送的包就没有去收，从而造成丢包。我们可以在服务器端单独开一个线程，去接收 UDP 数据，并存放在一个应用缓冲区中，又用另外的线程去处理收到的数据，从而尽量减少因为处理数据延时造成的丢包。但这个办法不能从根本上解决问题（只能改善），在数据量比较大时依然会丢包。还有一种方法就是让客户端发送慢点（比如增加 sleep 延时），但这也是权宜之计。

要实现数据的可靠传输，就必须在上层对数据丢包和乱序做特殊处理，必须有丢包重发机制和超时机制。

常见的可靠传输算法有模拟 TCP 协议和重发请求（ARQ）协议，后者又可分为连续 ARQ 协议、选择重发 ARQ 协议、滑动窗口协议等。如果只是小规模程序，也可以自己实现丢包处理，原理基本上就是对数据进行分块，每个数据包的头部添加唯一标识序号的 ID 值，当接收的包头部 ID 不是期望中的 ID 号时，则判定丢包，将丢包 ID 发回服务器端，服务器端接到丢包响应则重发丢失的数据包。

既然用 UDP，就要接受丢包的现实，否则请用 TCP。如果必须使用 UDP，而且丢包又是不能接受的，那么只能自己实现确认和重传。可以制定上层的协议，里面包括流控制、简单的超时和重传机制。

第 15 章

原始套接字编程

15.1 原始套接字概述

所谓原始套接字（Raw Socket），是指在传输层下面使用的套接字。前面介绍了流式套接字和数据报套接字的编程方法，这两种套接字工作在传输层，主要为应用层的应用程序提供服务，并且在接收和发送时只能操作数据部分，而不能对 IP 首部或 TCP 和 UDP 首部进行操作。通常把流式套接字和数据报套接字称为标准套接字，开发应用层的程序用这两类套接字就够了。但是，如果我们开发的是更底层的应用，比如发送一个自定义的 IP 包、UDP 包、TCP 包或 ICMP 包，捕获所有经过本机网卡的数据包，伪装本机 IP 地址，想要操作 IP 首部或传输层协议首部，等等，这两种套接字对于这些功能就无能为力了。此时需要使用另一种套接字来实现，这种套接字就叫作原始套接字，其功能更强大，更底层。原始套接字可以在链路层收发数据帧。在 Linux 下，在链路层上收发数据帧的另外两种常用做法是使用 libpcap 和 libnet 这两个开源库来实现的。

15.2 与标准套接字的区别

与标准套接字编程的区别在于，原始套接字编程可以自行组装数据包（伪装本地 IP 地址和本地 MAC 地址），可以接收本机网卡上所有的数据帧（数据包）。另外，原始套接字必须在管理员权限下才能使用。

通常情况下，所接触到的标准套接字分为两类：

（1）流式套接字（SOCK_STREAM）：一种面向连接的 socket，对应面向连接的 TCP 服务应用。

（2）数据报套接字（SOCK_DGRAM）：一种无连接的 socket，对应无连接的 UDP 服务应用。

而原始套接字（SOCK_RAW）与标准套接字（SOCK_STREAM、SOCK_DGRAM）的区别在

于，原始套接字直接置"根"于操作系统网络核心，而 SOCK_STREAM、SOCK_DGRAM 则"悬浮"于 TCP 和 UDP 的外围，如图 15-1 所示。

图 15-1

流式套接字只能收发 TCP 的数据，数据报套接字只能收发 UDP 的数据，原始套接字可以收发没经过内核协议栈的数据包。

15.3 原始套接字的编程方法

原始套接字的编程方法和前面 UDP 的编程方法差不多，也是创建一个套接字后，通过这个套接字收发数据。重要的区别是原始套接字更底层，可以自行封装数据包，制作网络嗅探工具，实现拒绝服务攻击（DOS）、实现 IP 欺骗，等等。面向链路层的原始套接字用于在 MAC 层（二层）上收发原始数据帧，这样就允许用户在用户空间完成 MAC 上各个层次的实现，给开发和测试人员带来极大的便利。

15.4 面向链路层的原始套接字编程函数

值得注意的是，使用原始套接字的函数通常需要用户有 root 权限。

15.4.1 创建原始套接字函数 socket

要创建原始套接字，可以使用 socket 函数，该函数声明如下：

```
#include <netinet/in.h>
int socket ( int family, int type, int protocol );
```

其中，参数 family 表示协议簇，这里面向链路层，因此取值为 PF_PACKET。type 表示套接字类型，有两种类型（即两种取值），一种为 SOCK_RAW，它是包含 MAC 层头部信息的原始分组，就是接收到的帧包含 MAC 层头部信息，因此这种类型的套接字在发送的时候需要自己加上一个 MAC 头部；另一种是 SOCK_DGRAM 类型，它已经进行了 MAC 层头部处理，即收到的帧已经去掉了头部，发送时也无须添加头部字段。其实还能取值 SOCK_PACKET，但是已经废弃，以后不保证还能支持，不推荐使用，可能大家在维护以前的代码时会看到它。protocol 表示协议类型，相当于指定了要收发的数据包的类型，不能取 0，常用的取值如下：

- ETH_P_IP：只接收目的mac是本机的IP类型的数据帧。
- ETH_P_ARP：只接收目的mac是本机的ARP类型的数据帧。
- ETH_P_RARP：只接收目的mac是本机的RARP类型的数据帧。
- ETH_P_PAE：只接收目的mac是本机的802.1x类型的数据帧。
- ETH_P_ALL：接收目的mac是本机的所有类型的数据帧，同时还可以接收本机发出的所有数据帧，混杂模式打开时，还可以接收目的mac不是本机的数据帧。

通过 protocol 参数还能收发自定义类型的数据帧，在后面的例子中可以看到。注意传入参数时需要用 htons 进行字节序转换，比如 htons（ETH_P_ALL）。如果函数执行成功，就返回一个正整数，表示链路层的套接字；失败则返回-1，可以通过 errno 查看错误码。

15.4.2 接收函数 recvfrom

原始套接字的数据接收函数同 UDP 的数据接收函数——recvfrom，声明如下：

```
#include <sys/types.h>
#include <sys/socket.h>
ssize_t  recvfrom(int sock, void *buf, size_t len, int flags, struct sockaddr *from, socklen_t *fromlen);
```

其中，参数 sock 是将要接收数据的套接字；buf 为存放消息的缓冲区；len 为 buf 所指缓冲区的大小；from 是一个输出参数（记住这一点，不是用来指定接收来源，如果要指定接收来源，要用 bind 函数进行套接字和物理层的地址绑定），该参数用来获取对端地址，所以 from 指向已经开辟好的缓冲区，如果不需要获得对端地址，就设为 NULL，即不存储对端地址。开始笔者以为 from 是一个输入参数，用来指定接收数据的网络接口，后来通过很多实践发现并不是这么回事，而很多 Linux 文献，包括 man 帮助都没有说明它是输出参数，幸亏最后在微软的文献上找到了证明，微软对该函数的定义如下：

```
int
WSAAPI
recvfrom(
    _In_ SOCKET s,
    _Out_writes_bytes_to_(len, return) __out_data_source(NETWORK) char FAR * buf,
    _In_ int len,
    _In_ int flags,
    _Out_writes_bytes_to_opt_(*fromlen, *fromlen) struct sockaddr FAR * from,
```

```
        _Inout_opt_ int FAR * fromlen
);
```

在代码中可以看到 _Out_writes_bytes_to_opt_，这就说明 from 是一个输出参数。后来通过反复实验，证明它的确是输出参数，用来获取接收数据的来源 socket 地址，虽然参数类型是 sockaddr 指针，但传入的实参需要一个物理层地址，即结构体 sockaddr_ll，我们后面在发送函数的时候会详细阐述这个结构体。fromlen 是一个指针，而且是一个输入输出参数，作为输入参数时，指向存放表示 from 所指缓冲区的最大长度，作为输出参数时，指向存放表示 from 所指缓冲区的实际长度，from 也可以取 NULL，表示不存储来源地址，此时 fromlen 也要设为 0。如果函数成功执行，则返回接收到的字节数；如果另一端已关闭，则返回 0；如果函数执行失败，则返回-1，可以用 errno 获取错误码。errno 被设为以下的某个值。

- EAGAIN：套接字已标记为非阻塞，而接收操作被阻塞或者接收超时。
- EBADF：sock 不是有效的描述词。
- ECONNREFUSE：远程主机阻绝网络连接。
- EFAULT：内存空间访问出错。
- EINTR：操作被信号中断。
- EINVAL：参数无效。
- ENOMEM：内存不足。
- ENOTCONN：与面向连接关联的套接字尚未被连接上。
- ENOTSOCK：sock 索引的不是套接字。

该函数使用时和 UDP 基本相同，只不过套接字用的是原始套接字。另外，如果要获取来源地址，可以这样使用：

```
struct sockaddr_ll    sa_recv;
recvfrom(fd, buf, sizeof(buf), 0, (struct sockaddr *)&sa_recv, &sa_len);
```

值得注意的是，默认情况下，从任何接口收到的符合指定协议（包括自定义协议号）的所有数据报文都会被传送到原始 PACKET 套接字，而使用 bind 系统调用并以一个 sochddr_ll 结构体对象将 PACKET 套接字与某个网络接口相绑定，就可以使我们的 PACKET 原始套接字只接收指定接口的数据报文。读者可以从后面的实例中深深体会到这一点。

15.4.3 发送函数 sendto

同 UDP 的发送函数一样，原始套接字的数据发送也是用 sendto。需要格外留心的一点是，发送数据的时候需要自己组织整个以太网数据帧。和地址相关的结构体就不能再用前面的 struct sockaddr_in 了，而是用 struct sockaddr_ll，使用的时候是这样的：

```
struct sockaddr_ll    sa;
... // 对 sa 设置相关内容
sendto(fd, buf, sizeof(buf), 0, (struct sockaddr *)&sa, sizeof(struct sockaddr_ll));
```

sockaddr_ll 结构体地址表示的是一个与物理设备无关的物理层地址，定义如下：

```
struct sockaddr_ll {
    unsigned short  sll_family;
    __be16          sll_protocol;
    int             sll_ifindex;
    unsigned short  sll_hatype;
    unsigned char   sll_pkttype;
    unsigned char   sll_halen;
    unsigned char   sll_addr[8];
};
```

其中，参数 sll_family 与 sockaddr_in 中的 sa_family 一样，表示地址簇的意思。sll_protocol 表示上层的协议类型，通常有如下取值：

```
// 定义在头文件 <linux/if_ether.h>
/*
 * These are the defined Ethernet Protocol ID's.
 */

#define ETH_P_LOOP    0x0060  /* Ethernet Loopback packet */
#define ETH_P_PUP     0x0200  /* Xerox PUP packet */
#define ETH_P_PUPAT   0x0201  /* Xerox PUP Addr Trans packet */
#define ETH_P_IP      0x0800  /* Internet Protocol packet */
#define ETH_P_X25     0x0805  /* CCITT X.25 */
#define ETH_P_ARP     0x0806  /* Address Resolution packet */
#define ETH_P_BPQ     0x08FF  /* G8BPQ AX.25 Ethernet Packet*/
#define ETH_P_IEEEPUP   0x0a00 /* Xerox IEEE802.3 PUP packet */
#define ETH_P_IEEEPUPAT 0x0a01 /* Xerox IEEE802.3 PUP Addr Trans packet */
#define ETH_P_DEC     0x6000  /* DEC Assigned proto */
#define ETH_P_DNA_DL  0x6001  /* DEC DNA Dump/Load */
#define ETH_P_DNA_RC  0x6002  /* DEC DNA Remote Console */
#define ETH_P_DNA_RT  0x6003  /* DEC DNA Routing */
#define ETH_P_LAT     0x6004  /* DEC LAT */
#define ETH_P_DIAG    0x6005  /* DEC Diagnostics */
#define ETH_P_CUST    0x6006  /* DEC Customer use */
#define ETH_P_SCA     0x6007  /* DEC Systems Comms Arch */
#define ETH_P_RARP    0x8035  /* Reverse Addr Res packet */
#define ETH_P_ATALK   0x809B  /* Appletalk DDP */
#define ETH_P_AARP    0x80F3  /* Appletalk AARP */
#define ETH_P_IPX     0x8137  /* IPX over DIX */
#define ETH_P_IPV6    0x86DD  /* IPv6 over bluebook */
#define ETH_P_PPP_DISC 0x8863 /* PPPoE discovery messages */
#define ETH_P_PPP_SES  0x8864 /* PPPoE session messages */
#define ETH_P_ATMMPOA  0x884c /* MultiProtocol Over ATM */
#define ETH_P_ATMFATE  0x8884 /* Frame-based ATM Transport
                               * over Ethernet
                               */
```

sll_ifindex 表示网络接口类型，如果是单网卡主机，可以赋值为 0，表示处理所有接口。对于多网卡，则要获取网卡的接口索引，然后赋值给这个参数，比如：

```
struct sockaddr_ll sll;
```

```c
struct ifreq ifr;
strcpy(ifr.ifr_name, "eth0");
ioctl(sockfd, SIOCGIFINDEX, &ifr);
sll.sll_ifindex = ifr.ifr_ifindex; // 网卡的接口索引，然后赋值给这个参数
```

通常还有如下已知类型可以直接赋值：

```c
// 定义在<linux/netdevice.h>
/* Media selection options. */
enum {
    IF_PORT_UNKNOWN = 0,
    IF_PORT_10BASE2,
    IF_PORT_10BASET,
    IF_PORT_AUI,
    IF_PORT_100BASET,
    IF_PORT_100BASETX,
    IF_PORT_100BASEFX
};
```

sll_hatype 为 ARP 硬件地址类型，可以选择如下：

```c
// 定义在<net/if_arp.h>
/* ARP protocol HARDWARE identifiers. */
#define ARPHRD_NETROM 0 /* From KA9Q: NET/ROM pseudo. */
#define ARPHRD_ETHER 1 /* Ethernet 10/100Mbps. */
#define ARPHRD_EETHER 2 /* Experimental Ethernet. */
#define ARPHRD_AX25 3 /* AX.25 Level 2. */
#define ARPHRD_PRONET 4 /* PROnet token ring. */
#define ARPHRD_CHAOS 5 /* Chaosnet. */
#define ARPHRD_IEEE802 6 /* IEEE 802.2 Ethernet/TR/TB. */
#define ARPHRD_ARCNET 7 /* ARCnet. */
#define ARPHRD_APPLETLK 8 /* APPLEtalk. */
#define ARPHRD_DLCI 15 /* Frame Relay DLCI. */
#define ARPHRD_ATM 19 /* ATM. */
#define ARPHRD_METRICOM 23 /* Metricom STRIP (new IANA id). */
```

sll_pkttype 包含分组类型，有效的分组类型如下：

- PACKET_HOST：目标地址是本地主机的分组。
- PACKET_BROADCAST：物理层的广播分组。
- PACKET_MULTICAST：发送到一个物理层多路广播地址的分组。
- PACKET_OTHERHOST：混杂（promiscuous）模式下的设备驱动器发向其他主机的分组。
- PACKET_OUTGOING：源自本地主机的分组被回环到分组套接字上。

这些类型只对接收到的分组有意义。

sll_halen 为 MAC 地址长度（6 字节），通常取值如下：

```c
// 定义在头文件<linux/if_ether.h>
#define ETH_ALEN 6 /* Octets in one ethernet addr */
#define ETH_HLEN 14 /* Total octets in header. */
#define ETH_ZLEN 60 /* Min. octets in frame sans FCS */
```

```
#define ETH_DATA_LEN  1500  /* Max. octets in payload */
#define ETH_FRAME_LEN 1514  /* Max. octets in frame sans FCS */
```

sll_addr[8] 表示 MAC 地址，如果 sockaddr_ll 用在 recvfrom 中，那么得到的是数据源端的 MAC 地址。如果要绑定 sockaddr_ll 到套接字，则这个字段设置要绑定网卡的 MAC 地址。

15.5 以太网帧格式

因为本节的例子涉及以太网帧格式，所以这里先要对其简单分析一下。

以太网帧格式涵盖了以太网帧头和帧尾中的各个域，这些域共同实现了以太网的功能。这些域也被称作字段，每个字段都有其特定的名称和功能。由于历史原因，以太网帧格式多达 5 种。那么实际使用中具体会用哪种呢？事实上，如今大多数 TCP/IP 应用采用的是 Ethernet V2 帧格式（IEEE802.3-1997）。RFC894 定义了这种以太网的封装格式，如图 15-2 所示。

图 15-2

- 前同步码：前 7 字节每个都是 10101010，最后 1 字节是 10101011。用于将发送方与接收方的时钟进行同步。由于不同类型的以太网设备在发送和接收时的帧速率并不完全一致，因此需要在传输之前进行时钟同步。
- 目的 MAC 地址字段：都是 6 字节共 128 位的 MAC 物理地址，用于标识帧的接收者。其可以是某个机器的物理地址，也可以是 FF-FF-FF-FF-FF-FF 广播 MAC 地址。
- 源 MAC 地址字段：用于标识帧的发送者。
- 类型字段：帧中数据的协议类型。比如，数据部分是 IP 报文，这里就是 0x0800；如果是 ARP 报文，就是 0x0806。
- 数据字段：高层的数据，通常为 3 层（网络层）协议数据单元。比如，存放 IP 报文、ARP 报文、RARP 报文，如图 15-3 所示。
- CRC：循环冗余校验，用来让接收方的网卡适配器检查接收到的数据帧是否有错误，比如是否有比特位翻转导致的错误。如果检测到错误，相应的帧就会被丢弃。这一过程是网卡适配器通过硬件直接实现的。CRC 字段是在发送方发送数据时，由网卡适配器对除前导同步码外的帧内容进行计算得出的。

目的地址	源地址	类型	数据	CRC
6	6	2	46--1500	4

类型 0800	IP数据报
2	46--1500

类型 0806	ARP请求应答	PAD
2	28	18

类型 8035	RARP请求应答	PAD
2	28	18

图 15-3

通常以太网帧的长度指的是从目的地址到冗余校验的长度。在 IEEE802.3 标准里，定义帧最大为 1518 字节，规定一个以太网帧的数据载荷（Payload）的最大长度是 1500 字节，这个数也是经常在网络设备里看到的 MTU。在这个限制之下，最长的以太网帧包括 6 字节的目的地址（DMAC）、6 字节的源地址（SMAC）、2 字节的以太类型（EtherType）、1500 字节的载荷数据（Payload）、4 字节的校验（FCS），总共是 1518 字节。IEEE802.3 定义帧最小为 64 字节，如果帧长小于 64 字节，则要求"填充"，以使这个帧的长度达到 64 字节。

上面介绍的基本都是在十兆/百兆以太网年代的以太网帧，但到了千兆以太网出现以后，发现如果数据载荷被限制在 1500 字节，传输效率不够高，所以又提出了 Jumbo Frame（巨帧）的概念。在一个 Jumbo Frame 中，Payload 的长度可以超过 1500 字节，最高可以到 9000 字节，但并没有一个统一的标准。就目前来看，大部分商用的网络服务提供商都还不支持 Jumbo Frame。

目的 MAC 地址、源 MAC 地址和类型构成以太网帧头，在 Linux 系统中，使用 struct ethhdr 结构体来表示以太网帧的头部。这个 struct ethhdr 结构体位于#include<linux/if_ether.h>中，定义如下：

```
#define ETH_ALEN 6         // 定义了以太网接口的 MAC 地址的长度为 6 字节
#define ETH_HLAN 14        // 定义了以太网帧的头长度为 14 字节
#define ETH_ZLEN 60        // 定义了以太网帧的最小长度为 ETH_ZLEN+ETH_FCS_LEN=64 字节
#define ETH_DATA_LEN 1500  // 定义了以太网帧的最大负载为 1500 字节
#define ETH_FRAME_LEN 1514 // 定义了以太网帧的最大长度为 ETH_DATA_LEN+ETH_FCS_LEN=1518 字节
#define ETH_FCS_LEN 4                     // 定义了以太网帧的 CRC 值占 4 字节
struct ethhdr
{
    unsigned char h_dest[ETH_ALEN];      // 目的 MAC 地址
    unsigned char h_source[ETH_ALEN];    // 源 MAC 地址
    u16 h_proto ;                         // 网络层所使用的协议类型
}__attribute__((packed))  // 用于告诉编译器不要对这个结构体中的缝隙部分进行填充操作
```

15.6 获取网络接口的信息

在 Linux 下，可以使用 ioctl 函数、struct ifreq 结构体和 struct ifconf 结构体来获取网络接口的各种信息。首先来看 ioctl() 的用法，该函数在 Linux 驱动编程中经常碰到，用于用户层和驱动层交换信息，以达到控制设备功能的目的。函数 ioctl 声明如下：

```
#include <sys/ioctl.h>
int ioctl(int d, int request, ...);
```

其中，参数 d 为文件描述符或套接字描述符；request 表示要请求的信息，如 IP 地址、网络掩码等；...表示后面的可变参数根据 request 而定。如果函数执行成功，通常返回 0，但也有一些情况会返回一个非负整数；如果函数执行失败，则返回-1，此时可用 errno 查看错误码。

这里关心的是与网络接口相关的信息，此时 request 的取值如表 15-1 所示。

表 15-1 request 的取值

类别	request	说明	输出参数类型（ioctl 中的可变参数）
套接口	SIOCATMARK	是否位于带外标记	int
	SIOCSPGRP	设置套接口的进程 ID 或进程组 ID	int
	SIOCGPGRP	获取套接口的进程 ID 或进程组 ID	int
文件	FIONBIN	设置/清除非阻塞 I/O 标志	int
	FIOASYNC	设置/清除信号驱动异步 I/O 标志	int
	FIONREAD	获取接收缓存区中的字节数	int
	FIOSETOWN	设置文件的进程 ID 或进程组 ID	int
	FIOGETOWN	获取文件的进程 ID 或进程组 ID	int
接口	SIOCGIFCONF	获取所有接口的清单	struct ifconf
	SIOCSIFADDR	设置接口地址	struct ifreq
	SIOCGIFADDR	获取接口地址	struct ifreq
	SIOCSIFFLAGS	设置接口标志	struct ifreq
	SIOCGIFFLAGS	获取接口标志	struct ifreq
	SIOCSIFDSTADDR	设置点到点地址	struct ifreq
	SIOCGIFDSTADDR	获取点到点地址	struct ifreq
	SIOCGIFBRDADDR	获取广播地址	struct ifreq
	SIOCSIFBRDADDR	设置广播地址	struct ifreq
	SIOCGIFNETMASK	获取子网掩码	struct ifreq
	SIOCSIFNETMASK	设置子网掩码	struct ifreq
	SIOCGIFMETRIC	获取接口的测度	struct ifreq
	SIOCGIFMETRIC	获取接口的测度	struct ifreq
	SIOCSIFMETRIC	设置接口的测度	struct ifreq
接口	SIOCGIFMTU	获取接口 MTU	struct ifreq
ARP	SIOCSARP	创建/修改 ARP 表项	struct arpreq
	SIOCGARP	获取 ARP 表项	struct arpreq
	SIOCDARP	删除 ARP 表项	struct arpreq
路由	SIOCADDRT	增加路径	struct rtentry
	SIOCDELRT	删除路径	struct rtentry

比如我们要获取所有网络接口的清单，可以这样：

```
struct ifconf IoCtlReq;
...
ioctl( Sock, SIOCGIFCONF, &IoCtlReq )
```

其中，结构体 IoCtlReq 用来存放结果信息。

网络接口请求结构体 struct ifreq 定义在 /usr/include/net/if.h 中，用来配置和获取 IP 地址、掩码、MTU 等接口信息，该结构体定义如下：

```
struct ifreq
{
# define IFHWADDRLEN 6
# define IFNAMSIZ IF_NAMESIZE
    union
    {
        char ifrn_name[IFNAMSIZ]; /* Interface name, e.g. "en0". */
    } ifr_ifrn;

    union
    {
        struct sockaddr ifru_addr;
        struct sockaddr ifru_dstaddr;
        struct sockaddr ifru_broadaddr;
        struct sockaddr ifru_netmask;
        struct sockaddr ifru_hwaddr;
        short int ifru_flags;
        int ifru_ivalue;
        int ifru_mtu;
        struct ifmap ifru_map;
        char ifru_slave[IFNAMSIZ]; /* Just fits the size */
        char ifru_newname[IFNAMSIZ];
        __caddr_t ifru_data;
    } ifr_ifru;
};
```

里面包含两个联合体：一个是网络接口名，另一个是各种信息。要获取某个网络接口的信息，一般要先把该网络接口的名字赋值给 ifrn_name，然后调用 ioctl 来获取所需要的信息。

结构体 struct ifconf 通常用来保存所有接口信息，定义如下：

```
// if.h
/*
 * Structure used in SIOCGIFCONF request.
 * Used to retrieve interface configuration
 * for machine (useful for programs which
 * must know all networks accessible).
 */
struct ifconf {
    int ifc_len;                /* size of buffer  */
    union {
        char __user *ifcu_buf;
        struct ifreq __user *ifcu_req;
```

```
    } ifc_ifcu;
};
#define ifc_buf ifc_ifcu.ifcu_buf      /* buffer address    */
#define ifc_req ifc_ifcu.ifcu_req      /* array of structures */
```

下面的例子演示如何获取网卡的 MAC 地址信息。

【例15.1】获取网卡的MAC地址

（1）打开 Visual Studio Code，新建文本文件，输入代码如下：

```
#include <sys/ioctl.h>
#include <net/if.h>
#include <linux/if_ether.h>
#include <bits/ioctls.h>
#include <linux/if_packet.h>
#include <net/ethernet.h>
#include <errno.h>
#include <string.h> // bzero
#include <sys/types.h>
#include <sys/socket.h>
#include <unistd.h> // for close
#include <arpa/inet.h>// htons
#include <stdio.h>
#include <stdlib.h>// EXIT_FAILURE
#define IFRNAME    "eno16777736"

unsigned char dest_mac[6] = { 0 };

int main(int argc, char **argv)
{
    int i, datalen;
    int sd;

    struct sockaddr_ll device;
    struct ifreq ifr; // 定义网口的信息请求结构体

    bzero(&ifr, sizeof(struct ifreq));

    if ((sd = socket(PF_PACKET, SOCK_DGRAM, htons(ETH_P_ALL))) < 0)
    // 创建原始套接字
    {
        printf("socket() failed to get socket descriptor for using ioctl()");
        return (EXIT_FAILURE);
    }
    memcpy(ifr.ifr_name, IFRNAME, sizeof(struct ifreq));
    if (ioctl(sd, SIOCGIFHWADDR, &ifr) < 0) { // 发送请求
        printf("ioctl() failed to get source MAC address");
        return (EXIT_FAILURE);
    }
    close(sd);
```

```
        memcpy(dest_mac, ifr.ifr_hwaddr.sa_data, 6);

        printf("mac addr:%02x:%02x:%02x:%02x:%02x:%02x\n", dest_mac[0],
dest_mac[1], dest_mac[2], dest_mac[3], dest_mac[4], dest_mac[5]); // 打印MAC地址
        return 0;
}
```

我们首先创建了一个链路层的原始套接字，然后把网卡名字复制给 ifr.ifr_name，接着调用 ioctl 函数获取 SIOCGIFHWADDR 指定的信息，即网卡的 MAC 地址。因为这里创建的套接字是链路层套接字，所以通过 SIOCGIFHWADDR 获得的地址是 MAC 地址。如果要获取网卡的 IP 地址，就要创建面向 IP 层的原始套接字，后面会讲到。

（2）保存代码为 test.cpp，然后上传到 Linux，编译并运行：

```
# g++ test.cpp -o test
# ./test
mac addr:00:0c:29:3d:94:13
```

该 MAC 地址是笔者网卡 eno16777736 的 MAC 地址，大家可以用 ifconfig 命令对比一下。

15.7 实战链路层的原始套接字

15.7.1 常见的应用场景

下面来看链路层的原始套接字的常见应用场景。

【例15.2】抓包并判断网络层包类型

（1）准备两台虚拟主机 A 和 B，都装有 Ubuntu，其中：

- 主机A的IP地址为172.16.2.6，MAC地址为00:0c:29:6c:0d:c2。
- 主机B的IP地址为172.16.2.9，MAC地址为00:0c:29:8f:f6:4c。

做到能互相 ping 通。现在程序在主机 A 上进行抓包，在主机 B 上向主机 A 发送一些包，然后看主机 A 能否收到并判断出来。

（2）打开 Visual Studio Code，新建文本文件，输入代码如下：

```
#include <stdio.h>
#include <string.h>
#include <stdlib.h>
#include <sys/socket.h>
#include <netinet/in.h>
#include <arpa/inet.h>
#include <netinet/ether.h>

int main(int argc,char *argv[])
```

```cpp
{
    int i = 0;
    unsigned char buf[1024] = "";
    int sock_raw_fd = socket(PF_PACKET, SOCK_RAW, htons(ETH_P_ALL));
    while(1)
    {
        char src_mac[18] = "";
        char dst_mac[18] = "";

        recvfrom(sock_raw_fd, buf, sizeof(buf),0,NULL,NULL);// 获取链路层的数据帧
        // 从 buf 里提取目的 MAC 地址、源 MAC 地址
        sprintf(dst_mac,"%02x:%02x:%02x:%02x:%02x:%02x", buf[0], buf[1], buf[2], buf[3], buf[4], buf[5]);
        sprintf(src_mac,"%02x:%02x:%02x:%02x:%02x:%02x", buf[6], buf[7], buf[8], buf[9], buf[10], buf[11]);
        if(buf[12]==0x08 && buf[13]==0x00)  // 判断是否为 IP 数据报
        {
            printf("_____IP 数据报_____\n");
            printf("MAC:%s >> %s\n",src_mac,dst_mac);
        }
        else if(buf[12]==0x08 && buf[13]==0x06)  // 判断是否为 ARP 数据报
        {
            printf("_____ARP 数据报_____\n");
            printf("MAC:%s >> %s\n",src_mac,dst_mac);
        }
        else if(buf[12]==0x80 && buf[13]==0x35)  // 判断是否为 RARP 数据报
        {
            printf("_____RARP 数据报_____\n");
            printf("MAC:%s>>%s\n",src_mac,dst_mac);
        }
    }
    return 0;
}
```

（3）保存代码为 test.cpp，然后上传到主机 A，编译并运行：

```
# g++ test.cpp -o test
# ./test
```

如果此时 SecureCRT 正连着主机 A，test 程序就会收到很多 IP 数据包。为了方便观察，我们可以把代码中判断 IP 数据包的那一段 if 注释掉，再编译运行 test.cpp。

（4）捕获 ARP 包。

在主机 B 的命令行中输入 arping 命令，发送 5 个 ARP 探测包：

```
[root@localhost ~]# arping -I eno16777736 172.16.2.6 -c 5
ARPING 172.16.2.6 from 172.16.2.9 eno16777736
Unicast reply from 172.16.2.6 [00:0C:29:6C:0D:C2]  1.030ms
Unicast reply from 172.16.2.6 [00:0C:29:6C:0D:C2]  2.205ms
Unicast reply from 172.16.2.6 [00:0C:29:6C:0D:C2]  1.029ms
Unicast reply from 172.16.2.6 [00:0C:29:6C:0D:C2]  1.024ms
```

```
Unicast reply from 172.16.2.6 [00:0C:29:6C:0D:C2]  1.043ms
Sent 5 probes (1 broadcast(s))
Received 5 response(s)
[root@localhost ~]#
```

可以看到，主机 B 发送了 5 个探测包（其中有一个是广播包），并收到了 5 个响应包。我们再看主机 A：

```
# ./test
_____ARP_____
MAC:00:0c:29:8f:f6:4c >> ff:ff:ff:ff:ff:ff
_____ARP_____
MAC:00:0c:29:6c:0d:c2 >> 00:0c:29:8f:f6:4c
_____ARP_____
MAC:00:0c:29:8f:f6:4c >> 00:0c:29:6c:0d:c2
_____ARP_____
MAC:00:0c:29:6c:0d:c2 >> 00:0c:29:8f:f6:4c
_____ARP_____
MAC:00:0c:29:8f:f6:4c >> 00:0c:29:6c:0d:c2
_____ARP_____
MAC:00:0c:29:6c:0d:c2 >> 00:0c:29:8f:f6:4c
_____ARP_____
MAC:00:0c:29:8f:f6:4c >> 00:0c:29:6c:0d:c2
_____ARP_____
MAC:00:0c:29:6c:0d:c2 >> 00:0c:29:8f:f6:4c
_____ARP_____
MAC:00:0c:29:8f:f6:4c >> 00:0c:29:6c:0d:c2
_____ARP_____
MAC:00:0c:29:6c:0d:c2 >> 00:0c:29:8f:f6:4c
```

可以发现在主机 A 中，test 程序捕获了 10 个 ARP 包，而且第一个包是一个广播包（目的地址是 ff:ff:ff:ff:ff:ff）。

第一个抓到的包的源 MAC 地址是 00:0c:29:8f:f6:4c，目的地址是 ff:ff:ff:ff:ff:ff，说明是从主机 B 发出来的 ARP 广播包。

第二个抓到的包的源 MAC 地址是 00:0c:29:6c:0d:c2，目的地址是 00:0c:29:8f:f6:4c，说明是从主机 A 发出的 ARP 包，而且是发给主机 B 的，也就是 A 端对 B 端第一个包的响应。

第三个抓到的包的源 MAC 是 00:0c:29:8f:f6:4c，目的地址是 00:0c:29:6c:0d:c2，说明该 ARP 包是主机 B 发出的，而且是发给主机 A 的，这个包是我们在 B 端通过 arping 命令发出来的第二个包。

第四个抓到的包的源 MAC 地址是 00:0c:29:6c:0d:c2，目的地址是 00:0c:29:8f:f6:4c，说明该 ARP 包是从主机 A 发出的，而且是发给主机 B 的。这个包是主机 A 收到了第三个包后，对其做出的响应。

后面的包都是如此，一问一答，test 把 10 个 ARP 包都抓到了。

上面的例子还要我们自己去判断数据包类型，其实在创建套接字的时候，可以直接指定类型，这样可以直接收到所需类型的数据包，比如 ARP 报文。

【例15.3】直接抓取ARP报文

（1）准备两台虚拟主机 A 和 B，都装有 Ubuntu，其中：

- 主机A的IP地址为172.16.2.6，MAC地址为00:0c:29:6c:0d:c2。
- 主机B的IP地址为172.16.2.9，MAC地址为00:0c:29:8f:f6:4c。

做到能互相 ping 通。现在程序在主机 A 上进行抓包，在主机 B 上向主机 A 发送一些包，然后看主机 A 能否收到并判断出来。

（2）打开 Visual Studio Code，新建文本文件，输入代码如下：

```cpp
#include <stdlib.h>
#include <sys/socket.h>
#include <netinet/in.h>
#include <arpa/inet.h>
#include <netinet/ether.h>
#include <netinet/if_ether.h>   // for ethhdr
#include <arpa/inet.h>
int main(int argc, char *argv [])
{
    int i = 0;
    unsigned char buf[1024] = "";
    struct ethhdr *eth; // 定义以太网头结构体指针
    int sock_raw_fd = socket(PF_PACKET, SOCK_RAW, htons(ETH_P_ARP));
    while (1)
    {
        recvfrom(sock_raw_fd, buf, sizeof(buf), 0, NULL, NULL);// 获取链路层的数据帧

        eth = (struct ethhdr*)buf;
        // 从 eth 里提取目的 MAC 地址、源 MAC 地址、协议号
        printf("proto=0x%04x,dst mac addr:%02x:%02x:%02x:%02x:%02x:%02x\n", ntohs(eth->h_proto), eth->h_dest[0], eth->h_dest[1], eth->h_dest[2], eth->h_dest[3], eth->h_dest[4], eth->h_dest[5]);
        printf("proto=0x%04x,src mac addr:%02x:%02x:%02x:%02x:%02x:%02x\n", ntohs(eth->h_proto), eth->h_source[0], eth->h_source[1], eth->h_source[2], eth->h_source[3], eth->h_source[4], eth->h_source[5]);
    }
    return 0;
}
```

在代码中，在定义套接字的时候使用了 ETH_P_ARP 协议号，这样这个套接字就只会去接收 ARP 报文了。然后定义了以太网头结构体指针，用这个指针指向接收到的数据缓冲区，就能通过结构体字段来得到目的 MAC 地址、源 MAC 地址和协议号。

（3）保存代码为 test.cpp，上传到主机 A，然后编译并运行：

```
# g++ test.cpp -o test
# ./test
```

如果此时 SecureCRT 正连着主机 A，test 程序就会收到很多 IP 数据包。为了方便观察，我们可以把代码中判断 IP 数据包的那一段 if 注释掉，再编译运行 test.cpp。

（4）捕获 ARP 包。

在主机 B 命令行中输入 arping 命令，发送 5 个 ARP 探测包：

```
[root@localhost ~]# arping -I eno16777736 172.16.2.6 -c 5
ARPING 172.16.2.6 from 172.16.2.9 eno16777736
Unicast reply from 172.16.2.6 [00:0C:29:6C:0D:C2]  1.030ms
Unicast reply from 172.16.2.6 [00:0C:29:6C:0D:C2]  2.205ms
Unicast reply from 172.16.2.6 [00:0C:29:6C:0D:C2]  1.029ms
Unicast reply from 172.16.2.6 [00:0C:29:6C:0D:C2]  1.024ms
Unicast reply from 172.16.2.6 [00:0C:29:6C:0D:C2]  1.043ms
Sent 5 probes (1 broadcast(s))
Received 5 response(s)
[root@localhost ~]#
```

可以看到，主机 B 发送了 5 个探测包（其中有一个是广播包），并收到了 5 个响应包。我们再看主机 A：

```
# g++ test.cpp -o test
# ./test
proto=0x0806,dst mac addr:ff:ff:ff:ff:ff:ff
proto=0x0806,src mac addr:00:0c:29:8f:f6:4c
proto=0x0806,dst mac addr:00:0c:29:6c:0d:c2
proto=0x0806,src mac addr:00:0c:29:8f:f6:4c
proto=0x0806,dst mac addr:00:0c:29:6c:0d:c2
proto=0x0806,src mac addr:00:0c:29:8f:f6:4c
proto=0x0806,dst mac addr:00:0c:29:6c:0d:c2
proto=0x0806,src mac addr:00:0c:29:8f:f6:4c
proto=0x0806,dst mac addr:00:0c:29:6c:0d:c2
proto=0x0806,src mac addr:00:0c:29:8f:f6:4c
```

可见，主机 A 捕获到了 10 个 ARP 报文。为什么是 10 个报文就不介绍了，具体可以参考上例。

【例15.4】直接抓取IP报文，并打印IP地址

（1）准备一台装有 Ubuntu 的虚拟机 A，另一台是装有 Windows 7 的主机 B，其中：

- 主机A的IP地址为1.1.1.10，MAC地址为00:0c:29:3d:94:13。
- 主机B的IP地址为1.1.1.10，MAC地址为0-50-56-C0-00-01。

做到能互相 ping 通。现在程序在主机 A 上进行抓包，在主机 B 上向主机 A 发送一些 IP 包（比如 ping 包），然后看主机 A 能否收到并获取地址。

（2）打开 Visual Studio Code，新建文本文件，输入代码如下：

```
#include <stdio.h>
#include <stdlib.h>
#include <errno.h>
#include <unistd.h>
#include <sys/socket.h>
#include <sys/types.h>
#include <netinet/in.h>
#include <netinet/ip.h>
#include <netinet/if_ether.h>
```

```cpp
#include <arpa/inet.h>
#include <stdlib.h>
#include <string.h>

int main(int argc, char **argv) {
    int sock, n;
    char buffer[2048];
    struct ethhdr *eth;
    struct iphdr *iph;
    struct in_addr addr1, addr2;
    long cn = 1;
    if (0 > (sock = socket(PF_PACKET, SOCK_RAW, htons(ETH_P_IP)))) {
        perror("socket");
        exit(1);
    }

    while (1) {

        n = recvfrom(sock, buffer, 2048, 0, NULL, NULL);
        printf("================count=%d=====================\n", cn++);
        printf("%d bytes read\n", n);

        // 接收到的数据帧前 6 字节是目的 MAC 地址，紧接着 6 字节是源 MAC 地址
        eth = (struct ethhdr*)buffer; // 获取以太网帧缓冲区首地址
        printf("Dest MAC addr:%02x:%02x:%02x:%02x:%02x:%02x\n",
eth->h_dest[0], eth->h_dest[1], eth->h_dest[2], eth->h_dest[3], eth->h_dest[4],
eth->h_dest[5]);
        printf("Source MAC addr:%02x:%02x:%02x:%02x:%02x:%02x\n",
eth->h_source[0], eth->h_source[1], eth->h_source[2], eth->h_source[3],
eth->h_source[4], eth->h_source[5]);

        iph = (struct iphdr*)(buffer + sizeof(struct ethhdr));

        memcpy(&addr1, &iph->saddr, 4); // 复制 IP 地址
        memcpy(&addr2, &iph->daddr, 4); // 复制 IP 地址

        // 我们只对 IPv4 且没有选项字段的 IPv4 报文感兴趣
        if (iph->version == 4 && iph->ihl == 5) {
            printf("Source host:%s\n",inet_ntoa(addr1));
            printf("Dest host:%s\n", inet_ntoa(addr2));
        }
    }
}
```

在代码中，先获取以太网帧缓冲区首地址，然后打印出源 MAC 地址和目的 MAC 地址，接着获取 IP 包头（iph）。IP 包作为以太网帧的数据部分，只需要越过以太网帧，就可以得到 IP 数据包头的内容。随后打印出源 IP 地址和目的 IP 地址。

（3）保存代码为 test.cpp，然后上传到 Linux，在虚拟机的终端编译并运行。注意不要通过 SecureCRT 等 SSH 工具去编译运行，因为这些工具都会发送 IP 包，影响程序的观察效果，所以最

好在虚拟机 Linux 的终端命令行下编译运行,这样不会一运行就不停地抓到很多包。

```
# g++ test.cpp -o test
# ./test
```

此时,test 程序就阻塞在 recvfrom 处等待 IP 包,我们可以在主机 B 内 ping 主机 A:

```
E:\Users\Administrator>ping 1.1.1.10

正在 Ping 1.1.1.10 具有 32 字节的数据:
来自 1.1.1.10 的回复: 字节=32 时间<1ms TTL=64
来自 1.1.1.10 的回复: 字节=32 时间<1ms TTL=64
来自 1.1.1.10 的回复: 字节=32 时间<1ms TTL=64
来自 1.1.1.10 的回复: 字节=32 时间<1ms TTL=64
```

发了 4 个 ping 包,此时主机 A 会收到包:

```
# g++ test.cpp -o test
# ./test
================count=1=====================
74 bytes read
Dest MAC addr:00:0c:29:3d:94:13
Source MAC addr:00:50:56:c0:00:01
Source host:1.1.1.1
Dest host:1.1.1.10
================count=2=====================
74 bytes read
Dest MAC addr:00:0c:29:3d:94:13
Source MAC addr:00:50:56:c0:00:01
Source host:1.1.1.1
Dest host:1.1.1.10
================count=3=====================
74 bytes read
Dest MAC addr:00:0c:29:3d:94:13
Source MAC addr:00:50:56:c0:00:01
Source host:1.1.1.1
Dest host:1.1.1.10
================count=4=====================
74 bytes read
Dest MAC addr:00:0c:29:3d:94:13
Source MAC addr:00:50:56:c0:00:01
Source host:1.1.1.1
Dest host:1.1.1.10
```

抓到 4 个包后,程序又暂停了,继续等待。至此,我们抓 IP 包完成。ping 包发送的 ICMP 报文也是一种 IP 包,如果忘记了,可以看看第 11 章。

【例15.5】发送和接收自定义类型的链路层数据帧(不绑定套接字和网卡,目的地址不同于接收网卡)

(1)准备两台装有 Ubuntu 的虚拟机,即主机 A 和主机 B。主机 A 当作接收端,运行 recv 程序,等待接收数据帧;主机 B 运行 send 程序,当作发送端,发出数据帧。

主机 A 有多个网卡，其中一个网卡 eno16777736 的 IP 地址为 1.1.1.10，MAC 地址为 00:0c:29:3d:94:13；另一个网卡 eno67109432 的 IP 地址为 1.1.1.11，MAC 地址为 00:0c:29:3d:94:31。

注意这两个网卡地址的不同，一个以 13 结尾，另一个以 31 结尾，这两个网卡都接在虚拟交换机 vmnet1 上，可以相互 ping 通。我们现在在主机 A 的网卡 eno16777736 上等待接收数据，而发送端 B 发出的数据帧的目的 MAC 地址是主机 A 的网卡 eno67109432 的地址，但因为我们没有做绑定操作，所以接收程序 recv 还是可以接收到数据。原因在前面已经讲述了，这里不再赘述。

主机 B 的网卡 eno16777736 的 IP 地址为 172.16.2.9，MAC 地址为 00:0c:29:ee:c9:3e。

（2）创建接收端的代码。打开 Visual Studio Code，新建文本文件，输入代码如下：

```c
#include <stdio.h>
#include <string.h>
#include <errno.h>
#include <sys/types.h>
#include <sys/socket.h>
#include <netpacket/packet.h>
#include <net/if.h>
#include <net/if_arp.h>
#include <sys/ioctl.h>
#include <arpa/inet.h>  // for htons
#include <netinet/if_ether.h>   // for ethhdr
#define LEN     60
void print_str16(unsigned char buf[], size_t len)
{
    int     i;
    unsigned char   c;
    if (buf == NULL || len <= 0)
        return;
    for (i = 0; i < len; i++) {
        c = buf[i];
        printf("%02x", c);
    }
    printf("\n");
}
void print_sockaddr_ll(struct sockaddr_ll *sa)
{
    if (sa == NULL)
        return;
    printf("sll_family:%d\n", sa->sll_family);
    printf("sll_protocol:%#x\n", ntohs(sa->sll_protocol));
    printf("sll_ifindex:%#x\n", sa->sll_ifindex);
    printf("sll_hatype:%d\n", sa->sll_hatype);
    printf("sll_pkttype:%d\n", sa->sll_pkttype);
    printf("sll_halen:%d\n", sa->sll_halen);
    printf("sll_addr:"); print_str16(sa->sll_addr, sa->sll_halen);
}
int main()
{
    int             result = 0, fd, n, count = 0;
```

```c
        char    buf[LEN];
        struct sockaddr_ll   sa_recv;
        struct ifreq    ifr;
        socklen_t       sa_len = 0;
        char    if_name[] = "eno16777736";
        struct ethhdr *eth; // 定义以太网头结构体指针

        // 创建套接字
        fd = socket(PF_PACKET, SOCK_RAW, htons(0x8902));
        if (fd < 0) {
            perror("socket error\n");
            return errno;
        }

        // 开始等待接收数据
        while (1) {
            memset(buf, 0, sizeof(buf));
            n = recvfrom(fd, buf, sizeof(buf), 0, (struct sockaddr *)&sa_recv,
&sa_len);
            /*
            如果不需要打印 sa_recv 内容,用 NULL 也可以:
            n = recvfrom(fd, buf, sizeof(buf), 0, NULL, NULL);
            */
            if (n < 0) {
                printf("sendto error, %d\n", errno);
                return errno;
            }
            printf("****************** recvfrom msg %d ****************\n",
++count);
            print_str16((unsigned char*)buf, n);   // 打印数据帧的内容

            eth = (struct ethhdr*)buf;
            // 从 eth 里提取目的 MAC 地址、源 MAC 地址、协议号
            printf("proto=0x%04x,dst mac addr:%02x:%02x:%02x:%02x:%02x:%02x\n",
ntohs(eth->h_proto), eth->h_dest[0], eth->h_dest[1], eth->h_dest[2],
eth->h_dest[3], eth->h_dest[4], eth->h_dest[5]);
            printf("proto=0x%04x,src mac addr:%02x:%02x:%02x:%02x:%02x:%02x\n",
ntohs(eth->h_proto), eth->h_source[0], eth->h_source[1], eth->h_source[2],
eth->h_source[3], eth->h_source[4], eth->h_source[5]);
            print_sockaddr_ll(&sa_recv);  // 打印物理层地址 sa_recv 的内容
            printf("sa_len:%d\n", sa_len);
        }
        return 0;
    }
```

在代码中,在 while 循环中调用接收函数 recvfrom,这样套接字就会在这个地址上等待数据的接收。注意,recvfrom 函数的第三、第四个参数没有用 NULL,这样可以获得对端(发送端)的物理层地址 sockaddr_ll 的内容。

每收到一个以太网数据帧,就把协议号、源 MAC 地址、目的 MAC 地址打印出来,再通过函

数 print_str16 打印出整个数据帧，还打印了 sockaddr_ll 地址，虽然没什么具体作用，但可以演示以太网数据帧的真实面貌，从而更加具体地了解以太网数据帧，为以后在实践工作中分析网络数据包打下扎实的基础。

（3）保存代码为 recv.cpp，然后上传到主机 A（1.1.1.10），编译并运行：

```
# g++ recv.cpp -o recv
# ./recv
```

此时，recv 程序静静地等待数据的到来。

（4）下面创建发送端的代码。打开 Visual Studio Code，新建文本文件，输入代码如下：

```
#include <stdio.h>
#include <string.h>
#include <errno.h>
#include <sys/types.h>
#include <sys/socket.h>
#include <netpacket/packet.h>
#include <net/if.h>
#include <net/if_arp.h>
#include <sys/ioctl.h>
#include <arpa/inet.h> // for htons

#define LEN     60

void print_str16(unsigned char buf[], size_t len)
{
    int     i;
    unsigned char   c;
    if (buf == NULL || len <= 0)
        return;
    for (i = 0; i < len; i++) {
        c = buf[i];
        printf("%02x", c);
    }
    printf("\n");
}
int main()
{
    int             result = 0;
    int             fd, n, count = 3, nsend = 0; // count 表示发送 3 个数据包
    char        buf[LEN];
    struct sockaddr_ll      sa;
    struct ifreq        ifr;
    char    if_name[] = "eno16777736";              // 本机要发送数据的网卡名称
    /*
    dst_mac 是主机 A 的网卡 eno67109432 的 MAC 地址，注意不是主机 A 的网卡 eno16777736 的 MAC 地址，我们就是要演示这样的场景
    */
    char    dst_mac[6] = { 0x00,0x0c,0x29,0x3d,0x94,0x31 };
    char    src_mac[6];
```

```c
    short    type = htons(0x8902);

    memset(&sa, 0, sizeof(struct sockaddr_ll));
    memset(buf, 0, sizeof(buf));

    // 创建套接字
    fd = socket(PF_PACKET, SOCK_RAW, htons(0x8902));
    if (fd < 0) {
        printf("socket error, %d\n", errno);
        return errno;
    }

    // 获取网卡索引号
    strcpy(ifr.ifr_name, if_name);
    result = ioctl(fd, SIOCGIFINDEX, &ifr);
    if (result != 0) {
        printf("get mac index error, %d\n", errno);
        return errno;
    }
    sa.sll_ifindex = ifr.ifr_ifindex;  // 赋值给物理层地址

    // 得到源 MAC 地址，即本机要发送数据的网卡 MAC 地址
    result = ioctl(fd, SIOCGIFHWADDR, &ifr);
    if (result != 0) {
        printf("get mac addr error, %d\n", errno);
        return errno;
    }
    memcpy(src_mac, ifr.ifr_hwaddr.sa_data, 6);

    // 设置数据给以太网数据帧头
    memcpy(buf, dst_mac, 6);
    memcpy(buf + 6, src_mac, 6);
    memcpy(buf + 12, &type, 2);

    print_str16((unsigned char*)buf, sizeof(buf));   // 打印我们要发送的数据帧
    // 准备发送数据
    while (count-- > 0) {
        n = sendto(fd, buf, sizeof(buf), 0, (struct sockaddr *)&sa, sizeof(struct sockaddr_ll));
        if (n < 0) {
            printf("sendto error, %d\n", errno);
            return errno;
        }
        printf("sendto msg %d, len %d\n", ++nsend, n);
    }
    return 0;
}
```

在代码中，先创建了套接字，然后得到网卡索引号，赋值给物理层地址 sockaddr_ll，接着又获取了源 MAC 地址，并填充了以太网数据帧头，万事俱备后，就可以发送数据了。

值得注意的是，默认情况下，从任何接口收到的符合指定协议（包括自定义协议号）的所有数据报文都会被传送到原始 PACKET 套接字上，而使用 bind 系统调用并以一个 sockaddr_ll 结构体对象将 PACKET 套接字与某个网络接口相绑定，可以使我们的 PACKET 原始套接字只接收指定接口的数据报文。大家可以从后面的实例中深深体会到这一点。因此，本例中发送的数据帧的目的 MAC 地址并不是接收端网卡 eno16777736 的 MAC 地址，而接收端照样可以收到数据，说明任何接口收到的符合指定协议（包括自定义协议号）的所有数据报文都会被传送到原始 PACKET 套接字上。但要注意的是，发送端发出的数据帧的目的 MAC 地址必须是接收端主机上的一个网卡的 MAC 地址，而且这个网卡要和 eno16777736 在同一网段（同一个交换机上，这里都是连接在虚拟交换机 VMnet1 上）。

（5）把发送端代码保存为 send.cpp，然后上传到主机 B，在命令行下编译并运行：

```
[root@localhost send]# g++ send.cpp -o send
[root@localhost send]# ./send
000c293d9431000c29eec93e890200000000000000000000000000000000000000000000000000000000000000000000000000000000000000
sendto msg 1, len 60
sendto msg 2, len 60
sendto msg 3, len 60
```

此时，接收端主机 A 上变为：

```
# g++ recv.cpp -o recv
# ./recv
****************** recvfrom msg 1 ****************
000c293d9431000c29eec93e890200000000000000000000000000000000000000000000000000000000000000000000000000000000000000
proto=0x8902,dst mac addr:00:0c:29:3d:94:31
proto=0x8902,src mac addr:00:0c:29:ee:c9:3e
000c293d9431000c29eec93e890200000000000000000000000000000000000000000000000000000000000000000000000000000000000000
sll_family:1
sll_protocol:0
sll_ifindex:0x7ffd
sll_hatype:0
sll_pkttype:0
sll_halen:0
sll_addr:sa_len:18
****************** recvfrom msg 2 ****************
000c293d9431000c29eec93e890200000000000000000000000000000000000000000000000000000000000000000000000000000000000000
proto=0x8902,dst mac addr:00:0c:29:3d:94:31
proto=0x8902,src mac addr:00:0c:29:ee:c9:3e
000c293d9431000c29eec93e890200000000000000000000000000000000000000000000000000000000000000000000000000000000000000
sll_family:17
sll_protocol:0x8902
sll_ifindex:0x5
sll_hatype:1
```

```
sll_pkttype:0
sll_halen:6
sll_addr:000c29eec93e
sa_len:18
****************** recvfrom msg 3 ***************
000c293d9431000c29eec93e8902000000000000000000000000000000000000
00000000000000000000000000000000000
proto=0x8902,dst mac addr:00:0c:29:3d:94:31
proto=0x8902,src mac addr:00:0c:29:ee:c9:3e
000c293d9431000c29eec93e8902000000000000000000000000000000000000
00000000000000000000000000000000000
sll_family:17
sll_protocol:0x8902
sll_ifindex:0x5
sll_hatype:1
sll_pkttype:0
sll_halen:6
sll_addr:000c29eec93e
sa_len:18
```

可见，3 个数据帧都收到了，而且我们获得了发送端的物理层地址，并且把里面的协议号（sll_protocol:0x8902）和发送端的网卡地址（sll_addr:000c29eec93e）也打印出来了。另外，我们打印出了数据帧的全部内容，可以看到以太网数据帧头后面都是 0。因为我们没有填充以太网帧的数据部分，所以类型字段值（8902）后面都是 0，这些 0 的区域通常用来存放上层协议内容，比如 IP 包、ARP 包等。

下面我们接着做实验，接收端绑定接收网卡，然后发送端再发目的地址不同于接收网卡的数据帧，会出现什么情况呢？我们拭目以待。

【例15.6】发送和接收自定义类型的链路层数据帧（绑定套接字和网卡，目的地址不同于接收网卡）

（1）准备两台装有 Ubuntu 的虚拟机，即主机 A 和主机 B。主机 A 当作接收端，运行 recv 程序，等待接收数据帧；主机 B 运行 send 程序，当作发送端，发出数据帧。

主机 A 有多个网卡，其中一个网卡 eno16777736 的 IP 地址为 1.1.1.10，MAC 地址为 00:0c:29:3d:94:13；另一个网卡 eno67109432 的 IP 地址为 1.1.1.11，MAC 地址为 00:0c:29:3d:94:31。

注意这两个网卡地址的不同，一个以 13 结尾，另一个以 31 结尾，这两个网卡都接在虚拟交换机 vmnet1 上，可以相互 ping 通。我们现在在主机 A 的网卡 eno16777736 上等待接收数据，并且把套接字和网卡 eno16777736 进行了绑定，即只接收发往网卡 eno16777736 的数据帧。而发送端 B 发出的数据帧的目的 MAC 地址是主机 A 的网卡 eno67109432 的地址，因为我们在接收端做了绑定操作，所以接收程序 recv 是接收不到数据的。原因在前面已经介绍了，这里不再赘述。

（2）创建接收端的代码。打开 Visual Studio Code，新建文本文件，输入代码如下：

```
#include <stdio.h>
#include <string.h>
#include <errno.h>
#include <sys/types.h>
#include <sys/socket.h>
```

```c
#include <netpacket/packet.h>
#include <net/if.h>
#include <net/if_arp.h>
#include <sys/ioctl.h>
#include <arpa/inet.h>  // for htons
#include <netinet/if_ether.h>   // for ethhdr
#define LEN     60
void print_str16(unsigned char buf[], size_t len)
{
    int     i;
    unsigned char   c;
    if (buf == NULL || len <= 0)
        return;
    for (i = 0; i < len; i++) {
        c = buf[i];
        printf("%02x", c);
    }
    printf("\n");
}
void print_sockaddr_ll(struct sockaddr_ll *sa)
{
    if (sa == NULL)
        return;
    printf("sll_family:%d\n", sa->sll_family);
    printf("sll_protocol:%#x\n", ntohs(sa->sll_protocol));
    printf("sll_ifindex:%#x\n", sa->sll_ifindex);
    printf("sll_hatype:%d\n", sa->sll_hatype);
    printf("sll_pkttype:%d\n", sa->sll_pkttype);
    printf("sll_halen:%d\n", sa->sll_halen);
    printf("sll_addr:"); print_str16(sa->sll_addr, sa->sll_halen);
}
int main()
{
    int             result = 0, fd, n, count = 0;
    char        buf[LEN];
    struct sockaddr_ll      sa, sa_recv;
    struct ifreq    ifr;
    socklen_t       sa_len = 0;
    char    if_name[] = "eno16777736";
    struct ethhdr *eth; // 定义以太网头结构体指针


    // 创建套接字
    fd = socket(PF_PACKET, SOCK_RAW, htons(0x8902));
    if (fd < 0) {
        perror("socket error\n");
        return errno;
    }
```

```c
        memset(&sa, 0, sizeof(sa));
        sa.sll_family = PF_PACKET;
        sa.sll_protocol = htons(0x8902);
        // 获取 flags
        strcpy(ifr.ifr_name, if_name);
        result = ioctl(fd, SIOCGIFFLAGS, &ifr);   // 必须先得到 flags，才能得到 index
        if (result != 0) {
            perror("ioctl error, get flags\n");
            return errno;
        }
        result = ioctl(fd, SIOCGIFINDEX, &ifr);          // 获取网卡索引号
        if (result != 0) {
            perror("ioctl error, get index\n");
            return errno;
        }
        sa.sll_ifindex = ifr.ifr_ifindex;
        result = bind(fd, (struct sockaddr*)&sa, sizeof(struct sockaddr_ll));
        // 把 sa 绑定到套接字
        if (result != 0) {
            perror("bind error\n");
            return errno;
        }

        // 开始接收数据
        while (1) {
            memset(buf, 0, sizeof(buf));
            n = recvfrom(fd, buf, sizeof(buf), 0, (struct sockaddr *)&sa_recv,
&sa_len);

            if (n < 0) {
                printf("sendto error, %d\n", errno);
                return errno;
            }
            printf("****************** recvfrom msg %d ***************\n",
++count);
            print_str16((unsigned char*)buf, n);

            eth = (struct ethhdr*)buf;
            // 从 eth 里提取目的 MAC 地址、源 MAC 地址、协议号
            printf("proto=0x%04x,dst mac addr:%02x:%02x:%02x:%02x:%02x:%02x\n",
ntohs(eth->h_proto), eth->h_dest[0], eth->h_dest[1], eth->h_dest[2],
eth->h_dest[3], eth->h_dest[4], eth->h_dest[5]);
            printf("proto=0x%04x,src mac addr:%02x:%02x:%02x:%02x:%02x:%02x\n",
ntohs(eth->h_proto), eth->h_source[0], eth->h_source[1], eth->h_source[2],
eth->h_source[3], eth->h_source[4], eth->h_source[5]);

            print_sockaddr_ll(&sa_recv);
            printf("sa_len:%d\n", sa_len);
        }
        return 0;
```

}
```

在上面代码中,我们把网卡 eno16777736 和套接字进行了绑定,因此将在网卡 eno16777736 上等待接收数据,目的地址不是 eno16777736 的数据帧就接收不到数据了。

(3) 保存代码为 recv.cpp,然后上传到主机 A(1.1.1.10),编译并运行:

```
# g++ recv.cpp -o recv
# ./recv
```

此时,recv 程序静静地等待数据的到来。

(4) 下面创建发送端的代码。打开 Visual Studio Code,新建文本文件,输入代码如下:

```cpp
#include <stdio.h>
#include <string.h>
#include <errno.h>
#include <sys/types.h>
#include <sys/socket.h>
#include <netpacket/packet.h>
#include <net/if.h>
#include <net/if_arp.h>
#include <sys/ioctl.h>
#include <arpa/inet.h> // for htons

#define LEN      60

void print_str16(unsigned char buf[], size_t len)
{
    int     i;
    unsigned char   c;
    if (buf == NULL || len <= 0)
        return;
    for (i = 0; i < len; i++) {
        c = buf[i];
        printf("%02x", c);
    }
    printf("\n");
}
int main()
{
    int result = 0;
    int fd, n, count = 3, nsend = 0;    // count 表示发送 3 个数据包
    char buf[LEN];
    struct sockaddr_ll    sa;
    struct ifreq    ifr;
    char if_name[] = "eno16777736";           // 本机要发送数据的网卡名称
    /*
    dst_mac 是主机 A 的网卡 eno67109432 的 MAC 地址,注意不是主机 A 的网卡 eno16777736 的
MAC 地址,我们就是要演示这样的场景
    */
    char dst_mac[6] = { 0x00,0x0c,0x29,0x3d,0x94,0x31 };
    char src_mac[6];
```
```

```c
    short type = htons(0x8902);

    memset(&sa, 0, sizeof(struct sockaddr_ll));
    memset(buf, 0, sizeof(buf));

    // 创建套接字
    fd = socket(PF_PACKET, SOCK_RAW, htons(0x8902));
    if (fd < 0) {
        printf("socket error, %d\n", errno);
        return errno;
    }

    // 获取网卡索引号
    strcpy(ifr.ifr_name, if_name);
    result = ioctl(fd, SIOCGIFINDEX, &ifr);
    if (result != 0) {
        printf("get mac index error, %d\n", errno);
        return errno;
    }
    sa.sll_ifindex = ifr.ifr_ifindex;   // 赋值给物理层地址

    // 得到源 MAC 地址，即本机要发送数据的网卡 MAC 地址
    result = ioctl(fd, SIOCGIFHWADDR, &ifr);
    if (result != 0) {
        printf("get mac addr error, %d\n", errno);
        return errno;
    }
    memcpy(src_mac, ifr.ifr_hwaddr.sa_data, 6);

    // 设置数据给以太网数据帧头
    memcpy(buf, dst_mac, 6);
    memcpy(buf + 6, src_mac, 6);
    memcpy(buf + 12, &type, 2);

    print_str16((unsigned char*)buf, sizeof(buf));   // 打印我们要发送的数据帧
    // 准备发送数据
    while (count-- > 0) {
        n = sendto(fd, buf, sizeof(buf), 0, (struct sockaddr *)&sa, sizeof(struct sockaddr_ll));
        if (n < 0) {
            printf("sendto error, %d\n", errno);
            return errno;
        }
        printf("sendto msg %d, len %d\n", ++nsend, n);
    }
    return 0;
}
```

发送端代码和【例 15.5】的发送端代码一样，所发送的数据帧的目的地址依然不是主机 A 的网卡 eno16777736 的地址。虽然【例 15.5】可以收到数据，但本例就收不到了。

（5）把发送端代码保存为 send.cpp，然后上传到主机 B，在命令行下编译并运行：

```
[root@localhost send]# ./send
000c293d9431000c29eec93e8902000000000000000000000000000000000000
00000000000000000000000000000000000000
sendto msg 1, len 60
sendto msg 2, len 60
sendto msg 3, len 60
```

此时再看接收端主机 A，发现：

```
# g++ recv.cpp -o recv
# ./recv
```

依然如此，recv 程序没有收到数据包，这说明我们绑定网卡 eno16777736 后，recv 只等待接收发向 eno16777736 的数据帧，而 send 的数据帧是发向 eno67109432 的，因此 recv 收不到。把发送端的数据帧的目的地址改为 eno16777736 的地址，接收端就可以收到数据帧了，具体可以看下例。

【例15.7】 发送和接收自定义类型的链路层数据帧（绑定，目的地址同于接收网卡）

（1）准备两台装有 Ubuntu 的虚拟机，即主机 A 和主机 B。主机 A 当作接收端，运行 recv 程序，等待接收数据帧；主机 B 运行 send 程序，当作发送端，发出数据帧。

主机 A 有多个网卡，其中一个网卡 eno16777736 的 IP 地址为 1.1.1.10，MAC 地址为 00:0c:29:3d:94:13。还有一个网卡 eno67109432 的 IP 地址为 1.1.1.11，MAC 地址为 00:0c:29:3d:94:31。

注意上述两个网卡地址的不同，一个以 13 结尾，另一个以 31 结尾，这两个网卡都接在虚拟交换机 vmnet1 上，可以相互 ping 通。我们现在在主机 A 的网卡 eno16777736 上等待接收数据，并且把套接字和网卡 eno16777736 进行绑定，即只接收发往网卡 eno16777736 的数据帧。本例中，发送端 B 发出的数据帧的目的 MAC 地址是主机 A 的网卡 eno16777736 的地址，因此接收程序 recv 是可以接收到数据的。

（2）创建接收端的代码。打开 Visual Studio Code，新建文本文件，输入代码如下：

```cpp
#include <stdio.h>
#include <string.h>
#include <errno.h>
#include <sys/types.h>
#include <sys/socket.h>
#include <netpacket/packet.h>
#include <net/if.h>
#include <net/if_arp.h>
#include <sys/ioctl.h>
#include <arpa/inet.h>  // for htons
#include <netinet/if_ether.h>   // for ethhdr
#define LEN     60
void print_str16(unsigned char buf[], size_t len)
{
    int    i;
    unsigned char   c;
    if (buf == NULL || len <= 0)
```

```c
            return;
        for (i = 0; i < len; i++) {
            c = buf[i];
            printf("%02x", c);
        }
        printf("\n");
    }
    void print_sockaddr_ll(struct sockaddr_ll *sa)
    {
        if (sa == NULL)
            return;
        printf("sll_family:%d\n", sa->sll_family);
        printf("sll_protocol:%#x\n", ntohs(sa->sll_protocol));
        printf("sll_ifindex:%#x\n", sa->sll_ifindex);
        printf("sll_hatype:%d\n", sa->sll_hatype);
        printf("sll_pkttype:%d\n", sa->sll_pkttype);
        printf("sll_halen:%d\n", sa->sll_halen);
        printf("sll_addr:"); print_str16(sa->sll_addr, sa->sll_halen);
    }
    int main()
    {
        int            result = 0, fd, n, count = 0;
        char           buf[LEN];
        struct sockaddr_ll    sa, sa_recv;
        struct ifreq   ifr;
        socklen_t      sa_len = 0;
        char    if_name[] = "eno16777736";
        struct ethhdr *eth; // 定义以太网头结构体指针


        // 创建套接字
        fd = socket(PF_PACKET, SOCK_RAW, htons(0x8902));
        if (fd < 0) {
            perror("socket error\n");
            return errno;
        }


        memset(&sa, 0, sizeof(sa));
        sa.sll_family = PF_PACKET;
        sa.sll_protocol = htons(0x8902);
        // 获取flags
        strcpy(ifr.ifr_name, if_name);
        result = ioctl(fd, SIOCGIFFLAGS, &ifr);// 必须先得到flags，才能得到index
        if (result != 0) {
            perror("ioctl error, get flags\n");
            return errno;
        }
        result = ioctl(fd, SIOCGIFINDEX, &ifr); // 获取网卡索引号
        if (result != 0) {
```

```
            perror("ioctl error, get index\n");
            return errno;
        }
        sa.sll_ifindex = ifr.ifr_ifindex;
        result = bind(fd, (struct sockaddr*)&sa, sizeof(struct sockaddr_ll));
        // 把 sa 绑定到套接字
        if (result != 0) {
            perror("bind error\n");
            return errno;
        }

        // 开始接收数据
        while (1) {
            memset(buf, 0, sizeof(buf));
            n = recvfrom(fd, buf, sizeof(buf), 0, (struct sockaddr *)&sa_recv,
&sa_len);

            if (n < 0) {
                printf("sendto error, %d\n", errno);
                return errno;
            }
            printf("****************** recvfrom msg %d ****************\n",
++count);
            print_str16((unsigned char*)buf, n);

            eth = (struct ethhdr*)buf;
            // 从 eth 里提取目的 MAC 地址、源 MAC 地址、协议号
            printf("proto=0x%04x,dst mac addr:%02x:%02x:%02x:%02x:%02x:%02x\n",
ntohs(eth->h_proto), eth->h_dest[0], eth->h_dest[1], eth->h_dest[2],
eth->h_dest[3], eth->h_dest[4], eth->h_dest[5]);
            printf("proto=0x%04x,src mac addr:%02x:%02x:%02x:%02x:%02x:%02x\n",
ntohs(eth->h_proto), eth->h_source[0], eth->h_source[1], eth->h_source[2],
eth->h_source[3], eth->h_source[4], eth->h_source[5]);

            print_sockaddr_ll(&sa_recv);
            printf("sa_len:%d\n", sa_len);
        }
        return 0;
    }
```

在代码中，我们把网卡 eno16777736 和套接字进行了绑定，因此将在网卡 eno16777736 上等待接收数据，目的地址不是 eno16777736 的数据帧就接收不到了。

（3）保存代码为 recv.cpp，然后上传到主机 A（1.1.1.10），编译并运行：

```
# g++ recv.cpp -o recv
# ./recv
```

此时，recv 程序静静地等待数据的到来。

（4）下面创建发送端的代码。打开 Visual Studio Code，新建文本文件，输入代码如下：

```
#include <stdio.h>
```

```c
#include <string.h>
#include <errno.h>
#include <sys/types.h>
#include <sys/socket.h>
#include <netpacket/packet.h>
#include <net/if.h>
#include <net/if_arp.h>
#include <sys/ioctl.h>
#include <arpa/inet.h>  // for htons

#define LEN     60

void print_str16(unsigned char buf[], size_t len)
{
    int    i;
    unsigned char   c;
    if (buf == NULL || len <= 0)
        return;
    for (i = 0; i < len; i++) {
        c = buf[i];
        printf("%02x", c);
    }
    printf("\n");
}
int main()
{
    int             result = 0;
    int             fd, n, count = 3, nsend = 0;  // count 表示发送 3 个数据包
    char            buf[LEN];
    struct sockaddr_ll     sa;
    struct ifreq    ifr;
    char    if_name[] = "eno16777736";              // 本机要发送数据的网卡名称
    /* dst_mac 是主机 A 的网卡 eno16777736 的 MAC 地址 */
    char    dst_mac[6] = { 0x00,0x0c,0x29,0x3d,0x94, 0x13 };
char    src_mac[6];
    short   type = htons(0x8902);

    memset(&sa, 0, sizeof(struct sockaddr_ll));
    memset(buf, 0, sizeof(buf));

    // 创建套接字
    fd = socket(PF_PACKET, SOCK_RAW, htons(0x8902));
    if (fd < 0) {
        printf("socket error, %d\n", errno);
        return errno;
    }

    // 获取网卡索引号
    strcpy(ifr.ifr_name, if_name);
    result = ioctl(fd, SIOCGIFINDEX, &ifr);
```

```
        if (result != 0) {
            printf("get mac index error, %d\n", errno);
            return errno;
        }
        sa.sll_ifindex = ifr.ifr_ifindex;  // 赋值给物理层地址

        // 得到源 MAC 地址，即本机要发送数据的网卡 MAC 地址
        result = ioctl(fd, SIOCGIFHWADDR, &ifr);
        if (result != 0) {
            printf("get mac addr error, %d\n", errno);
            return errno;
        }
        memcpy(src_mac, ifr.ifr_hwaddr.sa_data, 6);

        // 设置数据给以太网数据帧头
        memcpy(buf, dst_mac, 6);
        memcpy(buf + 6, src_mac, 6);
        memcpy(buf + 12, &type, 2);

        print_str16((unsigned char*)buf, sizeof(buf));  // 打印我们要发送的数据帧
        // 准备发送数据
        while (count-- > 0) {
            n = sendto(fd, buf, sizeof(buf), 0, (struct sockaddr *)&sa, sizeof(struct sockaddr_ll));
            if (n < 0) {
                printf("sendto error, %d\n", errno);
                return errno;
            }
            printf("sendto msg %d, len %d\n", ++nsend, n);
        }
        return 0;
}
```

发送端代码和上例的发送端代码一样。所发送的数据帧的目的地址依然是主机 A 的网卡 eno16777736，因此接收端可以收到数据。

（5）把发送端代码保存为 send.cpp，然后上传到主机 B，在命令行下编译并运行：

```
[root@localhost send]# ./send
000c293d9431000c29eec93e89020000000000000000000000000000000000000000000000000000000000000000000000000000000000000000000
sendto msg 1, len 60
sendto msg 2, len 60
sendto msg 3, len 60
```

此时再看接收端主机 A，发现：

```
# g++ recv.cpp -o recv
# ./recv
****************** recvfrom msg 1 ****************
000c293d9413000c29eec93e89020000000000000000000000000000000000000000000000000000000000000000000000000000000000000000000
```

```
        proto=0x8902,dst mac addr:00:0c:29:3d:94:13
        proto=0x8902,src mac addr:00:0c:29:ee:c9:3e
        sll_family:1
        sll_protocol:0
        sll_ifindex:0
        sll_hatype:52496
        sll_pkttype:28
        sll_halen:66
        sll_addr:b47f000038de1625fd7f000076971f42b47f00001100890202000000000000000
0000000000000000000080dc1625fd7f00003c000000300000000000000100
        sa_len:18
        ****************** recvfrom msg 2 ****************
        000c293d9413000c29eec93e89020000000000000000000000000000000000000000
00000000000000000000000000000000000000000000
        proto=0x8902,dst mac addr:00:0c:29:3d:94:13
        proto=0x8902,src mac addr:00:0c:29:ee:c9:3e
        sll_family:17
        sll_protocol:0x8902
        sll_ifindex:0x2
        sll_hatype:1
        sll_pkttype:0
        sll_halen:6
        sll_addr:000c29eec93e
        sa_len:18
        ****************** recvfrom msg 3 ****************
        000c293d9413000c29eec93e89020000000000000000000000000000000000000000
00000000000000000000000000000000000000000000
        proto=0x8902,dst mac addr:00:0c:29:3d:94:13
        proto=0x8902,src mac addr:00:0c:29:ee:c9:3e
        sll_family:17
        sll_protocol:0x8902
        sll_ifindex:0x2
        sll_hatype:1
        sll_pkttype:0
        sll_halen:6
        sll_addr:000c29eec93e
        sa_len:18
```

recv 程序收到数据包了。因为绑定网卡 eno16777736 后，recv 只等待接收发向 eno16777736 的数据帧，而 send 的数据帧就是发向主机 A 的网卡 eno16777736 的，所以 recv 收到了。

【例15.8】分析TCP、UDP、ICMP和IGMP

（1）设置虚拟机 Linux 的 IP 地址为 1.1.1.10 或其他要能和 Windows 宿主机 ping 通的 IP 地址。

（2）打开 Visual Studio Code，新建文本文件，输入代码如下：

```c
#include <sys/types.h>
#include <sys/socket.h>
#include <sys/ioctl.h>
#include <net/if.h>
#include <string.h>
```

```c
#include <stdio.h>
#include <stdlib.h>
#include <linux/if_packet.h>
#include <netinet/if_ether.h>
#include <netinet/in.h>
#include <unistd.h>                     // for close


typedef struct _iphdr                   // 定义IP首部
{
    unsigned char h_verlen;             // 4位首部长度+4位IP版本号
    unsigned char tos;                  // 8位服务类型TOS
    unsigned short total_len;           // 16位总长度（字节）
    unsigned short ident;               // 16位标识
    unsigned short frag_and_flags;      // 3位标志位
    unsigned char ttl;                  // 8位生存时间
    unsigned char proto;                // 8位协议（TCP、UDP或其他）
    unsigned short checksum;            // 16位IP首部校验和
    unsigned int sourceIP;              // 32位源IP地址
    unsigned int destIP;                // 32位目的IP地址
}IP_HEADER;

typedef struct _udphdr                  // 定义UDP首部
{
    unsigned short uh_sport;            // 16位源端口
    unsigned short uh_dport;            // 16位目的端口
    unsigned int uh_len;                // 16位UDP包长度
    unsigned int uh_sum;                // 16位校验和
}UDP_HEADER;

typedef struct _tcphdr                  // 定义TCP首部
{
    unsigned short th_sport;            // 16位源端口
    unsigned short th_dport;            // 16位目的端口
    unsigned int th_seq;                // 32位序列号
    unsigned int th_ack;                // 32位确认号
    unsigned char th_lenres;            // 4位首部长度/6位保留字
    unsigned char th_flag;              // 6位标志位
    unsigned short th_win;              // 16位窗口大小
    unsigned short th_sum;              // 16位校验和
    unsigned short th_urp;              // 16位紧急数据偏移量
}TCP_HEADER;

typedef struct _icmphdr {
    unsigned char  icmp_type;
    unsigned char icmp_code; /* type sub code */
    unsigned short icmp_cksum;
    unsigned short icmp_id;
    unsigned short icmp_seq;
    /* This is not the std header, but we reserve space for time */
```

```c
        unsigned short icmp_timestamp;
}ICMP_HEADER;

void analyseIP(IP_HEADER *ip);
void analyseTCP(TCP_HEADER *tcp);
void analyseUDP(UDP_HEADER *udp);
void analyseICMP(ICMP_HEADER *icmp);


int main(void)
{
    int sockfd;
    IP_HEADER *ip;
    char buf[10240];
    ssize_t n;
    /* capture ip datagram without ethernet header */
    if ((sockfd = socket(PF_PACKET, SOCK_DGRAM, htons(ETH_P_IP))) == -1)
    {
        printf("socket error!\n");
        return 1;
    }
    while (1)
    {
        n = recv(sockfd, buf, sizeof(buf), 0);
        if (n == -1)
        {
            printf("recv error!\n");
            break;
        }
        else if (n == 0)
            continue;
        // 接收数据不包括数据链路帧头
        ip = (IP_HEADER *)(buf);
        analyseIP(ip);
        size_t iplen = (ip->h_verlen & 0x0f) * 4;
        TCP_HEADER *tcp = (TCP_HEADER *)(buf + iplen);
        if (ip->proto == IPPROTO_TCP)
        {
            TCP_HEADER *tcp = (TCP_HEADER *)(buf + iplen);
            analyseTCP(tcp);
        }
        else if (ip->proto == IPPROTO_UDP)
        {
            UDP_HEADER *udp = (UDP_HEADER *)(buf + iplen);
            analyseUDP(udp);
        }
        else if (ip->proto == IPPROTO_ICMP)
        {
            ICMP_HEADER *icmp = (ICMP_HEADER *)(buf + iplen);
            analyseICMP(icmp);
```

```
            }
            else if (ip->proto == IPPROTO_IGMP)
            {
                printf("IGMP----\n");
            }
            else
            {
                printf("other protocol!\n");
            }
            printf("\n\n");
    }
    close(sockfd);
    return 0;
}

void analyseIP(IP_HEADER *ip)
{
    unsigned char* p = (unsigned char*)&ip->sourceIP;
    printf("Source IP\t: %u.%u.%u.%u\n", p[0], p[1], p[2], p[3]);
    p = (unsigned char*)&ip->destIP;
    printf("Destination IP\t: %u.%u.%u.%u\n", p[0], p[1], p[2], p[3]);
}

void analyseTCP(TCP_HEADER *tcp)
{
    printf("TCP -----\n");
    printf("Source port: %u\n", ntohs(tcp->th_sport));
    printf("Dest port: %u\n", ntohs(tcp->th_dport));
}

void analyseUDP(UDP_HEADER *udp)
{
    printf("UDP -----\n");
    printf("Source port: %u\n", ntohs(udp->uh_sport));
    printf("Dest port: %u\n", ntohs(udp->uh_dport));
}

void analyseICMP(ICMP_HEADER *icmp)
{
    printf("ICMP -----\n");
    printf("type: %u\n", icmp->icmp_type);
    printf("sub code: %u\n", icmp->icmp_code);
}
```

代码虽长，但不难，结构模块化做得很好，分别对常见的几个协议做了简单分析。以后一线实践开发时，可以以此为模板，开发出更为强大的协议分析器来，这里作为教学不能太复杂，简单明了是第一位的。

（3）把代码保存为test.cpp，上传到Linux，然后在VM虚拟机终端窗口下编译并运行，最好不要通过 Windows 的终端工具，因为这样会抓到很多数据包，不利于我们观察。

```
# g++ test.cpp -o test
# ./test
```

然后在 Windows 下 ping1.1.1.10，此时可以看到 test 程序抓到包了：

```
# g++ test.cpp -o test
# ./test
Source IP      : 1.1.1.1
Destination IP : 1.1.1.10
ICMP -----
type: 8
sub code: 0


Source IP      : 1.1.1.1
Destination IP : 1.1.1.10
ICMP -----
type: 8
sub code: 0


Source IP      : 1.1.1.1
Destination IP : 1.1.1.10
ICMP -----
type: 8
sub code: 0


Source IP      : 1.1.1.1
Destination IP : 1.1.1.10
ICMP -----
type: 8
sub code: 0
```

Windows 下的 ping 发了 4 个 ICMP 包，我们的 test 程序同样抓到了 4 个 ICMP 包。

15.7.2 混杂模式

1. 混杂模式基本概念

一般情况下，网卡只会接收目的地址是它的数据包，而不会接收目的地址不是的它的数据包。

混杂模式就是接收所有经过网卡的数据包，包括不是发给本机的包。默认情况下，网卡只把发给本机的包（包括广播包）传递给上层程序，其他的包一律丢弃。简单地讲，混杂模式就是指网卡能接收所有通过它的数据流，无论是什么格式、什么地址的。当网卡处于这种"混杂"模式时，该网卡具备"广播地址"，它对遇到的每一个数据帧都产生一个硬件中断，以便提醒操作系统处理流经该物理媒体上的每一个报文包。

2. 网卡的工作模式

网卡具有如下几种工作模式：

（1）广播模式（Broad Cast Model）：物理地址（MAC）是 0Xffffff 的帧为广播帧，工作在广播模式的网卡接收广播帧。

（2）多播传送（MultiCast Model）：目的物理地址为多播传送地址的帧可以被组内的所有主机同时接收，而组外主机却接收不到。但是，如果将网卡设置为多播传送模式，它可以接收所有的多播传送帧，而不论它是不是组内成员。

（3）直接模式（Direct Model）：工作在直接模式下的网卡只接收目地址是自己 MAC 地址的帧。

（4）混杂模式（Promiscuous Model）：工作在混杂模式下的网卡接收所有流过网卡的帧，信包捕获程序就是在这种模式下运行的。

网卡的默认工作模式包含广播模式和直接模式，即它只接收广播帧和发给自己的帧。如果采用混杂模式，一个站点的网卡将接收同一网络内所有站点所发送的数据包，这样就可以达到对网络信息监视捕获的目的。

3. 命令行查看、设置、取消混杂模式

查看网卡是否为混杂模式：

```
[root@localhost ~]# ifconfig eno16777736
eno16777736: flags=67<UP,BROADCAST,RUNNING>  mtu 1500
        inet 1.1.1.10  netmask 255.255.255.0  broadcast 1.1.1.255
        inet6 fe80::20c:29ff:fe3d:9413  prefixlen 64  scopeid 0x20<link>
        ether 00:0c:29:3d:94:13  txqueuelen 1000  (Ethernet)
        RX packets 248  bytes 24067 (23.5 KiB)
        RX errors 0  dropped 0  overruns 0  frame 0
        TX packets 114  bytes 19218 (18.7 KiB)
        TX errors 0  dropped 0 overruns 0  carrier 0  collisions 0
```

如果 flags=67<UP,BROADCAST,RUNNING>信息中没有 PROMISC，就说明当前不在混杂模式下；如果有，则处于混杂模式。

设置网卡为混杂模式：

```
[root@localhost ~]# ifconfig eno16777736 promisc
```

设置完后，再查看该网卡：

```
[root@localhost ~]# ifconfig eno16777736
eno16777736: flags=323<UP,BROADCAST,RUNNING,PROMISC>  mtu 1500
        inet 1.1.1.10  netmask 255.255.255.0  broadcast 1.1.1.255
        inet6 fe80::20c:29ff:fe3d:9413  prefixlen 64  scopeid 0x20<link>
        ether 00:0c:29:3d:94:13  txqueuelen 1000  (Ethernet)
        RX packets 345  bytes 32646 (31.8 KiB)
        RX errors 0  dropped 0  overruns 0  frame 0
        TX packets 188  bytes 34890 (34.0 KiB)
        TX errors 0  dropped 0 overruns 0  carrier 0  collisions 0
```

可以发现第一行尖括号里有 PROMISC 了，说明网卡在混杂模式下了。

取消网卡混杂模式：

```
[root@localhost ~]# ifconfig eno16777736 -promisc
```

设置完后，再查看该网卡：

```
[root@localhost ~]# ifconfig eno16777736
eno16777736: flags=323<UP,BROADCAST,RUNNING > mtu 1500
        inet 1.1.1.10  netmask 255.255.255.0  broadcast 1.1.1.255
        inet6 fe80::20c:29ff:fe3d:9413  prefixlen 64  scopeid 0x20<link>
        ether 00:0c:29:3d:94:13  txqueuelen 1000  (Ethernet)
        RX packets 345  bytes 32646 (31.8 KiB)
        RX errors 0  dropped 0  overruns 0  frame 0
        TX packets 188  bytes 34890 (34.0 KiB)
        TX errors 0  dropped 0 overruns 0  carrier 0  collisions 0
```

可以发现第一行尖括号里没有 PROMISC 了，说明网卡不在混杂模式下了。

4. 代码方式设置网卡混杂模式

默认情况下，网卡只处理目的地址是本机网卡地址的包，可以通过设置混杂模式使网卡将收到的所有包（包括组播和广播）都转发给操作系统。代码片段如下：

```
struct ifreq    ifr;
strcpy(ifr.ifr_name, if_name);
ioctl(fd, SIOCGIFFLAGS, &ifr);
ifr.ifr_flags |= IFF_PROMISC;          // 或上混杂模式标记
ioctl(fd, SIOCSIFFLAGS, &ifr);
```

主要是通过两次调用 ioctl 函数，先获取 flag 标记，再加上（或上）IFF_PROMISC，然后重新设置。

【例15.9】捕获网络上的数据帧（无论是否绑定套接字和网卡，与主机同网段的数据帧）

（1）准备两台装有 Ubuntu 的虚拟机，即主机 A 和主机 B。主机 A 当作接收端，运行 recv 程序，等待接收数据帧；主机 B 运行 send 程序，当作发送端，发出数据帧。

主机 A 有多个网卡，其中一个网卡 eno16777736 的 IP 地址为 1.1.1.10，MAC 地址为 00:0c:29:3d:94:13；另一个网卡 eno67109432 的 IP 地址为 1.1.1.11，MAC 地址为 00:0c:29:3d:94:31。

注意这两个网卡地址的不同，一个以 13 结尾，另一个以 31 结尾，这两个网卡都接在虚拟交换机 vmnet1 上，可以相互 ping 通。我们现在在主机 A 的网卡 eno16777736 上等待接收数据，并且把套接字和网卡 eno16777736 进行绑定，而且把网卡 eno16777736 设置为混杂模式，这样即使绑定了 eno16777736，也可以收到不是发往 eno16777736 的数据帧，即能捕获网络中的所有数据帧（本例测试的是与主机同网段的数据帧），这就是混杂模式的妙用。本例中，发送端 B 发出的数据帧的目的 MAC 地址是主机 A 的网卡 eno67109432 的地址，我们的接收程序 recv 是可以接收到数据的。eno16777736 和 eno67109432 都是 A 主机上的网卡，并且处于同一网段。

（2）创建接收端的代码。打开 Visual Studio Code，新建文本文件，输入代码如下：

```c
#include <stdio.h>
#include <string.h>
#include <errno.h>
#include <sys/types.h>
#include <sys/socket.h>
#include <netpacket/packet.h>
#include <net/if.h>
#include <net/if_arp.h>
#include <sys/ioctl.h>
#include <arpa/inet.h>   // for htons
#include <netinet/if_ether.h>    // for ethhdr
#define LEN     60
void print_str16(unsigned char buf[], size_t len)
{
    int     i;
    unsigned char   c;
    if (buf == NULL || len <= 0)
        return;
    for (i = 0; i < len; i++) {
        c = buf[i];
        printf("%02x", c);
    }
    printf("\n");
}
void print_sockaddr_ll(struct sockaddr_ll *sa)
{
    if (sa == NULL)
        return;
    printf("sll_family:%d\n", sa->sll_family);
    printf("sll_protocol:%#x\n", ntohs(sa->sll_protocol));
    printf("sll_ifindex:%#x\n", sa->sll_ifindex);
    printf("sll_hatype:%d\n", sa->sll_hatype);
    printf("sll_pkttype:%d\n", sa->sll_pkttype);
    printf("sll_halen:%d\n", sa->sll_halen);
    printf("sll_addr:"); print_str16(sa->sll_addr, sa->sll_halen);
}
int main()
{
    int         result = 0, fd, n, count = 0;
    char        buf[LEN];
    struct sockaddr_ll  sa, sa_recv;
    struct ifreq    ifr;
    socklen_t       sa_len = 0;
    char    if_name[] = "eno16777736";
    struct ethhdr *eth; // 定义以太网头结构体指针


    // 创建套接字
    fd = socket(PF_PACKET, SOCK_RAW, htons(0x8902));
    if (fd < 0) {
```

```c
        perror("socket error\n");
        return errno;
    }

    memset(&sa, 0, sizeof(sa));
    sa.sll_family = PF_PACKET;
    sa.sll_protocol = htons(0x8902);

    // 获取flags
    strcpy(ifr.ifr_name, if_name);  // 必须先得到flags，才能得到index
    result = ioctl(fd, SIOCGIFFLAGS, &ifr);
    if (result != 0) {
        perror("ioctl error, get flags\n");
        return errno;
    }

    ifr.ifr_flags |= IFF_PROMISC;
    // 设置网卡为混杂模式
    result = ioctl(fd, SIOCSIFFLAGS, &ifr);
    if (result != 0) {
        perror("ioctl error, set promisc\n");
        return errno;
    }

    result = ioctl(fd, SIOCGIFINDEX, &ifr);          // 获取网卡索引号
    if (result != 0) {
        perror("ioctl error, get index\n");
        return errno;
    }




    sa.sll_ifindex = ifr.ifr_ifindex;
    result = bind(fd, (struct sockaddr*)&sa, sizeof(struct sockaddr_ll));
    // 绑定fd
    if (result != 0) {
        perror("bind error\n");
        return errno;
    }

    // recvfrom
    while (1) {
        memset(buf, 0, sizeof(buf));
        n = recvfrom(fd, buf, sizeof(buf), 0, (struct sockaddr *)&sa_recv, &sa_len);

        if (n < 0) {
            printf("recvfrom error, %d\n", errno);
            return errno;
```

```
            }
            printf("******************* recvfrom msg %d ****************\n",
++count);
            print_str16((unsigned char*)buf, n);

            eth = (struct ethhdr*)buf;
            // 从 eth 里提取目的 MAC 地址、源 MAC 地址、协议号
            printf("proto=0x%04x,dst mac addr:%02x:%02x:%02x:%02x:%02x:%02x\n",
ntohs(eth->h_proto), eth->h_dest[0], eth->h_dest[1], eth->h_dest[2],
eth->h_dest[3], eth->h_dest[4], eth->h_dest[5]);
            printf("proto=0x%04x,src mac addr:%02x:%02x:%02x:%02x:%02x:%02x\n",
ntohs(eth->h_proto), eth->h_source[0], eth->h_source[1], eth->h_source[2],
eth->h_source[3], eth->h_source[4], eth->h_source[5]);

            print_sockaddr_ll(&sa_recv);
            printf("sa_len:%d\n", sa_len);
        }
    return 0;
}
```

代码和【例 15.7】几乎相同，只是多了设置混杂模式的步骤。

（3）保存代码为 recv.cpp，然后上传到主机 A（1.1.1.10），编译并运行：

```
# g++ recv.cpp -o recv
# ./recv
```

此时，recv 程序静静地等待数据的到来。

（4）下面创建发送端的代码。打开 Visual Studio Code，新建文本文件，输入代码如下：

```
#include <stdio.h>
#include <string.h>
#include <errno.h>
#include <sys/types.h>
#include <sys/socket.h>
#include <netpacket/packet.h>
#include <net/if.h>
#include <net/if_arp.h>
#include <sys/ioctl.h>
#include <arpa/inet.h>  // for htons

#define LEN     60


void print_str16(unsigned char buf[], size_t len)
{
    int     i;
    unsigned char   c;
    if (buf == NULL || len <= 0)
        return;
    for (i = 0; i < len; i++) {
        c = buf[i];
```

```c
        printf("%02x", c);
    }
    printf("\n");
}
int main()
{
    int          result = 0;
    int          fd, n, count = 3, nsend = 0;
    char         buf[LEN];
    struct sockaddr_ll    sa;
    struct ifreq  ifr;
    char         if_name[] = "eno16777736";
    /*
    dst_mac 是主机 A 的网卡 eno67109432 的 MAC 地址，注意不是主机 A 的网卡 eno16777736 的
MAC 地址，我们就是要演示这样的场景，用来测试混杂模式下主机A的网卡eno16777736是否能收到数据帧
    */
    char         dst_mac[6] = { 0x00, 0x0c, 0x29, 0x3d, 0x94, 0x31 };
    char         src_mac[6];
    short        type = htons(0x8902);

    memset(&sa, 0, sizeof(struct sockaddr_ll));
    memset(buf, 0, sizeof(buf));

    // 创建套接字
    fd = socket(PF_PACKET, SOCK_RAW, htons(0x8902));
    if (fd < 0) {
        printf("socket error, %d\n", errno);
        return errno;
    }

    // 获取网卡索引号
    strcpy(ifr.ifr_name, if_name);
    result = ioctl(fd, SIOCGIFINDEX, &ifr);
    if (result != 0) {
        printf("get mac index error, %d\n", errno);
        return errno;
    }
    sa.sll_ifindex = ifr.ifr_ifindex;

    // 获取源 MAC 地址，即本机要发送数据的网卡 MAC 地址
    result = ioctl(fd, SIOCGIFHWADDR, &ifr);
    if (result != 0) {
        printf("get mac addr error, %d\n", errno);
        return errno;
    }
    memcpy(src_mac, ifr.ifr_hwaddr.sa_data, 6);

    // 设置数据给以太网数据帧头
    memcpy(buf, dst_mac, 6);
    memcpy(buf + 6, src_mac, 6);
```

```
            memcpy(buf + 12, &type, 2);

            print_str16((unsigned char*)buf, sizeof(buf));
            // 准备发送数据
            while (count-- > 0) {
                n = sendto(fd, buf, sizeof(buf), 0, (struct sockaddr *)&sa, sizeof(struct
sockaddr_ll));
                if (n < 0) {
                    printf("sendto error, %d\n", errno);
                    return errno;
                }
                printf("sendto msg %d, len %d\n", ++nsend, n);
            }
            return 0;
        }
```

代码也和【例 15.7】一样。

（5）把发送端代码保存为 send.cpp，然后上传到主机 B，在命令行下编译并运行：

```
[root@localhost send]# ./send
  000c293d9431000c29eec93e8902000000000000000000000000000000000000000000
0000000000000000000000000000000000000000
 sendto msg 1, len 60
 sendto msg 2, len 60
 sendto msg 3, len 60
```

此时再看接收端主机 A，发现收到包了：

```
# g++ recv.cpp -o recv
# ./recv
****************** recvfrom msg 1 ***************
  000c293d9431000c29eec93e8902000000000000000000000000000000000000000000
0000000000000000000000000000000000000000
 proto=0x8902,dst mac addr:00:0c:29:3d:94:31
 proto=0x8902,src mac addr:00:0c:29:ee:c9:3e
 sll_family:1
 sll_protocol:0
 sll_ifindex:0
 sll_hatype:15632
 sll_pkttype:166
 sll_halen:126
 sll_addr:687f0000f80beca4fc7f00007607a97e687f00001100890202000000000000000
000000000000000000000400aeca4fc7f00003c000000030000000000000001000000000000
00000000000000000000300840000000000f00beca4fc7f0000000000000000000000000000
00000000000000000000000152b
 sa_len:18
****************** recvfrom msg 2 ***************
  000c293d9431000c29eec93e8902000000000000000000000000000000000000000000
0000000000000000000000000000000000000000
 proto=0x8902,dst mac addr:00:0c:29:3d:94:31
 proto=0x8902,src mac addr:00:0c:29:ee:c9:3e
```

```
    sll_family:17
    sll_protocol:0x8902
    sll_ifindex:0x2
    sll_hatype:1
    sll_pkttype:3
    sll_halen:6
    sll_addr:000c29eec93e
    sa_len:18
    ****************** recvfrom msg 3 ****************
    000c293d9431000c29eec93e89020000000000000000000000000000000000000
0000000000000000000000000000000000000000
    proto=0x8902,dst mac addr:00:0c:29:3d:94:31
    proto=0x8902,src mac addr:00:0c:29:ee:c9:3e
    sll_family:17
    sll_protocol:0x8902
    sll_ifindex:0x2
    sll_hatype:1
    sll_pkttype:3
    sll_halen:6
    sll_addr:000c29eec93e
    sa_len:18
```

可见，即使我们绑定了网卡，但只要设置其为混杂模式，依然可以收到非发往它但与主机同网段的数据帧。

【例15.10】捕获网络上的数据帧（无论是否绑定套接字和网卡，与主机不同网段的数据帧）

（1）准备两台装有 Ubuntu 的虚拟机，主机 A 和主机 B。主机 A 当作接收端，运行 recv 程序，等待接收数据帧；主机 B 运行 send 程序，当作发送端，发出数据帧。

主机 A 有多个网卡，其中一个网卡 eno16777736 的 IP 地址为 1.1.1.10，MAC 地址为 00:0c:29:3d:94:13；另一个网卡 eno50332208 的 IP 地址为 192.168.0.2，MAC 地址为 00:0c:29:3d:94:27。

注意这两个网卡不处于同一网段，不能互相 ping 通。我们现在在主机 A 的网卡 eno16777736 上等待接收数据，并且把套接字和网卡 eno16777736 进行绑定，而且把网卡 eno16777736 设置为混杂模式。这样即使绑定了 eno16777736，也可以收到不是发往 eno16777736 的数据帧，即能捕获网络中的所有数据帧（本例测试的是与主机不同网段的数据帧），这就是混杂模式的妙用。本例中，发送端 B 发出的数据帧的目的 MAC 地址是主机 A 的网卡 eno50332208 的地址，我们的接收程序 recv 是可以接收到数据的。eno16777736 和 eno50332208 都是主机 A 上的网卡，但处于不同网段。

（2）创建接收端的代码。打开 Visual Studio Code，新建文本文件，输入代码如下：

```
#include <stdio.h>
#include <string.h>
#include <errno.h>
#include <sys/types.h>
#include <sys/socket.h>
#include <netpacket/packet.h>
#include <net/if.h>
#include <net/if_arp.h>
```

```c
#include <sys/ioctl.h>
#include <arpa/inet.h>  // for htons
#include <netinet/if_ether.h>   // for ethhdr
#define LEN     60
void print_str16(unsigned char buf[], size_t len)
{
    int i;
    unsigned char   c;
    if (buf == NULL || len <= 0)
        return;
    for (i = 0; i < len; i++) {
        c = buf[i];
        printf("%02x", c);
    }
    printf("\n");
}
void print_sockaddr_ll(struct sockaddr_ll *sa)
{
    if (sa == NULL)
        return;
    printf("sll_family:%d\n", sa->sll_family);
    printf("sll_protocol:%#x\n", ntohs(sa->sll_protocol));
    printf("sll_ifindex:%#x\n", sa->sll_ifindex);
    printf("sll_hatype:%d\n", sa->sll_hatype);
    printf("sll_pkttype:%d\n", sa->sll_pkttype);
    printf("sll_halen:%d\n", sa->sll_halen);
    printf("sll_addr:"); print_str16(sa->sll_addr, sa->sll_halen);
}
int main()
{
    int result = 0, fd, n, count = 0;
    char buf[LEN];
    struct sockaddr_ll    sa, sa_recv;
    struct ifreq    ifr;
    socklen_t       sa_len = 0;
    char   if_name[] = "eno16777736";
    struct ethhdr *eth;  // 定义以太网头结构体指针


    // 创建套接字
    fd = socket(PF_PACKET, SOCK_RAW, htons(0x8902));
    if (fd < 0) {
        perror("socket error\n");
        return errno;
    }

    memset(&sa, 0, sizeof(sa));
    sa.sll_family = PF_PACKET;
    sa.sll_protocol = htons(0x8902);
```

```c
        // 获取flags
        strcpy(ifr.ifr_name, if_name);   // 必须先得到flags,才能得到index
        result = ioctl(fd, SIOCGIFFLAGS, &ifr);
        if (result != 0) {
            perror("ioctl error, get flags\n");
            return errno;
        }

        ifr.ifr_flags |= IFF_PROMISC;
        // 设置网卡为混杂模式
        result = ioctl(fd, SIOCSIFFLAGS, &ifr);
        if (result != 0) {
            perror("ioctl error, set promisc\n");
            return errno;
        }

        result = ioctl(fd, SIOCGIFINDEX, &ifr);              // 获取网卡索引号
        if (result != 0) {
            perror("ioctl error, get index\n");
            return errno;
        }

        sa.sll_ifindex = ifr.ifr_ifindex;
        result = bind(fd, (struct sockaddr*)&sa, sizeof(struct sockaddr_ll));
        // 绑定fd
        if (result != 0) {
            perror("bind error\n");
            return errno;
        }

        // recvfrom
        while (1) {
            memset(buf, 0, sizeof(buf));
            n = recvfrom(fd, buf, sizeof(buf), 0, (struct sockaddr *)&sa_recv, &sa_len);

            if (n < 0) {
                printf("recvfrom error, %d\n", errno);
                return errno;
            }
            printf("****************** recvfrom msg %d ***************\n", ++count);
            print_str16((unsigned char*)buf, n);

            eth = (struct ethhdr*)buf;
            // 从eth里提取目的MAC地址、源MAC地址、协议号
            printf("proto=0x%04x,dst mac addr:%02x:%02x:%02x:%02x:%02x:%02x\n", ntohs(eth->h_proto), eth->h_dest[0], eth->h_dest[1], eth->h_dest[2], eth->h_dest[3], eth->h_dest[4], eth->h_dest[5]);
            printf("proto=0x%04x,src mac addr:%02x:%02x:%02x:%02x:%02x:%02x\n",
```

```
ntohs(eth->h_proto), eth->h_source[0], eth->h_source[1], eth->h_source[2],
eth->h_source[3], eth->h_source[4], eth->h_source[5]);

        print_sockaddr_ll(&sa_recv);
        printf("sa_len:%d\n", sa_len);
    }
    return 0;
}
```

(3) 保存代码为 recv.cpp，然后上传到主机 A（1.1.1.10），编译并运行：

```
# g++ recv.cpp -o recv
# ./recv
```

此时，recv 程序静静地等待数据的到来。

(4) 下面创建发送端的代码。打开 Visual Studio Code，新建文本文件，输入代码如下：

```
#include <stdio.h>
#include <string.h>
#include <errno.h>
#include <sys/types.h>
#include <sys/socket.h>
#include <netpacket/packet.h>
#include <net/if.h>
#include <net/if_arp.h>
#include <sys/ioctl.h>
#include <arpa/inet.h>  // for htons

#define LEN     60


void print_str16(unsigned char buf[], size_t len)
{
    int     i;
    unsigned char   c;
    if (buf == NULL || len <= 0)
        return;
    for (i = 0; i < len; i++) {
        c = buf[i];
        printf("%02x", c);
    }
    printf("\n");
}
int main()
{
    int result = 0;
    int fd, n, count = 3, nsend = 0;
    char buf[LEN];
    struct sockaddr_ll      sa;
    struct ifreq    ifr;
    char if_name[] = "eno16777736";
```

```c
/*
    dst_mac 是主机 A 的网卡 eno50332208 的 MAC 地址，注意不是主机 A 的网卡 eno16777736 的 MAC
地址，我们就是要演示这样的场景，用来测试混杂模式下主机 A 的网卡 eno16777736 是否能收到数据帧
*/
    char dst_mac[6] = { 0x00,0x0c,0x29,0x3d,0x94,0x27 };
    char src_mac[6];
    short type = htons(0x8902);

    memset(&sa, 0, sizeof(struct sockaddr_ll));
    memset(buf, 0, sizeof(buf));

    // 创建套接字
    fd = socket(PF_PACKET, SOCK_RAW, htons(0x8902));
    if (fd < 0) {
        printf("socket error, %d\n", errno);
        return errno;
    }

    // 获取网卡索引号
    strcpy(ifr.ifr_name, if_name);
    result = ioctl(fd, SIOCGIFINDEX, &ifr);
    if (result != 0) {
        printf("get mac index error, %d\n", errno);
        return errno;
    }
    sa.sll_ifindex = ifr.ifr_ifindex;

    // 得到源 MAC 地址，即本机要发送数据的网卡 MAC 地址
    result = ioctl(fd, SIOCGIFHWADDR, &ifr);
    if (result != 0) {
        printf("get mac addr error, %d\n", errno);
        return errno;
    }
    memcpy(src_mac, ifr.ifr_hwaddr.sa_data, 6);

    // 设置数据给以太网数据帧头
    memcpy(buf, dst_mac, 6);
    memcpy(buf + 6, src_mac, 6);
    memcpy(buf + 12, &type, 2);

    print_str16((unsigned char*)buf, sizeof(buf));
    // 准备发送数据
    while (count-- > 0) {
        n = sendto(fd, buf, sizeof(buf), 0, (struct sockaddr *)&sa, sizeof(struct sockaddr_ll));
        if (n < 0) {
            printf("sendto error, %d\n", errno);
            return errno;
        }
        printf("sendto msg %d, len %d\n", ++nsend, n);
```

```
        }
        return 0;
    }
```

代码也和上例一样。

（5）把发送端代码保存为send.cpp，然后上传到主机B，在命令行下编译并运行：

```
[root@localhost send]# ./send
000c293d9431000c29eec93e8902000000000000000000000000000000000000000000
00000000000000000000000000000000000000000000
sendto msg 1, len 60
sendto msg 2, len 60
sendto msg 3, len 60
```

此时再看接收端主机A，发现收到包了：

```
# ./recv
****************** recvfrom msg 1 ****************
000c293d9427000c29eec93e8902000000000000000000000000000000000000000000
00000000000000000000000000000000000000000000
    proto=0x8902,dst mac addr:00:0c:29:3d:94:27
    proto=0x8902,src mac addr:00:0c:29:ee:c9:3e
    sll_family:1
    sll_protocol:0
    sll_ifindex:0
    sll_hatype:36112
    sll_pkttype:163
    sll_halen:229
    sll_addr:c77f000068ea7af4fd7f00007657a6e5c77f000011008902020000000000000000
0000000000000000000000b0e87af4fd7f00003c000000030000000000000100000000000000
000000000000000000000300840000000000060ea7af4fd7f0000000000000000000000000000
00000000000000000000000157be9e4c77f00000000000020000000068ea7af4fd7f00000000000
001000000800a40000000000000000000000000008aba8477b200942c300840000000000060ea7a
f4fd7f0000000000000000000000000000000000008abaa4a447e86fd38aba1e8260c91bd300
    sa_len:18
****************** recvfrom msg 2 ****************
000c293d9427000c29eec93e8902000000000000000000000000000000000000000000
00000000000000000000000000000000000000000000
    proto=0x8902,dst mac addr:00:0c:29:3d:94:27
    proto=0x8902,src mac addr:00:0c:29:ee:c9:3e
    sll_family:17
    sll_protocol:0x8902
    sll_ifindex:0x2
    sll_hatype:1
    sll_pkttype:3
    sll_halen:6
    sll_addr:000c29eec93e
    sa_len:18
****************** recvfrom msg 3 ****************
000c293d9427000c29eec93e8902000000000000000000000000000000000000000000
00000000000000000000000000000000000000000000
```

```
proto=0x8902,dst mac addr:00:0c:29:3d:94:27
proto=0x8902,src mac addr:00:0c:29:ee:c9:3e
sll_family:17
sll_protocol:0x8902
sll_ifindex:0x2
sll_hatype:1
sll_pkttype:3
sll_halen:6
sll_addr:000
```

可见,即使我们绑定了网卡,但只要设置其为混杂模式,依然可以收到非发往它、非同一子网的同主机网卡的数据帧。下面的例子是终极情况,测试能否捕捉到发往一个不存在的网卡的数据帧。

【例15.11】捕获网络上的数据帧(无论是否绑定套接字和网卡,并不存在的网卡的数据帧)

(1) 准备两台装有 Ubuntu 的虚拟机,即主机 A 和主机 B。主机 A 当作接收端,运行 recv 程序,等待接收数据帧;主机 B 运行 send 程序,当作发送端,发出数据帧。

主机 A 有多个网卡,其中一个网卡 eno16777736 的 IP 地址为 1.1.1.10,MAC 地址为 00:0c:29:3d:94:13。

我们现在在主机 A 的网卡 eno16777736 上等待接收数据,并且把套接字和网卡 eno16777736 进行绑定,而且把网卡 eno16777736 设置为混杂模式,这样即使绑定了 eno16777736,也可以收到不是发往 eno16777736 的数据帧,即能捕获网络中的所有数据帧(本例测试的是发往并不存在的网卡的数据帧),这就是混杂模式的妙用。本例中,发送端 B 发出的数据帧的目的 MAC 地址并不存在,我们的接收程序 recv 依然是可以接收到数据的。

(2) 创建接收端的代码。打开 Visual Studio Code,新建文本文件,输入代码如下:

```c
#include <stdio.h>
#include <string.h>
#include <errno.h>
#include <sys/types.h>
#include <sys/socket.h>
#include <netpacket/packet.h>
#include <net/if.h>
#include <net/if_arp.h>
#include <sys/ioctl.h>
#include <arpa/inet.h> // for htons
#include <netinet/if_ether.h>   // for ethhdr
#define LEN     60
void print_str16(unsigned char buf[], size_t len)
{
    int    i;
    unsigned char   c;
    if (buf == NULL || len <= 0)
        return;
    for (i = 0; i < len; i++) {
        c = buf[i];
        printf("%02x", c);
    }
    printf("\n");
```

```c
}
void print_sockaddr_ll(struct sockaddr_ll *sa)
{
    if (sa == NULL)
        return;
    printf("sll_family:%d\n", sa->sll_family);
    printf("sll_protocol:%#x\n", ntohs(sa->sll_protocol));
    printf("sll_ifindex:%#x\n", sa->sll_ifindex);
    printf("sll_hatype:%d\n", sa->sll_hatype);
    printf("sll_pkttype:%d\n", sa->sll_pkttype);
    printf("sll_halen:%d\n", sa->sll_halen);
    printf("sll_addr:"); print_str16(sa->sll_addr, sa->sll_halen);
}
int main()
{
    int     result = 0, fd, n, count = 0;
    char    buf[LEN];
    struct sockaddr_ll    sa, sa_recv;
    struct ifreq    ifr;
    socklen_t    sa_len = 0;
    char    if_name[] = "eno16777736";
    struct ethhdr *eth;  // 定义以太网头结构体指针


    // 创建套接字
    fd = socket(PF_PACKET, SOCK_RAW, htons(0x8902));
    if (fd < 0) {
        perror("socket error\n");
        return errno;
    }

    memset(&sa, 0, sizeof(sa));
    sa.sll_family = PF_PACKET;
    sa.sll_protocol = htons(0x8902);

    // 获取flags
    strcpy(ifr.ifr_name, if_name);   // 必须先得到flags，才能得到index
    result = ioctl(fd, SIOCGIFFLAGS, &ifr);
    if (result != 0) {
        perror("ioctl error, get flags\n");
        return errno;
    }

    ifr.ifr_flags |= IFF_PROMISC;
    // 设置网卡为混杂模式
    result = ioctl(fd, SIOCSIFFLAGS, &ifr);
    if (result != 0) {
        perror("ioctl error, set promisc\n");
        return errno;
    }
```

```cpp
        result = ioctl(fd, SIOCGIFINDEX, &ifr);         // 获取网卡索引号
        if (result != 0) {
            perror("ioctl error, get index\n");
            return errno;
        }

        sa.sll_ifindex = ifr.ifr_ifindex;
        result = bind(fd, (struct sockaddr*)&sa, sizeof(struct sockaddr_ll));
        // 绑定 fd
        if (result != 0) {
            perror("bind error\n");
            return errno;
        }

        // recvfrom
        while (1) {
            memset(buf, 0, sizeof(buf));
            n = recvfrom(fd, buf, sizeof(buf), 0, (struct sockaddr *)&sa_recv, &sa_len);

            if (n < 0) {
                printf("recvfrom error, %d\n", errno);
                return errno;
            }
            printf("****************** recvfrom msg %d ***************\n", ++count);
            print_str16((unsigned char*)buf, n);

            eth = (struct ethhdr*)buf;
            // 从 eth 里提取目的 MAC 地址、源 MAC 地址、协议号
            printf("proto=0x%04x,dst mac addr:%02x:%02x:%02x:%02x:%02x:%02x\n",
                ntohs(eth->h_proto), eth->h_dest[0], eth->h_dest[1], eth->h_dest[2],
                eth->h_dest[3], eth->h_dest[4], eth->h_dest[5]);
            printf("proto=0x%04x,src mac addr:%02x:%02x:%02x:%02x:%02x:%02x\n",
                ntohs(eth->h_proto), eth->h_source[0], eth->h_source[1], eth->h_source[2],
                eth->h_source[3], eth->h_source[4], eth->h_source[5]);

            print_sockaddr_ll(&sa_recv);
            printf("sa_len:%d\n", sa_len);
        }
        return 0;
}
```

（3）保存代码为 recv.cpp，然后上传到主机 A（1.1.1.10），编译并运行：

```
# g++ recv.cpp -o recv
# ./recv
```

此时，recv 程序静静地等待数据的到来。

（4）下面创建发送端的代码。打开 Visual Studio Code，新建文本文件，输入代码如下：

```c
#include <stdio.h>
#include <string.h>
#include <errno.h>
#include <sys/types.h>
#include <sys/socket.h>
#include <netpacket/packet.h>
#include <net/if.h>
#include <net/if_arp.h>
#include <sys/ioctl.h>
#include <arpa/inet.h>  // for htons

#define LEN     60


void print_str16(unsigned char buf[], size_t len)
{
    int    i;
    unsigned char   c;
    if (buf == NULL || len <= 0)
        return;
    for (i = 0; i < len; i++) {
        c = buf[i];
        printf("%02x", c);
    }
    printf("\n");
}
int main()
{
    int             result = 0;
    int             fd, n, count = 3, nsend = 0;
    char    buf[LEN];
    struct sockaddr_ll      sa;
    struct ifreq    ifr;
    char    if_name[] = "eno16777736";
/*
下面的 dst_mac 地址并不存在于主机 A 上,网络上也没有
*/
    char    dst_mac[6] = { 0x00,0x01, 0x01, 0x01, 0x01, 0x01 };
    char    src_mac[6];
    short   type = htons(0x8902);

    memset(&sa, 0, sizeof(struct sockaddr_ll));
    memset(buf, 0, sizeof(buf));

    // 创建套接字
    fd = socket(PF_PACKET, SOCK_RAW, htons(0x8902));
    if (fd < 0) {
        printf("socket error, %d\n", errno);
        return errno;
    }
```

```cpp
    // 获取网卡索引号
    strcpy(ifr.ifr_name, if_name);
    result = ioctl(fd, SIOCGIFINDEX, &ifr);
    if (result != 0) {
        printf("get mac index error, %d\n", errno);
        return errno;
    }
    sa.sll_ifindex = ifr.ifr_ifindex;

    // 得到源 MAC 地址，即本机要发送数据的网卡 MAC 地址
    result = ioctl(fd, SIOCGIFHWADDR, &ifr);
    if (result != 0) {
        printf("get mac addr error, %d\n", errno);
        return errno;
    }
    memcpy(src_mac, ifr.ifr_hwaddr.sa_data, 6);

    // 设置数据给以太网数据帧头
    memcpy(buf, dst_mac, 6);
    memcpy(buf + 6, src_mac, 6);
    memcpy(buf + 12, &type, 2);

    print_str16((unsigned char*)buf, sizeof(buf));
    // 准备发送数据
    while (count-- > 0) {
        n = sendto(fd, buf, sizeof(buf), 0, (struct sockaddr *)&sa, sizeof(struct sockaddr_ll));
        if (n < 0) {
            printf("sendto error, %d\n", errno);
            return errno;
        }
        printf("sendto msg %d, len %d\n", ++nsend, n);
    }
    return 0;
}
```

代码也和上例一样。

（5）把发送端代码保存为 **send.cpp**，然后上传到主机 B，在命令行下编译并运行：

```
[root@localhost send]# ./send
000c293d9431000c29eec93e89020000000000000000000000000000000000000000000000000000000000000000000000000000
sendto msg 1, len 60
sendto msg 2, len 60
sendto msg 3, len 60
```

此时再看接收端主机 A，发现收到包了：

```
# ./recv
****************** recvfrom msg 1 ******************
```

```
    000101010101000c29eec93e89020000000000000000000000000000000000
000000000000000000000000000000000000
    proto=0x8902,dst mac addr:00:01:01:01:01:01
    proto=0x8902,src mac addr:00:0c:29:ee:c9:3e
    sll_family:1
    sll_protocol:0
    sll_ifindex:0
    sll_hatype:64784
    sll_pkttype:126
    sll_halen:13
    sll_addr:347f00008876a98bfc7f000076
    sa_len:18
    ****************** recvfrom msg 2 ***************
    000101010101000c29eec93e89020000000000000000000000000000000000
000000000000000000000000000000000000
    proto=0x8902,dst mac addr:00:01:01:01:01:01
    proto=0x8902,src mac addr:00:0c:29:ee:c9:3e
    sll_family:17
    sll_protocol:0x8902
    sll_ifindex:0x2
    sll_hatype:1
    sll_pkttype:3
    sll_halen:6
    sll_addr:000c29eec93e
    sa_len:18
    ****************** recvfrom msg 3 ***************
    000101010101000c29eec93e89020000000000000000000000000000000000
000000000000000000000000000000000000
    proto=0x8902,dst mac addr:00:01:01:01:01:01
    proto=0x8902,src mac addr:00:0c:29:ee:c9:3e
    sll_family:17
    sll_protocol:0x8902
    sll_ifindex:0x2
    sll_hatype:1
    sll_pkttype:3
    sll_halen:6
    sll_addr:000c29eec93e
    sa_len:18
```

依然收到数据帧了，说明只要B发出的数据帧在网络上出现了，就会被混杂模式的A捕获到，而根本不去管数据帧是不是发往主机A的。

15.7.3 链路层原始套接字开发注意事项

在面向链路层的原始套接字一线实践开发中，有以下几点需要注意。

（1）原始套接字要尽量绑定网卡，因为收到的合适类型的报文除了会被分发给绑定在该网卡上的原始套接字外，还会分发给没有绑定网卡的原始套接字，如果原始套接字创建得较多，一个报文就会在软中断上下文中分发多次，影响性能。如果绑定了网卡，就只会收到发给该网卡的数据帧，不是发送给该网卡的就不需要再去接收了，减少了软中断次数。

（2）绑定网卡后的原始套接字还有另一个好处，就是可以直接调用 send 发送以太网帧；否则就需要在发送时调用 sendto/sendmsg 来额外指定网卡。读者应该还记得 sendto 函数中需要设置 struct sockaddr*参数，忘记了赶紧复习一下。绑定后，就可以用 send 函数发送了，该函数更简单。

（3）若只接收指定类型的二层报文，在调用 socket()创建时最好指定第 3 个参数的协议类型，而避免使用 ETH_P_ALL。因为 ETH_P_ALL 会接收所有类型的报文，而且还会将外发报文收回来，这样就需要做 BPF 过滤，比较影响性能。笔者以前在项目开发中因为用了 ETH_P_ALL 而导致性能不高，这点也是经验之谈。

（4）原始套接字编程必须是 root 用户。

（5）原始套接字不支持 connect()操作。

15.8 面向 IP 层的原始套接字编程

前面我们讲了面向链路层的原始套接字，可以在链路层上获取数据帧。现在我们讲解面向 IP 层的原始套接字，它可以获取网络层上的数据包。

要创建面向 IP 层的原始套接字，也要通过原始套接字创建函数 socket，只要指定 socket 函数的第一个参数为 AF_INET，第二个参数为 SOCK_RAW（如果第二个参数是 SOCK_STREAM，创建的就是 TCP 流式套接字；如果是 SOCK_DGRAM，创建的就是 UDP 数据报套接字，这两种都是标准套接字），就可以创建这种网络层的原始套接字，比如：

```
socket(AF_INET,SOCK_RAW,protocol);
```

AF_INET 表示获取从网络层开始的数据；protocol 字段定义在 netinet/in.h 中，常见的有 IPPROTO_TCP IPPROTO_UDP、IPPROTO_ICMP、IPPROTO_RAW。注意：构建网络层的原始套接字时，protocol 参数不能为 0（IPPROTO_IP），因为这样会导致系统不知道用哪种协议。另外，在这里 protocol 参数不需要 htons，这一点和链路层原始套接字不同。

当接收包时，用户获得完整的包含 IP 报头的数据包，即数据从 IP 报头开始算起。

当发送包时，用户只能发送包含 TCP 报头、UDP 报头或包含其他传输协议的报文，IP 报头以及以太网帧头则由内核自动加封。默认情况下，除非是设置了 IP_HDRINCL 的 socket 选项，否则我们所构造的报文从 IP 首部之后的第一个字节开始，IP 首部由内核自己维护，首部中的协议字段会被设置为调用 socket()函数时传递给它的 protocol 字段。当开启 IP_HDRINCL 时，我们可以从 IP 首部第一个字节开始构造整个 IP 报文，其中 IP 首部中的标识字段和校验和字段总是由内核自己维护。开启 IP_HDRINCL 的模板代码如下：

```
const int on = 1;
if(setsockopt(fd,SOL_IP,IP_HDRINCL,&on,sizeof(int)) < 0)
{
    printf("set socket option error!\n");
}
```

下面的代码创建了一个网络层的原始套接字：

```
socket(AF_INET, SOCK_RAW, IPPROTO_TCP|IPPROTO_UDP|IPPROTO_ICMP);
```

该套接字可以接收协议类型为 TCP、UDP、ICMP 等发往本机的 IP 数据包，但不能收到不是发往本地 IP 的数据包（IP 软过滤会丢弃这些不是发往本机 IP 的数据包），而且不能收到从本机发送出去的数据包。发送时需要自己组织 TCP、UDP、ICMP 等头部，可以使用 setsockopt 来自己包装 IP 头部。

面向 IP 层的原始套接字的常用编程函数和链路层的原始套接字函数相同，这里不再赘述。下面来看实例。

【例15.12】获取网卡IP地址信息（原始套接字版）

（1）打开 Visual Studio Code，新建文本文件，输入代码如下：

```
#include <string.h>
#include <sys/socket.h>
#include <sys/ioctl.h>
#include <net/if.h>
#include <stdio.h>
#include <netinet/in.h>
#include <arpa/inet.h>
int main()
{
    int inet_sock;
    struct ifreq ifr;  // 定义网口请求结构体
    inet_sock = socket(AF_INET, SOCK_RAW, IPPROTO_TCP);
    strcpy(ifr.ifr_name, "eno16777736");
    // SIOCGIFADDR 标志代表获取接口地址
    if (ioctl(inet_sock, SIOCGIFADDR, &ifr) < 0)
        perror("ioctl");
    printf("%s\n", inet_ntoa(((struct sockaddr_in*)&(ifr.ifr_addr))->sin_addr));
    return 0;
}
```

代码中，首先创建一个原始套接字，然后把本机的一个网卡名字"eno16777736"赋值给 ifr.ifr_name，接着调用 ioctl 函数获取 SIOCGIFADDR 信息，即网络接口的 IP 地址信息。

（2）保存代码为 test.cpp，上传到 Linux，然后编译并运行：

```
# g++ test.cpp -o test
# ./test
1.1.1.10
```

该 IP 地址是笔者 Ubuntu 的 eno16777736 网卡的 IP 地址。

【例15.13】实现简单的ping功能

（1）打开 Visual Studio Code，新建文本文件，输入代码如下：

```
#include <stdio.h>
#include <stdlib.h>
```

```c
#include <string.h>
#include <errno.h>
#include <sys/socket.h>
#include <sys/types.h>
#include <netinet/in.h>
#include <arpa/inet.h>
#include <netdb.h>
#include <sys/time.h>
#include <netinet/ip_icmp.h>
#include <unistd.h>
#include <signal.h>

#define MAX_SIZE 1024

char send_buf[MAX_SIZE];
char recv_buf[MAX_SIZE];
int nsend = 0, nrecv = 0;
int datalen = 56;

// 统计结果
void statistics(int signum)
{
    printf("\n----------------PING statistics---------------\n");
    printf("%d packets transmitted,%d recevid,%%%d lost\n", nsend, nrecv, (nsend - nrecv) / nsend * 100);
    exit(EXIT_SUCCESS);
}

// 校验和算法
int calc_chsum(unsigned short *addr, int len)
{
    int sum = 0, n = len;
    unsigned short answer = 0;
    unsigned short *p = addr;

    // 每两个字节相加
    while (n > 1)
    {
        sum += *p++;
        n -= 2;
    }

    // 处理数据大小是奇数,在最后一个字节后面补 0
    if (n == 1)
    {
        *((unsigned char *)&answer) = *(unsigned char *)p;
        sum += answer;
    }

    // 将得到的 sum 值的高 2 字节和低 2 字节相加
```

```c
        sum = (sum >> 16) + (sum & 0xffff);

        // 处理溢出的情况
        sum += sum >> 16;
        answer = ~sum;

        return answer;
    }

    int pack(int pack_num)
    {
        int packsize;
        struct icmp *icmp;
        struct timeval *tv;

        icmp = (struct icmp *)send_buf;
        icmp->icmp_type = ICMP_ECHO;
        icmp->icmp_code = 0;
        icmp->icmp_cksum = 0;
        icmp->icmp_id = htons(getpid());
        icmp->icmp_seq = htons(pack_num);
        tv = (struct timeval *)icmp->icmp_data;

        // 记录发送时间
        if (gettimeofday(tv, NULL) < 0)
        {
            perror("Fail to gettimeofday");
            return -1;
        }

        packsize = 8 + datalen;
        icmp->icmp_cksum = calc_chsum((unsigned short *)icmp, packsize);

        return packsize;
    }

    int send_packet(int sockfd, struct sockaddr *paddr)
    {
        int packsize;

        // 将 send_buf 填上 a
        memset(send_buf, 'a', sizeof(send_buf));

        nsend++;
        // 打 icmp 包
        packsize = pack(nsend);

        if (sendto(sockfd, send_buf, packsize, 0, paddr, sizeof(struct sockaddr)) < 0)
        {
```

```c
            perror("Fail to sendto");
            return -1;
        }

        return 0;
    }

    struct timeval time_sub(struct timeval *tv_send, struct timeval *tv_recv)
    {
        struct timeval ts;

        if (tv_recv->tv_usec - tv_send->tv_usec < 0)
        {
            tv_recv->tv_sec--;
            tv_recv->tv_usec += 1000000;
        }

        ts.tv_sec = tv_recv->tv_sec - tv_send->tv_sec;
        ts.tv_usec = tv_recv->tv_usec - tv_send->tv_usec;

        return ts;
    }

    int unpack(int len, struct timeval *tv_recv, struct sockaddr *paddr, char *ipname)
    {
        struct ip *ip ;
        struct icmp *icmp ;
        struct timeval *tv_send,
         ts ;
        int ip_head_len ;
        float rtt ;

        ip = (struct ip *)recv_buf ;
        ip_head_len = ip->ip_hl << 2 ;
        icmp = (struct icmp *)(recv_buf + ip_head_len) ;

        len -= ip_head_len ;
        if(len < 8)
        {
            printf("ICMP packets\'s is less than 8.\n") ;
            return - 1 ;
        }

        if(ntohs(icmp->icmp_id) == getpid() && icmp->icmp_type == ICMP_ECHOREPLY)
        {
            nrecv++ ;
            tv_send = (struct timeval *)icmp->icmp_data ;
            ts = time_sub(tv_send, tv_recv) ;
            rtt = ts.tv_sec * 1000 + (float)ts.tv_usec / 1000 ;// 以毫秒为单位
```

```c
            printf("%d bytes from %s (%s):icmp_req = %d ttl=%d time=%.3fms.\n",
                len,
                ipname,
                inet_ntoa(((struct sockaddr_in *)paddr)->sin_addr),
                ntohs(icmp->icmp_seq),
                ip->ip_ttl,
                rtt) ;
    }

    return 0 ;
}

int recv_packet(int sockfd, char *ipname)
{
    socklen_t addr_len,
     n ;
    struct timeval tv ;
    struct sockaddr from_addr ;

    addr_len = sizeof(struct sockaddr) ;
    if((n = recvfrom(sockfd, recv_buf, sizeof(recv_buf), 0,&from_addr,
&addr_len)) < 0)
    {
        perror("Fail to recvfrom") ;
        return - 1 ;
    }

    if(gettimeofday(&tv, NULL) < 0)
    {
        perror("Fail to gettimeofday") ;
        return - 1 ;
    }

    unpack(n, &tv, &from_addr, ipname) ;

    return 0 ;
}


int main(int argc, char *argv[])
{
    int size = 50 * 1024 ;
    int sockfd,
        netaddr ;
    struct protoent *protocol ;
    struct hostent *host ;
    struct sockaddr_in peer_addr ;

    if(argc < 2)
    {
```

```c
        fprintf(stderr, "usage : %s ip.\n", argv[0]) ;
        exit(EXIT_FAILURE) ;
    }

    // 获取 icmp 的信息
    if((protocol = getprotobyname("icmp")) == NULL)
    {
        perror("Fail to getprotobyname") ;
        exit(EXIT_FAILURE) ;
    }

    // 创建原始套接字
    if((sockfd = socket(AF_INET, SOCK_RAW, protocol->p_proto)) < 0)
    {
        perror("Fail to socket") ;
        exit(EXIT_FAILURE) ;
    }

    // 回收 root 权限,设置当前用户权限
    setuid(getuid()) ;

    // 扩大套接字接收缓冲区到 50KB(见 size 的定义),这样做主要是为了减少接收缓冲区溢出的可能性

    if(setsockopt(sockfd, SOL_SOCKET, SO_RCVBUF, &size, sizeof(size)) < 0)
    {
        perror("Fail to setsockopt") ;
        exit(EXIT_FAILURE) ;
    }

    // 填充对方的地址
    bzero(&peer_addr, sizeof(peer_addr)) ;
    peer_addr.sin_family = AF_INET ;
    // 判断是主机名(域名)还是 IP 地址
    if((netaddr = inet_addr(argv[1])) == INADDR_NONE)
    {
        // 是主机名(域名)
        if((host = gethostbyname(argv[1])) == NULL)
        {
            fprintf(stderr, "%s unknown host : %s.\n", argv[0], argv[1]) ;
            exit(EXIT_FAILURE) ;
        }

        memcpy((char *)&peer_addr.sin_addr, host->h_addr, host->h_length) ;

    }else {// IP 地址
        peer_addr.sin_addr.s_addr = netaddr ;
    }

    // 注册信号处理函数
```

```
        signal(SIGALRM, statistics) ;
        signal(SIGINT, statistics) ;
        alarm(5) ;

        // 打印开始信息
        printf("PING %s(%s) %d bytes of data.\n", argv[1],
inet_ntoa(peer_addr.sin_addr), datalen) ;

        // 发送包文和接收报文
        while(1)
        {
            send_packet(sockfd, (struct sockaddr *)&peer_addr) ;
            recv_packet(sockfd, argv[1]) ;
            alarm(5) ;
            sleep(1) ;
        }

        exit(EXIT_SUCCESS) ;
    }
```

在代码中，主要实现了 ICMP 的一些协议。如果读者不熟悉，可以参考第 11 章的内容，和代码结合起来看，必定有所收获。

ping（packet internet groper）命令通常用来测试本机与目标主机的连通性。Linux 和 Windows 都提供了此命令，但两者也有不同之处，比如 Linux 下的 ping 不会自动终止，需要按 Ctrl+C 键终止或者用参数-c 指定要完成的回应次数。Ping 的基本工作原理是向网络上的目标主机发送 ICMP 报文，如果目标主机收到报文，就把报文原样传回给源主机。向目标主机发送的 ICMP 数据包被称为 echo_request（回声_请求）包，而之后被返回的数据包则叫作 echo_response（回声_响应）。

这里的 ping 程序使用的格式为：./test ip。

（2）保存代码为 test.cpp，然后上传到 Linux，在命令行下编译并运行：

```
# g++ test.cpp -o test
# ./test 1.1.1.1
PING 1.1.1.1(1.1.1.1) 56 bytes of data.
64 bytes from 1.1.1.1 (1.1.1.1):icmp_req = 1 ttl=128 time=0.706ms.
64 bytes from 1.1.1.1 (1.1.1.1):icmp_req = 2 ttl=128 time=1.134ms.
64 bytes from 1.1.1.1 (1.1.1.1):icmp_req = 3 ttl=128 time=1.436ms.
64 bytes from 1.1.1.1 (1.1.1.1):icmp_req = 4 ttl=128 time=1.148ms.
64 bytes from 1.1.1.1 (1.1.1.1):icmp_req = 5 ttl=128 time=1.423ms.
64 bytes from 1.1.1.1 (1.1.1.1):icmp_req = 6 ttl=128 time=1.109ms.
```

第 16 章

并发聊天服务器项目实战

即时通信（Instant Message，IM）是一种可以让使用者在网络上建立某种私人聊天室（chatroom）的实时通信工具，其主要用途是传递文字信息与传输文件。大部分的即时通信服务提供了状态信息的特性——显示联络人名单、联络人是否在线和能否与联络人交谈。即时通信软件使用 socket 建立通信渠道，利用多线程实现多台计算机同时进行信息的传递，通过简单的注册登录，即可在局域网中成功进行即时聊天。

目前，在互联网上受欢迎的即时通信软件包括 WhatsApp、Telegram、Signal、WeChat 等。通常 IM 服务会在使用者通话清单（类似电话簿）上的某人连上 IM 时发出信息通知使用者，使用者可据此与此人通过网络进行实时的文字通信。除了文字外，在频宽充足的前提下，大部分 IM 服务还提供了视频通信的能力。实时通信与电子邮件最大的不同在于不用等候，不需要每隔两分钟就按一次"传送与接收"，只要两个人都在线，就能像多媒体电话一样传送文字、文件、声音、图像给对方，只要有网络，无论双方隔得多远，信息都能实时到达，就好像面对面交谈。

16.1 系统平台的选择

16.1.1 应用系统平台模式的选择

所谓系统平台模式或计算结构是指应用系统的体系结构，简单来说就是系统的层次、模块结构。平台模式不仅与软件有关，还与硬件有关，按其发展过程可划分为以下 4 种模式：

（1）主机—终端模式。
（2）单机模式。
（3）客户机/服务器模式（C/S 模式）。
（4）浏览器/n 层服务器模式（B/nS 模式）。

考虑到要在公司或机构内部建立服务器，还要在每台计算机里安装相关的通信系统（客户端），所以我们选择研究的系统模式为上面所列的第三种，也就是目前常用的 C/S 模式。

16.1.2　C/S 模式介绍

在 20 世纪 90 年代，一种计算模式迅速崛起并成为主流，那就是客户机/服务器模式，简称 C/S 模式。这种模式实际上是对之前的主机—终端模式的一种创新改造，将原本集中于主机的任务分担到两个部分：保留在主机上的部分成为服务器，负责集中处理和数据汇总；而分配到终端的部分则变成客户机，负责提供用户友好的交互界面。与主机—终端模式相比，C/S 模式的一个重大进步是它不再将所有软件集中安装在单一计算机上，而是将应用系统拆分为两个角色：服务器端程序通常安装在计算能力较强的计算机上，而客户端程序则安装在性能一般的个人计算机（PC）上。PC 的普及使得 C/S 模式得以实现，因为相比于主机—终端模式中的哑终端，PC 拥有一定的计算能力，能够承担起原本由主机完成的部分工作，这不仅减轻了主机的负荷，还提升了系统对用户的响应速度和能力。

客户机和服务器之间通过相应的网络协议进行通信。客户机向服务器发出数据请求，服务器将数据传送给客户机进行计算，并在计算完毕后将结果返回给服务器。这种模式的优点是充分利用了客户机的性能，大大提高了计算能力；另外，由于客户机和服务器之间的通信是通过网络协议进行的，是一种逻辑的联系，因此在物理上客户机和服务器的两端是易于扩充的。

C/S 模式是目前占主流的网络计算模式，该模式的建立基于以下两点：

（1）非对等作用。
（2）通信完全是异步的。

该模式在操作过程中采取的是主动请示方式：服务器方要先启动，并根据请示提供相应服务，过程如下：

（1）打开一个通信通道，同时通知本地主机，服务器愿意在某一个公认地址上接收客户请求。
（2）等待某个客户请求到达该端口。
（3）接收到重复服务请求时，处理该请求并发送应答信号。
（4）返回第 2 步，等待另一客户请求。
（5）关闭该服务器。

客户机也要根据请示提供相应服务，过程如下：

（1）打开一个通信通道，并连接到服务器所在主机的特定端口。
（2）向服务器发送服务请求报文，等待并接收应答，继续提出请求。
（3）请求结束后关闭通信通道并终止。

分布运算和分布管理是客户机/服务器模式的特点。其优点除了上面介绍的外，还有一个就是客户机能够提供丰富友好的图形界面，缺点是分布管理较为烦琐。由于每台客户机上都要安装软件，当需要软件升级或维护时，不仅工作量增大，而且作为独立的计算机客户端容易传染上计算机病毒。尽管有这些缺点，但是综合考虑，本应用系统平台最后还是选择了 C/S 模式。分布式计算和分布式管理是客户机/服务器模式的显著特点。除了前面介绍的优点外，C/S 模式还有一个重要优势就是客户机能够提供丰富且用户友好的图形界面。然而，这种模式也存在一些缺点，其中之一就是分布式管理较为复杂。每台客户机上都需要安装相应的软件，这意味着，当软件需要升级或维护时，不仅会增加工作量，而且由于每个客户端都是独立的计算机，它们更容易受到计算机病毒的影响。尽管存在这些缺点，但综合考量之后，本应用系统平台最终仍选择采用 C/S 模式。

16.1.3 数据库系统的选择

现在可以使用的数据库（Database）有很多种，包括 MySQL、DB2、Informix、Oracle 和 SQL Server 等。基于满足需求、价格和技术三方面的考虑，本应用系统在分析开发过程中采用 MySQL 作为数据库系统。

16.2 系统需求分析

16.2.1 即时消息的一般需求

即时消息的一般需求包括格式需求、可靠性需求和性能需求。

1. 格式需求

（1）所有实体必须使用至少一种消息格式。
（2）一般即时消息格式必须定义发信者和即时收件箱的标识。
（3）一般即时消息格式必须包含一个让接收者可以回消息的地址。
（4）一般即时消息格式应该包含其他通信方法和联系地址，例如电话号码、邮件地址等。
（5）一般即时信息格式必须允许对信息有效负载编码和鉴别（非 ASCII 内容）。
（6）一般即时信息格式必须反映当前最好的国际化实践。
（7）一般即时信息格式必须反映当前最好的可用性实践。
（8）必须存在方法，在扩展一般即时消息格式时，不影响原有的域。
（9）必须提供扩展和注册即时消息格式的模式的机制。

2. 可靠性需求

协议必须存在机制，保证即时消息成功投递，或者投递失败时发信者获得足够的信息。

3. 性能需求

（1）即时消息的传输必须足够迅速。
（2）即时消息的内容必须足够丰富。
（3）即时消息的长度尽量足够长。

16.2.2 即时消息的协议需求

协议是一系列的步骤，设计它的目的是要完成一项任务。参与即时通信协议的双方或者多方是即时通信的实体。在协议操作的过程中，双方必须交换信息，包括控制信息、状态信息等。这些信息的格式必须是协议参与方同意并且遵循的。好的协议要求清楚、完整，每一步都必须有明确的定义，并且不会引起误解；对每种可能的情况必须规定具体的动作。

16.2.3 即时消息的安全需求

A 发送即时消息 M 给 B，有以下几种情况和相关需求：

（1）如果无法发送 M，A 必须接到确认。
（2）如果 M 被投递了，B 只能接收 M 一次。
（3）协议必须为 B 提供方法检查 A 是否发送了这条信息。
（4）协议必须允许 B 使用另一条即时信息来回复信息。
（5）协议不能暴露 A 的 IP 地址。
（6）协议必须为 A 提供方法保证没有其他个体可以看到 M。
（7）协议必须为 A 提供方法保证没有其他个体可以篡改 M。
（8）协议必须为 B 提供方法鉴别是否发生篡改。
（9）B 必须能够阅读 M，B 可以阻止 A 发送信息给他。
（10）协议必须允许 A 使用现在的数字签名标准对信息进行签名。

16.2.4 即时消息的加密和鉴别

（1）协议必须提供方法保证通知和即时消息的置信度，确保信息未被监听或者破坏。
（2）协议必须提供方法保证通知和即时消息的置信度，确保信息未被重排序或者回放。
（3）协议必须提供方法保证通知和即时消息被正确的实体阅读。
（4）协议必须允许客户使用方法确保信息不被截获、不被重放和解密。

16.2.5 即时消息的注册需求

（1）即时通信系统拥有多个账户，允许多个用户注册。
（2）一个用户可以注册多个 ID。
（3）注册所使用的账号类型为字母 ID。

16.2.6 即时消息的通信需求

（1）用户可以传输文本消息。
（2）用户可以传输 RTF 格式消息。
（3）用户可以传输多个文件/文件夹。
（4）用户可以加密/解密消息等。

16.3 系统总体设计

我们将该即时通信系统命名为 MyICQ，现在对该系统采用客户机/服务器（C/S）的模式来进行总体设计，它是一个 3 层的 C/S 结构：数据库服务器→应用程序服务器→应用程序客户端。其分层结构如图 16-1 所示。

图 16-1

客户层也叫应用表示层，即我们所说的客户端，这是应用程序的用户接口部分，承担着用户与应用之间的对话功能。它用于检查用户的输入数据，显示应用的输出数据。为了使用户能直接进行操作，客户层需要使用图形用户接口。如果通信用户变更，系统只需要改写显示控制和数据检查程序就可以了，而不会影响其他两层。数据检查的内容限于数据的形式和值的范围，不包括有关业务本身的处理逻辑。

服务层又叫功能层，相当于应用的本体，它将具体的业务处理逻辑编入程序中。例如，用户需要检查数据，系统设法将有关检索要求的信息一次性地传送给功能层；而用户登录后，聊天登录信息是由功能层处理过的检索结果数据，它也是一次性传送给表示层的。在应用设计中，必须避免在客户层和服务层之间进行多次的数据交换，这就需要尽可能进行一次性的业务处理，达到优化整体设计的目的。

数据层就是 DBMS，本系统使用了 MySQL 数据库服务器来管理数据，MySQL 能迅速执行大量数据的更新和检索。因此，从功能层传送到数据层的"要求"一般都使用 SQL 语言。

16.4　即时通信系统的实施原理

即时通信是一种使人们能在网上识别在线用户并与他们实时交换消息的技术，是自电子邮件诞生以来迅速崛起的在线通信方式。IM 的出现和互联网的发展有着密不可分的关系，它完全基于 TCP/IP 网络协议簇实现，而 TCP/IP 协议簇是整个互联网得以实现的技术基础。最初的即时通信协议是 IRC（Internet Relay Chat），但是它仅能单纯使用文字和符号通过互联网进行交流。随着互联网的发展，即时通信变得远不止聊天这么简单。自 1996 年第一个 IM 产品 ICQ 问世以来，IM 的技术和功能也逐渐成熟，包括语音、视频、文件共享、短信发送等高级信息交换功能都可以集成在 IM 工具上，使得功能强大的 IM 软件成为一个完整的通信交流平台。

16.4.1 IM 的工作方式

IM 的工作方式如下：用户首先登录到 IM 通信服务器，并获取一个他们自己创建的历史交流对象列表（通常被称作联系人列表或同事列表）。接着，用户的状态会被标记为在线（Online Presence）。当好友列表（Buddy List）中的任何一个人登录并尝试通过计算机与用户联系时，IM 系统会向该用户发送一条消息提醒。随后，用户便可以与该联系人建立一个聊天会话通道，进行多种形式的消息交换，如输入文字消息、进行语音通话等。这种方式使得用户能够实时地与一个或多个人进行交流，大大增强了沟通的效率和便利性。

16.4.2 IM 的基本技术原理

从技术上来说，IM 的基本技术原理如下：

（1）用户 A 输入自己的用户名和密码登录 IM 服务器，服务器通过读取用户数据库来验证用户身份。如果验证通过，那么登记用户 A 的 IP 地址、IM 客户端软件的版本号及使用的 TCP/UDP 端口号，然后返回用户 A 登录成功的标志，此时用户 A 在 IM 系统中为在线状态。

（2）根据用户 A 存储在 IM 服务器上的好友列表，服务器将用户 A 在线的相关信息发送给同时在线的 IM 好友的 PC，这些信息包括在线状态、IP 地址、IM 客户端使用的 TCP 端口号等。IM 好友的客户端收到此信息后将在客户端软件的界面上显示。

（3）IM 服务器把用户 A 存储在服务器上的好友列表及相关信息回送到其客户端，这些信息包括在线状态、IP 地址、IM 客户端使用的 TCP 端口号等信息，用户 A 的 IM 客户端收到信息后将显示这些好友列表及其在线状态。

16.4.3 IM 的通信方式

1. 在线直接通信

如果用户 A 想与他的在线好友用户 B 聊天，他将通过服务器发送过来的用户 B 的 IP 地址、TCP 端口号等信息，直接向用户 B 的 PC 发出聊天信息，用户 B 的 IM 客户端软件收到信息后将其显示在屏幕上，然后用户 B 再直接回复信息到用户 A 的 PC，这样双方的即时文字消息就不在 IM 服务器中转，而是直接通过网络进行点对点（Peer to Peer）的通信，即对等通信方式。

2. 在线代理通信

当用户 A 与用户 B 的点对点通信由于防火墙、网络速度等原因难以建立或者速度很慢时，IM 服务器将会主动提供消息中转服务，即用户 A 和用户 B 的即时消息全部先发送到 IM 服务器，再由服务器转发给对方。

3. 离线代理通信

用户 A 与用户 B 由于各种原因不能同时在线时，如果此时用户 A 向用户 B 发送消息，那么 IM 服务器可以主动寄存用户 A 的消息，等到用户 B 下一次登录的时候，自动将消息转发给用户 B。

4. 扩展方式通信

用户 A 可以通过 IM 服务器将信息以扩展的方式传递给用户 B，例如以短信的方式发送到用户 B 的手机上，以传真的方式传递到用户 B 的电话机上，以 email 的方式传递到用户 B 的电子邮箱中，等等。

早期的 IM 系统，在 IM 客户端和 IM 服务器之间通信采用的是不可靠的 UDP，而在 IM 客户端之间的直接通信采用的是具备可靠传输能力的 TCP。随着用户需求和技术环境的发展，目前主流的 IM 系统倾向于在 IM 客户端之间采用 UDP，在 IM 客户端和 IM 服务器之间采用 TCP。

该即时通信方式相对于其他通信方式如电话、传真、email 等的最大优势就是消息传达的即时性和精确性，只要消息传递双方均在网络上就可以互通。使用即时通信软件传递消息，传递延时仅为 1 秒。

16.5　功能模块划分

16.5.1　模块划分

即时通信工具也就是服务器端和客户端程序，只要分析清楚两方所要完成的任务，对于设计来说，工作就等于完成了一半，如图 16-2 所示。

图 16-2

16.5.2 服务器端功能

服务器端至少完成三大基本功能：建立连接、操作数据库和监听客户。这些功能的含义如下：

（1）建立连接：服务器端是一个信息发送中心，所有客户端的信息都传到服务器端，再由服务器根据要求分发出去。

（2）操作数据库：包括录入用户信息、修改用户信息、查找通信人员（同事）数据库的资料以及添加同事数据到数据库等。

（3）监听客户：建立一个 Serversocket 连接，不断监听是否有客户端连接或者断开连接。

16.5.3 客户端功能

客户端要完成四大功能：新建用户、用户登录、查找（添加）好友、通信交流。这些功能的含义如下：

（1）新建用户：客户端与服务器端建立通信信道，向服务器端发送新建用户的信息，接收来自服务器的信息进行注册。

（2）用户登录：客户端与服务器端建立通信信道，向服务器端发送信息，完成用户登录。

（3）查找好友：也包括添加好友功能，这是客户端必须实现的功能。此外，用户通过客户端可以查找自己和好友的信息。

（4）通信交流：客户端可完成的信息的编辑、发送和接收等功能。

上面的功能划分比较基础，我们还可以进一步细化，如图 16-3 所示。

图 16-3

16.5.4 服务器端多线程

服务器端需要和多个客户端同时进行通信，这就是服务器端的多线程。如果服务器发现一个新的客户端并与之建立了连接，则马上新建一个线程与该客户端进行通信。用多线程的好处在于可以同时处理多个通信连接，不会出现数据由于排队等待而导致延迟或者丢失等问题，可以很好地利用系统的性能。

服务器为每一个连接着的客户建立一个线程。为了同时响应多个客户端，需要设计一个主线程来启动服务器端的多线程。主线程与进程结构类似，它在获得新连接时生成一个线程来处理这个连接。线程调度的速度快、占用资源少，可共享进程空间中的数据，因此服务器的响应速度较快，且I/O吞吐量较大。至于多线程编程的具体细节前面章节已经介绍过了，这里不再赘述。

16.5.5 客户端多线程

客户端能够完成信息的接收和发送操作，这与服务器端的多线程概念不同，我们可以采用循环等待的方式来实现客户端。利用循环等待的方式，客户端首先接收用户输入的内容并将其发送到服务器端，然后接收来自服务器端的信息，并将其返回给客户端的用户。

16.6 数据库设计

完成了系统的总体设计后，现在介绍实现与该即时通信系统相关的数据库，包括数据库的选择、设计与实现。数据库就是一个存储数据的仓库。为了方便数据的存储和管理，它将数据按照特定的规则存储在磁盘上。通过数据库管理系统，可以有效地组织和管理存储在数据库中的数据。

16.6.1 数据库的选择

现在可以使用的数据库有很多种，如DB2、Informix、Oracle和MySQL等。基于满足需要、价格和技术三方面的考虑，本系统在分析研究过程中采用MySQL作为数据库系统。理由如下：

（1）MySQL是一款免费软件，开放源码无版本制约，自主性及使用成本低。其性能卓越，服务稳定，很少出现异常宕机。软件体积小，安装使用简单且易于维护。

（2）使用C和C++编写，并使用多种编译器进行测试，保证源码的可移植性。

（3）支持AIX、FreeBSD、HP-UX、Linux、Mac OS、NovellNetware、OpenBSD、OS/2 Wrap、Solaris、Windows等多种操作系统。

（4）为多种编程语言提供了API。这些编程语言包括C、C++、Python、Java、Perl、PHP、Eiffel、Ruby和Tcl等。

（5）支持多线程，充分利用CPU资源。

（6）优化SQL查询算法，可有效提高查询速度。

（7）既能够作为一个单独的应用程序应用在客户端服务器网络环境中，也能够作为一个库而嵌入其他的软件中。

（8）提供多语言支持，常见的编码如中文的GB2312、BIG5，日文的Shift_JIS等都可以用作数据表名和数据列名。

（9）提供TCP/IP、ODBC和JDBC等多种数据库连接途径。

（10）提供用于管理、检查、优化数据库操作的管理工具。
（11）支持大型的数据库。可以处理拥有上千万条记录的大型数据库。
（12）支持多种存储引擎。
（13）历史悠久，社区和用户非常活跃，遇到问题能及时得到帮助，品牌口碑好。

MySQL 提供了值得信赖的技术和功能，在企业数据管理、开发者效率和商业智能 BI 等主要领域取得了显著进步。

MySQL 是一个真正的多用户、多线程 SQL 数据库服务器。它是以客户机/服务器结构实现的，由一个服务器守护程序 mysqld 以及很多不同的客户程序和库组成。它能够快捷、有效和安全地处理大量的数据。相对于 Oracle 等数据库来说，MySQL 的使用非常简单，它的主要优点就是快速、便捷和易用。

16.6.2　准备 MySQL 环境

我们可以到 MySQL 官网 https://dev.mysql.com/downloads/mysql/去下载最新版的 MySQL 安装包，打开网页后，首先选择操作系统，这里选择 Ubuntu20.04，如图 16-4 所示。

图 16-4

然后单击下方"DEB Bundle"右边的"Download"按钮开始下载。下载下来的文件是 mysql-server_8.0.27-1ubuntu20.04_amd64.deb-bundle.tar。在 Linux 中新建一个文件夹，然后把该文件上传到新建的文件夹中进行解压：

```
tar -xvf mysql-server_8.0.27-1ubuntu20.04_amd64.deb-bundle.tar
```

解压之后将会得到一系列的.deb 包，开始安装：

```
dpkg -i *.deb
```

如果出错，保持联网，继续使用下列命令：

```
apt-get -f install
```

稍等片刻，安装完成，提示输入 MySQL 的 root 账户的口令，如图 16-5 所示。

图 16-5

在输入框输入 123456，然后按 Enter 键，再次输入 123456，按 Enter 键后出现提示口令，提示是否要加密，保持默认，再按 Enter 键，然后继续安装进程，稍等片刻，安装完成：

```
...
reading /usr/share/mecab/dic/ipadic/Noun.csv ... 60477
emitting double-array: 100% |###########################################|
reading /usr/share/mecab/dic/ipadic/matrix.def ... 1316x1316
emitting matrix      : 100% |###########################################|

done!
```

安装完毕后，MySQL 服务就自动开启了，我们可以通过以下命令查看其服务器端口号：

```
root@tom-virtual-machine:~# netstat -tap | grep mysql
tcp6       0      0 [::]:33060              [::]:*                  LISTEN      20832/mysqld
tcp6       0      0 [::]:mysql              [::]:*                  LISTEN      20832/mysqld
```

此外，我们也要了解一下 MySQL 的一些文件的默认位置：

> 客户端程序和脚本：/usr/bin
> 服务程序所在路径：usr/sbin mysqld/
> 日志文件：/var/lib/mysql/
> 文档：/usr/share/doc/packages
> 头文件路径：/usr/include/mysql
> 库文件路径：/usr/lib/mysql
> 错误消息和字符集文件：/usr/share/mysql
> 基准程序：/usr/share/sql-bench

其中头文件路径和库文件路径是编程时需要知道的。另外，如果要重启 MySQL 服务，可以使用以下命令：

```
/etc/init.d/apparmor restart
/etc/init.d/mysql restart
```

下面我们输入以下命令直接登录 MySQL：

```
mysql -uroot -p123456
```

其中 123456 是 root 账户的密码。此时将出现 MySQL 命令提示符，如图 16-6 所示。

此时可以输入一些 MySQL 命令，比如显示当前已有数据的命令 show databases;（注意命令后有一个分号），运行结果如图 16-7 所示。

图 16-6

下面我们再用命令来创建一个数据库，数据库名是 test，命令是 create database test;，如下所示：

```
mysql> create database test;
Query OK, 1 row affected (0.00 sec)
```

出现 OK 说明创建数据库成功，此时如果用命令 show databases;显示数据库，可以发现新增了一个名为 test 的数据库。由此可知，MySQL 命令工作正常。

图 16-7

在企业一线开发中，通常会把很多 MySQL 命令放在一个文本文件中，这个文本文件的后缀名是 sql，通过一个 sql 脚本文件就可以创建数据库和数据库中的表。要执行这个 sql 脚本文件，需要使用 source 命令。下面介绍一下 sql 脚本文件的使用，我们在 Windows 下打开记事本，然后输入下列内容：

```
/*
Source Server Type    : MySQL
Date: 31/7/2022
*/

DROP DATABASE IF EXISTS test;
create database test default character set utf8 collate utf8_bin;

flush privileges;

use test;
SET NAMES utf8mb4;
SET FOREIGN_KEY_CHECKS = 0;

-- ----------------------------
-- Table structure for student
-- ----------------------------
DROP TABLE IF EXISTS `student`;
CREATE TABLE `student` (
  `id` tinyint NOT NULL AUTO_INCREMENT COMMENT '学生id',
  `name` varchar(32) DEFAULT NULL COMMENT '学生名称',
  `age` smallint DEFAULT NULL COMMENT '年龄',
  `SETTIME` datetime NOT NULL COMMENT '入学时间',
  PRIMARY KEY (`id`)
) ENGINE=InnoDB DEFAULT CHARSET=utf8;

-- ----------------------------
```

```
-- Records of student
-- ----------------------------
BEGIN;
INSERT INTO `student` VALUES (1,'张三',23,'2020-09-30 14:18:32');
INSERT INTO `student` VALUES (2,'李四',22,'2020-09-30 15:18:32');
COMMIT;

SET FOREIGN_KEY_CHECKS = 1;
```

将上述内容另存为mydb.sql，注意，编码选择UTF-8，否则后面执行时会出现"Incorrect string value"之类的错误。这是因为在Windows系统中，默认使用的是GBK编码，称之为"国标"，而在MySQL数据库中，使用的是UTF-8来存储数据。若读者想验证，可以找到MySQL的安装目录，打开其中的my.ini文件，找到default-character=utf-8就明白了。

sql脚本文件保存后，我们把它上传到Linux的某个路径（比如/root/soft/下），然后就可以执行它了。登录MySQL，在MySQL命令提示符下用source命令执行mydb.sql：

```
mysql> source /root/soft/mydb.sql
Query OK, 1 row affected (0.01 sec)

Query OK, 1 row affected, 2 warnings (0.00 sec)
...
Query OK, 0 rows affected (0.00 sec)
```

如果没有提示报错，则说明执行成功了。此时我们可以用命令来查看新建的数据库及其表。

（1）查看数据库：

```
show databases;
```

（2）选择名为test的数据库：

```
use test;
```

（3）查看数据库中的表：

```
show tables;
```

（4）查看student表的结构：

```
desc student;
```

（5）查看student表的所有记录：

```
select * from student;
```

最终运行结果如图16-8所示。

如果要向表中插入某条记录，可以这样写：

```
INSERT INTO `student`(name,age,SETTIME) VALUES ('王五',23,'2021-09-30 14:18:32');
```

如果要指定ID，可以这样插入：

```
INSERT INTO `student` VALUES (3,'王五',23,'2021-09-30 14:18:32');
```

图 16-8

另外，如果觉得某张表的数据乱了，可以用 SQL 语句删除表中全部数据，比如 delete from student;。

16.6.3　Linux 下的 MySQL 的 C 编程

前面我们搭建了 MySQL 环境，现在可以通过 C 或 C++语言来操作 MySQL 数据库了。其实 MySQL 编程不难，因为官方提供了不少 API 函数，只要熟练使用这些函数，再加上一些基本的 SQL 语句，就可以对付简单的应用场景了。这里只列举常用的 API 函数，如表 16-1 所示。

表 16-1　常用的 API 函数

函　　数	说　　明
mysql_affected_rows()	返回上次 UPDATE、DELETE 或 INSERT 查询更改 / 删除 / 插入的行数
mysql_autocommit()	切换 autocommit 模式，ON/OFF
mysql_change_user()	用于在已经建立的连接中更改用户和默认数据库
mysql_charset_name()	返回用于连接的默认字符集的名称
mysql_close()	关闭 Server 连接
mysql_commit()	提交事务
mysql_connect()	连接到 MySQLserver。该函数已不再被重视，使用 mysql_real_connect()代替
mysql_create_db()	创建数据库。该函数已不再被重视，使用 SQL 语句 CREATE　DATABASE 代替
mysql_data_seek()	在查询结果集中查找属性行编号
mysql_debug()	用给定的字符串运行 DBUG_PUSH

(续表)

函数	说明
mysql_drop_db()	撤销数据库。该函数已不再被重视，使用 SQL 语句 DROP DATABASE 代替
mysql_dump_debug_info()	让 Server 将调试信息写入日志
mysql_eof()	确定是否读取了结果集的最后一行。该函数已不再被重视，使用 mysql_errno() 或 mysql_error()代替
mysql_errno()	返回上次调用的 MySQL 函数的错误编号
mysql_error()	返回上次调用的 MySQL 函数的错误消息
mysql_escape_string()	用在 SQL 语句中，对特殊字符进行转义处理
mysql_fetch_field()	返回下一个表字段的类型
mysql_fetch_field_direct()	给定字段编号，返回表字段的类型
mysql_fetch_fields()	返回全部字段结构的数组
mysql_fetch_lengths()	返回当前行中全部列的长度
mysql_ping()	检查与 Server 的连接是否工作，如有必要可以再连接一次
mysql_query()	运行指定为"以 NULL 终结的字符串"的 SQL 查询
mysql_real_connect()	连接到 MySQLserver
mysql_real_escape_string()	考虑到当前连接的字符集，为了能在 SQL 语句中使用，对字符串中的特殊字符进行转义处理
mysql_real_query()	运行指定为计数字符串的 SQL 查询
mysql_refresh()	刷新或复位表和快速缓冲
mysql_reload()	通知 Server 再次载入授权表
mysql_rollback()	回滚事务
mysql_row_seek()	使用从 mysql_row_tell()返回的值，查找结果集中的行偏移
mysql_row_tell()	返回行光标位置
mysql_select_db()	选择数据库
mysql_server_end()	确定嵌入式 Server 库
mysql_server_init()	初始化嵌入式 Server 库
mysql_fetch_row()	从结果集中获取下一行
mysql_field_seek()	将列光标置于指定的列
mysql_field_count()	返回上次运行语句的结果列的数目
mysql_field_tell()	返回上次 mysql_fetch_field()所使用字段光标的位置
mysql_free_result()	释放结果集使用的内存
mysql_get_client_info()	以字符串形式返回 Client 版本号信息
mysql_get_client_version()	以整数形式返回 Client 版本号信息
mysql_get_host_info()	返回描写叙述连接的字符串
mysql_get_server_version()	以整数形式返回 Server 的版本
mysql_get_proto_info()	返回连接所使用的协议版本号
mysql_get_server_info()	返回 Server 的版本

(续表)

函　数	说　明
mysql_init()	获取或初始化 MySQL 结构
mysql_insert_id()	返回上一个查询为 AUTO_INCREMENT 列生成的 ID
mysql_kill()	杀死给定的线程
mysql_library_end()	确定 MySQL C API 库
mysql_info()	返回关于最近执行的查询的信息
mysql_library_init()	初始化 MySQL C API 库
mysql_list_dbs()	返回与简单正则表达式匹配的数据库名称
mysql_list_fields()	返回与简单正则表达式匹配的字段名称
mysql_list_processes()	返回当前 Server 线程的列表
mysql_list_tables()	返回与简单正则表达式匹配的表名
mysql_more_results()	检查是否还存在其他结果
mysql_next_result()	在多语句运行过程中返回/初始化下一个结果
mysql_num_fields()	返回结果集中的列数
mysql_num_rows()	返回结果集中的行数
mysql_options()	为 mysql_connect()设置连接选项
mysql_set_server_option()	为连接设置选项（如多语句）
mysql_sqlstate()	返回关于上一个错误的 SQLSTATE 错误代码
mysql_shutdown()	关闭数据库 Server
mysql_stat()	以字符串形式返回 Server 状态
mysql_store_result()	检索完整的结果集至 Client
mysql_thread_id()	返回当前线程 ID
mysql_thread_safe()	假设 Client 已编译为线程安全的，返回 1
mysql_use_result()	初始化逐行的结果集检索
mysql_warning_count()	返回上一个 SQL 语句的报警数

与 MySQL 交互时，应用程序应遵循以下一般性原则：

（1）通过调用 mysql_library_init()初始化 MySQL 库。

（2）通过调用 mysql_init()初始化连接处理程序，并通过调用 mysql_real_connect()连接到 Server。

（3）发出 SQL 语句并处理其结果。

（4）通过调用 mysql_close()关闭与 MySQLserver 的连接。

（5）通过调用 mysql_library_end()结束 MySQL 库的使用。

调用 mysql_library_init()和 mysql_library_end()的目的在于，为 MySQL 库提供恰当的初始化和结束处理。假设不调用 mysql_library_end()，内存块仍将保持分配状态，从而造成无效内存。

对于非 SELECT 查询（如 INSERT、UPDATE、DELETE），通过调用 mysql_affected_rows()，可发现有多少行已被改变（影响）；对于 SELECT 查询，可以检索作为结果集的行。

为了检测和通报错误，MySQL 提供了使用 mysql_errno()函数和 mysql_error()函数访问错误信息的机制。它们能返回关于近期调用函数的错误代码或错误消息，这样我们就能推断错误是什么以及错误是在何时出现的。

【例16.1】查询数据库表

（1）在 Windows 下打开编辑器，输入代码如下：

```c
#include <stdio.h>
#include <string.h>
#include <mysql.h>

int main()
{
    MYSQL mysql;
    MYSQL_RES *res;
    MYSQL_ROW row;
    char *query;
    int flag, t;

    /*连接之前，先用 mysql_init 初始化 MYSQL 连接句柄*/
    mysql_init(&mysql);
    /*使用 mysql_real_connect 连接 server，其参数依次为 MYSQL 句柄，serverIP 地址，
    登录 mysql 的 username、password，要连接的数据库等*/
    if (!mysql_real_connect(&mysql, "localhost", "root", "123456", "test", 0, NULL, 0))
        printf("Error connecting to Mysql!\n");
    else
        printf("Connected Mysql successful!\n");

    query = "select * from student";
    /*查询，成功则返回 0*/
    flag = mysql_real_query(&mysql, query, (unsigned int)strlen(query));
    if(flag) {
        printf("Query failed!\n");
        return 0;
    }else {
        printf("[%s] made...\n", query);
    }
    /*mysql_store_result 将所有的查询结果读取到 client*/
    res = mysql_store_result(&mysql);
    /*mysql_fetch_row 检索结果集的下一行*/
    do
    {
        row = mysql_fetch_row(res);
        if (row == 0)break;    // 如果没有记录了，就跳出循环
        /*mysql_num_fields 返回结果集中的字段数目*/
        for (t = 0; t < mysql_num_fields(res); t++)
        {
            printf("%s\t", row[t]);
        }
```

```
        printf("\n");
    } while (1);

    /*关闭连接*/
    mysql_close(&mysql);
    return 0;
}
```

（2）保存文件为 test.c。为了方便编译这个源文件，再编辑一个名为 makefile 的文件，并使其中包含头文件和库文件路径。makefile 文件内容如下：

```
GCC ?= gcc
CCMODE = PROGRAM
INCLUDES = -I/usr/include/mysql
CFLAGS = -Wall $(MACRO)
TARGET = test
SRCS := $(wildcard *.c)
LIBS = -lmysqlclient

ifeq ($(CCMODE),PROGRAM)
$(TARGET): $(LINKS) $(SRCS)
    $(GCC) $(CFLAGS) $(INCLUDES) -o $(TARGET) $(SRCS) $(LIBS)
    @chmod +x $(TARGET)
    @echo make $(TARGET) ok.
clean:
    rm -rf $(TARGET)
endif
```

其中，-I/usr/include/mysql 表示 MySQL 相关的头文件所在地路径；-lmysqlclient 表示要引用的库 libmysqlclient.so，这个库的路径通常在/usr/lib/x86_64-linux-gnu/下。我们把 test.c 和 makefile 文件上传到 Linux 中的某个文件夹中，然后直接输入 make 进行编译连接：

```
root@tom-virtual-machine:~/ex/net/test# make
gcc -Wall  -I/usr/include/mysql -o test test.c   -lmysqlclient
make test ok.
```

如果没有错误就直接运行：

```
root@tom-virtual-machine:~/ex/net/test# ./test
Connected Mysql successful!
[select * from student] made...
1     张三     23     2020-09-30 14:18:32
2     李四     22     2020-09-30 15:18:32
```

运行成功，我们查询到了数据库表中的两条记录。

【例16.2】插入数据库表

（1）在 Windows 下打开编辑器，输入核心代码如下：

```
int insert()
{
    MYSQL mysql;
```

```c
        MYSQL_RES *res;
        MYSQL_ROW row;
        char *query;
        int r, t,id=12;
        char buf[512] = "", cur_time[55] = "", szName[100] = "Jack2";
        mysql_init(&mysql);
        if (!mysql_real_connect(&mysql, "localhost", "root", "123456", "test", 0,
NULL, 0))
        {
            printf("Failed to connect to Mysql!\n");
            return 0;
        }
        else  printf("Connected to Mysql successfully!\n");

        GetDateTime(cur_time);
        sprintf(buf, "INSERT INTO student(name,age,SETTIME)
VALUES(\'%s\',%d,\'%s\')", szName, 27, cur_time);
        r = mysql_query(&mysql, buf);

        if (r) {
            printf("Insert data failure!\n");
            return 0;
        }
        else {
            printf("Insert data success!\n");
        }
        mysql_close(&mysql);
        return 0;
    }
    void main()
    {
        insert();
        showTable();
    }
```

先连接数据库，然后构造 insert 语句，并调用函数 mysql_query 执行该 SQL 语句，最后关闭数据库。编写这类代码的关键是编写正确的 SQL 语句。限于篇幅，显示表内数据的函数 showTable 不再列出。

（2）保存文件为 test.c。同时再编辑一个 makefile 文件，然后把这两个文件上传到 Linux 中，进行 make 编译，无误后运行。运行结果如下：

```
Connected to Mysql successfully!
Insert data success!
Connected Mysql successful!
[select * from student] made...
    1       张三          23       2020-09-30 14:18:32
    2       李四          22       2020-09-30 15:18:32
    3       王五          23       2021-09-30 14:18:32
    7       Tom           27       2021-12-03 15:21:32
    8       Alice         27       2021-12-03 15:22:41
```

```
 9          Mr Ag      27      2021-12-03 15:34:45
10          Mr Ag      27      2021-12-03 15:36:04
11          王五       23      2021-09-30 14:18:32
12          Jack2      27      2021-12-03 16:36:49
13          Jack2      27      2021-12-06 08:46:40
14          Jack2      27      2021-12-06 10:21:00
```

连续执行多次 insert，则会插入多条"Jack2"的记录。

16.6.4　聊天系统数据库设计

首先准备数据库。我们把数据库设计的脚本代码放在 sql 脚本文件中，读者可以在本例源码目录的 sql 子目录下找到，文件名是 test.sql，部分代码如下：

```
DROP DATABASE IF EXISTS chatdb;
create database chatdb default character set utf8 collate utf8_bin;

flush privileges;

use chatdb;
SET NAMES utf8mb4;
SET FOREIGN_KEY_CHECKS = 0;

SET FOREIGN_KEY_CHECKS=0;

-- ----------------------------
-- Table structure for qqnum
-- ----------------------------
DROP TABLE IF EXISTS `qqnum`;
CREATE TABLE `qqnum` (
  `id` int(11) NOT NULL AUTO_INCREMENT,
  `name` varchar(50) DEFAULT NULL,
  PRIMARY KEY (`id`)
) ENGINE=InnoDB DEFAULT CHARSET=utf8;
```

其中，数据库名称是 chatdb，该表中的字段 name 表示用户名。我们把 sql 目录下的 chatdb.sql 文件上传到 Linux 中的某个路径，比如/root/ex/net/chatSrv，然后在终端上进入该目录，并登录 MySQL，最后执行该 sql 文件，过程如下：

```
mysql -uroot -p123456
mysql> source chatdb.sql
Query OK, 1 row affected (0.04 sec)

Query OK, 1 row affected, 2 warnings (0.00 sec)

Query OK, 0 rows affected (0.00 sec)

Database changed
Query OK, 0 rows affected (0.00 sec)

Query OK, 0 rows affected (0.00 sec)

Query OK, 0 rows affected (0.00 sec)

Query OK, 0 rows affected, 1 warning (0.00 sec)
```

```
Query OK, 0 rows affected, 2 warnings (0.04 sec)
```

这样，数据库表就建立起来了。表 qqnum 存放所有的账号信息，但现在还是一个空表，如下所示：

```
mysql> use chatdb;
Database changed
mysql> show tables;
+------------------+
| Tables_in_chatdb |
+------------------+
| qqnum            |
+------------------+
1 row in set (0.00 sec)
mysql> select * from qqnum;
Empty set (0.00 sec)
```

16.7 服务器端设计

作为 C/S 模式下的系统开发，很显然服务器端程序的设计非常重要。下面就服务器端的相关程序模块进行设计，并在一定程度上实现相关功能。客户端和服务器端采用 TCP 连接并交互。服务器端主要功能如下：

（1）接收客户端用户的注册，然后把注册信息保存到数据库表中。
（2）接收客户端用户的登录，用户登录成功后，就可以在聊天室里聊天了。

我们的并发聊天室采用 select 通信模型，目前没有用到线程池，如果以后并发需求大了，很容易就可以扩展到"线程池+select 模型"。服务器端收到客户端连接后，就开始等待客户端的要求，具体要求是通过客户端发来的命令实现的，具体命令如下：

```
#define CL_CMD_REG   'r'      // 客户端请求注册命令
#define CL_CMD_LOGIN 'l'      // 客户端请求登录命令
#define CL_CMD_CHAT  'c'      // 客户端请求聊天命令
```

这几个命令号在服务器端和客户端上必须一致。命令号是包含在通信协议中的，通信协议是服务器端和客户端相互理解对方要求的手段。这里的协议设计得比较简单，但也可以满足交互的需要了。

客户端发送给服务器端的协议：

命令号（一个字符）	,	参数（字符串，长度不定）

比如 "r,Tom" 表示客户端要求注册，用户名是 Tom。

服务器端发送给客户端的协议：

命令号（一个字符）	,	返回结果（字符串，长度不定）

比如 "r,ok" 表示注册成功。其中逗号表示分隔符，也可以用其他字符来分隔。

当客户端连接到服务器端后，就可以判断命令号，然后进行相应的处理，比如：

```
switch(code)
{
    case CL_CMD_REG:          // 注册命令处理
        ...
    case CL_CMD_LOGIN:        // 登录命令处理
        ...
    case CL_CMD_CHAT:         // 聊天命令处理
        ...
}
```

每个命令处理完毕后，必须发送一个字符串回复给客户端。

【例16.3】并发聊天服务器端的详细设计

（1）在 Windows 下打开文本编辑器，输入代码如下：

```c
#include <stdio.h>

#include <stdio.h>
#include <stdlib.h>
#include <string.h>
#include <netinet/in.h>
#include <arpa/inet.h>
#include <sys/select.h>
#define MAXLINE 80
#define SERV_PORT 8000

#define CL_CMD_REG 'r'
#define CL_CMD_LOGIN 'l'
#define CL_CMD_CHAT 'c'
int GetName(char str[],char szName[])
{
    // char str[] ="a,b,c,d*e";
    const char * split = ",";
    char * p;
    p = strtok (str,split);
    int i=0;
    while(p!=NULL)
    {
        printf ("%s\n",p);
        if(i==1) sprintf(szName,p);
        i++;
        p = strtok(NULL,split);
    }
}
// 查找字符串中某个字符出现的次数
int countChar(const char *p, const char chr)
{
    int count = 0,i = 0;
```

```c
        while(*(p+i))
        {
            if(p[i] == chr)         // 字符数组存放在一块内存区域中，按索引找字符，指针本身不变
                ++count;
            ++i;                    // 根据数组的索引值找到对应指针变量的值
        }
        // printf("字符串中 w 出现的次数：%d",count);
        return count;
}

int main(int argc, char *argv[])
{
    int i, maxi, maxfd;
    int listenfd, connfd, sockfd;
    int nready, client[FD_SETSIZE];
    ssize_t n;
    char szName[255]="",szPwd[128]="",repBuf[512]="";
    // 两个集合
    fd_set rset, allset;

    char buf[MAXLINE];
    char str[INET_ADDRSTRLEN]; /* #define INET_ADDRSTRLEN 16 */
    socklen_t cliaddr_len;
    struct sockaddr_in cliaddr, servaddr;

    // 创建套接字
    listenfd = socket(AF_INET, SOCK_STREAM, 0);

    int val = 1;
    int ret = setsockopt(listenfd,SOL_SOCKET,SO_REUSEADDR,(void *)&val,
sizeof(int));

    // 绑定
    bzero(&servaddr, sizeof(servaddr));
    servaddr.sin_family = AF_INET;
    servaddr.sin_addr.s_addr = htonl(INADDR_ANY);
    servaddr.sin_port = htons(SERV_PORT);

    bind(listenfd, (struct sockaddr *)&servaddr, sizeof(servaddr));

    // 监听
    listen(listenfd, 20); /* 默认最大 128 */

    // 需要接收最大文件描述符
    maxfd = listenfd;

    // 数组初始化为-1
    maxi = -1;
    for (i = 0; i < FD_SETSIZE; i++)
        client[i] = -1;

    // 集合清零
    FD_ZERO(&allset);
```

```c
    // 将 listenfd 加入 allset 集合
    FD_SET(listenfd, &allset);

    for (; ;)
    {
    // 关键点 1
        rset = allset;  /* 每次循环时都重新设置 select 监控信号集 */

        // select 返回 rest 集合中发生读事件的总数。参数 1：最大文件描述符+1
        nready = select(maxfd + 1, &rset, NULL, NULL, NULL);
        if (nready < 0)
            puts("select error");

        // listenfd 是否在 rset 集合中
        if (FD_ISSET(listenfd, &rset))
        {
            // 接收
            cliaddr_len = sizeof(cliaddr);
            // accept 返回通信套接字，当前非阻塞，因为 select 已经发生读写事件
            connfd = accept(listenfd, (struct sockaddr *)&cliaddr, &cliaddr_len);

            printf("received from %s at PORT %d\n",
                inet_ntop(AF_INET, &cliaddr.sin_addr, str, sizeof(str)),
                ntohs(cliaddr.sin_port));
            // 关键点 2
            for (i = 0; i < FD_SETSIZE; i++)
                if (client[i] < 0)
                {
                    // 将 accept 返回的通信套接字 connfd 保存到 client[] 里
                    client[i] = connfd;
                    break;
                }
            // 是否达到 select 能监控的文件个数上限 1024
            if (i == FD_SETSIZE) {
                fputs("too many clients\n", stderr);
                exit(1);
            }

            // 关键点 3
            FD_SET(connfd, &allset);  // 添加一个新的文件描述符到监控信号集里

            // 更新最大文件描述符数
            if (connfd > maxfd)
                maxfd = connfd;  /* select 第一个参数需要 */
            if (i > maxi)
                maxi = i;  /* 更新 client[] 最大下标值 */

            /* 如果没有更多的就绪文件描述符，则继续回到 select 阻塞监听，负责处理未处理完
的就绪文件描述符 */
            if (--nready == 0)
                continue;
```

```c
        }
        for (i = 0; i <= maxi; i++)
        {
            // 检测哪个clients有数据就绪
            if ((sockfd = client[i]) < 0)
                continue;
            // sockfd (connd) 是否在rset集合中
            if (FD_ISSET(sockfd, &rset))
            {
                // 进行读数据,不用阻塞立即读取（select已经帮忙处理阻塞环节）
                if ((n = read(sockfd, buf, MAXLINE)) == 0)
                {
                    /* 无数据情况 client关闭连接,服务器端也关闭对应连接 */
                    close(sockfd);
                    FD_CLR(sockfd, &allset); /*解除select监控此文件描述符 */
                    client[i] = -1;
                }
                else
                {
                    char code= buf[0];
                    switch(code)
                    {
                    case CL_CMD_REG:    // 注册命令处理
                        if(1!=countChar(buf,','))
                        {
                            puts("invalid protocal!");
                            break;
                        }

                        GetName(buf,szName);

                        // 判断名字是否重复
                        if(IsExist(szName))
                        {
                            sprintf(repBuf,"r,exist");
                        }
                        else
                        {
                            insert(szName);
                            showTable();
                            sprintf(repBuf,"r,ok");
                            printf("reg ok,%s\n",szName);
                        }
                        write(sockfd, repBuf, strlen(repBuf));// 回复客户端

                        break;
                    case CL_CMD_LOGIN:                           // 登录命令处理
                        if(1!=countChar(buf,','))
                        {
                            puts("invalid protocal!");
```

```
                        break;
                }
                GetName(buf,szName);
                // 判断是否注册过，即是否存在
                if(IsExist(szName))
                {
                    sprintf(repBuf,"l,ok");
                    printf("login ok,%s\n",szName);
                }
                else sprintf(repBuf,"l,noexist");
                write(sockfd, repBuf, strlen(repBuf));  // 回复客户端
                break;
            case CL_CMD_CHAT:                            // 聊天命令处理
                puts("send all");
                // 群发
                for(i=0;i<=maxi;i++)
                    if(client[i]!=-1)
                        write(client[i], buf+2, n);       // 写回客户端，
"+2"表示去掉命令头(c,)，这样只发送聊天内容
                break;
            }// switch
        }
        if (--nready == 0)
            break;
        }
    }
}
    close(listenfd);
    return 0;
}
```

上述代码实现通信功能和命令处理功能，并且有详细的注释。

（2）保存文件为 myChatSrv.c。再新建一个名为 mydb.c 的 C 文件，该文件主要有封装和与数据库打交道的功能，比如保存用户名、判断用户是否存在等。mydb.c 文件代码如下：

```
#include <stdio.h>
#include <string.h>
#include <mysql.h>
#include <time.h>
// 注册用户名
int insert(char szName[])    // 参数 szName 是要注册的用户名
{
    MYSQL mysql;
    MYSQL_RES *res;
    MYSQL_ROW row;
    char *query;
    int r, t,id=12;
    char buf[512] = "", cur_time[55] = "";
```

```c
    mysql_init(&mysql);
    if (!mysql_real_connect(&mysql, "localhost", "root", "123456", "chatdb", 0, NULL, 0))
    {
        printf("Failed to connect to Mysql!\n");
        return 0;
    }
    else  printf("Connected to Mysql successfully!\n");
    sprintf(buf, "INSERT INTO qqnum(name) VALUES(\'%s\')", szName);
    r = mysql_query(&mysql, buf);
    if (r) {
        printf("Insert data failure!\n");
        return 0;
    }
    else {
        printf("Insert data success!\n");
    }
    mysql_close(&mysql);
    return 0;
}

// 判断用户是否存在
int IsExist(char szName[])  // 参数 szName 是要判断的用户名，通过它来查询数据库表
{
    MYSQL mysql;
    MYSQL_RES *res;
    MYSQL_ROW row;
    char *query;
    int r, t,id=12;
    char buf[512] = "", cur_time[55] = "";
    mysql_init(&mysql);
    if (!mysql_real_connect(&mysql, "localhost", "root", "123456", "chatdb", 0, NULL, 0))
    {
        printf("Failed to connect to Mysql!\n");
        res = -1;
        goto end;
    }
    else  printf("Connected to Mysql successfully!\n");
    sprintf(buf, "select name from qqnum where name ='%s'", szName);
    if (mysql_query(&mysql, buf))  // 执行查询
    {
        res =-1;
        goto end;
    }

    MYSQL_RES *result = mysql_store_result(&mysql);
    if (result == NULL)
    {
        res =-1;
```

```c
            goto end;
        }
        MYSQL_FIELD *field;
        row = mysql_fetch_row(result);
        if(row>0)
        {
            printf("%s\n", row[0]);
            res = 1;
            goto end;
        }
        else res = 0;// 不存在

end:
    mysql_close(&mysql);
    return res;
}

int showTable()    // 显示数据库表中的内容
{
    MYSQL mysql;
    MYSQL_RES *res;
    MYSQL_ROW row;
    char *query;
    int flag, t;

    /*连接之前先用mysql_init初始化MYSQL连接句柄*/
    mysql_init(&mysql);
    /*使用mysql_real_connect连接server,其参数依次为MYSQL句柄,serverIP地址,
    登录mysql的username、password,要连接的数据库等*/
    if (!mysql_real_connect(&mysql, "localhost", "root", "123456", "chatdb", 0, NULL, 0))
        printf("Error connecting to Mysql!\n");
    else
        printf("Connected Mysql successful!\n");

    query = "select * from qqnum";
        /*查询,成功则返回0*/
    flag = mysql_real_query(&mysql, query, (unsigned int)strlen(query));
    if(flag) {
        printf("Query failed!\n");
        return 0;
    }else {
        printf("[%s] made...\n", query);
    }

    /*mysql_store_result将所有的查询结果读取到client*/
    res = mysql_store_result(&mysql);
    /*mysql_fetch_row检索结果集的下一行*/
    do
    {
        row = mysql_fetch_row(res);
        if (row == 0)break;
```

```
            /*mysql_num_fields 返回结果集中的字段数目*/
            for (t = 0; t < mysql_num_fields(res); t++)
            {
                printf("%s\t", row[t]);
            }
            printf("\n");
        } while (1);

        /*关闭连接*/
        mysql_close(&mysql);
        return 0;
}
```

总共有 3 个函数,分别是插入用户名、判断用户名是否存在和显示所有表记录。

(3) 编写 makefile 文件,并把这 3 个文件一起上传到 Linux 中,然后 make 编译并运行。运行结果如下:

```
root@tom-virtual-machine:~/ex/net/chatSrv# ./chatSrv
Chat server is running...
```

此时服务器端运行成功了,正在等待客户端的连接。下面进行客户端的设计和实现。

16.8 客户端设计

客户端需要考虑友好的人机界面,所以一般运行在 Windows 下,并且要实现图形化程序界面,比如对话框等。因此,整套系统的通信是在 Linux 和 Windows 之间进行的,这也是常见的应用场景。在企业一线开发中,客户端几乎没有运行在 Linux 下的。

聊天客户端主要功能如下:

(1) 提供注册界面,供用户输入注册信息,然后把注册信息以 TCP 方式发送给服务器进行注册登记(其实在服务器端就是写入数据库)。

(2) 注册成功后,提供登录界面,让用户输入登录信息进行登录,登录时主要输入用户名,并以 TCP 方式发送给服务器端,服务器端检查用户名是否存在后,将反馈结果发送给客户端。

(3) 用户登录成功后,就可以发送聊天信息。

我们的客户端将在 Visual C++ 2017 上开发,通信架构基于 MFC 的 CSocket,所以需要一点 Visual C++的编程知识。一个 Linux 服务器开发者必须要会 Visual C++开发,因为几乎 90%的网络软件都是 Linux 和 Windows 相互通信的,即使为了自测我们的 Linux 服务器程序,也要学会 Windows 客户端知识。

【例16.4】即时通信系统客户端的详细设计

(1) 打开 Visual C++ 2017,新建一个对话框工程,工程名为 client。

(2) 切换到资源视图,打开对话框编辑器,把这个对话框作为登录用的对话框,因此添加一个 IP 控件、两个编辑控件和两个按钮。上方的编辑控件用来输入服务器端口,并为其添加整型变量

m_nServPort；下方的编辑控件用来输入用户昵称，并为其添加 CString 类型变量 m_strName。IP 控件为其添加控件变量 m_ip。两个按钮控件的标题分别设置为"注册"和"登录服务器"。最后设置对话框的标题为"注册登录对话框"。设计后的对话框界面如图 16-9 所示。

再添加一个对话框，设置对话框的 ID 为 IDD_CHAT_DIALOG，该对话框的作用是显示聊天记录和发送信息。在对话框上面添加一个列表框、一个编辑控件和一个按钮，列表框用来显示聊天记录，编辑控件用来输入要发送的信息，按钮标题为"发送"。为列表框添加控件变量 m_lst，为编辑框添加 CString 类型变量 m_strSendContent，为对话框添加类 CDlgChat。最终对话框的设计界面如图 16-10 所示。

图 16-9

图 16-10

（3）切换到类视图，选中工程 client，添加一个 MFC 类 CClientSocket，基类为 CSocket。
（4）为 CClientApp 添加成员变量：

```
CString m_strName;
CClientSocket m_clinetsock;
```

同时在 client.h 开头包含头文件：

```
#include "ClientSocket.h"
```

在 CClientApp::InitInstance()中添加套接字库初始化的代码和 CClientSocket 对象创建代码：

```
WSADATA wsd;
AfxSocketInit(&wsd);
m_clinetsock.Create();
```

（5）切换到资源视图，打开"注册登录对话框"，单击"登录服务器"按钮添加事件处理函数，代码如下：

```
void CclientDlg::OnBnClickedButton1()   // 登录处理
{
    // TODO:  在此添加控件通知处理程序代码
    CString strIP, strPort;
    UINT port;

    UpdateData();
    if (m_ip.IsBlank() || m_nServPort < 1024 || m_strName.IsEmpty())
    {
        AfxMessageBox(_T("请设置服务器信息"));
        return;
    }
```

```
    BYTE nf1, nf2, nf3, nf4;
    m_ip.GetAddress(nf1, nf2, nf3, nf4);
    strIP.Format(_T("%d.%d.%d.%d"), nf1, nf2, nf3, nf4);

    theApp.m_strName = m_strName;

    if (!gbcon)
    {
        if (theApp.m_clinetsock.Connect(strIP, m_nServPort))
        {
            gbcon = 1;
            // AfxMessageBox(_T("连接服务器成功!"));

        }
        else
        {
            AfxMessageBox(_T("连接服务器失败!"));
        }
    }
    CString strInfo;
    strInfo.Format("%c,%s", CL_CMD_LOGIN, m_strName);
    int len = theApp.m_clinetsock.Send(strInfo.GetBuffer(strInfo.GetLength()),
2 * strInfo.GetLength());

    if (SOCKET_ERROR == len)
        AfxMessageBox(_T("发送错误"));
}
```

在上面代码中，首先把控件里的 IP 地址格式化存储到 strIP 中，并把用户输入的用户名保存到 theApp.m_strName。然后通过全局变量 gbcon 判断当前是否已经连接服务器，这样可以不用每次都发起连接，如果没有连接，则调用 Connect 函数进行服务器连接。连接成功后，就把登录命令号（CL_CMD_LOGIN）和登录用户名组成一个字符串通过函数 Send 发送给服务器。服务器会判断该用户名是否已经注册，如果注册过，就允许登录成功；如果没有注册过，则会向客户端提示登录失败。注意，登录结果的反馈是在其他函数（OnReceive）中获得的，后面我们会添加该函数。

再切换到资源视图，打开"注册登录对话框"编辑器，为"注册"按钮添加事件处理函数，代码如下：

```
void CclientDlg::OnBnClickedButtonReg()
{
    // TODO: 在此添加控件通知处理程序代码
    CString strIP, strPort;
    UINT port;

    UpdateData();
    if (m_ip.IsBlank() || m_nServPort < 1024 || m_strName.IsEmpty())
    {
        AfxMessageBox(_T("请设置服务器信息"));
        return;
    }
```

```
        BYTE nf1, nf2, nf3, nf4;
        m_ip.GetAddress(nf1, nf2, nf3, nf4);
        strIP.Format(_T("%d.%d.%d.%d"), nf1, nf2, nf3, nf4);

        theApp.m_strName = m_strName;

        if (!gbcon)
        {
            if (theApp.m_clinetsock.Connect(strIP, m_nServPort))
            {
                gbcon = 1;
                // AfxMessageBox(_T("连接服务器成功!"));
            }
            else
            {
                AfxMessageBox(_T("连接服务器失败!"));
                return;
            }
        }
        // --------注册---------
        CString strInfo;
        strInfo.Format("%c,%s", CL_CMD_REG, m_strName);
        int len = theApp.m_clinetsock.Send(strInfo.GetBuffer(strInfo.GetLength()),
2 * strInfo.GetLength());

        if (SOCKET_ERROR == len)
            AfxMessageBox(_T("发送错误"));
    }
```

代码逻辑与登录过程类似，也是先获取控件上的信息，然后连接服务器（如果已经连接了，则不需要再连接）。连接成功后，就把注册命令号（CL_CMD_REG）和待注册的用户名组成一个字符串，通过函数 Send 发送给服务器。服务器首先判断该用户名是否已经注册，如果注册过，就会提示客户端该用户名已经注册，否则就把该用户名存入数据库表中，并提示客户端注册成功。同样，服务器返回给客户端的信息是在 OnReceive 中获得的。

（6）为类 CClientSocket 添加成员变量 CDlgChat *m_pDlg。首先保存聊天对话框指针，这样收到数据后可以将其显示在对话框上的列表框里。

再添加成员函数 SetWnd，该函数会传一个 CDlgChat 指针进来，代码如下：

```
void CClientSocket::SetWnd(CDlgChat *pDlg)
{
    m_pDlg = pDlg;
}
```

下面准备重载 CClientSocket 的虚函数 OnReceive，打开类视图，选中类 CClientSocket，在该类的属性视图上添加 OnReceive 函数，如图 16-11 所示。

在该函数里接收服务器发来的数据，代码如下：

```
void CClientSocket::OnReceive(int nErrorCode)
{
```

图 16-11

```cpp
// TODO:  在此添加专用代码和/或调用基类
CString str;
char buffer[2048], rep[128] = "";
if (m_pDlg)  // m_pDlg 指向聊天对话框
{
    int len = Receive(buffer, 2048);
    if (len != -1)
    {
        buffer[len] = '\0';
        buffer[len+1] = '\0';
        str.Format(_T("%s"), buffer);
        m_pDlg->m_lst.AddString(str);    // 把发来的聊天内容加入列表框中
    }
}
else
{
    // 注册回复
    int len = Receive(buffer, 2048);
    if (len != -1)
    {
        buffer[len] = '\0';
        buffer[len + 1] = '\0';
        str.Format(_T("%s"), buffer);
        if (buffer[0] == 'r')
        {
            GetReply(buffer, rep);
            if(strcmp("ok", rep)==0)
                AfxMessageBox("注册成功");
            else if(strcmp("exist",rep)==0)
                AfxMessageBox("注册失败,用户名已经存在!");
        }
        else if (buffer[0] == 'l')
        {
            GetReply(buffer, rep);
            if (strcmp("noexist", rep) == 0)
                AfxMessageBox("登录失败,用户名不存在,请先注册.");
            else if (strcmp("ok", rep) == 0)
            {
                AfxMessageBox("登录成功");
                CDlgChat dlg;
                theApp.m_clinetsock.SetWnd(&dlg);
                dlg.DoModal();
            }
        }
    }
}
CSocket::OnReceive(nErrorCode);
}
```

在此代码中,如果聊天对话框的指针 m_pDlg 非空,则说明已经成功登录服务器并且创建聊天对话框了，此时收到的服务器数据都是聊天的内容，我们把聊天的内容通过函数 AddString 加入列表框中。如果指针 m_pDlg 是空的，则说明服务器发来的数据是针对注册命令的回复，或者是针对登录命令的回复。我们通过收到的数据的第一个字节（buffer[0]）来判断到底是注册回复还是登录回复，从而进行不同的处理。函数 GetReply 是自定义函数，用来拆分服务器发来的数据，代码如下：

```
void GetReply(char str[], char reply[])
{
    const char * split = ",";
    char * p;
    p = strtok(str, split);
    int i = 0;
    while (p != NULL)
    {
        printf("%s\n", p);
        if (i == 1) sprintf(reply, p);
        i++;
        p = strtok(NULL, split);
    }
}
```

服务器发来的命令回复数据是以逗号相隔的，第一个字节是 1 或 r，1 表示登录命令的回复，r 表示注册命令的回复；第二个字节是逗号，逗号后面是具体的命令结果，比如注册成功就是"ok"，那么完整的注册成功回复字符串就是"r,ok"。同样地，如果注册失败，那么完整的回复字符串就是"r,exist"，表示该用户名已经注册过了，请重新更换用户名。登录的回复也类似，比如登录成功，完整的回复字符串就是"l,ok"，如果因为用户名不存在而导致登录失败，则完整的回复字符串就是"l, noexist"。

（7）实现聊天对话框的发送信息功能。切换到资源视图，打开"聊天对话框"编辑器，然后为"发送"按钮添加事件处理函数，代码如下：

```
void CDlgChat::OnBnClickedButton1()
{
    // TODO:  在此添加控件通知处理程序代码
    CString strInfo;
    int len;
    UpdateData();

    if (m_strSendContent.IsEmpty())
        AfxMessageBox(_T("发送内容不能为空"));
    else
    {
        strInfo.Format(_T("%s 说:%s"), theApp.m_strName, m_strSendContent);
        // 发送数据，注意一个字符占 2 字节，所以要乘以 2
        len = theApp.m_clinetsock.Send(strInfo.GetBuffer(strInfo.GetLength()), 2 * strInfo.GetLength());
        if (SOCKET_ERROR == len)
            AfxMessageBox(_T("发送错误"));
    }
}
```

代码逻辑就是获取用户在编辑框中输入的内容，然后通过 Send 函数发送给服务器端。

（8）保存工程并运行两个客户端进程。第一个客户端进程可以直接按快捷键 Ctrl+F5（非调试方式运行）运行，运行结果如图 16-12 所示。

因为笔者之前已经注册过了，所以直接单击"登录服务器"按钮，此时提示"登录成功"，然后直接进入聊天对话框，如图 16-13 所示。

图 16-12

图 16-13

下面运行第二个客户端进程，先切换到"解决方案资源管理器"，然后右击客户端，在快捷菜单上选择"调试"→"启动新实例"，如图 16-14 所示。

图 16-14

此时就可以运行第二个客户端进程了，运行结果如图 16-15 所示。

如果 Jack 已经注册过，则可以直接单击"登录服务器"按钮，否则要先注册。成功登录服务器后，会出现聊天对话框，然后在编辑框中输入一些信息，并单击"发送"按钮，这时 Tom 的聊天对话框就可以收到消息了。同样地，Tom 也可以在编辑框中输入信息并发送，Jack 也会收到。最终聊天的运行结果如图 16-16 所示。

图 16-15

图 16-16

如果要多个聊天客户端一起运行也是可以的。至此，我们的并发聊天系统成功实现。